유형서 최초
전 문항 해설 강의 제공

유형의 완성 RPM

미적분 Ⅰ

이홍섭 지음

수학 필독서 5,500만 부 돌파!

개념원리 수학연구소

수학 점수 제대로 올리는 방법

방법 1 개념원리 X RPM 조합으로 공부하기

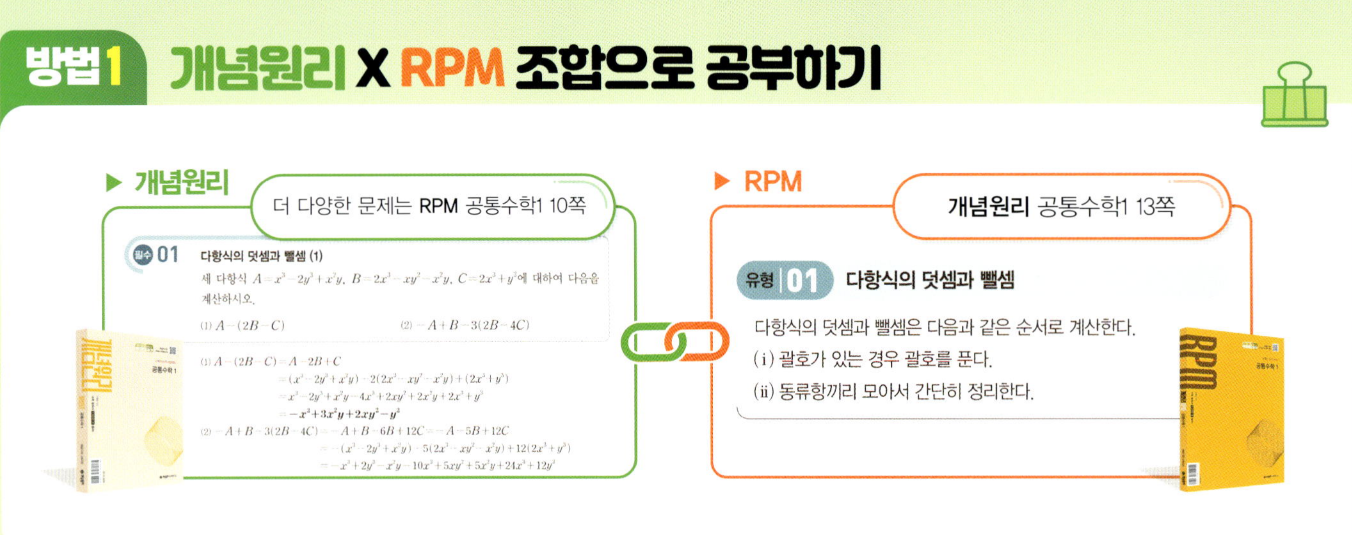

개념원리 와 RPM 에 있는 링크를 통해 개념과 유형의 학습 효율 최대화!

방법 2 RPM 전 문항 무료 강의 활용하기

RPM 전 문항 무료 강의는 2022 개정부터 적용됩니다.

RPM 무료 해설 강의로 모든 유형을 확실하게!

학생 모두가 수학을 쉽게 배울 수 있는 환경이 조성될 때까지
개념원리의 노력은 계속됩니다.

발행일	2025년 3월 1일 (1판 2쇄)
기획 및 집필	이홍섭, 개념원리 수학연구소
콘텐츠 개발 총괄	한소영
콘텐츠 개발 책임	이선옥, 김현진, 모규리, 오영석, 오지애, 오서희
사업 책임	정현호
마케팅 책임	권가민, 이미혜
제작/유통 책임	이건호
디자인	(주)이츠북스
펴낸이	고사무열
펴낸곳	(주)개념원리
등록번호	제 22-2381호
주소	서울시 강남구 테헤란로 8길 37, 7층(한동빌딩) 06239
고객센터	1644-1248

유 형 의 완 성
RPM
한눈에
보이는
정 답
미적분 I

QR 코드를 찍으면 정답을 편리하게 확인할 수 있어요.

0801 $\dfrac{9}{2}$　　0802 $\dfrac{4}{3}$　　0803 $\dfrac{9}{2}$　　0804 8　　0805 6

0806 $\dfrac{21}{4}$　　0807 $\dfrac{34}{3}$　　0808 $\dfrac{9}{2}$　　0809 $\dfrac{4}{3}$　　0810 $\dfrac{1}{2}$

0811 $\dfrac{64}{3}$　　0812 $\dfrac{8}{3}$　　0813 $\dfrac{4}{3}$　　0814 (1) $-\dfrac{2}{3}$　(2) 0　(3) $\dfrac{8}{3}$

0815 $\dfrac{64}{3}$　　0816 ④　　0817 ③　　0818 $\dfrac{17}{6}$　　0819 ②

0820 4　　0821 $\dfrac{1}{24}$　　0822 ④　　0823 36　　0824 $\dfrac{64}{3}$

0825 ③　　0826 $\dfrac{131}{4}$　　0827 ①　　0828 $\dfrac{10}{9}$　　0829 9

0830 ④　　0831 18　　0832 ③　　0833 ③　　0834 $\dfrac{1}{3}$

0835 ⑤　　0836 4　　0837 2　　0838 $\dfrac{2}{3}$　　0839 16

0840 $\dfrac{27}{2}$　　0841 ①　　0842 0　　0843 $\dfrac{3}{2}$　　0844 $\dfrac{1}{12}$

0845 ②　　0846 6　　0847 $\dfrac{8}{3}$　　0848 $\dfrac{145}{2}$ m　0849 ②

0850 85　　0851 $\dfrac{32}{3}\pi$ cm³　　0852 ③　　0853 40 km

0854 7　　0855 -5　　0856 4　　0857 ①　　0858 ③

0859 ②　　0860 2　　0861 ⑤　　0862 ①　　0863 26

0864 ④　　0865 ②　　0866 3　　0867 4　　0868 ④

0869 $\dfrac{13}{24}$　　0870 ②　　0871 $\dfrac{2}{3}$　　0872 $\dfrac{9}{2}$　　0873 ④

0874 3　　0875 ③　　0876 ①　　0877 ㄱ, ㄷ, ㄹ

0878 12　　0879 $\dfrac{8}{3}$　　0880 $\dfrac{4}{3}$　　0881 22　　0882 8

0883 ⑤　　0884 $\dfrac{320}{3}$　　0885 ③

0606 ㄱ, ㄷ **0607** $f(x)=6x+4$ **0608** $f(x)=3x^2-2x$

0609 $f(x)=x^3+x^2+x$ **0610** x^3+2x **0611** x^3+2x+C

0612 $\frac{1}{4}x^4+C$ **0613** $\frac{1}{15}x^{15}+C$

0614 $\frac{1}{51}x^{51}+C$ **0615** $\frac{3}{2}x^2-4x+C$

0616 $\frac{5}{3}x^3-x^2+x+C$ **0617** $\frac{1}{3}x^3+\frac{1}{2}x^2-2x+C$

0618 $\frac{4}{3}x^3-6x^2+9x+C$ **0619** $\frac{1}{4}x^4-27x+C$

0620 $\frac{1}{2}x^2-2x+C$ **0621** $\frac{1}{3}x^3-\frac{1}{2}x^2+x+C$

0622 x^2+2x+C **0623** $\frac{1}{3}x^3+x^2+4x+C$

0624 6 **0625** ② **0626** −4 **0627** 3 **0628** 6

0629 −1 **0630** 1 **0631** 50 **0632** −1 **0633** 5

0634 −2 **0635** 5 **0636** −3 **0637** ② **0638** 0

0639 7 **0640** 9 **0641** $\frac{1}{4}x^4-\frac{1}{2}x^2+2x+C$ **0642** ①

0643 ⑤ **0644** −2 **0645** 40 **0646** 14

0647 $f(x)=-3x^2+2x+3$ **0648** 10 **0649** 20 **0650** ④

0651 −9 **0652** −7 **0653** $\frac{1}{3}$ **0654** 3 **0655** −4

0656 ① **0657** 5 **0658** 9 **0659** ③

0660 $f(x)=\frac{1}{2}x^2+2x-1$ **0661** ③ **0662** ④ **0663** 28

0664 ④ **0665** ⑤ **0666** $\frac{16}{27}$ **0667** $-\frac{4}{3}<k<\frac{4}{3}$

0668 2 **0669** ③ **0670** $x^2y+3xy^2+3y^3+C$ **0671** ③

0672 ④ **0673** ② **0674** 29 **0675** ⑤ **0676** $-\frac{1}{2}$

0677 7 **0678** 2 **0679** 12 **0680** ⑤

0681 $x=1$ 또는 $x=3$ **0682** ① **0683** 4 **0684** 4

0685 $-\frac{5}{2}$ **0686** 2 **0687** 8 **0688** ㄱ, ㄷ **0689** −15

0690 0 **0691** 1 **0692** 6 **0693** $\frac{16}{3}$ **0694** −24

0695 $-\frac{21}{4}$ **0696** $-\frac{16}{3}$ **0697** $-\frac{1}{6}$ **0698** $\frac{109}{4}$ **0699** $\frac{16}{3}$

0700 8 **0701** 24 **0702** 6 **0703** 0 **0704** 24

0705 −4 **0706** 4 **0707** −52 **0708** $f(x)=2x-2$

0709 $f(x)=3x^2+2x-1$ **0710** 5 **0711** −1 **0712** ①

0713 8 **0714** −2 **0715** 6 **0716** 2 **0717** 1

0718 −4 **0719** ④ **0720** $\frac{5}{6}$ **0721** 16 **0722** ④

0723 6 **0724** 2 **0725** $\frac{39}{2}$ **0726** $\frac{2}{3}$ **0727** −2

0728 $\frac{5}{6}$ **0729** 64 **0730** ① **0731** 6 **0732** 3

0733 ② **0734** $\frac{47}{2}$ **0735** ① **0736** 2 **0737** 100

0738 $-\frac{9}{4}$ **0739** 8 **0740** 2 **0741** 10 **0742** ⑤

0743 ② **0744** 5 **0745** 7 **0746** $\frac{1}{3}$ **0747** ④

0748 −2 **0749** 10 **0750** ④ **0751** 76 **0752** 8

0753 52 **0754** 4 **0755** 96 **0756** −12 **0757** 8

0758 ③ **0759** 3 **0760** ④ **0761** −5 **0762** 2

0763 17 **0764** 12 **0765** 90 **0766** $\frac{2}{3}$ **0767** 130

0768 4 **0769** ② **0770** $\frac{27}{4}$ **0771** 2 **0772** ②

0773 −2 **0774** 1 **0775** $\frac{32}{3}$ **0776** ④ **0777** 4

0778 ⑤ **0779** −6 **0780** 6 **0781** −2 **0782** $\frac{11}{3}$

0783 4 **0784** ② **0785** ③ **0786** $\frac{13}{9}$ **0787** ③

0788 8 **0789** 3 **0790** $\frac{2}{9}$ **0791** 13 **0792** ①

0793 16 **0794** $\frac{59}{3}$ **0795** −2 **0796** −18 **0797** $\frac{5}{6}$

0798 ⑤ **0799** 10 **0800** 5

0001 -3　**0002** 10　**0003** 1　**0004** $\dfrac{1}{2}$　**0005** $\sqrt{3}$

0006 2　**0007** ∞　**0008** $-\infty$　**0009** ∞　**0010** ∞

0011 (1) 0　(2) 2　(3) 존재하지 않는다.　(4) 2　(5) 2　(6) 2

0012 (1) 1　(2) -1　(3) 존재하지 않는다.　**0013** 4　**0014** 1

0015 -6　**0016** 3　**0017** -2　**0018** -1　**0019** $\dfrac{1}{4}$

0020 4　**0021** 0　**0022** $\dfrac{3}{2}$　**0023** ∞　**0024** ∞

0025 5　**0026** 1　**0027** 4　**0028** -4

0029 $-\sqrt{3}$　**0030** $a=3,\ b=-6$　**0031** $a=-3,\ b=-2$

0032 -2　**0033** 4　**0034** ④　**0035** ⑤　**0036** ㄱ, ㄴ

0037 9　**0038** ③　**0039** 6　**0040** 4　**0041** 10

0042 ③　**0043** -13　**0044** $\dfrac{1}{3}$　**0045** ②　**0046** -5

0047 -2　**0048** $-\dfrac{2}{5}$　**0049** 10　**0050** ㄱ, ㄴ, ㄷ

0051 ②　**0052** $-\dfrac{12}{5}$　**0053** ①　**0054** 0　**0055** $-\dfrac{1}{4}$

0056 ④　**0057** -2　**0058** ②　**0059** ④　**0060** 2

0061 -4　**0062** ②　**0063** ③　**0064** $-\dfrac{1}{4}$　**0065** 1

0066 3　**0067** ①　**0068** $\dfrac{8}{7}$　**0069** ⑤　**0070** ①

0071 0　**0072** 20　**0073** 10　**0074** 7　**0075** 4

0076 -4　**0077** 6　**0078** ③　**0079** $\dfrac{1}{3}$　**0080** 9

0081 2　**0082** ④　**0083** ③　**0084** $\dfrac{1}{4}$　**0085** ②

0086 2　**0087** ④　**0088** ⑤　**0089** 4　**0090** ④

0091 ③　**0092** 1　**0093** ②　**0094** ①　**0095** -4

0096 1　**0097** ⑤　**0098** ①　**0099** ③　**0100** ②

0101 48　**0102** 2　**0103** 1　**0104** 1　**0105** 2

0106 $\dfrac{1}{3}$　**0107** $\dfrac{5}{2}$　**0108** 35　**0109** 2　**0110** ③

0111 ③　**0112** ②

0113 함수 $f(x)$가 $x=0$에서 정의되어 있지 않다.

0114 $\lim\limits_{x\to 0} f(x)$의 값이 존재하지 않는다.　**0115** $\lim\limits_{x\to 0^-} f(x)\neq f(0)$

0116 연속　**0117** 연속　**0118** 불연속　**0119** 불연속

0120 $[-2,\ 3]$　**0121** $(1,\ 5)$　**0122** $[-3,\ 4]$

0123 $(-7,\ 2]$　**0124** $(-\infty,\ 4)$　**0125** $[3,\ \infty)$

0126 $(-\infty,\ \infty)$　**0127** $(-\infty,\ 3]$

0128 $(-\infty,\ -1),\ (-1,\ \infty)$　**0129** $(-\infty,\ \infty)$

0130 $[1,\ \infty)$　**0131** $(-\infty,\ \infty)$　**0132** $(-\infty,\ 0),\ (0,\ \infty)$

0133 $(-\infty,\ \infty)$　**0134** $(-\infty,\ \infty)$

0135 $(-\infty,\ 3),\ (3,\ \infty)$　**0136** $(-\infty,\ 1),\ (1,\ 2),\ (2,\ \infty)$

0137 (1) $(-\infty,\ \infty)$　(2) $(-\infty,\ \infty)$　(3) $(-\infty,\ -5),\ (-5,\ 1),\ (1,\ \infty)$
　　(4) $(-\infty,\ 2),\ (2,\ \infty)$

0138 최댓값: -1, 최솟값: -2　**0139** 최댓값: 2, 최솟값: $\dfrac{2}{3}$

0140 최댓값: -1, 최솟값: -2　**0141** ⑺ 연속　⑷ 사잇값 정리

0142 ⑺ 1　⑷ -1　⑶ $<$　⑷ 0　**0143** 풀이 17쪽

0144 풀이 17쪽　**0145** ㄱ, ㄹ　**0146** ④

0147 $x\neq 1$인 모든 실수에서 연속　**0148** 2　**0149** $-\dfrac{1}{3}$

0150 8　**0151** 11　**0152** ④　**0153** ②　**0154** ㄷ

0155 ①　**0156** 6　**0157** 12　**0158** ①　**0159** 6

0160 32　**0161** -1　**0162** 5　**0163** ①　**0164** 6

0165 ③　**0166** 24　**0167** ④　**0168** ③, ⑤　**0169** ④

0170 3　**0171** $(2,\ \infty)$　**0172** ①　**0173** ④　**0174** 15

0175 ①　**0176** ③　**0177** 3개　**0178** ㄱ, ㄴ, ㄷ

0179 14　**0180** ②　**0181** ②　**0182** ①　**0183** 불연속

0184 ㄱ, ㄴ, ㄷ　**0185** ③　**0186** 4　**0187** ④

0188 ④　**0189** ㄷ, ㄹ　**0190** 4　**0191** 7　**0192** ①

0193 ②　**0194** ①　**0195** ①　**0196** ④　**0197** ④

0198 -5　**0199** 6　**0200** -2　**0201** 2개　**0202** $\dfrac{7}{2}$

0203 -2　**0204** 풀이 27쪽

0205 3　**0206** 2　**0207** 12　**0208** -4

0209 ⑴ -5　⑵ $-6-\Delta x$　⑶ $-2a-\Delta x$　**0210** 3　**0211** -2

0212 4　**0213** 10　**0214** 4　**0215** 1　**0216** -3

0217 2　**0218** $\dfrac{3}{2a}$　**0219** 4　**0220** -2　**0221** -4

0222 ⑴ 연속이다.　⑵ 미분가능하지 않다.

0223 ⑴ 연속이다.　⑵ 미분가능하다.

0224 $f'(x)=0$　**0225** $f'(x)=2$

0226 $f'(x)=2x$　**0227** ㄱ, ㄷ　**0228** $y'=3x^2$

0229 $y'=5x^4$　**0230** $y'=0$　**0231** $y'=2x^3+2x$

0232 $y'=-6x+9$　**0233** $y'=6x^2-2x+4$

0234 ⑴ 1　⑵ 8　⑶ 8　⑷ -6　**0235** $y'=6x+2$

0236 $y'=6x-13$　**0237** $y'=-6x^2+6x$

0238 $y'=3x^2+8x-3$　**0239** $y'=3x^2-6x+2$

0240 $y'=-6x^2+16x+14$　**0241** $y'=6(3x+4)$

0242 $y'=6(2x-5)^2$　**0243** $y'=2(2x+1)(4x^2+x+2)$

0244 2　**0245** 1　**0246** 5　**0247** -2　**0248** $\dfrac{3}{2}$

0249 4　**0250** $\dfrac{2}{3}$　**0251** 3　**0252** 4　**0253** 2

0254 ⑤　**0255** -9　**0256** 6　**0257** 3　**0258** ④

0259 2　**0260** ①　**0261** ②　**0262** 6　**0263** ㄴ

0264 ⑤　**0265** ㄱ, ㄴ, ㄷ　**0266** ㄱ, ㄷ　**0267** 5

0268 연속이지만 미분가능하지 않다.　**0269** ⑤　**0270** ㄱ, ㄴ

0271 ㄱ, ㄷ　**0272** ⑤　**0273** 100　**0274** ③　**0275** 10

0276 23　**0277** ①　**0278** ⑤　**0279** 11　**0280** 12

0281 ①　**0282** ②　**0283** ①　**0284** 56　**0285** 82

0286 10　**0287** ③　**0288** ⑤　**0289** 10　**0290** $\dfrac{7}{3}$

0291 ①　**0292** $a=6,\ b=20$　**0293** ①　**0294** ⑤

0295 7　**0296** -3　**0297** ②　**0298** 1　**0299** -12

0300 ②　**0301** 1　**0302** 8　**0303** ④　**0304** 7

0305 12　**0306** 86　**0307** ②　**0308** ⑤　**0309** $-\dfrac{9}{2}$

0310 ②　**0311** ④　**0312** $f'(x)=-3x-2$　**0313** ⑤

0314 ㄱ, ㄷ　**0315** ④　**0316** 32　**0317** 3　**0318** ④

0319 4　**0320** ④　**0321** ⑤　**0322** -30　**0323** 18

0324 -1　**0325** 4　**0326** 15　**0327** ㄴ　**0328** -1

0329 70

0330 4　**0331** -3　**0332** $y=x+5$

0333 $y=3x+6$　**0334** $y=x+6$

0335 $y=x-15$　**0336** $y=x+2,\ y=x-2$

0337 $y=\dfrac{1}{8}x-\dfrac{1}{4}$　**0338** $y=3x+7,\ y=3x+3$

0339 ⑴ $y=(3t^2-2t)x-2t^3+t^2-2$　⑵ -2　⑶ $y=16x+18$

0340 2　**0341** $\dfrac{5}{3}$　**0342** 2　**0343** $-\dfrac{2\sqrt{3}}{3}$

0344 3　**0345** 1　**0346** -15　**0347** 5　**0348** 5

0349 ②　**0350** $(1,\ 3)$　**0351** -1　**0352** $y=-4x+7$

0353 ③　**0354** 2　**0355** $\dfrac{1}{3}$　**0356** 5

0357 $y=7x-23$　**0358** ②　**0359** $y=-x+\dfrac{1}{4}$

0360 -3　**0361** $\dfrac{3\sqrt{5}}{2}$　**0362** 32　**0363** ④　**0364** 7

0365 ④　**0366** 18　**0367** $-\dfrac{1}{2}$　**0368** -3　**0369** 2

0370 0　**0371** $y=4x+8$　**0372** ①　**0373** -6

0374 -1　**0375** ①　**0376** $\dfrac{9}{2}$　**0377** 2　**0378** 1

0379 ①　**0380** ④　**0381** 3　**0382** 2　**0383** ⑤

0384 $\dfrac{1}{2}$　**0385** -12　**0386** ①　**0387** 3　**0388** 16

0389 -48　**0390** 24　**0391** $\dfrac{17}{16}\pi$　**0392** ②　**0393** 80

0394 $y=-\dfrac{1}{2}x+\dfrac{3}{2}$　**0395** $\dfrac{16\sqrt{82}}{41}$　**0396** 2　**0397** ④

0398 2　**0399** 9　**0400** ⑤　**0401** -11　**0402** $4\sqrt{2}$

0403 6　**0404** 9

0405 구간 $(-\infty, 0]$에서 감소, 구간 $[0, \infty)$에서 증가

0406 구간 $(-\infty, \infty)$에서 감소

0407 구간 $\left(-\infty, \dfrac{3}{2}\right]$에서 증가, 구간 $\left[\dfrac{3}{2}, \infty\right)$에서 감소

0408 구간 $\left(-\infty, \dfrac{1}{2}\right]$에서 감소, 구간 $\left[\dfrac{1}{2}, \infty\right)$에서 증가

0409 구간 $(-\infty, -2]$, $[0, \infty)$에서 증가, 구간 $[-2, 0]$에서 감소

0410 (1) b, d (2) a, c, f

0411 (1) $-2, 0$ (2) $-2, 0, -, 7, -1$ (3) 극댓값: 7, 극솟값: -1

0412 극댓값: 3, 극솟값: -1 **0413** 극댓값: 0, 극솟값: -1

0414 극댓값: 0

0415 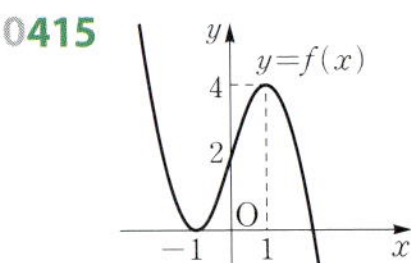 **0416** 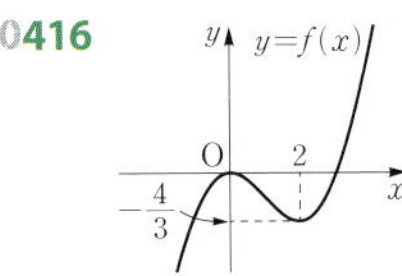

0417 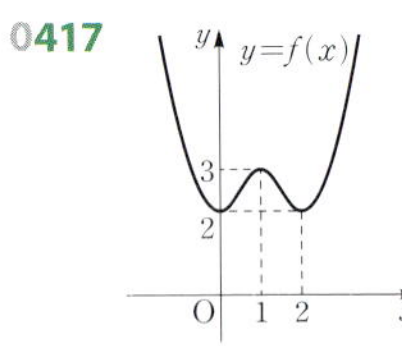

0418 최댓값: 20, 최솟값: 0 **0419** 최댓값: 2, 최솟값: -2

0420 최댓값: 12, 최솟값: $-\dfrac{27}{4}$ **0421** 최댓값: 17, 최솟값: 0

0422 -2 **0423** -3 **0424** 17 **0425** 9 **0426** ③

0427 -1 **0428** 4 **0429** 2 **0430** $a \leq -9$ **0431** 8

0432 ④ **0433** $-\dfrac{9}{2} \leq a \leq -3$ **0434** ① **0435** ②

0436 2 **0437** $(1, -3)$ **0438** ⑤ **0439** 5

0440 ③ **0441** -2 **0442** 2 **0443** 5 **0444** -9

0445 8 **0446** ③ **0447** -1 **0448** 6 **0449** ⑤

0450 ① **0451** $a < 0$ 또는 $a > \dfrac{1}{3}$ **0452** ③ **0453** ⑤

0454 $-\dfrac{1}{2} < k < 0$ 또는 $0 < k < 1$ **0455** $-3 \leq a \leq 3$

0456 ⑤ **0457** 3 **0458** 7 **0459** ④

0460 $1 < a < \dfrac{4}{3}$ **0461** ② **0462** $-\dfrac{9}{8}$

0463 $a < 0$ 또는 $0 < a < 1$ **0464** 10 **0465** 4 **0466** ②

0467 3 **0468** 18 **0469** 2 **0470** ③ **0471** ④

0472 $\dfrac{9}{2}$ **0473** 22 **0474** $\dfrac{32\sqrt{3}}{9}$ **0475** 120 **0476** ③

0477 $2\sqrt{5}$ **0478** 539 **0479** ⑤ **0480** 96 **0481** ④

0482 ④ **0483** ① **0484** ③ **0485** ② **0486** ③

0487 $-\sqrt{3} \leq k \leq \sqrt{3}$ **0488** ② **0489** 42 **0490** 8

0491 ② **0492** $\dfrac{32}{27}$ **0493** 4 **0494** 1 **0495** $\dfrac{32}{3}$

0496 ㄷ **0497** ④ **0498** 2 **0499** ③ **0500** -5

0501 ② **0502** 26 **0503** ③ **0504** $\dfrac{5}{3}$ **0505** ②

0506 $0 \leq a \leq \dfrac{3}{4}$ **0507** 16 **0508** $k > \dfrac{1}{3}$ **0509** 2

0510 ③ **0511** ㄱ **0512** $\dfrac{\sqrt{2}}{2}$

0513 3 **0514** 1 **0515** 2 **0516** 2

0517 (1) $-8 < k < 100$ (2) $k = -8$ 또는 $k = 100$ (3) $k < -8$ 또는 $k > 100$

0518 (개) 2 (내) 2 (대) $\geq$ **0519** 풀이 74쪽 **0520** $k \geq 0$

0521 속도: -4, 가속도: 4 **0522** 속도: -2, 가속도: -6

0523 속도: 28, 가속도: 48 **0524** 10 **0525** (1) 3.2π (2) 3.2π

0526 3 **0527** $-1 < k < 2$ **0528** $\dfrac{5}{4}$ **0529** 53

0530 $-\dfrac{1}{2} < a < 0$ **0531** 9 **0532** ⑤ **0533** 8

0534 3 **0535** $a < 0$ 또는 $a > \dfrac{4}{3}$ **0536** 44 **0537** ⑤

0538 $-16 < k < 16$ **0539** 4 **0540** 8 **0541** -7

0542 ③ **0543** ④ **0544** $k > \dfrac{5}{4}$ **0545** 1 **0546** ②

0547 $k \geq 10$ **0548** 5 **0549** 1 **0550** ② **0551** $k > 5$

0552 3 **0553** ② **0554** ① **0555** 22 **0556** 4

0557 117 **0558** 40 **0559** -8 **0560** $\dfrac{3}{8} < t < 2$

0561 180 m **0562** 4 **0563** ② **0564** ③ **0565** ②

0566 30 **0567** ㄱ, ㄴ, ㄷ **0568** $2\sqrt{2}$ cm/s

0569 $\dfrac{\sqrt{5}}{2}$ **0570** 90 m/min **0571** ⑤ **0572** $36\sqrt{3}$

0573 48 **0574** 400π cm³/s **0575** $\dfrac{25}{9}\pi$ **0576** ②

0577 ㄴ, ㄷ **0578** ④ **0579** $-9 < a < 7$ **0580** ③

0581 ㄱ, ㄴ **0582** ③ **0583** ④ **0584** ① **0585** ③

0586 ⑤ **0587** $a > 4$ **0588** $k \geq 1$ **0589** 8 **0590** ①

0591 4초 **0592** 28 **0593** 6 **0594** ㄴ, ㄷ **0595** ㄱ, ㄹ

0596 ③ **0597** $12\sqrt{3}$ cm²/s **0598** ① **0599** 3

0600 $k > -3$ **0601** 4 **0602** $t > 3$ **0603** ①

0604 $a < -2$ 또는 $a > -1$ **0605** 3

RPM

유형의 완성 RPM

미적분 I

유형의 완성 RPM 구성과 특징

개념원리 RPM 수학은 중요 교과서 문제와 내신 빈출 유형들을
엄선하여 재구성한 교재입니다.

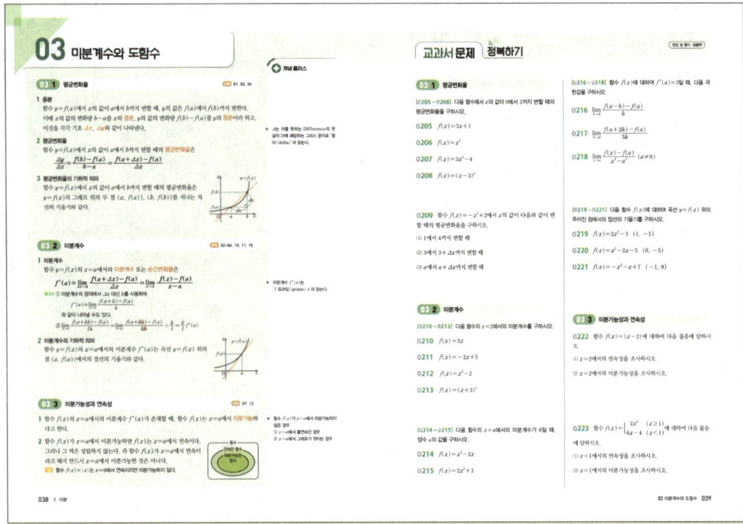

핵심 개념 정리

교과서 필수 개념만을 모아 알차게 정리하고, 개념 이해를
돕기 위한 추가 설명은 **예**, **주의**, **참고** 등으로 제시하였습
니다.

교과서 문제 정복하기

개념과 공식을 적용하는 교과서 기본 문제들로 구성하고,
충분한 연습을 통해 개념을 완벽히 이해할 수 있도록 하였
습니다.

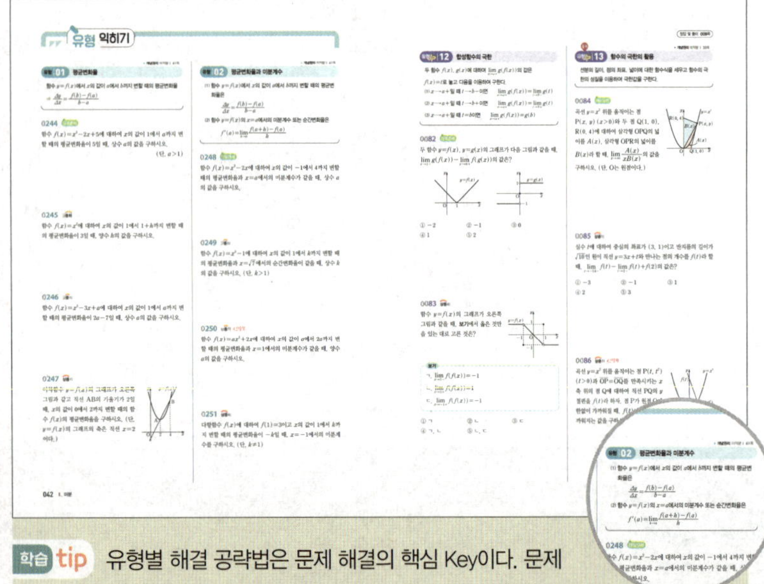

유형 익히기

개념&공식/해결 방법/문제 형태에 따라 유형을 세분화하
고, 유형별 해결 공략법을 제시하여 문제 해결력을 키울
수 있도록 하였습니다. 또 각 유형의 중요 문제를 **대표문제**
로 선정하고, 그 외 문제는 난이도 순서로 구성하여 자연
스럽게 유형별 완전 학습이 이루어지도록 하였습니다.

유형 UP

고난도 유형과 개념 복합 유형을 마지막에 구성하여 수준별 학습
이 가능하도록 하였습니다.

개념원리 기본서 연계 링크

각 유형마다 개념원리의 해당 쪽수를 링크하여 개념과 공
식 적용 방법을 더 탄탄하게 학습할 수 있도록 하였습니다.

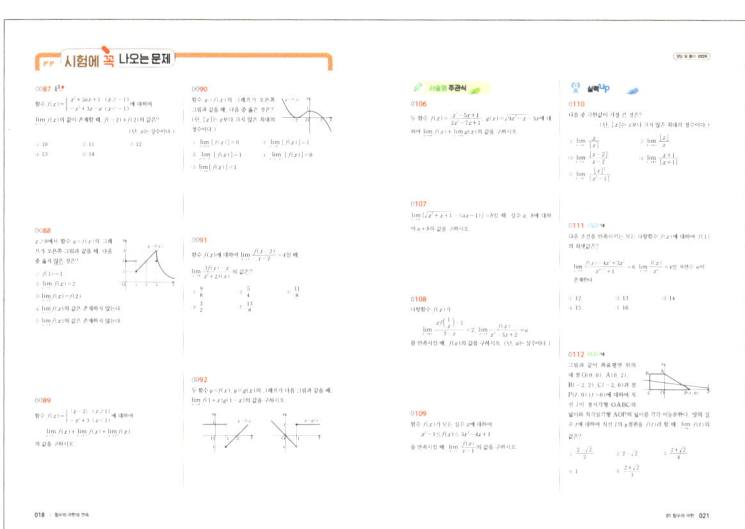

시험에 꼭 나오는 문제

시험에 꼭 나오는 문제를 선별하여 유형별로 골고루 구성하였고, 출제율이 높은 문제는 중요 ★ 표시를 하였습니다.

✍ 서술형 주관식

전국 내신 기출 문제를 분석하여 자주 출제되었던 서술형 (논술형) 문제로 구성하였습니다.

🏆 실력 up

내신 고득점 획득과 수학적 사고력을 기르는 데 필요한 문제로 구성하였습니다.

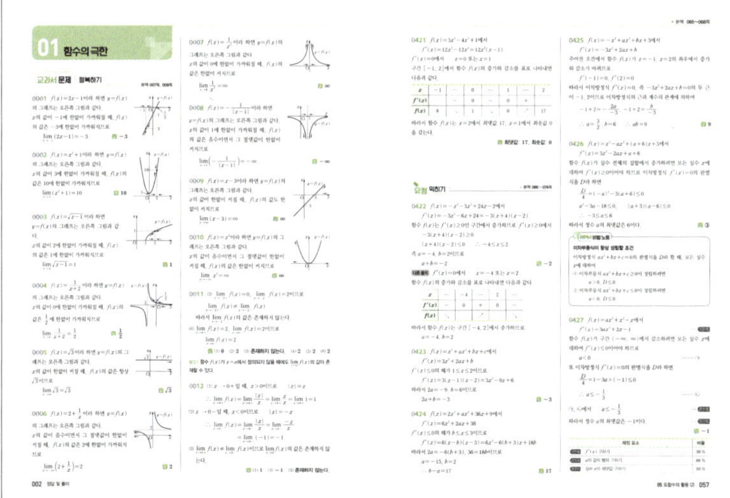

정답 및 풀이

혼자서도 충분히 이해할 수 있도록 풀이를 쉽고 자세히 서술하였고, 수학적 사고력을 기를 수 있도록 다른 풀이를 충분히 제시하였습니다.

RPM 비법노트 를 통해 문제의 핵심 개념, 문제 해결 Tip 을 확인할 수 있습니다.

한눈에 보이는 정답

정답을 빠르게 채점하고 오답 문항을 바로 확인할 수 있습니다.

유형의 완성 RPM 차례

함수의 극한과 연속

01 함수의 극한

01 | 1 함수의 수렴과 발산

1 함수 $f(x)$에서 x의 값이 a가 아니면서 a에 한없이 가까워질 때, $f(x)$의 값이 일정한 값 L에 한없이 가까워지면 함수 $f(x)$는 L에 **수렴**한다고 한다. 이때 L을 함수 $f(x)$의 $x=a$에서의 **극한값** 또는 **극한**이라 하고, 기호로 다음과 같이 나타낸다.

$$\lim_{x \to a} f(x) = L \text{ 또는 } x \longrightarrow a \text{일 때 } f(x) \longrightarrow L$$

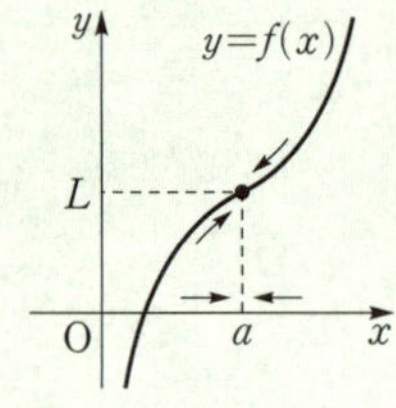

2 함수 $f(x)$가 어느 값으로도 수렴하지 않을 때, 함수 $f(x)$는 **발산**한다고 한다.

(1) 함수 $f(x)$에서 x의 값이 a가 아니면서 a에 한없이 가까워질 때, $f(x)$의 값이 한없이 커지면 함수 $f(x)$는 양의 **무한대**로 발산한다고 하고 기호로 다음과 같이 나타낸다.

$$\lim_{x \to a} f(x) = \infty \text{ 또는 } x \longrightarrow a \text{일 때 } f(x) \longrightarrow \infty$$

(2) 함수 $f(x)$에서 x의 값이 a가 아니면서 a에 한없이 가까워질 때, $f(x)$의 값이 음수이면서 그 절댓값이 한없이 커지면 함수 $f(x)$는 음의 무한대로 발산한다고 하고 기호로 다음과 같이 나타낸다.

$$\lim_{x \to a} f(x) = -\infty \text{ 또는 } x \longrightarrow a \text{일 때 } f(x) \longrightarrow -\infty$$

참고▶ ∞는 수가 아닌 한없이 커지는 상태를 나타내는 기호이고, 무한대라 읽는다.

01 | 2 우극한과 좌극한　　유형 01, 02, 12

(1) **우극한**: 함수 $f(x)$에서 $x \longrightarrow a+$일 때 $f(x)$의 값이 일정한 값 L에 한없이 가까워지면 L을 함수 $f(x)$의 $x=a$에서의 **우극한**이라 하고, 이것을 기호로 $\lim\limits_{x \to a+} f(x) = L$과 같이 나타낸다.

(2) **좌극한**: 함수 $f(x)$에서 $x \longrightarrow a-$일 때 $f(x)$의 값이 일정한 값 M에 한없이 가까워지면 M을 함수 $f(x)$의 $x=a$에서의 **좌극한**이라 하고, 이것을 기호로 $\lim\limits_{x \to a-} f(x) = M$과 같이 나타낸다.

(3) 함수 $f(x)$의 $x=a$에서의 우극한과 좌극한이 모두 존재하고 그 값이 같으면 극한값 $\lim\limits_{x \to a} f(x)$가 존재한다. 또 그 역도 성립하므로

$$\lim_{x \to a} f(x) = L \Longleftrightarrow \lim_{x \to a+} f(x) = \lim_{x \to a-} f(x) = L \ (L \text{은 실수})$$

01 | 3 함수의 극한에 대한 성질　　유형 03, 04

두 함수 $f(x)$, $g(x)$에서 $\lim\limits_{x \to a} f(x) = L$, $\lim\limits_{x \to a} g(x) = M$ (L, M은 실수)일 때

(1) $\lim\limits_{x \to a} kf(x) = k \lim\limits_{x \to a} f(x) = kL$ (단, k는 상수이다.)

(2) $\lim\limits_{x \to a} \{f(x) \pm g(x)\} = \lim\limits_{x \to a} f(x) \pm \lim\limits_{x \to a} g(x) = L \pm M$ (복호동순)

(3) $\lim\limits_{x \to a} f(x)g(x) = \lim\limits_{x \to a} f(x) \times \lim\limits_{x \to a} g(x) = LM$

(4) $\lim\limits_{x \to a} \dfrac{f(x)}{g(x)} = \dfrac{\lim\limits_{x \to a} f(x)}{\lim\limits_{x \to a} g(x)} = \dfrac{L}{M}$ (단, $M \neq 0$)

주의▶ 함수의 극한에 대한 성질은 극한값이 존재하는 경우에만 성립한다.

개념 플러스 메모:

- $x \neq a$이면서 x의 값이 a에 한없이 가까워지는 것을 기호로 $x \longrightarrow a$와 같이 나타낸다.

- lim는 극한을 뜻하는 limit의 약자이며 '리미트'라 읽는다.

- 함수의 수렴과 발산은 $x \longrightarrow \infty$, $x \longrightarrow -\infty$인 경우에도 정의할 수 있다.

- x의 값이 a보다 크면서 a에 한없이 가까워지는 것을 기호로 $x \longrightarrow a+$와 같이 나타내고, a보다 작으면서 a에 한없이 가까워지는 것을 기호로 $x \longrightarrow a-$와 같이 나타낸다.

- 함수의 극한에 대한 성질은 $x \longrightarrow a+$, $x \longrightarrow a-$, $x \longrightarrow \infty$, $x \longrightarrow -\infty$인 경우에도 모두 성립한다.

- $f(x)$가 다항함수일 때 $\lim\limits_{x \to a} f(x) = f(a)$

교과서 문제 정복하기

01 1 함수의 수렴과 발산

[0001 ~ 0004] 다음 극한값을 함수의 그래프를 이용하여 구하시오.

0001 $\lim\limits_{x \to -1} (2x-1)$

0002 $\lim\limits_{x \to 3} (x^2+1)$

0003 $\lim\limits_{x \to 2} \sqrt{x-1}$

0004 $\lim\limits_{x \to 0} \dfrac{1}{x+2}$

[0005 ~ 0006] 다음 극한값을 함수의 그래프를 이용하여 구하시오.

0005 $\lim\limits_{x \to \infty} \sqrt{3}$

0006 $\lim\limits_{x \to -\infty} \left(2+\dfrac{1}{x}\right)$

[0007 ~ 0008] 다음 극한을 함수의 그래프를 이용하여 조사하시오.

0007 $\lim\limits_{x \to 0} \dfrac{1}{x^2}$

0008 $\lim\limits_{x \to 1} \left(-\dfrac{1}{|x-1|}\right)$

[0009 ~ 0010] 다음 극한을 함수의 그래프를 이용하여 조사하시오.

0009 $\lim\limits_{x \to \infty} (x-3)$

0010 $\lim\limits_{x \to -\infty} x^2$

01 2 우극한과 좌극한

0011 함수 $y=f(x)$의 그래프가 오른쪽 그림과 같을 때, 다음 극한을 조사하시오.

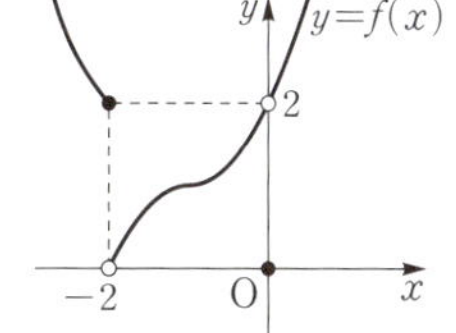

(1) $\lim\limits_{x \to -2+} f(x)$

(2) $\lim\limits_{x \to -2-} f(x)$

(3) $\lim\limits_{x \to -2} f(x)$

(4) $\lim\limits_{x \to 0+} f(x)$

(5) $\lim\limits_{x \to 0-} f(x)$

(6) $\lim\limits_{x \to 0} f(x)$

0012 함수 $f(x)=\dfrac{|x|}{x}$ 에 대하여 다음 극한을 조사하시오.

(1) $\lim\limits_{x \to 0+} f(x)$

(2) $\lim\limits_{x \to 0-} f(x)$

(3) $\lim\limits_{x \to 0} f(x)$

01 3 함수의 극한에 대한 성질

[0013 ~ 0016] 다음 극한값을 구하시오.

0013 $\lim\limits_{x \to -1} (1-3x)$

0014 $\lim\limits_{x \to 2} (x^2-4x+5)$

0015 $\lim\limits_{x \to 1} (x^2-4)(x+1)$

0016 $\lim\limits_{x \to 3} \dfrac{x^2-3}{x-1}$

01 | 4 함수의 극한값의 계산

유형 05~08, 13

1 $\dfrac{0}{0}$ 꼴의 극한

(1) 분자, 분모가 모두 다항식인 경우 ⇨ 분자, 분모를 각각 **인수분해**하여 약분한다.

(2) 분자 또는 분모가 무리식인 경우 ⇨ 근호가 있는 쪽을 **유리화**한다.

2 $\dfrac{\infty}{\infty}$ 꼴의 극한

분모의 최고차항으로 분자, 분모를 각각 나눈다.

참고▶ ① (분자의 차수)＝(분모의 차수) ⇨ 극한값은 분모, 분자의 최고차항의 계수의 비이다.

② (분자의 차수)＜(분모의 차수) ⇨ 극한값은 0이다.

③ (분자의 차수)＞(분모의 차수) ⇨ 발산한다.

3 $\infty-\infty$ **꼴의 극한**

(1) 다항식인 경우 ⇨ 최고차항으로 묶는다.

(2) 무리식인 경우 ⇨ 분모를 1로 보고 분자를 유리화한다.

4 $\infty\times0$ **꼴의 극한**

통분 또는 유리화하여 $\dfrac{0}{0}$, $\dfrac{\infty}{\infty}$, $\infty\times c$, $\dfrac{c}{\infty}$ (c는 상수) 꼴로 변형한다.

● $\dfrac{0}{0}$ 꼴과 $\infty\times0$ 꼴에서 0은 숫자 0이 아니라 0에 한없이 가까워지는 것을 의미한다.

01 | 5 미정계수의 결정

유형 09, 10

두 함수 $f(x)$, $g(x)$에 대하여

(1) $\displaystyle\lim_{x\to a}\dfrac{f(x)}{g(x)}=L$ (L은 실수)일 때, $\displaystyle\lim_{x\to a}g(x)=0$이면 $\displaystyle\lim_{x\to a}f(x)=0$

(2) $\displaystyle\lim_{x\to a}\dfrac{f(x)}{g(x)}=L$ (L은 0이 아닌 실수)일 때, $\displaystyle\lim_{x\to a}f(x)=0$이면 $\displaystyle\lim_{x\to a}g(x)=0$

참고▶ (1) $\displaystyle\lim_{x\to a}\dfrac{f(x)}{g(x)}=L$ (L은 실수)일 때, $\displaystyle\lim_{x\to a}g(x)=0$이면 함수의 극한에 대한 성질에 의하여

$$\lim_{x\to a}f(x)=\lim_{x\to a}\left\{\dfrac{f(x)}{g(x)}\times g(x)\right\}=\lim_{x\to a}\dfrac{f(x)}{g(x)}\times\lim_{x\to a}g(x)=L\times0=0$$

(2) $\displaystyle\lim_{x\to a}\dfrac{f(x)}{g(x)}=L$ (L은 0이 아닌 실수)일 때, $\displaystyle\lim_{x\to a}f(x)=0$이면 함수의 극한에 대한 성질에 의하여

$$\lim_{x\to a}g(x)=\lim_{x\to a}\left\{f(x)\div\dfrac{f(x)}{g(x)}\right\}=\lim_{x\to a}f(x)\div\lim_{x\to a}\dfrac{f(x)}{g(x)}=\dfrac{0}{L}=0$$

● 두 다항함수 $f(x)$, $g(x)$에 대하여 $\displaystyle\lim_{x\to\infty}\dfrac{f(x)}{g(x)}=L$ (L은 0이 아닌 실수)이면 $f(x)$와 $g(x)$의 차수는 같고, L은 $f(x)$, $g(x)$의 최고차항의 계수의 비이다.

01 | 6 함수의 극한의 대소 관계

유형 11

세 함수 $f(x)$, $g(x)$, $h(x)$에 대하여 $\displaystyle\lim_{x\to a}f(x)=L$, $\displaystyle\lim_{x\to a}g(x)=M$ (L, M은 실수)일 때, a가 아니면서 a에 가까운 모든 실수 x에 대하여

(1) $f(x)\leq g(x)$이면 $L\leq M$

(2) $f(x)\leq h(x)\leq g(x)$이고 $L=M$이면 $\displaystyle\lim_{x\to a}h(x)=L$

주의▶ a에 가까운 모든 실수 x에 대하여 $f(x)<g(x)$이지만 $\displaystyle\lim_{x\to a}f(x)=\lim_{x\to a}g(x)$인 경우도 있다.

즉 $f(x)<g(x)$라고 해서 반드시 $\displaystyle\lim_{x\to a}f(x)<\lim_{x\to a}g(x)$인 것은 아니다.

● 함수의 극한의 대소 관계는 $x\to a+$, $x\to a-$, $x\to\infty$, $x\to-\infty$ 인 경우에도 모두 성립한다.

● 개념 플러스

교과서 **문제** 정복하기

01 4 함수의 극한값의 계산

[0017 ~ 0020] 다음 극한값을 구하시오.

0017 $\displaystyle\lim_{x \to -1} \frac{x^2-1}{x+1}$

0018 $\displaystyle\lim_{x \to 2} \frac{x^2-5x+6}{x-2}$

0019 $\displaystyle\lim_{x \to 4} \frac{\sqrt{x}-2}{x-4}$

0020 $\displaystyle\lim_{x \to 0} \frac{x}{\sqrt{x+4}-2}$

[0021 ~ 0023] 다음 극한을 조사하시오.

0021 $\displaystyle\lim_{x \to \infty} \frac{5x-2}{3x^2+1}$

0022 $\displaystyle\lim_{x \to \infty} \frac{3x^2+5x-2}{2x^2+1}$

0023 $\displaystyle\lim_{x \to \infty} \frac{3x^2-2x}{x+2}$

[0024 ~ 0025] 다음 극한을 조사하시오.

0024 $\displaystyle\lim_{x \to \infty} (x^2-3x+2)$

0025 $\displaystyle\lim_{x \to \infty} (\sqrt{x^2+10x}-x)$

[0026 ~ 0027] 다음 극한값을 구하시오.

0026 $\displaystyle\lim_{x \to 0} \frac{1}{x}\left(1-\frac{1}{x+1}\right)$

0027 $\displaystyle\lim_{x \to 3} \frac{2}{x-3}\left(x-\frac{9}{x}\right)$

01 5 미정계수의 결정

[0028 ~ 0029] 다음 극한값이 존재하도록 하는 상수 a의 값을 구하시오.

0028 $\displaystyle\lim_{x \to 2} \frac{2x+a}{x^2-3x+2}$

0029 $\displaystyle\lim_{x \to 0} \frac{\sqrt{3-x}+a}{x}$

[0030 ~ 0031] 다음 등식이 성립하도록 하는 상수 a, b의 값을 구하시오.

0030 $\displaystyle\lim_{x \to 2} \frac{ax+b}{x-2}=3$

0031 $\displaystyle\lim_{x \to 1} \frac{x-1}{x^2+ax-b}=-1$

01 6 함수의 극한의 대소 관계

0032 함수 $f(x)$가 모든 실수 x에 대하여
$$-x^2+2x-3 \le f(x) \le x^2-2x-1$$
을 만족시킬 때, $\displaystyle\lim_{x \to 1} f(x)$의 값을 구하시오.

0033 함수 $f(x)$가 모든 실수 x에 대하여
$$4x^2-1 \le (x^2+1)f(x) \le 4x^2+5$$
를 만족시킬 때, $\displaystyle\lim_{x \to \infty} f(x)$의 값을 구하시오.

▶ **개념원리** 미적분 I 18쪽, 19쪽

유형 | 01 극한값의 존재

우극한과 좌극한을 각각 구하여 비교하였을 때
① 두 값이 같으면 극한값이 존재한다.
② 두 값이 다르면 극한값이 존재하지 않는다.

0034 대표문제

$0 \leq x \leq 5$에서 함수 $y=f(x)$의 그래프가 오른쪽 그림과 같을 때, 다음 중 극한값이 존재하지 <u>않는</u> 것은?

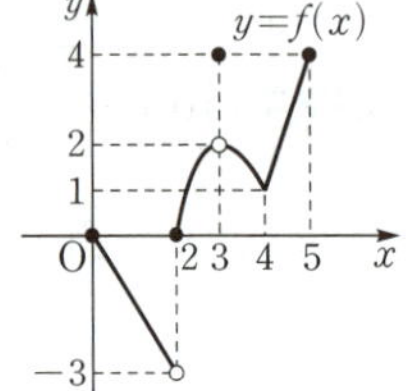

① $\lim\limits_{x \to 0+} f(x)$

② $\lim\limits_{x \to 4+} f(x)$

③ $\lim\limits_{x \to 5-} f(x)$

④ $\lim\limits_{x \to 2} f(x)$

⑤ $\lim\limits_{x \to 3} f(x)$

0035 상중하

다음 중 $\lim\limits_{x \to a} f(x)$의 값이 존재하는 것은?

① 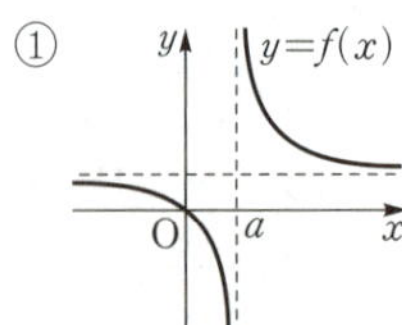   ② 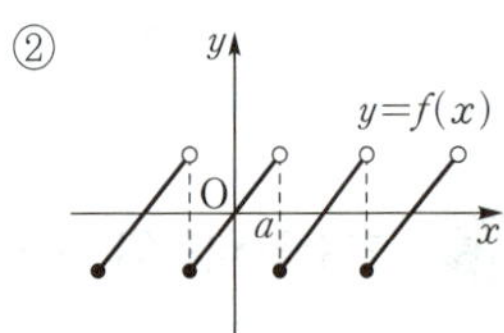

③ 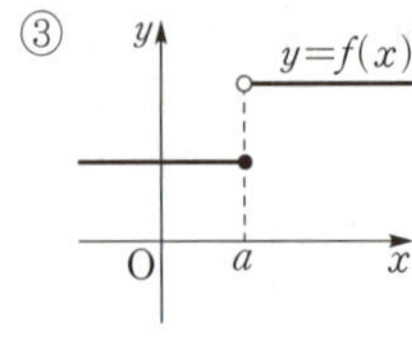   ④ 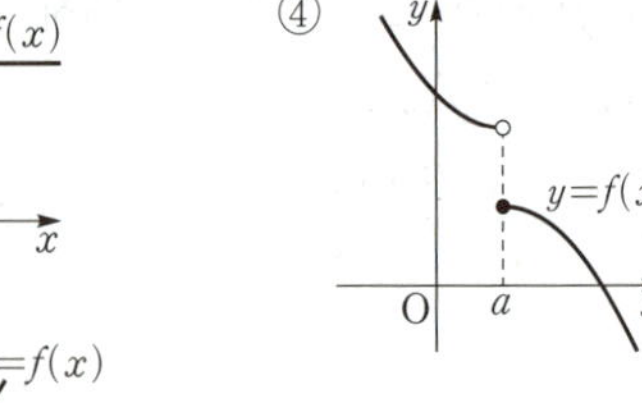

⑤ 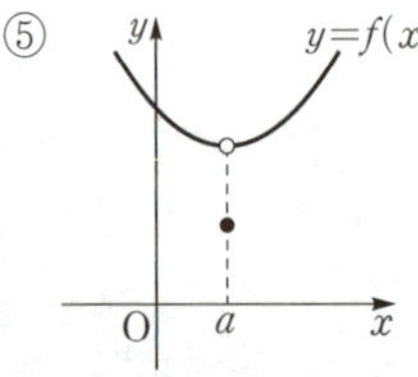

0036 상중하

함수 $y=f(x)$의 그래프가 오른쪽 그림과 같을 때, **보기**에서 극한값이 존재하는 것만을 있는 대로 고르시오.

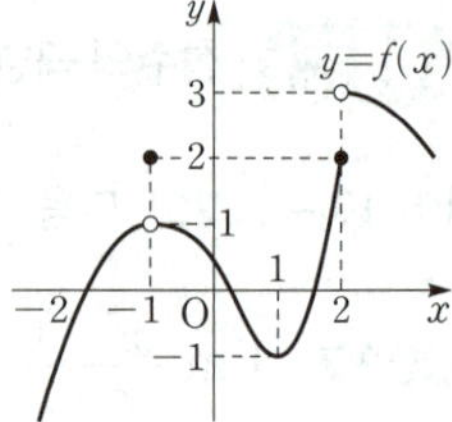

보기

ㄱ. $\lim\limits_{x \to -1} f(x)$ ㄴ. $\lim\limits_{x \to 1} f(x)$ ㄷ. $\lim\limits_{x \to 2} f(x)$

0037 상중하 ◀서술형

함수 $f(x)=\begin{cases} x+k & (x \geq -2) \\ -x^2-4x+3 & (x < -2) \end{cases}$에 대하여

$\lim\limits_{x \to -2} f(x)$의 값이 존재하도록 하는 상수 k의 값을 구하시오.

0038 상중하

보기에서 극한값이 존재하는 것의 개수는?

보기

ㄱ. $\lim\limits_{x \to 0} \left(2 - \dfrac{1}{x} \right)$ ㄴ. $\lim\limits_{x \to 2-} \dfrac{x-2}{|x-2|}$

ㄷ. $\lim\limits_{x \to 3} \dfrac{x-3}{x+3}$ ㄹ. $\lim\limits_{x \to 0} \dfrac{|x|}{x^2}$

① 0   ② 1   ③ 2

④ 3   ⑤ 4

▸ **개념원리** 미적분 I 18쪽, 19쪽

유형 | 02 **극한값 구하기**

$x \longrightarrow a+$이면 $x>a$, $x \longrightarrow a-$이면 $x<a$임에 유의하여 우극한과 좌극한을 구한다.

0039 대표문제

함수 $y=f(x)$의 그래프가 오른쪽 그림과 같을 때,
$$\lim_{x \to -1-} f(x) + \lim_{x \to 0+} f(x) + \lim_{x \to 1} f(x)$$
의 값을 구하시오.

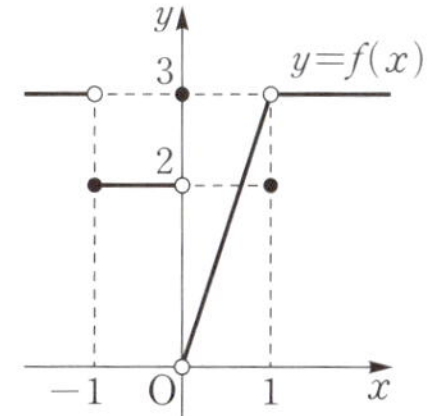

0040 상중하

함수 $f(x)=\begin{cases} -x+1 & (x<0) \\ x(x-1) & (0 \le x < 1) \\ 3 & (x \ge 1) \end{cases}$에 대하여

$\lim\limits_{x \to 0-} f(x) + \lim\limits_{x \to 1+} f(x)$의 값을 구하시오.

0041 상중하

함수 $f(x)=\dfrac{2x^2-3x-2}{|x-2|}$에 대하여 $\lim\limits_{x \to 2+} f(x)=a$,

$\lim\limits_{x \to 2-} f(x)=b$라 할 때, $a-b$의 값을 구하시오.

0042 상중하

다음 중 옳지 <u>않은</u> 것은?

(단, $[x]$는 x보다 크지 않은 최대의 정수이다.)

① $\lim\limits_{x \to 1+} \dfrac{[x]}{x}=1$　　　　② $\lim\limits_{x \to 0+} \dfrac{x+1}{[x+1]}=1$

③ $\lim\limits_{x \to 0-} \dfrac{[x-1]}{x-1}=1$　　　　④ $\lim\limits_{x \to 3} [(x-3)^2]=0$

⑤ $\lim\limits_{x \to \infty} \left[5+\dfrac{2}{x}\right]=5$

▸ **개념원리** 미적분 I 23쪽

유형 | 03 **극한값 구하기; 치환**

$x-a=t$로 놓으면
$$x \longrightarrow a$$일 때 $t \longrightarrow 0$
임을 이용한다.

0043 대표문제

함수 $f(x)$에 대하여 $\lim\limits_{x \to 5} f(x-5)=3$일 때,

$\lim\limits_{x \to 0} \dfrac{1+4f(x)}{2-f(x)}$의 값을 구하시오.

0044 상중하

함수 $f(x)$에 대하여 $\lim\limits_{x \to 0} \dfrac{f(x)}{x}=2$일 때, $\lim\limits_{x \to 3} \dfrac{f(x-3)}{x^2-9}$의

값을 구하시오.

0045 상중하

함수 $y=f(x)$의 그래프가 오른쪽 그림과 같을 때,
$$\lim_{x \to 1-} f(x) + \lim_{x \to 1+} f(1-x)$$
의 값은?

① 1　　　　② 2

③ 3　　　　④ 4

⑤ 5

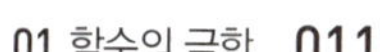

유형 | 04 함수의 극한에 대한 성질

두 함수 $f(x)$, $g(x)$에 대하여
$\lim\limits_{x \to a} \{ f(x) - g(x) \} = L$ (L은 실수)일 때
$f(x) - g(x) = h(x)$로 놓으면
$$g(x) = f(x) - h(x), \quad \lim\limits_{x \to a} h(x) = L$$
임을 이용한다.

0046 대표문제

두 함수 $f(x)$, $g(x)$가
$$\lim\limits_{x \to 1} f(x) = \infty, \quad \lim\limits_{x \to 1} \{ 2f(x) - g(x) \} = 3$$
을 만족시킬 때, $\lim\limits_{x \to 1} \dfrac{f(x) - 3g(x)}{3f(x) - g(x)}$의 값을 구하시오.

0047 상중하

두 함수 $f(x)$, $g(x)$에 대하여
$$\lim\limits_{x \to 1} f(x) = 2, \quad \lim\limits_{x \to 1} g(x) = a$$
일 때, $\lim\limits_{x \to 1} \dfrac{f(x) + 3g(x)}{f(x)g(x) - 4} = \dfrac{1}{2}$을 만족시키는 실수 a의 값을 구하시오.

0048 상중하

함수 $f(x)$에 대하여 $\lim\limits_{x \to 0} \dfrac{f(x)}{x} = 3$일 때, $\lim\limits_{x \to 0} \dfrac{5x - 3f(x)}{7x + f(x)}$의 값을 구하시오.

0049 상중하 서술형

두 함수 $f(x)$, $g(x)$에 대하여
$$\lim\limits_{x \to 2} f(x) = -2, \quad \lim\limits_{x \to 2} \{ 2f(x) + g(x) \} = 6$$
일 때, $\lim\limits_{x \to 2} g(x)$의 값을 구하시오.

0050 상중하

두 함수 $y = f(x)$, $y = g(x)$의 그래프가 다음 그림과 같을 때, **보기**에서 옳은 것만을 있는 대로 고르시오.

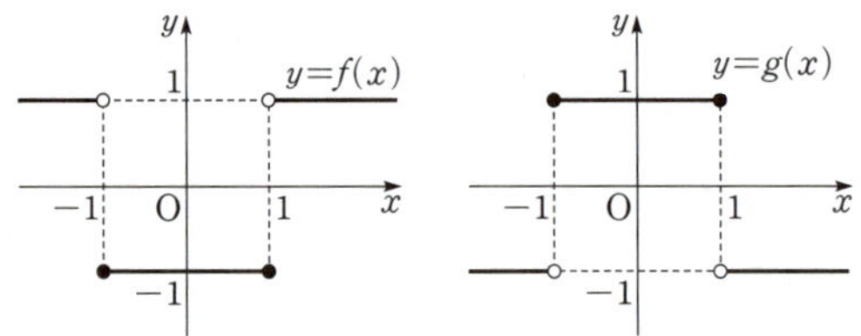

보기

ㄱ. $\lim\limits_{x \to -1+} \{ f(x) + g(x) \} = \lim\limits_{x \to 1-} \{ f(x) + g(x) \}$

ㄴ. $\lim\limits_{x \to -1} f(x)g(x) = \lim\limits_{x \to 1} f(x)g(x)$

ㄷ. $\lim\limits_{x \to 1} f(x)g(x) = f(-1)g(-1)$

0051 상중하

함수의 극한에 대한 설명으로 옳은 것만을 **보기**에서 있는 대로 고른 것은?

보기

ㄱ. $\lim\limits_{x \to a} f(x)$와 $\lim\limits_{x \to a} g(x)$의 값이 모두 존재하지 않으면 $\lim\limits_{x \to a} \{ f(x) + g(x) \}$의 값도 존재하지 않는다.

ㄴ. $\lim\limits_{x \to a} \{ f(x) + g(x) \}$와 $\lim\limits_{x \to a} \{ f(x) - g(x) \}$의 값이 모두 존재하면 $\lim\limits_{x \to a} f(x)$의 값도 존재한다.

ㄷ. $\lim\limits_{x \to a} f(x)$와 $\lim\limits_{x \to a} f(x)g(x)$의 값이 모두 존재하면 $\lim\limits_{x \to a} g(x)$의 값도 존재한다.

① ㄱ   ② ㄴ   ③ ㄱ, ㄴ

④ ㄴ, ㄷ   ⑤ ㄱ, ㄴ, ㄷ

유형 │05 $\dfrac{0}{0}$ 꼴의 극한: 유리식 ▶ 개념원리 미적분 Ⅰ 24쪽

분자, 분모가 모두 다항식인 경우
➡ 분자, 분모를 각각 인수분해하여 약분한다.

0052 대표문제

$\displaystyle\lim_{x\to-2}\dfrac{x^3+8}{2x^2+3x-2}$ 의 값을 구하시오.

0053 상중하

다항함수 $f(x)$에 대하여 $\displaystyle\lim_{x\to1}\dfrac{8(x^4-1)}{(x^2-1)f(x)}=2$일 때, $f(1)$의 값은?

① 8 　　② 16 　　③ 20
④ 40 　　⑤ 80

0054 상중하

두 함수 $f(x)=x+4$, $g(x)=2x$에 대하여
$$\lim_{x\to-2}\dfrac{(f\circ g)(x)}{x^2-2x-8}-\lim_{x\to4}\dfrac{(g\circ f)(x)}{x^2+2x-8}$$
의 값을 구하시오.

0055 상중하

$\displaystyle\lim_{x\to0+}\dfrac{x}{x+|x|}=a$, $\displaystyle\lim_{x\to-1+}\dfrac{x^2+x}{|x^2-1|}=b$라 할 때, ab의 값을 구하시오.

유형 │06 $\dfrac{0}{0}$ 꼴의 극한: 무리식 ▶ 개념원리 미적분 Ⅰ 24쪽

분자 또는 분모가 무리식인 경우
➡ 근호가 있는 쪽을 유리화한다.

0056 대표문제

$\displaystyle\lim_{x\to2}\dfrac{\sqrt{x^2+5}-3}{x-2}$ 의 값은?

① $-\dfrac{2}{3}$ 　　② $-\dfrac{1}{3}$ 　　③ $\dfrac{1}{3}$
④ $\dfrac{2}{3}$ 　　⑤ 1

0057 상중하

$\displaystyle\lim_{x\to0}\dfrac{\sqrt{1-x}-\sqrt{1+x}}{\sqrt{4+x}-\sqrt{4-x}}$ 의 값을 구하시오.

0058 상중하

함수 $f(x)$에 대하여 $\displaystyle\lim_{x\to1}f(x)=3$일 때, $\displaystyle\lim_{x\to1}\dfrac{f(x)(x-1)}{\sqrt{x}-1}$ 의 값은?

① 5 　　② 6 　　③ 7
④ 8 　　⑤ 9

유형 07 $\dfrac{\infty}{\infty}$ 꼴의 극한

분모의 최고차항으로 분자, 분모를 각각 나눈 다음

$$\lim_{x \to \infty} \frac{k}{x^p} = 0 \ (k\text{는 상수, } p\text{는 자연수})$$

임을 이용하여 극한값을 구한다.

0059 대표문제

$\displaystyle\lim_{x \to \infty} \dfrac{\sqrt{x^2+3x}+x}{\sqrt{x^2-1}-\sqrt{3+x}}$ 의 값은?

① $\dfrac{1}{2}$　　　② 1　　　③ $\dfrac{3}{2}$

④ 2　　　⑤ $\dfrac{5}{2}$

0060 상중하

함수 $f(x)=x(x+1)$에 대하여 $\displaystyle\lim_{x \to \infty} \dfrac{f(x+1)-f(x)}{x-1}$의 값을 구하시오.

0061 상중하

$\displaystyle\lim_{x \to -\infty} \dfrac{5-3x^2}{x^2-2x+1} + \lim_{x \to -\infty} \dfrac{\sqrt{x^2+1}-2}{x}$ 의 값을 구하시오.

0062 상중하

함수 $f(x)$에 대하여 $\displaystyle\lim_{x \to \infty} \dfrac{f(x)}{x}=3$일 때,

$\displaystyle\lim_{x \to \infty} \dfrac{3x^2+4f(x)}{2x^2-f(x)}$의 값은?

① 1　　　② $\dfrac{3}{2}$　　　③ 2

④ $\dfrac{5}{2}$　　　⑤ 3

유형 08 $\infty - \infty$, $\infty \times 0$ 꼴의 극한

(1) $\infty - \infty$ 꼴의 극한

① 다항식인 경우 ➡ 최고차항으로 묶는다.

② 무리식인 경우 ➡ 분모를 1로 보고 분자를 유리화한다.

(2) $\infty \times 0$ 꼴의 극한

➡ 통분 또는 유리화하여 $\dfrac{0}{0}$, $\dfrac{\infty}{\infty}$, $\infty \times c$, $\dfrac{c}{\infty}$ 꼴로 변형한다.

0063 대표문제

$\displaystyle\lim_{x \to -\infty} (\sqrt{x^2+2x+3}+x)$의 값은?

① -3　　　② -2　　　③ -1

④ 1　　　⑤ 2

0064 상중하

$\displaystyle\lim_{x \to 1} \dfrac{1}{x-1}\left\{ \dfrac{1}{(x+1)^2} - \dfrac{1}{4} \right\}$의 값을 구하시오.

0065 상중하

$\displaystyle\lim_{x \to -\infty} x^2\left(1+\dfrac{x}{\sqrt{x^2+2}}\right)$의 값을 구하시오.

0066 상중하

$\displaystyle\lim_{x \to \infty} (\sqrt{x^2+ax}-\sqrt{x^2-ax})=3$일 때, 상수 a의 값을 구하시오.

▶ 개념원리 미적분 I 32쪽

유형 | 09 미정계수의 결정

$$\lim_{x \to a} \frac{f(x)}{g(x)} = L \ (L은 \ 실수)이고 \ x \longrightarrow a일 \ 때$$

(1) $g(x) \longrightarrow 0$이면 $f(x) \longrightarrow 0$

(2) $L \neq 0$이고 $f(x) \longrightarrow 0$이면 $g(x) \longrightarrow 0$

0067 대표문제

$\lim\limits_{x \to 1} \dfrac{ax^3+x+b}{x-1} = 7$일 때, 상수 a, b에 대하여 ab의 값은?

① -6 ② -5 ③ -4

④ -3 ⑤ -2

0068 상중하

$\lim\limits_{x \to -1} \dfrac{x^2-1}{3x^2-x-a} = b$일 때, 상수 a, b에 대하여 ab의 값을 구하시오. (단, $b \neq 0$)

0069 상중하

$\lim\limits_{x \to -3} \dfrac{\sqrt{x^2-x-3}+ax}{x+3} = b$일 때, 상수 a, b에 대하여 $a+b$의 값은?

① $\dfrac{1}{6}$ ② $\dfrac{1}{3}$ ③ $\dfrac{1}{2}$

④ $\dfrac{2}{3}$ ⑤ $\dfrac{5}{6}$

0070 상중하

$\lim\limits_{x \to 2} \dfrac{x^2+x-6}{x^2-a}$의 값이 0이 아닌 실수일 때,

$\lim\limits_{x \to 1} \dfrac{x^2-1}{x^2-ax+3}$의 값은? (단, a는 상수이다.)

① -1 ② $-\dfrac{1}{2}$ ③ $\dfrac{1}{2}$

④ 1 ⑤ $\dfrac{3}{2}$

0071 상중하

$\lim\limits_{x \to 2} \dfrac{\sqrt{x+a}-b}{x-2} = \dfrac{1}{4}$일 때, 상수 a, b에 대하여 $a-b$의 값을 구하시오.

0072 상중하

$\lim\limits_{x \to 0} \dfrac{\sqrt{x^2+ax+b}-a}{\sqrt{a+x}-\sqrt{a-x}} = 1$일 때, 상수 a, b에 대하여 $a+b$의 값을 구하시오. (단, $a > 0$, $b > 0$)

0073 상중하 ◀서술형

함수 $f(x) = \dfrac{ax^2+bx+c}{x^2+x-2}$에 대하여

$$\lim_{x \to \infty} f(x) = 1, \quad \lim_{x \to 1} f(x) = -1$$

일 때, $a-b+c$의 값을 구하시오. (단, a, b, c는 상수이다.)

 유형 | **10** 다항함수의 결정

두 다항함수 $f(x)$, $g(x)$에 대하여

(1) $\displaystyle\lim_{x\to\infty}\frac{f(x)}{g(x)}=L$ (L은 0이 아닌 실수)

➡ ($f(x)$의 차수)=($g(x)$의 차수)이고 $f(x)$, $g(x)$의 최고 차항의 계수의 비는 L이다.

(2) $\displaystyle\lim_{x\to a}\frac{f(x)}{g(x)}=M$ (M은 실수)일 때, $\displaystyle\lim_{x\to a}g(x)=0$이면

$$\lim_{x\to a}f(x)=0$$

0074 대표문제

다항함수 $f(x)$가 $\displaystyle\lim_{x\to\infty}\frac{f(x)}{2x^2-1}=2$, $\displaystyle\lim_{x\to-1}\frac{f(x)}{x+1}=-3$을 만족시킬 때, $f(-2)$의 값을 구하시오.

0075 상중하

삼차함수 $f(x)$가 $\displaystyle\lim_{x\to0}\frac{f(x)}{x}=4$, $\displaystyle\lim_{x\to1}\frac{f(x)}{x-1}=-2$를 만족시킬 때, $\displaystyle\lim_{x\to2}\frac{f(x)}{x-2}$의 값을 구하시오.

0076 상중하

다항함수 $f(x)$가 다음 조건을 만족시킬 때, $f(-1)$의 값을 구하시오.

> (가) $\displaystyle\lim_{x\to\infty}\frac{f(x)-2x^3}{x^2}=2$ (나) $\displaystyle\lim_{x\to0}\frac{f(x)}{x}=4$

0077 상중하

$\displaystyle\lim_{x\to1}\frac{f(x)}{x-1}=1$, $\displaystyle\lim_{x\to2}\frac{f(x)}{x-2}=1$을 만족시키는 다항함수 $f(x)$ 중 차수가 가장 낮은 것을 $g(x)$라 할 때, $g(3)$의 값을 구하시오.

유형 | **11** 함수의 극한의 대소 관계

세 함수 $f(x)$, $g(x)$, $h(x)$에 대하여 $f(x)\le h(x)\le g(x)$이고 $\displaystyle\lim_{x\to a}f(x)=\lim_{x\to a}g(x)=L$ (L은 실수)이면

$$\lim_{x\to a}h(x)=L$$

0078 대표문제

함수 $f(x)$가 모든 실수 x에 대하여

$$x^2-x-1<f(x)<x^2-x+1$$

을 만족시킬 때, $\displaystyle\lim_{x\to\infty}\frac{f(x)}{x^2}$의 값은?

① -1 ② 0 ③ 1
④ 2 ⑤ 3

0079 상중하

함수 $f(x)$가 모든 양의 실수 x에 대하여

$$\frac{x+2}{3x+1}<f(x)<\frac{x^2+5x+3}{3x^2+2x+1}$$

을 만족시킬 때, $\displaystyle\lim_{x\to\infty}f(x)$의 값을 구하시오.

0080 상중하

함수 $f(x)$가 모든 양의 실수 x에 대하여

$$3x+2<f(x)<3x+4$$

를 만족시킬 때, $\displaystyle\lim_{x\to\infty}\frac{\{f(x)\}^2}{x^2+1}$의 값을 구하시오.

0081 상중하

두 함수 $f(x)$, $g(x)$가 모든 양의 실수 x에 대하여 다음 조건을 만족시킬 때, $\displaystyle\lim_{x\to\infty}\frac{f(x)}{g(x)}$의 값을 구하시오.

> (가) $3x^2+4x+2\le f(x)+g(x)\le 3x^2+4x+4$
> (나) $x^2+2x\le f(x)-g(x)\le x^2+2x+2$

▶ 개념원리 미적분 Ⅰ 35쪽

유형 12 합성함수의 극한

두 함수 $f(x)$, $g(x)$에 대하여 $\lim\limits_{x \to a+} g(f(x))$의 값은

$f(x) = t$로 놓고 다음을 이용하여 구한다.

(1) $x \to a+$일 때 $t \to b-$이면 $\quad \lim\limits_{x \to a+} g(f(x)) = \lim\limits_{t \to b-} g(t)$

(2) $x \to a+$일 때 $t \to b+$이면 $\quad \lim\limits_{x \to a+} g(f(x)) = \lim\limits_{t \to b+} g(t)$

(3) $x \to a+$일 때 $t = b$이면 $\quad \lim\limits_{x \to a+} g(f(x)) = g(b)$

0082 대표문제

두 함수 $y = f(x)$, $y = g(x)$의 그래프가 다음 그림과 같을 때, $\lim\limits_{x \to 1-} g(f(x)) - \lim\limits_{x \to 0+} f(g(x))$의 값은?

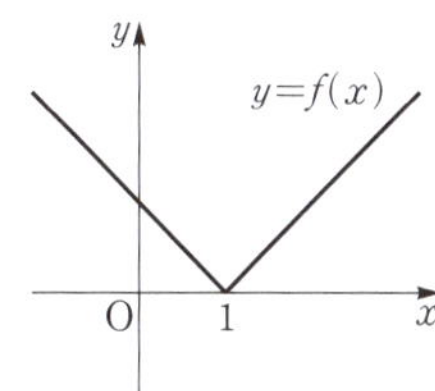 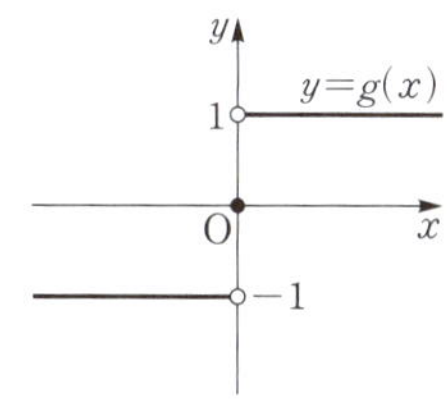

① -2 ② -1 ③ 0

④ 1 ⑤ 2

0083 상중하

함수 $y = f(x)$의 그래프가 오른쪽 그림과 같을 때, **보기**에서 옳은 것만을 있는 대로 고른 것은?

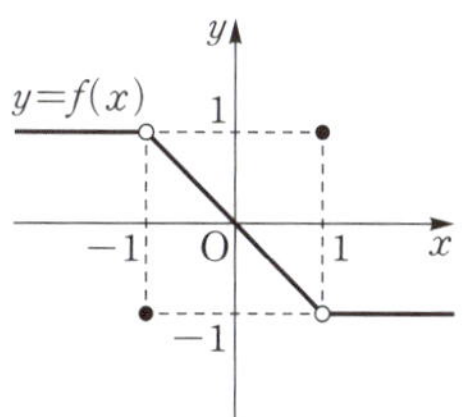

보기

ㄱ. $\lim\limits_{x \to 1-} f(f(x)) = -1$

ㄴ. $\lim\limits_{x \to 1+} f(f(x)) = 1$

ㄷ. $\lim\limits_{x \to -1+} f(f(x)) = -1$

① ㄱ ② ㄴ ③ ㄷ

④ ㄱ, ㄴ ⑤ ㄴ, ㄷ

유형 13 함수의 극한의 활용

선분의 길이, 점의 좌표, 넓이에 대한 함수식을 세우고 함수의 극한의 성질을 이용하여 극한값을 구한다.

0084 대표문제

곡선 $y = x^2$ 위를 움직이는 점 $P(x, y)$ $(x > 0)$와 두 점 $Q(1, 0)$, $R(0, 4)$에 대하여 삼각형 OPQ의 넓이를 $A(x)$, 삼각형 OPR의 넓이를 $B(x)$라 할 때, $\lim\limits_{x \to \infty} \dfrac{A(x)}{xB(x)}$의 값을 구하시오. (단, O는 원점이다.)

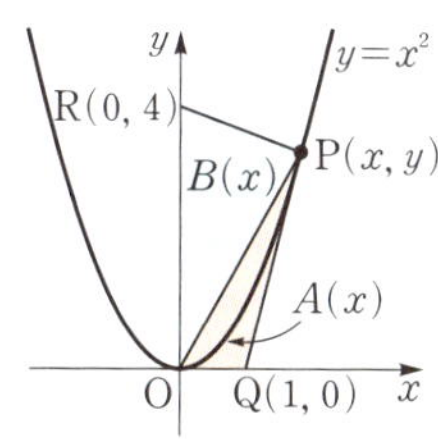

0085 상중하

실수 t에 대하여 중심의 좌표가 $(3, 1)$이고 반지름의 길이가 $\sqrt{10}$인 원이 직선 $y = 3x + t$와 만나는 점의 개수를 $f(t)$라 할 때, $\lim\limits_{t \to -18-} f(t) - \lim\limits_{t \to 2-} f(t) + f(2)$의 값은?

① -3 ② -1 ③ 1

④ 2 ⑤ 3

0086 상중하 서술형

곡선 $y = x^2$ 위를 움직이는 점 $P(t, t^2)$ $(t > 0)$과 $\overline{OP} = \overline{OQ}$를 만족시키는 x축 위의 점 Q에 대하여 직선 PQ의 y절편을 $f(t)$라 하자. 점 P가 원점 O에 한없이 가까워질 때, $f(t)$가 한없이 가까워지는 값을 구하시오.

(단, 점 Q의 x좌표는 양수이다.)

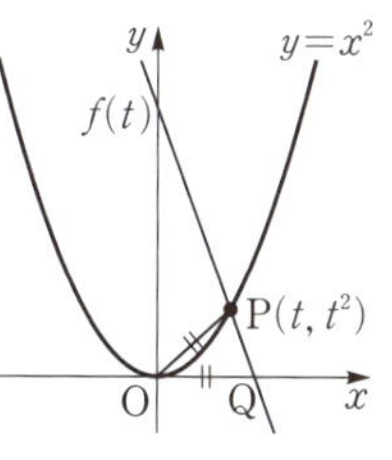

0087 중요★

함수 $f(x)=\begin{cases} x^2+2ax+1 & (x\geq-1) \\ -x^2+3x-a & (x<-1) \end{cases}$ 에 대하여

$\lim\limits_{x\to-1} f(x)$의 값이 존재할 때, $f(-2)+f(2)$의 값은?

(단, a는 상수이다.)

① 10   ② 11   ③ 12

④ 13   ⑤ 14

0088

$x\geq0$에서 함수 $y=f(x)$의 그래프가 오른쪽 그림과 같을 때, 다음 중 옳지 <u>않은</u> 것은?

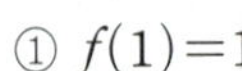

① $f(1)=1$

② $\lim\limits_{x\to1-} f(x)=2$

③ $\lim\limits_{x\to2} f(x)=f(2)$

④ $\lim\limits_{x\to1} f(x)$의 값은 존재하지 않는다.

⑤ $\lim\limits_{x\to3} f(x)$의 값은 존재하지 않는다.

0089

함수 $f(x)=\begin{cases} |x-2| & (x\geq1) \\ -x^2+3 & (x<1) \end{cases}$ 에 대하여

$\lim\limits_{x\to1-} f(x)+\lim\limits_{x\to1+} f(x)+\lim\limits_{x\to3} f(x)$

의 값을 구하시오.

0090

함수 $y=f(x)$의 그래프가 오른쪽 그림과 같을 때, 다음 중 옳은 것은? (단, $[x]$는 x보다 크지 않은 최대의 정수이다.)

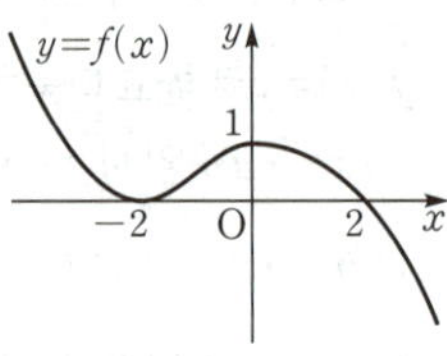

① $\lim\limits_{x\to2+} [f(x)]=0$ ② $\lim\limits_{x\to2-} [f(x)]=1$

③ $\lim\limits_{x\to-2-} [f(x)]=1$ ④ $\lim\limits_{x\to-2+} [f(x)]=0$

⑤ $\lim\limits_{x\to0} [f(x)]=1$

0091

함수 $f(x)$에 대하여 $\lim\limits_{x\to2} \dfrac{f(x-2)}{x-2}=4$일 때,

$\lim\limits_{x\to0} \dfrac{3f(x)-x}{x^2+2f(x)}$의 값은?

① $\dfrac{9}{8}$ ② $\dfrac{5}{4}$ ③ $\dfrac{11}{8}$

④ $\dfrac{3}{2}$ ⑤ $\dfrac{13}{8}$

0092

두 함수 $y=f(x)$, $y=g(x)$의 그래프가 다음 그림과 같을 때, $\lim\limits_{x\to0} f(1+x)g(1-x)$의 값을 구하시오.

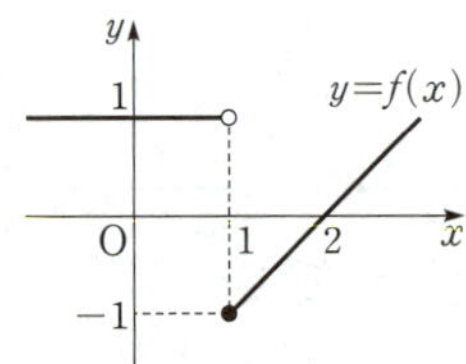 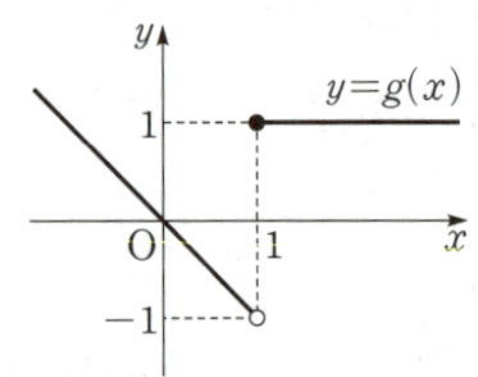

0093 고난도 기출

두 함수 $f(x)$, $g(x)$가

$$\lim_{x \to \infty} \{2f(x) - 3g(x)\} = 1, \quad \lim_{x \to \infty} g(x) = \infty$$

를 만족시킬 때, $\lim_{x \to \infty} \dfrac{4f(x) + g(x)}{3f(x) - g(x)}$의 값은?

① 1   ② 2   ③ 3

④ 4   ⑤ 5

0094

함수의 극한에 대한 설명으로 옳은 것만을 **보기**에서 있는 대로 고른 것은?

보기

ㄱ. $\lim\limits_{x \to a} g(x)$와 $\lim\limits_{x \to a} \dfrac{f(x)}{g(x)}$의 값이 각각 존재하면 $\lim\limits_{x \to a} f(x)$의 값도 존재한다.

ㄴ. $\lim\limits_{x \to a} f(x)$와 $\lim\limits_{x \to a} \dfrac{f(x)}{g(x)}$의 값이 각각 존재하면 $\lim\limits_{x \to a} g(x)$의 값도 존재한다.

ㄷ. $\lim\limits_{x \to a} \{f(x) - g(x)\} = 0$이면 $\lim\limits_{x \to a} f(x) = \lim\limits_{x \to a} g(x) = k$ 이다. (단, k는 실수이다.)

① ㄱ   ② ㄱ, ㄴ   ③ ㄱ, ㄷ

④ ㄴ, ㄷ   ⑤ ㄱ, ㄴ, ㄷ

0095

함수 $f(x) = x^2 - (k+1)x + k$가 $\lim\limits_{x \to 1} \dfrac{f(x)}{x-1} = 5$를 만족시킬 때, 상수 k의 값을 구하시오.

0096

$\lim\limits_{x \to 0} \dfrac{\sqrt{1+x} - \sqrt{1-x}}{x}$의 값을 구하시오.

0097

옳은 것만을 **보기**에서 있는 대로 고른 것은?

보기

ㄱ. $\lim\limits_{x \to \infty} \dfrac{3x+1}{x^2 + 2x - 3} = 3$

ㄴ. $\lim\limits_{x \to \infty} \dfrac{2x^2}{3x^2 - 1} = \dfrac{2}{3}$

ㄷ. $\lim\limits_{x \to -\infty} \dfrac{\sqrt{x^2 + 1} - x}{2x} = -1$

① ㄱ   ② ㄴ   ③ ㄷ

④ ㄱ, ㄴ   ⑤ ㄴ, ㄷ

0098 중요★

$\lim\limits_{x \to \infty} \dfrac{1}{\sqrt{x^2 + 3x + 4} - x}$의 값은?

① $\dfrac{2}{3}$ ② $\dfrac{3}{4}$ ③ 1

④ $\dfrac{4}{3}$ ⑤ $\dfrac{3}{2}$

0099

$\displaystyle\lim_{x \to 0} \dfrac{1}{x}\left(\dfrac{1}{\sqrt{1-x}} - \dfrac{2}{\sqrt{4-x}}\right)$의 값은?

① $\dfrac{1}{8}$ ② $\dfrac{1}{4}$ ③ $\dfrac{3}{8}$

④ $\dfrac{1}{2}$ ⑤ $\dfrac{3}{4}$

0100 중요★

$\displaystyle\lim_{x \to 1} \dfrac{x-1}{x^2+ax+b} = \dfrac{1}{3}$일 때, 상수 a, b에 대하여 ab의 값은?

① -3 ② -2 ③ 1

④ 2 ⑤ 3

0101

$\displaystyle\lim_{x \to 1} \dfrac{a\sqrt{x+1}-b}{x-1} = \sqrt{2}$일 때, 상수 a, b에 대하여 a^2+b^2의 값을 구하시오.

0102

함수 $f(x)$가 모든 실수 x에 대하여
$$|f(x)-3x+1| \le (x-1)^2$$
을 만족시킬 때, $\displaystyle\lim_{x \to 1} f(x)$의 값을 구하시오.

0103

두 함수 $y=f(x)$, $y=g(x)$의 그래프가 다음 그림과 같다. $\displaystyle\lim_{x \to 1-} f(g(x))=a$, $\displaystyle\lim_{x \to 1+} g(f(x))=b$라 할 때, $a+b$의 값을 구하시오.

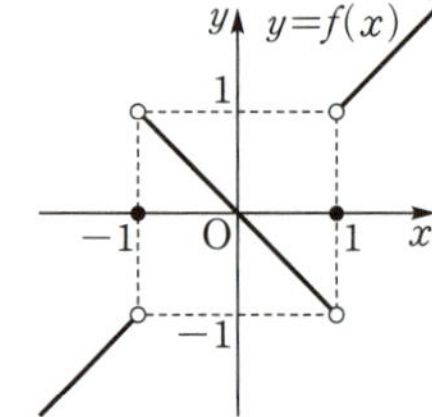
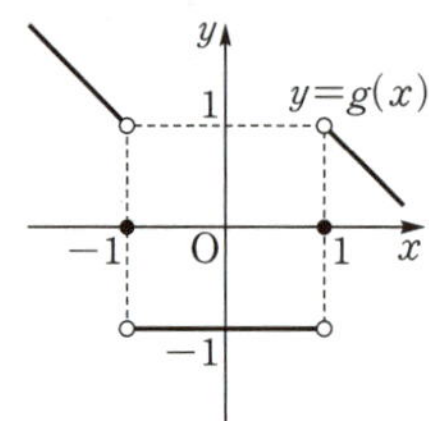

0104

함수 $y=\sqrt{2x}$의 그래프 위의 점 $A(x, \sqrt{2x})$에서 x축에 내린 수선의 발 B에 대하여 $f(x)=\overline{OA}-\overline{OB}$라 할 때, $\displaystyle\lim_{x \to \infty} f(x)$의 값을 구하시오.

(단, O는 원점이다.)

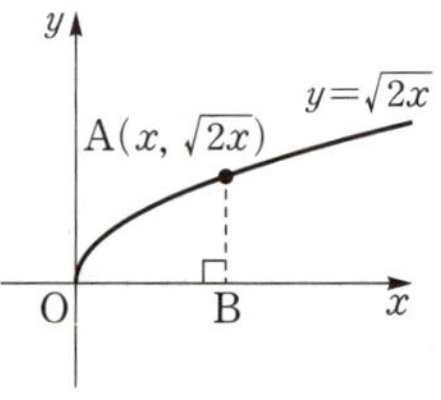

0105

직선 $y=x$ $(x>0)$ 위의 점 $P(a, a)$를 지나고 x축, y축에 각각 평행한 두 직선이 곡선 $y=x^2$과 만나는 점을 각각 Q, R라 할 때, $\displaystyle\lim_{a \to 1} \dfrac{\overline{PR}}{\overline{PQ}}$의 값을 구하시오.

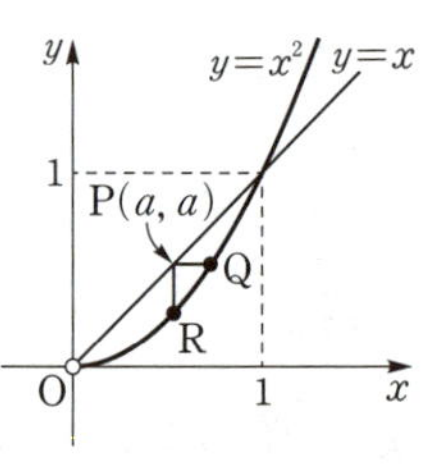

서술형 주관식

0106

두 함수 $f(x)=\dfrac{x^2-5x+1}{2x^2-7x+1}$, $g(x)=\sqrt{9x^2-x}-3x$에 대하여 $\displaystyle\lim_{x\to\infty}f(x)+\lim_{x\to\infty}g(x)$의 값을 구하시오.

0107

$\displaystyle\lim_{x\to\infty}\{\sqrt{x^2+x+1}-(ax-1)\}=b$일 때, 상수 a, b에 대하여 $a+b$의 값을 구하시오.

0108

다항함수 $f(x)$가

$$\lim_{x\to0+}\frac{xf\left(\frac{1}{x}\right)-1}{3-x}=2,\quad \lim_{x\to2}\frac{f(x)}{x^2-3x+2}=a$$

를 만족시킬 때, $f(a)$의 값을 구하시오. (단, a는 실수이다.)

0109

함수 $f(x)$가 모든 실수 x에 대하여

$$x^2-1\leq f(x)\leq 3x^2-4x+1$$

을 만족시킬 때, $\displaystyle\lim_{x\to1}\frac{f(x)}{x-1}$의 값을 구하시오.

실력 Up

0110

다음 중 극한값이 가장 큰 것은?

(단, $[x]$는 x보다 크지 않은 최대의 정수이다.)

① $\displaystyle\lim_{x\to0-}\frac{x}{[x]}$

② $\displaystyle\lim_{x\to0+}\frac{[x]}{x}$

③ $\displaystyle\lim_{x\to0-}\frac{[x-2]}{x-2}$

④ $\displaystyle\lim_{x\to0+}\frac{x+1}{[x+1]}$

⑤ $\displaystyle\lim_{x\to0-}\frac{[x]^2}{[x^2-1]}$

0111 평가원 기출

다음 조건을 만족시키는 모든 다항함수 $f(x)$에 대하여 $f(1)$의 최댓값은?

$$\lim_{x\to\infty}\frac{f(x)-4x^3+3x^2}{x^{n+1}+1}=6,\quad \lim_{x\to0}\frac{f(x)}{x^n}=4$$인 자연수 n이 존재한다.

① 12   ② 13   ③ 14

④ 15   ⑤ 16

0112 교육청 기출

그림과 같이 좌표평면 위의 네 점 $O(0, 0)$, $A(0, 2)$, $B(-2, 2)$, $C(-2, 0)$과 점 $P(t, 0)$ $(t>0)$에 대하여 직선 l이 정사각형 OABC의

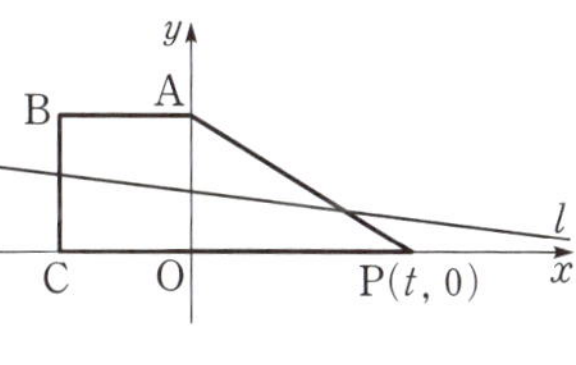

넓이와 직각삼각형 AOP의 넓이를 각각 이등분한다. 양의 실수 t에 대하여 직선 l의 y절편을 $f(t)$라 할 때, $\displaystyle\lim_{t\to0+}f(t)$의 값은?

① $\dfrac{2-\sqrt{2}}{2}$ ② $2-\sqrt{2}$ ③ $\dfrac{2+\sqrt{2}}{4}$

④ 1 ⑤ $\dfrac{2+\sqrt{2}}{3}$

02 함수의 연속

02 | 1 함수의 연속과 불연속　　　　　　유형 01~05, 11

1 함수의 연속: 실수 a에 대하여 함수 $f(x)$가 다음 세 조건을 모두 만족시킬 때, 함수 $f(x)$는 $x=a$에서 **연속**이라 한다.

(ⅰ) 함수 $f(x)$가 $x=a$에서 정의되어 있다.　← 함숫값 존재

(ⅱ) 극한값 $\lim\limits_{x\to a} f(x)$가 존재한다.　← 극한값 존재

(ⅲ) $\lim\limits_{x\to a} f(x)=f(a)$　← (극한값)＝(함숫값)

2 함수의 불연속: 함수 $f(x)$가 $x=a$에서 연속이 아닐 때, 즉 위의 세 조건 중 어느 하나라도 만족시키지 않을 때, 함수 $f(x)$는 $x=a$에서 **불연속**이라 한다.

참고▶ 함수 $f(x)$가 $x=a$에서 불연속인 경우는 다음과 같다.

● 그래프에서 연속·불연속의 의미
　$x=a$에서 그래프가
　① 이어져 있다. ⇨ $x=a$에서 연속
　② 끊어져 있다. ⇨ $x=a$에서 불연속

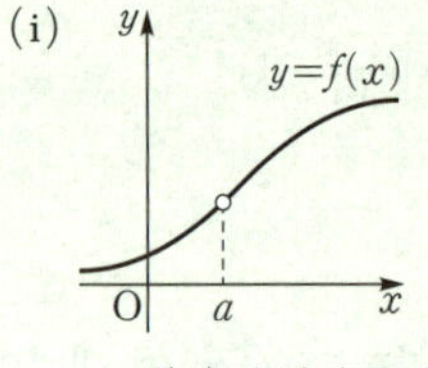

(ⅰ) ⇨ $f(a)$의 값이 존재하지 않는다.

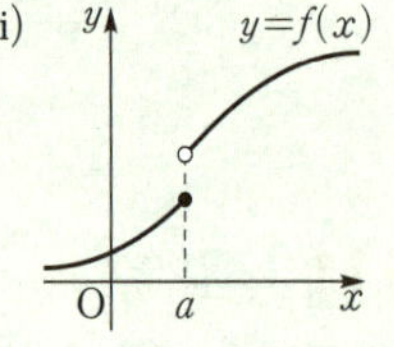

(ⅱ) ⇨ $\lim\limits_{x\to a} f(x)$의 값이 존재하지 않는다.

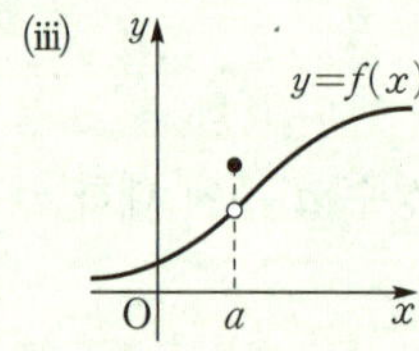

(ⅲ) ⇨ $\lim\limits_{x\to a} f(x)\neq f(a)$

02 | 2 구간

두 실수 a, b $(a<b)$에 대하여 집합

$$\{x|a\leq x\leq b\},\ \{x|a<x<b\},\ \{x|a\leq x<b\},\ \{x|a<x\leq b\}$$

를 **구간**이라 하고, 이것을 기호로 각각 다음과 같이 나타낸다.

$$[a, b],\ (a, b),\ [a, b),\ (a, b]$$

이때 $[a, b]$를 **닫힌구간**, (a, b)를 **열린구간**, $[a, b)$와 $(a, b]$를 **반닫힌구간** 또는 **반열린구간**이라 한다.

참고▶ 집합 $\{x|x\leq a\}$, $\{x|x<a\}$, $\{x|x\geq a\}$, $\{x|x>a\}$도 구간이고, 이것을 기호로 각각

$$(-\infty, a],\ (-\infty, a),\ [a, \infty),\ (a, \infty)$$

　　와 같이 나타낸다.

　　특히 실수 전체의 집합도 하나의 구간이고, 기호로 $(-\infty, \infty)$와 같이 나타낸다.

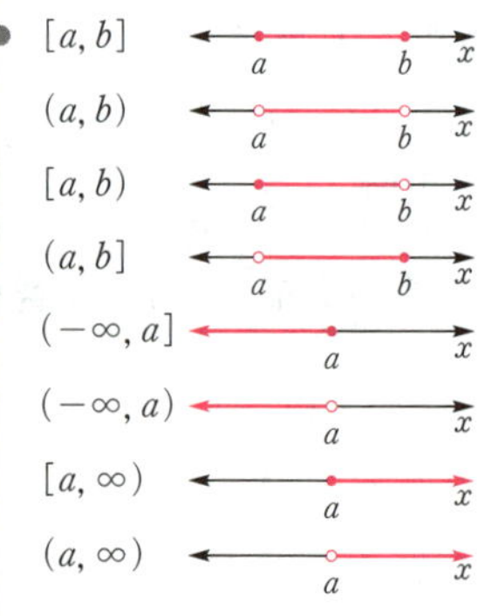

02 | 3 연속함수

함수 $f(x)$가 어떤 구간에 속하는 모든 실수 x에 대하여 연속일 때, $f(x)$는 그 구간에서 연속이라 한다. 또 어떤 구간에서 연속인 함수를 그 구간에서 **연속함수**라 한다.

● 어떤 구간에서 연속인 함수의 그래프는 그 구간에서 이어져 있다.

참고▶ 함수 $f(x)$가

(ⅰ) 열린구간 (a, b)에서 연속이고

(ⅱ) $\lim\limits_{x\to a+} f(x)=f(a)$, $\lim\limits_{x\to b-} f(x)=f(b)$

　　일 때, 함수 $f(x)$는 닫힌구간 $[a, b]$에서 연속이라 한다.

교과서 문제 정복하기

02 | 1 함수의 연속과 불연속

[0113 ~ 0115] 다음 함수 $f(x)$가 $x=0$에서 불연속인 이유를 말하시오.

0113
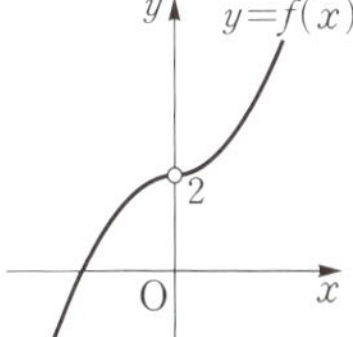

0114
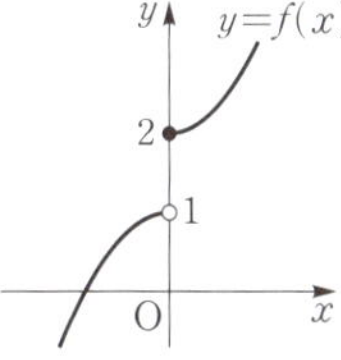

0115
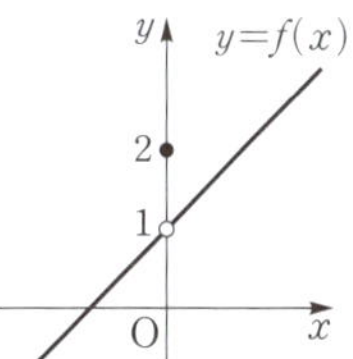

[0116 ~ 0119] 다음 함수가 $x=1$에서 연속인지 불연속인지 조사하시오.

0116 $f(x)=x+1$

0117 $f(x)=|x-1|$

0118 $f(x)=\dfrac{1}{x-1}$

0119 $f(x)=\begin{cases} \dfrac{x^2-x}{x-1} & (x\neq 1) \\ -1 & (x=1) \end{cases}$

02 | 2 구간

[0120 ~ 0125] 다음 집합을 구간의 기호로 나타내시오.

0120 $\{x\,|\,-2\leq x\leq 3\}$

0121 $\{x\,|\,1< x< 5\}$

0122 $\{x\,|\,-3\leq x< 4\}$

0123 $\{x\,|\,-7< x\leq 2\}$

0124 $\{x\,|\,x< 4\}$

0125 $\{x\,|\,x\geq 3\}$

[0126 ~ 0128] 다음 함수의 정의역을 구간의 기호로 나타내시오.

0126 $f(x)=x^2+2x$

0127 $f(x)=\sqrt{3-x}$

0128 $f(x)=\dfrac{1}{x+1}$

02 | 3 연속함수

[0129 ~ 0132] 다음 함수가 연속인 구간을 구하시오.

0129 $f(x)=x+3$

0130 $f(x)=\sqrt{x-1}$

0131 $f(x)=2$

0132 $f(x)=\dfrac{1}{x}$

02|4 연속함수의 성질 유형 06, 07

두 함수 $f(x)$, $g(x)$가 $x=a$에서 연속이면 다음 함수도 $x=a$에서 연속이다.

(1) $cf(x)$ (단, c는 상수이다.)

(2) $f(x)+g(x)$, $f(x)-g(x)$

(3) $f(x)g(x)$

(4) $\dfrac{f(x)}{g(x)}$ (단, $g(a)\neq0$)

참고 ① 상수함수와 함수 $y=x$는 모든 실수에서 연속이므로 연속함수의 성질 (1), (2), (3)에 의하여 다항함수는 모든 실수에서 연속이다.

② 두 다항함수 $f(x)$, $g(x)$에 대하여 함수 $\dfrac{f(x)}{g(x)}$는 연속함수의 성질 (4)에 의하여 $g(x)\neq0$인 모든 실수에서 연속이다.

개념 플러스

● 일반적으로 함수 $f(x)$가 $x=a$에서 연속이고 함수 $g(x)$가 $x=f(a)$에서 연속이면 합성함수 $(g\circ f)(x)$는 $x=a$에서 연속이다.

02|5 최대·최소 정리 유형 08

함수 $f(x)$가 닫힌구간 $[a, b]$에서 연속이면 $f(x)$는 이 구간에서 반드시 최댓값과 최솟값을 갖는다.

이를 **최대·최소 정리**라 한다.

참고 열린구간이나 반닫힌구간에서 정의된 연속함수는 최댓값 또는 최솟값을 갖지 않을 수도 있다.

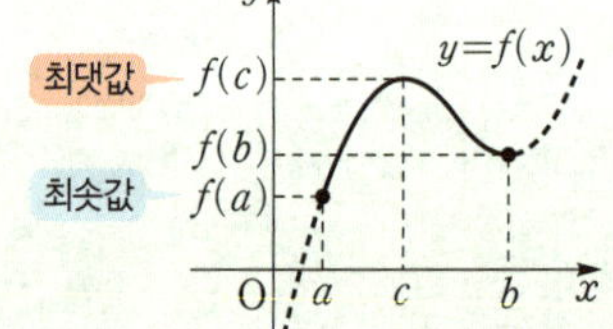

● 함수 $f(x)$가 연속이 아니면 닫힌구간에서도 최댓값 또는 최솟값을 갖지 않을 수 있다. 즉 최대·최소 정리는 연속함수에 대하여 성립한다.

02|6 사잇값 정리 유형 09, 10, 12

1 사잇값 정리

함수 $f(x)$가 닫힌구간 $[a, b]$에서 연속이고 $f(a)\neq f(b)$이면 $f(a)$와 $f(b)$ 사이의 임의의 값 k에 대하여

$$f(c)=k$$

인 c가 열린구간 (a, b)에 적어도 하나 존재한다.

이를 **사잇값 정리**라 한다.

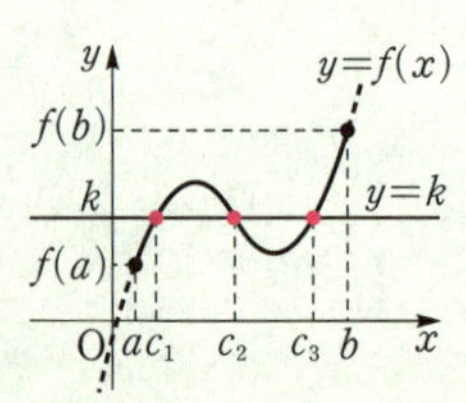

2 사잇값 정리의 활용

함수 $f(x)$가 닫힌구간 $[a, b]$에서 연속이고 $f(a)$와 $f(b)$의 부호가 서로 다르면 방정식 $f(x)=0$은 열린구간 (a, b)에서 적어도 하나의 실근을 갖는다.

$f(a)f(b)<0$

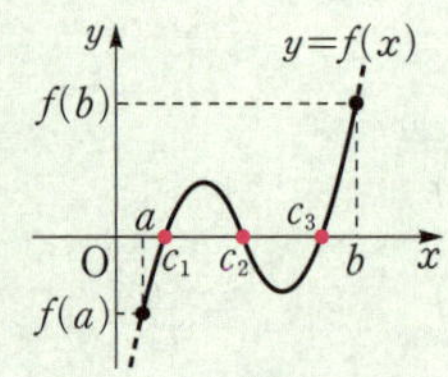

● 사잇값 정리는 함수 $f(x)$가 연속함수일 때, 방정식 $f(x)=0$의 실근의 존재를 확인하는 데 이용할 수 있다.

교과서 문제 정복하기

02 | 4 연속함수의 성질

[0133 ~ 0136] 다음 함수가 연속인 구간을 구하시오.

0133 $y=x^2-2x$

0134 $y=(x+1)(x^2+x-2)$

0135 $y=\dfrac{x-2}{x-3}$

0136 $y=\dfrac{x+1}{x^2-3x+2}$

0137 두 함수 $f(x)=x-2$, $g(x)=x^2+4x-5$에 대하여 다음 함수가 연속인 구간을 구하시오.

(1) $f(x)+g(x)$

(2) $f(x)g(x)$

(3) $\dfrac{f(x)}{g(x)}$

(4) $\dfrac{g(x)}{f(x)}$

02 | 5 최대·최소 정리

[0138 ~ 0140] 주어진 구간에서 다음 함수 $f(x)$의 최댓값과 최솟값을 구하시오.

0138 $f(x)=x^2+2x-1$ $[-2, 0]$

0139 $f(x)=\dfrac{2}{x-1}$ $[2, 4]$

0140 $f(x)=1-\sqrt{x+1}$ $[3, 8]$

02 | 6 사잇값 정리

0141 다음은 함수 $f(x)=x^2-4$에 대하여 $f(c)=-1$을 만족시키는 c가 열린구간 $(-1, 2)$에 적어도 하나 존재함을 증명하는 과정이다. ㈎, ㈏에 알맞은 것을 구하시오.

> **증명**
>
> 함수 $f(x)=x^2-4$는 구간 $(-\infty, \infty)$에서 ㈎ 이므로 닫힌구간 $[-1, 2]$에서도 ㈎ 이다.
> 또 $f(-1)\neq f(2)$이고 $f(-1)<-1<f(2)$, 즉 $-3<-1<0$이므로 ㈏ 에 의하여 $f(c)=-1$을 만족시키는 c가 열린구간 $(-1, 2)$에 적어도 하나 존재한다.

0142 다음은 방정식 $x^3-3x+1=0$이 열린구간 $(0, 1)$에서 적어도 하나의 실근을 가짐을 증명하는 과정이다. ㈎~㈑에 알맞은 것을 구하시오.

> **증명**
>
> $f(x)=x^3-3x+1$이라 하면 함수 $f(x)$는 닫힌구간 $[0, 1]$에서 연속이다.
> 이때 $f(0)=$ ㈎ , $f(1)=$ ㈏ 에서 $f(0)f(1)$ ㈐ 0
> 이므로 사잇값 정리에 의하여 $f(c)=$ ㈑ 인 c가 열린구간 $(0, 1)$에 적어도 하나 존재한다.
> 따라서 방정식 $x^3-3x+1=0$은 열린구간 $(0, 1)$에서 적어도 하나의 실근을 갖는다.

[0143 ~ 0144] 다음 방정식이 열린구간 $(1, 2)$에서 적어도 하나의 실근을 가짐을 보이시오.

0143 $x^3-x^2-2=0$

0144 $x^4+x^3-9x+1=0$

유형 | 01 함수의 연속과 불연속

함수 $f(x)$가 $x=a$에서 연속

➡ $\lim\limits_{x \to a} f(x) = f(a) = k$ (단, k는 실수이다.)

0145 대표문제

모든 실수 x에서 연속인 함수만을 **보기**에서 있는 대로 고르시오.

보기

ㄱ. $f(x) = \begin{cases} \dfrac{x^2-1}{x-1} & (x \neq 1) \\ 2 & (x=1) \end{cases}$

ㄴ. $f(x) = \begin{cases} \dfrac{x}{|x|} & (x \neq 0) \\ 0 & (x=0) \end{cases}$

ㄷ. $f(x) = \dfrac{x^2}{x^2-1}$

ㄹ. $f(x) = \begin{cases} \sqrt{x} & (x > 0) \\ -x & (x \leq 0) \end{cases}$

0146 상중하

다음 중 $x=0$에서 연속인 함수는?

① $f(x) = \dfrac{3}{x} + 1$
② $f(x) = \sqrt{x-1}$
③ $f(x) = \dfrac{1}{x^2}$
④ $f(x) = \begin{cases} x^2+2 & (x \geq 0) \\ -x+2 & (x < 0) \end{cases}$
⑤ $f(x) = \begin{cases} \dfrac{|5x|}{x} & (x \neq 0) \\ 5 & (x=0) \end{cases}$

0147 상중하 서술형

함수 $f(x) = \begin{cases} x+1 & (x \geq 1) \\ 2x^2-2 & (-2 \leq x < 1) \\ -3x & (x < -2) \end{cases}$ 의 연속성을 조사하시오.

유형 | 02 불연속인 x의 값

불연속인 x의 값을 찾을 때에는 다음과 같은 x의 값에서의 연속성을 조사한다.

⑴ 유리함수 ➡ 분모가 0이 되게 하는 x의 값

⑵ 구간별로 다르게 정의된 함수 ➡ 구간의 경계가 되는 x의 값

⑶ $[x]$를 포함한 함수 ➡ 정수인 x의 값

(단, $[x]$는 x보다 크지 않은 최대의 정수이다.)

0148 대표문제

함수 $f(x) = \dfrac{1}{x + \dfrac{1}{x-2}}$ 이 불연속인 x의 개수를 구하시오.

0149 상중하

두 함수 $f(x) = \begin{cases} \dfrac{x-1}{|x-1|} & (x \neq 1) \\ 0 & (x=1) \end{cases}$, $g(x) = 3x^2$에 대하여

함수 $f(g(x))$가 불연속인 모든 x의 값의 곱을 구하시오.

0150 상중하

실수 a에 대하여 이차방정식
$$x^2 - 2(a+1)x - 4a - 7 = 0$$
의 서로 다른 실근의 개수를 $f(a)$라 할 때, 함수 $f(a)$가 불연속인 모든 a의 값의 곱을 구하시오.

0151 상중하

구간 $(0, 5)$에서 함수 $f(x) = [x^2 - 4x + 1]$이 불연속인 x의 개수를 구하시오.

(단, $[x]$는 x보다 크지 않은 최대의 정수이다.)

▶ 개념원리 미적분Ⅰ 44쪽, 45쪽

유형 03 함수의 그래프와 연속

함수 $y=f(x)$의 그래프가 $x=a$에서 끊어져 있다.

➡ $f(x)$는 $x=a$에서 불연속이다.

0152 대표문제

$0<x<4$에서 정의된 함수 $y=f(x)$의 그래프가 오른쪽 그림과 같을 때, 보기에서 옳은 것만을 있는 대로 고른 것은?

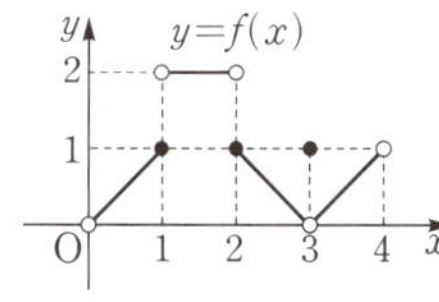

보기

ㄱ. $\lim\limits_{x\to3} f(x)=1$

ㄴ. $x=1$에서 함수 $f(x)$의 극한값은 존재하지 않는다.

ㄷ. 함수 $f(x)$가 불연속인 x의 값은 3개이다.

① ㄴ   ② ㄷ   ③ ㄱ, ㄴ

④ ㄴ, ㄷ   ⑤ ㄱ, ㄴ, ㄷ

0153 상중하

$0<x<4$에서 정의된 함수 $y=f(x)$의 그래프가 다음 그림과 같다. 함수 $f(x)$에서 극한값이 존재하지 않는 x의 개수를 a, 불연속인 x의 개수를 b라 할 때, $a+b$의 값은?

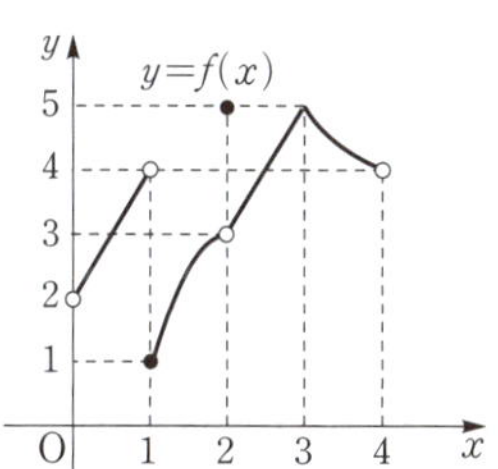

① 2   ② 3   ③ 4

④ 5   ⑤ 6

0154 상중하

구간 $(-2, 2)$에서 정의된 함수 $y=f(x)$의 그래프가 오른쪽 그림과 같을 때, 보기에서 옳은 것만을 있는 대로 고르시오.

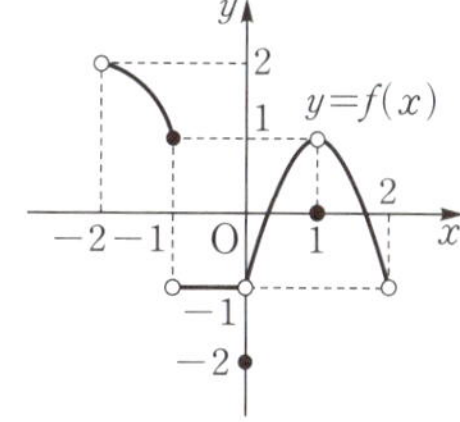

보기

ㄱ. 함수 $f(x)$는 $x=0$에서 연속이다.

ㄴ. $x=-1$에서 함수 $f(x)$의 극한값이 존재한다.

ㄷ. 함수 $f(x)$가 불연속인 x의 값은 3개이다.

0155 상중하

함수 $y=f(x)$의 그래프가 오른쪽 그림과 같을 때, 함수 $f(x)g(x)$가 구간 $[-2, 2]$에서 연속이 되도록 하는 함수 $y=g(x)$의 그래프만을 보기에서 있는 대로 고른 것은?

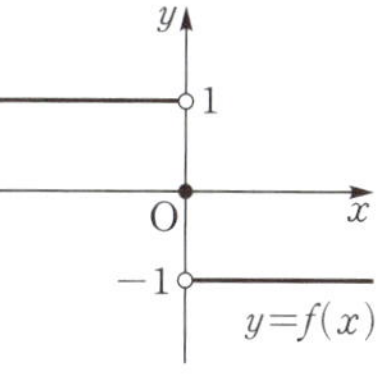

보기

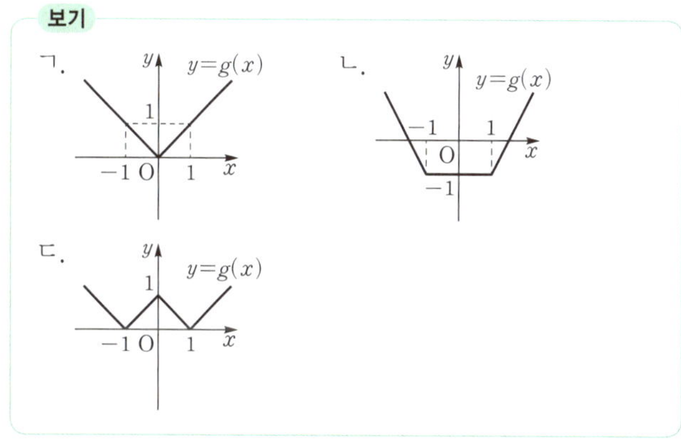

① ㄱ   ② ㄴ   ③ ㄷ

④ ㄱ, ㄷ   ⑤ ㄴ, ㄷ

유형 04 함수가 연속일 조건

$x \neq a$인 모든 실수에서 연속인 함수 $g(x)$에 대하여 함수
$$f(x)=\begin{cases} g(x) & (x \neq a) \\ k & (x=a) \end{cases}$$
가 모든 실수 x에서 연속이려면
$$\lim_{x \to a} g(x)=k$$

0156 대표문제

함수 $f(x)=\begin{cases} \dfrac{x^2+ax-3}{x-1} & (x \neq 1) \\ b & (x=1) \end{cases}$ 가 $x=1$에서 연속일 때,

상수 a, b에 대하여 $a+b$의 값을 구하시오.

0157 상중하

함수 $f(x)=\begin{cases} \dfrac{x^3-8}{x-2} & (x \neq 2) \\ a & (x=2) \end{cases}$ 가 $x=2$에서 연속일 때, 상

수 a의 값을 구하시오.

0158 상중하

함수 $f(x)=\begin{cases} ax+2 & (|x| \geq 3) \\ x^2+x-b & (|x| < 3) \end{cases}$ 가 모든 실수 x에서 연

속이 되도록 하는 상수 a, b에 대하여 $a+b$의 값은?

① 8   ② 9   ③ 10

④ 11   ⑤ 12

0159 상중하

두 함수
$$f(x)=\begin{cases} x^2+1 & (x \geq 1) \\ 2x-1 & (x < 1) \end{cases}, \quad g(x)=\begin{cases} x+k & (x \geq 1) \\ x^2+2 & (x < 1) \end{cases}$$
에 대하여 함수 $f(x)+g(x)$가 모든 실수 x에서 연속일 때,
$g(5)$의 값을 구하시오. (단, k는 상수이다.)

0160 상중하 서술형

함수 $f(x)=\begin{cases} \dfrac{a\sqrt{x+2}-b}{x-2} & (x \neq 2) \\ 1 & (x=2) \end{cases}$ 이 $x=2$에서 연속일 때,

상수 a, b에 대하여 ab의 값을 구하시오.

0161 상중하

함수 $f(x)=[x]^2+(ax+2) \times [x]$가 $x=-1$에서 연속일
때, 상수 a의 값을 구하시오.

(단, $[x]$는 x보다 크지 않은 최대의 정수이다.)

0162 상중하

구간 $[0, 5]$에서
$$f(x)=\begin{cases} 3x-6 & (3 \leq x \leq 5) \\ x^2+ax+b & (0 \leq x < 3) \end{cases}$$
로 정의된 함수 $f(x)$가 모든 실수 x에 대하여
$f(x)=f(x+5)$를 만족시킨다. 함수 $f(x)$가 실수 전체의
집합에서 연속일 때, $f(16)$의 값을 구하시오.

(단, a, b는 상수이다.)

▶ 개념원리 미적분 Ⅰ 47쪽

유형 05 $(x-a)f(x)=g(x)$ 꼴의 함수의 연속

모든 실수 x에서 연속인 두 함수 $f(x)$, $g(x)$가
$(x-a)f(x)=g(x)$를 만족시킬 때

$$f(a)=\lim_{x \to a} \frac{g(x)}{x-a}$$

0163 대표문제

모든 실수 x에서 연속인 함수 $f(x)$가
$$(x-1)f(x)=x^2-4x+a$$
를 만족시킬 때, $f(1)$의 값은? (단, a는 상수이다.)

① -2 ② -1 ③ 0
④ 1 ⑤ 2

0164 상중하

모든 실수 x에서 연속인 함수 $f(x)$가
$$(x-2)f(x)=x^2+2x-8$$
을 만족시킬 때, $f(2)$의 값을 구하시오.

0165 상중하

$x \geq 0$인 모든 실수 x에서 연속인 함수 $f(x)$가
$$(\sqrt{x}-2)f(x)=x\sqrt{x}-8$$
을 만족시킬 때, $f(4)$의 값은?

① 4 ② 8 ③ 12
④ 16 ⑤ 20

0166 상중하 ◀서술형

$x \geq -3$인 모든 실수 x에서 연속인 함수 $f(x)$가
$$(x-1)f(x)=a\sqrt{x+3}+b, \quad f(1)=2$$
를 만족시킬 때, 상수 a, b에 대하여 $a-b$의 값을 구하시오.

▶ 개념원리 미적분 Ⅰ 53쪽

유형 06 연속함수의 성질

두 함수 $f(x)$, $g(x)$가 $x=a$에서 연속이다.

➡ $cf(x)$, $f(x) \pm g(x)$, $f(x)g(x)$, $\dfrac{f(x)}{g(x)}$ $(g(a) \neq 0)$도
$x=a$에서 연속이다.

0167 대표문제

두 함수 $f(x)=x-5$, $g(x)=x^2+3x+5$에 대하여 다음 중 모든 실수 x에서 연속인 함수가 아닌 것은?

① $f(x)-3g(x)$ ② $g(f(x))$ ③ $\dfrac{f(x)}{g(x)}$
④ $\dfrac{g(x)}{f(x)}$ ⑤ $f(x)g(x)$

0168 상중하

실수 전체의 집합에서 정의된 두 함수 $f(x)$, $g(x)$가 $x=a$에서 연속일 때, 다음 중 $x=a$에서 항상 연속인 함수가 아닌 것을 모두 고르면? (정답 2개)

① $2f(x)-g(x)$ ② $f(x)g(x)$ ③ $\dfrac{f(x)}{f(x)-g(x)}$
④ $\{f(x)\}^2$ ⑤ $g(f(x))$

0169 상중하

두 함수 $f(x)+g(x)$, $f(x)g(x)$가 각각 $x=0$에서 연속일 때, $x=0$에서 항상 연속인 함수만을 보기에서 있는 대로 고른 것은?

보기

ㄱ. $f(x)-g(x)$ ㄴ. $\{f(x)\}^2+\{g(x)\}^2$
ㄷ. $\{f(x)\}^3+\{g(x)\}^3$

① ㄴ ② ㄷ ③ ㄱ, ㄴ
④ ㄴ, ㄷ ⑤ ㄱ, ㄴ, ㄷ

유형 | 07 $\dfrac{f(x)}{g(x)}$ 꼴의 함수의 연속

모든 실수 x에서 연속인 함수 $f(x)$에 대하여

(1) 함수 $\dfrac{1}{f(x)}$이 모든 실수 x에서 연속 ➡ $f(x) \neq 0$

(2) 함수 $\sqrt{f(x)}$가 모든 실수 x에서 연속 ➡ $f(x) \geq 0$

0170 대표문제

두 함수 $f(x)=x+1$, $g(x)=x^2-2ax+3$에 대하여 함수 $\dfrac{f(x)}{g(x)}$가 모든 실수 x에서 연속이 되도록 하는 정수 a의 개수를 구하시오.

0171 상중하

두 함수 $f(x)=x^2+2x$, $g(x)=x^3-8$에 대하여 함수 $\dfrac{f(x)}{\sqrt{g(x)}}$가 연속인 구간을 구하시오.

0172 상중하

두 함수 $f(x)=x^2+4x+k^2$, $g(x)=x^2-x-k$에 대하여 두 함수 $\dfrac{1}{f(x)}$, $\sqrt{g(x)}$가 모든 실수 x에서 연속이 되도록 하는 실수 k의 값의 범위는?

① $k<-2$ ② $k\leq-\dfrac{1}{4}$ ③ $k>2$

④ $-2<k\leq-\dfrac{1}{4}$ ⑤ $-\dfrac{1}{4}\leq k<2$

유형 | 08 최대·최소 정리

함수 $f(x)$가 닫힌구간 $[a,\ b]$에서 연속이면 $f(x)$는 이 구간에서 반드시 최댓값과 최솟값을 갖는다.

0173 대표문제

구간 $(-2,\ 3)$에서 정의된 함수 $y=f(x)$의 그래프가 오른쪽 그림과 같을 때, 함수 $f(x)$에 대하여 다음 중 옳지 않은 것은?

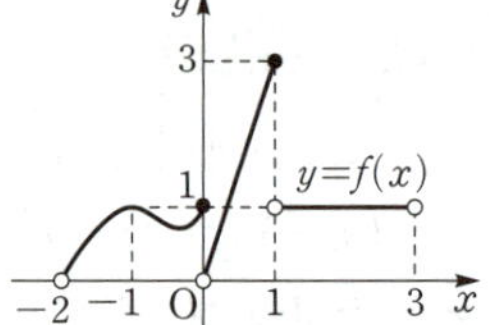

① 불연속인 x의 개수는 2이다.

② $\lim\limits_{x \to -1} f(x)=1$이다.

③ $\lim\limits_{x \to 1} f(x)$의 값은 존재하지 않는다.

④ 구간 $[-1,\ 2]$에서 최솟값을 갖는다.

⑤ 구간 $\left[-\dfrac{3}{2},\ 0\right]$에서 최댓값을 갖는다.

0174 상중하

구간 $[2,\ 4]$에서 함수 $f(x)=\dfrac{2x+1}{x-1}$의 최댓값과 최솟값의 곱을 구하시오.

0175 상중하

구간 $[a,\ b]$에서 연속인 두 함수 $f(x)$, $g(x)$에 대하여 이 구간에서 반드시 최댓값과 최솟값을 갖는 함수만을 **보기**에서 있는 대로 고른 것은?

> **보기**
>
> ㄱ. $f(x)g(x)$ ㄴ. $\dfrac{f(x)}{g(x)}$ ㄷ. $f(g(x))$

① ㄱ   ② ㄷ   ③ ㄱ, ㄴ

④ ㄱ, ㄷ   ⑤ ㄴ, ㄷ

▶ 개념원리 미적분 Ⅰ 55쪽

유형 09 사잇값 정리의 방정식에의 활용 (1)

함수 $f(x)$가 닫힌구간 $[a, b]$에서 연속이고 $f(a)f(b)<0$이면 $f(c)=0$인 c가 열린구간 (a, b)에 적어도 하나 존재한다.

➡ 방정식 $f(x)=0$은 구간 (a, b)에서 적어도 하나의 실근을 갖는다.

0176 대표문제

방정식 $2x^3-x^2-x-1=0$이 오직 하나의 실근을 가질 때, 다음 중 이 방정식의 실근이 존재하는 구간은?

① $(-1, 0)$ ② $(0, 1)$ ③ $(1, 2)$
④ $(2, 3)$ ⑤ $(3, 4)$

0177 상중하

연속함수 $f(x)$에 대하여
$$f(-2)=-2, \ f(-1)=2, \ f(0)=1,$$
$$f(1)=0, \ f(2)=3, \ f(3)=-3$$
일 때, 방정식 $f(x)=0$은 구간 $(-2, 3)$에서 적어도 몇 개의 실근을 갖는지 구하시오.

0178 상중하

구간 $(1, 2)$에서 실근을 갖는 방정식만을 **보기**에서 있는 대로 고르시오.

보기
ㄱ. $x^3+x-5=0$ ㄴ. $x^3-2x=3$
ㄷ. $-x^3+2x+2=0$

0179 상중하 ◀서술형

연속함수 $f(x)$에 대하여 $f(1)=k$, $f(3)=k-5$일 때, 방정식 $f(x)=1$이 구간 $(1, 3)$에서 중근이 아닌 한 실근을 갖도록 하는 모든 정수 k의 값의 합을 구하시오.

유형 10 사잇값 정리의 실생활에의 활용

주어진 상황을 함수로 생각하여 연속인 구간에서 사잇값 정리를 이용한다.

0180 대표문제

다음은 10시부터 12시 30분까지 30분 간격으로 자동차의 속력을 측정한 결과이다. 10시부터 12시 30분 사이에 이 자동차의 속력이 95 km/h인 순간이 k번 있었다고 할 때, k의 최솟값은?

시각	10:00	10:30	11:00	11:30	12:00	12:30
속력 (km/h)	75	87	90	83	98	55

① 1 ② 2 ③ 3
④ 4 ⑤ 5

0181 상중하

2년 전 민국이의 몸무게는 65 kg이었고, 1년 전에는 73 kg이었다. 현재 민국이의 몸무게가 68 kg일 때, 다음 중 지난 2년 동안 민국이의 몸무게에 대한 설명으로 옳지 <u>않은</u> 것은?

① 몸무게가 66 kg인 때가 적어도 한 번 있었다.
② 몸무게가 67 kg인 때가 적어도 두 번 있었다.
③ 몸무게가 69 kg인 때가 적어도 두 번 있었다.
④ 몸무게가 71 kg인 때가 적어도 두 번 있었다.
⑤ 몸무게가 72 kg인 때가 적어도 두 번 있었다.

▶ 개념원리 미적분Ⅰ 45쪽

유형 11 합성함수의 연속과 불연속

실수 전체의 집합에서 정의된 두 함수 $f(x)$, $g(x)$에 대하여 합성함수 $f(g(x))$가 $x=a$에서 연속이다.

➡ $\lim\limits_{x \to a+} f(g(x)) = \lim\limits_{x \to a-} f(g(x)) = f(g(a))$

0182 대표문제

두 함수

$$f(x) = \begin{cases} 3-x & (x \geq 1) \\ x+2 & (x < 1) \end{cases}, \quad g(x) = x^2 + ax$$

에 대하여 합성함수 $g(f(x))$가 실수 전체의 집합에서 연속일 때, 상수 a의 값은?

① -5 ② -4 ③ -3
④ -2 ⑤ -1

0183 상중하 서술형

함수 $y=f(x)$의 그래프가 오른쪽 그림과 같을 때, 합성함수 $(f \circ f)(x)$의 $x=2$에서의 연속성을 조사하시오.

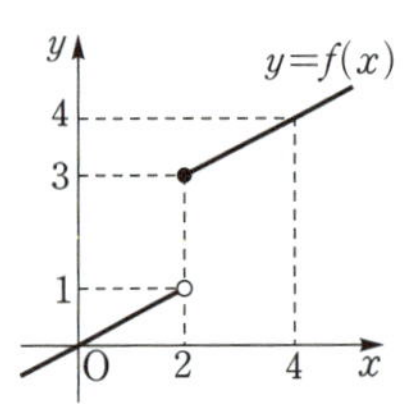

0184 상중하

$-3 \leq x \leq 3$에서 두 함수 $y=f(x)$, $y=g(x)$의 그래프가 다음 그림과 같을 때, $x=0$에서 연속인 함수만을 **보기**에서 있는 대로 고르시오.

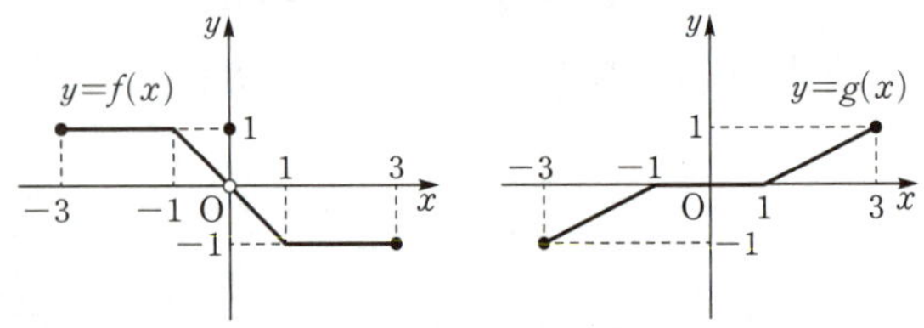

보기

ㄱ. $f(x)g(x)$ ㄴ. $f(g(x))$ ㄷ. $g(f(x))$

유형 12 사잇값 정리의 방정식에의 활용 (2)

주어진 조건을 이용하여 함숫값의 부호를 구하고 사잇값 정리를 이용한다.

0185 대표문제

다항함수 $f(x)$가 다음 조건을 만족시킬 때, 방정식 $f(x)=0$은 구간 $[-1, 2]$에서 적어도 몇 개의 실근을 갖는가?

(단, $ab > 0$)

(가) $\lim\limits_{x \to -1} \dfrac{f(x)}{x+1} = a$ (나) $\lim\limits_{x \to 2} \dfrac{f(x)}{x-2} = b$

① 1개   ② 2개   ③ 3개
④ 4개   ⑤ 5개

0186 상중하

모든 실수 x에서 연속인 함수 $f(x)$가 다음 조건을 만족시킬 때, 방정식 $f(x)=0$은 적어도 k개의 실근을 갖는다. 이때 k의 값을 구하시오.

(가) 모든 실수 x에 대하여 $f(4+x) = f(4-x)$
(나) $f(0)f(3) < 0$
(다) $f(4)f(5) < 0$

0187

다음 중 모든 실수 x에서 연속인 함수는?

① $f(x)=\sqrt{x+1}$

② $f(x)=2-\dfrac{1}{x}$

③ $f(x)=\dfrac{x+3}{x^2-x-2}$

④ $f(x)=\begin{cases} \dfrac{x^3}{|x|} & (x\neq 0) \\ 0 & (x=0) \end{cases}$

⑤ $f(x)=\begin{cases} \dfrac{x^2-x}{|x-1|} & (x\neq 1) \\ 1 & (x=1) \end{cases}$

0188

구간 $\left(-\dfrac{4}{3},\ 1\right)$에서 함수 $f(x)=[3x]$가 불연속이 되는 x의 개수는? (단, $[x]$는 x보다 크지 않은 최대의 정수이다.)

① 3   ② 4   ③ 5
④ 6   ⑤ 7

0189

두 함수 $y=f(x)$, $y=g(x)$의 그래프가 다음 그림과 같을 때, 옳은 것만을 **보기**에서 있는 대로 고르시오.

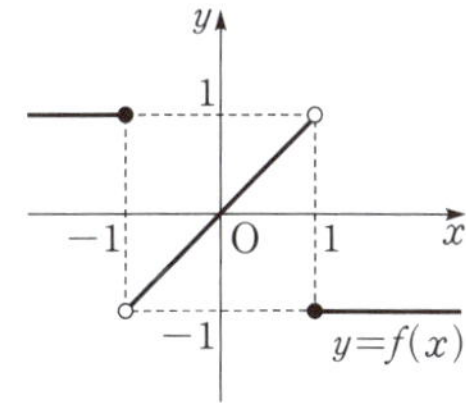 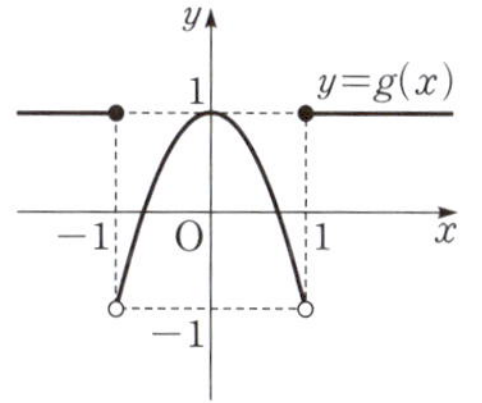

보기

ㄱ. 함수 $f(x)+g(x)$는 $x=-1$에서 연속이다.

ㄴ. 함수 $f(x)-g(x)$는 $x=1$에서 연속이다.

ㄷ. 함수 $f(x)g(x)$는 $x=-1$에서 연속이다.

ㄹ. 함수 $\dfrac{f(x)}{g(x)}$는 $x=1$에서 연속이다.

0190

함수 $f(x)=\begin{cases} 4x & (x\geq a) \\ x^2-5 & (x<a) \end{cases}$ 가 구간 $(-\infty,\ \infty)$에서 연속이 되도록 하는 모든 실수 a의 값의 합을 구하시오.

0191 중요★

함수 $f(x)=\begin{cases} \dfrac{x^2+ax+b}{x+1} & (x\neq -1) \\ 2 & (x=-1) \end{cases}$ 가 $x=-1$에서 연속일 때, 상수 a, b에 대하여 $a+b$의 값을 구하시오.

0192 교육청 기출

다항함수 $f(x)$는 $\displaystyle\lim_{x\to\infty}\dfrac{f(x)}{x^2-3x-5}=2$를 만족시키고, 함수 $g(x)$는

$$g(x)=\begin{cases} \dfrac{1}{x-3} & (x\neq 3) \\ 1 & (x=3) \end{cases}$$

이다. 두 함수 $f(x)$, $g(x)$에 대하여 함수 $f(x)g(x)$가 실수 전체의 집합에서 연속일 때, $f(1)$의 값은?

① 8   ② 9   ③ 10
④ 11   ⑤ 12

0193 중요★

구간 $(-1, 1)$에서 연속인 함수 $f(x)$가
$$(\sqrt{1+x}-\sqrt{1-x})f(x)=x^2-x$$
를 만족시킬 때, $f(0)$의 값은?

① -2 ② -1 ③ 0

④ 1 ⑤ 2

0194

두 함수 $f(x)$, $g(x)$에 대하여 **보기**에서 옳은 것만을 있는 대로 고른 것은?

> **보기**
>
> ㄱ. 두 함수 $f(x)$, $f(x)+g(x)$가 모든 실수 x에서 연속이면 함수 $g(x)$도 모든 실수 x에서 연속이다.
> ㄴ. 함수 $g(f(x))$가 $x=1$에서 연속이면 함수 $f(x)$도 $x=1$에서 연속이다.
> ㄷ. 두 함수 $f(x)$, $g(x)$가 $x=1$에서 연속이면 함수 $f(g(x))$도 $x=1$에서 연속이다.

① ㄱ   ② ㄴ   ③ ㄱ, ㄷ

④ ㄴ, ㄷ   ⑤ ㄱ, ㄴ, ㄷ

0195

함수 $f(x)=\dfrac{5}{x+2}$에 대하여 다음 중 최솟값이 존재하지 <u>않</u>는 구간은?

① $[-5, -2)$ ② $[-4, -3]$ ③ $(-2, 3]$

④ $[1, 4]$ ⑤ $[2, 5]$

0196 중요★

방정식 $x^3+x^2-1=0$이 오직 하나의 실근을 가질 때, 다음 중 이 방정식의 실근이 존재하는 구간은?

① $\left(-1, -\dfrac{1}{2}\right)$ ② $\left(-\dfrac{1}{2}, 0\right)$ ③ $\left(0, \dfrac{1}{2}\right)$

④ $\left(\dfrac{1}{2}, 1\right)$ ⑤ $(1, 2)$

0197

어느 버스가 A 정류장에서 출발하여 B 정류장을 거쳐 C 정류장에 도착하였다. 이 버스가 A 정류장에서 B 정류장까지 갈 때와 B 정류장에서 C 정류장까지 갈 때의 최고 속력이 각각 58 km/h, 68 km/h였다고 할 때, A 정류장에서 C 정류장으로 갈 때까지 속력이 30 km/h인 순간은 적어도 n번이다. 이때 n의 값은? (단, 버스는 각 정류장에서 반드시 정차한다.)

① 1 ② 2 ③ 3

④ 4 ⑤ 5

0198

실수 전체의 집합에서 정의된 함수 $y=f(x)$의 그래프가 오른쪽 그림과 같다. 함수 $g(x)=x^3+ax^2+bx+1$에 대하여 합성함수 $g(f(x))$가 모든 실수 x에서 연속일 때, $g(-1)$의 값을 구하시오. (단, a, b는 상수이다.)

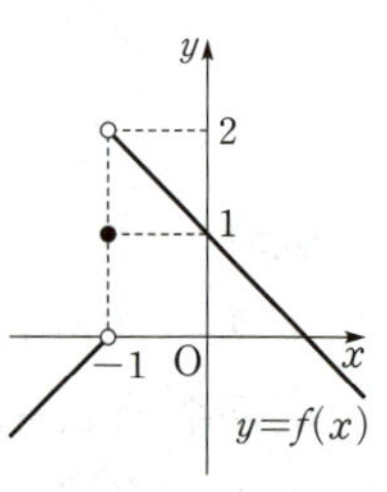

서술형 주관식

0199

함수 $f(x)=\begin{cases} -2x+a & (x<-1) \\ x^2-b & (-1\le x<1) \\ 3x+c & (x\ge 1) \end{cases}$ 가 모든 실수 x에서 연

속이고 $f(0)=-1$일 때, 상수 a, b, c에 대하여 abc의 값을 구하시오.

0200

모든 실수 x에서 연속인 함수 $f(x)$가
$$(x-2)f(x)=ax^2+bx, \quad f(2)=4$$
를 만족시킬 때, 상수 a, b에 대하여 $a+b$의 값을 구하시오.

0201

연속함수 $f(x)$에 대하여
$$f(1)=-5, \ f(2)=-2, \ f(3)=3, \ f(4)=-14$$
일 때, 방정식 $f(x)+3x=0$은 구간 $(1, 4)$에서 적어도 몇 개의 실근을 갖는지 구하시오.

실력 Up

0202

직선 $y=x+k$와 곡선 $y=\sqrt{x-2}$가 만나는 점의 개수를 $f(k)$라 할 때, 함수 $f(k)$가 불연속인 모든 실수 k의 값의 곱을 구하시오.

0203

함수 $f(x)=\begin{cases} x+1 & (x<0) \\ x^2-2x & (x\ge 0) \end{cases}$ 에 대하여 함수

$f(x)f(x-k)$가 $x=k$에서 연속이 되도록 하는 모든 실수 k의 값의 곱을 구하시오. (단, $k\ne 0$)

0204

오른쪽 그림과 같이 네 점 $\mathrm{O}(0, 0)$, $\mathrm{A}(1, 6)$, $\mathrm{B}(9, 0)$, $\mathrm{C}(8, 6)$을 꼭짓점으로 하는 사다리꼴 AOBC가 있다. 사잇값 정리를 이용하여 사다리꼴 AOBC의 넓이를 이등분하고 x축에 평행한 직선이 적어도 하나 존재함을 보이시오.

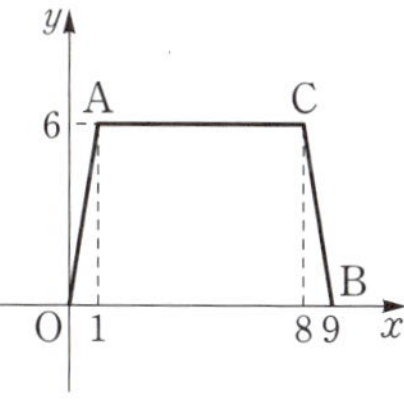

흔히 사람들은
기회를 기다리고 있지만
기회는 기다리는 사람에게
잡히지 않는 법이다.
우리는 기회를
기다리는 사람이 되기 전에
기회를 얻을 수 있는
실력을 갖춰야 한다.

– 도산 안창호 –

Ⅱ

미분

03 미분계수와 도함수

03|1 평균변화율   유형 01, 02, 06

1 증분

함수 $y=f(x)$에서 x의 값이 a에서 b까지 변할 때, y의 값은 $f(a)$에서 $f(b)$까지 변한다.
이때 x의 값의 변화량 $b-a$를 x의 **증분**, y의 값의 변화량 $f(b)-f(a)$를 y의 **증분**이라 하고,
이것을 각각 기호 Δx, Δy와 같이 나타낸다.

● Δ는 차를 뜻하는 Difference의 첫 글자 D에 해당하는 그리스 문자로 '델타(delta)'라 읽는다.

2 평균변화율

함수 $y=f(x)$에서 x의 값이 a에서 b까지 변할 때의 **평균변화율**은

$$\frac{\Delta y}{\Delta x}=\frac{f(b)-f(a)}{b-a}=\frac{f(a+\Delta x)-f(a)}{\Delta x}$$

3 평균변화율의 기하적 의미

함수 $y=f(x)$에서 x의 값이 a에서 b까지 변할 때의 평균변화율은
$y=f(x)$의 그래프 위의 두 점 $(a, f(a))$, $(b, f(b))$를 지나는 직선의 기울기와 같다.

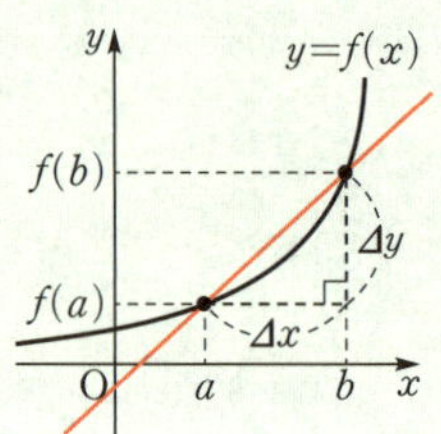

03|2 미분계수   유형 02~06, 10, 11, 15

1 미분계수

함수 $y=f(x)$의 $x=a$에서의 **미분계수** 또는 **순간변화율**은

$$f'(a)=\lim_{\Delta x\to 0}\frac{f(a+\Delta x)-f(a)}{\Delta x}=\lim_{x\to a}\frac{f(x)-f(a)}{x-a}$$

● 미분계수 $f'(a)$는 'f 프라임(prime) a'라 읽는다.

참고▶ ① 미분계수의 정의에서 Δx 대신 h를 사용하여

$$f'(a)=\lim_{h\to 0}\frac{f(a+h)-f(a)}{h}$$

와 같이 나타낼 수도 있다.

② $\displaystyle\lim_{h\to 0}\frac{f(a+kh)-f(a)}{lh}=\lim_{h\to 0}\frac{f(a+kh)-f(a)}{kh}\times\frac{k}{l}=\frac{k}{l}f'(a)$

2 미분계수의 기하적 의미

함수 $y=f(x)$의 $x=a$에서의 미분계수 $f'(a)$는 곡선 $y=f(x)$ 위의
점 $(a, f(a))$에서의 접선의 기울기와 같다.

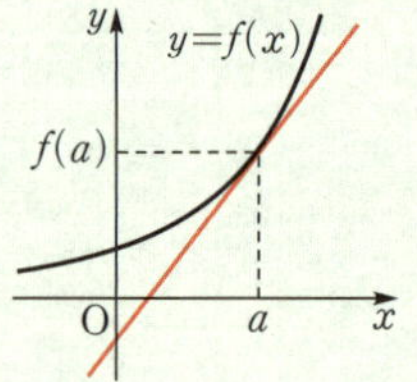

03|3 미분가능성과 연속성   유형 07, 13

1 함수 $f(x)$의 $x=a$에서의 미분계수 $f'(a)$가 존재할 때, 함수 $f(x)$는 $x=a$에서 **미분가능**하다고 한다.

● 함수 $f(x)$가 $x=a$에서 미분가능하지 않은 경우
① $x=a$에서 불연속인 경우
② $x=a$에서 그래프가 꺾이는 경우

2 함수 $f(x)$가 $x=a$에서 미분가능하면 $f(x)$는 $x=a$에서 연속이다.

그러나 그 역은 성립하지 않는다. 즉 함수 $f(x)$가 $x=a$에서 연속이라고 해서 반드시 $x=a$에서 미분가능한 것은 아니다.

예 함수 $f(x)=|x|$는 $x=0$에서 연속이지만 미분가능하지 않다.

교과서 **문제** 정복하기

03 | **1** 평균변화율

[0205 ~ 0208] 다음 함수에서 x의 값이 0에서 2까지 변할 때의 평균변화율을 구하시오.

0205 $f(x)=3x+1$

0206 $f(x)=x^2$

0207 $f(x)=3x^3-4$

0208 $f(x)=(x-3)^2$

0209 함수 $f(x)=-x^2+2$에서 x의 값이 다음과 같이 변할 때의 평균변화율을 구하시오.

(1) 1에서 4까지 변할 때

(2) 3에서 $3+\varDelta x$까지 변할 때

(3) a에서 $a+\varDelta x$까지 변할 때

03 | **2** 미분계수

[0210 ~ 0213] 다음 함수의 $x=2$에서의 미분계수를 구하시오.

0210 $f(x)=3x$

0211 $f(x)=-2x+5$

0212 $f(x)=x^2-2$

0213 $f(x)=(x+3)^2$

[0214 ~ 0215] 다음 함수의 $x=a$에서의 미분계수가 6일 때, 양수 a의 값을 구하시오.

0214 $f(x)=x^2-2x$

0215 $f(x)=2x^3+3$

[0216 ~ 0218] 함수 $f(x)$에 대하여 $f'(a)=3$일 때, 다음 극한값을 구하시오.

0216 $\displaystyle\lim_{h\to 0}\frac{f(a-h)-f(a)}{h}$

0217 $\displaystyle\lim_{h\to 0}\frac{f(a+2h)-f(a)}{3h}$

0218 $\displaystyle\lim_{x\to a}\frac{f(x)-f(a)}{x^2-a^2}\ (a\neq 0)$

[0219 ~ 0221] 다음 함수 $f(x)$에 대하여 곡선 $y=f(x)$ 위의 주어진 점에서의 접선의 기울기를 구하시오.

0219 $f(x)=2x^2-3\ \ (1,\ -1)$

0220 $f(x)=x^2-2x-5\ \ (0,\ -5)$

0221 $f(x)=-x^3-x+7\ \ (-1,\ 9)$

03 | **3** 미분가능성과 연속성

0222 함수 $f(x)=|x-2|$에 대하여 다음 물음에 답하시오.

(1) $x=2$에서의 연속성을 조사하시오.

(2) $x=2$에서의 미분가능성을 조사하시오.

0223 함수 $f(x)=\begin{cases} 2x^3 & (x\geq 1) \\ 6x-4 & (x<1) \end{cases}$에 대하여 다음 물음에 답하시오.

(1) $x=1$에서의 연속성을 조사하시오.

(2) $x=1$에서의 미분가능성을 조사하시오.

03 | 4　도함수

1 도함수

미분가능한 함수 $y=f(x)$의 정의역의 각 원소 x에 미분계수 $f'(x)$를 대응시키면 새로운 함수

$$f'(x)=\lim_{\Delta x \to 0} \frac{f(x+\Delta x)-f(x)}{\Delta x}$$

를 얻는다. 이 함수 $f'(x)$를 함수 $f(x)$의 **도함수**라 하고, 기호로

$$f'(x), \quad y', \quad \frac{dy}{dx}, \quad \frac{d}{dx}f(x)$$

와 같이 나타낸다.

참고▶ 도함수의 정의에서 Δx 대신 h를 사용하여

$$f'(x)=\lim_{h \to 0} \frac{f(x+h)-f(x)}{h}$$

와 같이 나타낼 수도 있다.

2 미분법

함수 $f(x)$에서 도함수 $f'(x)$를 구하는 것을 $f(x)$를 x에 대하여 미분한다고 하고, 그 계산법을 미분법이라 한다.

- 함수 $f(x)$의 $x=a$에서의 미분계수 $f'(a)$는 도함수 $f'(x)$의 식에 $x=a$를 대입한 값이다.

- $\dfrac{dy}{dx}$ 는 y를 x에 대하여 미분한다는 뜻으로 '디와이(dy) 디엑스(dx)'라 읽는다.

03 | 5　함수 $y=x^n$과 상수함수의 도함수　유형 08~16

1 $y=x^n$ (n은 양의 정수) $\Rightarrow y'=nx^{n-1}$

2 $y=c$ (c는 상수) $\Rightarrow y'=0$

$$(x^n)' = nx^{n-1}$$

- $x^0=1$이므로 $y=x$의 도함수는
$$y'=1\times x^0=1$$

03 | 6　함수의 미분법　유형 08~16

1 함수의 실수배, 합, 차의 미분법

두 함수 $f(x)$, $g(x)$가 미분가능할 때

(1) $y=cf(x)$ (c는 상수) $\Rightarrow y'=cf'(x)$

(2) $y=f(x)+g(x) \Rightarrow y'=f'(x)+g'(x)$

(3) $y=f(x)-g(x) \Rightarrow y'=f'(x)-g'(x)$

2 함수의 곱의 미분법

세 함수 $f(x)$, $g(x)$, $h(x)$가 미분가능할 때

(1) $y=f(x)g(x) \Rightarrow y'=f'(x)g(x)+f(x)g'(x)$

(2) $y=f(x)g(x)h(x) \Rightarrow y'=f'(x)g(x)h(x)+f(x)g'(x)h(x)+f(x)g(x)h'(x)$

참고▶ 함수 $f(x)$가 미분가능할 때

$$y=\{f(x)\}^n \text{ (n은 양의 정수)} \Rightarrow y'=n\{f(x)\}^{n-1}\times f'(x)$$

- (2), (3)은 세 개 이상의 함수에서도 성립한다.
  즉 세 함수 $f(x)$, $g(x)$, $h(x)$가 미분가능할 때,
  $y=f(x)\pm g(x)\pm h(x)$이면
  $$y'=f'(x)\pm g'(x)\pm h'(x)$$
  (복호동순)

- 곱의 꼴로 나타내어진 함수는 전개하지 않고 곱의 미분법을 이용하여 미분할 수 있다.

교과서 문제 정복하기

03 | 4 도함수

[0224 ~ 0226] 도함수의 정의를 이용하여 다음 함수 $f(x)$의 도함수 $f'(x)$를 구하시오.

0224 $f(x)=2$

0225 $f(x)=2x+1$

0226 $f(x)=x^2-1$

0227 미분가능한 함수 $f(x)$에 대하여 도함수 $f'(x)$와 같은 것만을 **보기**에서 있는 대로 고르시오.

보기

ㄱ. $\displaystyle\lim_{h\to 0}\frac{f(x+h)-f(x)}{h}$ ㄴ. $\displaystyle\lim_{\Delta x\to 0}\frac{f(1+\Delta x)-f(1)}{\Delta x}$

ㄷ. $\displaystyle\lim_{t\to x}\frac{f(t)-f(x)}{t-x}$ ㄹ. $\displaystyle\lim_{\Delta x\to 0}\frac{f(x)-f(\Delta x)}{\Delta x}$

03 | 5 함수 $y=x^n$과 상수함수의 도함수

[0228 ~ 0230] 다음 함수를 미분하시오.

0228 $y=x^3$

0229 $y=x^5$

0230 $y=-8$

03 | 6 함수의 미분법

[0231 ~ 0233] 다음 함수를 미분하시오.

0231 $y=\dfrac{1}{2}x^4+x^2$

0232 $y=-3x^2+9x+10$

0233 $y=2x^3-x^2+4x-1$

0234 두 함수 $f(x)$, $g(x)$에 대하여
$$f(1)=-1,\ f'(1)=3,\ g(1)=2,\ g'(1)=-2$$
일 때, 다음 함수의 $x=1$에서의 미분계수를 구하시오.

(1) $f(x)+g(x)$ (2) $2f(x)-g(x)$

(3) $f(x)g(x)$ (4) $\{f(x)\}^2$

[0235 ~ 0238] 다음 함수를 미분하시오.

0235 $y=x(3x+2)$

0236 $y=(x-4)(3x-1)$

0237 $y=-x^2(2x-3)$

0238 $y=(x^2-3)(x+4)$

[0239 ~ 0240] 다음 함수를 미분하시오.

0239 $y=x(x-1)(x-2)$

0240 $y=(x-5)(2x+4)(-x+1)$

[0241 ~ 0243] 다음 함수를 미분하시오.

0241 $y=(3x+4)^2$

0242 $y=(2x-5)^3$

0243 $y=(x^2+1)(2x+1)^2$

유형 01 평균변화율

함수 $y=f(x)$에서 x의 값이 a에서 b까지 변할 때의 평균변화율

➡ $\dfrac{\varDelta y}{\varDelta x}=\dfrac{f(b)-f(a)}{b-a}$

0244 대표문제

함수 $f(x)=x^3-2x+5$에 대하여 x의 값이 1에서 a까지 변할 때의 평균변화율이 5일 때, 상수 a의 값을 구하시오.

(단, $a>1$)

0245 상중하

함수 $f(x)=x^2$에 대하여 x의 값이 1에서 $1+h$까지 변할 때의 평균변화율이 3일 때, 양수 h의 값을 구하시오.

0246 상중하

함수 $f(x)=x^2-3x+a$에 대하여 x의 값이 1에서 a까지 변할 때의 평균변화율이 $2a-7$일 때, 상수 a의 값을 구하시오.

0247 상중하

이차함수 $y=f(x)$의 그래프가 오른쪽 그림과 같고 직선 AB의 기울기가 2일 때, x의 값이 0에서 2까지 변할 때의 함수 $f(x)$의 평균변화율을 구하시오. (단, $y=f(x)$의 그래프의 축은 직선 $x=2$이다.)

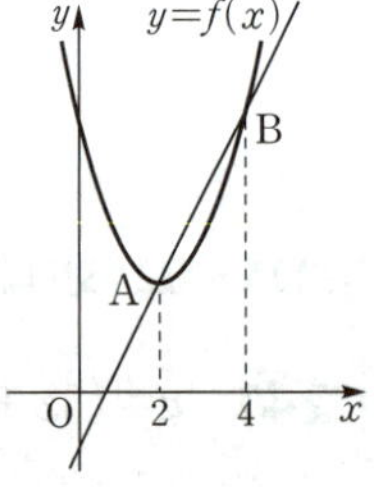

유형 02 평균변화율과 미분계수

(1) 함수 $y=f(x)$에서 x의 값이 a에서 b까지 변할 때의 평균변화율은

$\dfrac{\varDelta y}{\varDelta x}=\dfrac{f(b)-f(a)}{b-a}$

(2) 함수 $y=f(x)$의 $x=a$에서의 미분계수 또는 순간변화율은

$f'(a)=\lim\limits_{h\to 0}\dfrac{f(a+h)-f(a)}{h}$

0248 대표문제

함수 $f(x)=x^2-2x$에 대하여 x의 값이 -1에서 4까지 변할 때의 평균변화율과 $x=a$에서의 미분계수가 같을 때, 상수 a의 값을 구하시오.

0249 상중하

함수 $f(x)=x^3-1$에 대하여 x의 값이 1에서 k까지 변할 때의 평균변화율과 $x=\sqrt{7}$에서의 순간변화율이 같을 때, 상수 k의 값을 구하시오. (단, $k>1$)

0250 상중하 ◀서술형

함수 $f(x)=ax^2+2x$에 대하여 x의 값이 a에서 $2a$까지 변할 때의 평균변화율과 $x=1$에서의 미분계수가 같을 때, 양수 a의 값을 구하시오.

0251 상중하

다항함수 $f(x)$에 대하여 $f(1)=3$이고 x의 값이 1에서 k까지 변할 때의 평균변화율이 $-k$일 때, $x=-1$에서의 미분계수를 구하시오. (단, $k\neq1$)

▶ 개념원리 미적분 I 62쪽

유형 03 미분계수를 이용한 극한값의 계산
$$; \lim_{h \to 0} \frac{f(a+h)-f(a)}{h} \text{의 꼴}$$

함수 $y=f(x)$의 $x=a$에서의 미분계수는

$$f'(a)=\lim_{h \to 0} \frac{f(a+h)-f(a)}{h}$$

➡ 주어진 식을 $\lim_{\blacksquare \to 0} \dfrac{f(a+\blacksquare)-f(a)}{\blacksquare}$ 꼴을 포함한 식으로 변형한다.

0252 대표문제

다항함수 $f(x)$에 대하여 $f'(2)=6$일 때,
$\lim_{h \to 0} \dfrac{f(2+h)-f(2-h)}{3h}$ 의 값을 구하시오.

0253 상중하

다항함수 $f(x)$에 대하여 $f'(1)=3$이고
$\lim_{h \to 0} \dfrac{f(1+kh)-f(1)}{h}=6$일 때, 상수 k의 값을 구하시오.

0254 상중하

다항함수 $f(x)$에 대하여 $\lim_{h \to 0} \dfrac{f(a+2h)-f(a-3h)}{h}$ 의 값을 $f'(a)$를 이용하여 나타내면?

① $-5f'(a)$ ② $-f'(a)$ ③ $f'(a)$
④ $3f'(a)$ ⑤ $5f'(a)$

0255 상중하

다항함수 $f(x)$에 대하여 $f'(a)=-3$일 때,
$\lim_{h \to 0} \dfrac{f(a+3h)-f(a+h^2)}{h}$ 의 값을 구하시오.

▶ 개념원리 미적분 I 63쪽

유형 04 미분계수를 이용한 극한값의 계산
$$; \lim_{x \to a} \frac{f(x)-f(a)}{x-a} \text{의 꼴}$$

함수 $y=f(x)$의 $x=a$에서의 미분계수는

$$f'(a)=\lim_{x \to a} \frac{f(x)-f(a)}{x-a}$$

➡ 주어진 식을 $\lim_{\blacksquare \to \bullet} \dfrac{f(\blacksquare)-f(\bullet)}{\blacksquare-\bullet}$ 꼴을 포함한 식으로 변형한다.

0256 대표문제

다항함수 $f(x)$에 대하여 $f'(1)=2$일 때,
$\lim_{x \to 1} \dfrac{f(x^3)-f(1)}{x-1}$ 의 값을 구하시오.

0257 상중하

다항함수 $f(x)$에 대하여 $\lim_{x \to 3} \dfrac{f(x)-f(3)}{x-3}=1$일 때,
$\lim_{h \to 0} \dfrac{f(3+3h)-f(3)}{h}$ 의 값을 구하시오.

0258 상중하

다항함수 $f(x)$에 대하여 $f(-1)=3$, $f'(-1)=-2$일 때,
$\lim_{x \to -1} \dfrac{f(x)+xf(-1)}{x^2+3x+2}$ 의 값은?

① -5 ② -3 ③ -1
④ 1 ⑤ 5

0259 상중하

다항함수 $f(x)$에 대하여 $f(1)=9$, $f'(1)=6$일 때,
$\lim_{x \to 1} \dfrac{\sqrt{f(x)}-3}{\sqrt{x}-1}$ 의 값을 구하시오. (단, $f(x)>0$)

유형 | 05 관계식이 주어진 경우 미분계수 구하기

미분가능한 함수 $f(x)$에 대하여 $f(x+y)$에 대한 관계식이 주어지면 $f'(a)=\lim\limits_{h\to 0}\dfrac{f(a+h)-f(a)}{h}$의 $f(a+h)$에 주어진 관계식을 대입하여 $f'(a)$의 값을 구한다.

0260 대표문제

미분가능한 함수 $f(x)$가 모든 실수 x, y에 대하여
$$f(x+y)=f(x)+f(y)-1$$
을 만족시키고 $f'(2)=1$일 때, $f'(1)$의 값은?

① 1 　　　　② 2 　　　　③ 3
④ 4 　　　　⑤ 5

0261 상중하

미분가능한 함수 $f(x)$가 모든 실수 x, y에 대하여
$$f(x+y)=f(x)+f(y)-xy$$
를 만족시키고 $f'(0)=-1$, $f'(2a)=7$일 때, 상수 a의 값은?

① -5 　　　　② -4 　　　　③ -3
④ -2 　　　　⑤ -1

0262 상중하

미분가능한 함수 $f(x)$가 모든 실수 x, y에 대하여
$$f(x+y)=2f(x)f(y)$$
를 만족시키고 $f(x)>0$이다. $f'(0)=3$일 때, $\dfrac{f'(2)}{f(2)}$의 값을 구하시오.

유형 | 06 미분계수의 기하적 의미

함수 $y=f(x)$의 $x=a$에서의 미분계수 $f'(a)$는 곡선 $y=f(x)$ 위의 점 $(a,\,f(a))$에서의 접선의 기울기와 같다.

0263 대표문제

오른쪽 그림은 $x>0$에서 미분가능한 함수 $y=f(x)$의 그래프와 직선 $y=x$를 나타낸 것이다. $0<a<b$일 때, **보기**에서 옳은 것만을 있는 대로 고르시오.

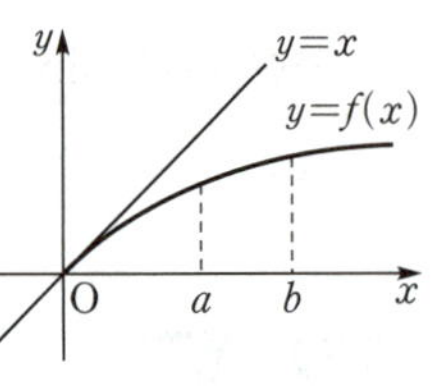

보기

ㄱ. $f'(a)<f'(b)$ 　　　　ㄴ. $f(b)-f(a)<b-a$

ㄷ. $\dfrac{f(a)}{a}<\dfrac{f(b)}{b}$

0264 상중하

미분가능한 함수 $y=f(x)$의 그래프가 오른쪽 그림과 같을 때, 다음 중 그 값이 가장 큰 것은?

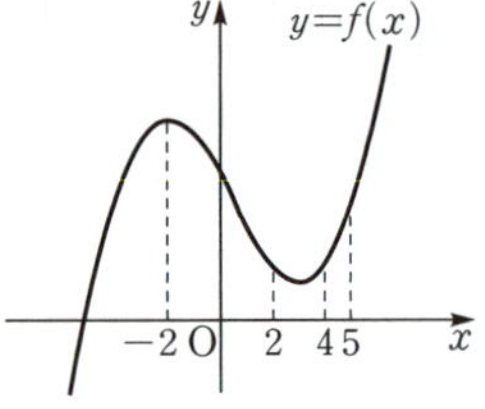

① $f'(-2)$ 　　② $f'(0)$
③ $f'(2)$ 　　④ $f'(4)$
⑤ $f'(5)$

0265 상중하

미분가능한 함수 $y=f(x)$의 그래프가 오른쪽 그림과 같다. $0<a<b$일 때, **보기**에서 옳은 것만을 있는 대로 고르시오.

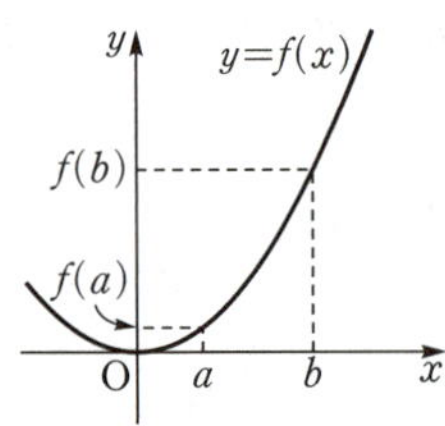

보기

ㄱ. $f'(a)<f'(b)$ 　　　　ㄴ. $\dfrac{f(b)-f(a)}{b-a}<f'(b)$

ㄷ. $f'\!\left(\dfrac{a+b}{2}\right)>f'(\sqrt{ab})$

▶ 개념원리 미적분Ⅰ 67쪽, 68쪽

유형 07 미분가능성과 연속성

함수 $y=f(x)$가 실수 a에 대하여

(1) $\displaystyle\lim_{x\to a}f(x)=f(a)$ ➡ $x=a$에서 연속

(2) $\displaystyle\lim_{x\to a+}\frac{f(x)-f(a)}{x-a}=\lim_{x\to a-}\frac{f(x)-f(a)}{x-a}$

  ➡ $x=a$에서 미분가능

0266 대표문제

$x=1$에서 미분가능한 함수만을 **보기**에서 있는 대로 고르시오.

보기

ㄱ. $f(x)=x^2$ ㄴ. $f(x)=|x^2-x|$

ㄷ. $f(x)=\dfrac{1}{x}$

0267 상중하

함수 $y=f(x)$의 그래프가 다음 그림과 같을 때, 구간 $(-3, 3)$에서 함수 $f(x)$가 불연속인 x의 값은 m개, 미분가능하지 않은 x의 값은 n개이다. 이때 $m+n$의 값을 구하시오.

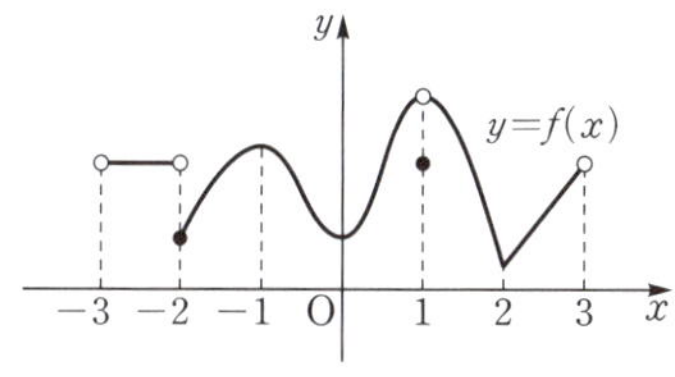

0268 상중하 서술형

함수 $f(x)=(x+2)|x-1|$의 $x=1$에서의 연속성과 미분가능성을 조사하시오.

0269 상중하

함수 $y=f(x)$의 그래프가 오른쪽 그림과 같을 때, 다음 중 구간 $(0, 5)$에서 함수 $f(x)$에 대한 설명으로 옳은 것은?

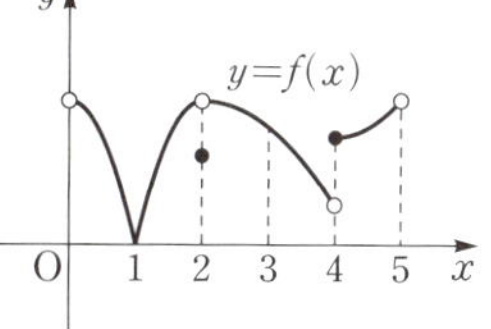

① $f'(3)>0$이다.

② $\displaystyle\lim_{x\to2}f(x)$의 값이 존재하지 않는다.

③ $f'(x)=0$인 x의 값이 존재한다.

④ 불연속인 x의 값은 3개이다.

⑤ 미분가능하지 않은 x의 값은 3개이다.

0270 상중하

$x=0$에서 연속이지만 미분가능하지 않은 함수만을 **보기**에서 있는 대로 고르시오.

보기

ㄱ. $f(x)=\begin{cases} x & (x\geq0) \\ -x & (x<0) \end{cases}$

ㄴ. $f(x)=x^2-3|x|+2$

ㄷ. $f(x)=\begin{cases} (x+1)^2 & (x\geq0) \\ 2x+1 & (x<0) \end{cases}$

0271 상중하

두 함수 $f(x)=|x|$, $g(x)=\begin{cases} x-2 & (x\geq0) \\ x+2 & (x<0) \end{cases}$에 대하여

$x=0$에서 미분가능한 함수만을 **보기**에서 있는 대로 고르시오.

보기

ㄱ. $xf(x)$ ㄴ. $f(x)+xg(x)$ ㄷ. $f(x)g(x)$

유형 08 미분법의 공식

(1) $y=x^n$ (n은 양의 정수) $\Rightarrow y'=nx^{n-1}$
(2) $y=c$ (c는 상수) $\Rightarrow y'=0$
(3) 두 함수 $f(x)$, $g(x)$가 미분가능할 때
  ① $y=cf(x)$ (c는 상수) $\Rightarrow y'=cf'(x)$
  ② $y=f(x)\pm g(x) \Rightarrow y'=f'(x)\pm g'(x)$ (복호동순)

0272 대표문제

함수 $f(x)=x^3-3x^2+ax+5$에 대하여 $f'(1)=2$일 때, 상수 a의 값은?

① 1　　　② 2　　　③ 3
④ 4　　　⑤ 5

0273 상중하

함수 $f(x)=x+\dfrac{1}{2}x^2+\dfrac{1}{3}x^3+\cdots+\dfrac{1}{100}x^{100}$에 대하여 $f'(1)$의 값을 구하시오.

0274 상중하

함수 $f(x)=ax^3+bx+3$에 대하여 $f(1)=1$, $f'(1)=4$일 때, ab의 값은? (단, a, b는 상수이다.)

① -18　　　② -16　　　③ -15
④ -12　　　⑤ -10

0275 상중하

다항함수 $f(x)$가 $f(x)=2x^2-xf'(1)$을 만족시킬 때, $f'(3)$의 값을 구하시오.

유형 09 곱의 미분법

세 함수 $f(x)$, $g(x)$, $h(x)$가 미분가능할 때
(1) $y=f(x)g(x) \Rightarrow y'=f'(x)g(x)+f(x)g'(x)$
(2) $y=f(x)g(x)h(x)$
  $\Rightarrow y'=f'(x)g(x)h(x)+f(x)g'(x)h(x)$
  $\qquad +f(x)g(x)h'(x)$

0276 대표문제

미분가능한 두 함수 $f(x)$, $g(x)$에 대하여
$$g(x)=(x^2+3x)f(x)$$
이다. $f(1)=3$, $f'(1)=2$일 때, $g'(1)$의 값을 구하시오.

0277 상중하

함수 $f(x)=(x+1)(x+2)(x+3)$에 대하여 $f'(0)$의 값은?

① 11　　　② 12　　　③ 13
④ 14　　　⑤ 15

0278 상중하

함수 $f(x)=(3x^2-1)^3$에 대하여 $f'(1)$의 값은?

① 36　　　② 45　　　③ 54
④ 63　　　⑤ 72

0279 상중하 ◀서술형

함수 $f(x)=(x-a)(x^3+2x^2+8)$에 대하여 $f'(a)=11$일 때, $f'(-1)$의 값을 구하시오. (단, a는 상수이다.)

0280 상중하

두 함수 $f(x)=-x^2+3x$, $g(x)=2x^3+x^2-x-4$에 대하여 곡선 $y=f(x)g(x)$ 위의 점 $(1, -4)$에서의 접선의 기울기를 구하시오.

0281 상중하

두 다항함수 $f(x)$, $g(x)$가 모든 실수 x에 대하여 다음 조건을 만족시킬 때, $f(-1)g(-1)$의 값은?

> (가) $f(x)=x^3g(x)$
> (나) $f'(x)g(x)-f(x)g'(x)=48x^4$

① -16 ② -9 ③ -4
④ 4 ⑤ 16

0282 상중하

다항함수 $f(x)$에 대하여
$$(x-1)^2f(x)=x^8+ax+b$$
가 성립할 때, $f(2)$의 값은? (단, a, b는 상수이다.)

① 245 ② 247 ③ 249
④ 251 ⑤ 253

▶ 개념원리 미적분 I 77쪽

유형 10 미분계수를 이용한 극한값의 계산

미분계수를 이용하여 함수 $f(x)$에 대한 극한값을 구할 때에는 다음과 같은 순서로 한다.

(i) 미분계수의 정의를 이용하여 주어진 식을 $f'(a)$에 대한 식으로 변형한다.

(ii) 도함수 $f'(x)$를 구한다.

(iii) $f'(a)$의 값을 구하여 (i)의 식에 대입한다.

0283 대표문제

함수 $f(x)=x^3-2x^2+1$에 대하여
$$\lim_{h \to 0} \frac{f(1+h)-f(1-h)}{h}$$의 값은?

① -2 ② -1 ③ 1
④ 2 ⑤ 4

0284 상중하

함수 $f(x)=x^3-5x^2$에 대하여 $\displaystyle\lim_{x \to 1} \frac{\{f(x)\}^2-\{f(1)\}^2}{x-1}$의 값을 구하시오.

0285 상중하

함수 $f(x)=(3x-2)(2x^2+1)$에 대하여
$$\lim_{x \to 2} \frac{2f(x)-xf(2)}{x-2}$$의 값을 구하시오.

0286 상중하

두 함수 $f(x)=x+x^3+x^5$, $g(x)=x^2+x^4+x^6$에 대하여
$$\lim_{h \to 0} \frac{f(1+2h)-g(1-h)}{3h}$$의 값을 구하시오.

유형 11   미분계수를 이용한 미정계수의 결정

다항함수 $f(x)$에 대하여 $\lim\limits_{x \to a} \dfrac{f(x)-b}{x-a}=c$ (c는 상수)이면
$$f(a)=b,\ f'(a)=c$$

0287 대표문제

함수 $f(x)=x^3+2ax^2+bx-2b$에 대하여 $\lim\limits_{x \to 1} \dfrac{f(x)}{x-1}=2$ 일 때, $a+b$의 값은? (단, a, b는 상수이다.)

① -2 ② -1 ③ 0
④ 1 ⑤ 2

0288 상중하

함수 $f(x)=x^3+ax^2+b$에 대하여 $f(-1)=3$, $\lim\limits_{x \to 1} \dfrac{f(x)-f(1)}{x^2-1}=\dfrac{5}{2}$ 일 때, ab의 값은?

(단, a, b는 상수이다.)

① -2 ② -1 ③ 1
④ 2 ⑤ 3

0289 상중하

함수 $f(x)=x^4+ax^2+bx+1$에 대하여
$\lim\limits_{x \to 2} \dfrac{f(x)-f(2)}{x-2}=-2$, $\lim\limits_{h \to 0} \dfrac{f(1-2h)-f(1+2h)}{h}=8$
일 때, $f(1)$의 값을 구하시오. (단, a, b는 상수이다.)

0290 상중하 ◀서술형

이차함수 $f(x)$에 대하여 $\lim\limits_{x \to 3} \dfrac{f(x)}{x-3}=11$, $\lim\limits_{x \to -1} \dfrac{f(x)-f(-1)}{x+1}=-13$일 때, 방정식 $f(x)=0$의 모든 근의 합을 구하시오.

유형 12   접선의 기울기를 이용한 미정계수의 결정

함수 $y=f(x)$의 그래프 위의 점 (a, b)에서의 접선의 기울기가 m이면
$$f(a)=b,\ f'(a)=m$$

0291 대표문제

곡선 $y=x^3+ax+b$ 위의 점 $(1, 1)$에서의 접선의 기울기가 -3일 때, 상수 a, b에 대하여 ab의 값은?

① -36 ② -35 ③ -34
④ -33 ⑤ -32

0292 상중하

함수 $f(x)=x^2-3x+2$의 그래프 위의 점 (a, b)에서의 접선의 기울기가 9일 때, a, b의 값을 구하시오.

0293 상중하

함수 $f(x)=x^2+ax+1$의 그래프 위의 점 $(1, 3)$에서의 접선의 기울기가 m일 때, $a+m$의 값은? (단, a는 상수이다.)

① 4 ② 5 ③ 6
④ 7 ⑤ 8

0294 상중하

곡선 $y=(2x-1)^2(x^3+k)$ 위의 x좌표가 1인 점에서의 접선의 기울기가 -13일 때, 상수 k의 값은?

① -1 ② -2 ③ -3
④ -4 ⑤ -5

▶ 개념원리 미적분 I 80쪽

유형 13 함수의 미분가능성을 이용한 미정계수의 결정

두 다항함수 $g(x)$, $h(x)$에 대하여 함수

$$f(x)=\begin{cases} g(x) & (x\geq a) \\ h(x) & (x<a) \end{cases}$$ 가 $x=a$에서 미분가능하면

(1) 함수 $f(x)$가 $x=a$에서 연속이다.

➡ $\lim\limits_{x\to a-}h(x)=g(a)$ → $h(a)=g(a)$

(2) 함수 $f(x)$의 $x=a$에서의 미분계수가 존재한다.

➡ $\lim\limits_{x\to a+}\dfrac{g(x)-g(a)}{x-a}=\lim\limits_{x\to a-}\dfrac{h(x)-h(a)}{x-a}$ → $g'(a)=h'(a)$

0295 대표문제

함수 $f(x)=\begin{cases} ax^2+3 & (x\geq -1) \\ x^3+x^2+bx & (x<-1) \end{cases}$ 가 $x=-1$에서 미분

가능할 때, 상수 a, b에 대하여 $a-b$의 값을 구하시오.

0296 상중하

함수 $f(x)=\begin{cases} x^2 & (x\geq 1) \\ ax+b & (x<1) \end{cases}$ 가 $x=1$에서 미분가능할 때,

$f(-1)$의 값을 구하시오. (단, a, b는 상수이다.)

0297 상중하

함수 $f(x)=\begin{cases} x^2+x+b & (x\geq a) \\ x^3 & (x<a) \end{cases}$ 이 $x=a$에서 미분가능할

때, 상수 a, b에 대하여 $a+b$의 값은? (단, $a>0$)

① -1 ② 0 ③ 1

④ 2 ⑤ 3

0298 상중하

두 함수 $f(x)=|x-2|$, $g(x)=-\dfrac{1}{2}x+a$에 대하여 함수

$f(x)g(x)$가 모든 실수 x에서 미분가능할 때, 상수 a의 값을

구하시오.

▶ 개념원리 미적분 I 81쪽

유형 14 다항식의 나눗셈에서 미분법의 활용

다항식 $f(x)$를 $(x-a)^2$으로 나누었을 때의 나머지를 $R(x)$라

하면

$$f(x)=(x-a)^2Q(x)+R(x)\ (Q(x)는\ 다항식)$$
$$\Rightarrow f'(x)=2(x-a)Q(x)+(x-a)^2Q'(x)+R'(x)$$

$x=a$를 대입하면 $f(a)=R(a),\ f'(a)=R'(a)$

0299 대표문제

다항식 x^3+ax^2+bx-5가 $(x+1)^2$으로 나누어떨어질 때,

상수 a, b에 대하여 $a+b$의 값을 구하시오.

0300 상중하

다항식 $x^{10}-2x^3+1$을 $(x+1)^2$으로 나누었을 때의 나머지를

$R(x)$라 할 때, $R(1)$의 값은?

① -30 ② -28 ③ -26

④ -24 ⑤ -22

0301 상중하

다항식 x^6-3x^2+a가 $(x-b)^2$으로 나누어떨어질 때, 상수

a, b에 대하여 $a-b$의 값을 구하시오. (단, $b>0$)

0302 상중하

다항식 $x^{10}+ax^3+b$를 $(x-1)^2$으로 나누었을 때의 나머지가

$4x-9$일 때, 상수 a, b에 대하여 ab의 값을 구하시오.

▶ 개념원리 미적분Ⅰ 79쪽

유형 15 치환을 이용한 극한값의 계산

$\dfrac{0}{0}$ 꼴의 극한에서 식을 간단히 할 수 없는 경우에는 주어진 식의 일부를 $f(x)$로 놓고 미분계수의 정의를 이용할 수 있도록 식을 변형한다.

0303 대표문제

$\displaystyle\lim_{x\to 1}\dfrac{x^n-kx+2}{x-1}=15$일 때, $n+k$의 값은?

(단, n은 자연수, k는 상수이다.)

① 15 　　　② 17 　　　③ 19
④ 21 　　　⑤ 23

0304 상중하

$\displaystyle\lim_{x\to 1}\dfrac{x^9-x^8+x^7-x^6+x^5-1}{x-1}$ 의 값을 구하시오.

0305 상중하

$\displaystyle\lim_{x\to 1}\dfrac{x^n-2x^2-3x+4}{x-1}=5$를 만족시키는 자연수 n의 값을 구하시오.

0306 상중하 ◀서술형

$\displaystyle\lim_{x\to 2}\dfrac{x^n+x-34}{x-2}=k$일 때, 자연수 n과 상수 k에 대하여 $n+k$의 값을 구하시오.

유형 16 미분의 항등식에의 활용

(1) 모든 실수 x에 대하여 등식이 성립 ➡ x에 대한 항등식

(2) 조건에 맞게 $f(x)$에 대한 식을 세우고 $f(x)$, $f'(x)$를 주어진 관계식에 대입한 후 계수를 비교한다.

참고▶ 2 이상의 자연수 n에 대하여 $f(x)$가 n차 함수이면 $f'(x)$는 $(n-1)$차 함수이다.

0307 대표문제

이차함수 $f(x)$가 모든 실수 x에 대하여
$$(x+2)f'(x)-f(x)=3x^2+12x$$
를 만족시키고 $f'(-1)=1$일 때, $f'(-2)$의 값은?

① -12 　　　② -5 　　　③ 5
④ 12 　　　⑤ 19

0308 상중하

이차함수 $f(x)$가 모든 실수 x에 대하여
$$xf'(x)-f(x)=x^2+3$$
을 만족시키고 $f'(1)=3$일 때, $f(2)$의 값은?

① -3 　　　② -1 　　　③ 0
④ 1 　　　⑤ 3

0309 상중하

최고차항의 계수가 1인 다항함수 $f(x)$가 모든 실수 x에 대하여
$$xf'(x)-3f(x)=3x^2-x$$
를 만족시킬 때, $f(-1)$의 값을 구하시오.

정답 및 풀이 039쪽

0310

미분가능한 두 함수 $f(x)$, $g(x)$에 대하여 $f(a)=g(a)$이고 $f'(a)=1$이다. $\displaystyle\lim_{h\to 0}\dfrac{f(a+h)-g(a+h)}{h}=3$일 때, $g'(a)$의 값은?

① -3 ② -2 ③ -1
④ 1 ⑤ 2

0311

미분가능한 함수 $f(x)$에 대하여 곡선 $y=f(x)$ 위의 점 $(-2,\ f(-2))$에서의 접선의 기울기가 -6일 때, $\displaystyle\lim_{x\to -2}\dfrac{f(x)-f(-2)}{x^3+8}$의 값은?

① -4 ② -2 ③ -1
④ $-\dfrac{1}{2}$ ⑤ $-\dfrac{1}{4}$

0312

미분가능한 함수 $f(x)$가 모든 실수 x, y에 대하여
$$f(x+y)=f(x)+f(y)-3xy$$
를 만족시키고 $f'(0)=-2$일 때, $f'(x)$를 구하시오.

0313

함수 $y=f(x)$의 그래프가 오른쪽 그림과 같을 때, 다음 중 구간 $(-1,\ 5)$에서 함수 $f(x)$에 대한 설명으로 옳지 <u>않은</u> 것은?

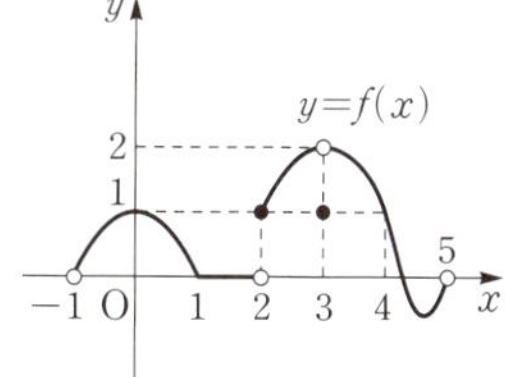

① $\displaystyle\lim_{x\to 3}f(x)$의 값이 존재한다.
② $f'(4)<0$이다.
③ 불연속인 x의 값은 2개이다.
④ 미분가능하지 않은 x의 값은 3개이다.
⑤ $f'(x)=0$인 x의 값은 2개이다.

0314 중요★

$x=2$에서 미분가능하지 않은 함수만을 **보기**에서 있는 대로 고르시오.

> **보기**
>
> ㄱ. $f(x)=\sqrt{(x-2)^2}$ ㄴ. $f(x)=(x-2)|x-2|$
> ㄷ. $f(x)=\dfrac{x^2-4}{|x-2|}$

0315

함수 $f(x)=x^2-x+1$에 대하여 x의 값이 1에서 3까지 변할 때의 평균변화율과 $x=a$에서의 미분계수가 같을 때, 상수 a의 값은?

① $\dfrac{1}{2}$ ② 1 ③ $\dfrac{3}{2}$
④ 2 ⑤ $\dfrac{5}{2}$

0316

두 다항함수 $f(x)$, $g(x)$에 대하여

$$\lim_{x \to 2} \frac{f(x)-2}{x^2-4}=2, \quad \lim_{x \to 2} \frac{g(x)-1}{x^3-8}=1$$

일 때, 함수 $y=f(x)g(x)$의 $x=2$에서의 미분계수를 구하시오.

0317

다항함수 $y=f(x)$의 그래프 위의 점 $(3, 1)$에서의 접선의 기울기가 -1일 때, 함수 $g(x)=x^2+(x+1)f(x)$에 대하여 $g'(3)$의 값을 구하시오.

0318

함수 $y=f(x)$의 그래프가 오른쪽 그림과 같다. 함수 $g(x)=xf(x)$일 때, **보기**에서 옳은 것만을 있는 대로 고른 것은?

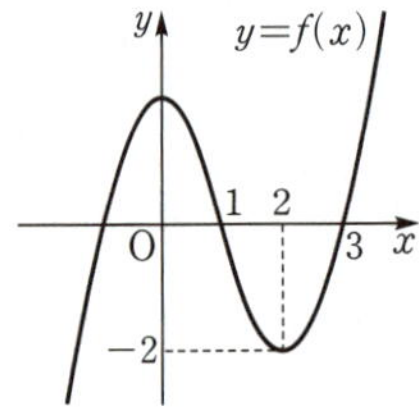

보기

ㄱ. $f(1)+g'(1)>0$ ㄴ. $g(2)g'(2)>0$
ㄷ. $f(3)+g'(3)>0$

① ㄴ ② ㄷ ③ ㄱ, ㄴ
④ ㄴ, ㄷ ⑤ ㄱ, ㄴ, ㄷ

0319 중요★

다항함수 $f(x)$가 다음 조건을 만족시킬 때, $f'(-1)$의 값을 구하시오.

(가) $\lim\limits_{x \to \infty} \dfrac{f(x)}{x^2-3x+2}=-3$ (나) $\lim\limits_{x \to 1} \dfrac{f(x)-5}{x-1}=-8$

0320 평가원 기출

함수 $f(x)=\begin{cases} x^3+ax+b & (x<1) \\ bx+4 & (x\geq1) \end{cases}$ 이 실수 전체의 집합에서 미분가능할 때, $a+b$의 값은? (단, a, b는 상수이다.)

① 6 ② 7 ③ 8
④ 9 ⑤ 10

0321

다항식 x^5+ax^4+b가 $(x+1)^2$으로 나누어떨어질 때, 상수 a, b에 대하여 $a-b$의 값은?

① $\dfrac{1}{4}$ ② $\dfrac{1}{2}$ ③ $\dfrac{3}{4}$
④ $\dfrac{5}{4}$ ⑤ $\dfrac{3}{2}$

0322

$\lim\limits_{x \to -1} \dfrac{x^{16}+x^8+x^4+x^2-4}{x+1}$ 의 값을 구하시오.

0323

다항함수 $f(x)$에 대하여 $\lim\limits_{x \to 2} \dfrac{f(x+2)-6}{x^2-4}=3$일 때, $f(4)+f'(4)$의 값을 구하시오.

0324 중요★

미분가능한 함수 $f(x)$가 모든 실수 x, y에 대하여 다음 조건을 만족시킬 때, $f'(0)$의 값을 구하시오.

> ㉮ $f(x+y)=f(x)+f(y)+2xy-1$
> ㉯ $f'(1)=1$

0325

삼차함수 $f(x)$가 다음 조건을 만족시킬 때, $f'(x)$의 최댓값을 구하시오.

> ㉮ 방정식 $f(x)=x-3$의 세 실근이 1, 2, 3이다.
> ㉯ 삼차식 $f(x)$를 x로 나누었을 때의 나머지가 15이다.

0326

다항함수 $f(x)$에 대하여 $\lim\limits_{x \to 2} \dfrac{f(x)-a}{x-2}=4$이고, $f(x)$를 $(x-2)^2$으로 나누었을 때의 나머지가 $bx+3$일 때, 상수 a, b에 대하여 $a+b$의 값을 구하시오.

0327

구간 $[-2, 2]$에서 정의된 두 함수 $y=f(x)$, $y=g(x)$의 그래프가 다음 그림과 같을 때, **보기**에서 옳은 것만을 있는 대로 고르시오.

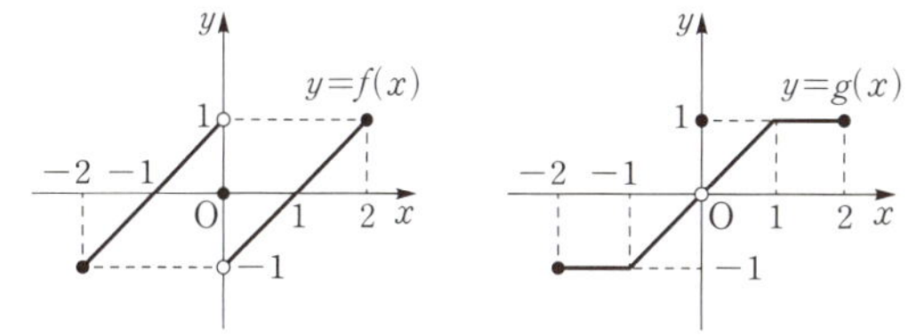

보기

> ㄱ. 함수 $f(x)+g(x)$는 $x=0$에서 미분가능하다.
> ㄴ. 함수 $f(x)g(x)$는 $x=-1$에서 미분가능하다.
> ㄷ. 함수 $(f \circ g)(x)$는 $x=1$에서 미분가능하다.

0328

실수 전체의 집합에서 미분가능한 함수 $f(x)$가 $-1 \le x < 1$에서 $f(x)=ax^3+bx^2+x+1$이고 모든 실수 x에 대하여 $f(x+2)=f(x)$를 만족시킬 때, $f(101)+f'(101)$의 값을 구하시오. (단, a, b는 상수이다.)

0329

다항함수 $f(x)$가 모든 실수 x에 대하여
$$f(x)f'(x)=9x+12$$
를 만족시킬 때, $f(1)f(2)$의 값을 구하시오.

04 도함수의 활용 (1)

04 | 1 접선의 방정식 유형 01

1 접선의 기울기
곡선 $y=f(x)$ 위의 점 $(a, f(a))$에서의 접선의 기울기는
$x=a$에서의 미분계수 $f'(a)$와 같다.

2 접선의 방정식
함수 $f(x)$가 $x=a$에서 미분가능할 때, 곡선 $y=f(x)$ 위의 점
$(a, f(a))$에서의 접선의 방정식은
$$y-f(a)=f'(a)(x-a)$$
참고▶ 점 (x_1, y_1)을 지나고 기울기가 m인 직선의 방정식 ⇨ $y-y_1=m(x-x_1)$

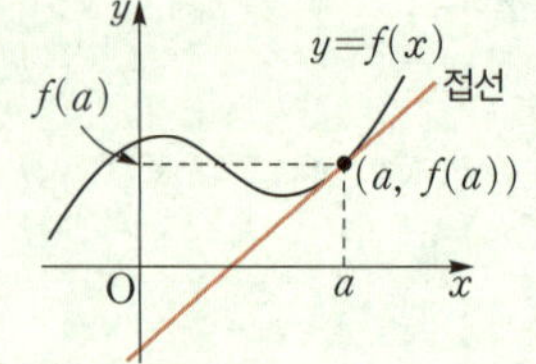

- 곡선 $y=f(x)$ 위의 점 $(a, f(a))$에서의 접선과 수직인 직선의 기울기는
$-\dfrac{1}{f'(a)}$ (단, $f'(a)\neq0$)

04 | 2 접선의 방정식을 구하는 방법 유형 02~09, 12

1 곡선 $y=f(x)$ 위의 점 $(a, f(a))$에서의 접선의 방정식
(i) 접선의 기울기 $f'(a)$를 구한다.
(ii) $f'(a)$의 값을 $y-f(a)=f'(a)(x-a)$에 대입하여 접선의 방정식을 구한다.

2 곡선 $y=f(x)$에 접하고 기울기가 m인 접선의 방정식
(i) 접점의 좌표를 $(t, f(t))$로 놓는다.
(ii) $f'(t)=m$임을 이용하여 t의 값을 구한다.
(iii) t의 값을 $y-f(t)=m(x-t)$에 대입하여 접선의 방정식을 구한다.

3 곡선 $y=f(x)$ 밖의 점 (x_1, y_1)에서 곡선에 그은 접선의 방정식
(i) 접점의 좌표를 $(t, f(t))$로 놓는다.
(ii) $y-f(t)=f'(t)(x-t)$에 $x=x_1$, $y=y_1$을 대입하여 t의 값을 구한다.
(iii) t의 값을 $y-f(t)=f'(t)(x-t)$에 대입하여 접선의 방정식을 구한다.

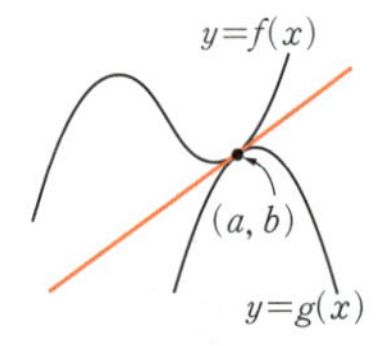

- 두 곡선 $y=f(x)$, $y=g(x)$가 점 (a, b)에서 접하는 경우
⇨ $f(a)=g(a)=b$,
$f'(a)=g'(a)$

04 | 3 롤의 정리 유형 10

함수 $f(x)$가 닫힌구간 $[a, b]$에서 연속이고 열린구간 (a, b)에서
미분가능할 때, $f(a)=f(b)$이면
$$f'(c)=0$$
인 c가 열린구간 (a, b)에 적어도 하나 존재한다.
이를 **롤의 정리**라 한다.

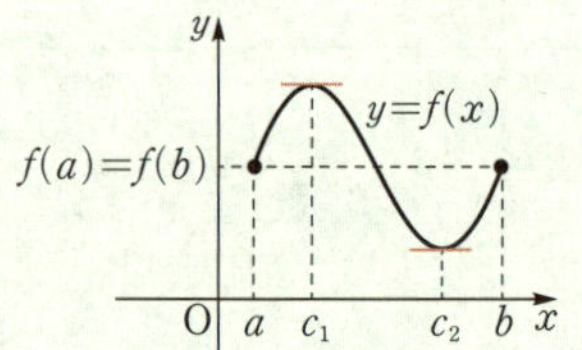

- 롤의 정리는 곡선 $y=f(x)$에서 $f(a)=f(b)$이면 x축과 평행한 접선을 갖는 점이 열린구간 (a, b)에 적어도 하나 존재함을 의미한다.

04 | 4 평균값 정리 유형 11

함수 $f(x)$가 닫힌구간 $[a, b]$에서 연속이고 열린구간 (a, b)에서
미분가능할 때,
$$\frac{f(b)-f(a)}{b-a}=f'(c)$$
인 c가 열린구간 (a, b)에 적어도 하나 존재한다.
이를 **평균값 정리**라 한다.
참고▶ 평균값 정리에서 $f(a)=f(b)$인 경우가 롤의 정리이다.

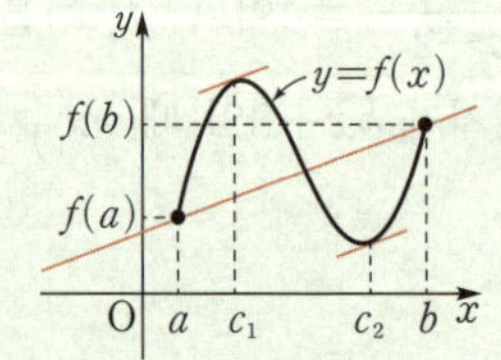

- 평균값 정리는 곡선 $y=f(x)$ 위의 두 점 $(a, f(a))$, $(b, f(b))$를 지나는 직선과 평행한 접선을 갖는 점이 열린구간 (a, b)에 적어도 하나 존재함을 의미한다.

교과서 **문제** 정복하기

04|**1** 접선의 방정식

[0330 ~ 0331] 다음 곡선 위의 주어진 점에서의 접선의 기울기를 구하시오.

0330 $y=x^2-1$ $(2, 3)$

0331 $y=\dfrac{1}{3}x^3+2x^2-4$ $(-3, 5)$

04|**2** 접선의 방정식을 구하는 방법

[0332 ~ 0333] 다음 곡선 위의 주어진 점에서의 접선의 방정식을 구하시오.

0332 $y=2x^2-3x+7$ $(1, 6)$

0333 $y=-x^3+6x+8$ $(-1, 3)$

[0334 ~ 0336] 다음 곡선에 접하고 기울기가 1인 직선의 방정식을 구하시오.

0334 $y=-x^2+3x+5$

0335 $y=\dfrac{1}{2}x^2-5x+3$

0336 $y=x^3-2x$

[0337 ~ 0338] 다음 직선의 방정식을 구하시오.

0337 곡선 $y=-x^3+4x$ 위의 점 $(2, 0)$을 지나고, 이 점에서의 접선과 수직인 직선

0338 곡선 $y=x^3+5$에 접하고 직선 $y=3x+1$에 평행한 직선

0339 점 $(-1, 2)$에서 곡선 $y=x^3-x^2-2$에 그은 접선에 대하여 다음 물음에 답하시오.

⑴ 접점의 x좌표를 t라 할 때, 접선의 방정식을 t에 대한 식으로 나타내시오.

⑵ t의 값을 구하시오.

⑶ 접선의 방정식을 구하시오.

04|**3** 롤의 정리

[0340 ~ 0341] 다음 함수에 대하여 주어진 구간에서 롤의 정리를 만족시키는 실수 c의 값을 구하시오.

0340 $f(x)=x^2-4x$ $[-1, 5]$

0341 $f(x)=x^3-x^2-5x-4$ $[-1, 3]$

04|**4** 평균값 정리

[0342 ~ 0343] 다음 함수에 대하여 주어진 구간에서 평균값 정리를 만족시키는 실수 c의 값을 구하시오.

0342 $f(x)=x^2$ $[1, 3]$

0343 $f(x)=-x^3+x-2$ $[-2, 0]$

0344 함수 $y=f(x)$의 그래프가 오른쪽 그림과 같을 때, 닫힌구간 $[a, b]$에서 평균값 정리를 만족시키는 실수 c의 개수를 구하시오.

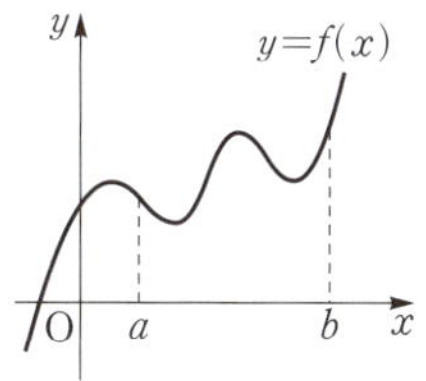

유형 |01| 접선의 기울기

곡선 $y=f(x)$ 위의 점 $(a,\ b)$에서의 접선의 기울기가 m이다.
➡ $f(a)=b,\ f'(a)=m$

0345 대표문제

곡선 $y=x^3+ax^2+b$ 위의 점 $(2,\ 6)$에서의 접선의 기울기가 8일 때, 상수 $a,\ b$에 대하여 $a+b$의 값을 구하시오.

0346 상중하

다항함수 $f(x)$에 대하여 곡선 $y=f(x)$와 직선 $y=-3x+2$가 점 $(2,\ -4)$에서 접할 때, $\lim\limits_{h\to 0}\dfrac{f(2+5h)-f(2)}{h}$의 값을 구하시오.

0347 상중하

곡선 $y=x^3+3ax^2+bx+c$ 위의 점 $(-1,\ 1)$에서의 접선의 기울기가 15, x좌표가 2인 점에서의 접선의 기울기가 6일 때, $ab+c$의 값을 구하시오. (단, $a,\ b,\ c$는 상수이다.)

0348 상중하

곡선 $y=-x^3+9x^2-20x+1$의 접선 중 기울기가 최대인 직선을 l이라 하자. 직선 l의 기울기를 M, 이때의 접점의 좌표를 $(p,\ q)$라 할 때, $p+q+M$의 값을 구하시오.

중요 유형 |02| 접점의 좌표가 주어진 접선의 방정식

곡선 $y=f(x)$ 위의 점 $(a,\ f(a))$에서의 접선의 방정식은 다음과 같은 순서로 구한다.
(ⅰ) 접선의 기울기 $f'(a)$를 구한다.
(ⅱ) $y-f(a)=f'(a)(x-a)$에 대입한다.

0349 대표문제

곡선 $y=x^3-x^2+ax+2$ 위의 점 $(1,\ 3)$에서의 접선의 방정식이 $y=bx+c$일 때, 상수 $a,\ b,\ c$에 대하여 abc의 값은?

① 1　　　　② 2　　　　③ 3
④ 4　　　　⑤ 5

0350 상중하

곡선 $y=-3x^2+7x-4$ 위의 두 점 $(0,\ -4),\ (2,\ -2)$에서의 접선을 각각 $l,\ m$이라 할 때, 두 직선 $l,\ m$의 교점의 좌표를 구하시오.

0351 상중하 서술형

다항함수 $f(x)$에 대하여 $\lim\limits_{x\to -1}\dfrac{f(x)-3}{x+1}=-2$가 성립할 때, 곡선 $y=f(x)$ 위의 점 $(-1,\ f(-1))$에서의 접선의 방정식은 $y=ax+b$이다. 상수 $a,\ b$에 대하여 $a+b$의 값을 구하시오.

0352 상중하

최고차항의 계수가 1인 삼차함수 $f(x)$에 대하여 $f(0)=f(3)=f(4)$이고 $f(1)=1$일 때, 곡선 $y=f(x)$ 위의 $x=2$인 점에서의 접선의 방정식을 구하시오.

▶ 개념원리 미적분 I 90쪽

유형 03 접선과 수직인 직선의 방정식

곡선 $y=f(x)$ 위의 점 $(a, f(a))$를 지나고 이 점에서의 접선과 수직인 직선의 방정식은

$$y-f(a)=-\frac{1}{f'(a)}(x-a) \ (\text{단, } f'(a)\neq0)$$

0353 대표문제

곡선 $y=x(x+1)(2-x)$ 위의 점 $(2, 0)$을 지나고 이 점에서의 접선과 수직인 직선의 방정식이 $y=mx+n$일 때, 상수 m, n에 대하여 $m+n$의 값은?

① $-\frac{1}{2}$ ② $-\frac{1}{3}$ ③ $-\frac{1}{6}$

④ $\frac{1}{6}$ ⑤ $\frac{1}{2}$

0354 상중하

곡선 $y=x^2+ax+b$ 위의 점 $(3, 2)$에서의 접선과 수직인 직선의 기울기가 $-\frac{1}{4}$일 때, 상수 a, b에 대하여 ab의 값을 구하시오.

0355 상중하

곡선 $y=2x-\frac{1}{3}x^3$ 위의 점 $\left(2, \frac{4}{3}\right)$를 지나고 이 점에서의 접선과 수직인 직선을 l이라 할 때, 직선 l의 y절편을 구하시오.

유형 04 곡선과 접선의 교점

곡선 $y=f(x)$ 위의 점 $(a, f(a))$에서의 접선 $y=g(x)$가 이 곡선과 다시 만나는 점의 x좌표는 a를 제외한 방정식 $f(x)=g(x)$의 실근이다.

0356 대표문제

곡선 $y=x^3-4x^2+5$ 위의 점 $(1, 2)$에서의 접선이 이 곡선과 다시 만나는 점의 좌표가 (a, b)일 때, $a-b$의 값을 구하시오.

0357 상중하

곡선 $y=x^3-3x^2-2x+4$ 위의 점 $(0, 4)$에서의 접선이 이 곡선과 다시 만나는 점을 P라 할 때, 점 P에서의 접선의 방정식을 구하시오.

0358 상중하

곡선 $y=-x^3+3x^2+x-7$ 위의 점 $P(2, -1)$에서의 접선이 x축과 만나는 점을 Q, 이 곡선과 다시 만나는 점을 R라 할 때, $\overline{PQ}:\overline{PR}$는?

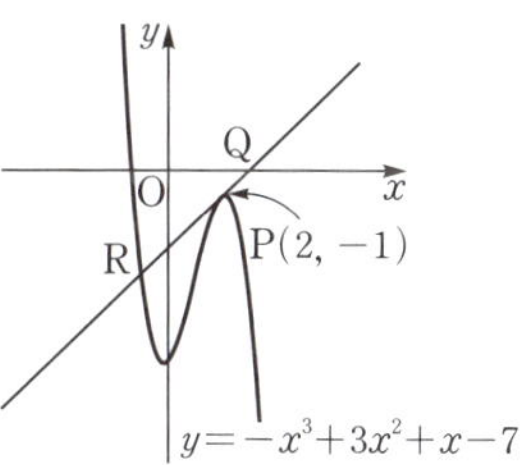

① $1:2$ ② $1:3$ ③ $1:4$

④ $2:3$ ⑤ $3:4$

유형 05 기울기가 주어진 접선의 방정식

곡선 $y=f(x)$에 접하고 기울기가 m인 직선의 방정식은 다음과 같은 순서로 구한다.

(i) 접점의 좌표를 $(t, f(t))$로 놓는다.

(ii) $f'(t)=m$임을 이용하여 t의 값을 구한다.

(iii) t의 값을 $y-f(t)=m(x-t)$에 대입한다.

0359 대표문제

곡선 $y=3x^2-4x+1$에 접하고 직선 $x+y-3=0$에 평행한 직선의 방정식을 구하시오.

0360 상중하

곡선 $y=-x^2+3x+2$에 접하고 x축의 양의 방향과 이루는 각의 크기가 $45°$인 직선의 x절편을 구하시오.

0361 상중하

곡선 $y=\dfrac{1}{2}x^4$ 위의 점과 직선 $y=2x-9$ 사이의 거리의 최솟값을 구하시오.

0362 상중하

곡선 $y=x^3-2x$에 접하고 기울기가 10인 두 직선이 y축과 만나는 점을 각각 A, B라 할 때, 선분 AB의 길이를 구하시오.

유형 06 곡선과 직선이 접할 때 미정계수 구하기

곡선 $y=f(x)$와 직선 $y=mx+n$이 접할 때, 접점의 좌표를 $(t, f(t))$라 하면
$$f'(t)=m, \; f(t)=mt+n$$

0363 대표문제

곡선 $y=x^3-3x^2-9x+a$와 직선 $y=-12x+11$이 접할 때, 상수 a의 값은?

① 7 ② 8 ③ 9
④ 10 ⑤ 11

0364 상중하

곡선 $y=x^2-4x+a$와 직선 $y=-2x+5$의 접점의 x좌표를 t라 할 때, $a+t$의 값을 구하시오. (단, a는 상수이다.)

0365 상중하

곡선 $y=x^3+ax+3$과 직선 $y=4x+b$가 점 $(-1, c)$에서 접할 때, abc의 값은? (단, a, b는 상수이다.)

① -5 ② -3 ③ 3
④ 5 ⑤ 10

0366 상중하

곡선 $y=x^3+ax^2+2ax+1$과 직선 $y=3x+1$이 접하도록 하는 모든 상수 a의 값의 곱을 구하시오.

▶ 개념원리 미적분 Ⅰ 92쪽

유형 **07** 곡선 밖의 점에서 그은 접선의 방정식

곡선 $y=f(x)$ 밖의 점 (x_1, y_1)에서 곡선에 그은 접선의 방정식은 다음과 같은 순서로 구한다.
(i) 접점의 좌표를 $(t, f(t))$로 놓는다.
(ii) $y-f(t)=f'(t)(x-t)$에 $x=x_1$, $y=y_1$을 대입하여 t의 값을 구한다.
(iii) t의 값을 $y-f(t)=f'(t)(x-t)$에 대입한다.

0367 대표문제

점 $(0, 1)$에서 곡선 $y=x^3-x+3$에 그은 접선의 x절편을 구하시오.

0368 상중하

점 $(-1, -1)$에서 곡선 $y=x^2+x$에 그은 두 접선의 기울기의 곱을 구하시오.

0369 상중하

점 $(3, 0)$에서 곡선 $y=-x^3+3x^2-4$에 그을 수 있는 접선은 3개이다. 세 접점의 x좌표를 각각 x_1, x_2, x_3이라 할 때, $x_1 x_2 x_3$의 값을 구하시오.

0370 상중하

점 $(0, a)$에서 곡선 $y=\dfrac{1}{4}x^2+1$에 그은 두 접선이 서로 수직일 때, a의 값을 구하시오.

▶ 개념원리 미적분 Ⅰ 94쪽, 95쪽

유형 **08** 두 곡선에 동시에 접하는 직선

두 곡선 $y=f(x)$, $y=g(x)$가
① 점 (a, b)에서 접하는 경우
  ➡ $f(a)=g(a)=b$, $f'(a)=g'(a)$
② 점 (a, b)에서 수직으로 만나는 경우
  ➡ $f(a)=g(a)=b$, $f'(a)g'(a)=-1$

0371 대표문제

두 곡선 $y=x^3+2x^2$, $y=-x^2+4$가 한 점에서 공통인 접선을 가질 때, 공통인 접선의 방정식을 구하시오.

0372 상중하

두 곡선 $y=x^2+ax+b$, $y=-x^2+c$가 점 $(1, 3)$에서 접할 때, 상수 a, b, c에 대하여 $a-b-c$의 값은?

① -14　　　　② -10　　　　③ -2
④ 2　　　　⑤ 6

0373 상중하

두 곡선 $y=x^3-ax$, $y=x^2+bx+c$가 점 $(1, -1)$에서 만나고 이 점에서의 접선이 서로 수직일 때, 상수 a, b, c에 대하여 abc의 값을 구하시오.

0374 상중하 ◀서술형

두 곡선 $y=x^3+ax+1$, $y=x^2$이 한 점에서 접할 때, 상수 a의 값을 구하시오.

유형 09 접선과 좌표축으로 둘러싸인 도형의 넓이

접선과 좌표축으로 둘러싸인 도형의 넓이는 다음과 같은 순서로 구한다.
(i) 접선의 방정식을 구한다.
(ii) 접선의 x절편과 y절편을 이용하여 도형의 넓이를 구한다.

0375 대표문제

곡선 $y=-\dfrac{1}{2}x^2$ 위의 점 $(2, -2)$에서의 접선과 x축 및 y축으로 둘러싸인 도형의 넓이는?

① 1 ② 2 ③ 4
④ 6 ⑤ 8

0376 상중하

점 $A(2, 3)$에서 곡선 $y=-x^2+4x-2$에 그은 두 접선이 x축과 만나는 점을 각각 B, C라 할 때, 삼각형 ABC의 넓이를 구하시오.

0377 상중하 서술형

함수 $y=(x+a)(x-a)$의 그래프와 x축의 교점을 각각 A, B라 하자. 두 점 A, B에서의 두 접선과 x축으로 둘러싸인 도형의 넓이가 16일 때, 양수 a의 값을 구하시오.

0378 상중하

$a>0$일 때, 곡선 $y=a(x-1)^2-2$ 위의 점 $A(0, a-2)$에서의 접선이 x축과 만나는 점을 P라 하자. 삼각형 OPA의 넓이를 S라 할 때, $\lim\limits_{a\to 0+} aS$의 값을 구하시오. (단, O는 원점이다.)

유형 10 롤의 정리

함수 $f(x)$가 닫힌구간 $[a, b]$에서 연속이고 열린구간 (a, b)에서 미분가능할 때, $f(a)=f(b)$이면
$$f'(c)=0$$
인 c가 열린구간 (a, b)에 적어도 하나 존재한다.

0379 대표문제

함수 $f(x)=(x+2)(x-3)^2$에 대하여 닫힌구간 $[-2, 3]$에서 롤의 정리를 만족시키는 실수 c의 값은?

① $-\dfrac{1}{3}$ ② $-\dfrac{2}{3}$ ③ -1
④ $-\dfrac{4}{3}$ ⑤ $-\dfrac{5}{3}$

0380 상중하

함수 $f(x)=-2x^2+kx$에 대하여 닫힌구간 $[-1, 3]$에서 롤의 정리를 만족시키는 실수 c의 값은? (단, k는 상수이다.)

① $-\dfrac{1}{2}$ ② 0 ③ $\dfrac{1}{2}$
④ 1 ⑤ $\dfrac{3}{2}$

0381 상중하

함수 $f(x)=-2x^3-4x^2+8x+3$에 대하여 닫힌구간 $[-a, a]$에서 롤의 정리를 만족시키는 실수 c가 존재할 때, $\dfrac{a}{c}$의 값을 구하시오. (단, a는 자연수이다.)

▶ 개념원리 미적분 I 99쪽

유형 **11** 평균값 정리

함수 $f(x)$가 닫힌구간 $[a, b]$에서 연속이고 열린구간 (a, b)에서 미분가능할 때,

$$\frac{f(b)-f(a)}{b-a}=f'(c)$$

인 c가 열린구간 (a, b)에 적어도 하나 존재한다.

0382 대표문제

함수 $f(x)=2x^2-4x+1$에 대하여 닫힌구간 $[1, 3]$에서 평균값 정리를 만족시키는 실수 c의 값을 구하시오.

0383 상중하

함수 $f(x)=-x^2+5x$에 대하여 닫힌구간 $[a, 1]$에서 평균값 정리를 만족시키는 실수 c의 값이 0일 때, a의 값은?

(단, $a<0$)

① -5 ② -4 ③ -3

④ -2 ⑤ -1

0384 상중하

함수 $f(x)=2x^2$에 대하여

$$f(x+h)-f(x)=hf'(x+\theta h) \ (0<\theta<1)$$

를 만족시키는 θ의 값을 구하시오. (단, $h\neq0$)

0385 상중하

모든 실수 x에서 미분가능한 함수 $f(x)$가 $\displaystyle\lim_{x\to\infty}f'(x)=-2$를 만족시킬 때, 평균값 정리를 이용하여 $\displaystyle\lim_{x\to\infty}\{f(x+1)-f(x-5)\}$의 값을 구하시오.

▶ 개념원리 미적분 I 92쪽

유형 **12** 곡선 밖의 점에서 그은 접선의 방정식의 활용

곡선 $y=f(x)$ 밖의 점 (x_1, y_1)이 주어지는 경우

➡ 접점의 좌표를 $(t, f(t))$로 놓고, 직선 $y-f(t)=f'(t)(x-t)$가 점 (x_1, y_1)을 지남을 이용하여 t의 값을 구한다.

0386 대표문제

점 $(a, 1)$에서 곡선 $y=x^3-4x^2+1$에 그은 접선이 오직 한 개 존재할 때, 실수 a의 값의 범위는?

① $\dfrac{4}{9}<a<4$ ② $a<\dfrac{4}{9}$ 또는 $a>4$

③ $\dfrac{1}{4}<a<\dfrac{9}{4}$ ④ $a<\dfrac{1}{4}$ 또는 $a>\dfrac{9}{4}$

⑤ $4<a<9$

0387 상중하 서술형

점 $A(a, -2)$에서 곡선 $y=x^2-3x-1$에 그은 두 접선의 접점을 각각 B, C라 하자. 삼각형 ABC의 무게중심의 좌표가 $\left(3, -\dfrac{2}{3}\right)$일 때, a의 값을 구하시오.

0388 상중하

오른쪽 그림과 같이 점 $P(1, 6)$에서 곡선 $y=-x^2+3$에 그은 두 접선의 접점을 각각 Q, R라 할 때, 삼각형 PQR의 넓이를 구하시오.

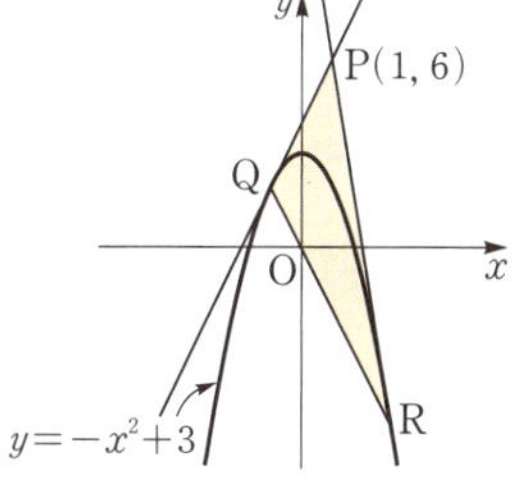

0389

곡선 $y=x^3+ax^2+bx+c$ 위의 두 점 $(-1, -4)$, $(3, 16)$ 에서의 접선이 서로 평행할 때, 상수 a, b, c에 대하여 abc의 값을 구하시오.

0390 중요★

곡선 $y=x^3+6x^2+10x-4$의 접선 중 기울기가 최소인 직선의 방정식을 $y=ax+b$라 할 때, 상수 a, b에 대하여 ab의 값을 구하시오.

0391

오른쪽 그림과 같이 중심이 y축 위에 있는 원이 점 $(1, 1)$에서 곡선 $y=x^4$과 접할 때, 원의 넓이를 구하시오.

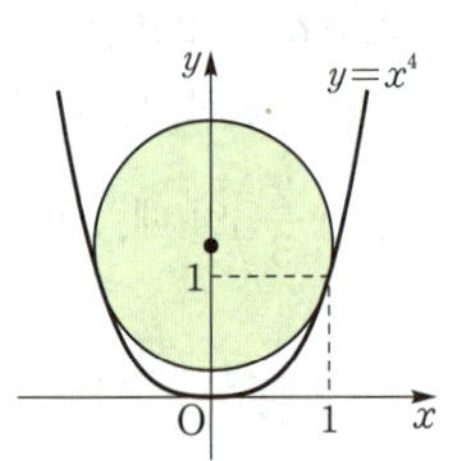

0392

곡선 $y=x^2-3x+1$ 위의 점 (t, t^2-3t+1)에서의 접선의 y 절편을 $g(t)$라 할 때, $\lim\limits_{t\to\infty}\dfrac{g(t+2)-g(t)}{t}$의 값은?

① -10 ② -4 ③ 2
④ 8 ⑤ 12

0393 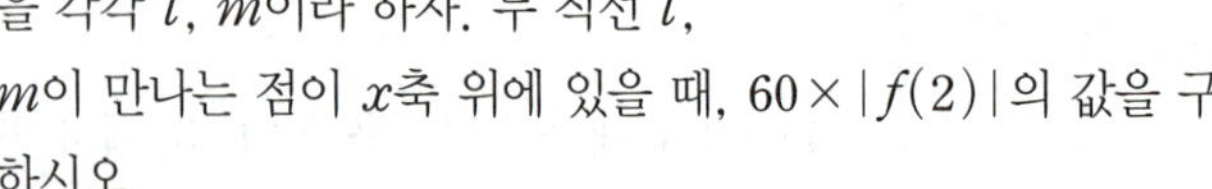 교육청 기출

실수 a에 대하여 함수 $f(x)=x^3-\dfrac{5}{2}x^2+ax+2$이다. 곡선 $y=f(x)$ 위의 두 점 $A(0, 2)$, $B(2, f(2))$에서의 접선을 각각 l, m이라 하자. 두 직선 l, m이 만나는 점이 x축 위에 있을 때, $60\times|f(2)|$의 값을 구하시오.

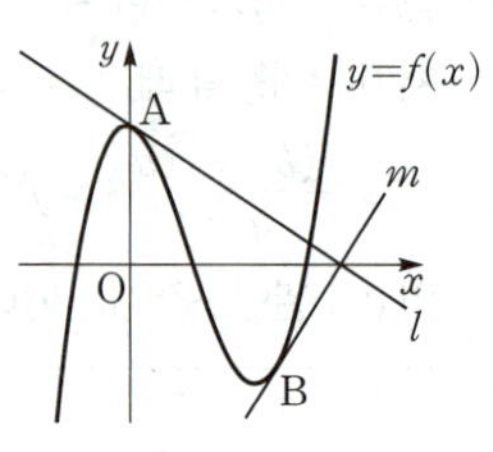

0394

곡선 $y=ax^3-2x^2+1$ 위의 점 $(1, 1)$을 지나고 이 점에서의 접선과 수직인 직선의 방정식을 구하시오. (단, a는 상수이다.)

0395 중요★

곡선 $y=x^3-3x^2+2$에 접하고 기울기가 9인 두 직선 사이의 거리를 구하시오.

0396

곡선 $y=x^3-4x+a$와 직선 $y=-x+b$가 제1사분면에서 접할 때, 상수 a, b에 대하여 $a-b$의 값을 구하시오.
(단, $a>3$)

0397

점 $(1, -1)$에서 곡선 $y=x^2-x$에 그은 접선 중 기울기가 음수인 직선이 점 $(a, -5)$를 지날 때, a의 값은?

① 2 ② 3 ③ 4
④ 5 ⑤ 6

0398

두 곡선 $y=x^3-x+3$, $y=x^2+a$가 제1사분면 위의 한 점에서 공통인 접선을 가질 때, 상수 a의 값을 구하시오.

0399

곡선 $y=x^3+x^2-3$ 위의 x좌표가 -1인 점 P에서의 접선을 l, 점 P를 지나고 직선 l과 수직인 직선을 m이라 할 때, 두 직선 l, m과 x축으로 둘러싸인 도형의 넓이를 구하시오.

0400

함수 $f(x)=x^2-(a+b)x+ab$에 대하여 닫힌구간 $[a, b]$에서 롤의 정리를 만족시키는 실수 c의 값은?

① $\dfrac{a+3b}{4}$ ② $\dfrac{3a+b}{4}$ ③ $\dfrac{a+2b}{3}$
④ $\dfrac{2a+b}{3}$ ⑤ $\dfrac{a+b}{2}$

 서술형 **주관식**

0401

직선 $y=ax-4$가 곡선 $y=x^3-4x+a$에 접하도록 하는 모든 상수 a의 값의 곱을 구하시오.

0402 중요★

점 $(-1, -5)$에서 곡선 $y=2x^2+3x+4$에 그은 두 접선의 접점을 각각 P, Q라 할 때, 선분 PQ의 길이를 구하시오.

 실력**Up**

0403

곡선 $y=x^3+(a+3)x^2-ax+7$에 접하는 직선 중 직선 $3x-y+1=0$과 수직인 직선이 존재하지 않도록 하는 정수 a의 개수를 구하시오.

0404

두 다항함수 $f(x)$, $g(x)$가 다음 조건을 만족시킨다.

> (가) $g(x)=(x^2+2x)f(x)-6$
> (나) $\displaystyle\lim_{x \to 1} \dfrac{f(x)-g(x)}{x-1}=-2$

곡선 $y=g(x)$ 위의 점 $(1, g(1))$에서의 접선의 방정식이 $y=ax+b$일 때, $b-a$의 값을 구하시오.

(단, a, b는 상수이다.)

05 도함수의 활용 (2)

05 1 함수의 증가와 감소　　　　　유형 01, 02, 03

1 함수의 증가와 감소

함수 $f(x)$가 어떤 구간에 속하는 임의의 두 실수 x_1, x_2에 대하여

(1) $x_1 < x_2$일 때, $f(x_1) < f(x_2)$이면 함수 $f(x)$는 이 구간에서 **증가**한다고 한다.

(2) $x_1 < x_2$일 때, $f(x_1) > f(x_2)$이면 함수 $f(x)$는 이 구간에서 **감소**한다고 한다.

2 함수의 증가와 감소의 판정

함수 $f(x)$가 어떤 열린구간에서 미분가능할 때, 이 구간의 모든 x에 대하여

(1) $f'(x) > 0$이면 함수 $f(x)$는 이 구간에서 **증가**한다.

(2) $f'(x) < 0$이면 함수 $f(x)$는 이 구간에서 **감소**한다.

참고▶ 함수 $f(x)$가 닫힌구간 $[a, b]$에서 연속이고 열린구간 (a, b)에서 미분가능할 때, 열린구간 (a, b)에서
　　① $f'(x) > 0$이면 $f(x)$는 닫힌구간 $[a, b]$에서 증가한다.
　　② $f'(x) < 0$이면 $f(x)$는 닫힌구간 $[a, b]$에서 감소한다.

● 함수가 증가 또는 감소하기 위한 조건
함수 $f(x)$가 어떤 열린구간에서 미분가능하고 이 구간에서
① $f(x)$가 증가하면　$f'(x) \geq 0$
② $f(x)$가 감소하면　$f'(x) \leq 0$

05 2 함수의 극대와 극소　　　　　유형 04~11, 15

1 함수의 극대와 극소

함수 $f(x)$에서 $x=a$를 포함하는 어떤 열린구간에 속하는 모든 x에 대하여

(1) $f(x) \leq f(a)$일 때, 함수 $f(x)$는 $x=a$에서 **극대**라 하고 $f(a)$를 **극댓값**이라 한다.

(2) $f(x) \geq f(a)$일 때, 함수 $f(x)$는 $x=a$에서 **극소**라 하고 $f(a)$를 **극솟값**이라 한다.

이때 극댓값과 극솟값을 통틀어 **극값**이라 한다.

2 극값과 미분계수

미분가능한 함수 $f(x)$가 $x=a$에서 극값을 가지면 $f'(a) = 0$이다.

3 함수의 극대와 극소의 판정

미분가능한 함수 $f(x)$에 대하여 $f'(a)=0$이고, $x=a$의 좌우에서 $f'(x)$의 부호가

(1) **양에서 음으로 바뀌면** $f(x)$는 $x=a$에서 **극대**이고, **극댓값 $f(a)$**를 갖는다.

(2) **음에서 양으로 바뀌면** $f(x)$는 $x=a$에서 **극소**이고, **극솟값 $f(a)$**를 갖는다.

● 상수함수는 모든 실수 x에서 극댓값과 극솟값을 갖는다.

● $f'(a)=0$이어도 $x=a$의 좌우에서 $f'(x)$의 부호가 바뀌지 않으면 $f(x)$는 $x=a$에서 극값을 갖지 않는다.

05 3 함수의 그래프　　　　　유형 16

미분가능한 함수 $y=f(x)$의 그래프의 개형은 다음과 같은 순서로 그린다.

(i) $f'(x)=0$을 만족시키는 x의 값을 구한다.

(ii) $f'(x)$의 부호를 조사하여 함수 $f(x)$의 증가와 감소를 표로 나타낸다.

(iii) 함수의 증가와 감소, 극대와 극소, 좌표축과의 교점 등을 이용하여 그래프의 개형을 그린다.

05 4 함수의 최댓값과 최솟값　　　　　유형 12, 13, 14

함수 $f(x)$가 닫힌구간 $[a, b]$에서 연속일 때,

　　이 구간에서의 $f(x)$의 **극값**과 구간의 양 끝 점에서의 함숫값 $f(a)$, $f(b)$

중에서 가장 큰 값이 최댓값이고, 가장 작은 값이 최솟값이다.

● 닫힌구간 $[a, b]$에서 연속함수 $f(x)$의 극값이 오직 하나 존재할 때, 극값이
① 극댓값이면　(최댓값)=(극댓값)
② 극솟값이면　(최솟값)=(극솟값)

교과서 문제 정복하기

05 | 1 함수의 증가와 감소

[0405 ~ 0409] 다음 함수의 증가와 감소를 조사하시오.

0405 $f(x)=x^2$

0406 $f(x)=-x^3$

0407 $f(x)=3x-x^2$

0408 $f(x)=x^2-x-2$

0409 $f(x)=\dfrac{1}{3}x^3+x^2-4$

05 | 2 함수의 극대와 극소

0410 함수 $y=f(x)$의 그래프가 다음 그림과 같을 때, 구간 $(\alpha,\ \beta)$에서 다음을 구하시오.

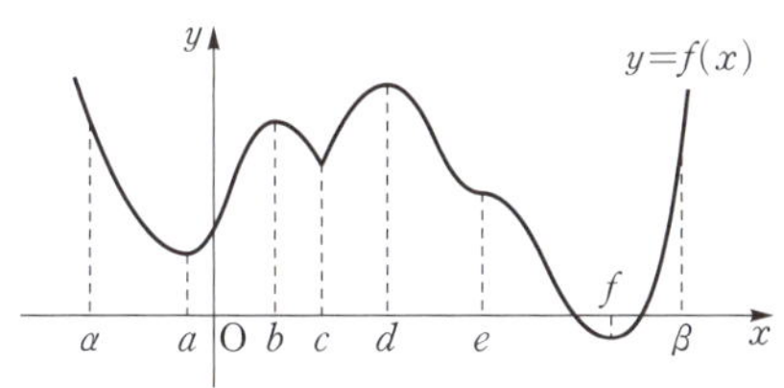

(1) 함수 $f(x)$가 극댓값을 갖는 x의 값

(2) 함수 $f(x)$가 극솟값을 갖는 x의 값

0411 함수 $f(x)=2x^3+6x^2-1$에 대하여 다음 물음에 답하시오.

(1) $f'(x)=0$을 만족시키는 x의 값을 구하시오.

(2) 다음 표를 완성하시오.

x	$\cdots$		$\cdots$		$\cdots$		$\cdots$
$f'(x)$	$+$	0			0		$+$
$f(x)$	$\nearrow$			$\searrow$			$\nearrow$

(3) 함수 $f(x)$의 극값을 구하시오.

05 | 3 함수의 그래프

[0415 ~ 0417] 다음 함수의 그래프를 그리시오.

0415 $f(x)=-x^3+3x+2$

0416 $f(x)=\dfrac{1}{3}x^3-x^2$

0417 $f(x)=x^4-4x^3+4x^2+2$

05 | 4 함수의 최댓값과 최솟값

[0418 ~ 0421] 주어진 구간에서 다음 함수의 최댓값과 최솟값을 구하시오.

0418 $f(x)=-x^3+3x^2$ $[-2,\ 3]$

0419 $f(x)=x^3-6x^2+9x-2$ $[0,\ 4]$

0420 $f(x)=\dfrac{1}{4}x^4-x^3$ $[-2,\ 3]$

0421 $f(x)=3x^4-4x^3+1$ $[-1,\ 2]$

[0412 ~ 0414] 다음 함수의 극값을 구하시오.

0412 $f(x)=x^3-3x+1$

0413 $f(x)=x^4-2x^2$

0414 $f(x)=-3x^4+4x^3-1$

유형 **01** 함수의 증가와 감소

어떤 구간에서 미분가능한 함수 $f(x)$의 증가와 감소는 $f'(x)$의 부호를 조사하여 판정한다.

(1) $f'(x) > 0$이면 $f(x)$는 이 구간에서 증가한다.
(2) $f'(x) < 0$이면 $f(x)$는 이 구간에서 감소한다.

0422 대표문제

함수 $f(x) = -x^3 - 3x^2 + 24x - 2$가 증가하는 구간이 $[a, b]$일 때, $a+b$의 값을 구하시오.

0423 상중하

함수 $f(x) = x^3 + ax^2 + bx + c$가 감소하는 구간이 $[1, 2]$일 때, $2a+b$의 값을 구하시오. (단, a, b, c는 상수이다.)

0424 상중하

함수 $f(x) = 2x^3 + ax^2 + 36x + 9$가 감소하는 x의 값의 범위가 $b \leq x \leq 3$일 때, $b-a$의 값을 구하시오. (단, a는 상수이다.)

0425 상중하

함수 $f(x) = -x^3 + ax^2 + bx + 3$이 $-1 \leq x \leq 2$에서 증가하고, $x \leq -1$ 또는 $x \geq 2$에서 감소할 때, 상수 a, b에 대하여 ab의 값을 구하시오.

유형 **02** 실수 전체의 집합에서 함수가 증가 (또는 감소)하기 위한 조건

미분가능한 함수 $f(x)$가 실수 전체의 집합에서

(1) 증가 ➡ 모든 실수 x에 대하여 $f'(x) \geq 0$
(2) 감소 ➡ 모든 실수 x에 대하여 $f'(x) \leq 0$

0426 대표문제

함수 $f(x) = x^3 - ax^2 + (a+6)x + 5$가 실수 전체의 집합에서 증가하도록 하는 정수 a의 최댓값은?

① 4　　　　② 5　　　　③ 6
④ 7　　　　⑤ 8

0427 상중하 ◀서술형

함수 $f(x) = ax^3 + x^2 - x$가 구간 $(-\infty, \infty)$에서 감소하도록 하는 정수 a의 최댓값을 구하시오.

0428 상중하

함수 $f(x) = -x^3 + ax^2 + ax + 7$이 임의의 두 실수 x_1, x_2에 대하여 $x_1 < x_2$이면 $f(x_1) > f(x_2)$를 만족시키도록 하는 정수 a의 개수를 구하시오.

0429 상중하

실수 전체의 집합에서 정의된 함수 $f(x) = \dfrac{1}{3}x^3 - ax^2 + 8x$의 역함수가 존재하기 위한 정수 a의 최댓값을 구하시오.

▸ 개념원리 미적분 I 106쪽

유형 **03** 주어진 구간에서 함수가 증가(또는 감소)하기 위한 조건

미분가능한 함수 $f(x)$가 구간 $[a, b]$에서
(1) 증가 ➡ 구간 $[a, b]$에서 $f'(x) \geq 0$
(2) 감소 ➡ 구간 $[a, b]$에서 $f'(x) \leq 0$

0430 대표문제

함수 $f(x)=x^3-3x^2+ax+2$가 구간 $[1, 3]$에서 감소하도록 하는 실수 a의 값의 범위를 구하시오.

0431 상중하

함수 $f(x)=-x^3+x^2+ax-4$가 구간 $[1, 2]$에서 증가하도록 하는 정수 a의 최솟값을 구하시오.

0432 상중하

함수 $f(x)=x^3+kx^2-8x+4$가 $-2 \leq x \leq 1$에서 감소하도록 하는 실수 k의 최댓값과 최솟값의 합은?

① $\dfrac{1}{2}$
② $\dfrac{3}{2}$
③ $\dfrac{5}{2}$
④ $\dfrac{7}{2}$
⑤ $\dfrac{9}{2}$

0433 상중하

함수 $f(x)=x^3+ax^2+3$이 구간 $[1, 2]$에서 감소하고, 구간 $[3, \infty)$에서 증가하도록 하는 실수 a의 값의 범위를 구하시오.

▸ 개념원리 미적분 I 111쪽, 112쪽

유형 **04** 함수의 극대와 극소

다항함수 $f(x)$의 극값은 다음과 같은 순서로 구한다.
(ⅰ) $f'(x)=0$을 만족시키는 x의 값을 구한다.
(ⅱ) (ⅰ)에서 구한 x의 값의 좌우에서 $f'(x)$의 부호를 조사하여 함수 $f(x)$의 증가와 감소를 표로 나타낸다.
(ⅲ) $f'(x)$의 부호가 양에서 음으로 바뀌면 극대, 음에서 양으로 바뀌면 극소이다.

0434 대표문제

함수 $f(x)=-2x^3+6x+1$의 극댓값을 M, 극솟값을 m이라 할 때, $M+m$의 값은?

① 2
② 3
③ 4
④ 5
⑤ 6

0435 상중하

함수 $f(x)=x^4-4x^3+15$가 $x=a$에서 극솟값 b를 가질 때, $a+b$의 값은?

① -12
② -9
③ -3
④ 0
⑤ 15

0436 상중하

함수 $f(x)=-x^4+4x^3+2x^2-12x-7$이 극댓값을 갖는 모든 x의 값의 합을 구하시오.

0437 상중하

함수 $f(x)=x^3-3x^2-9x+8$에 대하여 $y=f(x)$의 그래프에서 극대인 점을 A, 극소인 점을 B라 할 때, 선분 AB의 중점의 좌표를 구하시오.

유형 | 05 함수의 극값을 이용하여 미정계수 구하기

_{중요}

미분가능한 함수 $f(x)$가 $x=\alpha$에서 극값 β를 갖는다.

$\Rightarrow f'(\alpha)=0,\ f(\alpha)=\beta$

0438 대표문제

함수 $f(x)=x^3+ax^2+bx+3$이 $x=2$에서 극댓값 23을 가질 때, 함수 $f(x)$의 극솟값은? (단, a, b는 상수이다.)

① 15   ② 16   ③ 17

④ 18   ⑤ 19

0439 상중하

함수 $f(x)=-x^3+27x+a$의 극댓값과 극솟값의 합이 10일 때, 상수 a의 값을 구하시오.

0440 상중하

함수 $f(x)=-2x^3-6x^2+a$가 $x=b$에서 극솟값 1을 가질 때, $a-b$의 값은? (단, a는 상수이다.)

① 9   ② 10   ③ 11

④ 12   ⑤ 13

0441 상중하

함수 $f(x)=x^3+(2a+4)x^2-5x$의 그래프에서 극대인 점과 극소인 점이 원점에 대하여 대칭일 때, 상수 a의 값을 구하시오.

0442 상중하

함수 $f(x)=2x^3-\dfrac{3}{2}ax^2+1$의 그래프가 x축에 접하도록 하는 상수 a의 값을 구하시오.

0443 상중하 ◀서술형

최고차항의 계수가 1인 삼차함수 $f(x)$가 $x=-1$과 $x=3$에서 극값을 갖고 $f(0)=0$일 때, 함수 $f(x)$의 극댓값을 구하시오.

0444 상중하

최고차항의 계수가 1인 삼차함수 $f(x)$가 다음 조건을 만족시킬 때, $f(3)$의 값을 구하시오.

> (개) $x=1$에서 극댓값 3을 갖는다.
> (내) $y=f(x)$의 그래프 위의 점 $(2, f(2))$에서의 접선의 기울기가 -7이다.

0445 상중하

삼차함수 $f(x)$가 다음 조건을 만족시킬 때, $f(2)$의 값을 구하시오.

> (개) $\displaystyle\lim_{x\to 0}\dfrac{f(x)}{x}=-2$
> (내) $x=1$에서 극값 -3을 갖는다.

▶ 개념원리 미적분 I 114쪽

유형 06 $y=f'(x)$의 그래프와 $f(x)$의 극값

함수 $f(x)$의 도함수 $f'(x)$에 대하여 $f'(a)=0$이고, $x=a$의 좌우에서 $f'(x)$의 부호가

(1) 양에서 음으로 바뀌면
   $f(x)$는 $x=a$에서 극대이다.
(2) 음에서 양으로 바뀌면
   $f(x)$는 $x=a$에서 극소이다.

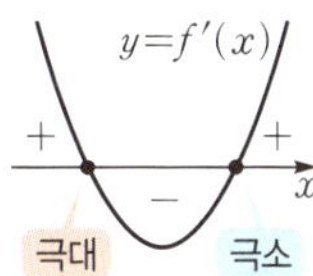

0446 대표문제

함수 $f(x)=\dfrac{1}{2}x^3+ax^2+b$의 도함수 $y=f'(x)$의 그래프가 오른쪽 그림과 같다. 함수 $f(x)$의 극솟값이 -6일 때, $f(x)$의 극댓값은?

(단, a, b는 상수이다.)

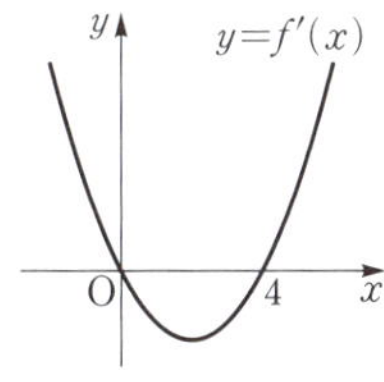

① 0   ② 5   ③ 10
④ 15   ⑤ 20

0447 상중하

미분가능한 함수 $f(x)$의 도함수 $y=f'(x)$의 그래프가 오른쪽 그림과 같다. 구간 (a, b)에서 함수 $f(x)$가 극댓값을 갖는 x의 개수를 m, 극솟값을 갖는 x의 개수를 n이라 할 때, $m-n$의 값을 구하시오.

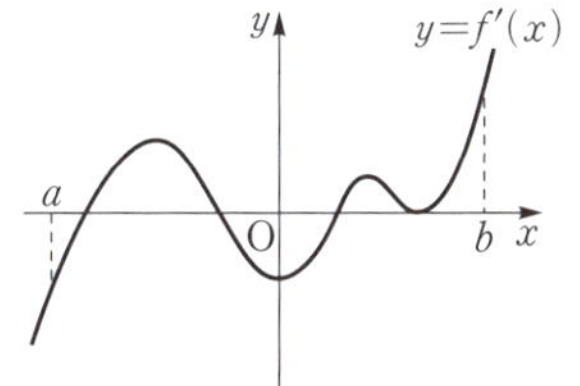

0448 상중하

삼차함수 $f(x)$의 도함수 $y=f'(x)$의 그래프가 오른쪽 그림과 같다. $f(x)$의 극솟값이 -2이고 극댓값이 6일 때, $f(1)$의 값을 구하시오.

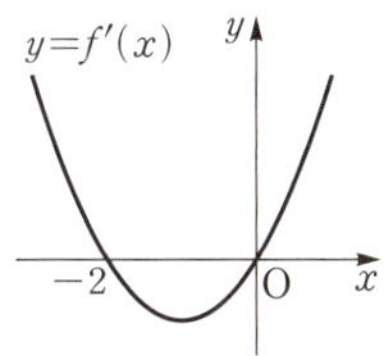

유형 07 $y=f'(x)$의 그래프를 이용한 $f(x)$의 해석

함수 $f(x)$의 도함수 $f'(x)$에 대하여

(1) $f'(x)>0$인 구간에서 $f(x)$는 증가한다.
(2) $f'(x)<0$인 구간에서 $f(x)$는 감소한다.
(3) $f'(a)=0$이고 $x=a$의 좌우에서 $f'(x)$의 부호가 바뀌면
   $f(x)$는 $x=a$에서 극값을 갖는다.

0449 대표문제

함수 $f(x)$의 도함수 $y=f'(x)$의 그래프가 오른쪽 그림과 같을 때, 다음 중 옳지 않은 것은?

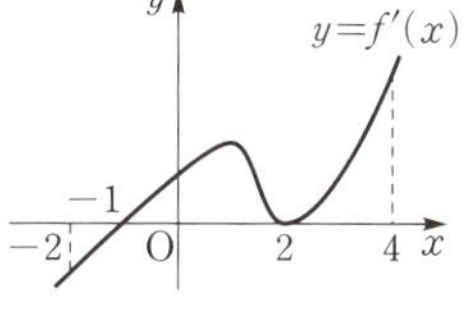

① 구간 $(-2, 4)$에서 $f(x)$는 연속이다.
② 구간 $(0, 4)$에서 $f(x)$는 증가한다.
③ $f(x)$는 $x=-1$에서 극소이다.
④ $f(x)$는 $x=2$에서 미분가능하다.
⑤ 구간 $(-2, 4)$에서 $f(x)$가 극값을 갖는 x의 값은 2개이다.

0450 상중하

함수 $f(x)$의 도함수 $y=f'(x)$의 그래프가 오른쪽 그림과 같을 때, **보기**에서 옳은 것만을 있는 대로 고른 것은?

(단, $f'(x)$는 사차함수이다.)

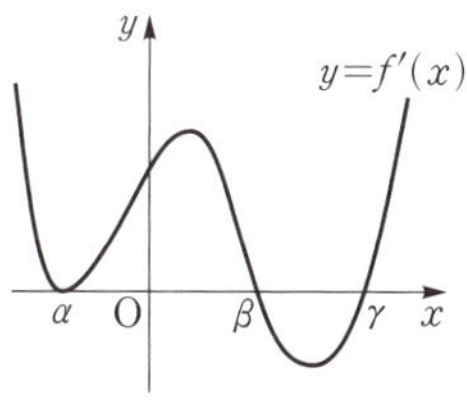

보기

ㄱ. 구간 (α, β)에서 $f(x)$는 감소한다.
ㄴ. $f(x)$는 $x=\beta$에서 극댓값을 갖는다.
ㄷ. $f(x)$가 극값을 갖는 x의 값은 3개이다.

① ㄴ   ② ㄷ   ③ ㄱ, ㄴ
④ ㄱ, ㄷ   ⑤ ㄴ, ㄷ

유형 | 08 삼차함수가 극값을 가질 조건

삼차함수 $f(x)$가 극값을 갖는다.
⟺ 이차방정식 $f'(x)=0$이 서로 다른 두 실근을 갖는다.
⟺ 이차방정식 $f'(x)=0$의 판별식을 D라 하면 $D>0$이다.

0451 대표문제
함수 $f(x)=x^3+3ax^2+ax-2$가 극값을 갖도록 하는 실수 a의 값의 범위를 구하시오.

0452 상중하
함수 $f(x)=x^3+ax^2+12x+2$가 극값을 갖도록 하는 실수 a의 값의 범위가 $a<\alpha$ 또는 $a>\beta$일 때, $\beta-\alpha$의 값은?

① 8　　　　② 10　　　　③ 12
④ 14　　　　⑤ 16

0453 상중하
함수 $f(x)=x^3+3x^2+ax-1$이 극댓값과 극솟값을 모두 갖도록 하는 정수 a의 최댓값은?

① -2　　　　② -1　　　　③ 0
④ 1　　　　⑤ 2

0454 상중하
삼차함수 $f(x)=3kx^3+(k+2)x^2+kx+1$이 극값을 갖도록 하는 실수 k의 값의 범위를 구하시오.

유형 | 09 삼차함수가 극값을 갖지 않을 조건

삼차함수 $f(x)$가 극값을 갖지 않는다.
⟺ 이차방정식 $f'(x)=0$이 중근 또는 허근을 갖는다.
⟺ 이차방정식 $f'(x)=0$의 판별식을 D라 하면 $D\leq0$이다.

0455 대표문제
함수 $f(x)=x^3+ax^2+3x+4$가 극값을 갖지 않도록 하는 실수 a의 값의 범위를 구하시오.

0456 상중하
함수 $f(x)=x^3-ax^2+\left(a-\dfrac{2}{3}\right)x-1$이 극값을 갖지 않도록 하는 모든 정수 a의 값의 합은?

① -1　　　　② 0　　　　③ 1
④ 2　　　　⑤ 3

0457 상중하
함수 $f(x)=-x^3+ax^2+(a^2-4a)x+3$은 극값을 갖지 않고, 함수 $g(x)=x^3-2ax^2+ax-2$는 극값을 갖도록 하는 정수 a의 개수를 구하시오.

0458 상중하 서술형
함수 $f(x)=x^3-3(a-1)x^2-3(b^2-9)x+a$가 극값을 갖지 않도록 하는 자연수 a, b의 순서쌍 (a, b)의 개수를 구하시오.

▶ 개념원리 미적분 I 122쪽

유형 10 주어진 구간에서 삼차함수가 극값을 가질 조건

삼차함수 $f(x)$가 구간 (a, b)에서 극값을 갖는다.
➡ 이차방정식 $f'(x)=0$이 $a<x<b$에서 중근이 아닌 실근을
갖도록 $y=f'(x)$의 그래프를 그려 본다.

0459 대표문제

함수 $f(x)=2x^3+3x^2+kx-5$가 $-2<x<0$에서 극댓값을 갖고, $x>0$에서 극솟값을 갖도록 하는 실수 k의 값의 범위는 $a<k<b$이다. 이때 a^2+b^2의 값은?

① 100 ② 121 ③ 136
④ 144 ⑤ 169

0460 상중하

함수 $f(x)=x^3-3ax^2+3ax-1$이 구간 $(1, 2)$에서 극솟값은 갖고 극댓값은 갖지 않도록 하는 실수 a의 값의 범위를 구하시오.

0461 상중하

함수 $f(x)=x^3+px^2+(p-1)x$가 $-1<x<1$에서 극댓값과 극솟값을 모두 갖도록 하는 정수 p의 개수는?

① 1 ② 2 ③ 3
④ 4 ⑤ 5

▶ 개념원리 미적분 I 123쪽

유형 11 사차함수의 극값의 조건

⑴ 사차함수 $f(x)$가 극댓값과 극솟값을 모두 갖는다.
➡ 삼차방정식 $f'(x)=0$이 서로 다른 세 실근을 갖는다.
⑵ 사차함수 $f(x)$가 극댓값 또는 극솟값을 갖지 않는다.
➡ 삼차방정식 $f'(x)=0$이 한 실근과 두 허근을 갖거나 중근과 다른 한 실근을 갖거나 삼중근을 갖는다.

0462 대표문제

함수 $f(x)=-x^4+4x^3+4ax^2$이 극솟값을 갖도록 하는 실수 a의 값의 범위가 $\alpha<a<0$ 또는 $a>\beta$이다. 이때 $\alpha+\beta$의 값을 구하시오.

0463 상중하

함수 $f(x)=3x^4-8x^3+6ax^2+7$이 극댓값과 극솟값을 모두 갖도록 하는 실수 a의 값의 범위를 구하시오.

0464 상중하

사차함수 $f(x)$의 도함수 $f'(x)$가
$$f'(x)=(x+1)(x^2+ax+2a)$$
일 때, $f(x)$가 극댓값을 갖지 않도록 하는 정수 a의 개수를 구하시오.

0465 상중하

함수 $f(x)=-3x^4-8x^3+6(k+3)x^2-12kx$가 극솟값을 갖지 않도록 하는 실수 k의 최댓값을 구하시오.

유형 12 함수의 최댓값과 최솟값

구간 $[a, b]$에서 연속인 함수 $f(x)$에 대하여
구간 $[a, b]$에서의 $f(x)$의 극값과 $f(a)$, $f(b)$
중에서 가장 큰 값이 최댓값, 가장 작은 값이 최솟값이다.

0466 대표문제
구간 $[-2, 2]$에서 함수 $f(x)=2x^3+3x^2-12x+3$의 최댓값을 M, 최솟값을 m이라 할 때, $M+m$의 값은?

① 18 　　　② 19 　　　③ 20
④ 21 　　　⑤ 22

0467 상중하
구간 $[-3, 0]$에서 함수 $f(x)=x^4-2x^2-2$는 $x=a$에서 최솟값 b를 갖는다. 이때 ab의 값을 구하시오.

0468 상중하
구간 $[-1, 2]$에서 함수 $f(x)=3x^4-8x^3+6x^2+1$의 최댓값을 M, 최솟값을 m이라 할 때, Mm의 값을 구하시오.

0469 상중하
구간 $[0, 4]$에서 함수
$$f(x)=(x^2-4x+2)^3-12(x^2-4x+2)+1$$
의 최댓값을 M, 최솟값을 m이라 할 때, $M+m$의 값을 구하시오.

유형 13 함수의 최대·최소를 이용하여 미정계수 구하기

함수 $f(x)$의 최댓값 또는 최솟값을 미정계수를 포함한 식으로 나타내어 주어진 최댓값 또는 최솟값과 비교한다.

0470 대표문제
구간 $[-3, 1]$에서 함수 $f(x)=-x^4+6x^2-8x+a$의 최댓값이 19일 때, 상수 a의 값은?

① -9 　　　② -7 　　　③ -5
④ -3 　　　⑤ -1

0471 상중하
$-1 \le x \le 2$에서 함수 $f(x)=ax^3-6ax^2+b$의 최댓값이 3, 최솟값이 -13일 때, 상수 a, b에 대하여 $a+b$의 값은?
$$(단, a>0)$$

① 1 　　　② 2 　　　③ 3
④ 4 　　　⑤ 5

0472 상중하
구간 $[0, 3]$에서 함수 $f(x)=x^3+ax^2+bx+5$는 $x=2$에서 최솟값 3을 갖는다. 이때 $f(1)$의 값을 구하시오.
$$(단, a, b는 상수이다.)$$

0473 상중하 서술형
최고차항의 계수가 1인 삼차함수 $f(x)$가 다음 조건을 만족시킬 때, 구간 $[-4, 2]$에서 $f(x)$의 최댓값을 구하시오.

(가) $x=-3$, $x=1$에서 극값을 갖는다.
(나) 구간 $[-4, 2]$에서 $f(x)$의 최솟값은 -10이다.

유형 14 함수의 최대·최소의 활용

▶ 개념원리 미적분 I 127~129쪽

변하는 것을 x로 놓고 도형의 길이, 넓이, 부피를 x에 대한 함수로 나타낸 후 도함수를 이용하여 최댓값 또는 최솟값을 구한다. 이때 x의 값의 범위에 유의한다.

0474 대표문제

오른쪽 그림과 같이 곡선 $y=x^2-4$와 x축으로 둘러싸인 도형에 내접하고 한 변이 x축 위에 있는 직사각형 ABCD의 넓이의 최댓값을 구하시오.

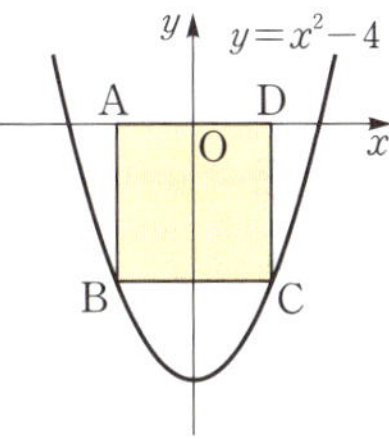

0475 상중하

하루에 A 제품 x개를 생산하는 데 드는 비용이
$$f(x)=x^3-180x^2+1000x+4000\,(원)$$
이다. 생산된 제품은 개당 1000원에 그날 모두 판매된다고 할 때, 이익을 최대로 하기 위해 하루에 생산해야 할 A 제품의 개수를 구하시오.

0476 상중하

오른쪽 그림과 같이 한 변의 길이가 12인 정사각형 모양의 종이의 네 귀퉁이에서 합동인 정사각형을 잘라 내고 남은 부분으로 뚜껑이 없는 직육면체 모양의 상자를 만들려고 한다. 이때 상자의 부피의 최댓값은?

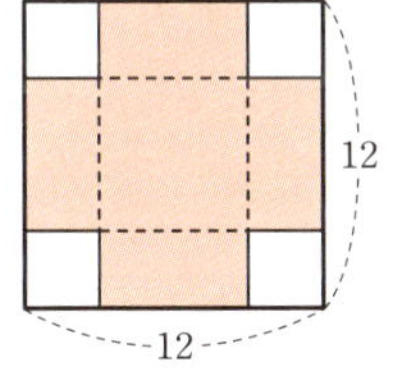

① 120   ② 124   ③ 128
④ 132   ⑤ 136

0477 상중하

곡선 $y=-x^2+3$ 위를 움직이는 점 P와 점 A$(5,\,4)$에 대하여 선분 AP의 길이의 최솟값을 구하시오.

0478 상중하 ◀서술형

오른쪽 그림과 같이 곡선 $y=-2x^2+8$과 x축의 두 교점을 각각 A, B라 할 때, x축과 이 곡선으로 둘러싸인 도형에 내접하는 사다리꼴 ABCD의 넓이의 최댓값은 $\dfrac{q}{p}$이다.

서로소인 자연수 p, q에 대하여 $p+q$의 값을 구하시오.

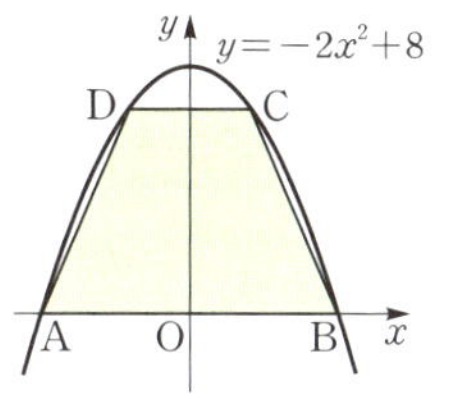

0479 상중하

오른쪽 그림과 같이 밑면의 반지름의 길이가 3, 높이가 15인 원뿔에 내접하는 원기둥의 부피의 최댓값은?

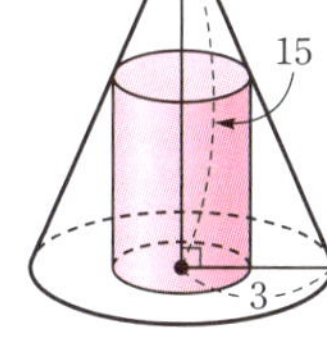

① 12π ② 14π ③ 16π
④ 18π ⑤ 20π

0480 상중하

오른쪽 그림과 같이 밑면이 정사각형이고 면 ABFE의 대각선 AF의 길이가 12인 사각기둥이 있다. 이 사각기둥의 부피가 최대일 때의 밑넓이를 구하시오.

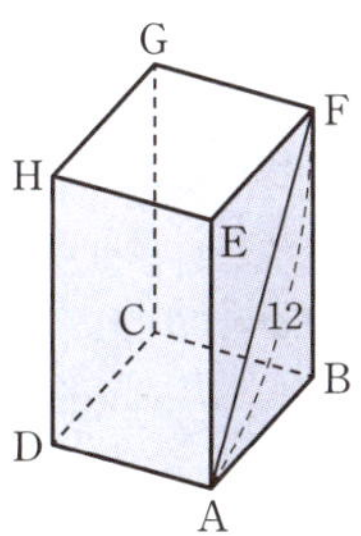

유형 JP | 15 극값을 이용한 삼차함수의 계수의 부호의 결정

삼차함수 $f(x)=ax^3+bx^2+cx+d$ (a, b, c, d는 상수)에 대하여

(1) $\begin{cases} x \to \infty \text{일 때 } f(x) \to \infty \text{이면} & a>0 \\ x \to \infty \text{일 때 } f(x) \to -\infty \text{이면} & a<0 \end{cases}$

(2) $\begin{cases} f(0)>0 \text{이면} & d>0 \\ f(0)<0 \text{이면} & d<0 \end{cases}$

(3) 함수 $f(x)$가 $x=\alpha$, $x=\beta$에서 극값을 가지면 방정식 $f'(x)=0$의 두 실근이 α, β이다.

0481 대표문제

함수 $f(x)=ax^3+bx^2+cx+d$에 대하여 $y=f(x)$의 그래프가 오른쪽 그림과 같을 때, 다음 중 옳은 것은? (단, $|\alpha|<|\beta|$, a, b, c, d는 상수이다.)

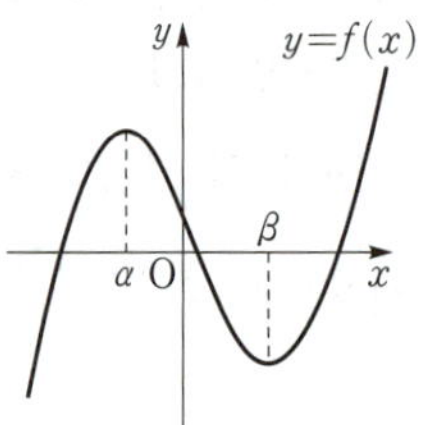

① $ab>0$, $cd>0$
② $ab>0$, $cd<0$
③ $ab<0$, $cd>0$
④ $ab<0$, $cd<0$
⑤ $ac>0$, $bd<0$

0482 상중하

함수 $f(x)=ax^3+bx^2+cx+d$에 대하여 $y=f(x)$의 그래프가 오른쪽 그림과 같을 때, 다음 중 그 값이 양수인 것은? (단, a, b, c, d는 상수이다.)

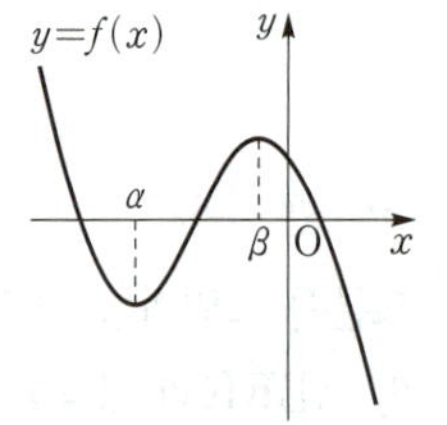

① a
② ad
③ $b+c$
④ $bc+d$
⑤ $c-ab$

유형 JP | 16 $y=f'(x)$의 그래프를 이용하여 $f(x)$의 그래프 그리기

함수 $f(x)$의 그래프의 개형은 다음과 같은 순서로 그린다.

(i) 주어진 $y=f'(x)$의 그래프를 이용하여 함수 $f(x)$의 증가와 감소를 표로 나타낸다.

(ii) 함수 $f(x)$가 증가·감소하는 구간, 극값을 갖는 x의 값 등을 찾아 $y=f(x)$의 그래프의 개형을 그린다.

0483 대표문제

다항함수 $f(x)$의 도함수 $y=f'(x)$의 그래프가 오른쪽 그림과 같을 때, 다음 중 함수 $y=f(x)$의 그래프의 개형이 될 수 있는 것은?

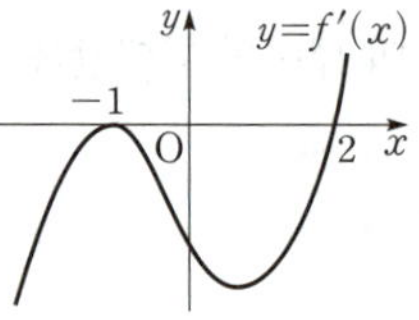

① 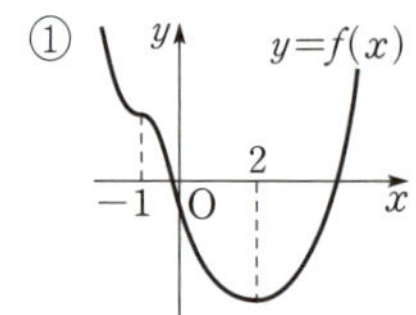
② 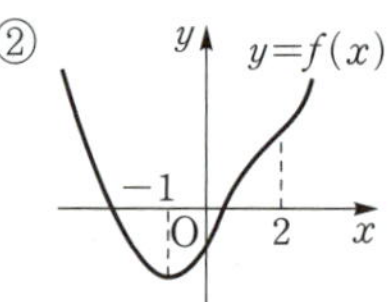

③ 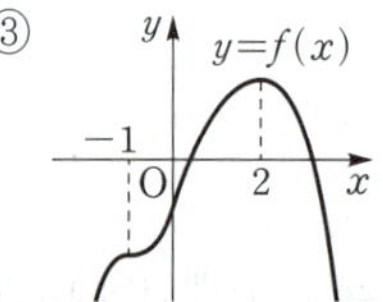
④ 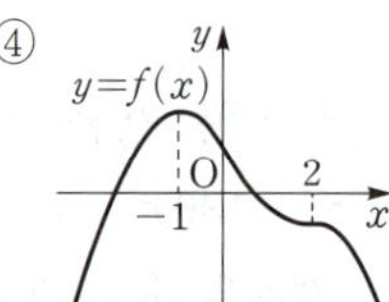

⑤ 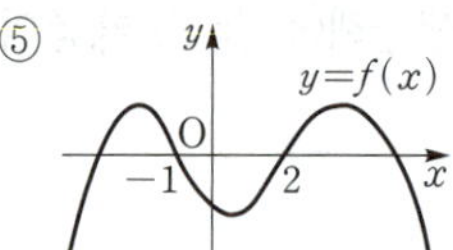

0484 상중하

다항함수 $f(x)$의 도함수 $y=f'(x)$의 그래프가 오른쪽 그림과 같을 때, 다음 중 함수 $y=f(x)$의 그래프의 개형이 될 수 있는 것은?

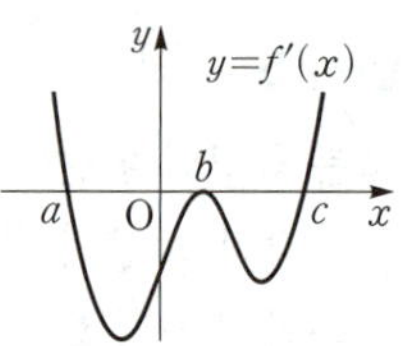

① 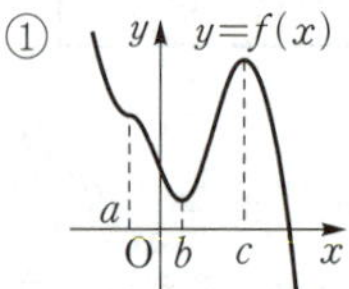
② 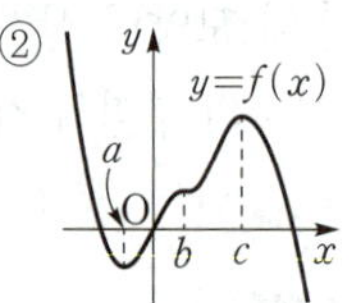
③ 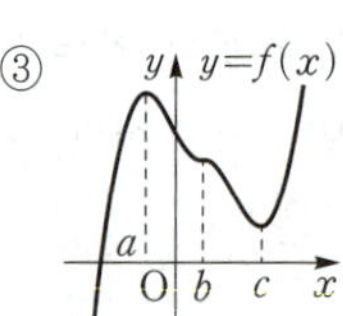

④ 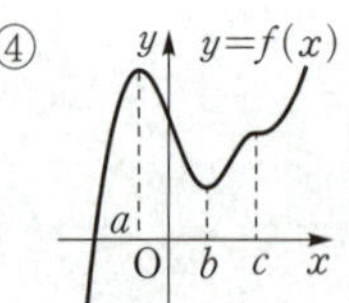
⑤ 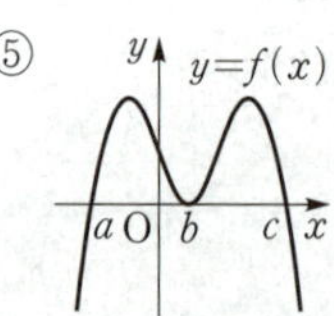

정답 및 풀이 067쪽

0485

함수 $f(x)=x^3+ax^2+9x-1$이 감소하는 x의 값의 범위가 $1\le x\le b$일 때, $a+b$의 값은? (단, a는 상수이다.)

① -5 ② -3 ③ -1
④ 1 ⑤ 3

0486

함수 $f(x)=-x^3-ax^2+2ax+15$가 실수 전체의 집합에서 감소하도록 하는 정수 a의 개수는?

① 5 ② 6 ③ 7
④ 8 ⑤ 9

0487

함수 $f(x)=x^3+2kx^2+4x$가 임의의 두 실수 x_1, x_2에 대하여 $x_1\ne x_2$이면 $f(x_1)\ne f(x_2)$를 만족시킬 때, 실수 k의 값의 범위를 구하시오.

0488 중요★

함수 $f(x)=2x^3+ax^2$이 구간 $[2,\ 3]$에서 감소하도록 하는 실수 a의 최댓값은?

① -10 ② -9 ③ -8
④ -7 ⑤ -6

0489

함수 $f(x)=2x^3-9x^2+12x+2$의 극댓값을 M, 극솟값을 m이라 할 때, Mm의 값을 구하시오.

0490 교육청 기출

다항함수 $f(x)$에 대하여 함수 $g(x)$를
$$g(x)=(x^2-2x)f(x)$$
라 하자. 함수 $f(x)$가 $x=3$에서 극솟값 2를 가질 때, $g'(3)$의 값을 구하시오.

0491

함수 $f(x)=x^4-4x^3+4x^2+2$에 대하여 $y=f(x)$의 그래프에서 극대 또는 극소가 되는 세 점을 꼭짓점으로 하는 삼각형의 넓이는?

① $\dfrac{1}{2}$ ② 1 ③ $\dfrac{3}{2}$
④ 2 ⑤ $\dfrac{5}{2}$

0492

함수 $f(x)=-x^3-x^2+x+\dfrac{1}{3}$ 에 대하여 함수 $g(x)$를 $g(x)=|f(x)|$라 할 때, $g(x)$의 모든 극댓값의 합을 구하시오.

0493

최고차항의 계수가 1인 삼차함수 $f(x)$가 다음 조건을 만족시킬 때, 함수 $f(x)$의 극댓값을 구하시오.

(가) $f(x)$는 $(x-2)^2$으로 나누어떨어진다.
(나) $\displaystyle\lim_{x\to 1}\dfrac{f(x)-3x^2f(1)+2f(1)}{x^2-1}=-\dfrac{15}{2}$

0494 중요★

함수 $f(x)=x^3-3kx^2-9k^2x+1$의 극댓값과 극솟값의 차가 32일 때, 양수 k의 값을 구하시오.

0495

삼차함수 $f(x)$의 도함수 $y=f'(x)$의 그래프가 오른쪽 그림과 같을 때, 함수 $f(x)$의 극댓값과 극솟값의 차를 구하시오.

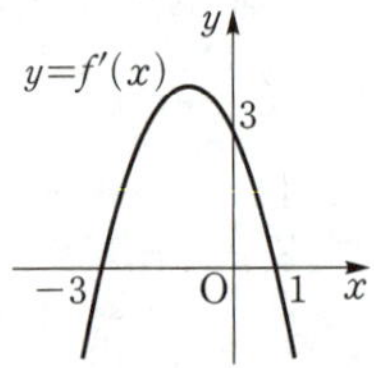

0496 중요★

함수 $f(x)$의 도함수 $y=f'(x)$의 그래프가 오른쪽 그림과 같을 때, 보기에서 옳은 것만을 있는 대로 고르시오.

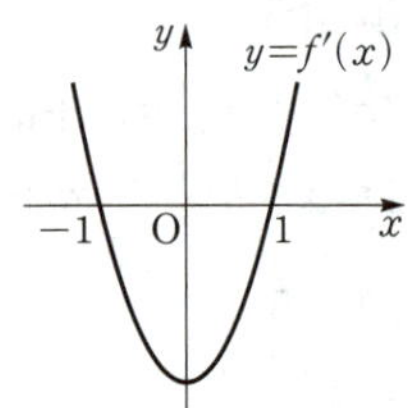

보기
ㄱ. $f(x)$는 $x=0$에서 극솟값을 갖는다.
ㄴ. $f(x)$는 $0<x<1$에서 증가한다.
ㄷ. $f(x)$는 $x=-1$에서 극댓값을 갖고, $x=1$에서 극솟값을 갖는다.

0497

함수 $f(x)=x^3-ax^2+(a+6)x+1$이 극값을 갖지 않도록 하는 정수 a의 개수는?

① 7 　　　② 8 　　　③ 9
④ 10 　　　⑤ 11

0498

함수 $f(x)=x^3-(a+2)x^2+ax$가 $-1<x<0$에서 극댓값을 갖고, $x>0$에서 극솟값을 갖도록 하는 모든 정수 a의 값의 곱을 구하시오.

0499

함수 $f(x)=x^4-4x^3+2ax^2+1$이 극댓값을 갖도록 하는 정수 a의 최댓값은?

① 0   ② 1   ③ 2
④ 3   ⑤ 4

0500

구간 $[-2, 3]$에서 함수 $f(x)=2x^3-3x^2-12x+4$의 최댓값을 M, 최솟값을 m이라 할 때, $M+m$의 값을 구하시오.

0501

함수 $f(x)=-x^4+4a^3x-20$의 최댓값이 a^4+12일 때, 양수 a의 값은?

① 1   ② 2   ③ 3
④ 4   ⑤ 5

0502 중요★

구간 $[0, 5]$에서 함수 $f(x)=ax(x-3)^2+b$의 최댓값이 15, 최솟값이 -5일 때, 상수 a, b에 대하여 a^2+b^2의 값을 구하시오. (단, $a>0$)

0503

함수 $f(x)=x^2-4x+4$에 대하여 오른쪽 그림과 같이 곡선 $y=f(x)$ 위의 점 (a, b)에서의 접선과 x축 및 y축으로 둘러싸인 삼각형의 넓이가 최대일 때의 $b-a$의 값은? (단, $0<a<2$)

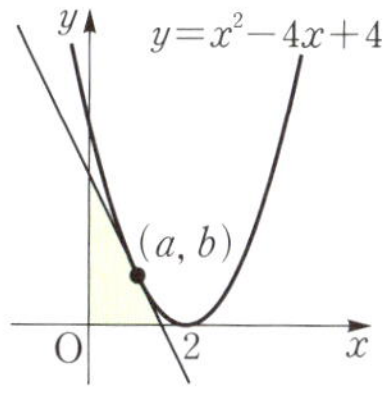

① $\dfrac{8}{9}$ ② 1   ③ $\dfrac{10}{9}$
④ $\dfrac{11}{9}$ ⑤ $\dfrac{4}{3}$

0504

오른쪽 그림과 같이 한 변의 길이가 10인 정삼각형 모양의 종이의 세 귀퉁이에서 합동인 사각형을 잘라 내고 남은 부분으로 뚜껑이 없는 삼각기둥 모양의 상자를 만들려고 한다. 상자의 부피가 최대가 되도록 하는 x의 값을 구하시오.

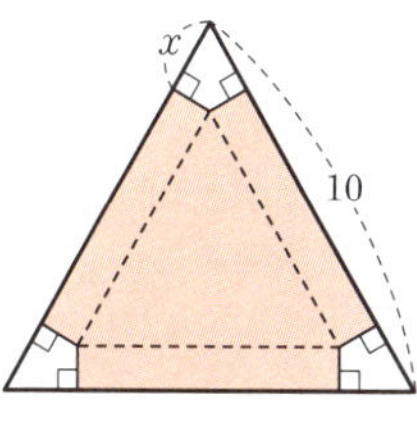

0505

함수 $f(x)=ax^3+bx^2+cx+d$에 대하여 $y=f(x)$의 그래프가 오른쪽 그림과 같을 때, $|c-b|-|b|+|c|$를 간단히 하면? (단, $|\alpha|>|\beta|$, a, b, c, d는 상수이다.)

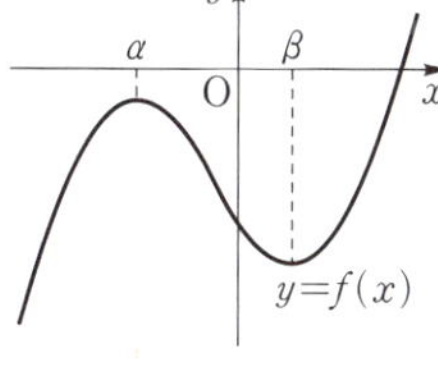

① $-2b$ ② $-2c$ ③ 0
④ $-b-c$ ⑤ $-2b-2c$

시험에 꼭 나오는 문제

서술형 주관식

0506

실수 전체의 집합에서 정의된 함수 $f(x)=x^3-2ax^2+ax$의 역함수가 존재하기 위한 실수 a의 값의 범위를 구하시오.

0507

함수 $f(x)=x^3-6x^2+k$의 극댓값과 극솟값의 절댓값이 같고 그 부호가 서로 다를 때, 상수 k의 값을 구하시오.

0508 중요★

함수 $f(x)=x^3-3kx^2+kx$가 $x>0$에서 극댓값과 극솟값을 모두 갖도록 하는 실수 k의 값의 범위를 구하시오.

0509

함수 $f(x)=-x^3+3x$, $g(x)=x^2+2x$에 대하여 합성함수 $(f\circ g)(x)$의 최댓값을 구하시오.

실력 Up

0510 평가원 기출

두 실수 a, b에 대하여 함수

$$f(x)=\begin{cases} -\dfrac{1}{3}x^3-ax^2-bx & (x<0) \\ \dfrac{1}{3}x^3+ax^2-bx & (x\geq0) \end{cases}$$

이 구간 $(-\infty,\ -1]$에서 감소하고 구간 $[-1,\ \infty)$에서 증가할 때, $a+b$의 최댓값을 M, 최솟값을 m이라 하자. $M-m$의 값은?

① $\dfrac{3}{2}+3\sqrt{2}$ ② $3+3\sqrt{2}$ ③ $\dfrac{9}{2}+3\sqrt{2}$

④ $6+3\sqrt{2}$ ⑤ $\dfrac{15}{2}+3\sqrt{2}$

0511

다항함수 $y=f(x)$에 대하여 $y=xf'(x)$의 그래프가 오른쪽 그림과 같을 때, **보기**에서 옳은 것만을 있는 대로 고르시오.

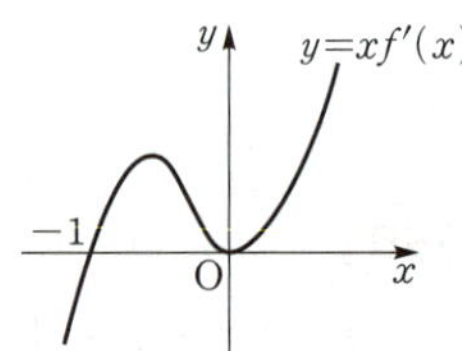

보기

ㄱ. $f(x)$는 $-1<x<0$에서 감소한다.
ㄴ. $f(x)$는 $x=-1$에서 극솟값을 갖는다.
ㄷ. $f(x)$는 $x=0$에서 극댓값을 갖는다.

0512

오른쪽 그림과 같이 밑면의 반지름의 길이가 r이고 높이가 h인 원기둥이 반구에 내접하고 있다. 이 원기둥의 부피가 최대일 때의 $\dfrac{h}{r}$의 값을 구하시오. (단, 반구의 크기는 변하지 않는다.)

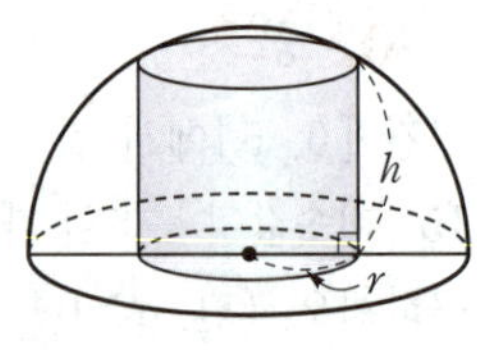

지금 겪고 있는 시행착오는
실패가 아니라
굉장히 멋진 곳에 가기 위한
중요한 단계일 수 있다.

06 도함수의 활용 (3)

06│1 방정식에의 활용 유형 01~04

1 방정식의 실근의 개수

(1) 방정식 $f(x)=0$의 서로 다른 실근의 개수는 함수 $y=f(x)$의 그래프와 x축의 교점의 개수와 같다.

(2) 방정식 $f(x)=g(x)$의 서로 다른 실근의 개수는 두 함수 $y=f(x)$, $y=g(x)$의 그래프의 교점의 개수와 같다.

● 방정식 $f(x)=0$의 실근은 함수 $y=f(x)$의 그래프와 x축의 교점의 x좌표와 같다.

2 삼차방정식의 근의 판별

삼차함수 $f(x)$가 극값을 가질 때, 삼차방정식 $f(x)=0$의 실근의 개수는 다음과 같이 판별할 수 있다.

(1) (극댓값)$\times$(극솟값)<0 $\Longleftrightarrow$ 서로 다른 세 실근을 갖는다.

(2) (극댓값)$\times$(극솟값)$=0$ $\Longleftrightarrow$ 중근과 다른 한 실근 (서로 다른 두 실근)을 갖는다.

(3) (극댓값)$\times$(극솟값)>0 $\Longleftrightarrow$ 한 실근과 두 허근을 갖는다.

참고▶ 삼차함수 $f(x)$가 극값을 갖지 않으면 삼차방정식 $f(x)=0$은 삼중근을 갖거나 한 실근과 두 허근을 갖는다.

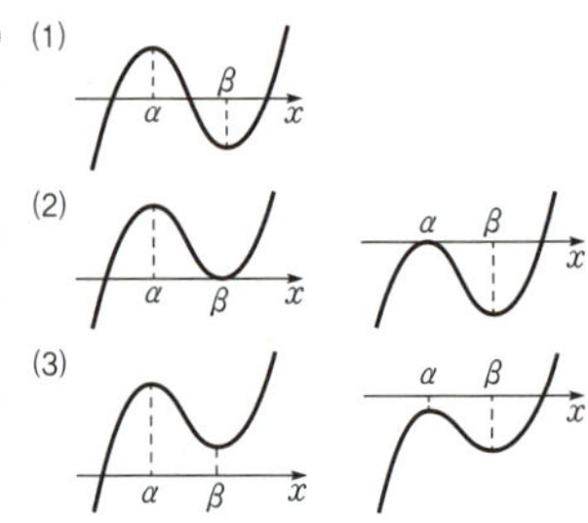

06│2 부등식에의 활용 유형 05, 06, 07

1 함수 $f(x)$에 대하여 어떤 구간에서 부등식 $f(x)\geq0$이 성립함을 보이려면 그 구간에서 ($f(x)$의 최솟값)≥0임을 보인다.

2 두 함수 $f(x)$, $g(x)$에 대하여 어떤 구간에서 부등식 $f(x)\geq g(x)$가 성립함을 보이려면 $h(x)=f(x)-g(x)$로 놓고, 그 구간에서 ($h(x)$의 최솟값)≥0임을 보인다.

● 어떤 구간에서 $f(x)$의 최솟값이 a이면 그 구간에서 $f(x)\geq a$이다.

06│3 속도와 가속도 유형 08~16

1 속도와 가속도

수직선 위를 움직이는 점 P의 시각 t에서의 위치 x를 $x=f(t)$라 할 때, 시각 t에서의 점 P의 속도 v와 가속도 a는

(1) $v=\dfrac{dx}{dt}=f'(t)$

(2) $a=\dfrac{dv}{dt}$

● 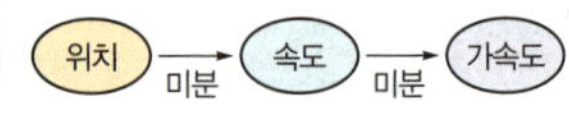

● 속도 v의 부호에 따른 운동 방향
① $v>0$
  $\Rightarrow$ 양의 방향으로 움직인다.
② $v=0$
  $\Rightarrow$ 운동 방향이 바뀌거나 정지한다.
③ $v<0$
  $\Rightarrow$ 음의 방향으로 움직인다.

2 시각에 대한 길이, 넓이, 부피의 변화율

어떤 물체의 시각 t에서의 길이가 l, 넓이가 S, 부피가 V이고 시간이 Δt만큼 경과한 후 길이, 넓이, 부피가 각각 Δl, ΔS, ΔV만큼 변할 때 시각 t에서의 각각의 변화율은 다음과 같다.

(1) 길이의 변화율: $\displaystyle\lim_{\Delta t\to0}\dfrac{\Delta l}{\Delta t}=\dfrac{dl}{dt}$

(2) 넓이의 변화율: $\displaystyle\lim_{\Delta t\to0}\dfrac{\Delta S}{\Delta t}=\dfrac{dS}{dt}$

(3) 부피의 변화율: $\displaystyle\lim_{\Delta t\to0}\dfrac{\Delta V}{\Delta t}=\dfrac{dV}{dt}$

교과서 **문제** 정복하기

06 | **1** 방정식에의 활용

[0513 ~ 0516] 다음 방정식의 서로 다른 실근의 개수를 구하시오.

0513 $x^3 - 6x^2 + 2 = 0$

0514 $x^3 - 3x^2 - 4 = 0$

0515 $-x^4 + 2x^2 + 2 = 0$

0516 $3x^4 + 6x^2 = 8x^3 + 1$

0517 방정식 $x^3 - 6x^2 - 15x + k = 0$의 근이 다음과 같도록 하는 실수 k의 값 또는 범위를 구하시오.

⑴ 서로 다른 세 실근

⑵ 중근과 다른 한 실근

⑶ 한 실근과 두 허근

06 | **2** 부등식에의 활용

0518 다음은 모든 실수 x에 대하여 부등식
$3x^4 - 8x^3 + 18 > 0$이 성립함을 증명하는 과정이다.

> **증명**
> $f(x) = 3x^4 - 8x^3 + 18$이라 하면
> $$f'(x) = 12x^3 - 24x^2 = 12x^2(x-2)$$
> $f'(x) = 0$에서 $\quad x = 0$ 또는 $x = 2$
> 함수 $f(x)$는 $x = \boxed{⑦}$ 에서 극소이면서 최소이므로 $f(x)$의 최솟값은 $\boxed{④}$ 이다.
> 즉 $f(x) \boxed{⑤} 2$이므로 모든 실수 x에 대하여
> $$3x^4 - 8x^3 + 18 > 0$$
> 이 성립한다.

위의 과정에서 ㉮, ㉯, ㉰에 알맞은 것을 구하시오.

0519 $x > 0$일 때, 부등식 $2x^3 - 3x^2 + 3 > 0$이 성립함을 증명하시오.

0520 모든 실수 x에 대하여 부등식
$$\frac{1}{4}x^4 - x^3 + x^2 + k \geq 0$$
이 성립하도록 하는 실수 k의 값의 범위를 구하시오.

06 | **3** 속도와 가속도

[0521 ~ 0523] 수직선 위를 움직이는 점 P의 시각 t에서의 위치 x가 다음과 같을 때, 시각 $t = 2$에서의 점 P의 속도와 가속도를 구하시오.

0521 $x = t^3 - 4t^2 + 3$

0522 $x = -t^3 + 3t^2 - 2t$

0523 $x = t^4 - 4t + 5$

0524 어떤 물체의 시각 t에서의 길이 l이
$l = t^2 + 4t + 10$일 때, $t = 3$에서의 이 물체의 길이의 변화율을 구하시오.

0525 시각 t에서의 반지름의 길이가 $0.2t$인 구에 대하여 다음을 구하시오.

⑴ $t = 10$에서의 구의 겉넓이의 변화율

⑵ $t = 10$에서의 구의 부피의 변화율

▶ 개념원리 미적분 I 137쪽

유형 | 01 방정식 $f(x)=k$의 실근의 개수

방정식 $f(x)=k$의 서로 다른 실근의 개수
➡ 함수 $y=f(x)$의 그래프와 직선 $y=k$의 교점의 개수와 같다.

0526 대표문제

방정식 $x^3-3x^2+2-k=0$이 서로 다른 세 실근을 갖도록 하는 정수 k의 개수를 구하시오.

0527 상중하

삼차함수 $y=f(x)$의 도함수 $y=f'(x)$의 그래프가 오른쪽 그림과 같다. $f(-2)=-1$, $f(1)=2$일 때, 방정식 $f(x)-k=0$이 서로 다른 세 실근을 갖도록 하는 실수 k의 값의 범위를 구하시오.

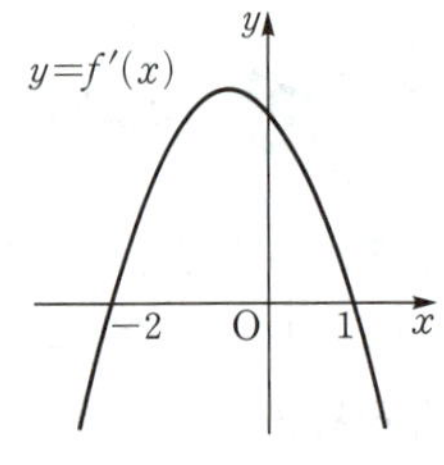

0528 상중하

방정식 $\dfrac{3}{4}x^4-x^3-3x^2+k=0$이 서로 다른 네 개의 실근을 갖도록 하는 k의 값의 범위가 $\alpha<k<\beta$일 때, $\beta-\alpha$의 값을 구하시오.

0529 상중하

방정식 $x^4+4x^3+28=8x^2+k$가 서로 다른 세 실근을 갖도록 하는 모든 실수 k의 값의 합을 구하시오.

▶ 개념원리 미적분 I 139쪽

유형 | 02 방정식 $f(x)=k$의 실근의 부호

방정식 $f(x)=k$의 실근은 함수 $y=f(x)$의 그래프와 직선 $y=k$의 교점의 x좌표와 같으므로 방정식 $f(x)=k$가
⑴ 양의 실근을 갖는다. ➡ 교점의 x좌표가 양수이다.
⑵ 음의 실근을 갖는다. ➡ 교점의 x좌표가 음수이다.

0530 대표문제

방정식 $x^3-\dfrac{3}{2}x^2-a=0$이 한 개의 음의 실근과 서로 다른 두 개의 양의 실근을 갖도록 하는 실수 a의 값의 범위를 구하시오.

0531 상중하

방정식 $2x^3-3x^2-12x+1-k=0$이 한 개의 양의 실근과 서로 다른 두 개의 음의 실근을 갖도록 하는 정수 k의 최댓값과 최솟값의 합을 구하시오.

0532 상중하

방정식 $x^3-5x^2+7x=x^2-2x+a$가 서로 다른 세 개의 양의 실근을 갖도록 하는 모든 정수 a의 값의 합은?

① 2　　　　② 3　　　　③ 4
④ 5　　　　⑤ 6

0533 상중하

방정식 $x^4-4x^3-2x^2+12x-k=0$이 서로 다른 두 개의 양의 실근과 서로 다른 두 개의 음의 실근을 갖도록 하는 정수 k의 개수를 구하시오.

▸ 개념원리 미적분 I 138쪽

유형 03 극값을 이용한 삼차방정식의 근의 판별

삼차함수 $f(x)$가 극값을 가질 때, 방정식 $f(x)=0$의 실근의 개수는 다음과 같다.

(1) 서로 다른 세 실근을 갖는다. $\iff$ (극댓값)$\times$(극솟값)<0
(2) 중근과 다른 한 실근 (서로 다른 두 실근)을 갖는다.
$\iff$ (극댓값)$\times$(극솟값)$=0$
(3) 한 실근과 두 허근을 갖는다. $\iff$ (극댓값)$\times$(극솟값)>0

0534 대표문제

방정식 $x^3-3x^2+1-k=0$이 서로 다른 세 실근을 갖도록 하는 정수 k의 개수를 구하시오.

0535 상중하

방정식 $\dfrac{1}{3}x^3-x^2+a=0$이 한 실근과 두 허근을 갖도록 하는 실수 a의 값의 범위를 구하시오.

0536 상중하

방정식 $2x^3-6x^2-18x+k=0$이 서로 다른 두 실근을 갖도록 하는 모든 실수 k의 값의 합을 구하시오.

0537 상중하

방정식 $x^3-2=12x+k$가 한 개의 실근을 갖도록 하는 실수 k의 값의 범위가 $k<\alpha$ 또는 $k>\beta$일 때, $\beta-\alpha$의 값은?

① 4   ② 12   ③ 20
④ 28   ⑤ 32

▸ 개념원리 미적분 I 137쪽

유형 04 두 곡선의 교점의 개수

두 함수 $y=f(x)$, $y=g(x)$의 그래프의 교점의 개수
➡ 방정식 $f(x)=g(x)$의 서로 다른 실근의 개수
➡ 함수 $y=f(x)-g(x)$의 그래프와 x축의 교점의 개수

0538 대표문제

곡선 $y=x^3-11x$와 직선 $y=x+k$가 서로 다른 세 점에서 만나도록 하는 실수 k의 값의 범위를 구하시오.

0539 상중하

두 곡선 $y=x^3-5x^2+3x+k$, $y=-2x^2+3x$가 서로 다른 두 점에서 만나도록 하는 양수 k의 값을 구하시오.

0540 상중하 ◀서술형

두 곡선 $y=x^3+2x^2-5x+k$, $y=-x^2+4x+2$가 한 점에서 만나도록 하는 자연수 k의 최솟값을 구하시오.

0541 상중하

두 곡선 $y=-2x^3-x^2+6x+3$, $y=2x^2-6x+k$가 한 점에서 만나고 다른 한 점에서는 접하도록 하는 모든 실수 k의 값의 합을 구하시오.

유형 | 05 모든 실수에서 부등식이 성립할 조건

모든 실수 x에 대하여 부등식 $f(x) \geq 0$이 성립한다.
➡ ($f(x)$의 최솟값) ≥ 0임을 보인다.

0542 대표문제

모든 실수 x에 대하여 부등식 $x^4 - 4a^3 x + 48 > 0$이 성립하도록 하는 실수 a의 값의 범위는?

① $a < -2$ 　　② $a < -1$ 　　③ $-2 < a < 2$
④ $-1 < a < 3$ 　　⑤ $a > 3$

0543 상중하

모든 실수 x에 대하여 부등식 $x^4 - 4x + a^2 > 2ax(2-x)$가 성립하도록 하는 양의 정수 a의 최솟값은?

① 1 　　② 2 　　③ 3
④ 4 　　⑤ 5

0544 상중하

두 함수 $f(x) = \dfrac{1}{4}x^4 - \dfrac{1}{2}x^2 - 3x$, $g(x) = x^3 - 3x^2 - k$에 대하여 $y = f(x)$의 그래프가 $y = g(x)$의 그래프보다 항상 위쪽에 있도록 하는 실수 k의 값의 범위를 구하시오.

0545 상중하

모든 실수 x에 대하여 부등식 $3x^4 + 4a^3 \geq 4x^3 + 3a^4$이 성립하도록 하는 실수 a의 값을 구하시오.

유형 | 06 주어진 구간에서 부등식이 성립할 조건 : 증가·감소의 활용

(1) 구간 (a, b)에서 증가하는 함수 $f(x)$에 대하여 이 구간에서 부등식 $f(x) < k$가 성립하는 경우 ➡ $f(b) \leq k$
(2) 구간 (a, b)에서 감소하는 함수 $f(x)$에 대하여 이 구간에서 부등식 $f(x) > k$가 성립하는 경우 ➡ $f(b) \geq k$

0546 대표문제

$x > 2$일 때, 부등식 $x^3 + k > 3x^2$이 성립하도록 하는 정수 k의 최솟값은?

① 3 　　② 4 　　③ 5
④ 6 　　⑤ 7

0547 상중하

구간 $(0, 2)$에서 부등식 $x^3 - \dfrac{3}{2}x^2 - 6x + k > 0$이 성립하도록 하는 실수 k의 값의 범위를 구하시오.

0548 상중하 서술형

두 함수 $f(x) = 4x^3 - x^2 - 2x$, $g(x) = 2x^2 + 4x - k$에 대하여 $x \geq 1$에서 부등식 $f(x) \geq g(x)$가 성립하도록 하는 실수 k의 최솟값을 구하시오.

▸ **개념원리** 미적분 Ⅰ 141쪽

유형 07 주어진 구간에서 부등식이 성립할 조건 : 최대·최소의 활용

(1) 구간 (a, b)에서 부등식 $f(x) \leq k$가 성립하는 경우
➡ 구간 (a, b)에서 $(f(x)$의 최댓값$) \leq k$

(2) 구간 (a, b)에서 부등식 $f(x) \geq k$가 성립하는 경우
➡ 구간 (a, b)에서 $(f(x)$의 최솟값$) \geq k$

0549 대표문제

구간 $[0, 2]$에서 부등식 $x^3 - x^2 - 2x + 1 \geq -x^2 + x - k$가 성립하도록 하는 실수 k의 최솟값을 구하시오.

0550 상중하

$1 < x < 3$일 때, 부등식 $x^3 - \dfrac{3}{2}x^2 + 2 > 6x + k$가 성립하도록 하는 정수 k의 최댓값은?

① -10 ② -9 ③ -8
④ -7 ⑤ -6

0551 상중하

두 함수 $f(x) = 2x^3 + x^2 + k$, $g(x) = -2x^2 + 5$에 대하여 $x > -1$일 때, $y = f(x)$의 그래프가 $y = g(x)$의 그래프보다 항상 위쪽에 있도록 하는 실수 k의 값의 범위를 구하시오.

▸ **개념원리** 미적분 Ⅰ 146쪽

유형 08 속도와 가속도 (1)

수직선 위를 움직이는 점 P의 시각 t에서의 위치 x가 $x = f(t)$일 때

$$속도:\ v = \frac{dx}{dt} = f'(t),\quad 가속도:\ a = \frac{dv}{dt}$$

참고▸ 속도 v의 절댓값 $|v|$를 점 P의 속력이라 한다.

0552 대표문제

원점을 출발하여 수직선 위를 움직이는 점 P의 시각 t에서의 위치 x가 $x = t^3 - 5t^2 + 6t$일 때, 점 P가 마지막으로 원점을 지나는 순간의 속도를 구하시오.

0553 상중하

원점을 출발하여 수직선 위를 움직이는 점 P의 시각 t에서의 위치 x가 $x = t^3 - 3t^2 - 14t$일 때, 속도가 10인 순간의 점 P의 위치는?

① -44 ② -40 ③ -12
④ 14 ⑤ 48

0554 상중하

원점을 출발하여 수직선 위를 움직이는 점 P의 시각 t에서의 위치 x가 $x = t^3 + 3t^2 + kt$이다. 점 P의 가속도가 18일 때의 점 P의 위치가 22일 때, 상수 k의 값은?

① 1 ② 2 ③ 3
④ 4 ⑤ 5

0555 상중하

원점을 출발하여 수직선 위를 움직이는 점 P의 시각 t에서의 위치 x가 $x = -\dfrac{1}{3}t^3 + 3t^2 + 16t$일 때, $0 \leq t \leq 5$에서 점 P의 속력의 최댓값을 M, 그때의 시각을 a라 하자. $M - a$의 값을 구하시오.

유형 09 속도와 가속도 (2)

시각 t에서의 두 점 P, Q의 위치가 각각 x_P, x_Q일 때

(1) 두 점이 만난다. ➡ $x_P = x_Q$

(2) 두 점의 속도가 같다. ➡ $\dfrac{dx_P}{dt} = \dfrac{dx_Q}{dt}$

0556 대표문제

수직선 위를 움직이는 두 점 P, Q의 시각 t에서의 위치가 각각

$$x_P(t) = \frac{1}{3}t^3 + 4t - \frac{2}{3}, \quad x_Q(t) = 2t^2 - 10$$

일 때, 두 점 P, Q의 속도가 같아지는 순간의 점 P의 가속도를 구하시오.

0557 상중하 서술형

수직선 위를 움직이는 두 점 P, Q의 시각 t에서의 위치가 각각

$$x_P(t) = \frac{2}{3}t^3 + 2t^2 - \frac{1}{3}, \quad x_Q(t) = 4t^2 + 30t$$

일 때, 두 점 P, Q의 속도가 같아지는 순간의 두 점 사이의 거리를 구하시오.

0558 상중하

원점을 동시에 출발하여 수직선 위를 움직이는 두 점 P, Q의 시각 t에서의 위치가 각각

$$x_P(t) = 2t^3 + t^2, \quad x_Q(t) = t^3 + 2t$$

이다. 두 점 P, Q가 출발한 후 다시 만나는 순간의 두 점 P, Q의 속도를 각각 α, β라 할 때, $\alpha\beta$의 값을 구하시오.

유형 10 속도와 운동 방향

(1) 수직선 위를 움직이는 점이 운동 방향을 바꾸거나 정지할 때의 속도는 0이다.

(2) 수직선 위를 움직이는 두 점이

① 같은 방향으로 움직이는 경우

➡ (두 점의 속도의 곱) > 0

② 서로 반대 방향으로 움직이는 경우

➡ (두 점의 속도의 곱) < 0

0559 대표문제

수직선 위를 움직이는 점 P의 시각 t에서의 위치 x가

$x = -t^3 + 5t^2 - 3t + 2$일 때, 점 P가 두 번째로 운동 방향을 바꾸는 순간의 가속도를 구하시오.

0560 상중하

수직선 위를 움직이는 두 점 P, Q의 시각 t에서의 위치가 각각 $x_P(t) = 4t^2 - 3t + 1$, $x_Q(t) = 2t^2 - 8t$일 때, 두 점 P, Q가 서로 반대 방향으로 움직이는 시각 t의 값의 범위를 구하시오.

0561 상중하

직선 도로를 달리는 자동차가 제동을 건 후 t초 동안 움직인 거리를 x m라 하면 $x = 18t - 0.45t^2$인 관계가 성립한다. 이 자동차가 제동을 건 후 정지할 때까지 움직인 거리를 구하시오.

0562 상중하 서술형

원점을 출발하여 수직선 위를 움직이는 점 P의 시각 t에서의 위치 x가 $x = t^3 - 9t^2 + 24t$이다. 점 P가 출발한 후 운동 방향을 바꾸는 순간의 위치를 각각 A, B라 할 때, 두 지점 A, B 사이의 거리를 구하시오.

▶ 개념원리 미적분Ⅰ 148쪽

유형 **11** 속도의 그래프의 해석

수직선 위를 움직이는 점 P의 시각 t에서의 속도 $v(t)$의 그래프에서

(1) $t=a$일 때 점 P의 가속도 → 가속도는 속도의 순간변화율

  ➡ $v(t)$의 그래프 위의 $t=a$인 점에서의 접선의 기울기와 같다.

(2) $v(t)$의 그래프가 t축과 $t=a$에서 만나고 $t=a$의 좌우에서 $v(t)$의 부호가 바뀌면 점 P는 $t=a$에서 운동 방향을 바꾼다.

0563 대표문제

수직선 위를 움직이는 점 P의 시각 t에서의 속도 $v(t)$의 그래프가 아래 그림과 같을 때, 다음 중 옳은 것은?

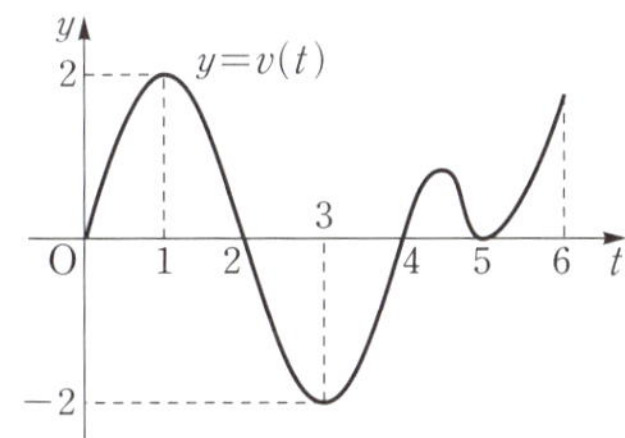

① $t=1$일 때와 $t=3$일 때 점 P는 정지해 있다.

② $2<t<4$에서 점 P는 음의 방향으로 움직인다.

③ $t=5$에서 점 P는 운동 방향을 바꾼다.

④ $3<t<4$에서 점 P의 속력이 증가한다.

⑤ $0<t<6$에서 점 P는 운동 방향을 3번 바꾼다.

0564 상중하

수직선 위를 움직이는 점 P의 시각 t에서의 속도 $v(t)$의 그래프가 오른쪽 그림과 같을 때, 다음 중 점 P의 가속도가 가장 큰 시각은?

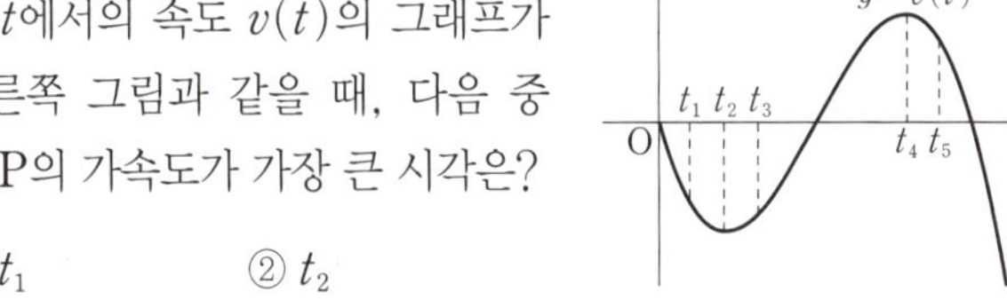

① t_1　　　② t_2

③ t_3　　　④ t_4

⑤ t_5

▶ 개념원리 미적분Ⅰ 147쪽

유형 **12** 위로 던진 물체의 위치와 속도

지면에서 똑바로 위로 던진 물체의 t초 후의 높이를 h m라 할 때

(1) t초 후의 물체의 속도 ➡ $\dfrac{dh}{dt}$ m/s

(2) 최고 지점에 도달했을 때 ➡ $\dfrac{dh}{dt}=0$

(3) 지면에 떨어질 때 ➡ $h=0$

0565 대표문제

지면으로부터 40 m의 높이에서 20 m/s의 속도로 똑바로 위로 던진 물체의 t초 후의 높이를 h m라 하면 $h=40+20t-5t^2$인 관계가 성립한다. 이 물체가 최고 지점에 도달했을 때 지면으로부터의 높이는?

① 55 m　　　② 60 m　　　③ 65 m

④ 70 m　　　⑤ 75 m

0566 상중하

지면에서 a m/s의 속도로 똑바로 위로 던진 물체의 t초 후의 높이를 h m라 하면 $h=at-5t^2$인 관계가 성립한다. 이 물체가 지면으로부터의 높이가 45 m인 지점까지 도달하기 위한 양수 a의 최솟값을 구하시오.

0567 상중하

지면으로부터 45 m의 높이에서 40 m/s의 속도로 똑바로 위로 던진 돌의 t초 후의 높이를 h m라 하면 $h=45+40t-5t^2$인 관계가 성립한다. **보기**에서 옳은 것만을 있는 대로 고르시오.

> **보기**
>
> ㄱ. 돌을 던진 지 2초 후의 돌의 속도는 20 m/s이다.
>
> ㄴ. 돌을 던진 지 4초 후에 돌이 최고 높이에 도달한다.
>
> ㄷ. 돌이 지면에 떨어지는 순간의 속도는 -50 m/s이다.

▶ 개념원리 미적분 I 150쪽

유형 13 시각에 대한 길이의 변화율

어떤 물체의 시각 t에서의 길이를 l이라 할 때, 길이의 변화율은

$$\lim_{\Delta t \to 0} \frac{\Delta l}{\Delta t} = \frac{dl}{dt}$$

0568 대표문제

한 변의 길이가 8 cm인 정사각형의 각 변의 길이가 매초 2 cm씩 길어질 때, 이 정사각형의 한 대각선의 길이의 변화율을 구하시오.

0569 상중하 서술형

좌표평면 위에서 점 P는 원점 O를 출발하여 x축의 양의 방향으로 매초 1의 속력으로 움직이고, 점 Q는 동시에 원점 O를 출발하여 y축의 양의 방향으로 매초 2의 속력으로 움직인다. 선분 PQ와 직선 $y=2x$가 만나는 점을 R라 할 때, 선분 OR의 길이의 변화율을 구하시오.

0570 상중하

오른쪽 그림과 같이 키가 1.5 m인 경민이가 높이 3 m의 가로등 바로 밑에서 출발하여 일직선으로 매분 90 m의 일정한 속도로 걸어가고 있다. 이때 경민이의 그림자의 길이의 변화율을 구하시오.

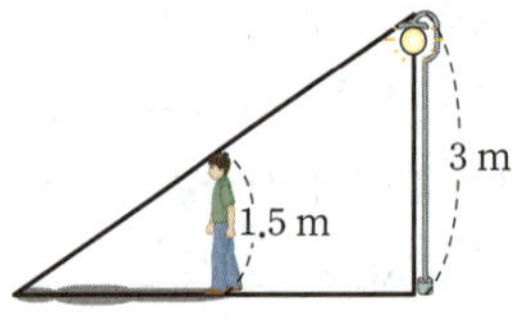

유형 14 시각에 대한 넓이의 변화율

어떤 물체의 시각 t에서의 넓이를 S라 할 때, 넓이의 변화율은

$$\lim_{\Delta t \to 0} \frac{\Delta S}{\Delta t} = \frac{dS}{dt}$$

0571 대표문제

잔잔한 호수에 돌을 던지면 동심원 모양의 파문이 인다. 가장 바깥쪽의 파문의 반지름의 길이가 매초 5 cm씩 길어질 때, 돌을 던지고 나서 2초 후의 가장 바깥쪽의 파문의 넓이의 변화율은 $a\pi$ cm²/s라 한다. 이때 상수 a의 값은?

① 80 ② 85 ③ 90
④ 95 ⑤ 100

0572 상중하

한 변의 길이가 4인 정육각형의 각 변의 길이가 매초 2씩 길어질 때, 정육각형의 넓이가 $54\sqrt{3}$이 되는 순간의 넓이의 변화율을 구하시오.

0573 상중하

좌표평면 위에서 점 P는 원점 O를 출발하여 x축의 양의 방향으로 매초 3의 속력으로 움직이고, 점 Q는 점 P가 출발한 지 2초 후에 원점 O를 출발하여 y축의 양의 방향으로 매초 4의 속력으로 움직인다. 점 P가 출발한 지 5초 후의 삼각형 OPQ의 넓이의 변화율을 구하시오.

▶ 개념원리 미적분 I 150쪽

유형 15 시각에 대한 부피의 변화율

어떤 물체의 시각 t에서의 부피를 V라 할 때, 부피의 변화율은

$$\lim_{\Delta t \to 0} \frac{\Delta V}{\Delta t} = \frac{dV}{dt}$$

0574 대표문제

반지름의 길이가 4 cm인 공 모양의 고무 풍선에 공기를 넣어 반지름의 길이를 매초 1 cm씩 증가시킬 때, 6초 후의 고무 풍선의 부피의 변화율을 구하시오.

0575 상중하

오른쪽 그림과 같이 밑면의 반지름의 길이가 6, 높이가 18인 원뿔 모양의 그릇이 있다. 이 그릇에 수면의 높이가 매초 1씩 올라가도록 물을 넣을 때, 수면의 높이가 5가 되는 순간의 물의 부피의 변화율을 구하시오.

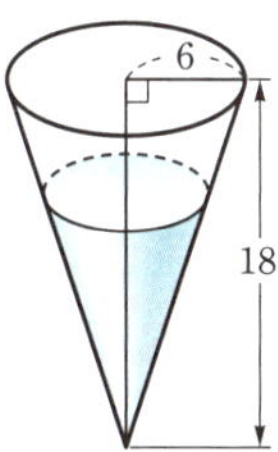

0576 상중하

내리는 빗물의 양에 맞게 자동으로 크기가 변하면서 강수량을 측정하는 정육면체 모양의 측정기를 설치하였다. 낮 12시부터 비가 내리기 시작하자 측정기의 각 모서리의 길이가 매시간 5 mm씩 증가하여 오후 9시에 50 mm가 되었다고 할 때, 측정기의 부피의 변화율이 13500 mm³/h가 되는 순간은 몇 시인가?

① 오후 4시　　　② 오후 5시　　　③ 오후 6시
④ 오후 7시　　　⑤ 오후 8시

▶ 개념원리 미적분 I 148쪽

유형 JP 16 위치의 그래프의 해석

수직선 위를 움직이는 점 P의 시각 t에서의 위치 $x(t)$의 그래프에서

(1) $x'(t) > 0$인 구간 ➡ 점 P는 양의 방향으로 움직인다.
(2) $x'(t) = 0$인 경우 ➡ 점 P는 정지하거나 운동 방향을 바꾼다.
(3) $x'(t) < 0$인 구간 ➡ 점 P는 음의 방향으로 움직인다.

0577 대표문제

수직선 위를 움직이는 점 P의 시각 t에서의 위치 $x(t)$의 그래프가 오른쪽 그림과 같을 때, **보기**에서 옳은 것만을 있는 대로 고르시오.

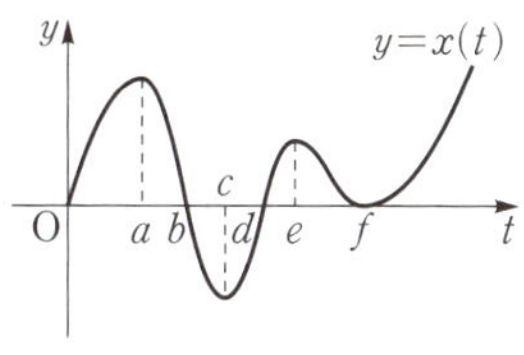

> **보기**
>
> ㄱ. $0 < t < b$에서 $t = a$일 때 점 P의 속력이 최대이다.
> ㄴ. $0 < t < f$에서 점 P의 운동 방향은 3번 바뀐다.
> ㄷ. $t = c$에서 점 P의 속도는 0이다.
> ㄹ. $0 \le t \le f$에서 $t = e$일 때 점 P가 원점에서 가장 멀리 떨어져 있다.

0578 상중하

수직선 위를 움직이는 두 점 P, Q의 시각 t에서의 각각의 위치 $x_P(t)$, $x_Q(t)$의 그래프가 다음 그림과 같을 때, **보기**에서 옳은 것만을 있는 대로 고른 것은?

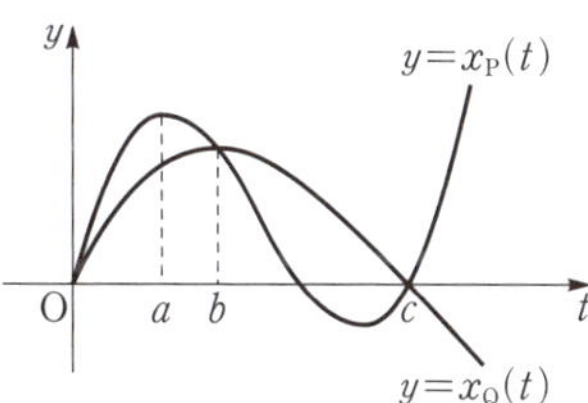

> **보기**
>
> ㄱ. $t = a$에서 점 P의 속도는 점 Q의 속도보다 크다.
> ㄴ. 두 점 P, Q는 $t = b$에서 만난다.
> ㄷ. $t = c$에서 두 점 P, Q는 서로 반대 방향으로 움직인다.

① ㄴ　　　　　② ㄷ　　　　　③ ㄱ, ㄴ
④ ㄴ, ㄷ　　　　⑤ ㄱ, ㄴ, ㄷ

0579

방정식 $x^4-4x^3-2x^2+12x-a=0$이 서로 다른 네 실근을 갖도록 하는 실수 a의 값의 범위를 구하시오.

0580

미분가능한 함수 $f(x)$에 대하여 도함수 $y=f'(x)$의 그래프가 오른쪽 그림과 같을 때, 방정식 $f(x)=k$의 서로 다른 실근의 최대 개수는? (단, k는 실수이다.)

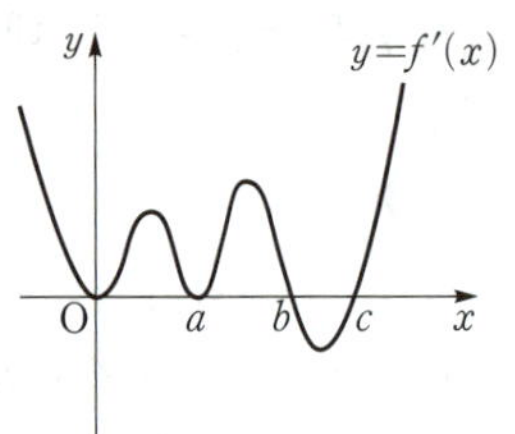

① 1 　　② 2

③ 3 　　④ 4 　　⑤ 5

0581

사차함수 $y=f(x)$의 도함수 $y=f'(x)$의 그래프가 오른쪽 그림과 같을 때, **보기**에서 항상 옳은 것만을 있는 대로 고르시오.

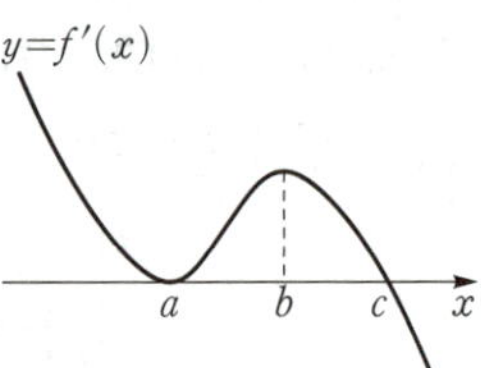

> **보기**
>
> ㄱ. $f(a)=0$이면 방정식 $f(x)=0$은 서로 다른 두 실근을 갖는다.
> ㄴ. $f(a)f(c)<0$이면 방정식 $f(x)=0$은 서로 다른 두 실근을 갖는다.
> ㄷ. $f(a)f(c)>0$이면 방정식 $f(x)=0$은 실근을 갖지 않는다.

0582

사차함수 $y=f(x)$의 도함수 $y=f'(x)$의 그래프가 오른쪽 그림과 같다. $f(-1)=-2$, $f(5)=1$, $f(0)<-1$일 때, 다음 중 방정식 $f(x)+x+1=0$에 대한 설명으로 옳은 것은?

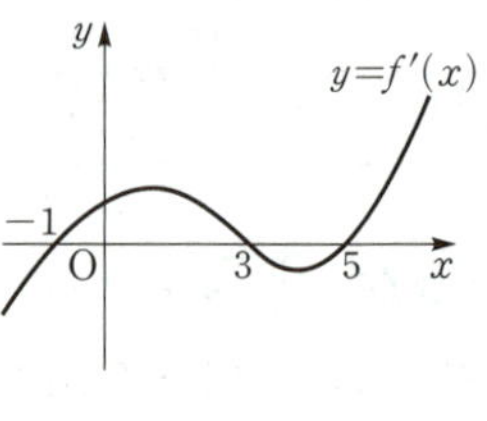

① 서로 다른 2개의 음의 실근을 갖는다.
② 서로 다른 2개의 양의 실근을 갖는다.
③ 1개의 양의 실근과 1개의 음의 실근을 갖는다.
④ 1개의 음의 실근과 서로 다른 2개의 양의 실근을 갖는다.
⑤ 1개의 음의 실근과 서로 다른 3개의 양의 실근을 갖는다.

0583 중요★

방정식 $2x^3+3x^2-12x+a=0$의 세 실근을 α, β, γ라 할 때, $\alpha<0<\beta<\gamma$를 만족시키는 모든 정수 a의 값의 합은?

① 12 　　② 15 　　③ 18

④ 21 　　⑤ 24

0584

방정식 $2x^3-3ax^2+a=0$이 중근과 다른 한 실근을 갖도록 하는 양수 a의 값은?

① 1 　　② 2 　　③ 3

④ 4 　　⑤ 5

0585 평가원 기출

두 곡선 $y=2x^2-1$, $y=x^3-x^2+k$가 만나는 점의 개수가 2가 되도록 하는 양수 k의 값은?

① 1   ② 2   ③ 3
④ 4   ⑤ 5

0586

모든 실수 x에 대하여 부등식 $x^4-8x+a \geq 4x^3-6x^2$이 성립하도록 하는 실수 a의 최솟값은?

① 4   ② 5   ③ 6
④ 7   ⑤ 8

0587 중요★

두 함수 $f(x)=x^4-4x$, $g(x)=-x^2+2x-a$에 대하여 $y=f(x)$의 그래프가 $y=g(x)$의 그래프보다 항상 위쪽에 있도록 하는 실수 a의 값의 범위를 구하시오.

0588

$x \geq 0$일 때, 부등식 $2x^3+k \geq 3x^2$이 성립하도록 하는 실수 k의 값의 범위를 구하시오.

0589

수직선 위를 움직이는 점 P의 시각 t에서의 위치 x가 $x=\dfrac{1}{4}t^3-\dfrac{3}{2}t^2-t+10$일 때, $0 \leq t \leq 6$에서 점 P의 속력의 최댓값을 구하시오.

0590

수직선 위를 움직이는 두 점 P, Q의 시각 t에서의 위치가 각각
$$x_P(t)=2t^3-2t^2+3t, \quad x_Q(t)=-4t^2-t$$
일 때, $t=3$에서의 선분 PQ의 중점 M의 속도는?

① 10   ② 11   ③ 12
④ 13   ⑤ 14

0591

달리는 어떤 자동차가 브레이크를 밟은 후 t초 동안 이동한 거리를 x m라 하면 $x=16t-2t^2$인 관계가 성립한다. 이 자동차가 브레이크를 밟은 후 정지할 때까지 걸린 시간을 구하시오.

0592

수직선 위를 움직이는 점 P의 시각 t에서의 위치 x가 $x=t^3+3t^2-24t+k$이다. 점 P가 원점에서 운동 방향을 바꿀 때, 상수 k의 값을 구하시오. (단, $k \neq 0$)

0593

원점을 출발하여 수직선 위를 움직이는 점 P의 시각 t에서의 위치 x가 $x=\dfrac{1}{3}t^3+pt^2+qt$이다. 점 P는 $t=1$에서 처음으로 운동 방향을 바꾸고 그때의 위치가 $\dfrac{10}{3}$일 때, 점 P가 두 번째로 운동 방향을 바꾸는 순간의 가속도를 구하시오.

(단, p, q는 상수이다.)

0594 중요★

원점을 출발하여 수직선 위를 움직이는 점 P의 시각 t에서의 속도 $v(t)$의 그래프가 다음 그림과 같을 때, **보기**에서 옳은 것만을 있는 대로 고르시오. (단, $0 \le t \le 6$)

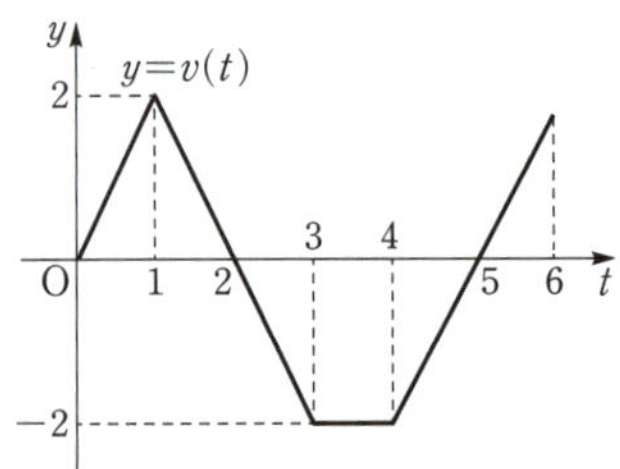

보기

ㄱ. $t=2$에서의 점 P의 위치는 원점이다.

ㄴ. $t=1$일 때와 $t=3$일 때 점 P의 운동 방향은 서로 반대이다.

ㄷ. 출발한 후 점 P는 운동 방향을 2번 바꾼다.

0595

지면으로부터 35 m의 높이에서 30 m/s의 속도로 똑바로 위로 던진 물체의 t초 후의 높이를 h m라 하면 $h=35+30t-5t^2$인 관계가 성립한다. **보기**에서 옳은 것만을 있는 대로 고르시오.

보기

ㄱ. 물체가 최고 높이에 도달하는 데 걸리는 시간은 3초이다.

ㄴ. 물체의 최고 높이는 65 m이다.

ㄷ. 물체가 지면에 떨어지는 데 걸리는 시간은 6초이다.

ㄹ. 물체의 가속도는 일정하다.

0596

오른쪽 그림과 같이 키가 1.6 m인 지훈이가 4 m 높이의 가로등 바로 밑에서 출발하여 일직선으로 매분 100 m의 일정한 속도로 걸어갈 때, 지훈이의 그림자의 머리끝이 움직이는 속도는?

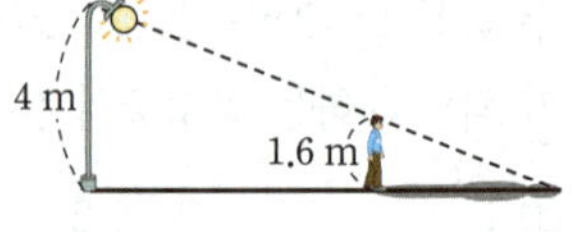

① $\dfrac{200}{3}$ m/min ② 100 m/min ③ $\dfrac{500}{3}$ m/min

④ 200 m/min ⑤ $\dfrac{800}{3}$ m/min

0597

한 변의 길이가 2 cm인 정삼각형이 있다. 이 정삼각형의 각 변의 길이가 매초 2 cm씩 증가할 때, 5초 후의 정삼각형의 넓이의 변화율을 구하시오.

0598

오른쪽 그림과 같이 밑면의 반지름의 길이가 4 cm, 높이가 8 cm인 원뿔 모양의 빈 그릇이 있다. 이 그릇에 수면의 높이가 매초 0.5 cm씩 상승하도록 물을 넣을 때, 수면의 높이가 4 cm가 되는 순간의 물의 부피의 변화율은?

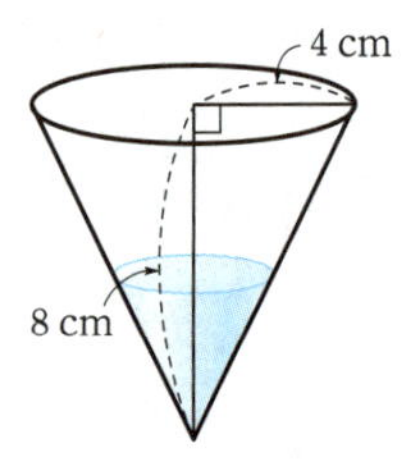

① 2π cm³/s ② $\dfrac{5}{2}\pi$ cm³/s ③ 3π cm³/s

④ $\dfrac{7}{2}\pi$ cm³/s ⑤ 4π cm³/s

 **서술형 주관식**

0599

$-4<k<0$일 때, 방정식 $x^3-3x^2-k=0$의 서로 다른 실근의 개수를 구하시오.

0600 중요★

곡선 $y=x^4-x$와 직선 $y=3x+k$가 서로 다른 두 점에서 만나도록 하는 실수 k의 값의 범위를 구하시오.

0601

두 함수 $f(x)=2x^3-3x^2$, $g(x)=x^3-a$에 대하여 $1<x<3$에서 부등식 $f(x)\geq g(x)$가 성립하도록 하는 실수 a의 최솟값을 구하시오.

0602

수직선 위를 움직이는 두 점 P, Q의 시각 t에서의 위치가 각각
$$x_P(t)=t^2-6t,\ x_Q(t)=\frac{1}{2}t^2+4t$$
일 때, 두 점 P, Q가 같은 방향으로 움직이는 시각 t의 값의 범위를 구하시오.

  **실력Up**

0603 교육청 기출

최고차항의 계수가 1인 삼차함수 $f(x)$에 대하여 함수 $g(x)$를
$$g(x)=f(x)+|f'(x)|$$
라 할 때, 두 함수 $f(x)$, $g(x)$가 다음 조건을 만족시킨다.

> ㈎ $f(0)=g(0)=0$
> ㈏ 방정식 $f(x)=0$은 양의 실근을 갖는다.
> ㈐ 방정식 $|f(x)|=4$의 서로 다른 실근의 개수는 3이다.

$g(3)$의 값은?

① 9   ② 10   ③ 11
④ 12   ⑤ 13

0604

곡선 $y=x^3-3x^2-2$ 밖의 점 $(0,\ a)$에서 이 곡선에 오직 한 개의 접선만을 그을 수 있도록 하는 실수 a의 값의 범위를 구하시오.

0605

최고차항의 계수가 1인 삼차함수 $f(x)$와 이차함수 $g(x)$에 대하여 두 함수 $y=f(x)$, $y=g(x)$의 그래프는 y축에서 만나고, x좌표가 2인 점에서 공통인 접선을 갖는다. $x\geq a$일 때, 부등식 $f(x)\geq g(x)+3$이 성립하도록 하는 실수 a의 최솟값을 구하시오.

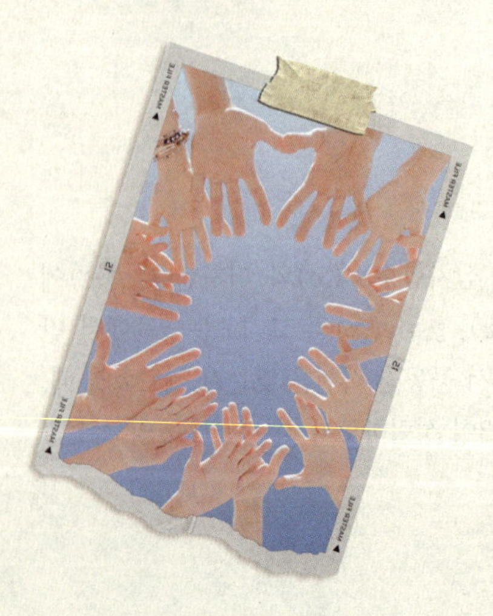

우정이란

친구의 성공과 행복을

기꺼이 축하해 줄 수 있는

아름다운 관계이다.

Ⅲ

적분

07 부정적분

07 | 1 부정적분 　　　　　　　　　　　　　　　유형 01

1 부정적분

함수 $F(x)$의 도함수가 $f(x)$일 때, 즉 $F'(x)=f(x)$일 때 $F(x)$를 $f(x)$의 **부정적분**이라 하고 기호로 $\int f(x)dx$와 같이 나타낸다.

2 함수 $f(x)$의 부정적분 중 하나를 $F(x)$라 하면

$$\int f(x)dx=F(x)+C \ (C는 \ 상수)$$

이다. 이때 C를 **적분상수**, x를 적분변수, $f(x)$를 피적분함수 라 한다.

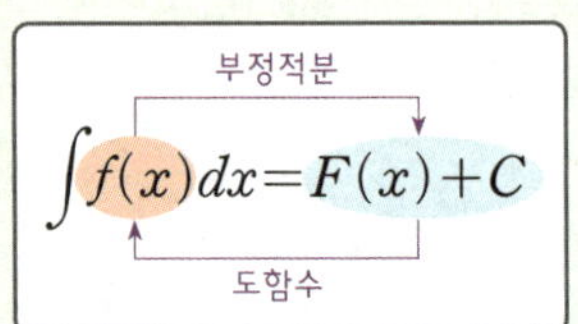

참고 함수 $f(x)$의 부정적분 $\int f(x)dx$를 구하는 것을 $f(x)$를 적분한다고 하고, 그 계산법을 적분법이라 한다.

예 $(3x)'=3$이므로　　$\int 3dx=3x+C$

- $\int f(x)dx$는 '$f(x)$의 부정적분' 또는 '인티그럴(integral) $f(x)dx$'라 읽 는다.

07 | 2 부정적분과 미분의 관계 　　　　　　　　유형 02, 03, 09

1 $\dfrac{d}{dx}\left\{\int f(x)dx\right\}=f(x)$

2 $\int\left\{\dfrac{d}{dx}f(x)\right\}dx=f(x)+C$ (단, C는 적분상수이다.)

- $\dfrac{d}{dx}\left\{\int f(x)dx\right\}\neq\int\left\{\dfrac{d}{dx}f(x)\right\}dx$

07 | 3 함수 $y=x^n$의 부정적분 　　　　　　　　유형 04~11

n이 0 또는 양의 정수일 때

$$\int x^n dx=\frac{1}{n+1}x^{n+1}+C \ (단, \ C는 \ 적분상수이다.)$$

참고 $n=0$이면 　$\int 1dx=x+C$ (단, C는 적분상수이다.)

예 $\int x^2 dx=\dfrac{1}{2+1}x^{2+1}+C=\dfrac{1}{3}x^3+C$

- $\int 1\,dx$는 간단히 $\int dx$로 나타내기도 한다.

07 | 4 함수의 실수배, 합, 차의 부정적분 　　　유형 04~11

두 함수 $f(x)$, $g(x)$의 부정적분이 존재할 때

(1) $\int kf(x)dx=k\int f(x)dx$ (단, k는 0이 아닌 실수이다.)

(2) $\int\{f(x)+g(x)\}dx=\int f(x)dx+\int g(x)dx$

(3) $\int\{f(x)-g(x)\}dx=\int f(x)dx-\int g(x)dx$

예 $\displaystyle\int(4x^3+3x^2-6x)dx=4\int x^3 dx+3\int x^2 dx-6\int x\,dx$

$$=4\left(\frac{1}{4}x^4+C_1\right)+3\left(\frac{1}{3}x^3+C_2\right)-6\left(\frac{1}{2}x^2+C_3\right)$$

$$=x^4+x^3-3x^2+C$$

- (2), (3)은 세 개 이상의 함수에 대해서 도 성립한다.

- 적분상수가 여러 개 있을 때에는 이들을 묶어서 하나의 적분상수 C로 나타낸다.

교과서 문제 정복하기

07 | 1 부정적분

0606 보기에서 옳은 것만을 있는 대로 고르시오.
(단, C는 적분상수이다.)

보기

ㄱ. $\int(-2)dx=-2x+C$

ㄴ. $\int x^2\,dx=x^3+C$

ㄷ. $\int(6x-1)dx=3x^2-x+C$

ㄹ. $\int(4x^3+6x)dx=x^4+2x^3+C$

[0607~0609] 다음 등식을 만족시키는 함수 $f(x)$를 구하시오.
(단, C는 적분상수이다.)

0607 $\int f(x)dx=3x^2+4x+C$

0608 $\int f(x)dx=x^3-x^2+C$

0609 $\int f(x)dx=\dfrac{1}{4}x^4+\dfrac{1}{3}x^3+\dfrac{1}{2}x^2+C$

07 | 2 부정적분과 미분의 관계

[0610~0611] 다음을 계산하시오.

0610 $\dfrac{d}{dx}\left\{\int(x^3+2x)dx\right\}$

0611 $\int\left\{\dfrac{d}{dx}(x^3+2x)\right\}dx$

07 | 3 함수 $y=x^n$의 부정적분

[0612~0614] 다음 부정적분을 구하시오.

0612 $\int x^3\,dx$

0613 $\int x^{14}\,dx$

0614 $\int x^{50}\,dx$

07 | 4 함수의 실수배, 합, 차의 부정적분

[0615~0621] 다음 부정적분을 구하시오.

0615 $\int(3x-4)dx$

0616 $\int(5x^2-2x+1)dx$

0617 $\int(x-1)(x+2)dx$

0618 $\int(2x-3)^2dx$

0619 $\int(x-3)(x^2+3x+9)dx$

0620 $\int\dfrac{x^2-4}{x+2}\,dx$

0621 $\int\dfrac{x^3+1}{x+1}\,dx$

[0622~0623] 다음 부정적분을 구하시오.

0622 $\int(x+1)^2dx+\int(1+x)(1-x)dx$

0623 $\int\dfrac{x^3}{x-2}\,dx-\int\dfrac{8}{x-2}\,dx$

유형 익히기

유형 01 부정적분의 정의

$F(x)$가 $f(x)$의 한 부정적분이다.

$\iff \int f(x)dx = F(x) + C$ (단, C는 적분상수이다.)

$\iff F'(x) = f(x)$

0624 대표문제

다항함수 $f(x)$에 대하여

$$\int (x-3)f(x)dx = x^3 - 27x + C$$

가 성립할 때, $f(-1)$의 값을 구하시오.

(단, C는 적분상수이다.)

0625 상중하

함수 $f(x)$의 부정적분 중 하나가 $x^3 + x^2 + 1$일 때, $f(x)$는?

① $f(x) = x^3 + x^2$ ② $f(x) = 3x^2 + 2x$

③ $f(x) = x^2 + x$ ④ $f(x) = 6x + 2$

⑤ $f(x) = 2x + 1$

0626 상중하

두 함수 $f(x) = 2x^2 - 1$, $g(x) = 4x + 3$에 대하여

$$\int F(x)dx = f(x)g(x)$$

가 성립할 때, $F(0)$의 값을 구하시오.

0627 상중하 ◀서술형

함수 $F(x) = x^3 + ax^2 + 2x$가 함수 $f(x)$의 부정적분 중 하나이고 $f(0) = b$, $f'(0) = 3$일 때, 상수 a, b에 대하여 ab의 값을 구하시오.

유형 02 부정적분과 미분의 관계

(1) $\dfrac{d}{dx}\left\{ \int f(x)dx \right\} = f(x)$

그대로

(2) $\int \left\{ \dfrac{d}{dx} f(x) \right\} dx = f(x) + C$ (단, C는 적분상수이다.)

(그대로)+(적분상수)

0628 대표문제

함수 $F(x) = \int \left\{ \dfrac{d}{dx}(x^3 - 2x) \right\} dx$에 대하여 $F(0) = 2$일 때, $F(2)$의 값을 구하시오.

0629 상중하

모든 실수 x에 대하여

$$\frac{d}{dx}\left\{ \int (ax^3 + 2x^2 + bx - 7)dx \right\} = x^3 + cx^2 + 3x + d$$

가 성립할 때, 상수 a, b, c, d에 대하여 $a+b+c+d$의 값을 구하시오.

0630 상중하

함수 $f(x) = \int \left\{ \dfrac{d}{dx}(x^2 - 4x) \right\} dx$의 최솟값이 -8일 때, $f(5)$의 값을 구하시오.

0631 상중하

함수 $f(x) = 10x^{10} + 9x^9 + \cdots + 2x^2 + x$에 대하여

$$F(x) = \int \left[\frac{d}{dx} \int \left\{ \frac{d}{dx} f(x) \right\} dx \right] dx$$

라 하자. $F(0) = -5$일 때, $F(1)$의 값을 구하시오.

▶ **개념원리** 미적분 Ⅰ 159쪽

함수 $f(x)$에 대하여 $\dfrac{d}{dx}f(x)=g(x)$의 꼴이 주어지면 양변을 적분한다.

➡ $\displaystyle\int\left\{\dfrac{d}{dx}f(x)\right\}dx=\int g(x)dx$, 즉 $f(x)=\displaystyle\int g(x)dx$

0632 대표문제

두 다항함수 $f(x)$, $g(x)$가
$$\dfrac{d}{dx}\{f(x)+g(x)\}=4,\quad \dfrac{d}{dx}\{f(x)-g(x)\}=4x$$
를 만족시키고 $f(0)=3$, $g(0)=-4$일 때, $f(1)+g(-1)$의 값을 구하시오.

0633 상중하

상수함수가 아닌 두 다항함수 $f(x)$, $g(x)$가
$$\dfrac{d}{dx}\{f(x)g(x)\}=3x^2$$
을 만족시키고 $f(2)=0$, $g(2)=12$일 때, $f(0)+g(1)$의 값을 구하시오.

0634 상중하

두 일차함수 $f(x)$, $g(x)$가 다음 조건을 만족시킬 때, $f(1)-g(2)$의 값을 구하시오.

> (가) $f(0)=2$, $g(0)=1$
>
> (나) $\dfrac{d}{dx}\{f(x)+g(x)\}=3$
>
> (다) $\dfrac{d}{dx}\{f(x)g(x)\}=4x+5$

▶ **개념원리** 미적분 Ⅰ 163쪽, 164쪽

(1) n이 0 또는 양의 정수일 때
$$\int x^n dx=\dfrac{1}{n+1}x^{n+1}+C \text{ (단, } C\text{는 적분상수이다.)}$$

(2) 두 함수 $f(x)$, $g(x)$와 0이 아닌 두 실수 m, n에 대하여
$$\int\{mf(x)\pm ng(x)\}dx$$
$$=m\int f(x)dx\pm n\int g(x)dx \text{ (복호동순)}$$

0635 대표문제

함수 $f(x)=\displaystyle\int\dfrac{x^2}{x-1}dx-\int\dfrac{1}{x-1}dx$에 대하여 $f(0)=1$일 때, $f(2)$의 값을 구하시오.

0636 상중하

함수 $f(x)=\displaystyle\int(1-x)^3dx-\int(1+x)^3dx$에 대하여 $f(0)=\dfrac{1}{2}$일 때, $f(1)$의 값을 구하시오.

0637 상중하

$\displaystyle\int\dfrac{9}{x}dx+\int\dfrac{(2x+3)(2x-3)}{x}dx$를 계산하면 ax^2+bx+C일 때, 상수 a, b에 대하여 $a+b$의 값은? (단, C는 적분상수이다.)

① 1 　　　② 2 　　　③ 3
④ 4 　　　⑤ 5

0638 상중하

함수 $f(x)=\displaystyle\int(1+2x+3x^2+\cdots+9x^8)dx$에 대하여 $f(1)=10$일 때, $f(-1)$의 값을 구하시오.

유형 | 05 $f'(x)$가 주어질 때 $f(x)$ 구하기

함수 $f(x)$의 도함수 $f'(x)$가 주어지면 $f(x)=\int f'(x)dx$임을 이용한다.

0639 대표문제

함수 $f(x)$에 대하여 $f'(x)=3x^2+2ax+1$이고 $f(0)=1$, $f(1)=2$일 때, $f(2)$의 값을 구하시오. (단, a는 상수이다.)

0640 상중하

함수 $f(x)$에 대하여 $f'(x)=\dfrac{x^3-27}{x^2+3x+9}$이고 $f(0)=1$일 때, $f(-2)$의 값을 구하시오.

0641 상중하

함수 $f(x)$를 적분해야 할 것을 잘못하여 미분하였더니 $3x^2-1$이었다. $f(0)=2$일 때, 부정적분 $\int f(x)dx$를 구하시오.

0642 상중하

함수 $f(x)$에 대하여 $f'(x)=12x^2+4x-2$이고 다항식 $f(x)$가 $x-1$로 나누어떨어질 때, $f(-1)$의 값은?

① -4 ② -2 ③ 0
④ 2 ⑤ 4

유형 | 06   접선의 기울기와 부정적분

곡선 $y=f(x)$ 위의 임의의 점 $(x, f(x))$에서의 접선의 기울기는 $f'(x)$임을 이용한다.

0643 대표문제

곡선 $y=f(x)$ 위의 임의의 점 $(x, f(x))$에서의 접선의 기울기가 $3x^2+5$이다. 이 곡선이 점 $(0, 3)$을 지날 때, $f(1)$의 값은?

① 1 ② 3 ③ 5
④ 7 ⑤ 9

0644 상중하

곡선 $y=f(x)$ 위의 임의의 점 $(x, f(x))$에서의 접선의 기울기가 $-4x+2$이다. 이 곡선이 두 점 $(1, 2)$, $(2, k)$를 지날 때, k의 값을 구하시오.

0645 상중하

곡선 $y=f(x)$ 위의 임의의 점 $(x, f(x))$에서의 접선의 기울기가 $4x-16$이고 함수 $f(x)$의 최솟값이 -10일 때, 구간 $[-1, 1]$에서 $f(x)$의 최댓값을 구하시오.

0646 상중하 서술형

함수 $f(x)=\int (kx^2-4x+4)dx$에 대하여 곡선 $y=f(x)$ 위의 점 $(1, 2)$에서의 접선의 기울기가 6일 때, $f(2)$의 값을 구하시오. (단, k는 상수이다.)

▶ 개념원리 미적분 Ⅰ 166쪽

유형 **07** $f(x)$와 그 부정적분의 관계식이 주어질 때 $f(x)$ 구하기

함수 $f(x)$와 그 부정적분 $F(x)$ 사이의 관계식이 주어지면 양변을 x에 대하여 미분한 후 $F'(x)=f(x)$임을 이용한다.

0647 대표문제
다항함수 $f(x)$의 한 부정적분 $F(x)$에 대하여
$$F(x)=xf(x)+2x^3-x^2+1$$
이 성립하고 $f(1)=2$일 때, 함수 $f(x)$를 구하시오.

0648 상중하
다항함수 $f(x)$에 대하여 $F'(x)=f(x)$이고
$$\int(x-2)f(x)dx+2F(x)=-\frac{1}{2}x^4+\frac{8}{3}x^3+x^2+C$$
가 성립할 때, 함수 $f(x)$의 최댓값을 구하시오.
(단, C는 적분상수이다.)

0649 상중하 서술형
다항함수 $f(x)$의 한 부정적분 $F(x)$에 대하여
$$(x-1)f(x)-F(x)=4x^3-6x^2$$
이 성립하고 $f(1)=2$일 때, $f(-2)$의 값을 구하시오.

0650 상중하
다항함수 $f(x)$에 대하여
$$f(x)+\int xf(x)dx=\frac{1}{4}x^4+\frac{2}{3}x^3-\frac{5}{2}x^2+2x$$
가 성립할 때, $f(3)$의 값은?

① 2   ② 4   ③ 6
④ 8   ⑤ 10

▶ 개념원리 미적분 Ⅰ 166쪽

유형 **08** 함수의 연속과 부정적분

함수 $f(x)$에 대하여 $f'(x)=\begin{cases}g(x) & (x>a)\\h(x) & (x<a)\end{cases}$ 이고 $f(x)$가

$x=a$에서 연속이면

① $f(x)=\begin{cases}\int g(x)dx & (x>a)\\\int h(x)dx & (x<a)\end{cases}$

② $f(a)=\lim\limits_{x\to a+}\int g(x)dx=\lim\limits_{x\to a-}\int h(x)dx$

0651 대표문제
모든 실수 x에서 연속인 함수 $f(x)$의 도함수 $f'(x)$가
$$f'(x)=\begin{cases}2x-1 & (x>0)\\-x^2+4 & (x<0)\end{cases}$$
이고 $f(2)=-4$일 때, $f(-3)$의 값을 구하시오.

0652 상중하
실수 전체의 집합에서 미분가능한 함수 $f(x)$의 도함수가
$$f'(x)=\begin{cases}2x+2 & (x\geq1)\\3x^2+1 & (x\leq1)\end{cases}$$
일 때, $f(0)-f(2)$의 값을 구하시오.

0653 상중하
모든 실수 x에서 연속인 함수 $f(x)$의 도함수가
$f'(x)=x^2-|x|$이고 $f(1)=0$일 때, $f(-2)+f(2)$의 값을 구하시오.

0654 상중하
모든 실수 x에서 연속인 함수 $f(x)$의 도함수 $f'(x)$가
$$f'(x)=\begin{cases}2x+k & (x>1)\\6 & (x<1)\end{cases}$$
이고 $f(0)=-2$, $f(2)=6$일 때, $k+f(1)$의 값을 구하시오.
(단, k는 상수이다.)

유형 **09** 미분계수와 부정적분

함수 $f(x)$의 $x=a$에서의 미분계수는

$$f'(a)=\lim_{h\to 0}\frac{f(a+h)-f(a)}{h}=\lim_{x\to a}\frac{f(x)-f(a)}{x-a}$$

0655 대표문제

함수 $f(x)=\int (x^3-2x+2)dx$에 대하여

$\displaystyle\lim_{h\to 0}\frac{f(-2+h)-f(-2-h)}{h}$의 값을 구하시오.

0656 상중하

함수 $f(x)=\int (x^2-2x+k)dx$에 대하여 $f(0)=3$이고

$\displaystyle\lim_{x\to -2}\frac{f(x)-f(-2)}{x+2}=4$일 때, $f(3)$의 값은?

(단, k는 상수이다.)

① -9 ② -7 ③ -5

④ -3 ⑤ -1

0657 상중하

함수 $f(x)$에 대하여

$$\lim_{h\to 0}\frac{f(x+3h)-f(x-h)}{h}=12x^2+8x-8$$

이고 $f(1)=3$일 때, $f(-1)$의 값을 구하시오.

0658 상중하

함수 $f(x)$가 다음 조건을 만족시킬 때, $a+f(2)$의 값을 구하시오. (단, a는 상수이다.)

(가) $f'(x)=2x+a$ (나) $\displaystyle\lim_{x\to 1}\frac{f(x)}{x-1}=2a-1$

유형 **10** 관계식을 만족시키는 함수 구하기

$f(x+y)=f(x)+f(y)+■$의 꼴의 식이 주어지면 함수 $f(x)$는 다음과 같은 순서로 구한다.

(i) $x=0$, $y=0$을 대입하여 $f(0)$의 값을 구한다.

(ii) $f'(x)=\lim_{h\to 0}\dfrac{f(x+h)-f(x)}{h}$임을 이용하여 $f'(x)$를 구한다.

(iii) $f'(x)$와 $f(0)$의 값을 이용하여 $f(x)$를 구한다.

0659 대표문제

미분가능한 함수 $f(x)$가 임의의 실수 x, y에 대하여

$$f(x+y)=f(x)+f(y)-2xy$$

를 만족시키고 $f'(1)=2$일 때, $f(3)$의 값은?

① 1   ② 2   ③ 3

④ 4   ⑤ 5

0660 상중하

다항함수 $f(x)$가 다음 조건을 만족시킬 때, $f(x)$를 구하시오.

(가) $\displaystyle\lim_{h\to 0}\frac{f(h)+1}{h}=2$

(나) 임의의 실수 x, y에 대하여

$$f(x+y)=f(x)+f(y)+xy+1$$

0661 상중하

미분가능한 함수 $f(x)$가 임의의 실수 x, y에 대하여

$$f(x+y)=f(x)+f(y)+x^2y+xy^2-3$$

을 만족시키고 $f'(0)=3$일 때, $f(2)$의 값은?

① 11   ② $\dfrac{34}{3}$ ③ $\dfrac{35}{3}$

④ 12   ⑤ $\dfrac{37}{3}$

 ▶ 개념원리 미적분 I 168쪽

유형 11 극값과 부정적분

미분가능한 함수 $f(x)$에 대하여 $f'(a)=0$이고 $x=a$의 좌우에서 $f'(x)$의 부호가

(1) +에서 −로 바뀐다.
 ➡ $f(x)$는 $x=a$에서 극댓값 $f(a)$를 갖는다.

(2) −에서 +로 바뀐다.
 ➡ $f(x)$는 $x=a$에서 극솟값 $f(a)$를 갖는다.

0662 대표문제

삼차함수 $f(x)$의 도함수 $y=f'(x)$의 그래프가 오른쪽 그림과 같다. 함수 $f(x)$의 극솟값이 -1, 극댓값이 3일 때, $f(-1)$의 값은?

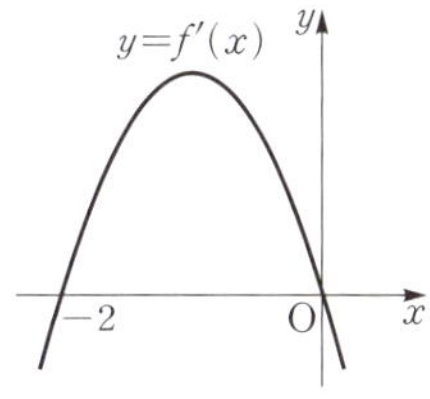

① $-\dfrac{1}{2}$ ② 0

③ $\dfrac{1}{2}$ ④ 1 ⑤ $\dfrac{3}{2}$

0663 상중하

곡선 $y=f(x)$ 위의 임의의 점 $(x, f(x))$에서의 접선의 기울기가 x^2+2x-8이다. 함수 $f(x)$의 극솟값이 -8일 때, 극댓값을 구하시오.

0664 상중하

함수 $f(x)$의 도함수가 $f'(x)=-x(x-4)$이고 $f(x)$의 극댓값이 극솟값의 $\dfrac{5}{3}$배일 때, $f(3)$의 값은?

① 19 ② 21 ③ 23

④ 25 ⑤ 27

0665 상중하

최고차항의 계수가 2인 삼차함수 $f(x)$의 도함수 $f'(x)$에 대하여 $f'(-1)=f'(3)=0$이다. 함수 $f(x)$의 극댓값이 24일 때, 극솟값은?

① -20 ② -25 ③ -30

④ -35 ⑤ -40

0666 상중하 ◀서술형

함수 $f(x)$의 도함수가 $f'(x)=(x+1)(3x-1)$이고 $y=f(x)$의 그래프가 x축에 접한다. $f(x)$의 극댓값이 양수일 때, $f\left(-\dfrac{1}{3}\right)$의 값을 구하시오.

0667 상중하

함수 $f(x)$의 도함수 $f'(x)$는 이차함수이고 $y=f'(x)$의 그래프는 오른쪽 그림과 같다. $f(0)=0$일 때, 방정식 $f(x)=k$가 서로 다른 세 실근을 갖기 위한 실수 k의 값의 범위를 구하시오.

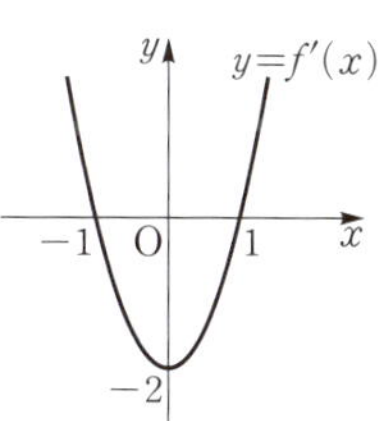

0668

함수 $f(x)$의 한 부정적분 $F(x)$와 또 다른 부정적분 $G(x)$에 대하여

$$F(x)=x^3-2x^2+1, \; G(0)=2$$

일 때, $G(2)$의 값을 구하시오.

0669

다항함수 $f(x)$가

$$\frac{d}{dx}\left\{\int xf(x)dx\right\}=x^4+x^3+x^2+x$$

를 만족시킬 때, $f(3)$의 값은?

① 36   ② 38   ③ 40
④ 42   ⑤ 44

0670

부정적분 $\displaystyle\int (x+3y)^2 dy$를 구하시오.

0671 중요★

함수 $f(x)=\displaystyle\int (\sqrt{x}+5)^2 dx+\int (\sqrt{x}-5)^2 dx$에 대하여 $f(0)=49$일 때, $f(1)$의 값은?

① 50   ② 75   ③ 100
④ 125   ⑤ 150

0672 평가원 기출

다항함수 $f(x)$가

$$f'(x)=6x^2-2f(1)x, \; f(0)=4$$

를 만족시킬 때, $f(2)$의 값은?

① 5   ② 6   ③ 7
④ 8   ⑤ 9

0673 교육청 기출

다항함수 $f(x)$가 실수 전체의 집합에서 증가하고

$$f'(x)=\{3x-f(1)\}(x-1)$$

을 만족시킬 때, $f(2)$의 값은?

① 3   ② 4   ③ 5
④ 6   ⑤ 7

0674

곡선 $y=f(x)$ 위의 임의의 점 $(x, f(x))$에서의 접선의 기울기가 x^2에 정비례하고, 이 곡선이 두 점 $(1, 3)$, $(-1, 1)$을 지날 때, $f(3)$의 값을 구하시오.

0675

두 다항함수 $f(x)$, $g(x)$에 대하여

$$\int g(x)dx=x^3f(x)+x+C$$

가 성립하고 $f(2)=1$, $f'(2)=-1$일 때, $g(2)$의 값은?

(단, C는 적분상수이다.)

① 1   ② 2   ③ 3
④ 4   ⑤ 5

0676

다항함수 $f(x)$에 대하여

$$\int (3x+2)f'(x)dx = x^3 - 2x^2 - 4x + C$$

가 성립하고 $y=f(x)$의 그래프의 y절편이 1일 때, $f(x)$의 상수항을 포함한 모든 항의 계수의 합을 구하시오.

(단, C는 적분상수이다.)

0677

연속함수 $f(x)$의 도함수 $y=f'(x)$의 그래프가 오른쪽 그림과 같다.

$y=f(x)$의 그래프가 원점을 지날 때, $f(4)$의 값을 구하시오.

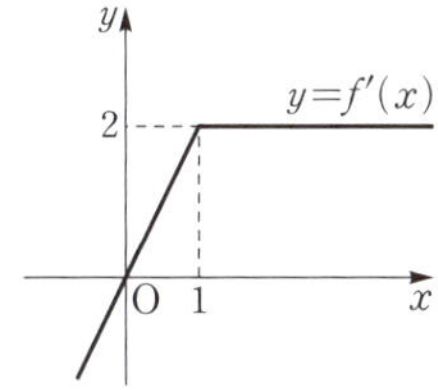

0678

모든 실수 x에서 연속인 함수 $f(x)$의 도함수 $f'(x)$가

$$f'(x) = \begin{cases} 2x-3 & (|x| \geq 1) \\ -3x^2 + 2x & (|x| \leq 1) \end{cases}$$

이고 $f(-2)=10$일 때, $f(2)$의 값을 구하시오.

0679

함수 $f(x) = \int \left\{ \dfrac{d}{dx}(3x^3 - ax^2) \right\} dx$에 대하여 $f(1)=6$이고

$\displaystyle \lim_{x \to 1} \frac{f(x)-f(1)}{x-1} = -1$일 때, $f(2)$의 값을 구하시오.

(단, a는 상수이다.)

0680 중요★

함수 $f(x) = \int (5x^3 - x^2 + 4x + 7)dx$에 대하여

$\displaystyle \lim_{x \to 1} \frac{f(x)-f(1)}{x^3 - 1}$의 값은?

① 1 　　② 2 　　③ 3
④ 4 　　⑤ 5

0681

다항함수 $f(x)$가 다음 조건을 만족시킬 때, 방정식 $f(x)=0$의 해를 구하시오.

> (가) $\displaystyle \lim_{x \to \infty} \frac{f'(x)}{x} = 2$ 　　(나) $\displaystyle \lim_{x \to 3} \frac{f(x)}{x-3} = 2$

0682 중요★

함수 $f(x) = \int (6x^2 + ax - 12)dx$가 $x=1$에서 극솟값 3을 가질 때, $f(x)$의 극댓값은? (단, a는 상수이다.)

① 30 　　② 32 　　③ 34
④ 36 　　⑤ 38

 시험에 꼭 나오는 문제

 서술형 **주관식**

0683

함수 $f(x)=2x+1$에 대하여 두 함수 $F(x)$, $G(x)$를

$$F(x)=\frac{d}{dx}\left\{\int xf(x)dx\right\},$$

$$G(x)=\int\left\{\frac{d}{dx}xf(x)\right\}dx$$

라 하자. $G(1)=5$일 때, $F(-1)+G(-1)$의 값을 구하시오.

0684

두 다항함수 $f(x)$, $g(x)$에 대하여

$$\frac{d}{dx}\{f(x)+g(x)\}=2x+1,$$

$$\frac{d}{dx}\{f(x)g(x)\}=3x^2-6x+2$$

이고 $f(0)=-3$, $g(0)=2$일 때, $f(1)+g(2)$의 값을 구하시오.

0685

점 $(1,\ 3)$을 지나는 곡선 $y=f(x)$ 위의 임의의 점 $(x,\ f(x))$에서의 접선의 기울기가 $4x+6$이다. 이때 방정식 $f(x)=0$의 모든 근의 곱을 구하시오.

0686

일차함수 $f(x)$에 대하여

$$4\int f(x)dx-f(x)=2xf(x)+x$$

가 성립한다. $f(1)=1$일 때, $f(4)$의 값을 구하시오.

 실력  **Up**

0687

다항함수 $f(x)$에 대하여

$$3\int f(x)dx=xf(x)-2f(x)$$

가 성립하고 $f(0)=2$일 때, $f(6)$의 값을 구하시오.

0688

다항함수 $f(x)$가 임의의 실수 x, y에 대하여

$$f(x+y)=f(x)+f(y)+3xy$$

를 만족시키고 $f'(1)=6$일 때, **보기**에서 옳은 것만을 있는 대로 고르시오.

> **보기**
>
> ㄱ. $f(0)=0$ ㄴ. $\displaystyle\lim_{h\to 0}\frac{f(-h)}{h}=3$
>
> ㄷ. $f'(-1)=0$ ㄹ. $f(-3)<0$

0689

최고차항의 계수가 1인 삼차함수 $f(x)$가 다음 조건을 만족시킬 때, $f(-1)$의 값을 구하시오.

> (개) $f'\left(\dfrac{8}{3}\right)<0$
>
> (내) 함수 $f(x)$는 $x=1$에서 극댓값 5를 갖는다.
>
> (대) 방정식 $f(x)=f(3)$은 서로 다른 두 실근을 갖는다.

괜찮아,
내일은 말이야
오늘보다 더
멋진 하루가
될거야

08 정적분

08 | 1 정적분 유형 01, 02

1 정적분의 정의

(1) 닫힌구간 $[a, b]$에서 연속인 함수 $f(x)$에 대하여 곡선 $y=f(x)$와 x축 및 두 직선 $x=a$, $x=b$로 둘러싸인 도형에서 $f(x) \geq 0$인 부분의 넓이를 S_1, $f(x) \leq 0$인 부분의 넓이를 S_2라 할 때, 함수 $f(x)$의 a에서 b까지의 **정적분**은

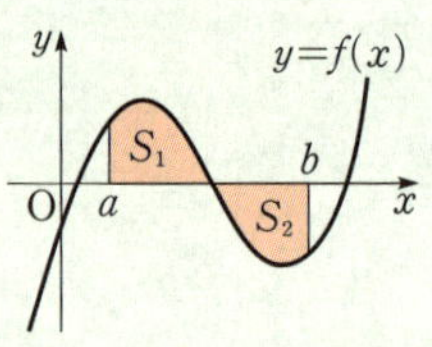

$$\int_a^b f(x)\,dx = S_1 - S_2$$

(2) 함수 $f(x)$가 두 실수 a, b를 포함하는 구간에서 연속이고 $a \geq b$일 때, $f(x)$의 a에서 b까지의 정적분은 다음과 같이 정의한다.

① $a=b$일 때, $\quad \int_a^a f(x)\,dx = 0 \qquad$ ② $a>b$일 때, $\quad \int_a^b f(x)\,dx = -\int_b^a f(x)\,dx$

2 부정적분과 정적분의 관계

함수 $f(x)$가 두 실수 a, b를 포함하는 열린구간에서 연속일 때, $f(x)$의 한 부정적분을 $F(x)$라 하면

$$\int_a^b f(x)\,dx = \left[F(x) \right]_a^b = F(b) - F(a) \quad \leftarrow \text{이 관계를 '미적분의 기본정리'라 한다.}$$

* 정적분 $\int_a^b f(x)\,dx$의 값을 구하는 것을 함수 $f(x)$를 a에서 b까지 적분한다고 하고, a를 아래끝, b를 위끝, 닫힌구간 $[a, b]$를 적분 구간이라 한다.

* 정적분에서 변수를 x 대신 다른 문자를 사용해도 그 값은 변하지 않는다. 즉
$$\int_a^b f(x)\,dx = \int_a^b f(y)\,dy$$
$$= \int_a^b f(t)\,dt$$

* $\left[F(x)+C \right]_a^b$
$= \{F(b)+C\} - \{F(a)+C\}$
$= F(b) - F(a) = \left[F(x) \right]_a^b$
이므로 정적분의 계산에서 적분상수는 고려하지 않는다.

08 | 2 정적분의 성질 유형 03~06, 14

두 함수 $f(x)$, $g(x)$가 세 실수 a, b, c를 포함하는 구간에서 연속일 때

(1) $\int_a^b kf(x)\,dx = k\int_a^b f(x)\,dx$ (단, k는 상수이다.)

(2) $\int_a^b \{f(x) \pm g(x)\}\,dx = \int_a^b f(x)\,dx \pm \int_a^b g(x)\,dx$ (복호동순)

(3) $\int_a^c f(x)\,dx + \int_c^b f(x)\,dx = \int_a^b f(x)\,dx$

* (3)은 a, b, c의 대소에 관계없이 항상 성립한다.

08 | 3 정적분 $\int_{-a}^a x^n\,dx$의 계산 유형 07, 08

(1) n이 짝수인 자연수일 때, $\quad \int_{-a}^a x^n\,dx = 2\int_0^a x^n\,dx$

(2) n이 홀수인 자연수일 때, $\quad \int_{-a}^a x^n\,dx = 0$

* ① $f(x)$가 우함수, 즉
$f(-x)=f(x)$이면
$$\int_{-a}^a f(x)\,dx = 2\int_0^a f(x)\,dx$$
② $f(x)$가 기함수, 즉
$f(-x)=-f(x)$이면
$$\int_{-a}^a f(x)\,dx = 0$$

08 | 4 정적분으로 정의된 함수 유형 09~13, 15, 16, 17

1 정적분으로 정의된 함수의 미분

(1) $\dfrac{d}{dx}\int_a^x f(t)\,dt = f(x)$ (단, a는 상수이다.)

(2) $\dfrac{d}{dx}\int_x^{x+a} f(t)\,dt = f(x+a) - f(x)$ (단, a는 상수이다.)

* 정적분의 위끝과 아래끝이 모두 상수이면 정적분의 결과도 상수이지만 위끝 또는 아래끝에 변수가 있으면 정적분의 결과는 그 변수에 대한 함수이다.

2 정적분으로 정의된 함수의 극한

(1) $\displaystyle\lim_{x \to a} \dfrac{1}{x-a}\int_a^x f(t)\,dt = f(a)$ $\qquad$ (2) $\displaystyle\lim_{x \to 0} \dfrac{1}{x}\int_a^{x+a} f(t)\,dt = f(a)$

교과서 문제 정복하기

08 | 1 정적분

[0690 ~ 0695] 다음 정적분의 값을 구하시오.

0690 $\displaystyle\int_2^2 (x^3+4)\,dx$

0691 $\displaystyle\int_0^1 2x\,dx$

0692 $\displaystyle\int_1^3 (2y-1)\,dy$

0693 $\displaystyle\int_1^2 (x^2-2x+6)\,dx$

0694 $\displaystyle\int_3^1 (3x^2-x+1)\,dx$

0695 $\displaystyle\int_1^{-2} (x^3+3x^2)\,dx$

[0696 ~ 0698] 다음 정적분의 값을 구하시오.

0696 $\displaystyle\int_{-2}^0 x(x+4)\,dx$

0697 $\displaystyle\int_1^2 (x-1)(x-2)\,dx$

0698 $\displaystyle\int_0^1 (x+3)(x^2-3x+9)\,dx$

08 | 2 정적분의 성질

[0699 ~ 0701] 다음 정적분의 값을 구하시오.

0699 $\displaystyle\int_0^2 (x^2-1)\,dx+\int_0^2 (x^2+1)\,dx$

0700 $\displaystyle\int_{-1}^3 (3x^2+x-2)\,dx-\int_{-1}^3 (x+3)\,dx$

0701 $\displaystyle\int_{-2}^1 (x+1)^3\,dx-\int_{-2}^1 (x-1)^3\,dx$

[0702 ~ 0705] 다음 정적분의 값을 구하시오.

0702 $\displaystyle\int_{-1}^0 (x^2+1)\,dx+\int_0^2 (x^2+1)\,dx$

0703 $\displaystyle\int_{-1}^0 (2x^2-x+1)\,dx+\int_0^{-1} (2x^2-x+1)\,dx$

0704 $\displaystyle\int_{-2}^{-1} (x^2-4x+5)\,dx+\int_{-1}^1 (y^2-4y+5)\,dy$

0705 $\displaystyle\int_0^1 (x^3-3x^2)\,dx-\int_2^1 (x^3-3x^2)\,dx$

08 | 3 정적분 $\displaystyle\int_{-a}^a x^n\,dx$의 계산

[0706 ~ 0707] 다음 정적분의 값을 구하시오.

0706 $\displaystyle\int_{-1}^1 (x^5-x^3+3x^2+5x+1)\,dx$

0707 $\displaystyle\int_{-2}^2 (x^7-5x^4+3x^2-1)\,dx$

08 | 4 정적분으로 정의된 함수

[0708 ~ 0709] 모든 실수 x에 대하여 다음 등식이 성립할 때, $f(x)$를 구하시오.

0708 $\displaystyle\int_2^x f(t)\,dt=x^2-2x$

0709 $\displaystyle\int_1^x f(t)\,dt=x^3+x^2-x-1$

[0710 ~ 0711] 다음 극한값을 구하시오.

0710 $\displaystyle\lim_{x\to 1}\frac{1}{x-1}\int_1^x (2t^2+3)\,dt$

0711 $\displaystyle\lim_{h\to 0}\frac{1}{h}\int_0^h (x^2-2x-1)\,dx$

▶ 개념원리 미적분Ⅰ 179쪽

유형 01 미적분의 기본정리

함수 $f(x)$가 두 실수 a, b를 포함하는 구간에서 연속일 때
(1) 함수 $f(x)$의 한 부정적분을 $F(x)$라 하면
$$\int_a^b f(x)dx=\Big[F(x)\Big]_a^b=F(b)-F(a)$$
(2) $\int_a^a f(x)dx=0,\ \int_a^b f(x)dx=-\int_b^a f(x)dx$

0712 대표문제

정적분 $\displaystyle\int_{-1}^2 (6t+5)(1-2t)dt+\int_3^3 (6t-5)(1+2t)dt$의
값은?

① -27 ② -15 ③ -9
④ 15 ⑤ 27

0713 상중하

함수 $f(x)=5x^2-8x+3$에 대하여 정적분 $\displaystyle\int_0^2 x^2 f(x)dx$의
값을 구하시오.

0714 상중하

다항함수 $f(x)$에 대하여
$$\int_{-2}^1 \{f'(x)+3x^2\}dx=2,\ f(-2)=5$$
일 때, $f(1)$의 값을 구하시오.

0715 상중하

다항함수 $f(x)$에 대하여 두 함수 $F(x)$, $G(x)$가 모두 함수
$f(x)$의 부정적분이고
$$F(0)=G(0)+1,\ F(1)=2,\ G(4)=7$$
일 때, 정적분 $\displaystyle\int_1^4 f(x)dx$의 값을 구하시오.

▶ 개념원리 미적분Ⅰ 180쪽

유형 02 미적분의 기본정리의 활용

미적분의 기본정리를 이용하여 정적분의 값을 미정계수를 포함하
는 식으로 나타낸 후 조건에 맞게 식을 세운다.

0716 대표문제

정적분 $\displaystyle\int_0^2 (-6x^2+6kx-5)dx$의 값이 10보다 작도록 하는
정수 k의 최댓값을 구하시오.

0717 상중하

$\displaystyle\int_0^a (3x^2+2x-2)dx=0$일 때, 양수 a의 값을 구하시오.

0718 상중하 ◀서술형

정적분 $\displaystyle\int_0^1 (6a^2x^2-8ax-3)dx$의 값이 최소가 되도록 하는
상수 a의 값을 m, 그때의 정적분의 값을 n이라 할 때, $m+n$
의 값을 구하시오.

0719 상중하

이차함수 $f(x)=ax^2+bx+c$의 그래프가 두 점 $(-1,\ 1)$,
$(1,\ 1)$을 지나고 $\displaystyle\int_0^1 f(x)dx=-1$일 때, a의 값은?
(단, a, b, c는 상수이다.)

① -3 ② -1 ③ 1
④ 3 ⑤ 5

▶ 개념원리 미적분 I 181쪽

유형 03   정적분의 계산: 적분 구간이 같은 경우

두 함수 $f(x)$, $g(x)$가 두 실수 a, b를 포함하는 구간에서 연속일 때, 두 정적분의 적분 구간이 같으면

$$\int_a^b f(x)dx \pm \int_a^b g(x)dx = \int_a^b \{f(x) \pm g(x)\}dx$$

(복호동순)

0720 대표문제

정적분 $\int_0^1 \dfrac{1}{x+1}dx - \int_1^0 \dfrac{y^3}{y+1}dy$의 값을 구하시오.

0721 상중하

정적분 $\int_{-1}^3 (2x^2+x+1)dx + 2\int_{-1}^3 (-x^2+1)dx$의 값을 구하시오.

0722 상중하

$\int_0^2 (x+k)^2 dx + \int_2^0 (x-k)^2 dx = 16$을 만족시키는 상수 k의 값은?

① $\dfrac{1}{2}$　　　　② 1　　　　③ $\dfrac{3}{2}$

④ 2　　　　⑤ $\dfrac{5}{2}$

0723 상중하

연속함수 $f(x)$가 다음 조건을 만족시킬 때, 정적분 $\int_1^3 \{f(x)-2\}^2 dx$의 값을 구하시오.

(가) $\int_3^1 f(x)dx = -2$　　　(나) $\int_1^3 \{f(x)\}^2 dx = 6$

▶ 개념원리 미적분 I 181쪽

중요 유형 04   정적분의 계산: 피적분함수가 같은 경우

함수 $f(x)$가 세 실수 a, b, c를 포함하는 구간에서 연속일 때, 두 정적분의 피적분함수가 같으면

$$\int_a^c f(x)dx + \int_c^b f(x)dx = \int_a^b f(x)dx$$

0724 대표문제

정적분 $\int_1^2 \dfrac{x^2}{x^2+1}dx - \int_3^2 \dfrac{x^2}{x^2+1}dx + \int_1^3 \dfrac{1}{x^2+1}dx$의 값을 구하시오.

0725 상중하

정적분 $\int_{-1}^1 (2x^3+6x^2-2)dx + \int_1^2 (2y^3+6y^2-2)dy$의 값을 구하시오.

0726 상중하

함수 $f(x)=x^2-2x$에 대하여 정적분

$$\int_2^5 f(x)dx - \int_3^5 f(x)dx + \int_1^2 f(x)dx$$

의 값을 구하시오.

0727 상중하

연속함수 $f(x)$에 대하여

$$\int_{-1}^2 f(x)dx = 2, \quad \int_1^3 f(x)dx = 4, \quad \int_1^2 f(x)dx = 8$$

일 때, 정적분 $\int_{-1}^3 f(x)dx$의 값을 구하시오.

유형 |05 구간에 따라 다르게 정의된 함수의 정적분

함수 $f(x)=\begin{cases} g(x) & (x\geq c) \\ h(x) & (x\leq c) \end{cases}$ 가 구간 $[a, b]$에서 연속이고

$a<c<b$일 때

$$\int_a^b f(x)dx=\int_a^c h(x)dx+\int_c^b g(x)dx$$

0728 대표문제

함수 $f(x)=\begin{cases} (x-2)^2 & (x\geq 1) \\ x & (x\leq 1) \end{cases}$ 에 대하여 정적분

$\int_0^2 f(x)dx$의 값을 구하시오.

0729 상중하

함수 $y=f(x)$의 그래프가 오른쪽 그림과 같을 때, 정적분 $\int_{-4}^4 xf(x)dx$의 값을 구하시오.

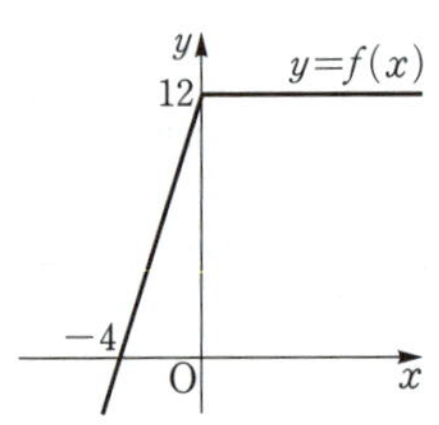

0730 상중하

함수 $f(x)=\begin{cases} 3x^2-7 & (x\geq -1) \\ 4x & (x\leq -1) \end{cases}$ 에 대하여

$\int_a^0 f(x)dx=-22$를 만족시키는 상수 a의 값은?

(단, $a<-1$)

① -3　　　　② -4　　　　③ -5
④ -6　　　　⑤ -7

중요

유형 |06 절댓값 기호를 포함한 함수의 정적분

절댓값 기호를 포함한 함수의 정적분은 다음과 같은 순서로 구한다.

(ⅰ) 절댓값 기호 안의 식의 값이 0이 되게 하는 x의 값을 기준으로 적분 구간을 나눈다.

(ⅱ) $\int_a^b f(x)dx=\int_a^c f(x)dx+\int_c^b f(x)dx$임을 이용한다.

0731 대표문제

정적분 $\int_0^2 |x^2-1|dx-2\int_2^0 |1-x^2|dx$의 값을 구하시오.

0732 상중하

정적분 $\int_{-2}^0 |x^2-x-2|dx$의 값을 구하시오.

0733 상중하

등식 $\int_0^a x|x-2|dx=8$을 만족시키는 상수 a의 값은?

(단, $a>2$)

① 3　　　　② 4　　　　③ 5
④ 6　　　　⑤ 7

0734 상중하 ←서술형

함수 $f(x)=|x+2|+|x|+|x-2|$의 최솟값 a에 대하여 정적분 $\int_1^a f(x)dx$의 값을 구하시오.

▶ 개념원리 미적분 I 186쪽

유형 07 우함수와 기함수의 정적분 ; 피적분함수가 주어진 경우

(1) 다항함수 $f(x)$가 짝수 차수의 항 또는 상수항의 합으로만 이루어져 있다.

➡ $f(x)$는 우함수 ➡ $\int_{-a}^{a} f(x)dx = 2\int_{0}^{a} f(x)dx$

(2) 다항함수 $f(x)$가 홀수 차수의 항의 합으로만 이루어져 있다.

➡ $f(x)$는 기함수 ➡ $\int_{-a}^{a} f(x)dx = 0$

0735 대표문제

정적분

$$\int_{-2}^{4}(5x^4-x^3+3x+1)dx+\int_{4}^{2}(5x^4-x^3+3x+1)dx$$

의 값은?

① 68 ② 70 ③ 72
④ 74 ⑤ 76

0736 상중하

$\int_{-a}^{a}(2x^3-3x+4)dx=16$일 때, 상수 a의 값을 구하시오.

0737 상중하

$\int_{-1}^{1}(1+2x+3x^2+\cdots+100x^{99})dx$의 값을 구하시오.

0738 상중하

일차함수 $f(x)=ax+b$가

$$\int_{-1}^{1}xf(x)dx=1,\quad \int_{-1}^{1}x^2f(x)dx=-1$$

을 만족시킬 때, 상수 a, b에 대하여 ab의 값을 구하시오.

▶ 개념원리 미적분 I 186쪽

유형 08 우함수와 기함수의 정적분 ; 피적분함수가 주어지지 않은 경우

(1) $f(-x)=f(x)$ ➡ $f(x)$는 우함수

➡ $\int_{-a}^{a} f(x)dx = 2\int_{0}^{a} f(x)dx$

(2) $f(-x)=-f(x)$ ➡ $f(x)$는 기함수

➡ $\int_{-a}^{a} f(x)dx = 0$

0739 대표문제

다항함수 $f(x)$가 모든 실수 x에 대하여

$$f(-x)=-f(x)$$

를 만족시키고 $\int_{0}^{2}xf(x)dx=2$일 때, 정적분

$$\int_{-2}^{2}(5x^2+2x+1)f(x)dx$$의 값을 구하시오.

0740 상중하

다항함수 $f(x)$가 모든 실수 x에 대하여

$$f(-x)=f(x)$$

를 만족시키고 $\int_{0}^{2}f(x)dx=5$, $\int_{-4}^{4}f(x)dx=14$일 때, 정적분 $\int_{2}^{4}f(x)dx$의 값을 구하시오.

0741 상중하

두 다항함수 $f(x)$, $g(x)$가 모든 실수 x에 대하여

$$f(-x)=-f(x),\quad g(-x)=g(x)$$

를 만족시키고 $\int_{0}^{3}f(x)dx=3$, $\int_{0}^{3}g(x)dx=5$일 때, 정적분 $\int_{-3}^{3}\{f(x)+g(x)+f(x)g(x)\}dx$의 값을 구하시오.

유형 | 09 적분 구간이 상수인 등식

$f(x)=g(x)+\displaystyle\int_a^b f(t)dt$ 의 꼴

➡ $\displaystyle\int_a^b f(t)dt=k$ (k는 상수)로 놓으면 $f(x)=g(x)+k$이므로 $\displaystyle\int_a^b \{g(t)+k\}dt=k$임을 이용한다.

0742 대표문제

함수 $f(x)$에 대하여

$$f(x)=3x^2+2x+\int_0^2 f(t)dt$$

가 성립할 때, $f(2)$의 값은?

① 0 ② 1 ③ 2
④ 3 ⑤ 4

0743 상중하

함수 $f(x)$에 대하여

$$f(x)=4x+\int_0^3 tf'(t)dt$$

가 성립할 때, $f(-3)$의 값은?

① 5 ② 6 ③ 7
④ 8 ⑤ 9

0744 상중하

함수 $f(x)$에 대하여

$$f(x)=\frac{75}{7}x^2-6x\int_1^2 f(t)dt+\left\{\int_1^2 f(t)dt\right\}^2$$

이 성립할 때, 정적분 $\displaystyle\int_1^2 f(x)dx$의 값을 구하시오.

0745 상중하

함수 $f(x)$에 대하여

$$f(x)=3x^2+\int_0^1 (2x-1)f(t)dt$$

가 성립할 때, $f(-2)$의 값을 구하시오.

0746 상중하

함수 $f(x)$에 대하여

$$f(x)=x^2-x\int_0^2 f(t)dt+2\int_0^1 f(t)dt$$

가 성립할 때, $f(1)$의 값을 구하시오.

유형 | 10 적분 구간에 변수가 있는 등식

$\displaystyle\int_a^x f(t)dt=g(x)$의 꼴

① 양변에 $x=a$를 대입한다. ➡ $\displaystyle\int_a^a f(t)dt=g(a)=0$

② 양변을 x에 대하여 미분한다. ➡ $f(x)=g'(x)$

0747 대표문제

함수 $f(x)$가 모든 실수 x에 대하여

$$\int_3^x f(t)dt=x^2-ax-3$$

을 만족시킬 때, $f(7)$의 값은? (단, a는 상수이다.)

① 6 ② 8 ③ 10
④ 12 ⑤ 14

▸ **개념원리** 미적분 I 195쪽

0748 상중하

함수 $f(x)=\displaystyle\int_1^x (2t-3)(t^2+1)dt$에 대하여

$f(1)+f'(1)$의 값을 구하시오.

0749 상중하 ◀서술형

함수 $f(x)$가 모든 실수 x에 대하여

$$\int_a^x f(t)dt=x^2-2x-8$$

을 만족시킬 때, $a+f(a)$의 값을 구하시오. (단, $a>0$)

0750 상중하

함수 $f(x)$에 대하여 $f(x)=\displaystyle\int_x^{x+2}(t^3-t)dt$가 성립하고 $f(-1)=0$일 때, $f(1)$의 값은?

① 10   ② 12   ③ 14
④ 16   ⑤ 18

0751 상중하

다항함수 $f(x)$가 모든 실수 x에 대하여

$$xf(x)=6x^4-4x^3+12x^2+\int_1^x f(t)dt$$

를 만족시킬 때, $f(2)$의 값을 구하시오.

유형 **11** **적분 구간과 피적분함수에 변수가 있는 등식**

$$\int_a^x (x-t)f(t)dt=g(x)$$의 꼴

➡ $x\displaystyle\int_a^x f(t)dt-\int_a^x tf(t)dt=g(x)$로 변형한 후 양변을 x에 대하여 미분한다.

0752 대표문제

함수 $f(x)$가 모든 실수 x에 대하여

$$\int_a^x (x-t)f(t)dt=x^3-2x^2-4x+8$$

을 만족시킬 때, $f(2)$의 값을 구하시오. (단, a는 상수이다.)

0753 상중하

함수 $f(x)$가 모든 실수 x에 대하여

$$\int_0^x (x-t)f(t)dt=2x^4-3x^2$$

을 만족시킬 때, 정적분 $\displaystyle\int_0^2 f(x)dx$의 값을 구하시오.

0754 상중하

함수 $f(x)$가 모든 실수 x에 대하여

$$\int_0^x (x-t)f'(t)dt=\frac{2}{3}x^3$$

을 만족시키고 $f(0)=2$일 때, $f(1)$의 값을 구하시오.

0755 상중하

함수 $f(x)$가 모든 실수 x에 대하여

$$\int_2^x (x-t)f(t)dt=-2x^3+ax+b$$

를 만족시킬 때, 상수 a, b에 대하여 $f(a+b)$의 값을 구하시오.

유형 | 12 정적분으로 정의된 함수의 극한

$: \lim\limits_{x \to a} \dfrac{1}{x-a} \displaystyle\int_a^x f(t)\,dt$의 꼴

$f(x)$의 한 부정적분을 $F(x)$라 하면

$$\lim_{x \to a} \frac{1}{x-a} \int_a^x f(t)\,dt = \lim_{x \to a} \frac{F(x)-F(a)}{x-a}$$
$$= F'(a) = f(a)$$

0756 대표문제

함수 $f(x)=x^3-2x^2+3$에 대하여

$\lim\limits_{x \to 3} \dfrac{1}{x-3} \displaystyle\int_x^3 f(t)\,dt$의 값을 구하시오.

0757 상중하

함수 $f(x)=x^3+5x+a$에 대하여

$\lim\limits_{x \to -1} \dfrac{1}{x+1} \displaystyle\int_{-1}^x f(t)\,dt=2$일 때, 상수 a의 값을 구하시오.

0758 상중하

함수 $f(x)=x^3-2x^2+6x$에 대하여

$\lim\limits_{x \to 2} \dfrac{1}{x^2-4} \displaystyle\int_2^x f(t)\,dt$의 값은?

① 1 ② 2 ③ 3
④ 4 ⑤ 5

0759 상중하

함수 $f(x)=x^3+2x^2-3x+1$에 대하여

$\lim\limits_{x \to 1} \dfrac{1}{x-1} \displaystyle\int_1^{x^3} f(t)\,dt$의 값을 구하시오.

유형 | 13 정적분으로 정의된 함수의 극한

$: \lim\limits_{x \to 0} \dfrac{1}{x} \displaystyle\int_a^{x+a} f(t)\,dt$의 꼴

$f(x)$의 한 부정적분을 $F(x)$라 하면

$$\lim_{x \to 0} \frac{1}{x} \int_a^{x+a} f(t)\,dt = \lim_{x \to 0} \frac{F(x+a)-F(a)}{x}$$
$$= F'(a) = f(a)$$

0760 대표문제

$\lim\limits_{h \to 0} \dfrac{1}{h} \displaystyle\int_1^{1+2h} (x^3-x^2+2)\,dx$의 값은?

① 1 ② 2 ③ 3
④ 4 ⑤ 5

0761 상중하

함수 $f(x)=\displaystyle\int_0^x (4t^2+t-5)\,dt$에 대하여

$\lim\limits_{x \to 0} \dfrac{1}{x} \displaystyle\int_0^x f'(t)\,dt$의 값을 구하시오.

0762 상중하

함수 $f(x)=x^3-kx+2$에 대하여

$\lim\limits_{h \to 0} \dfrac{1}{h} \displaystyle\int_{2-3h}^{2+h} f(x)\,dx=24$일 때, 상수 k의 값을 구하시오.

0763 상중하 ◀서술형

두 다항함수 $f(x)=3x^2-2x+1$, $g(x)$가 임의의 실수 h에 대하여 다음 조건을 만족시킬 때, $g'(2)+g(2)$의 값을 구하시오.

> (가) $g(0)=2$
>
> (나) $g(x+h)-g(x)=\displaystyle\int_x^{x+h} f(t)\,dt$

▶ 개념원리 미적분 Ⅰ 187쪽

유형 JP | 14 주기함수의 정적분

연속함수 $f(x)$가 정의역에 속하는 모든 실수 x에 대하여
$f(x+p)=f(x)$를 만족시킨다.
$$\Rightarrow \int_a^b f(x)dx=\int_{a+np}^{b+np} f(x)dx \ (단,\ n은\ 정수이다.)$$

0764 대표문제

연속함수 $f(x)$가 모든 실수 x에 대하여
$$f(x+3)=f(x)$$
를 만족시키고 $\int_{-1}^2 f(x)dx=3$일 때, 정적분 $\int_{-1}^{11} f(x)dx$의
값을 구하시오.

0765 상중하

연속함수 $f(x)$가 모든 실수 x에 대하여
$$f(x+2)=f(x),\ f(-x)=f(x)$$
를 만족시키고 $\int_0^1 f(x)dx=5$일 때, 정적분 $\int_{-9}^9 f(x)dx$의
값을 구하시오.

0766 상중하

연속함수 $f(x)$가 다음 조건을 만족시킬 때, 정적분
$\int_{-2}^2 f(x)dx$의 값을 구하시오.

> (가) 모든 실수 x에 대하여　　$f(x+1)=f(x)$
> (나) $0\leq x\leq1$일 때,　　$f(x)=-x^2+x$

▶ 개념원리 미적분 Ⅰ 196쪽

유형 JP | 15 정적분으로 정의된 함수의 극대·극소

$f(x)=\int_a^x g(t)dt$와 같이 정의된 함수 $f(x)$의 극댓값과 극솟값
$$\Rightarrow f'(x)=g(x)=0을\ 만족시키는\ x의\ 값을\ 이용하여\ 구한다.$$

0767 대표문제

함수 $f(x)=\int_{-3}^x (3t^2+at+b)dt$가 $x=5$에서 극솟값 -32
를 가질 때, 상수 $a,\ b$에 대하여 ab의 값을 구하시오.

0768 상중하

함수 $f(x)=\int_x^{x+a} t(t-2)dt$가 $x=-1$에서 극솟값을 가질
때, 양수 a의 값을 구하시오.

0769 상중하

함수 $f(x)=\int_{-1}^x t(t-1)dt$의 극댓값을 M, 극솟값을 m이
라 할 때, $M+m$의 값은?

① 1　　　　② $\dfrac{3}{2}$　　　　③ 2

④ $\dfrac{5}{2}$　　　　⑤ 3

0770 상중하

다항함수 $f(x)$가 모든 실수 x에 대하여
$$\int_1^x (x-t)f'(t)dt=x^4-x^3+ax^2+5x-2$$
를 만족시킨다. 함수 $f(x)$의 극댓값을 M, 극솟값을 m이라
할 때, $M-m$의 값을 구하시오. (단, a는 상수이다.)

▶ 개념원리 미적분 I 197쪽

유형 *JP* | **16** 정적분으로 정의된 함수의 최대·최소

주어진 등식을 미분하여 $f(x)$ 또는 $f'(x)$를 구한 후 $f(x)$의 최 댓값과 최솟값을 구한다.

0771 대표문제

$-1 \leq x \leq 1$에서 함수 $f(x) = \displaystyle\int_x^{x+1} (t^3 - t)dt$의 최댓값을 M, 최솟값을 m이라 할 때, $M+m$의 값을 구하시오.

0772 상중하

함수 $f(x)$가 모든 실수 x에 대하여

$$f(x) = -6x^2 + \int_{-1}^{0} xf(t)dt$$

를 만족시킬 때, $f(x)$의 최댓값은?

① $\dfrac{1}{27}$ ② $\dfrac{2}{27}$ ③ $\dfrac{1}{9}$

④ $\dfrac{4}{27}$ ⑤ $\dfrac{5}{27}$

0773 상중하 서술형

함수 $f(x)$가 모든 실수 x에 대하여

$$\int_0^x (x-t)f(t)dt = \frac{3}{4}x^4 - x^2$$

을 만족시킬 때, $f(x)$의 최솟값을 구하시오.

0774 상중하

$-1 \leq x \leq 2$에서 함수 $f(x) = \displaystyle\int_{-1}^x (1-|t|)dt$의 최댓값을 M, 최솟값을 m이라 할 때, $M-m$의 값을 구하시오.

▶ 개념원리 미적분 I 196쪽

유형 *JP* | **17** 정적분으로 정의된 함수; 그래프

$F(x) = \displaystyle\int_a^x f(t)dt$에 대하여 $y=f(x)$의 그래프가 주어지면 $f(x)$의 식을 구한 후 $F'(x) = f(x)$임을 이용한다.

0775 대표문제

이차함수 $y=f(x)$의 그래프가 오른 쪽 그림과 같고

$$F(x) = \int_{-1}^x f(t)dt$$

일 때, 함수 $F(x)$의 극댓값을 구하시 오.

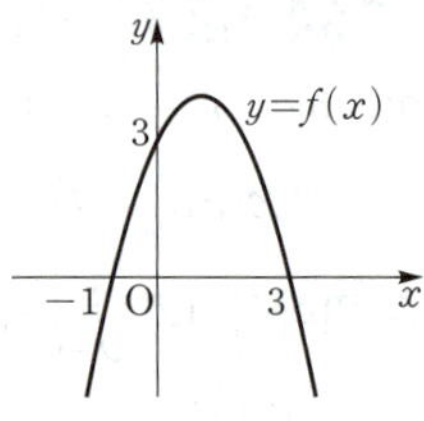

0776 상중하

이차함수 $y=F(x)$의 그래프가 오른 쪽 그림과 같을 때, 함수 $f(x)$에 대하 여 $F(x) = \displaystyle\int_2^x f(t)dt$이다. 함수 $y=f(x)$의 그래프가 점 $(2, 4)$를 지 날 때, $f(3)$의 값은?

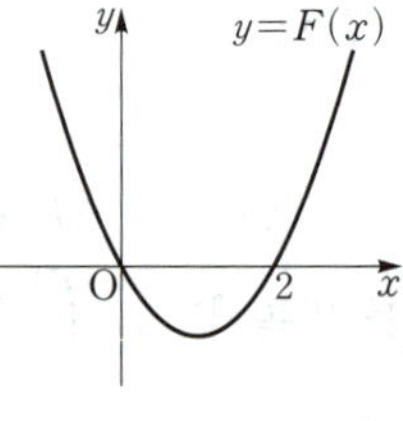

① 2 ② 4 ③ 6

④ 8 ⑤ 10

0777 상중하

이차함수 $y=f(x)$의 그래프가 오른 쪽 그림과 같을 때, 함수

$$g(x) = \int_x^{x+1} f(t)dt$$

는 $x=k$에서 최댓값을 갖는다. 이때 k의 값을 구하시오.

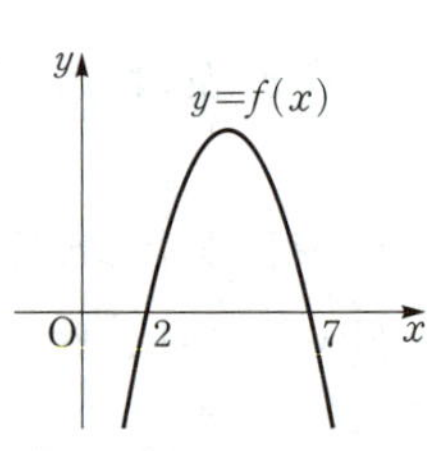

시험에 꼭 나오는 문제

0778

함수 $f(x)=4x^3+2kx$가 $\int_{-1}^{3} f(x)dx=f(2)$를 만족시킬 때, 상수 k의 값은?

① -20 ② -18 ③ -16
④ -14 ⑤ -12

0779

함수 $y=f(x)$의 그래프 위의 임의의 점 $(x,\ f(x))$에서의 접선의 기울기가 $2x$이고 $\int_{0}^{3} f(x)dx=0$일 때, 정적분 $\int_{-1}^{2} f(x)dx$의 값을 구하시오.

0780

$\int_{0}^{2} (4x+2)dx-\int_{k}^{2}(4t+2)dt=84$를 만족시키는 양수 k의 값을 구하시오.

0781 중요★

이차함수 $f(x)$가
$$\int_{-2}^{2} f(x)dx=\int_{-2}^{0} f(x)dx=\int_{0}^{2} f(x)dx$$
를 만족시키고 $f(0)=1$일 때, $f(2)$의 값을 구하시오.

0782

함수 $f(x)=\begin{cases} 2x-x^2 & (x\geq 1) \\ x^2 & (x\leq 1) \end{cases}$ 에 대하여 정적분 $\int_{-2}^{2} f(x)dx$의 값을 구하시오.

0783

두 함수 $f(x)=|x-5|,\ g(x)=x^2+1$에 대하여 정적분 $\int_{1}^{3} (f\circ g)(x)dx$의 값을 구하시오.

0784

$0<a<1$일 때, 함수 $f(a)=\int_{0}^{1} (x+a)|x-a|dx$의 최솟값은?

① $\dfrac{1}{3}$ ② $\dfrac{1}{4}$ ③ $\dfrac{1}{5}$
④ $\dfrac{1}{6}$ ⑤ $\dfrac{1}{7}$

0785

정적분 $\int_{-3}^{3} (x^7-3x^5-x|x|+|x|-1)dx$의 값은?

① 1 ② 2 ③ 3
④ 4 ⑤ 5

0786 중요★

함수 $f(x)$에 대하여 $f(x)=x^2+\displaystyle\int_0^1 (3x+1)f(t)dt$가 성립할 때, $f(-1)$의 값을 구하시오.

0787 교육청 기출

다항함수 $f(x)$의 한 부정적분 $g(x)$가 다음 조건을 만족시킨다.

> (가) $f(x)=2x+2\displaystyle\int_0^1 g(t)dt$
>
> (나) $g(0)-\displaystyle\int_0^1 g(t)dt=\dfrac{2}{3}$

$g(1)$의 값은?

① -2 ② $-\dfrac{5}{3}$ ③ $-\dfrac{4}{3}$

④ -1 ⑤ $-\dfrac{2}{3}$

0788

다항함수 $f(x)$가 모든 실수 x에 대하여
$$\int_1^x \left\{ \frac{d}{dt}f(t) \right\}dt=2x^3+ax^2-1$$
을 만족시킬 때, $f'(a)$의 값을 구하시오. (단, a는 상수이다.)

0789

다항함수 $f(x)$에 대하여
$$\lim_{x \to -2} \frac{f(x)-\displaystyle\int_{-2}^x f(t)dt}{x+2}=3$$
일 때, $f'(-2)$의 값을 구하시오.

0790

함수 $f(x)=x^2+ax-b$에 대하여
$$\lim_{h \to 0}\frac{1}{h}\int_2^{2+h}f(t)dt=2, \quad \int_0^1 f(x)dx=1$$
일 때, 상수 a, b에 대하여 $b-a$의 값을 구하시오.

0791

연속함수 $f(x)$가 다음 조건을 만족시키고 $\displaystyle\int_1^k f(x)dx=8$일 때, 상수 k의 값을 구하시오.

> (가) $-1 \leq x \leq 1$일 때, $\quad f(x)=-x^2+1$
>
> (나) 임의의 실수 x에 대하여 $\quad f(x)=f(x+2)$

0792 중요★

함수 $f(x)=\displaystyle\int_0^x (3t^2-6t)dt$가 $x=\alpha$에서 극솟값 β를 가질 때, $\alpha+\beta$의 값은?

① -2 ② -1 ③ 0

④ 1 ⑤ 2

0793

함수 $f(x)=x^3-12x+a$에 대하여 함수
$$F(x)=\int_0^x f(t)dt$$
가 오직 하나의 극값을 갖도록 하는 양수 a의 최솟값을 구하시오.

 **서술형 주관식**

0794

함수 $f(x)=\begin{cases} -x^2+5x & (x\geq 2) \\ x+k & (x<2) \end{cases}$ 가 모든 실수 x에서 연속

일 때, 정적분 $\int_{-1}^{3} f(x)dx$의 값을 구하시오.

(단, k는 상수이다.)

0795

다항함수 $f(x)$가 모든 실수 x에 대하여
$f(-x)+f(x)=0$을 만족시키고
$$\int_{0}^{4} f(x)dx=3, \quad \int_{0}^{5} f(x)dx=k+1,$$
$$\int_{-4}^{5} f(x)dx=2k$$
일 때, 상수 k의 값을 구하시오.

0796

함수 $f(x)$가 모든 실수 x에 대하여
$$\int_{-1}^{x} (x-t)f(t)dt=2x^3+ax^2-1$$
을 만족시킨다. $f(-1)=b$일 때, ab의 값을 구하시오.

(단, a는 상수이다.)

0797

함수 $f(x)=\int_{0}^{x} (t-a)(t-2)dt$가 $x=2$에서 극솟값 $\dfrac{2}{3}$를

가질 때, $f(x)$의 극댓값을 구하시오. (단, a는 상수이다.)

 **실력 Up** 

0798 평가원 기출

최고차항의 계수가 1이고 $f'(0)=f'(2)=0$인 삼차함수
$f(x)$와 양수 p에 대하여 함수 $g(x)$를
$$g(x)=\begin{cases} f(x)-f(0) & (x\leq 0) \\ f(x+p)-f(p) & (x>0) \end{cases}$$
이라 하자. **보기**에서 옳은 것만을 있는 대로 고른 것은?

> **보기**
>
> ㄱ. $p=1$일 때, $g'(1)=0$이다.
> ㄴ. $g(x)$가 실수 전체의 집합에서 미분가능하도록 하는 양
>   수 p의 개수는 1이다.
> ㄷ. $p\geq 2$일 때, $\int_{-1}^{1} g(x)dx\geq 0$이다.

① ㄱ ② ㄱ, ㄴ ③ ㄱ, ㄷ
④ ㄴ, ㄷ ⑤ ㄱ, ㄴ, ㄷ

0799

두 다항함수 $f(x)$, $g(x)$가 모든 실수 x에 대하여
$$f(-x)=-f(x), \quad g(-x)=g(x)$$
를 만족시킨다. 함수 $h(x)=f(x)g(x)$에 대하여
$$\int_{-2}^{2} (x+1)h'(x)dx=20$$일 때, $h(2)$의 값을 구하시오.

0800

최고차항의 계수가 4인 삼차함수 $f(x)$에 대하여 함수 $g(x)$를
$$g(x)=\int_{0}^{x} f(t)dt-xf(x)$$
라 하면 모든 실수 x에 대하여 $g(x)\leq g(2)$이고 $g(x)$는 오직
한 개의 극값만 갖는다. 이때 $\int_{0}^{1} g'(x)dx$의 값을 구하시오.

09 정적분의 활용

09 | 1 곡선과 x축 사이의 넓이   유형 01, 04, 06, 07, 08

함수 $f(x)$가 닫힌구간 $[a, b]$에서 연속일 때, 곡선 $y=f(x)$와 x축 및 두 직선 $x=a$, $x=b$로 둘러싸인 도형의 넓이 S는

$$S=\int_a^b |f(x)|\,dx$$

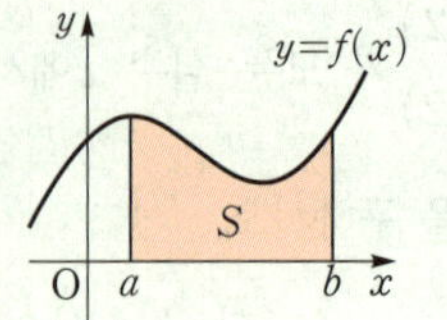

참고▶ 닫힌구간 $[a, b]$에서 함수 $f(x)$가 양의 값과 음의 값을 모두 가질 때에는 $f(x)$의 값이 양수인 구간과 음수인 구간으로 나누어 넓이를 구한다.

즉 오른쪽 그림에서 곡선 $y=f(x)$와 x축 및 두 직선 $x=a$, $x=b$로 둘러싸인 도형의 넓이 S는

$$S=S_1+S_2=\int_a^c |f(x)|\,dx+\int_c^b |f(x)|\,dx$$
$$=\int_a^c f(x)\,dx+\int_c^b \{-f(x)\}\,dx$$

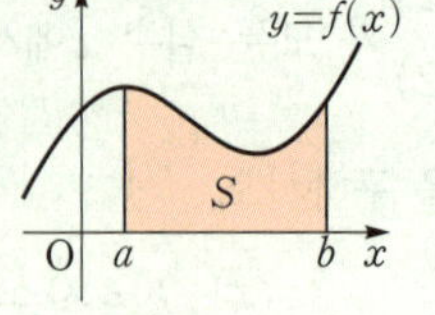

- 곡선과 x축 및 두 직선 $x=a$, $x=b$로 둘러싸인 도형의 넓이를 구할 때에는 닫힌구간 $[a, b]$에서 생각한다.

- 포물선 $y=a(x-\alpha)(x-\beta)$와 x축으로 둘러싸인 도형의 넓이 S는
$$S=\frac{|a|(\beta-\alpha)^3}{6} \ (\text{단, } \alpha<\beta)$$

09 | 2 두 곡선 사이의 넓이   유형 02~08, 12

두 함수 $f(x)$, $g(x)$가 닫힌구간 $[a, b]$에서 연속일 때, 두 곡선 $y=f(x)$, $y=g(x)$ 및 두 직선 $x=a$, $x=b$로 둘러싸인 도형의 넓이 S는

$$S=\int_a^b |f(x)-g(x)|\,dx$$

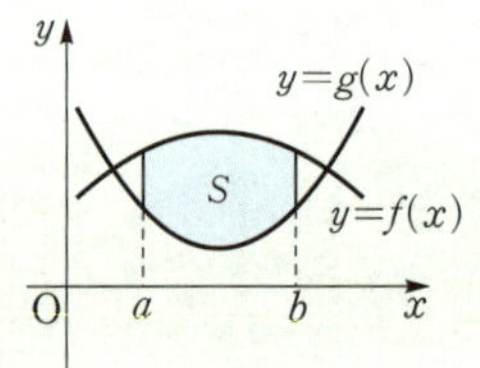

참고▶ 닫힌구간 $[a, b]$에서 두 함수 $f(x)$와 $g(x)$의 대소가 바뀔 때에는 $f(x)-g(x)$의 값이 양수인 구간과 음수인 구간으로 나누어 넓이를 구한다.

즉 오른쪽 그림에서 두 곡선 $y=f(x)$, $y=g(x)$ 및 두 직선 $x=a$, $x=b$로 둘러싸인 도형의 넓이 S는

$$S=S_1+S_2=\int_a^c |f(x)-g(x)|\,dx+\int_c^b |f(x)-g(x)|\,dx$$
$$=\int_a^c \{f(x)-g(x)\}\,dx+\int_c^b \{g(x)-f(x)\}\,dx$$

- $S=\int_a^b \{(\text{위쪽 그래프의 식})-(\text{아래쪽 그래프의 식})\}\,dx$

09 | 3 수직선 위를 움직이는 점의 위치와 움직인 거리   유형 09, 10, 11

수직선 위를 움직이는 점 P의 시각 t에서의 속도가 $v(t)$이고 시각 $t=a$에서의 위치가 x_0일 때

(1) 시각 t에서의 점 P의 위치 x는 $x=x_0+\int_a^t v(t)\,dt$

(2) 시각 $t=a$에서 $t=b$까지 점 P의 위치의 변화량은 $\int_a^b v(t)\,dt$

(3) 시각 $t=a$에서 $t=b$까지 점 P가 움직인 거리 s는 $s=\int_a^b |v(t)|\,dt$

- $v(t)>0$이면 점 P는 양의 방향으로 움직이고, $v(t)<0$이면 점 P는 음의 방향으로 움직인다.

- 위치 $\overset{\text{미분}}{\underset{\text{적분}}{\rightleftarrows}}$ 속도

참고▶ 오른쪽 그림과 같이 수직선 위를 움직인 점 P에 대하여

① 시각 $t=a$에서 $t=c$까지 점 P의 위치의 변화량 ⇨ x_2-x_0

② 시각 $t=a$에서 $t=c$까지 점 P가 움직인 거리 ⇨ $|x_1-x_0|+|x_2-x_1|$

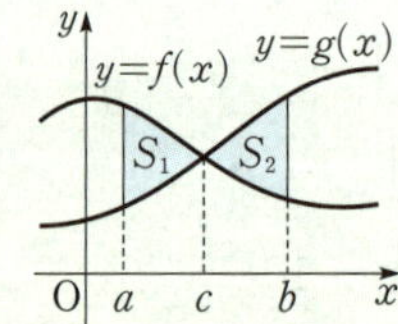

교과서 문제 정복하기

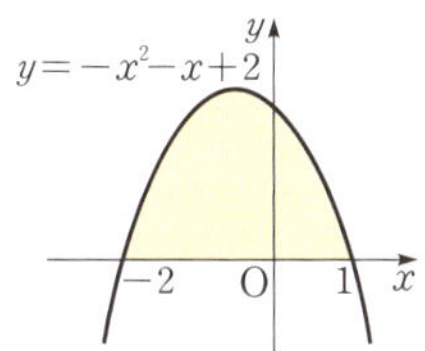

09 | 1 곡선과 x축 사이의 넓이

[0801 ~ 0802] 다음 그림과 같이 곡선과 x축으로 둘러싸인 도형의 넓이를 구하시오.

0801 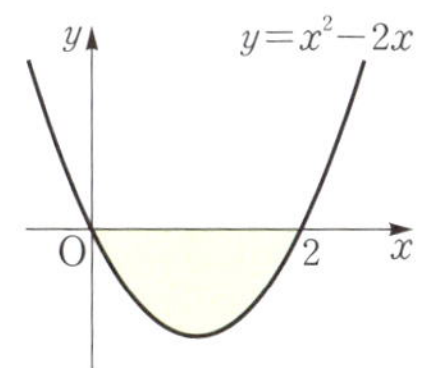

$y=-x^2-x+2$

0802

$y=x^2-2x$

[0803 ~ 0804] 다음 곡선과 x축으로 둘러싸인 도형의 넓이를 구하시오.

0803 $y=x^2-5x+4$

0804 $y=x^3-4x$

[0805 ~ 0807] 다음 그림과 같이 곡선과 x축 및 두 직선으로 둘러싸인 도형의 넓이를 구하시오.

0805 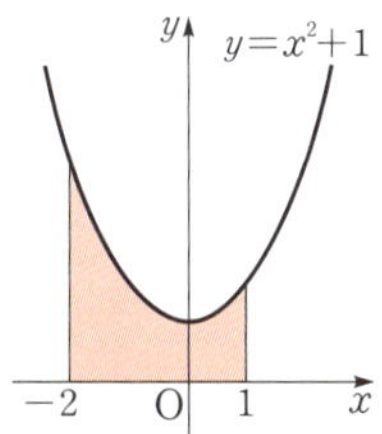

$y=x^2+1$

0806 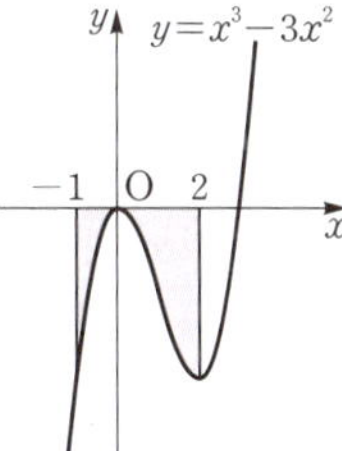

$y=x^3-3x^2$

0807 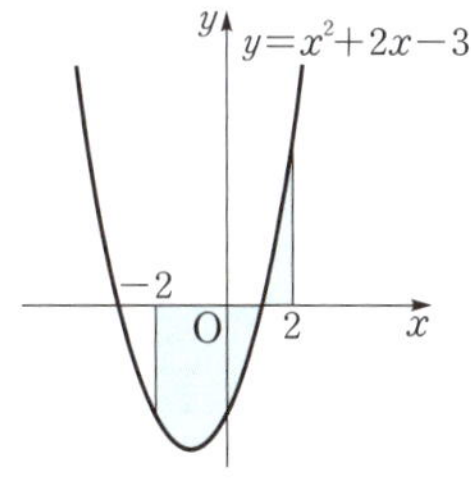

$y=x^2+2x-3$

09 | 2 두 곡선 사이의 넓이

0808 오른쪽 그림과 같이 곡선 $y=-x^2$과 직선 $y=x-2$로 둘러싸인 도형의 넓이를 구하시오.

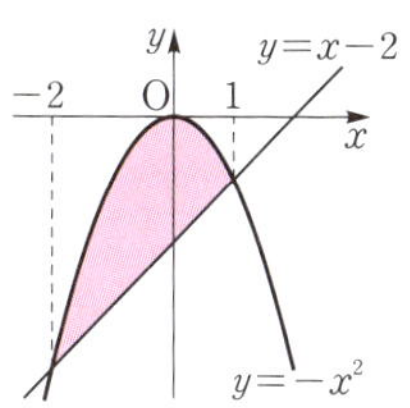

[0809 ~ 0810] 다음 곡선과 직선으로 둘러싸인 도형의 넓이를 구하시오.

0809 $y=x^2-3x, \ y=-x$

0810 $y=x^3, y=x$

0811 오른쪽 그림과 같이 두 곡선 $y=x^2-1$, $y=-x^2+7$로 둘러싸인 도형의 넓이를 구하시오.

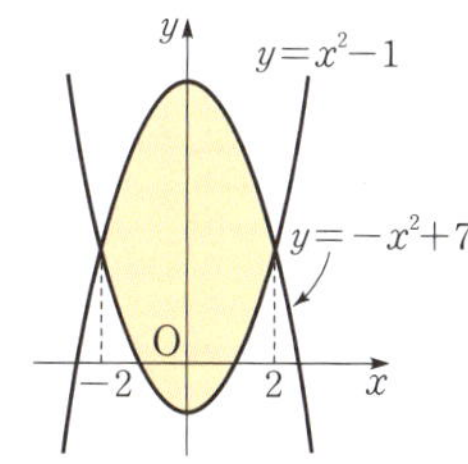

[0812 ~ 0813] 다음 두 곡선으로 둘러싸인 도형의 넓이를 구하시오.

0812 $y=x^2-5x+6, y=-x^2+3x$

0813 $y=x^3-x^2, y=x^2$

09 | 3 수직선 위를 움직이는 점의 위치와 움직인 거리

0814 원점을 출발하여 수직선 위를 움직이는 점 P의 시각 t에서의 속도가 $v(t)=-t^2+4t-3$일 때, 다음을 구하시오.

(1) 시각 $t=2$에서의 점 P의 위치

(2) 시각 $t=1$에서 $t=4$까지 점 P의 위치의 변화량

(3) 시각 $t=1$에서 $t=4$까지 점 P가 움직인 거리

중요

▶ 개념원리 미적분 I 208쪽, 209쪽

유형 | 01 곡선과 x축 사이의 넓이

곡선 $y=f(x)$와 x축으로 둘러싸인 도형
의 넓이 S는

$$S=S_1+S_2$$
$$=\int_a^b f(x)dx-\int_b^c f(x)dx$$

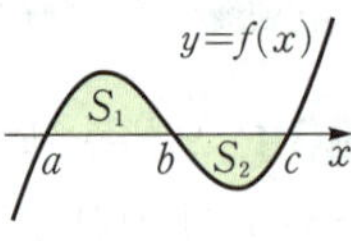

0815 대표문제

구간 $[-1,\ 3]$에서 곡선 $y=x^2-6x$와 x축 및 두 직선 $x=-1$, $x=3$으로 둘러싸인 도형의 넓이를 구하시오.

0816 상중하

곡선 $y=-x^2+6x-9$와 x축 및 y축으로 둘러싸인 도형의 넓이는?

① 6   ② 7   ③ 8
④ 9   ⑤ 10

0817 상중하

곡선 $y=x^3+x^2-2x$와 x축으로 둘러싸인 도형의 넓이는?

① $\dfrac{3}{2}$ ② 2   ③ $\dfrac{37}{12}$
④ $\dfrac{10}{3}$ ⑤ 4

0818 상중하

두 양수 α, β $(\alpha<\beta)$에 대하여 함수 $f(x)$를 $f(x)=(x-\alpha)(x-\beta)$라 하면

$$\int_0^\alpha f(x)dx=\frac{7}{3},\quad \int_0^\beta f(x)dx=-\frac{1}{2}$$

일 때, 곡선 $y=f(x)$와 x축으로 둘러싸인 도형의 넓이를 구하시오.

0819 상중하

곡선 $y=-x^2+ax$와 x축으로 둘러싸인 도형의 넓이가 $\dfrac{32}{3}$ 일 때, 양수 a의 값은?

① $\dfrac{7}{2}$ ② 4   ③ $\dfrac{9}{2}$
④ 5   ⑤ $\dfrac{11}{2}$

0820 상중하

곡선 $y=kx^3$과 x축 및 두 직선 $x=-1$, $x=2$로 둘러싸인 도형의 넓이가 17일 때, 양수 k의 값을 구하시오.

0821 상중하

함수 $f(x)$가 모든 실수 x에 대하여

$$\int_1^x f(t)dt=\frac{2}{3}x^3-\frac{1}{2}x^2-\frac{1}{6}$$

을 만족시킬 때, 곡선 $y=f(x)$와 x축으로 둘러싸인 도형의 넓이를 구하시오.

▶ 개념원리 미적분 Ⅰ 210쪽

유형 02 곡선과 직선 사이의 넓이

곡선 $y=f(x)$와 직선 $y=g(x)$로 둘러싸인 도형의 넓이 S는

$$S=\int_{\alpha}^{\beta}|f(x)-g(x)|dx$$

$$=\int_{\alpha}^{\beta}\{(\text{위쪽 그래프의 식})$$

$$-(\text{아래쪽 그래프의 식})\}dx$$

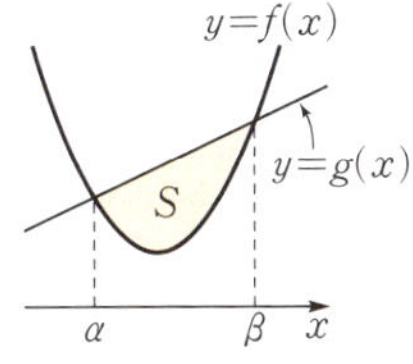

0822 대표문제

곡선 $y=x(x-3)^2$과 직선 $y=x$로 둘러싸인 도형의 넓이는?

① 5   ② 6   ③ 7
④ 8   ⑤ 9

0823 상중하

곡선 $y=-x^2+6x$와 직선 $y=2x-5$로 둘러싸인 도형의 넓이를 구하시오.

0824 상중하

곡선 $y=x^3+4x^2+k$와 직선 $y=k$로 둘러싸인 도형의 넓이를 구하시오. (단, k는 상수이다.)

0825 상중하

곡선 $y=x^2-3x$와 직선 $y=ax$로 둘러싸인 도형의 넓이가 36일 때, 양수 a의 값은?

① 2   ② $\dfrac{5}{2}$ ③ 3
④ $\dfrac{7}{2}$ ⑤ 4

▶ 개념원리 미적분 Ⅰ 211쪽

중요 유형 03 두 곡선 사이의 넓이

두 곡선 $y=f(x)$와 $y=g(x)$로 둘러싸인 도형의 넓이 S는

$$S=\int_{\alpha}^{\beta}|f(x)-g(x)|dx$$

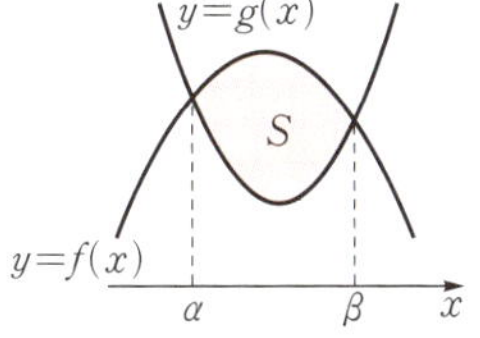

0826 대표문제

두 곡선 $y=x^3-4x$와 $y=3x^2$으로 둘러싸인 도형의 넓이를 구하시오.

0827 상중하

두 곡선 $y=x^2-4x+5$와 $y=-x^2+6x-3$으로 둘러싸인 도형의 넓이는?

① 9   ② 10   ③ 11
④ 12   ⑤ 13

0828 상중하 서술형

두 곡선 $y=x^3-3x^2$, $y=x^2-3x$로 둘러싸인 두 도형의 넓이를 각각 S_1, S_2라 할 때, S_1S_2의 값을 구하시오.

0829 상중하

곡선 $y=x^2-1$을 x축에 대하여 대칭이동한 후 x축의 방향으로 1만큼, y축의 방향으로 3만큼 평행이동한 곡선의 방정식을 $y=f(x)$라 하자. 두 곡선 $y=x^2-1$, $y=f(x)$로 둘러싸인 도형의 넓이를 구하시오.

유형 | 04 **절댓값 기호를 포함한 함수의 그래프와 넓이**

절댓값 기호 안의 식의 값이 0이 되게 하는 x의 값을 기준으로 적분 구간을 나누어 넓이를 구한다.

0830 대표문제

곡선 $y=|x(x-1)|$과 직선 $y=2$로 둘러싸인 도형의 넓이는?

① $\dfrac{19}{6}$ ② $\dfrac{7}{2}$ ③ $\dfrac{23}{6}$

④ $\dfrac{25}{6}$ ⑤ $\dfrac{9}{2}$

0831 상중하

함수 $y=x^2-2|x|-3$의 그래프와 x축으로 둘러싸인 도형의 넓이를 구하시오.

0832 상중하

곡선 $y=|x^2-ax|$와 직선 $y=ax$로 둘러싸인 도형의 넓이가 $\dfrac{27}{8}$일 때, 상수 a의 값은? (단, $a>0$)

① $\dfrac{3}{4}$ ② 1 ③ $\dfrac{3}{2}$

④ 2 ⑤ $\dfrac{9}{4}$

유형 | 05 **곡선과 접선으로 둘러싸인 도형의 넓이**

곡선과 접선으로 둘러싸인 도형의 넓이는 다음과 같은 순서로 구한다.

(ⅰ) 접선의 방정식을 구한다.

➡ 곡선 $y=f(x)$ 위의 점 $(a, f(a))$에서의 접선의 방정식은
$$y-f(a)=f'(a)(x-a)$$

(ⅱ) 곡선과 접선의 교점의 x좌표를 구하고 정적분의 값을 이용하여 도형의 넓이를 구한다.

0833 대표문제

곡선 $y=-x^3$과 이 곡선 위의 점 $(-1, 1)$에서의 접선으로 둘러싸인 도형의 넓이는?

① $\dfrac{25}{4}$ ② $\dfrac{13}{2}$ ③ $\dfrac{27}{4}$

④ 7 ⑤ $\dfrac{29}{4}$

0834 상중하

곡선 $y=x^2+2$와 이 곡선 위의 점 $(1, 3)$에서의 접선 및 y축으로 둘러싸인 도형의 넓이를 구하시오.

0835 상중하

곡선 $y=x^2$과 점 $(1, -3)$에서 이 곡선에 그은 두 접선으로 둘러싸인 도형의 넓이는?

① 4 ② $\dfrac{13}{3}$ ③ $\dfrac{14}{3}$

④ 5 ⑤ $\dfrac{16}{3}$

 유형 **06**　두 도형의 넓이가 같은 경우

▸ 개념원리 미적분 Ⅰ 215쪽

(1) 오른쪽 그림에서 $S_1 = S_2$이면
$$\int_a^c f(x)\,dx = 0$$

(2) 오른쪽 그림에서 $S_1 = S_2$이면
$$\int_a^c \{ f(x) - g(x) \}\,dx = 0$$

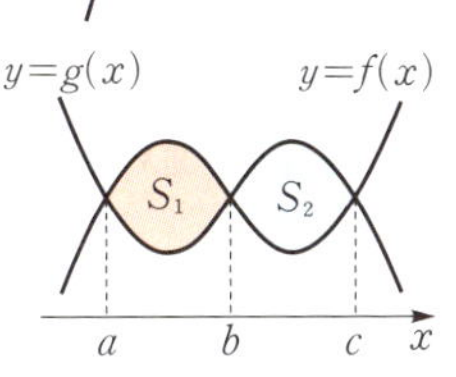

0836　대표문제

곡선 $y = x(x-2)(x-k)$와 x축으로 둘러싸인 두 도형의 넓이가 같을 때, 상수 k의 값을 구하시오. (단, $k>2$)

0837　상중하

오른쪽 그림과 같이 두 곡선 $y = x^2(x-4)$와 $y = ax(x-4)$로 둘러싸인 두 도형의 넓이가 같을 때, 상수 a의 값을 구하시오.
(단, $0<a<4$)

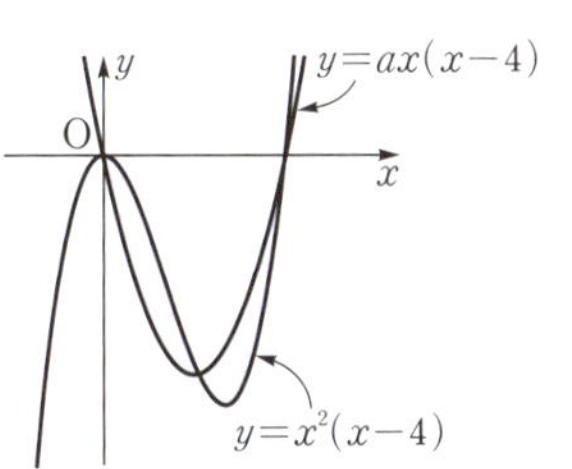

0838　상중하

오른쪽 그림과 같이 곡선 $y = x^2 - 2x + p$와 x축 및 y축으로 둘러싸인 도형의 넓이를 A, 이 곡선과 x축으로 둘러싸인 도형의 넓이를 B 라 할 때, $A : B = 1 : 2$이다. 이때 상수 p의 값을 구하시오. (단, $0<p<1$)

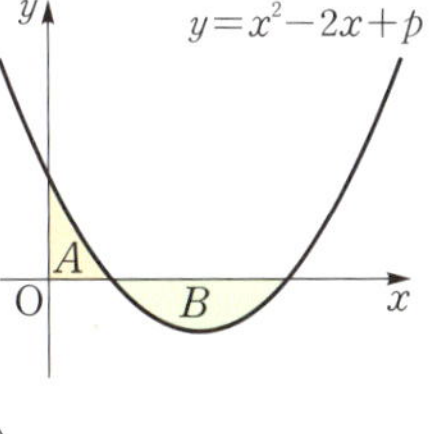

유형 **07**　넓이를 이등분하는 경우

▸ 개념원리 미적분 Ⅰ 216쪽

오른쪽 그림과 같이 곡선 $y = f(x)$와 x축으로 둘러싸인 도형의 넓이 S가 곡선 $y = g(x)$에 의하여 이등분되면
$$S = S_1 + S_2 = 2S_1$$
$$= 2\int_0^a |f(x) - g(x)|\,dx$$

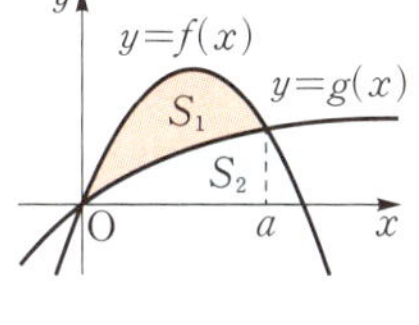

0839　대표문제

곡선 $y = x^2 - 2x$와 직선 $y = mx$로 둘러싸인 도형의 넓이가 x축에 의하여 이등분될 때, 상수 m에 대하여 $(m+2)^3$의 값을 구하시오. (단, $m>0$)

0840　상중하　◀서술형

곡선 $y = -x^2 + 3x$와 x축으로 둘러싸인 도형의 넓이가 직선 $y = mx$에 의하여 이등분될 때, $m^3 - 9m^2 + 27m$의 값을 구하시오. (단, m은 상수이다.)

0841　상중하

곡선 $y = 4x - x^2$과 x축으로 둘러싸인 도형의 넓이가 곡선 $y = ax^2$에 의하여 이등분될 때, 양수 a의 값은?

① $\sqrt{2} - 1$　　② $\sqrt{2}$　　③ 2

④ $\sqrt{2} + 1$　　⑤ 3

유형 |08 넓이의 최솟값

도형의 넓이의 최솟값은 다음과 같은 순서로 구한다.
(i) 정적분을 이용하여 도형의 넓이를 식으로 나타낸다.
(ii) 함수의 극값, 산술평균과 기하평균의 관계 등을 이용하여 넓이의 최솟값을 구한다.

0842 대표문제

곡선 $y=(x+1)(x-1)(x-a)$와 x축으로 둘러싸인 도형의 넓이가 최소가 되도록 하는 실수 a의 값을 구하시오.
$$(단, \ -1<a<1)$$

0843 상중하

양수 k에 대하여 두 곡선 $y=\dfrac{1}{k}x^3$, $y=-9kx^3$과 직선 $x=1$로 둘러싸인 도형의 넓이의 최솟값을 구하시오.

0844 상중하

곡선 $y=x^2-1$과 이 곡선 위의 점 $(t,\ t^2-1)$에서의 접선 및 y축, 직선 $x=1$로 둘러싸인 도형의 넓이의 최솟값을 구하시오. (단, $0<t<1$)

유형 |09 수직선 위의 점의 위치와 움직인 거리

수직선 위를 움직이는 점 P의 시각 t에서의 속도가 $v(t)$이고 시각 $t=a$에서의 위치가 x_0일 때
(1) 시각 t에서의 점 P의 위치는
$$x_0+\int_a^t v(t)dt$$
(2) 시각 $t=a$에서 $t=b$까지 점 P의 위치의 변화량은
$$\int_a^b v(t)dt$$
(3) 시각 $t=a$에서 $t=b$까지 점 P가 움직인 거리는
$$\int_a^b |v(t)|dt$$

0845 대표문제

원점을 출발하여 수직선 위를 움직이는 점 P의 시각 t에서의 속도가 $v(t)=t^2-7t+10$일 때, 점 P의 운동 방향이 두 번째로 바뀔 때의 점 P의 위치는?

① $\dfrac{8}{3}$ ② $\dfrac{25}{6}$ ③ $\dfrac{17}{3}$

④ $\dfrac{43}{6}$ ⑤ $\dfrac{26}{3}$

0846 상중하

원점을 출발하여 수직선 위를 움직이는 점 P의 시각 t에서의 속도가
$$v(t)=\begin{cases} -t^2+2t & (0\leq t<2) \\ t^2-3t+2 & (t\geq 2) \end{cases}$$
일 때, 시각 $t=4$에서의 점 P의 위치를 구하시오.

0847 상중하

원점을 출발하여 수직선 위를 움직이는 점 P의 시각 t에서의 속도가 $v(t)=t^2-2t$일 때, 점 P가 출발한 후 다시 원점으로 되돌아올 때까지 움직인 거리를 구하시오.

▶ 개념원리 미적분 Ⅰ 223쪽, 224쪽

유형 | 10 위치와 움직인 거리의 활용

지면으로부터 h_0의 높이에서 수직으로 위로 쏘아 올린 물체의 t초 후의 속도가 $v(t)$일 때

(1) a초 후의 물체의 높이 ➡ $h_0 + \displaystyle\int_0^a v(t)\,dt$

(2) a초 동안 물체의 움직인 거리 ➡ $\displaystyle\int_0^a |v(t)|\,dt$

0848 대표문제

지상 90 m의 높이에서 속도 15 m/s로 지면과 수직으로 위로 쏘아 올린 물체의 t초 후의 속도 $v(t)$ m/s가
$v(t)=15-10t\ (0\le t\le 6)$일 때, 물체를 쏘아 올린 후 5초 동안 움직인 거리를 구하시오.

0849 상중하

직선 궤도를 30 m/s의 속도로 달리는 열차가 있다. 이 열차에 제동을 건 지 t초 후의 속도가 $v(t)=(30-3t)$ m/s일 때, 제동을 건 후 열차가 정지할 때까지 달린 거리는?

① 140 m ② 150 m ③ 160 m
④ 170 m ⑤ 180 m

0850 상중하 ◀서술형

지상 25 m의 높이에서 처음 속도 20 m/s로 지면과 수직으로 위로 쏘아 올린 물체의 t초 후의 속도를 $v(t)$ m/s라 하면 $v(t)=20-10t\ (0\le t\le 5)$이다. 물체를 쏘아 올린 지 3초 후의 지면으로부터의 높이를 h_1 m, 물체가 최고 높이에 도달했을 때의 지면으로부터의 높이를 h_2 m라 할 때, h_1+h_2의 값을 구하시오.

0851 상중하

단면의 넓이가 π cm^{2}인 원기둥 모양의 수도관이 있다. 수도관에서 물이 흘러나오기 시작한 지 t초 후의 물의 속도가 $v(t)=(4t-t^2)$ cm/s일 때, 물이 흐르기 시작하여 멈출 때까지 흘러나온 물의 양을 구하시오.

0852 상중하

두 자동차 A, B가 직선 도로 위에 있다. 자동차 B는 자동차 A보다 24 m 앞에 있다가 동시에 같은 방향으로 달릴 때, t초 후의 두 자동차 A, B의 속도는 각각 $v_A(t)=2t$ m/s, $v_B(t)=(t+1)$ m/s이다. 두 자동차 A, B가 만나는 것은 출발한 지 몇 초 후인가?

① 6초 ② 7초 ③ 8초
④ 9초 ⑤ 10초

0853 상중하

직선 궤도를 달리는 고속열차가 출발한 후 4 km를 달리는 동안은 t분 후의 속도가 $v(t)=\left(\dfrac{3}{4}t^2+\dfrac{1}{2}t+\dfrac{1}{2}\right)$ km/min이고, 그 이후로는 속도가 일정하다고 한다. 이 열차가 출발한 후 10분 동안 달린 거리는 몇 km인지 구하시오.

유형 11 속도의 그래프가 주어진 점의 위치와 움직인 거리

수직선 위를 움직이는 점 P의 시각 t
에서의 속도 $v(t)$의 그래프가 오른쪽
그림과 같을 때, 시각 $t=0$에서 $t=a$
까지

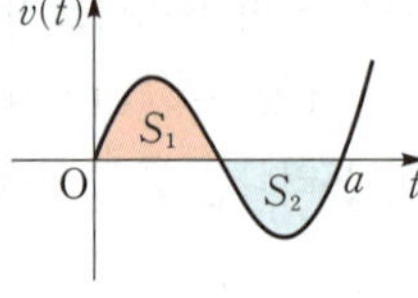

(1) 점 P의 위치의 변화량

$$\Rightarrow \int_0^a v(t)dt = S_1 - S_2$$

(2) 점 P가 움직인 거리 $\Rightarrow \int_0^a |v(t)|dt = S_1 + S_2$

0854 대표문제

원점을 출발하여 수직선 위를 움직
이는 점 P의 시각 t에서의 속도
$v(t)$의 그래프가 오른쪽 그림과 같
을 때, 시각 $t=0$에서 $t=6$까지 점
P가 움직인 거리를 구하시오.

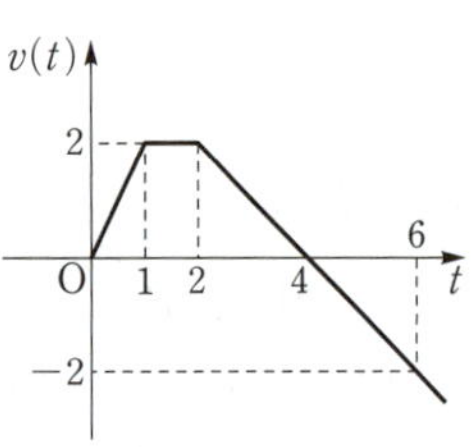

0855 상중하 서술형

좌표가 -3인 점을 출발하여 수직
선 위를 움직이는 점 P의 시각
$t\,(0 \le t \le 4)$에서의 속도 $v(t)$의
그래프가 오른쪽 그림과 같다. 시
각 $t=2$에서의 점 P의 위치를 a,
시각 $t=4$에서의 점 P의 위치를 b라 할 때, $a+b$의 값을 구
하시오.

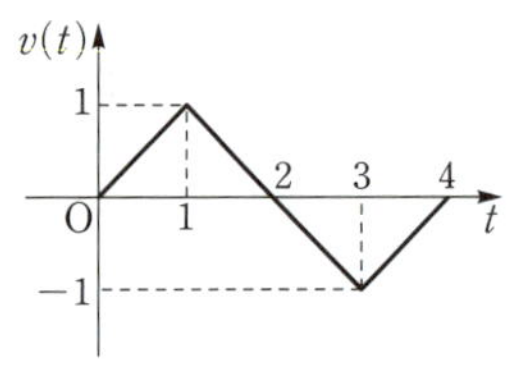

0856 상중하

원점을 출발하여 수직선 위를
움직이는 점 P의 시각
$t\,(0 \le t \le 7)$에서의 속도 $v(t)$
의 그래프가 오른쪽 그림과 같
다. 시각 $t=7$에서의 점 P의
위치가 10일 때, 양수 k의 값
을 구하시오.

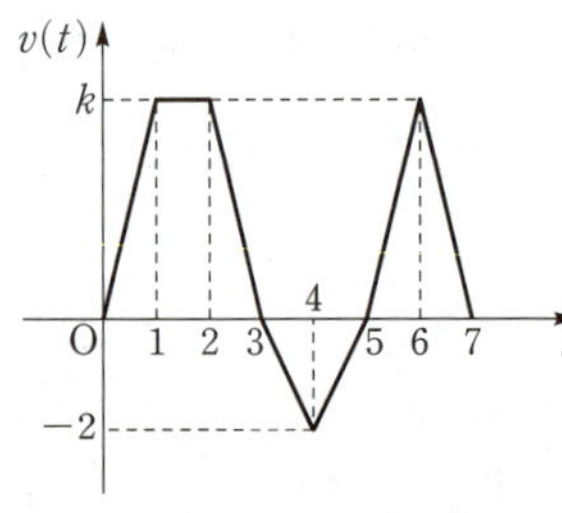

0857 상중하

원점을 출발하여 수직선 위를
움직이는 점 P의 시각
$t\,(0 \le t \le 8)$에서의 속도 $v(t)$
의 그래프가 오른쪽 그림과 같
을 때, 보기에서 옳은 것만을
있는 대로 고른 것은?

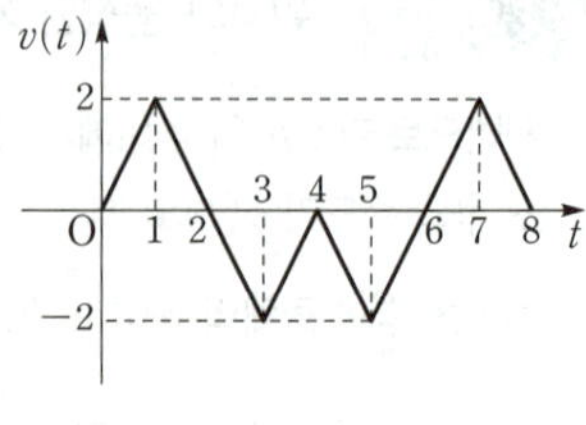

> **보기**
>
> ㄱ. 시각 $t=4$에서의 점 P의 위치는 원점이다.
>
> ㄴ. 점 P는 원점을 출발한 후 운동 방향을 3번 바꾼다.
>
> ㄷ. 시각 $t=1$에서와 시각 $t=7$에서의 점 P의 위치는 같다.

① ㄱ   ② ㄷ   ③ ㄱ, ㄴ
④ ㄱ, ㄷ   ⑤ ㄱ, ㄴ, ㄷ

0858 상중하

원점을 출발하여 수직선 위를 움직이
는 점 P의 시각 $t\,(0 \le t \le c)$에서의
속도 $v(t)$의 그래프가 오른쪽 그림과
같을 때, 다음 중 옳지 <u>않은</u> 것은?

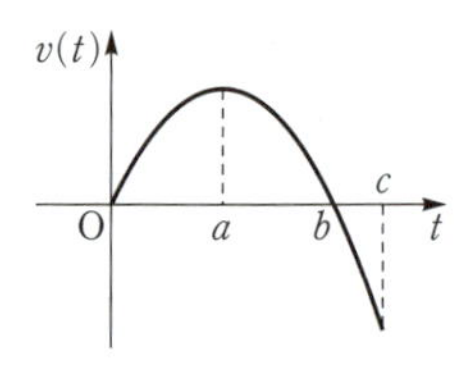

① 시각 $t=a$에서 $t=b$까지 점 P가 움직인 거리는
$\displaystyle\int_a^b v(t)dt$이다.

② $\displaystyle\int_0^c v(t)dt=0$이면 시각 $t=c$에서 점 P는 원점에 있다.

③ 시각 $t=a$에서 점 P는 정지해 있다.

④ 시각 $t=b$에서 점 P는 운동 방향을 바꾼다.

⑤ $|v(c)| > v(a)$이면 점 P의 속력은 시각 $t=c$에서 최대이
다.

▶ **개념원리** 미적분Ⅰ 218쪽

유형 12 역함수의 그래프와 넓이

함수 $f(x)$와 그 역함수 $g(x)$에 대하여

(1) 두 함수 $y=f(x)$와 $y=g(x)$의 그래프는 직선 $y=x$에 대하여 대칭이다.

(2) 두 함수 $y=f(x)$와 $y=g(x)$의 그래프로 둘러싸인 도형의 넓이 S는 함수 $y=f(x)$의 그래프와 직선 $y=x$로 둘러싸인 도형의 넓이의 2배와 같다.

➡ 오른쪽 그림에서

$$S=\int_{\alpha}^{\beta}|f(x)-g(x)|\,dx$$

$$=2\int_{\alpha}^{\beta}|x-f(x)|\,dx$$

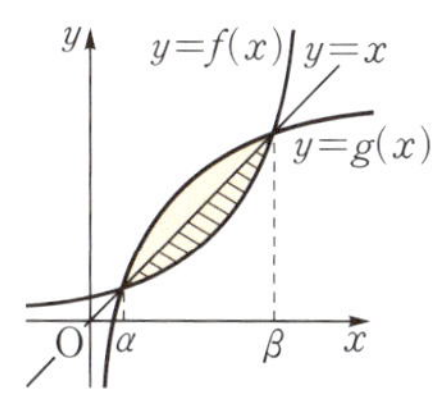

0859 대표문제

함수 $f(x)=\dfrac{1}{9}x^2\ (x\geq0)$의 역함수를 $g(x)$라 할 때, 두 곡선 $y=f(x)$와 $y=g(x)$로 둘러싸인 도형의 넓이는?

① 25 ② 27 ③ 29
④ 31 ⑤ 33

0860 상중하

오른쪽 그림은 함수 $y=f(x)$와 그 역함수 $y=g(x)$의 그래프이다. 두 그래프가 두 점 $(1,1)$, $(3,3)$에서 만나고 $\int_{1}^{3}f(x)dx=3$일 때, 두 곡선 $y=f(x)$, $y=g(x)$로 둘러싸인 도형의 넓이를 구하시오.

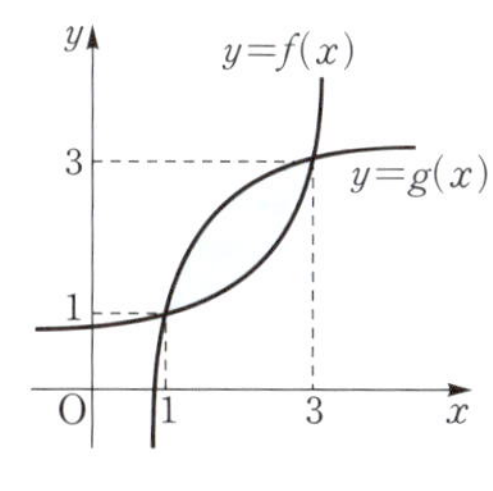

0861 상중하

함수 $f(x)=3x^2+1\ (x\geq0)$의 역함수를 $g(x)$라 할 때, 곡선 $y=g(x)$와 x축 및 직선 $x=13$으로 둘러싸인 도형의 넓이는?

① 12 ② 13 ③ 14
④ 15 ⑤ 16

0862 상중하

$f(4)=4$, $f(10)=10$인 연속함수 $f(x)$에 대하여

$$\int_{4}^{10}f(x)dx=S$$라 하자. $f(x)$의 역함수 $g(x)$에 대하여

$$\int_{4}^{10}g(x)dx=a-S$$일 때, 상수 a의 값은?

① 84 ② 88 ③ 92
④ 96 ⑤ 100

0863 상중하

함수 $f(x)=\sqrt{x}$의 역함수를 $g(x)$라 할 때,

$$\int_{1}^{9}f(x)dx+\int_{1}^{3}g(x)dx$$

의 값을 구하시오.

0864 상중하

함수 $f(x)=x^3-3x^2+3x$의 역함수를 $g(x)$라 할 때, 두 곡선 $y=f(x)$와 $y=g(x)$로 둘러싸인 도형의 넓이는?

① $\dfrac{1}{3}$ ② $\dfrac{1}{2}$ ③ $\dfrac{2}{3}$
④ 1 ⑤ $\dfrac{3}{2}$

0865
곡선 $y=x(x-2)^2$과 x축으로 둘러싸인 도형의 넓이는?

① $\dfrac{2}{3}$ ② $\dfrac{4}{3}$ ③ 2

④ $\dfrac{8}{3}$ ⑤ $\dfrac{10}{3}$

0866 중요★
오른쪽 그림과 같이 곡선 $y=x^2-2x$와 x축 및 직선 $x=a$로 둘러싸인 도형의 넓이가 $\dfrac{8}{3}$일 때, a의 값을 구하시오.

(단, $a>2$)

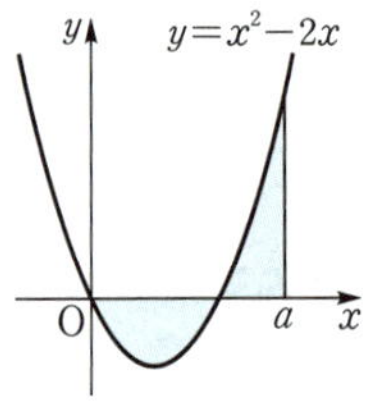

0867
곡선 $y=-x^2+5nx$와 직선 $y=2nx$로 둘러싸인 도형의 넓이를 S_n이라 할 때, $S_n>180$을 만족시키는 자연수 n의 최솟값을 구하시오.

0868
두 곡선 $y=x^3-2x$와 $y=x^2$으로 둘러싸인 도형의 넓이는?

① $\dfrac{31}{12}$ ② $\dfrac{11}{4}$ ③ $\dfrac{35}{12}$

④ $\dfrac{37}{12}$ ⑤ $\dfrac{13}{4}$

0869
곡선 $y=2x|x-1|$과 직선 $y=x$로 둘러싸인 도형의 넓이를 구하시오.

0870
곡선 $y=x^2$ 위의 점 $(1, 1)$에서의 접선과 곡선 $y=ax^2-1\,(a>0)$로 둘러싸인 도형의 넓이가 $\dfrac{4}{3}$일 때, 상수 a의 값은?

① $\dfrac{1}{2}$ ② 1 ③ $\dfrac{3}{2}$

④ 2 ⑤ $\dfrac{5}{2}$

0871
오른쪽 그림과 같이 두 함수 $y=ax^2+1$과 $y=2|x|$의 그래프가 두 점 A, B에서 각각 접할 때, 색칠한 부분의 넓이를 구하시오.

(단, a는 상수이다.)

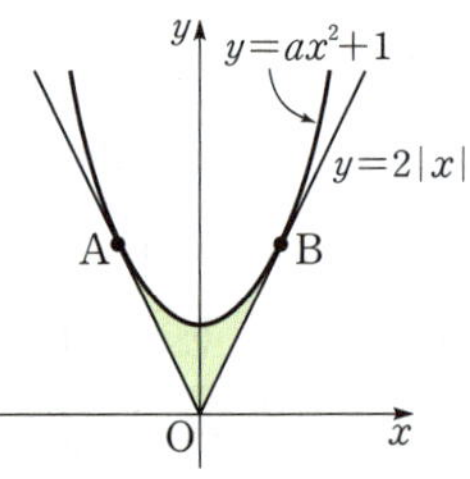

0872
오른쪽 그림과 같이 곡선 $y=-x^2+3x$와 x축 및 직선 $x=k$로 둘러싸인 두 도형의 넓이가 같을 때, 상수 k의 값을 구하시오. (단, $k>3$)

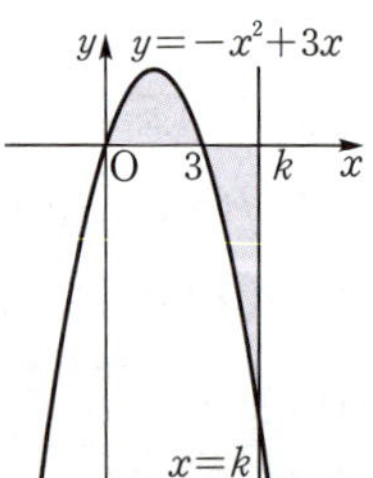

0873 수능 기출

두 곡선 $y=x^3+x^2$, $y=-x^2+k$
와 y축으로 둘러싸인 부분의 넓이
를 A, 두 곡선 $y=x^3+x^2$,
$y=-x^2+k$와 직선 $x=2$로 둘러
싸인 부분의 넓이를 B라 하자.
$A=B$일 때, 상수 k의 값은?
(단, $4<k<5$)

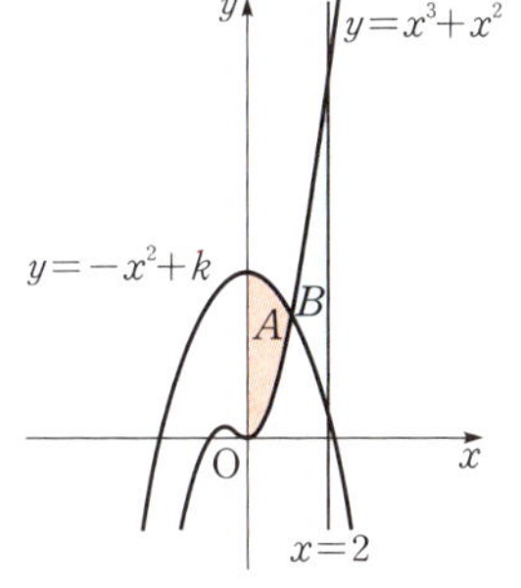

① $\dfrac{25}{6}$ ② $\dfrac{13}{3}$ ③ $\dfrac{9}{2}$

④ $\dfrac{14}{3}$ ⑤ $\dfrac{29}{6}$

0874

곡선 $y=-x^2+4x$와 직선 $y=-2x$로 둘러싸인 도형의 넓이
가 직선 $x=a$에 의하여 이등분될 때, 상수 a의 값을 구하시오.

0875 중요★

원점을 동시에 출발하여 수직선 위를 움직이는 두 점 P, Q의
시각 t에서의 속도가 각각 $t(t-1)$, $2t+3$일 때, 두 점 P, Q
가 다시 만나는 시각은?

① 4 ② 5 ③ 6

④ 7 ⑤ 8

0876

수직선 위를 움직이는 점 P가 원점을 출발한 지 t초 후의 속도
가 $v(t)=t^2-5t+4$일 때, **보기**에서 옳은 것만을 있는 대로
고른 것은?

보기

ㄱ. 점 P가 출발할 때의 운동 방향과 반대 방향으로 움직이
는 것은 2초 동안이다.

ㄴ. 출발한 지 2초 후의 점 P의 위치는 $\dfrac{2}{3}$이다.

ㄷ. 출발한 후 3초 동안 점 P가 움직인 거리는 3이다.

① ㄴ ② ㄷ ③ ㄱ, ㄴ

④ ㄴ, ㄷ ⑤ ㄱ, ㄴ, ㄷ

0877

원점을 출발하여 수직선 위를
움직이는 물체의 시각
t $(0\leq t\leq 6)$에서의 속도 $v(t)$
의 그래프가 오른쪽 그림과 같

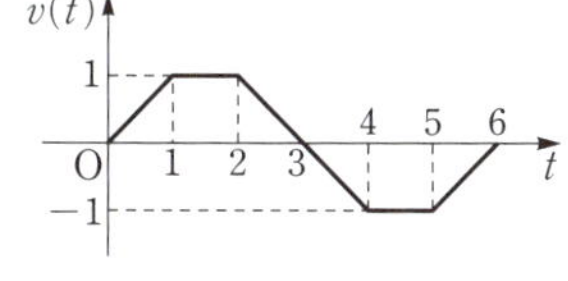

을 때, **보기**에서 옳은 것만을 있는 대로 고르시오.

보기

ㄱ. 시각 $t=2$에서와 시각 $t=4$에서의 물체의 운동 방향은
서로 반대이다.

ㄴ. 시각 $t=3$에서의 물체의 위치는 원점이다.

ㄷ. 시각 $t=1$에서와 시각 $t=5$에서의 물체의 위치는 같다.

ㄹ. 시각 $t=1$에서 $t=4$까지 물체가 움직인 거리는 2이다.

0878

함수 $f(x)=\dfrac{1}{2}x^3+2$ $(x\geq 0)$의 역함수를 $g(x)$라 할 때,

$$\int_0^2 f(x)dx+\int_2^6 g(x)dx$$

의 값을 구하시오.

 시험에 꼭 나오는 문제

 서술형 주관식

0879

이차함수 $y=f(x)$의 그래프가 오른쪽 그림과 같을 때, 색칠한 도형의 넓이를 구하시오.

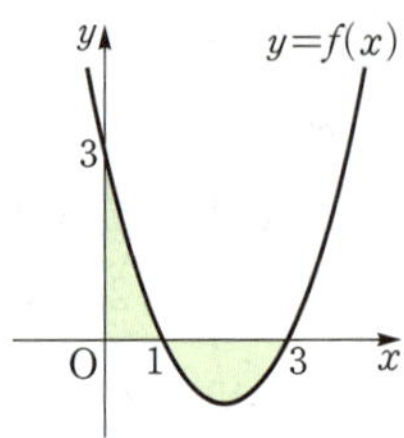

0880 중요★

곡선 $y=x^3-5x^2+4x$와 이 곡선 위의 점 $(1, 0)$에서의 접선으로 둘러싸인 도형의 넓이를 구하시오.

0881

원점을 출발하여 수직선 위를 움직이는 점 P의 시각 t에서의 속도가 $v(t)=3t^2+2t-k$이다. 시각 $t=1$에서의 점 P의 위치가 -4일 때, 시각 $t=1$에서 $t=3$까지 점 P의 위치의 변화량을 구하시오. (단, k는 상수이다.)

0882

원점을 출발하여 수직선 위를 움직이는 물체의 시각 $t\ (0\leq t\leq 6)$에서의 속도 $v(t)$의 그래프가 오른쪽 그림과 같다. 시각 $t=4$에서의 물체의 위치가 6일 때, 시각 $t=0$에서 $t=6$까지 물체가 움직인 거리를 구하시오.

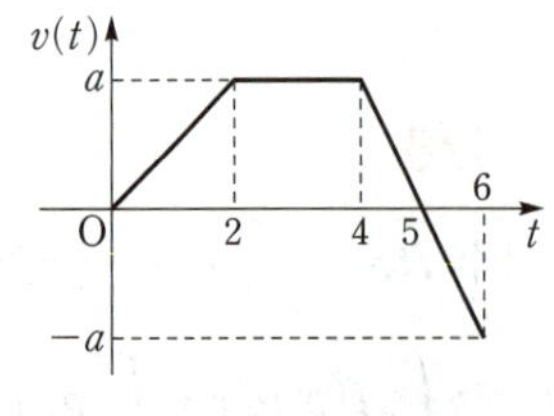

 실력 Up

0883 교육청 기출

최고차항의 계수가 1인 사차함수 $f(x)$에 대하여 곡선 $y=f(x)$와 직선 $y=\dfrac{1}{2}x$가 원점 O에서 접하고 x좌표가 양수인 두 점 A, B $(\overline{OA}<\overline{OB})$에서 만난다. 곡선 $y=f(x)$와 선분 OA로 둘러싸인 영역의 넓이를 S_1, 곡선 $y=f(x)$와 선분 AB로 둘러싸인 영역의 넓이를 S_2라 하자. $\overline{AB}=\sqrt{5}$이고 $S_1=S_2$일 때, $f(1)$의 값은?

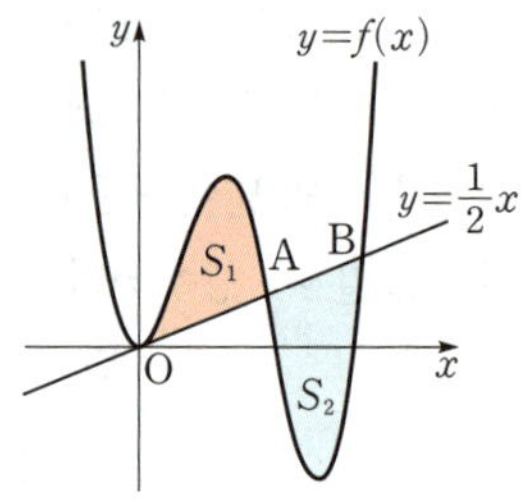

① $\dfrac{9}{2}$ ② $\dfrac{11}{2}$ ③ $\dfrac{13}{2}$

④ $\dfrac{15}{2}$ ⑤ $\dfrac{17}{2}$

0884

함수 $f(x)=-x(x-7)$과 실수 $t\ (0<t<7)$에 대하여 함수 $g(x)$는

$$g(x)=\begin{cases} f(x) & (x\leq t) \\ -x+t+f(t) & (x\geq t) \end{cases}$$

이다. 함수 $y=g(x)$의 그래프와 x축으로 둘러싸인 도형의 넓이의 최댓값을 구하시오.

0885 평가원 기출

실수 $a\ (a\geq 0)$에 대하여 수직선 위를 움직이는 점 P의 시각 $t\ (t\geq 0)$에서의 속도 $v(t)$를

$$v(t)=-t(t-1)(t-a)(t-2a)$$

라 하자. 점 P가 시각 $t=0$일 때 출발한 후 운동 방향을 한 번만 바꾸도록 하는 a에 대하여, 시각 $t=0$에서 $t=2$까지 점 P의 위치의 변화량의 최댓값은?

① $\dfrac{1}{5}$ ② $\dfrac{7}{30}$ ③ $\dfrac{4}{15}$

④ $\dfrac{3}{10}$ ⑤ $\dfrac{1}{3}$

함께 만드는 개념원리

개념원리는 교육 콘텐츠를 만듭니다.

선생님이 **가르치기** 쉽고
학생이 **배우기** 쉬운

전국 **360명** 선생님이 교재 개발 참여

총 **2,540명** 학생의 실사용 의견 청취

(2017년도~2023년도 교재 VOC 누적)

NEW
2022 개정 도서

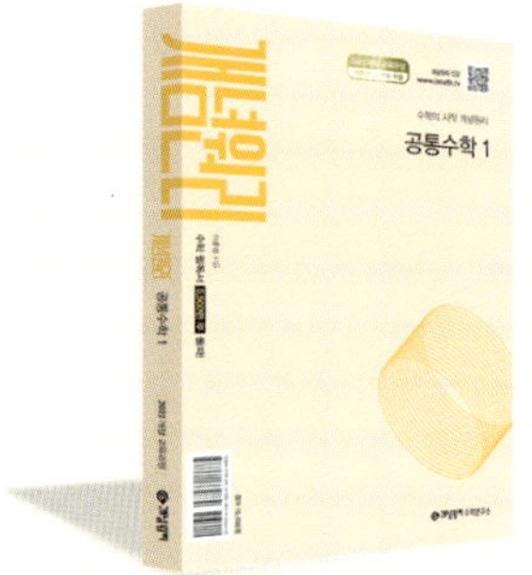

5,500 만
누적 5천5백만의
인정을 받은 **신뢰성**

(2003년도~2022년도
매출 수량 누적)

1/2
학생 2명 중 1명이
선택하는 **대중성**

(고등학생 수 대비
개념원리 판매기준)

10
10차례 검토
과정을 마친 **정확성**

SINCE 1991
30년 이상
축적된 **전문성**

2022 개정 교재는 학습자의 학습 편의성을 강화했습니다.
학습 과정에서 필요한 각종 학습자료를 추가해 더욱더 완전한 학습을 지원합니다.

A

2015 개정
- 교재 학습으로
  학습종료

- 서비스를 통해 교재의 완전 학습 및 지속적인 학습 성장 지원

B

2015 개정
- 개념원리 주요 문항만
  무료 해설 강의 제공
  (RPM 미제공)

- QR 1개당 1년 평균 **3,900명** 이상 인입 (2015 개정 개념원리 수학(상) p.34 기준)
- 완전한 학습을 위해 RPM **전 문항 무료 해설 강의** 제공

학생 모두가 수학을 쉽게 배울 수 있는 환경이 조성될 때까지
개념원리의 노력은 계속됩니다.

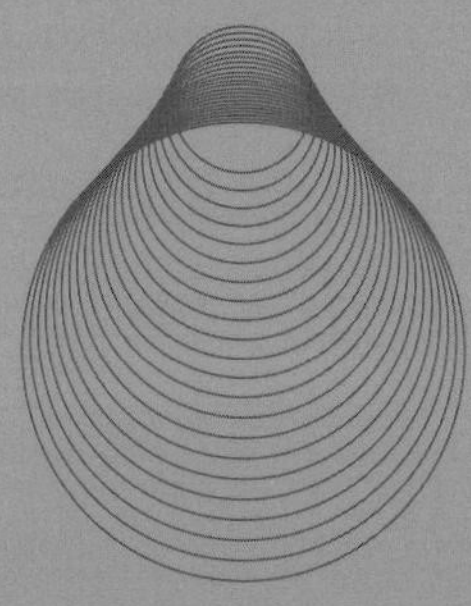

개념원리 RPM 미적분 I

개념원리는 상표법에 의해 보호받는 본사의 고유한 상표입니다.
구입 후에는 철회되지 않으며 파본은 바꾸어 드립니다.
이 책에 실린 모든 글과 사진 및 편집 형태에 대한 저작권은
(주)개념원리에 있으므로 무단으로 복사, 복제할 수 없습니다.

 KC마크는 이 제품이 공통안전기준에 적합하였음을 의미합니다.

미적분 I

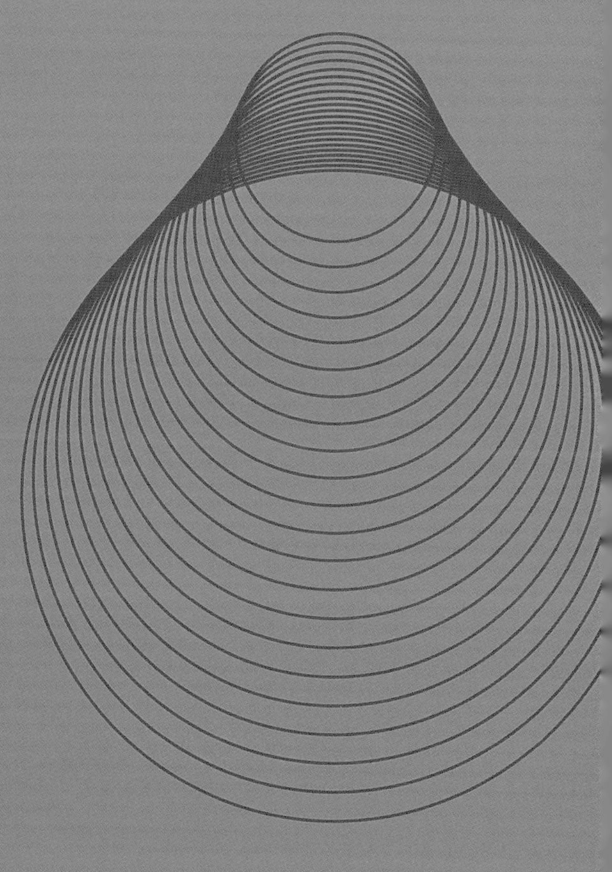

개념원리 수학연구소

개념원리 RPM 미적분 I

정답 및 풀이

 친절한 풀이 — 정확하고 이해하기 쉬운 친절한 풀이 제시

 다른 풀이 — 수학적 사고력을 키우는 다양한 해결 방법 제시

 RPM 비법노트 — 문제 해결 TIP과 중요개념 & 보충설명 제공

 해결 전략 — 문제 해결의 실마리 제시

교재 만족도 조사

이 교재는 학생 2,540명과 선생님 360명의
의견을 반영하여 만든 교재입니다.

개념원리는 개념원리, RPM을 공부하는
여러분의 목소리에 항상 귀 기울이겠습니다.

여러분의 소중한 의견을 전해 주세요.
단 5분이면 충분해요!
매월 초 10명을 추첨하여 문화상품권
1만 원권을 선물로 드립니다.

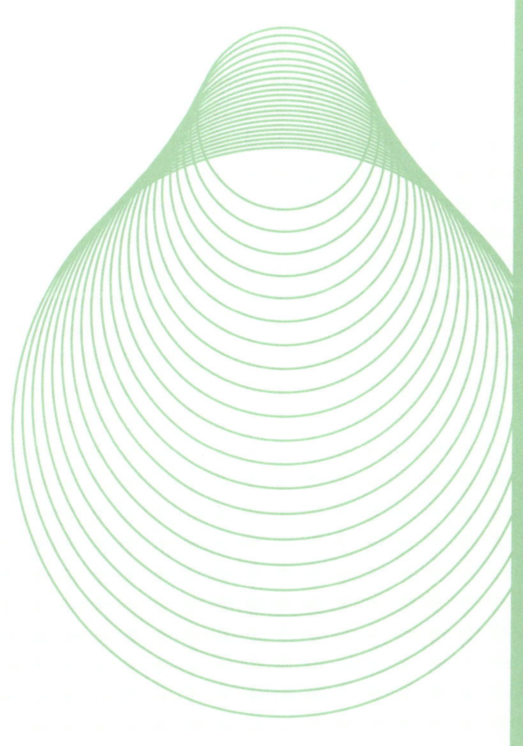

01 함수의 극한

교과서 문제 **정복하기**

0001 $f(x)=2x-1$이라 하면 $y=f(x)$의 그래프는 오른쪽 그림과 같다.
x의 값이 -1에 한없이 가까워질 때, $f(x)$의 값은 -3에 한없이 가까워지므로
$$\lim_{x \to -1}(2x-1)=-3$$
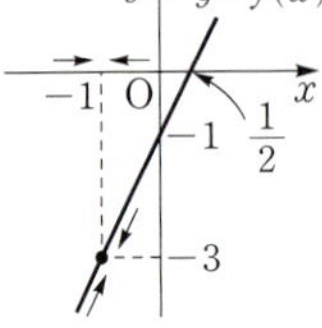
답 -3

0002 $f(x)=x^2+1$이라 하면 $y=f(x)$의 그래프는 오른쪽 그림과 같다.
x의 값이 3에 한없이 가까워질 때, $f(x)$의 값은 10에 한없이 가까워지므로
$$\lim_{x \to 3}(x^2+1)=10$$
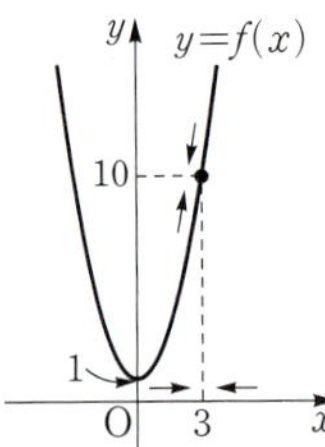
답 **10**

0003 $f(x)=\sqrt{x-1}$ 이라 하면 $y=f(x)$의 그래프는 오른쪽 그림과 같다.
x의 값이 2에 한없이 가까워질 때, $f(x)$의 값은 1에 한없이 가까워지므로
$$\lim_{x \to 2}\sqrt{x-1}=1$$
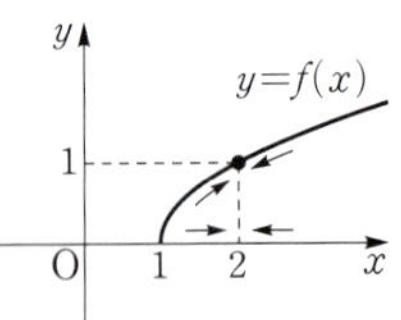
답 **1**

0004 $f(x)=\dfrac{1}{x+2}$이라 하면 $y=f(x)$의 그래프는 오른쪽 그림과 같다.
x의 값이 0에 한없이 가까워질 때, $f(x)$의 값은 $\dfrac{1}{2}$에 한없이 가까워지므로
$$\lim_{x \to 0}\frac{1}{x+2}=\frac{1}{2}$$
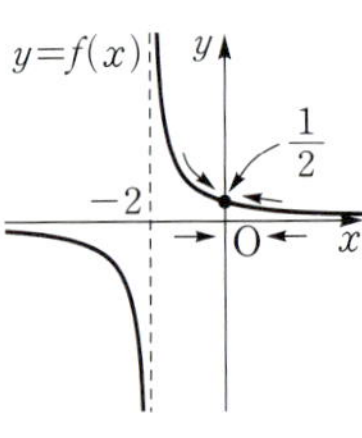
답 $\dfrac{1}{2}$

0005 $f(x)=\sqrt{3}$이라 하면 $y=f(x)$의 그래프는 오른쪽 그림과 같다.
x의 값이 한없이 커질 때, $f(x)$의 값은 항상 $\sqrt{3}$이므로
$$\lim_{x \to \infty}\sqrt{3}=\sqrt{3}$$
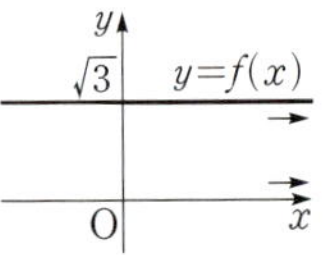
답 $\sqrt{3}$

0006 $f(x)=2+\dfrac{1}{x}$이라 하면 $y=f(x)$의 그래프는 오른쪽 그림과 같다.
x의 값이 음수이면서 그 절댓값이 한없이 커질 때, $f(x)$의 값은 2에 한없이 가까워지므로
$$\lim_{x \to -\infty}\left(2+\frac{1}{x}\right)=2$$
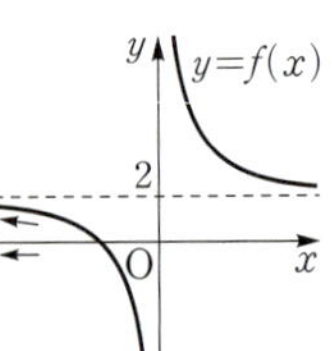
답 **2**

0007 $f(x)=\dfrac{1}{x^2}$이라 하면 $y=f(x)$의 그래프는 오른쪽 그림과 같다.
x의 값이 0에 한없이 가까워질 때, $f(x)$의 값은 한없이 커지므로
$$\lim_{x \to 0}\frac{1}{x^2}=\infty$$
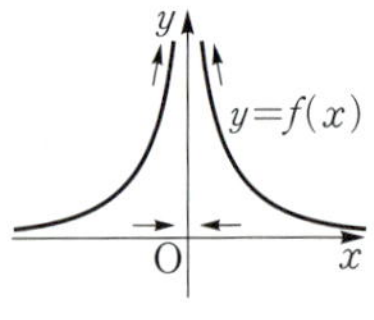
답 ∞

0008 $f(x)=-\dfrac{1}{|x-1|}$이라 하면 $y=f(x)$의 그래프는 오른쪽 그림과 같다.
x의 값이 1에 한없이 가까워질 때, $f(x)$의 값은 음수이면서 그 절댓값이 한없이 커지므로
$$\lim_{x \to 1}\left(-\frac{1}{|x-1|}\right)=-\infty$$
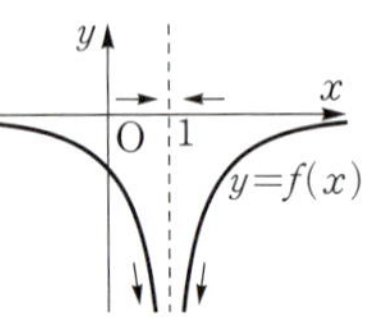
답 $-\infty$

0009 $f(x)=x-3$이라 하면 $y=f(x)$의 그래프는 오른쪽 그림과 같다.
x의 값이 한없이 커질 때, $f(x)$의 값도 한없이 커지므로
$$\lim_{x \to \infty}(x-3)=\infty$$
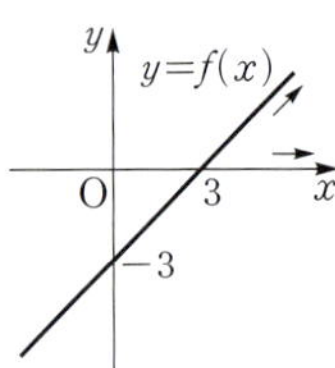
답 ∞

0010 $f(x)=x^2$이라 하면 $y=f(x)$의 그래프는 오른쪽 그림과 같다.
x의 값이 음수이면서 그 절댓값이 한없이 커질 때, $f(x)$의 값은 한없이 커지므로
$$\lim_{x \to -\infty}x^2=\infty$$
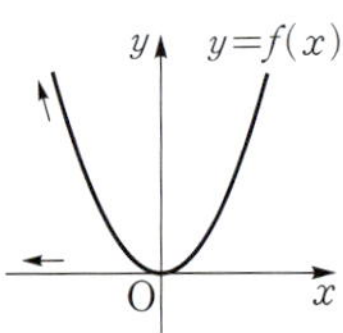
답 ∞

0011 (3) $\lim\limits_{x \to -2+}f(x)=0$, $\lim\limits_{x \to -2-}f(x)=2$이므로
$$\lim_{x \to -2+}f(x)\neq \lim_{x \to -2-}f(x)$$
따라서 $\lim\limits_{x \to -2}f(x)$의 값은 존재하지 않는다.

(6) $\lim\limits_{x \to 0+}f(x)=2$, $\lim\limits_{x \to 0-}f(x)=2$이므로
$$\lim_{x \to 0}f(x)=2$$
답 (1) **0**　(2) **2**　(3) **존재하지 않는다.**　(4) **2**　(5) **2**　(6) **2**

참고 | 함수 $f(x)$가 $x=a$에서 정의되지 않을 때에도 $\lim\limits_{x \to a}f(x)$의 값이 존재할 수 있다.

0012 (1) $x \longrightarrow 0+$ 일 때, $x>0$이므로　$|x|=x$
$$\therefore \lim_{x \to 0+}f(x)=\lim_{x \to 0+}\frac{|x|}{x}=\lim_{x \to 0+}\frac{x}{x}=\lim_{x \to 0+}1=1$$
(2) $x \longrightarrow 0-$ 일 때, $x<0$이므로　$|x|=-x$
$$\therefore \lim_{x \to 0-}f(x)=\lim_{x \to 0-}\frac{|x|}{x}=\lim_{x \to 0-}\frac{-x}{x}$$
$$=\lim_{x \to 0-}(-1)=-1$$
(3) $\lim\limits_{x \to 0+}f(x)\neq \lim\limits_{x \to 0-}f(x)$이므로 $\lim\limits_{x \to 0}f(x)$의 값은 존재하지 않는다.
답 (1) **1**　(2) -1　(3) **존재하지 않는다.**

0013 $\displaystyle\lim_{x\to-1}(1-3x)=\lim_{x\to-1}1-3\lim_{x\to-1}x$
$$=1-3\times(-1)=4$$
답 **4**

0014 $\displaystyle\lim_{x\to2}(x^2-4x+5)=\lim_{x\to2}x^2-4\lim_{x\to2}x+\lim_{x\to2}5$
$$=4-4\times2+5=1$$
답 **1**

0015 $\displaystyle\lim_{x\to1}(x^2-4)(x+1)$
$$=\lim_{x\to1}(x^2-4)\times\lim_{x\to1}(x+1)$$
$$=\Big(\lim_{x\to1}x^2-\lim_{x\to1}4\Big)\times\Big(\lim_{x\to1}x+\lim_{x\to1}1\Big)$$
$$=(1-4)\times(1+1)=-6$$
답 **−6**

0016 $\displaystyle\lim_{x\to3}\frac{x^2-3}{x-1}=\frac{\lim_{x\to3}(x^2-3)}{\lim_{x\to3}(x-1)}=\frac{\lim_{x\to3}x^2-\lim_{x\to3}3}{\lim_{x\to3}x-\lim_{x\to3}1}$
$$=\frac{9-3}{3-1}=3$$
답 **3**

0017 $\displaystyle\lim_{x\to-1}\frac{x^2-1}{x+1}=\lim_{x\to-1}\frac{(x+1)(x-1)}{x+1}$
$$=\lim_{x\to-1}(x-1)=-2$$
답 **−2**

0018 $\displaystyle\lim_{x\to2}\frac{x^2-5x+6}{x-2}=\lim_{x\to2}\frac{(x-2)(x-3)}{x-2}$
$$=\lim_{x\to2}(x-3)=-1$$
답 **−1**

0019 $\displaystyle\lim_{x\to4}\frac{\sqrt{x}-2}{x-4}=\lim_{x\to4}\frac{(\sqrt{x}-2)(\sqrt{x}+2)}{(x-4)(\sqrt{x}+2)}$
$$=\lim_{x\to4}\frac{x-4}{(x-4)(\sqrt{x}+2)}$$
$$=\lim_{x\to4}\frac{1}{\sqrt{x}+2}=\frac{1}{4}$$
답 $\dfrac{1}{4}$

0020 $\displaystyle\lim_{x\to0}\frac{x}{\sqrt{x+4}-2}=\lim_{x\to0}\frac{x(\sqrt{x+4}+2)}{(\sqrt{x+4}-2)(\sqrt{x+4}+2)}$
$$=\lim_{x\to0}\frac{x(\sqrt{x+4}+2)}{x}$$
$$=\lim_{x\to0}(\sqrt{x+4}+2)$$
$$=4$$
답 **4**

0021 $\displaystyle\lim_{x\to\infty}\frac{5x-2}{3x^2+1}=\lim_{x\to\infty}\frac{\dfrac{5}{x}-\dfrac{2}{x^2}}{3+\dfrac{1}{x^2}}=0$
답 **0**

0022 $\displaystyle\lim_{x\to\infty}\frac{3x^2+5x-2}{2x^2+1}=\lim_{x\to\infty}\frac{3+\dfrac{5}{x}-\dfrac{2}{x^2}}{2+\dfrac{1}{x^2}}=\frac{3}{2}$
답 $\dfrac{3}{2}$

0023 $\displaystyle\lim_{x\to\infty}\frac{3x^2-2x}{x+2}=\lim_{x\to\infty}\frac{3x-2}{1+\dfrac{2}{x}}=\infty$
답 **∞**

0024 $\displaystyle\lim_{x\to\infty}(x^2-3x+2)=\lim_{x\to\infty}x^2\Big(1-\frac{3}{x}+\frac{2}{x^2}\Big)=\infty$
답 **∞**

0025 $\displaystyle\lim_{x\to\infty}(\sqrt{x^2+10x}-x)$
$$=\lim_{x\to\infty}\frac{(\sqrt{x^2+10x}-x)(\sqrt{x^2+10x}+x)}{\sqrt{x^2+10x}+x}$$
$$=\lim_{x\to\infty}\frac{10x}{\sqrt{x^2+10x}+x}$$
$$=\lim_{x\to\infty}\frac{10}{\sqrt{1+\dfrac{10}{x}}+1}$$
$$=\frac{10}{1+1}=5$$
답 **5**

0026 $\displaystyle\lim_{x\to0}\frac{1}{x}\Big(1-\frac{1}{x+1}\Big)=\lim_{x\to0}\Big(\frac{1}{x}\times\frac{x}{x+1}\Big)$
$$=\lim_{x\to0}\frac{1}{x+1}=1$$
답 **1**

0027 $\displaystyle\lim_{x\to3}\frac{2}{x-3}\Big(x-\frac{9}{x}\Big)=\lim_{x\to3}\Big(\frac{2}{x-3}\times\frac{x^2-9}{x}\Big)$
$$=\lim_{x\to3}\Big\{\frac{2}{x-3}\times\frac{(x-3)(x+3)}{x}\Big\}$$
$$=\lim_{x\to3}\frac{2(x+3)}{x}=4$$
답 **4**

0028 $x\longrightarrow2$일 때 (분모) $\longrightarrow0$이고 극한값이 존재하므로 (분자) $\longrightarrow0$이다.
즉 $\displaystyle\lim_{x\to2}(2x+a)=0$이므로
$$4+a=0\qquad\therefore\ a=-4$$
답 **−4**

0029 $x\longrightarrow0$일 때 (분모) $\longrightarrow0$이고 극한값이 존재하므로 (분자) $\longrightarrow0$이다.
즉 $\displaystyle\lim_{x\to0}(\sqrt{3-x}+a)=0$이므로
$$\sqrt{3}+a=0\qquad\therefore\ a=-\sqrt{3}$$
답 **−√3**

0030 $x\longrightarrow2$일 때 (분모) $\longrightarrow0$이고 극한값이 존재하므로 (분자) $\longrightarrow0$이다.
즉 $\displaystyle\lim_{x\to2}(ax+b)=0$이므로
$$2a+b=0\qquad\therefore\ b=-2a$$
이를 주어진 식의 좌변에 대입하면
$$\lim_{x\to2}\frac{ax-2a}{x-2}=\lim_{x\to2}\frac{a(x-2)}{x-2}=a$$
$$\therefore\ a=3,\ b=-6$$
답 $a=3,\ b=-6$

0031 $x\longrightarrow1$일 때 (분자) $\longrightarrow0$이고 0이 아닌 극한값이 존재하므로 (분모) $\longrightarrow0$이다.
즉 $\displaystyle\lim_{x\to1}(x^2+ax-b)=0$이므로
$$1+a-b=0\qquad\therefore\ b=a+1$$

이를 주어진 식의 좌변에 대입하면
$$\lim_{x\to 1}\frac{x-1}{x^2+ax-(a+1)}=\lim_{x\to 1}\frac{x-1}{(x-1)(x+a+1)}$$
$$=\lim_{x\to 1}\frac{1}{x+a+1}$$
$$=\frac{1}{a+2}$$

따라서 $\dfrac{1}{a+2}=-1$이므로

$a=-3,\ b=-2$　　　답 $a=-3,\ b=-2$

0032 $\lim_{x\to 1}(-x^2+2x-3)=-2$, $\lim_{x\to 1}(x^2-2x-1)=-2$

이므로 함수의 극한의 대소 관계에 의하여

$\lim_{x\to 1}f(x)=-2$　　　답 -2

0033 $x^2+1>0$이므로 주어진 부등식의 각 변을 x^2+1로 나누면

$$\frac{4x^2-1}{x^2+1}\le f(x)\le\frac{4x^2+5}{x^2+1}$$

이때 $\lim_{x\to\infty}\dfrac{4x^2-1}{x^2+1}=4$, $\lim_{x\to\infty}\dfrac{4x^2+5}{x^2+1}=4$이므로 함수의 극한의 대소 관계에 의하여

$\lim_{x\to\infty}f(x)=4$　　　답 4

0034 ① $\lim_{x\to 0+}f(x)=0$

② $\lim_{x\to 4+}f(x)=1$

③ $\lim_{x\to 5-}f(x)=4$

④ $\lim_{x\to 2+}f(x)=0$, $\lim_{x\to 2-}f(x)=-3$

즉 $\lim_{x\to 2+}f(x)\ne\lim_{x\to 2-}f(x)$이므로 $\lim_{x\to 2}f(x)$의 값은 존재하지 않는다.

⑤ $\lim_{x\to 3+}f(x)=2$, $\lim_{x\to 3-}f(x)=2$이므로　　$\lim_{x\to 3}f(x)=2$

답 ④

0035 ① $\lim_{x\to a+}f(x)=\infty$, $\lim_{x\to a-}f(x)=-\infty$이므로

$\lim_{x\to a}f(x)$의 값은 존재하지 않는다.

②, ③, ④ $\lim_{x\to a+}f(x)\ne\lim_{x\to a-}f(x)$이므로 $\lim_{x\to a}f(x)$의 값은 존재하지 않는다.

⑤ $\lim_{x\to a+}f(x)=\lim_{x\to a-}f(x)$이므로 $\lim_{x\to a}f(x)$의 값이 존재한다.

답 ⑤

0036 ㄱ. $\lim_{x\to -1+}f(x)=1$, $\lim_{x\to -1-}f(x)=1$이므로

$\lim_{x\to -1}f(x)=1$

ㄴ. $\lim_{x\to 1+}f(x)=-1$, $\lim_{x\to 1-}f(x)=-1$이므로

$\lim_{x\to 1}f(x)=-1$

ㄷ. $\lim_{x\to 2+}f(x)=3$, $\lim_{x\to 2-}f(x)=2$

즉 $\lim_{x\to 2+}f(x)\ne\lim_{x\to 2-}f(x)$이므로 $\lim_{x\to 2}f(x)$의 값은 존재하지 않는다.

이상에서 극한값이 존재하는 것은 ㄱ, ㄴ이다.　　　답 ㄱ, ㄴ

0037 $\lim_{x\to -2+}f(x)=\lim_{x\to -2+}(x+k)=-2+k$　　… 1단계

$\lim_{x\to -2-}f(x)=\lim_{x\to -2-}(-x^2-4x+3)=7$　　… 2단계

$\lim_{x\to -2}f(x)$의 값이 존재하려면 $\lim_{x\to -2+}f(x)=\lim_{x\to -2-}f(x)$이어야 하므로

$-2+k=7$　　$\therefore k=9$　　… 3단계

답 9

채점 요소		비율
1단계	$\lim_{x\to -2+}f(x)$의 값을 k에 대한 식으로 나타내기	30 %
2단계	$\lim_{x\to -2-}f(x)$의 값 구하기	30 %
3단계	k의 값 구하기	40 %

0038 ㄱ. $f(x)=2-\dfrac{1}{x}$이라 하면

$y=f(x)$의 그래프는 오른쪽 그림과 같으므로

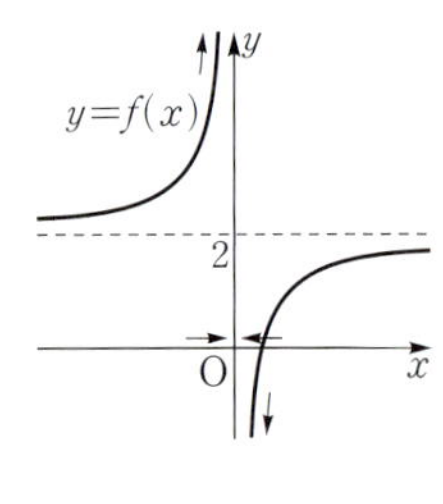

$$\lim_{x\to 0+}\left(2-\frac{1}{x}\right)=-\infty,$$
$$\lim_{x\to 0-}\left(2-\frac{1}{x}\right)=\infty$$

따라서 $\lim_{x\to 0}\left(2-\dfrac{1}{x}\right)$의 값은 존재하지 않는다.

ㄴ. $\lim_{x\to 2-}\dfrac{x-2}{|x-2|}=\lim_{x\to 2-}\dfrac{x-2}{-(x-2)}=\lim_{x\to 2-}(-1)=-1$

ㄷ. $f(x)=\dfrac{x-3}{x+3}=1-\dfrac{6}{x+3}$이라 하면 $y=f(x)$의 그래프는 오른쪽 그림과 같으므로

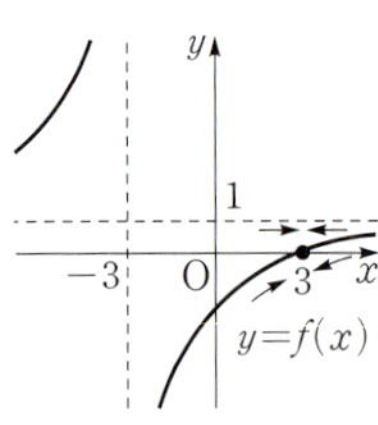

$$\lim_{x\to 3}\frac{x-3}{x+3}=0$$

ㄹ. $f(x)=\dfrac{|x|}{x^2}=\begin{cases}\dfrac{1}{x}&(x>0)\\[2mm]-\dfrac{1}{x}&(x<0)\end{cases}$

이라 하면 $y=f(x)$의 그래프는 오른쪽 그림과 같으므로

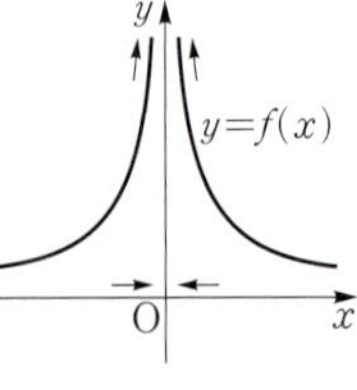

$$\lim_{x\to 0}\frac{|x|}{x^2}=\infty$$

이상에서 극한값이 존재하는 것은 ㄴ, ㄷ의 2개이다.　　　답 ③

참고ㅣ ㄹ. $\lim\limits_{x\to 0}\dfrac{|x|}{x^2}=\infty$에서 ∞는 일정한 값이 아닌 한없이 커지는 상태를 나타내므로 $\lim\limits_{x\to 0}\dfrac{|x|}{x^2}$의 값은 존재하지 않는다.

0039 $\lim\limits_{x\to -1-}f(x)+\lim\limits_{x\to 0+}f(x)+\lim\limits_{x\to 1}f(x)=3+0+3=6$

답 6

0040 $\lim\limits_{x\to 0-}f(x)=\lim\limits_{x\to 0-}(-x+1)=1$

$\lim\limits_{x\to 1+}f(x)=\lim\limits_{x\to 1+}3=3$

$\therefore\ \lim\limits_{x\to 0-}f(x)+\lim\limits_{x\to 1+}f(x)=4$

답 4

0041 $f(x)=\dfrac{2x^2-3x-2}{|x-2|}=\dfrac{(x-2)(2x+1)}{|x-2|}$

$\qquad\quad=\begin{cases}2x+1 & (x>2)\\ -2x-1 & (x<2)\end{cases}$

따라서

$a=\lim\limits_{x\to 2+}f(x)=\lim\limits_{x\to 2+}(2x+1)=5$,

$b=\lim\limits_{x\to 2-}f(x)=\lim\limits_{x\to 2-}(-2x-1)=-5$

이므로 $\quad a-b=10$

답 10

0042 ① $x\to 1+$일 때, $[x]=1$이므로

$\qquad \lim\limits_{x\to 1+}\dfrac{[x]}{x}=\lim\limits_{x\to 1+}\dfrac{1}{x}=1$

② $x\to 0+$일 때 $x+1\to 1+$이므로 $\quad [x+1]=1$

$\qquad \therefore\ \lim\limits_{x\to 0+}\dfrac{x+1}{[x+1]}=\lim\limits_{x\to 0+}\dfrac{x+1}{1}=1$

③ $x\to 0-$일 때 $x-1\to -1-$이므로 $\quad [x-1]=-2$

$\qquad \therefore\ \lim\limits_{x\to 0-}\dfrac{[x-1]}{x-1}=\lim\limits_{x\to 0-}\dfrac{-2}{x-1}=2$

④ $x\to 3$일 때 $(x-3)^2\to 0+$이므로

$\qquad \lim\limits_{x\to 3}\big[(x-3)^2\big]=0$

⑤ $x\to\infty$일 때 $5+\dfrac{2}{x}\to 5+$이므로

$\qquad \lim\limits_{x\to\infty}\Big[5+\dfrac{2}{x}\Big]=5$

답 ③

0043 $x-5=t$로 놓으면 $x\to 5$일 때 $t\to 0$이므로

$\lim\limits_{x\to 5}f(x-5)=\lim\limits_{t\to 0}f(t)=3\qquad \therefore\ \lim\limits_{x\to 0}f(x)=3$

$\therefore\ \lim\limits_{x\to 0}\dfrac{1+4f(x)}{2-f(x)}=\dfrac{1+4\times 3}{2-3}=-13$

답 -13

0044 $x-3=t$로 놓으면 $x\to 3$일 때 $t\to 0$이므로

$\lim\limits_{x\to 3}\dfrac{f(x-3)}{x^2-9}=\lim\limits_{x\to 3}\dfrac{f(x-3)}{(x-3)(x+3)}$

$\qquad\qquad\qquad=\lim\limits_{t\to 0}\dfrac{f(t)}{t(t+6)}$

$\qquad\qquad\qquad=\lim\limits_{t\to 0}\dfrac{f(t)}{t}\times\lim\limits_{t\to 0}\dfrac{1}{t+6}$

$\qquad\qquad\qquad=2\times\dfrac{1}{6}=\dfrac{1}{3}$

답 $\dfrac{1}{3}$

0045 주어진 그래프에서

$\lim\limits_{x\to 1-}f(x)=2$

$1-x=t$로 놓으면 $x\to 1+$일 때 $t\to 0-$이므로

$\lim\limits_{x\to 1+}f(1-x)=\lim\limits_{t\to 0-}f(t)=0$

$\therefore\ \lim\limits_{x\to 1-}f(x)+\lim\limits_{x\to 1+}f(1-x)=2+0=2$

답 ②

0046 $2f(x)-g(x)=h(x)$로 놓으면 $\lim\limits_{x\to 1}h(x)=3$이고

$g(x)=2f(x)-h(x)$

$\therefore\ \lim\limits_{x\to 1}\dfrac{f(x)-3g(x)}{3f(x)-g(x)}$

$=\lim\limits_{x\to 1}\dfrac{f(x)-3\{2f(x)-h(x)\}}{3f(x)-\{2f(x)-h(x)\}}$

$=\lim\limits_{x\to 1}\dfrac{-5f(x)+3h(x)}{f(x)+h(x)}\quad\leftarrow\dfrac{\infty}{\infty}$ 꼴

$=\lim\limits_{x\to 1}\dfrac{-5+3\times\dfrac{h(x)}{f(x)}}{1+\dfrac{h(x)}{f(x)}}\quad\leftarrow\lim\limits_{x\to 1}\dfrac{h(x)}{f(x)}=0$

$=-5$

답 -5

0047 $\lim\limits_{x\to 1}f(x)=2$, $\lim\limits_{x\to 1}g(x)=a$이므로

$\lim\limits_{x\to 1}\dfrac{f(x)+3g(x)}{f(x)g(x)-4}=\dfrac{1}{2}$에서 $\quad\dfrac{2+3a}{2a-4}=\dfrac{1}{2}$

$4+6a=2a-4\qquad \therefore\ a=-2$

답 -2

0048 $\lim\limits_{x\to 0}\dfrac{5x-3f(x)}{7x+f(x)}=\lim\limits_{x\to 0}\dfrac{5-3\times\dfrac{f(x)}{x}}{7+\dfrac{f(x)}{x}}$

$\qquad\qquad\qquad=\dfrac{5-3\times 3}{7+3}=-\dfrac{2}{5}$

답 $-\dfrac{2}{5}$

0049 $2f(x)+g(x)=h(x)$로 놓으면 $\lim\limits_{x\to 2}h(x)=6$이고

$g(x)=h(x)-2f(x)$ $\qquad$ ⋯ 1단계

$\therefore\ \lim\limits_{x\to 2}g(x)=\lim\limits_{x\to 2}\{h(x)-2f(x)\}$

$\qquad\qquad\quad=\lim\limits_{x\to 2}h(x)-2\lim\limits_{x\to 2}f(x)$

$\qquad\qquad\quad=6-2\times(-2)=10$ $\qquad$ ⋯ 2단계

답 10

채점 요소		비율
1단계	$2f(x)+g(x)=h(x)$로 놓고 $g(x)$를 $h(x)$, $f(x)$에 대한 식으로 나타내기	40 %
2단계	$\lim\limits_{x\to 2}g(x)$의 값 구하기	60 %

다른 풀이 $\lim\limits_{x\to 2}g(x)=\lim\limits_{x\to 2}\big[\{2f(x)+g(x)\}-2f(x)\big]$

$\qquad\qquad\quad=\lim\limits_{x\to 2}\{2f(x)+g(x)\}-2\lim\limits_{x\to 2}f(x)$

$\qquad\qquad\quad=6-2\times(-2)=10$

0050 ㄱ. $\lim\limits_{x \to -1+}\{f(x)+g(x)\}=\lim\limits_{x \to -1+}f(x)+\lim\limits_{x \to -1+}g(x)$
$$=-1+1=0$$
$\lim\limits_{x \to 1-}\{f(x)+g(x)\}=\lim\limits_{x \to 1-}f(x)+\lim\limits_{x \to 1-}g(x)$
$$=-1+1=0$$
$$\therefore \lim\limits_{x \to -1+}\{f(x)+g(x)\}=\lim\limits_{x \to 1-}\{f(x)+g(x)\} \ (참)$$

ㄴ. $\lim\limits_{x \to -1+}f(x)g(x)=\lim\limits_{x \to -1+}f(x)\times\lim\limits_{x \to -1+}g(x)$
$$=-1\times1=-1,$$
$\lim\limits_{x \to -1-}f(x)g(x)=\lim\limits_{x \to -1-}f(x)\times\lim\limits_{x \to -1-}g(x)$
$$=1\times(-1)=-1$$
이므로 $\lim\limits_{x \to -1}f(x)g(x)=-1$
$\lim\limits_{x \to 1+}f(x)g(x)=\lim\limits_{x \to 1+}f(x)\times\lim\limits_{x \to 1+}g(x)$
$$=1\times(-1)=-1,$$
$\lim\limits_{x \to 1-}f(x)g(x)=\lim\limits_{x \to 1-}f(x)\times\lim\limits_{x \to 1-}g(x)$
$$=-1\times1=-1$$
이므로 $\lim\limits_{x \to 1}f(x)g(x)=-1$
$$\therefore \lim\limits_{x \to -1}f(x)g(x)=\lim\limits_{x \to 1}f(x)g(x) \ (참)$$

ㄷ. ㄴ에서 $\lim\limits_{x \to 1}f(x)g(x)=-1$이고
$f(-1)g(-1)=-1\times1=-1$이므로
$$\lim\limits_{x \to 1}f(x)g(x)=f(-1)g(-1) \ (참)$$
이상에서 ㄱ, ㄴ, ㄷ 모두 옳다. **답** ㄱ, ㄴ, ㄷ

0051 ㄱ. [반례] $f(x)=\dfrac{1}{x-a}$, $g(x)=-\dfrac{1}{x-a}$이면
$\lim\limits_{x \to a}f(x)$와 $\lim\limits_{x \to a}g(x)$의 값은 모두 존재하지 않지만
$$\lim\limits_{x \to a}\{f(x)+g(x)\}=\lim\limits_{x \to a}\left\{\dfrac{1}{x-a}+\left(-\dfrac{1}{x-a}\right)\right\}=0$$
이다. (거짓)

ㄴ. $\lim\limits_{x \to a}\{f(x)+g(x)\}=\alpha$, $\lim\limits_{x \to a}\{f(x)-g(x)\}=\beta$
(α, β는 실수)라 하고
$$f(x)+g(x)=h(x), \ f(x)-g(x)=k(x)$$
라 하면 $\lim\limits_{x \to a}h(x)=\alpha$, $\lim\limits_{x \to a}k(x)=\beta$
이때 $f(x)=\dfrac{h(x)+k(x)}{2}$이므로
$$\lim\limits_{x \to a}f(x)=\lim\limits_{x \to a}\dfrac{h(x)+k(x)}{2}$$
$$=\dfrac{\alpha+\beta}{2} \ (참)$$

ㄷ. [반례] $f(x)=x-a$, $g(x)=\dfrac{1}{x-a}$이면
$$\lim\limits_{x \to a}f(x)=\lim\limits_{x \to a}(x-a)=0,$$
$$\lim\limits_{x \to a}f(x)g(x)=\lim\limits_{x \to a}1=1$$
이지만 $\lim\limits_{x \to a}g(x)=\lim\limits_{x \to a}\dfrac{1}{x-a}$의 값은 존재하지 않는다.
(거짓)

이상에서 옳은 것은 ㄴ뿐이다. **답** ②

0052 $\lim\limits_{x \to -2}\dfrac{x^3+8}{2x^2+3x-2}=\lim\limits_{x \to -2}\dfrac{(x+2)(x^2-2x+4)}{(x+2)(2x-1)}$
$$=\lim\limits_{x \to -2}\dfrac{x^2-2x+4}{2x-1}$$
$$=-\dfrac{12}{5} \qquad \text{**답** } -\dfrac{12}{5}$$

0053 $\lim\limits_{x \to 1}\dfrac{8(x^4-1)}{(x^2-1)f(x)}=\lim\limits_{x \to 1}\dfrac{8(x^2-1)(x^2+1)}{(x^2-1)f(x)}$
$$=\lim\limits_{x \to 1}\dfrac{8(x^2+1)}{f(x)}$$
$$=\dfrac{16}{f(1)}$$
즉 $\dfrac{16}{f(1)}=2$이므로
$$f(1)=8 \qquad \text{**답** } ①$$

0054 $(f \circ g)(x)=f(2x)=2x+4,$
$(g \circ f)(x)=g(x+4)=2(x+4)$이므로
$$\lim\limits_{x \to -2}\dfrac{(f \circ g)(x)}{x^2-2x-8}-\lim\limits_{x \to -4}\dfrac{(g \circ f)(x)}{x^2+2x-8}$$
$$=\lim\limits_{x \to -2}\dfrac{2x+4}{(x+2)(x-4)}-\lim\limits_{x \to -4}\dfrac{2(x+4)}{(x+4)(x-2)}$$
$$=\lim\limits_{x \to -2}\dfrac{2}{x-4}-\lim\limits_{x \to -4}\dfrac{2}{x-2}$$
$$=-\dfrac{1}{3}-\left(-\dfrac{1}{3}\right)$$
$$=0 \qquad \text{**답** } 0$$

0055 $a=\lim\limits_{x \to 0+}\dfrac{x}{x+|x|}$
$$=\lim\limits_{x \to 0+}\dfrac{x}{2x}=\dfrac{1}{2}$$
$-1<x<0$일 때, $x^2-1<0$이므로
$$b=\lim\limits_{x \to -1+}\dfrac{x^2+x}{|x^2-1|}=\lim\limits_{x \to -1+}\dfrac{x^2+x}{1-x^2}$$
$$=\lim\limits_{x \to -1+}\dfrac{x(1+x)}{(1+x)(1-x)}$$
$$=\lim\limits_{x \to -1+}\dfrac{x}{1-x}$$
$$=-\dfrac{1}{2}$$
$$\therefore ab=-\dfrac{1}{4} \qquad \text{**답** } -\dfrac{1}{4}$$

0056 $\lim\limits_{x \to 2}\dfrac{\sqrt{x^2+5}-3}{x-2}=\lim\limits_{x \to 2}\dfrac{(\sqrt{x^2+5}-3)(\sqrt{x^2+5}+3)}{(x-2)(\sqrt{x^2+5}+3)}$
$$=\lim\limits_{x \to 2}\dfrac{(x-2)(x+2)}{(x-2)(\sqrt{x^2+5}+3)}$$
$$=\lim\limits_{x \to 2}\dfrac{x+2}{\sqrt{x^2+5}+3}$$
$$=\dfrac{2}{3} \qquad \text{**답** } ④$$

0057 $\displaystyle\lim_{x\to 0}\dfrac{\sqrt{1-x}-\sqrt{1+x}}{\sqrt{4+x}-\sqrt{4-x}}$

$=\displaystyle\lim_{x\to 0}\dfrac{(\sqrt{1-x}-\sqrt{1+x})(\sqrt{1-x}+\sqrt{1+x})(\sqrt{4+x}+\sqrt{4-x})}{(\sqrt{4+x}-\sqrt{4-x})(\sqrt{4+x}+\sqrt{4-x})(\sqrt{1-x}+\sqrt{1+x})}$

$=\displaystyle\lim_{x\to 0}\dfrac{-2x(\sqrt{4+x}+\sqrt{4-x})}{2x(\sqrt{1-x}+\sqrt{1+x})}$

$=\displaystyle\lim_{x\to 0}\left(-\dfrac{\sqrt{4+x}+\sqrt{4-x}}{\sqrt{1-x}+\sqrt{1+x}}\right)=-2$ **답** -2

0058 $\displaystyle\lim_{x\to 1}\dfrac{f(x)(x-1)}{\sqrt{x}-1}=\lim_{x\to 1}\dfrac{f(x)(x-1)(\sqrt{x}+1)}{(\sqrt{x}-1)(\sqrt{x}+1)}$

$=\displaystyle\lim_{x\to 1}\dfrac{f(x)(x-1)(\sqrt{x}+1)}{x-1}$

$=\displaystyle\lim_{x\to 1}f(x)(\sqrt{x}+1)$

$=\displaystyle\lim_{x\to 1}f(x)\times\lim_{x\to 1}(\sqrt{x}+1)$

$=3\times 2=6$ **답** ②

0059 $\displaystyle\lim_{x\to\infty}\dfrac{\sqrt{x^2+3x}+x}{\sqrt{x^2-1}-\sqrt{3+x}}$

$=\displaystyle\lim_{x\to\infty}\dfrac{\sqrt{1+\dfrac{3}{x}}+1}{\sqrt{1-\dfrac{1}{x^2}}-\sqrt{\dfrac{3}{x^2}+\dfrac{1}{x}}}$

$=\dfrac{1+1}{1-0}=2$ **답** ④

0060 $\displaystyle\lim_{x\to\infty}\dfrac{f(x+1)-f(x)}{x-1}$

$=\displaystyle\lim_{x\to\infty}\dfrac{(x+1)(x+2)-x(x+1)}{x-1}$

$=\displaystyle\lim_{x\to\infty}\dfrac{2x+2}{x-1}$

$=\displaystyle\lim_{x\to\infty}\dfrac{2+\dfrac{2}{x}}{1-\dfrac{1}{x}}=2$ **답** **2**

0061 $x=-t$로 놓으면 $x\longrightarrow -\infty$일 때 $t\longrightarrow\infty$이므로

$\displaystyle\lim_{x\to-\infty}\dfrac{5-3x^2}{x^2-2x+1}+\lim_{x\to-\infty}\dfrac{\sqrt{x^2+1}-2}{x}$

$=\displaystyle\lim_{t\to\infty}\dfrac{5-3t^2}{t^2+2t+1}+\lim_{t\to\infty}\dfrac{\sqrt{t^2+1}-2}{-t}$

$=\displaystyle\lim_{t\to\infty}\dfrac{\dfrac{5}{t^2}-3}{1+\dfrac{2}{t}+\dfrac{1}{t^2}}+\lim_{t\to\infty}\dfrac{\sqrt{1+\dfrac{1}{t^2}}-\dfrac{2}{t}}{-1}$

$=-3-1=-4$ **답** -4

0062 $\displaystyle\lim_{x\to\infty}\dfrac{3x^2+4f(x)}{2x^2-f(x)}=\lim_{x\to\infty}\dfrac{3+\dfrac{f(x)}{x}\times\dfrac{4}{x}}{2-\dfrac{f(x)}{x}\times\dfrac{1}{x}}$

$=\dfrac{3+3\times 0}{2-3\times 0}=\dfrac{3}{2}$ **답** ②

0063 $x=-t$로 놓으면 $x\longrightarrow -\infty$일 때 $t\longrightarrow\infty$이므로

$\displaystyle\lim_{x\to-\infty}(\sqrt{x^2+2x+3}+x)$

$=\displaystyle\lim_{t\to\infty}(\sqrt{t^2-2t+3}-t)$

$=\displaystyle\lim_{t\to\infty}\dfrac{(\sqrt{t^2-2t+3}-t)(\sqrt{t^2-2t+3}+t)}{\sqrt{t^2-2t+3}+t}$

$=\displaystyle\lim_{t\to\infty}\dfrac{-2t+3}{\sqrt{t^2-2t+3}+t}$

$=\displaystyle\lim_{t\to\infty}\dfrac{-2+\dfrac{3}{t}}{\sqrt{1-\dfrac{2}{t}+\dfrac{3}{t^2}}+1}$

$=\dfrac{-2}{1+1}=-1$ **답** ③

0064 $\displaystyle\lim_{x\to 1}\dfrac{1}{x-1}\left\{\dfrac{1}{(x+1)^2}-\dfrac{1}{4}\right\}$

$=\displaystyle\lim_{x\to 1}\left\{\dfrac{1}{x-1}\times\dfrac{-x^2-2x+3}{4(x+1)^2}\right\}$

$=\displaystyle\lim_{x\to 1}\dfrac{-(x-1)(x+3)}{4(x-1)(x+1)^2}$

$=\displaystyle\lim_{x\to 1}\dfrac{-(x+3)}{4(x+1)^2}=-\dfrac{1}{4}$ **답** $-\dfrac{1}{4}$

0065 $x=-t$로 놓으면 $x\longrightarrow -\infty$일 때 $t\longrightarrow\infty$이므로

$\displaystyle\lim_{x\to-\infty}x^2\left(1+\dfrac{x}{\sqrt{x^2+2}}\right)$

$=\displaystyle\lim_{t\to\infty}t^2\left(1+\dfrac{-t}{\sqrt{t^2+2}}\right)$

$=\displaystyle\lim_{t\to\infty}\left(t^2\times\dfrac{\sqrt{t^2+2}-t}{\sqrt{t^2+2}}\right)$

$=\displaystyle\lim_{t\to\infty}\left\{t^2\times\dfrac{(\sqrt{t^2+2}-t)(\sqrt{t^2+2}+t)}{\sqrt{t^2+2}(\sqrt{t^2+2}+t)}\right\}$

$=\displaystyle\lim_{t\to\infty}\dfrac{2t^2}{t^2+2+t\sqrt{t^2+2}}$

$=\displaystyle\lim_{t\to\infty}\dfrac{2}{1+\dfrac{2}{t^2}+\sqrt{1+\dfrac{2}{t^2}}}$

$=\dfrac{2}{1+1}=1$ **답** **1**

0066 $\displaystyle\lim_{x\to\infty}(\sqrt{x^2+ax}-\sqrt{x^2-ax})$

$=\displaystyle\lim_{x\to\infty}\dfrac{(\sqrt{x^2+ax}-\sqrt{x^2-ax})(\sqrt{x^2+ax}+\sqrt{x^2-ax})}{\sqrt{x^2+ax}+\sqrt{x^2-ax}}$

$=\displaystyle\lim_{x\to\infty}\dfrac{2ax}{\sqrt{x^2+ax}+\sqrt{x^2-ax}}$

$=\displaystyle\lim_{x\to\infty}\dfrac{2a}{\sqrt{1+\dfrac{a}{x}}+\sqrt{1-\dfrac{a}{x}}}$

$=\dfrac{2a}{1+1}=a$

$\therefore a=3$ **답** **3**

0067 $x \to 1$일 때 (분모) $\to 0$이고 극한값이 존재하므로 (분자) $\to 0$이다.

즉 $\lim\limits_{x \to 1}(ax^3+x+b)=0$이므로　　$a+1+b=0$

$\therefore b=-a-1$　　　　　　…… ㉠

㉠을 주어진 식의 좌변에 대입하면

$$\lim_{x \to 1}\frac{ax^3+x-a-1}{x-1}=\lim_{x \to 1}\frac{(x-1)(ax^2+ax+a+1)}{x-1}$$
$$=\lim_{x \to 1}(ax^2+ax+a+1)$$
$$=3a+1$$

따라서 $3a+1=7$이므로　　$a=2$

$a=2$를 ㉠에 대입하면　　$b=-3$

$\therefore ab=-6$　　　　　🅐 ①

0068 $x \to -1$일 때 (분자) $\to 0$이고 0이 아닌 극한값이 존재하므로 (분모) $\to 0$이다.

즉 $\lim\limits_{x \to -1}(3x^2-x-a)=0$이므로

$3+1-a=0$　　$\therefore a=4$

$a=4$를 주어진 식에 대입하면

$$b=\lim_{x \to -1}\frac{x^2-1}{3x^2-x-4}$$
$$=\lim_{x \to -1}\frac{(x+1)(x-1)}{(x+1)(3x-4)}$$
$$=\lim_{x \to -1}\frac{x-1}{3x-4}=\frac{2}{7}$$

$\therefore ab=\dfrac{8}{7}$　　　　🅐 $\dfrac{8}{7}$

0069 $x \to -3$일 때 (분모) $\to 0$이고 극한값이 존재하므로 (분자) $\to 0$이다.

즉 $\lim\limits_{x \to -3}(\sqrt{x^2-x-3}+ax)=0$이므로

$\sqrt{9+3-3}-3a=0$　　$\therefore a=1$

$a=1$을 주어진 식에 대입하면

$$b=\lim_{x \to -3}\frac{\sqrt{x^2-x-3}+x}{x+3}$$
$$=\lim_{x \to -3}\frac{(\sqrt{x^2-x-3}+x)(\sqrt{x^2-x-3}-x)}{(x+3)(\sqrt{x^2-x-3}-x)}$$
$$=\lim_{x \to -3}\frac{-(x+3)}{(x+3)(\sqrt{x^2-x-3}-x)}$$
$$=\lim_{x \to -3}\frac{-1}{\sqrt{x^2-x-3}-x}$$
$$=-\frac{1}{6}$$

$\therefore a+b=\dfrac{5}{6}$　　　　🅐 ⑤

0070 $\lim\limits_{x \to 2}\dfrac{x^2+x-6}{x^2-a}$에서 $x \to 2$일 때 (분자) $\to 0$이고 0이 아닌 극한값이 존재하므로 (분모) $\to 0$이다.

즉 $\lim\limits_{x \to 2}(x^2-a)=0$이므로

$4-a=0$　　$\therefore a=4$

$$\therefore \lim_{x \to 1}\frac{x^2-1}{x^2-ax+3}=\lim_{x \to 1}\frac{x^2-1}{x^2-4x+3}$$
$$=\lim_{x \to 1}\frac{(x-1)(x+1)}{(x-1)(x-3)}$$
$$=\lim_{x \to 1}\frac{x+1}{x-3}=-1$$　🅐 ①

0071 $x \to 2$일 때 (분모) $\to 0$이고 극한값이 존재하므로 (분자) $\to 0$이다.

즉 $\lim\limits_{x \to 2}(\sqrt{x+a}-b)=0$이므로　　$\sqrt{2+a}-b=0$

$\therefore b=\sqrt{2+a}$　　　　　…… ㉠

㉠을 주어진 식의 좌변에 대입하면

$$\lim_{x \to 2}\frac{\sqrt{x+a}-\sqrt{2+a}}{x-2}$$
$$=\lim_{x \to 2}\frac{(\sqrt{x+a}-\sqrt{2+a})(\sqrt{x+a}+\sqrt{2+a})}{(x-2)(\sqrt{x+a}+\sqrt{2+a})}$$
$$=\lim_{x \to 2}\frac{x-2}{(x-2)(\sqrt{x+a}+\sqrt{2+a})}$$
$$=\lim_{x \to 2}\frac{1}{\sqrt{x+a}+\sqrt{2+a}}=\frac{1}{2\sqrt{2+a}}$$

따라서 $\dfrac{1}{2\sqrt{2+a}}=\dfrac{1}{4}$이므로　　$a=2$

$a=2$를 ㉠에 대입하면　　$b=2$

$\therefore a-b=0$　　　　🅐 0

0072 $x \to 0$일 때 (분모) $\to 0$이고 극한값이 존재하므로 (분자) $\to 0$이다.

즉 $\lim\limits_{x \to 0}(\sqrt{x^2+ax+b}-a)=0$이므로

$\sqrt{b}-a=0$　　$\therefore b=a^2$　　　…… ㉠

㉠을 주어진 식의 좌변에 대입하면

$$\lim_{x \to 0}\frac{\sqrt{x^2+ax+a^2}-a}{\sqrt{a+x}-\sqrt{a-x}}$$
$$=\lim_{x \to 0}\frac{(\sqrt{x^2+ax+a^2}-a)(\sqrt{x^2+ax+a^2}+a)(\sqrt{a+x}+\sqrt{a-x})}{(\sqrt{a+x}-\sqrt{a-x})(\sqrt{a+x}+\sqrt{a-x})(\sqrt{x^2+ax+a^2}+a)}$$
$$=\lim_{x \to 0}\frac{(x^2+ax)(\sqrt{a+x}+\sqrt{a-x})}{2x(\sqrt{x^2+ax+a^2}+a)}$$
$$=\lim_{x \to 0}\frac{(x+a)(\sqrt{a+x}+\sqrt{a-x})}{2(\sqrt{x^2+ax+a^2}+a)}$$
$$=\frac{2a\sqrt{a}}{4a}=\frac{\sqrt{a}}{2}$$

따라서 $\dfrac{\sqrt{a}}{2}=1$이므로　　$a=4$

$a=4$를 ㉠에 대입하면　　$b=16$

$\therefore a+b=20$　　　🅐 20

0073 $\lim\limits_{x \to \infty}f(x)=\lim\limits_{x \to \infty}\dfrac{ax^2+bx+c}{x^2+x-2}$

$$=\lim_{x \to \infty}\frac{a+\dfrac{b}{x}+\dfrac{c}{x^2}}{1+\dfrac{1}{x}-\dfrac{2}{x^2}}=a$$

이므로　　$a=1$　　　　　　　　　　… **1단계**

또 $\lim_{x\to1}f(x)=\lim_{x\to1}\dfrac{x^2+bx+c}{x^2+x-2}=-1$에서 $x\to1$일 때

(분모) $\to0$이고 극한값이 존재하므로 (분자) $\to0$이다.

즉 $\lim_{x\to1}(x^2+bx+c)=0$이므로　　$1+b+c=0$

　　　$\therefore c=-b-1$　　　　　　…… ㉠

$$\therefore \lim_{x\to1}f(x)=\lim_{x\to1}\frac{x^2+bx-b-1}{x^2+x-2}$$
$$=\lim_{x\to1}\frac{(x-1)(x+1+b)}{(x-1)(x+2)}$$
$$=\lim_{x\to1}\frac{x+1+b}{x+2}$$
$$=\frac{2+b}{3}$$

따라서 $\dfrac{2+b}{3}=-1$이므로　　$b=-5$

$b=-5$를 ㉠에 대입하면　　$c=4$　　… **2단계**

　　　$\therefore a-b+c=10$　　　　… **3단계**

답 **10**

채점 요소	비율
1단계 a의 값 구하기	30 %
2단계 b, c의 값 구하기	60 %
3단계 $a-b+c$의 값 구하기	10 %

0074 $\lim_{x\to\infty}\dfrac{f(x)}{2x^2-1}=2$에서 $f(x)$는 최고차항의 계수가 4인

이차함수이므로

　　　$f(x)=4x^2+ax+b$ (a, b는 상수)

로 놓을 수 있다.

또 $\lim_{x\to-1}\dfrac{f(x)}{x+1}=-3$에서 $x\to-1$일 때 (분모) $\to0$이고 극한

값이 존재하므로 (분자) $\to0$이다.

즉 $\lim_{x\to-1}f(x)=0$이므로　　$f(-1)=4-a+b=0$

　　　$\therefore b=a-4$　　　　　　…… ㉠

$$\therefore \lim_{x\to-1}\frac{f(x)}{x+1}=\lim_{x\to-1}\frac{4x^2+ax+a-4}{x+1}$$
$$=\lim_{x\to-1}\frac{(x+1)(4x+a-4)}{x+1}$$
$$=\lim_{x\to-1}(4x+a-4)=a-8$$

따라서 $a-8=-3$이므로　　$a=5$

$a=5$를 ㉠에 대입하면　　$b=1$

즉 $f(x)=4x^2+5x+1$이므로

　　　$f(-2)=7$　　　　　　　답 **7**

0075 $\lim_{x\to0}\dfrac{f(x)}{x}=4$에서 $x\to0$일 때 (분모) $\to0$이고 극한

값이 존재하므로 (분자) $\to0$이다.

즉 $\lim_{x\to0}f(x)=0$이므로　　$f(0)=0$　　…… ㉠

$\lim_{x\to1}\dfrac{f(x)}{x-1}=-2$에서 $x\to1$일 때 (분모) $\to0$이고 극한값이

존재하므로 (분자) $\to0$이다.

즉 $\lim_{x\to1}f(x)=0$이므로　　$f(1)=0$　　…… ㉡

㉠, ㉡에서 $f(x)=x(x-1)(ax+b)$ (a, b는 상수, $a\neq0$)라

하면

$$\lim_{x\to0}\frac{f(x)}{x}=\lim_{x\to0}\frac{x(x-1)(ax+b)}{x}$$
$$=\lim_{x\to0}(x-1)(ax+b)$$
$$=-b,$$
$$\lim_{x\to1}\frac{f(x)}{x-1}=\lim_{x\to1}\frac{x(x-1)(ax+b)}{x-1}$$
$$=\lim_{x\to1}x(ax+b)$$
$$=a+b$$

즉 $-b=4$, $a+b=-2$이므로

　　　$a=2$, $b=-4$

따라서 $f(x)=x(x-1)(2x-4)$이므로

$$\lim_{x\to2}\frac{f(x)}{x-2}=\lim_{x\to2}\frac{x(x-1)(2x-4)}{x-2}$$
$$=\lim_{x\to2}2x(x-1)=4$$　　답 **4**

0076 조건 ㈎에서 $f(x)$는 삼차항의 계수가 2, 이차항의 계수

가 2인 삼차함수이다.

조건 ㈏에서 $x\to0$일 때 (분모) $\to0$이고 극한값이 존재하므로

(분자) $\to0$이다.

즉 $\lim_{x\to0}f(x)=0$이므로　　$f(0)=0$

따라서 $f(x)=2x^3+2x^2+ax$ (a는 상수)라 하면

$$\lim_{x\to0}\frac{f(x)}{x}=\lim_{x\to0}\frac{2x^3+2x^2+ax}{x}$$
$$=\lim_{x\to0}(2x^2+2x+a)=a$$

즉 $a=4$이므로　　$f(x)=2x^3+2x^2+4x$

　　　$\therefore f(-1)=-4$　　　　答 **-4**

0077 $\lim_{x\to1}\dfrac{f(x)}{x-1}=1$에서 $x\to1$일 때 (분모) $\to0$이고 극한

값이 존재하므로 (분자) $\to0$이다.

즉 $\lim_{x\to1}f(x)=0$이므로　　$f(1)=0$

$\lim_{x\to2}\dfrac{f(x)}{x-2}=1$에서 $x\to2$일 때 (분모) $\to0$이고 극한값이 존

재하므로 (분자) $\to0$이다.

즉 $\lim_{x\to2}f(x)=0$이므로　　$f(2)=0$

따라서 $f(x)=(x-1)(x-2)Q(x)$ ($Q(x)$는 다항함수)라 하

면

$$\lim_{x\to1}\frac{f(x)}{x-1}=\lim_{x\to1}\frac{(x-1)(x-2)Q(x)}{x-1}$$
$$=\lim_{x\to1}(x-2)Q(x)$$
$$=-Q(1)=1,$$

$$\lim_{x\to 2}\frac{f(x)}{x-2}=\lim_{x\to 2}\frac{(x-1)(x-2)Q(x)}{x-2}$$
$$=\lim_{x\to 2}(x-1)Q(x)$$
$$=Q(2)=1$$

이므로　　$Q(1)=-1,\ Q(2)=1$

이를 만족시키는 차수가 가장 낮은 다항함수는 일차함수이므로

$$Q(x)=ax+b\ (a,\ b\text{는 상수},\ a\neq 0)$$

라 하면

$$Q(1)=a+b=-1,\ Q(2)=2a+b=1$$

두 식을 연립하여 풀면　　$a=2,\ b=-3$

따라서 $g(x)=(x-1)(x-2)(2x-3)$이므로

$$g(3)=6$$

답 **6**

0078 $x\neq 0$일 때, $x^2>0$이므로 주어진 부등식의 각 변을 x^2으로 나누면

$$\frac{x^2-x-1}{x^2}<\frac{f(x)}{x^2}<\frac{x^2-x+1}{x^2}$$

이때 $\displaystyle\lim_{x\to\infty}\frac{x^2-x-1}{x^2}=1$, $\displaystyle\lim_{x\to\infty}\frac{x^2-x+1}{x^2}=1$이므로 함수의 극한의 대소 관계에 의하여

$$\lim_{x\to\infty}\frac{f(x)}{x^2}=1$$

답 ③

0079 $\displaystyle\lim_{x\to\infty}\frac{x+2}{3x+1}=\frac{1}{3}$, $\displaystyle\lim_{x\to\infty}\frac{x^2+5x+3}{3x^2+2x+1}=\frac{1}{3}$이므로 함수의 극한의 대소 관계에 의하여

$$\lim_{x\to\infty}f(x)=\frac{1}{3}$$

답 $\dfrac{1}{3}$

0080 양의 실수 x에 대하여 $3x+2>0$이므로 주어진 부등식의 각 변을 제곱하면

$$(3x+2)^2<\{f(x)\}^2<(3x+4)^2$$

$x^2+1>0$이므로 각 변을 x^2+1로 나누면

$$\frac{(3x+2)^2}{x^2+1}<\frac{\{f(x)\}^2}{x^2+1}<\frac{(3x+4)^2}{x^2+1}$$

이때 $\displaystyle\lim_{x\to\infty}\frac{(3x+2)^2}{x^2+1}=9$, $\displaystyle\lim_{x\to\infty}\frac{(3x+4)^2}{x^2+1}=9$이므로 함수의 극한의 대소 관계에 의하여

$$\lim_{x\to\infty}\frac{\{f(x)\}^2}{x^2+1}=9$$

답 **9**

0081 조건 ㈎, ㈏의 식을 변끼리 더하면

$$4x^2+6x+2\leq 2f(x)\leq 4x^2+6x+6$$
$$\therefore 2x^2+3x+1\leq f(x)\leq 2x^2+3x+3 \quad\cdots\cdots\ ㉠$$

조건 ㈏의 식의 각 변에 -1을 곱하면

$$-x^2-2x-2\leq g(x)-f(x)\leq -x^2-2x$$

이 식과 조건 ㈎의 식을 변끼리 더하면

$$2x^2+2x\leq 2g(x)\leq 2x^2+2x+4$$
$$\therefore x^2+x\leq g(x)\leq x^2+x+2 \quad\cdots\cdots\ ㉡$$

양의 실수 x에 대하여

$$2x^2+3x+1>0,\ x^2+x>0$$

이므로 ㉠, ㉡에서

$$\frac{2x^2+3x+1}{x^2+x+2}\leq \frac{f(x)}{g(x)}\leq \frac{2x^2+3x+3}{x^2+x}$$

이때 $\displaystyle\lim_{x\to\infty}\frac{2x^2+3x+1}{x^2+x+2}=2$, $\displaystyle\lim_{x\to\infty}\frac{2x^2+3x+3}{x^2+x}=2$이므로 함수의 극한의 대소 관계에 의하여

$$\lim_{x\to\infty}\frac{f(x)}{g(x)}=2$$

답 **2**

0082 $f(x)=t$로 놓으면 $x\longrightarrow 1-$일 때 $t\longrightarrow 0+$이므로

$$\lim_{x\to 1-}g(f(x))=\lim_{t\to 0+}g(t)=1$$

$g(x)=s$로 놓으면 $x\longrightarrow 0+$일 때 $s=1$이므로

$$\lim_{x\to 0+}f(g(x))=f(1)=0$$
$$\therefore \lim_{x\to 1-}g(f(x))-\lim_{x\to 0+}f(g(x))=1$$

답 ④

0083 ㄱ. $f(x)=t$로 놓으면 $x\longrightarrow 1-$일 때 $t\longrightarrow -1+$이므로

$$\lim_{x\to 1-}f(f(x))=\lim_{t\to -1+}f(t)=1\ (거짓)$$

ㄴ. $f(x)=t$로 놓으면 $x\longrightarrow 1+$일 때 $t=-1$이므로

$$\lim_{x\to 1+}f(f(x))=f(-1)=-1\ (거짓)$$

ㄷ. $f(x)=t$로 놓으면 $x\longrightarrow -1+$일 때 $t\longrightarrow 1-$이므로

$$\lim_{x\to -1+}f(f(x))=\lim_{t\to 1-}f(t)=-1\ (참)$$

이상에서 옳은 것은 ㄷ뿐이다.

답 ③

0084 $A(x)=\dfrac{1}{2}\times 1\times y=\dfrac{1}{2}y=\dfrac{1}{2}x^2$,

$B(x)=\dfrac{1}{2}\times 4\times x=2x$이므로

$$\lim_{x\to\infty}\frac{A(x)}{xB(x)}=\lim_{x\to\infty}\frac{\frac{1}{2}x^2}{x\times 2x}=\lim_{x\to\infty}\frac{x^2}{4x^2}=\frac{1}{4}$$

답 $\dfrac{1}{4}$

0085 점 $(3,\ 1)$과 직선 $y=3x+t$, 즉 $3x-y+t=0$ 사이의 거리는

$$\frac{|9-1+t|}{\sqrt{3^2+(-1)^2}}=\frac{|t+8|}{\sqrt{10}}$$

(i) $\dfrac{|t+8|}{\sqrt{10}}>\sqrt{10}$일 때

$|t+8|>10$에서　　$t+8<-10$ 또는 $t+8>10$
$$\therefore t<-18\ \text{또는}\ t>2$$

이때 원과 직선은 만나지 않으므로　　$f(t)=0$

(ii) $\dfrac{|t+8|}{\sqrt{10}}=\sqrt{10}$일 때

$|t+8|=10$에서 $t+8=-10$ 또는 $t+8=10$

$\therefore t=-18$ 또는 $t=2$

이때 원과 직선은 접하므로 $f(t)=1$

(iii) $\dfrac{|t+8|}{\sqrt{10}}<\sqrt{10}$일 때

$|t+8|<10$에서 $-10<t+8<10$

$\therefore -18<t<2$

이때 원과 직선은 서로 다른 두 점에서 만나므로 $f(t)=2$

이상에서 $f(t)=\begin{cases} 0 & (t<-18 \text{ 또는 } t>2) \\ 1 & (t=-18 \text{ 또는 } t=2) \\ 2 & (-18<t<2) \end{cases}$ 이므로

$\displaystyle\lim_{t\to-18-}f(t)-\lim_{t\to2-}f(t)+f(2)=0-2+1=-1$

답 ②

RPM 비법 노트

원과 직선의 위치 관계

원의 중심과 직선 사이의 거리를 d, 원의 반지름의 길이를 r라 하면 원과 직선의 위치 관계는

(1) $d<r \Rightarrow$ 서로 다른 두 점에서 만난다.

(2) $d=r \Rightarrow$ 한 점에서 만난다. (접한다.)

(3) $d>r \Rightarrow$ 만나지 않는다.

0086 $\overline{\text{OP}}=\sqrt{t^2+t^4}$이고 $\overline{\text{OP}}=\overline{\text{OQ}}$이므로

$Q(\sqrt{t^2+t^4},\ 0)$ … **1단계**

따라서 직선 PQ의 방정식은

$y-t^2=\dfrac{-t^2}{\sqrt{t^2+t^4}-t}(x-t)$

$\therefore y=\dfrac{-t^2}{\sqrt{t^2+t^4}-t}x+\dfrac{t^3}{\sqrt{t^2+t^4}-t}+t^2$

$\therefore f(t)=\dfrac{t^3}{\sqrt{t^2+t^4}-t}+t^2$ … **2단계**

점 P가 원점 O에 한없이 가까워지면 $t\to0+$이므로 구하는 값은

$\displaystyle\lim_{t\to0+}f(t)=\lim_{t\to0+}\left(\dfrac{t^3}{\sqrt{t^2+t^4}-t}+t^2\right)$

$=\displaystyle\lim_{t\to0+}\left(\dfrac{t^2}{\sqrt{1+t^2}-1}+t^2\right)$

$=\displaystyle\lim_{t\to0+}\left\{\dfrac{t^2(\sqrt{1+t^2}+1)}{(\sqrt{1+t^2}-1)(\sqrt{1+t^2}+1)}+t^2\right\}$

$=\displaystyle\lim_{t\to0+}(\sqrt{1+t^2}+1+t^2)=2$ … **3단계**

답 2

채점 요소		비율
1단계	점 Q의 좌표 구하기	20 %
2단계	$f(t)$ 구하기	40 %
3단계	$f(t)$가 한없이 가까워지는 값 구하기	40 %

시험에 꼭 나오는 문제

0087 $\displaystyle\lim_{x\to-1+}f(x)=\lim_{x\to-1+}(x^2+2ax+1)=2-2a$

$\displaystyle\lim_{x\to-1-}f(x)=\lim_{x\to-1-}(-x^2+3x-a)=-4-a$

이때 $\displaystyle\lim_{x\to-1}f(x)$의 값이 존재하므로

$\displaystyle\lim_{x\to-1+}f(x)=\lim_{x\to-1-}f(x)$

즉 $2-2a=-4-a$이므로 $a=6$

따라서 $f(x)=\begin{cases} x^2+12x+1 & (x\geq-1) \\ -x^2+3x-6 & (x<-1) \end{cases}$ 이므로

$f(-2)+f(2)=-16+29=13$

답 ④

0088 ⑤ $\displaystyle\lim_{x\to3}f(x)=3$

답 ⑤

0089 $f(x)=\begin{cases} x-2 & (x\geq2) \\ -x+2 & (1\leq x<2) \\ -x^2+3 & (x<1) \end{cases}$ 이므로

$\displaystyle\lim_{x\to1-}f(x)+\lim_{x\to1+}f(x)+\lim_{x\to3}f(x)$

$=\displaystyle\lim_{x\to1-}(-x^2+3)+\lim_{x\to1+}(-x+2)+\lim_{x\to3}(x-2)$

$=2+1+1=4$

답 4

0090 ① $x\to2+$일 때 $f(x)\to0-$이므로

$\displaystyle\lim_{x\to2+}[f(x)]=-1$

② $x\to2-$일 때 $f(x)\to0+$이므로

$\displaystyle\lim_{x\to2-}[f(x)]=0$

③ $x\to-2-$일 때 $f(x)\to0+$이므로

$\displaystyle\lim_{x\to-2-}[f(x)]=0$

④ $x\to-2+$일 때 $f(x)\to0+$이므로

$\displaystyle\lim_{x\to-2+}[f(x)]=0$

⑤ $x\to0$일 때 $f(x)\to1-$이므로

$\displaystyle\lim_{x\to0}[f(x)]=0$

답 ④

0091 $x-2=t$로 놓으면 $x\to2$일 때 $t\to0$이므로

$\displaystyle\lim_{x\to2}\dfrac{f(x-2)}{x-2}=\lim_{t\to0}\dfrac{f(t)}{t}=4$ $\therefore \lim_{x\to0}\dfrac{f(x)}{x}=4$

$\therefore \displaystyle\lim_{x\to0}\dfrac{3f(x)-x}{x^2+2f(x)}=\lim_{x\to0}\dfrac{3\times\dfrac{f(x)}{x}-1}{x+2\times\dfrac{f(x)}{x}}$

$=\dfrac{3\times4-1}{0+2\times4}=\dfrac{11}{8}$

답 ③

0092 $1+x=t$, $1-x=s$로 놓으면

$x\to0+$일 때 $t\to1+$, $s\to1-$이므로

$$\lim_{x \to 0+} f(1+x)g(1-x) = \lim_{x \to 0+} f(1+x) \times \lim_{x \to 0+} g(1-x)$$
$$= \lim_{t \to 1+} f(t) \times \lim_{s \to 1-} g(s)$$
$$= -1 \times (-1) = 1$$

또 $x \to 0-$일 때 $t \to 1-$, $s \to 1+$이므로

$$\lim_{x \to 0-} f(1+x)g(1-x) = \lim_{x \to 0-} f(1+x) \times \lim_{x \to 0-} g(1-x)$$
$$= \lim_{t \to 1-} f(t) \times \lim_{s \to 1+} g(s)$$
$$= 1 \times 1 = 1$$

$$\therefore \lim_{x \to 0} f(1+x)g(1-x) = 1 \qquad \text{답 } 1$$

0093 $2f(x) - 3g(x) = h(x)$로 놓으면 $\displaystyle\lim_{x \to \infty} h(x) = 1$이고

$$f(x) = \frac{3g(x) + h(x)}{2}$$

$$\therefore \lim_{x \to \infty} \frac{4f(x) + g(x)}{3f(x) - g(x)}$$

$$= \lim_{x \to \infty} \frac{4 \times \dfrac{3g(x) + h(x)}{2} + g(x)}{3 \times \dfrac{3g(x) + h(x)}{2} - g(x)}$$

$$= \lim_{x \to \infty} \frac{7g(x) + 2h(x)}{\dfrac{7}{2}g(x) + \dfrac{3}{2}h(x)}$$

$$= \lim_{x \to \infty} \frac{7 + 2 \times \dfrac{h(x)}{g(x)}}{\dfrac{7}{2} + \dfrac{3}{2} \times \dfrac{h(x)}{g(x)}} \quad \leftarrow \lim_{x \to \infty} \frac{h(x)}{g(x)} = 0$$

$$= 2 \qquad \text{답 } ②$$

0094 ㄱ. $\displaystyle\lim_{x \to a} g(x) = \alpha$, $\displaystyle\lim_{x \to a} \frac{f(x)}{g(x)} = \beta$ (α, β는 실수)라 하면

$$\lim_{x \to a} f(x) = \lim_{x \to a} \left\{ g(x) \times \frac{f(x)}{g(x)} \right\}$$
$$= \lim_{x \to a} g(x) \times \lim_{x \to a} \frac{f(x)}{g(x)} = \alpha\beta \ (\text{참})$$

ㄴ. [반례] $f(x) = x - a$, $g(x) = \dfrac{1}{x-a}$이면

$$\frac{f(x)}{g(x)} = (x-a)^2$$이므로

$$\lim_{x \to a} f(x) = 0, \ \lim_{x \to a} \frac{f(x)}{g(x)} = 0$$

이지만 $\displaystyle\lim_{x \to a} g(x)$의 값은 존재하지 않는다. (거짓)

ㄷ. [반례] $f(x) = \dfrac{1}{x-a}$, $g(x) = \dfrac{1}{x-a}$이면

$$f(x) - g(x) = 0$$이므로

$$\lim_{x \to a} \{ f(x) - g(x) \} = 0$$

이지만 $\displaystyle\lim_{x \to a} f(x)$와 $\displaystyle\lim_{x \to a} g(x)$의 값은 존재하지 않는다.

$$(\text{거짓})$$

이상에서 옳은 것은 ㄱ뿐이다. $\qquad \text{답 } ①$

0095 $\displaystyle\lim_{x \to 1} \frac{f(x)}{x-1} = \lim_{x \to 1} \frac{x^2 - (k+1)x + k}{x-1}$

$$= \lim_{x \to 1} \frac{(x-1)(x-k)}{x-1}$$
$$= \lim_{x \to 1} (x-k) = 1-k$$

즉 $1-k = 5$이므로 $\qquad k = -4 \qquad \text{답 } -4$

0096 $\displaystyle\lim_{x \to 0} \frac{\sqrt{1+x} - \sqrt{1-x}}{x}$

$$= \lim_{x \to 0} \frac{(\sqrt{1+x} - \sqrt{1-x})(\sqrt{1+x} + \sqrt{1-x})}{x(\sqrt{1+x} + \sqrt{1-x})}$$

$$= \lim_{x \to 0} \frac{2x}{x(\sqrt{1+x} + \sqrt{1-x})}$$

$$= \lim_{x \to 0} \frac{2}{\sqrt{1+x} + \sqrt{1-x}} = 1 \qquad \text{답 } 1$$

0097 ㄱ. $\displaystyle\lim_{x \to \infty} \frac{3x+1}{x^2 + 2x - 3} = \lim_{x \to \infty} \frac{\dfrac{3}{x} + \dfrac{1}{x^2}}{1 + \dfrac{2}{x} - \dfrac{3}{x^2}} = 0 \ (\text{거짓})$

ㄴ. $\displaystyle\lim_{x \to \infty} \frac{2x^2}{3x^2 - 1} = \lim_{x \to \infty} \frac{2}{3 - \dfrac{1}{x^2}} = \frac{2}{3} \ (\text{참})$

ㄷ. $x = -t$로 놓으면 $x \to -\infty$일 때 $t \to \infty$이므로

$$\lim_{x \to -\infty} \frac{\sqrt{x^2 + 1} - x}{2x} = \lim_{t \to \infty} \frac{\sqrt{t^2 + 1} + t}{-2t}$$

$$= \lim_{t \to \infty} \frac{\sqrt{1 + \dfrac{1}{t^2}} + 1}{-2} = -1 \ (\text{참})$$

이상에서 옳은 것은 ㄴ, ㄷ이다. $\qquad \text{답 } ⑤$

0098 $\displaystyle\lim_{x \to \infty} \frac{1}{\sqrt{x^2 + 3x + 4} - x}$

$$= \lim_{x \to \infty} \frac{\sqrt{x^2 + 3x + 4} + x}{(\sqrt{x^2 + 3x + 4} - x)(\sqrt{x^2 + 3x + 4} + x)}$$

$$= \lim_{x \to \infty} \frac{\sqrt{x^2 + 3x + 4} + x}{3x + 4}$$

$$= \lim_{x \to \infty} \frac{\sqrt{1 + \dfrac{3}{x} + \dfrac{4}{x^2}} + 1}{3 + \dfrac{4}{x}} = \frac{2}{3} \qquad \text{답 } ①$$

0099 $\displaystyle\lim_{x \to 0} \frac{1}{x} \left(\frac{1}{\sqrt{1-x}} - \frac{2}{\sqrt{4-x}} \right)$

$$= \lim_{x \to 0} \left(\frac{1}{x} \times \frac{\sqrt{4-x} - 2\sqrt{1-x}}{\sqrt{1-x}\sqrt{4-x}} \right)$$

$$= \lim_{x \to 0} \left\{ \frac{1}{x} \times \frac{(\sqrt{4-x} - 2\sqrt{1-x})(\sqrt{4-x} + 2\sqrt{1-x})}{\sqrt{1-x}\sqrt{4-x}(\sqrt{4-x} + 2\sqrt{1-x})} \right\}$$

$$= \lim_{x \to 0} \frac{3}{\sqrt{1-x}\sqrt{4-x}(\sqrt{4-x} + 2\sqrt{1-x})}$$

$$= \frac{3}{8} \qquad \text{답 } ③$$

0100 $x \longrightarrow 1$일 때 (분자) $\longrightarrow 0$이고 0이 아닌 극한값이 존재하므로 (분모) $\longrightarrow 0$이다.

즉 $\lim\limits_{x \to 1}(x^2+ax+b)=0$이므로 $\quad 1+a+b=0$

$\qquad \therefore b=-a-1 \qquad\qquad \cdots\cdots \ \ominus$

$\ominus$을 주어진 식의 좌변에 대입하면

$$\lim_{x \to 1}\frac{x-1}{x^2+ax-a-1}=\lim_{x \to 1}\frac{x-1}{(x-1)(x+a+1)}$$

$$=\lim_{x \to 1}\frac{1}{x+a+1}=\frac{1}{a+2}$$

따라서 $\dfrac{1}{a+2}=\dfrac{1}{3}$이므로 $\quad a=1$

$a=1$을 $\ominus$에 대입하면 $\quad b=-2$

$\qquad \therefore ab=-2$ $\qquad\qquad\qquad$ 답 ②

0101 $x \longrightarrow 1$일 때 (분모) $\longrightarrow 0$이고 극한값이 존재하므로 (분자) $\longrightarrow 0$이다.

즉 $\lim\limits_{x \to 1}(a\sqrt{x+1}-b)=0$이므로

$\qquad \sqrt{2}a-b=0 \qquad \therefore b=\sqrt{2}a \qquad \cdots\cdots \ \ominus$

$\ominus$을 주어진 식의 좌변에 대입하면

$$\lim_{x \to 1}\frac{a\sqrt{x+1}-\sqrt{2}a}{x-1}$$

$$=\lim_{x \to 1}\frac{a(\sqrt{x+1}-\sqrt{2})}{x-1}$$

$$=\lim_{x \to 1}\frac{a(\sqrt{x+1}-\sqrt{2})(\sqrt{x+1}+\sqrt{2})}{(x-1)(\sqrt{x+1}+\sqrt{2})}$$

$$=\lim_{x \to 1}\frac{a(x-1)}{(x-1)(\sqrt{x+1}+\sqrt{2})}$$

$$=\lim_{x \to 1}\frac{a}{\sqrt{x+1}+\sqrt{2}}=\frac{a}{2\sqrt{2}}$$

따라서 $\dfrac{a}{2\sqrt{2}}=\sqrt{2}$이므로 $\quad a=4$

$a=4$를 $\ominus$에 대입하면 $\quad b=4\sqrt{2}$

$\qquad \therefore a^2+b^2=48$ $\qquad\qquad$ 답 **48**

0102 $|f(x)-3x+1| \leq (x-1)^2$에서

$\qquad -(x-1)^2 \leq f(x)-3x+1 \leq (x-1)^2$

$\qquad \therefore -x^2+5x-2 \leq f(x) \leq x^2+x$

이때 $\lim\limits_{x \to 1}(-x^2+5x-2)=2$, $\lim\limits_{x \to 1}(x^2+x)=2$이므로 함수의 극한의 대소 관계에 의하여

$$\lim_{x \to 1}f(x)=2$$

$\qquad\qquad\qquad\qquad\qquad\qquad$ 답 **2**

0103 $g(x)=t$로 놓으면 $x \longrightarrow 1-$일 때 $t \longrightarrow -1$이므로

$$a=\lim_{x \to 1-}f(g(x))=f(-1)=0$$

$f(x)=s$로 놓으면 $x \longrightarrow 1+$일 때 $s \longrightarrow 1+$이므로

$$b=\lim_{x \to 1+}g(f(x))=\lim_{s \to 1+}g(s)=1$$

$\qquad \therefore a+b=1$ $\qquad\qquad\qquad$ 답 **1**

0104 $\overline{OA}=\sqrt{x^2+2x}$, $\overline{OB}=x$이므로

$\qquad f(x)=\overline{OA}-\overline{OB}=\sqrt{x^2+2x}-x$

$\qquad \therefore \lim\limits_{x \to \infty}f(x)=\lim\limits_{x \to \infty}(\sqrt{x^2+2x}-x)$

$$=\lim_{x \to \infty}\frac{(\sqrt{x^2+2x}-x)(\sqrt{x^2+2x}+x)}{\sqrt{x^2+2x}+x}$$

$$=\lim_{x \to \infty}\frac{2x}{\sqrt{x^2+2x}+x}$$

$$=\lim_{x \to \infty}\frac{2}{\sqrt{1+\dfrac{2}{x}}+1}=1 \qquad \text{답 } \mathbf{1}$$

0105 점 P의 좌표가 (a, a)이므로

$\qquad Q(\sqrt{a}, a)$, $R(a, a^2)$

(i) $0<a<1$일 때

$\qquad \overline{PQ}=\sqrt{a}-a$, $\overline{PR}=a-a^2$이므로

$$\lim_{a \to 1-}\frac{\overline{PR}}{\overline{PQ}}=\lim_{a \to 1-}\frac{a-a^2}{\sqrt{a}-a}$$

$$=\lim_{a \to 1-}\frac{(a-a^2)(\sqrt{a}+a)}{(\sqrt{a}-a)(\sqrt{a}+a)}$$

$$=\lim_{a \to 1-}(\sqrt{a}+a)=2$$

(ii) $a>1$일 때

$\qquad \overline{PQ}=a-\sqrt{a}$, $\overline{PR}=a^2-a$이므로

$$\lim_{a \to 1+}\frac{\overline{PR}}{\overline{PQ}}=\lim_{a \to 1+}\frac{a^2-a}{a-\sqrt{a}}$$

$$=\lim_{a \to 1+}\frac{(a^2-a)(a+\sqrt{a})}{(a-\sqrt{a})(a+\sqrt{a})}$$

$$=\lim_{a \to 1+}(a+\sqrt{a})=2$$

(i), (ii)에서 $\quad \lim\limits_{a \to 1}\dfrac{\overline{PR}}{\overline{PQ}}=2$ $\qquad$ 답 **2**

0106 $\lim\limits_{x \to \infty}f(x)=\lim\limits_{x \to \infty}\dfrac{x^2-5x+1}{2x^2-7x+1}$

$$=\lim_{x \to \infty}\frac{1-\dfrac{5}{x}+\dfrac{1}{x^2}}{2-\dfrac{7}{x}+\dfrac{1}{x^2}}=\frac{1}{2} \qquad \cdots \boxed{\text{1단계}}$$

$\lim\limits_{x \to \infty}g(x)=\lim\limits_{x \to \infty}(\sqrt{9x^2-x}-3x)$

$$=\lim_{x \to \infty}\frac{(\sqrt{9x^2-x}-3x)(\sqrt{9x^2-x}+3x)}{\sqrt{9x^2-x}+3x}$$

$$=\lim_{x \to \infty}\frac{-x}{\sqrt{9x^2-x}+3x}$$

$$=\lim_{x \to \infty}\frac{-1}{\sqrt{9-\dfrac{1}{x}}+3}=-\frac{1}{6} \qquad \cdots \boxed{\text{2단계}}$$

$\qquad \therefore \lim\limits_{x \to \infty}f(x)+\lim\limits_{x \to \infty}g(x)=\dfrac{1}{3} \qquad \cdots \boxed{\text{3단계}}$

$\qquad\qquad\qquad\qquad\qquad\qquad$ 답 $\dfrac{1}{3}$

	채점 요소	비율
1단계	$\lim\limits_{x\to\infty} f(x)$의 값 구하기	30%
2단계	$\lim\limits_{x\to\infty} g(x)$의 값 구하기	60%
3단계	$\lim\limits_{x\to\infty} f(x)+\lim\limits_{x\to\infty} g(x)$의 값 구하기	10%

0107 $a\le 0$이면
$$\lim_{x\to\infty}\{\sqrt{x^2+x+1}-(ax-1)\}=\infty$$
이므로 $a>0$
$$\lim_{x\to\infty}\{\sqrt{x^2+x+1}-(ax-1)\}$$
$$=\lim_{x\to\infty}\frac{\{\sqrt{x^2+x+1}-(ax-1)\}\{\sqrt{x^2+x+1}+(ax-1)\}}{\sqrt{x^2+x+1}+(ax-1)}$$
$$=\lim_{x\to\infty}\frac{(1-a^2)x^2+(1+2a)x}{\sqrt{x^2+x+1}+(ax-1)} \qquad \cdots\cdots ㉠$$
의 극한값이 존재하려면
$$1-a^2=0 \qquad \therefore a=1 \ (\because a>0) \qquad \cdots\ \text{1단계}$$
$a=1$을 ㉠에 대입하면
$$\lim_{x\to\infty}\frac{3x}{\sqrt{x^2+x+1}+x-1}$$
$$=\lim_{x\to\infty}\frac{3}{\sqrt{1+\dfrac{1}{x}+\dfrac{1}{x^2}}+1-\dfrac{1}{x}}=\frac{3}{2}$$
따라서 $b=\dfrac{3}{2}$이므로 $\qquad \cdots\ \text{2단계}$
$$a+b=\frac{5}{2} \qquad \cdots\ \text{3단계}$$

답 $\dfrac{5}{2}$

	채점 요소	비율
1단계	a의 값 구하기	50%
2단계	b의 값 구하기	40%
3단계	$a+b$의 값 구하기	10%

0108 $\dfrac{1}{x}=t$로 놓으면 $x\to 0+$일 때 $t\to\infty$이므로
$$\lim_{x\to 0+}\frac{xf\left(\dfrac{1}{x}\right)-1}{3-x}=\lim_{t\to\infty}\frac{\dfrac{1}{t}f(t)-1}{3-\dfrac{1}{t}}$$
$$=\lim_{t\to\infty}\frac{f(t)-t}{3t-1}=2$$
따라서 $f(t)-t=6t+k$ (k는 상수)라 하면
$$f(t)=7t+k$$
$$\therefore f(x)=7x+k \qquad \cdots\ \text{1단계}$$
또 $\lim\limits_{x\to 2}\dfrac{f(x)}{x^2-3x+2}=a$에서 $x\to 2$일 때 (분모) $\to 0$이고 극한값이 존재하므로 (분자) $\to 0$이다.
즉 $\lim\limits_{x\to 2} f(x)=0$이므로 $\quad f(2)=14+k=0$
$$\therefore k=-14$$
따라서 $f(x)=7x-14$이므로 $\qquad \cdots\ \text{2단계}$

$$a=\lim_{x\to 2}\frac{7x-14}{x^2-3x+2}=\lim_{x\to 2}\frac{7(x-2)}{(x-2)(x-1)}$$
$$=\lim_{x\to 2}\frac{7}{x-1}=7 \qquad \cdots\ \text{3단계}$$
$$\therefore f(a)=f(7)=35 \qquad \cdots\ \text{4단계}$$

답 35

	채점 요소	비율
1단계	$f(x)$가 일차항의 계수가 7인 일차함수임을 알기	40%
2단계	$f(x)$ 구하기	30%
3단계	a의 값 구하기	20%
4단계	$f(a)$의 값 구하기	10%

0109 (i) $x-1>0$, 즉 $x>1$일 때 주어진 부등식의 각 변을 $x-1$로 나누면
$$\frac{x^2-1}{x-1}\le\frac{f(x)}{x-1}\le\frac{3x^2-4x+1}{x-1}$$
$$\therefore x+1\le\frac{f(x)}{x-1}\le 3x-1$$
이때 $\lim\limits_{x\to 1+}(x+1)=2$, $\lim\limits_{x\to 1+}(3x-1)=2$이므로 함수의 극한의 대소 관계에 의하여 $\quad \lim\limits_{x\to 1+}\dfrac{f(x)}{x-1}=2 \qquad \cdots\ \text{1단계}$

(ii) $x-1<0$, 즉 $x<1$일 때 주어진 부등식의 각 변을 $x-1$로 나누면
$$\frac{3x^2-4x+1}{x-1}\le\frac{f(x)}{x-1}\le\frac{x^2-1}{x-1}$$
$$\therefore 3x-1\le\frac{f(x)}{x-1}\le x+1$$
이때 $\lim\limits_{x\to 1-}(3x-1)=2$, $\lim\limits_{x\to 1-}(x+1)=2$이므로 함수의 극한의 대소 관계에 의하여 $\quad \lim\limits_{x\to 1-}\dfrac{f(x)}{x-1}=2 \qquad \cdots\ \text{2단계}$

(i), (ii)에서 $\quad \lim\limits_{x\to 1}\dfrac{f(x)}{x-1}=2 \qquad \cdots\ \text{3단계}$

답 2

	채점 요소	비율
1단계	$\lim\limits_{x\to 1+}\dfrac{f(x)}{x-1}$의 값 구하기	40%
2단계	$\lim\limits_{x\to 1-}\dfrac{f(x)}{x-1}$의 값 구하기	40%
3단계	$\lim\limits_{x\to 1}\dfrac{f(x)}{x-1}$의 값 구하기	20%

0110 전략 정수 n에 대하여 $\lim\limits_{x\to n+}[x]=n$, $\lim\limits_{x\to n-}[x]=n-1$임을 이용한다.

① $x\to 0-$일 때, $[x]=-1$이므로
$$\lim_{x\to 0-}\frac{x}{[x]}=\lim_{x\to 0-}\frac{x}{-1}=0$$
② $x\to 0+$일 때, $[x]=0$이므로
$$\lim_{x\to 0+}\frac{[x]}{x}=\lim_{x\to 0+}\frac{0}{x}=0$$
③ $x\to 0-$일 때 $x-2\to -2-$이므로 $[x-2]=-3$
$$\therefore \lim_{x\to 0-}\frac{[x-2]}{x-2}=\lim_{x\to 0-}\frac{-3}{x-2}=\frac{3}{2}$$

④ $x \to 0+$일 때 $x+1 \to 1+$이므로 $[x+1]=1$

$$\therefore \lim_{x \to 0+} \frac{x+1}{[x+1]} = \lim_{x \to 0+} \frac{x+1}{1} = 1$$

⑤ $x \to 0-$일 때 $x^2-1 \to -1+$이므로

$$[x]=-1, \quad [x^2-1]=-1$$

$$\therefore \lim_{x \to 0-} \frac{[x]^2}{[x^2-1]} = \frac{(-1)^2}{-1} = -1$$

답 ③

0111 전략 $n=1$, $n=2$, $n \geq 3$인 경우로 나누어 $f(1)$의 값을 구해 본다.

(i) $n=1$일 때, 주어진 조건은

$$\lim_{x \to \infty} \frac{f(x)-4x^3+3x^2}{x^2+1} = 6, \quad \lim_{x \to 0} \frac{f(x)}{x} = 4$$

따라서 $f(x)-4x^3+3x^2$은 최고차항의 계수가 6인 이차함수이고, $f(x)$는 x를 인수로 가져야 하므로

$f(x)-4x^3+3x^2=6x^2+ax$ (a는 상수)라 하면

$$f(x)=4x^3+3x^2+ax$$

$$\therefore \lim_{x \to 0} \frac{f(x)}{x} = \lim_{x \to 0} \frac{4x^3+3x^2+ax}{x}$$
$$= \lim_{x \to 0}(4x^2+3x+a) = a$$

즉 $a=4$이므로 $f(x)=4x^3+3x^2+4x$

$$\therefore f(1)=11$$

(ii) $n=2$일 때, 주어진 조건은

$$\lim_{x \to \infty} \frac{f(x)-4x^3+3x^2}{x^3+1} = 6, \quad \lim_{x \to 0} \frac{f(x)}{x^2} = 4$$

따라서 $f(x)-4x^3+3x^2$은 최고차항의 계수가 6인 삼차함수이고, $f(x)$는 x^2을 인수로 가져야 하므로

$f(x)-4x^3+3x^2=6x^3+bx^2$ (b는 상수)이라 하면

$$f(x)=10x^3+(b-3)x^2$$

$$\therefore \lim_{x \to 0} \frac{f(x)}{x^2} = \lim_{x \to 0} \frac{10x^3+(b-3)x^2}{x^2}$$
$$= \lim_{x \to 0}(10x+b-3) = b-3$$

즉 $b-3=4$이므로 $b=7$

따라서 $f(x)=10x^3+4x^2$이므로 $f(1)=14$

(iii) $n \geq 3$일 때

$$\lim_{x \to \infty} \frac{f(x)-4x^3+3x^2}{x^{n+1}+1} = 6, \quad \lim_{x \to 0} \frac{f(x)}{x^n} = 4$$에서 $f(x)$는

최고차항의 계수가 6인 $(n+1)$차 함수이고, x^n을 인수로 가져야 하므로

$$f(x)=6x^{n+1}+cx^n \ (c는 상수)$$

이라 하면

$$\lim_{x \to 0} \frac{f(x)}{x^n} = \lim_{x \to 0} \frac{6x^{n+1}+cx^n}{x^n}$$
$$= \lim_{x \to 0}(6x+c) = c$$

따라서 $c=4$이므로 $f(x)=6x^{n+1}+4x^n$

$$\therefore f(1)=10$$

이상에서 $f(1)$의 최댓값은 14이다. 답 ③

다항함수 $f(x)$와 자연수 n에 대하여 $\lim\limits_{x \to 0} \dfrac{f(x)}{x^n} = 4$에서

$\lim\limits_{x \to 0} f(x)=0$이므로 $f(0)=0$

따라서 $f(x)=x \times g(x)$ ($g(x)$는 다항함수)라 하면

$$\lim_{x \to 0} \frac{f(x)}{x^n} = \lim_{x \to 0} \frac{x \times g(x)}{x^n} = \lim_{x \to 0} \frac{g(x)}{x^{n-1}} = 4$$

이때 $\lim\limits_{x \to 0} g(x)=0$이므로 $g(0)=0$

따라서 $g(x)=x \times h(x)$ ($h(x)$는 다항함수)라 하면

$$f(x)=x^2 \times h(x)$$

같은 방법으로 반복하면

$$f(x)=x^n \times k(x) \ (k(x)는 다항함수)$$

의 꼴이므로 $f(x)$는 x^n을 인수로 가짐을 알 수 있다.

0112 전략 직선 l이 지나는 점을 이용하여 직선 l의 방정식을 세운다.

직선 l이 정사각형 $OABC$의 넓이를 이등분하려면 두 대각선의 교점인 점 $(-1, 1)$을 지나야 한다.

따라서 직선 l의 기울기를 m이라 하면 직선 l의 방정식은

$$y-1=m(x+1) \qquad \therefore y=mx+m+1$$

즉 직선 l의 y절편은 $m+1$이다.

한편 직선 AP의 방정식은

$$\frac{x}{t} + \frac{y}{2} = 1, \ 즉 \ y = -\frac{2}{t}x+2$$

이므로 직선 l과 직선 AP의 교점의 x좌표는

$mx+m+1 = -\dfrac{2}{t}x+2$에서

$$\left(m+\frac{2}{t}\right)x = 1-m \qquad \therefore x = \frac{(1-m)t}{mt+2}$$

이때 직선 l이 삼각형 AOP의 넓이를 이등분하므로

$$\frac{1}{2} \times \{2-(m+1)\} \times \frac{(1-m)t}{mt+2} = \frac{1}{2} \times \left(\frac{1}{2} \times 2 \times t\right)$$

$$(1-m)^2 = mt+2, \qquad m^2-(t+2)m-1=0$$

$$\therefore m = \frac{t+2-\sqrt{(t+2)^2+4}}{2}$$

$$= \frac{t+2-\sqrt{t^2+4t+8}}{2} \ (\because m<0)$$

따라서 $f(t)=m+1 = \dfrac{t+4-\sqrt{t^2+4t+8}}{2}$이므로

$$\lim_{t \to 0+} f(t) = \lim_{t \to 0+} \frac{t+4-\sqrt{t^2+4t+8}}{2}$$
$$= 2-\sqrt{2}$$

답 ②

오른쪽 그림과 같이 점 $(-1, 1)$을 지나고 x축에 평행한 직선이 y축과 만나는 점을 Q, 직선 AP와 만나는 점을 R라 하면 삼각형 AQR의 넓이는 사각형 QOPR의 넓이보다 작다.

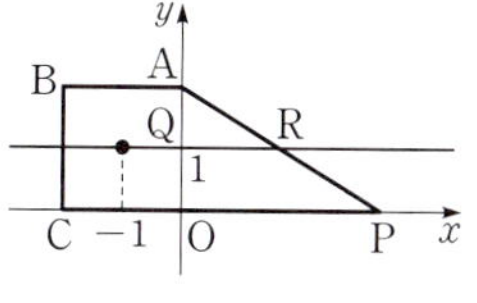

따라서 삼각형 AOP의 넓이를 이등분하는 직선 l의 기울기는 음수이어야 한다.

02 함수의 연속

본책 023쪽, 025쪽

0113 함수 $f(x)$가 $x=0$에서 정의되어 있지 않으므로 불연속이다. 답 풀이 참조

0114 $\lim\limits_{x \to 0+} f(x)=2$, $\lim\limits_{x \to 0-} f(x)=1$이므로

$$\lim_{x \to 0+} f(x) \neq \lim_{x \to 0-} f(x)$$

따라서 $\lim\limits_{x \to 0} f(x)$의 값이 존재하지 않으므로 불연속이다.

답 풀이 참조

0115 $f(0)=2$이고 $\lim\limits_{x \to 0} f(x)=1$이다.

따라서 $\lim\limits_{x \to 0} f(x) \neq f(0)$이므로 불연속이다. 답 풀이 참조

0116 $f(1)=2$, $\lim\limits_{x \to 1} f(x)=2$이므로 $\lim\limits_{x \to 1} f(x)=f(1)$

따라서 함수 $f(x)$는 $x=1$에서 연속이다. 답 연속

0117 $f(1)=0$, $\lim\limits_{x \to 1} f(x)=0$이므로 $\lim\limits_{x \to 1} f(x)=f(1)$

따라서 함수 $f(x)$는 $x=1$에서 연속이다. 답 연속

0118 함수 $f(x)$가 $x=1$에서 정의되어 있지 않으므로 함수 $f(x)$는 $x=1$에서 불연속이다. 답 불연속

0119 $f(1)=-1$이고,

$$\lim_{x \to 1} f(x)=\lim_{x \to 1} \frac{x^2-x}{x-1}=\lim_{x \to 1} \frac{x(x-1)}{x-1}=\lim_{x \to 1} x=1$$

이므로 $\lim\limits_{x \to 1} f(x) \neq f(1)$

따라서 함수 $f(x)$는 $x=1$에서 불연속이다. 답 불연속

0120 답 $[-2, 3]$

0121 답 $(1, 5)$

0122 답 $[-3, 4]$

0123 답 $(-7, 2]$

0124 답 $(-\infty, 4)$

0125 답 $[3, \infty)$

0126 답 $(-\infty, \infty)$

0127 답 $(-\infty, 3]$

0128 답 $(-\infty, -1), (-1, \infty)$

0129 함수 $f(x)=x+3$은 모든 실수, 즉 구간 $(-\infty, \infty)$에서 연속이다. 답 $(-\infty, \infty)$

0130 함수 $f(x)=\sqrt{x-1}$은 $x \geq 1$, 즉 구간 $[1, \infty)$에서 연속이다. 답 $[1, \infty)$

0131 함수 $f(x)=2$는 모든 실수, 즉 구간 $(-\infty, \infty)$에서 연속이다. 답 $(-\infty, \infty)$

0132 함수 $f(x)=\dfrac{1}{x}$은 $x \neq 0$인 모든 실수, 즉 구간 $(-\infty, 0)$, $(0, \infty)$에서 연속이다. 답 $(-\infty, 0), (0, \infty)$

0133 함수 $y=x^2-2x$는 다항함수이므로 모든 실수, 즉 구간 $(-\infty, \infty)$에서 연속이다. 답 $(-\infty, \infty)$

0134 함수 $y=(x+1)(x^2+x-2)$는 다항함수이므로 모든 실수, 즉 구간 $(-\infty, \infty)$에서 연속이다. 답 $(-\infty, \infty)$

0135 함수 $y=\dfrac{x-2}{x-3}$는 $x \neq 3$인 모든 실수, 즉 구간 $(-\infty, 3)$, $(3, \infty)$에서 연속이다. 답 $(-\infty, 3), (3, \infty)$

0136 함수 $y=\dfrac{x+1}{x^2-3x+2}=\dfrac{x+1}{(x-1)(x-2)}$은 $x \neq 1$, $x \neq 2$인 모든 실수, 즉 구간 $(-\infty, 1)$, $(1, 2)$, $(2, \infty)$에서 연속이다. 답 $(-\infty, 1), (1, 2), (2, \infty)$

0137 두 함수 $f(x)=x-2$, $g(x)=x^2+4x-5$는 다항함수이므로 모든 실수, 즉 구간 $(-\infty, \infty)$에서 연속이다.

(3) $\dfrac{f(x)}{g(x)}=\dfrac{x-2}{x^2+4x-5}=\dfrac{x-2}{(x+5)(x-1)}$는 $x \neq -5$, $x \neq 1$인 모든 실수, 즉 구간 $(-\infty, -5)$, $(-5, 1)$, $(1, \infty)$에서 연속이다.

(4) $\dfrac{g(x)}{f(x)}=\dfrac{x^2+4x-5}{x-2}$는 $x \neq 2$인 모든 실수, 즉 구간 $(-\infty, 2)$, $(2, \infty)$에서 연속이다.

답 (1) $(-\infty, \infty)$ (2) $(-\infty, \infty)$
(3) $(-\infty, -5), (-5, 1), (1, \infty)$
(4) $(-\infty, 2), (2, \infty)$

0138 함수 $f(x)=x^2+2x-1$은 닫힌 구간 $[-2, 0]$에서 연속이고 이 구간에서 함수 $y=f(x)$의 그래프는 오른쪽 그림과 같다.

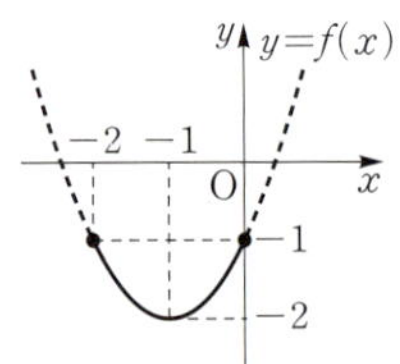

따라서 함수 $f(x)$는

$$x=-2, \ x=0 \text{에서 최댓값 } -1,$$
$$x=-1 \text{에서 최솟값 } -2$$

를 갖는다. 답 최댓값: -1, 최솟값: -2

0139 함수 $f(x)=\dfrac{2}{x-1}$는 닫힌구간 $[2, 4]$에서 연속이고 이 구간에서 함수 $y=f(x)$의 그래프는 오른쪽 그림과 같다. 따라서 함수 $f(x)$는

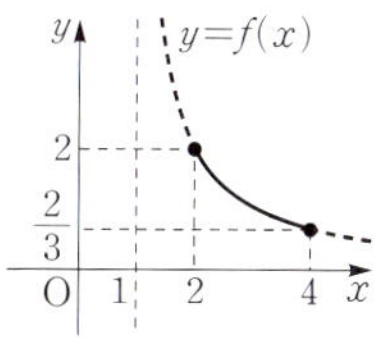

$x=2$에서 최댓값 2,

$x=4$에서 최솟값 $\dfrac{2}{3}$

를 갖는다. 📗 최댓값: 2, 최솟값: $\dfrac{2}{3}$

0140 함수 $f(x)=1-\sqrt{x+1}$은 닫힌 구간 $[3, 8]$에서 연속이고 이 구간에서 함수 $y=f(x)$의 그래프는 오른쪽 그림과 같다.

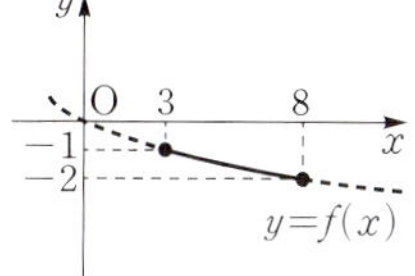

따라서 함수 $f(x)$는

$x=3$에서 최댓값 -1, $x=8$에서 최솟값 -2

를 갖는다. 📗 최댓값: -1, 최솟값: -2

0141 📗 ㈎ 연속 ㈏ 사잇값 정리

0142 📗 ㈎ 1 ㈏ -1 ㈐ $<$ ㈑ 0

0143 $f(x)=x^3-x^2-2$라 하면 함수 $f(x)$는 닫힌구간 $[1, 2]$에서 연속이고

$$f(1)=-2<0,\ f(2)=2>0$$

따라서 $f(1)f(2)<0$이므로 사잇값 정리에 의하여 $f(x)=0$은 열린구간 $(1, 2)$에서 적어도 하나의 실근을 갖는다.

📗 풀이 참조

0144 $f(x)=x^4+x^3-9x+1$이라 하면 함수 $f(x)$는 닫힌구간 $[1, 2]$에서 연속이고

$$f(1)=-6<0,\ f(2)=7>0$$

따라서 $f(1)f(2)<0$이므로 사잇값 정리에 의하여 $f(x)=0$은 열린구간 $(1, 2)$에서 적어도 하나의 실근을 갖는다.

📗 풀이 참조

유형 익히기

● 본책 026~032쪽

0145 ㄱ. 함수 $f(x)$가 $x=1$에서 연속이면 모든 실수 x에서 연속이다.

이때 $f(1)=2$이고,

$$\lim_{x\to 1} f(x)=\lim_{x\to 1}\dfrac{x^2-1}{x-1}=\lim_{x\to 1}\dfrac{(x-1)(x+1)}{x-1}$$
$$=\lim_{x\to 1}(x+1)=2$$

이므로 $\displaystyle\lim_{x\to 1} f(x)=f(1)$

따라서 함수 $f(x)$는 $x=1$에서 연속이므로 모든 실수 x에서 연속이다.

ㄴ. $$\lim_{x\to 0+} f(x)=\lim_{x\to 0+}\dfrac{x}{|x|}=\lim_{x\to 0+}\dfrac{x}{x}=1$$
$$\lim_{x\to 0-} f(x)=\lim_{x\to 0-}\dfrac{x}{|x|}=\lim_{x\to 0-}\dfrac{x}{-x}=-1$$
$$\therefore \lim_{x\to 0+} f(x)\neq \lim_{x\to 0-} f(x)$$

따라서 $\displaystyle\lim_{x\to 0} f(x)$의 값이 존재하지 않으므로 함수 $f(x)$는 $x=0$에서 불연속이다.

ㄷ. $f(1)$, $f(-1)$의 값이 존재하지 않으므로 함수 $f(x)$는 $x=1$, $x=-1$에서 불연속이다.

ㄹ. 함수 $f(x)$가 $x=0$에서 연속이면 모든 실수 x에서 연속이다.

$$\lim_{x\to 0+} f(x)=\lim_{x\to 0+}\sqrt{x}=0,\ \lim_{x\to 0-} f(x)=\lim_{x\to 0-}(-x)=0$$

이므로 $$\lim_{x\to 0} f(x)=0$$

이때 $f(0)=0$이므로 $$\lim_{x\to 0} f(x)=f(0)$$

따라서 함수 $f(x)$는 $x=0$에서 연속이므로 모든 실수 x에서 연속이다.

이상에서 모든 실수 x에서 연속인 함수는 ㄱ, ㄹ이다. 📗 ㄱ, ㄹ

0146 ①, ②, ③ $f(0)$의 값이 존재하지 않으므로 함수 $f(x)$는 $x=0$에서 불연속이다.

④ $$\lim_{x\to 0+} f(x)=\lim_{x\to 0+}(x^2+2)=2,$$
$$\lim_{x\to 0-} f(x)=\lim_{x\to 0-}(-x+2)=2$$이므로
$$\lim_{x\to 0} f(x)=2$$

이때 $f(0)=2$이므로 $$\lim_{x\to 0} f(x)=f(0)$$

따라서 함수 $f(x)$는 $x=0$에서 연속이다.

⑤ $$\lim_{x\to 0+} f(x)=\lim_{x\to 0+}\dfrac{|5x|}{x}=\lim_{x\to 0+}\dfrac{5x}{x}=5$$
$$\lim_{x\to 0-} f(x)=\lim_{x\to 0-}\dfrac{|5x|}{x}=\lim_{x\to 0-}\dfrac{-5x}{x}=-5$$
$$\therefore \lim_{x\to 0+} f(x)\neq \lim_{x\to 0-} f(x)$$

즉 $\displaystyle\lim_{x\to 0} f(x)$의 값이 존재하지 않으므로 함수 $f(x)$는 $x=0$에서 불연속이다.

📗 ④

0147 (i) $$\lim_{x\to 1+} f(x)=\lim_{x\to 1+}(x+1)=2,$$
$$\lim_{x\to 1-} f(x)=\lim_{x\to 1-}(2x^2-2)=0$$이므로
$$\lim_{x\to 1+} f(x)\neq \lim_{x\to 1-} f(x)$$

따라서 $\displaystyle\lim_{x\to 1} f(x)$의 값이 존재하지 않으므로 $f(x)$는 $x=1$에서 불연속이다. ⋯ 1단계

(ii) $$\lim_{x\to -2+} f(x)=\lim_{x\to -2+}(2x^2-2)=6,$$
$$\lim_{x\to -2-} f(x)=\lim_{x\to -2-}(-3x)=6$$이므로
$$\lim_{x\to -2} f(x)=6$$

이때 $f(-2)=6$이므로 $f(x)$는 $x=-2$에서 연속이다.

… ❷단계

(i), (ii)에서 함수 $f(x)$는 $x\neq1$인 모든 실수에서 연속이다.

… ❸단계

답 $x\neq1$인 모든 실수에서 연속

채점 요소	비율
❶단계 $x=1$에서 연속성 조사하기	40 %
❷단계 $x=-2$에서 연속성 조사하기	40 %
❸단계 함수 $f(x)$의 연속성 조사하기	20 %

0148 $f(x)=\dfrac{1}{x+\dfrac{1}{x-2}}=\dfrac{1}{\dfrac{x^2-2x+1}{x-2}}=\dfrac{x-2}{(x-1)^2}$

따라서 함수 $f(x)$는 $x-2=0$, $(x-1)^2=0$인 x의 값에서 정의되어 있지 않으므로 불연속인 x의 값은 1, 2의 2개이다. **답** 2

0149 $f(x)=\begin{cases}1 & (x>1)\\0 & (x=1)\\-1 & (x<1)\end{cases}$이므로

$f(g(x))=f(3x^2)=\begin{cases}1 & (3x^2>1)\\0 & (3x^2=1)\\-1 & (3x^2<1)\end{cases}$

따라서 함수 $f(g(x))$는 $3x^2=1$인 x의 값, 즉 $x=\pm\dfrac{\sqrt{3}}{3}$에서 불연속이므로 구하는 곱은

$$\dfrac{\sqrt{3}}{3}\times\left(-\dfrac{\sqrt{3}}{3}\right)=-\dfrac{1}{3}$$

답 $-\dfrac{1}{3}$

0150 이차방정식 $x^2-2(a+1)x-4a-7=0$의 판별식을 D라 하면

$$\dfrac{D}{4}=(a+1)^2-(-4a-7)=a^2+6a+8$$

(i) 서로 다른 실근의 개수가 2인 경우

$\dfrac{D}{4}>0$에서　$a^2+6a+8>0$,　$(a+4)(a+2)>0$

$\therefore a<-4$ 또는 $a>-2$

(ii) 서로 다른 실근의 개수가 1인 경우

$\dfrac{D}{4}=0$에서　$a^2+6a+8=0$,　$(a+4)(a+2)=0$

$\therefore a=-4$ 또는 $a=-2$

(iii) 실근의 개수가 0인 경우

$\dfrac{D}{4}<0$에서　$a^2+6a+8<0$,　$(a+4)(a+2)<0$

$\therefore -4<a<-2$

이상에서　$f(a)=\begin{cases}2 & (a<-4 \text{ 또는 } a>-2)\\1 & (a=-4 \text{ 또는 } a=-2)\\0 & (-4<a<-2)\end{cases}$

따라서 함수 $f(a)$는 $a=-4$, $a=-2$에서 불연속이므로 구하는 곱은　$-4\times(-2)=8$ **답** 8

0151 $g(x)=x^2-4x+1$이라 하면

$$g(x)=(x-2)^2-3$$

이므로 구간 $(0, 5)$에서 함수 $y=g(x)$의 그래프는 오른쪽 그림과 같다.

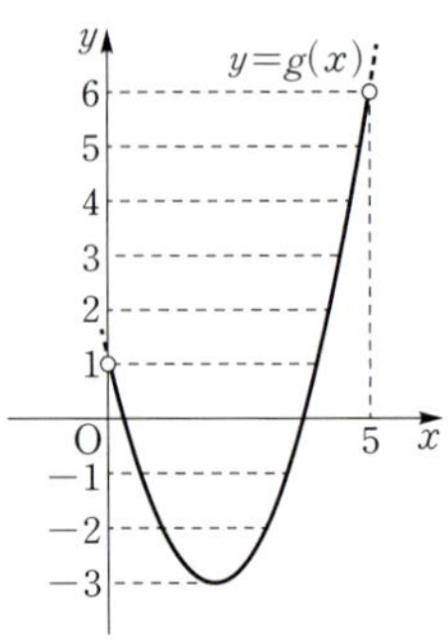

이때 $f(x)=[g(x)]$이므로 $f(x)$는 $g(x)=-2, -1, 0, \cdots, 5$를 만족시키는 x의 값에서 불연속이다.

$g(x)=-2, -1, 0$을 만족시키는 x의 값은 2개씩 존재하고 $g(x)=1, 2, 3, 4, 5$를 만족시키는 x의 값은 1개씩 존재하므로 구간 $(0, 5)$에서 $f(x)$가 불연속인 x의 개수는 11이다.

답 11

RPM 비법 노트

$g(2)=-3$이므로　$f(2)=[g(2)]=-3$

또 $x\to2$일 때 $g(x)\to-3+$이므로

$$\lim_{x\to2}f(x)=\lim_{x\to2}[g(x)]=-3$$

따라서 $\lim_{x\to2}f(x)=f(2)$이므로 함수 $f(x)$는 $x=2$, 즉 $g(x)=-3$을 만족시키는 x의 값에서 연속이다.

0152 ㄱ. $\lim_{x\to3}f(x)=0$ (거짓)

ㄴ. $\lim_{x\to1+}f(x)=2$, $\lim_{x\to1-}f(x)=1$이므로

$$\lim_{x\to1+}f(x)\neq\lim_{x\to1-}f(x)$$

따라서 $\lim_{x\to1}f(x)$의 값이 존재하지 않는다. (참)

ㄷ. ㄴ에서 $\lim_{x\to1}f(x)$의 값이 존재하지 않으므로 함수 $f(x)$는 $x=1$에서 불연속이다.

$\lim_{x\to2+}f(x)=1$, $\lim_{x\to2-}f(x)=2$이므로

$$\lim_{x\to2+}f(x)\neq\lim_{x\to2-}f(x)$$

즉 $\lim_{x\to2}f(x)$의 값이 존재하지 않으므로 함수 $f(x)$는 $x=2$에서 불연속이다.

또 $f(3)=1$이고, $\lim_{x\to3}f(x)=0$이므로

$$\lim_{x\to3}f(x)\neq f(3)$$

즉 함수 $f(x)$는 $x=3$에서 불연속이다.

따라서 함수 $f(x)$는 $x=1$, $x=2$, $x=3$에서 불연속이므로 불연속인 x의 값은 3개이다. (참)

이상에서 옳은 것은 ㄴ, ㄷ이다. **답** ④

다른 풀이 ㄷ. 함수 $y=f(x)$의 그래프가 $x=1$, $x=2$, $x=3$에서 끊어져 있으므로 함수 $f(x)$가 불연속인 x의 값은 1, 2, 3의 3개이다. (참)

0153 $\lim_{x\to1+}f(x)=1$, $\lim_{x\to1-}f(x)=4$이므로

$$\lim_{x\to1+}f(x)\neq\lim_{x\to1-}f(x)$$

즉 $\lim_{x\to1}f(x)$의 값이 존재하지 않으므로 함수 $f(x)$는 $x=1$에서 불연속이다.

또 $f(2)=5$이고, $\lim_{x\to 2} f(x)=3$이므로
$$\lim_{x\to 2} f(x)\neq f(2)$$
즉 함수 $f(x)$는 $x=2$에서 불연속이다.

따라서 $x=1$에서 극한값이 존재하지 않고 $x=1$, $x=2$에서 불연속이므로
$$a=1,\ b=2$$
$$\therefore a+b=3$$
답 ②

0154 ㄱ. $\lim_{x\to 0+} f(x)=-1$, $\lim_{x\to 0-} f(x)=-1$이므로
$$\lim_{x\to 0} f(x)=-1$$
이때 $f(0)=-2$이므로 $\quad \lim_{x\to 0} f(x)\neq f(0)$

따라서 함수 $f(x)$는 $x=0$에서 불연속이다. (거짓)

ㄴ. $\lim_{x\to -1+} f(x)=-1$, $\lim_{x\to -1-} f(x)=1$이므로
$$\lim_{x\to -1+} f(x)\neq \lim_{x\to -1-} f(x)$$
따라서 $\lim_{x\to -1} f(x)$의 값이 존재하지 않는다. (거짓)

ㄷ. ㄴ에서 $\lim_{x\to -1} f(x)$의 값이 존재하지 않으므로 함수 $f(x)$는

$x=-1$에서 불연속이다.

또 $f(1)=0$이고, $\lim_{x\to 1} f(x)=1$이므로
$$\lim_{x\to 1} f(x)\neq f(1)$$
즉 함수 $f(x)$는 $x=1$에서 불연속이다.

따라서 함수 $f(x)$는 $x=-1$, $x=0$, $x=1$에서 불연속이므로 불연속인 x의 값은 3개이다. (참)

이상에서 옳은 것은 ㄷ뿐이다.
답 ㄷ

0155 함수 $f(x)$는 $x=0$에서 불연속이고 주어진 함수 $g(x)$는 모든 실수 x에서 연속이므로 함수 $f(x)g(x)$가 $x=0$에서 연속이면 구간 $[-2,\ 2]$에서 연속이다.

ㄱ. $\lim_{x\to 0+} f(x)g(x)=\lim_{x\to 0+} f(x)\times \lim_{x\to 0+} g(x)$
$$=-1\times 0=0,$$
$\lim_{x\to 0-} f(x)g(x)=\lim_{x\to 0-} f(x)\times \lim_{x\to 0-} g(x)$
$$=1\times 0=0$$
이므로 $\quad \lim_{x\to 0} f(x)g(x)=0$

이때 $f(0)g(0)=0\times 0=0$이므로
$$\lim_{x\to 0} f(x)g(x)=f(0)g(0)$$
따라서 함수 $f(x)g(x)$는 $x=0$에서 연속이다.

ㄴ. $\lim_{x\to 0+} f(x)g(x)=\lim_{x\to 0+} f(x)\times \lim_{x\to 0+} g(x)$
$$=-1\times(-1)=1,$$
$\lim_{x\to 0-} f(x)g(x)=\lim_{x\to 0+} f(x)\times \lim_{x\to 0-} g(x)$
$$=1\times(-1)=-1$$
이므로 $\quad \lim_{x\to 0+} f(x)g(x)\neq \lim_{x\to 0-} f(x)g(x)$

따라서 $\lim_{x\to 0} f(x)g(x)$의 값이 존재하지 않으므로 함수

$f(x)g(x)$는 $x=0$에서 불연속이다.

ㄷ. $\lim_{x\to 0+} f(x)g(x)=\lim_{x\to 0+} f(x)\times \lim_{x\to 0+} g(x)$
$$=-1\times 1=-1,$$
$\lim_{x\to 0-} f(x)g(x)=\lim_{x\to 0-} f(x)\times \lim_{x\to 0-} g(x)$
$$=1\times 1=1$$
이므로 $\quad \lim_{x\to 0+} f(x)g(x)\neq \lim_{x\to 0-} f(x)g(x)$

따라서 $\lim_{x\to 0} f(x)g(x)$의 값이 존재하지 않으므로 함수

$f(x)g(x)$는 $x=0$에서 불연속이다.

이상에서 함수 $f(x)g(x)$가 구간 $[-2,\ 2]$에서 연속이 되도록 하는 함수 $y=g(x)$의 그래프는 ㄱ뿐이다.
답 ①

0156 함수 $f(x)$가 $x=1$에서 연속이려면 $\lim_{x\to 1} f(x)=f(1)$
이어야 하므로
$$\lim_{x\to 1} \frac{x^2+ax-3}{x-1}=b \qquad\qquad \cdots\cdots \ ㉠$$
$x\longrightarrow 1$일 때 (분모) $\longrightarrow 0$이고 극한값이 존재하므로 (분자) $\longrightarrow 0$
이다.

즉 $\lim_{x\to 1}(x^2+ax-3)=0$이므로
$$1+a-3=0 \quad \therefore a=2$$
$a=2$를 ㉠에 대입하면
$$b=\lim_{x\to 1} \frac{x^2+2x-3}{x-1}=\lim_{x\to 1} \frac{(x-1)(x+3)}{x-1}$$
$$=\lim_{x\to 1}(x+3)=4$$
$$\therefore a+b=6$$
답 6

0157 함수 $f(x)$가 $x=2$에서 연속이려면 $\lim_{x\to 2} f(x)=f(2)$이어야 하므로
$$a=\lim_{x\to 2} \frac{x^3-8}{x-2}=\lim_{x\to 2} \frac{(x-2)(x^2+2x+4)}{x-2}$$
$$=\lim_{x\to 2}(x^2+2x+4)=12$$
답 12

0158 $f(x)=\begin{cases} ax+2 & (|x|\geq 3) \\ x^2+x-b & (|x|<3) \end{cases}$

$$=\begin{cases} ax+2 & (x\geq 3) \\ x^2+x-b & (-3<x<3) \\ ax+2 & (x\leq -3) \end{cases}$$

이때 함수 $f(x)$가 $x=-3$, $x=3$에서 연속이면 모든 실수 x에서 연속이다.

(i) $x=-3$에서 연속이려면
$$\lim_{x\to -3+} f(x)=\lim_{x\to -3-} f(x)=f(-3)$$
이어야 하므로
$$\lim_{x\to -3+} f(x)=\lim_{x\to -3+}(x^2+x-b)=6-b,$$
$$\lim_{x\to -3-} f(x)=\lim_{x\to -3-}(ax+2)=-3a+2,$$
$$f(-3)=-3a+2$$
에서 $6-b=-3a+2$ $\therefore 3a-b=-4 \cdots\cdots ㉠$

(ii) $x=3$에서 연속이려면
$$\lim_{x \to 3+} f(x) = \lim_{x \to 3-} f(x) = f(3)$$
이어야 하므로
$$\lim_{x \to 3+} f(x) = \lim_{x \to 3+}(ax+2) = 3a+2,$$
$$\lim_{x \to 3-} f(x) = \lim_{x \to 3-}(x^2+x-b) = 12-b,$$
$$f(3) = 3a+2$$
에서 $3a+2 = 12-b$ $\therefore 3a+b=10$ ······ ㉡

㉠, ㉡을 연립하여 풀면 $a=1$, $b=7$
$$\therefore a+b = 8 \qquad \text{답 ①}$$

0159 함수 $f(x)+g(x)$가 모든 실수 x에서 연속이면 $x=1$에서 연속이므로
$$\lim_{x \to 1+}\{f(x)+g(x)\} = \lim_{x \to 1-}\{f(x)+g(x)\}$$
$$= f(1)+g(1)$$
이때
$$\lim_{x \to 1+}\{f(x)+g(x)\} = \lim_{x \to 1+} f(x) + \lim_{x \to 1+} g(x)$$
$$= 2+(1+k) = k+3,$$
$$\lim_{x \to 1-}\{f(x)+g(x)\} = \lim_{x \to 1-} f(x) + \lim_{x \to 1-} g(x)$$
$$= 1+3 = 4,$$
$$f(1)+g(1) = 2+(1+k) = k+3$$
이므로 $k+3 = 4$ $\therefore k=1$
따라서 $g(x) = \begin{cases} x+1 & (x \geq 1) \\ x^2+2 & (x<1) \end{cases}$ 이므로
$$g(5) = 6 \qquad \text{답 6}$$

0160 함수 $f(x)$가 $x=2$에서 연속이므로
$$\lim_{x \to 2} f(x) = f(2)$$
$$\therefore \lim_{x \to 2} \frac{a\sqrt{x+2}-b}{x-2} = 1 \qquad \cdots\cdots ㉠ \qquad \text{1단계}$$
$x \to 2$일 때 (분모) $\to 0$이고 극한값이 존재하므로 (분자) $\to 0$이다.
즉 $\lim\limits_{x \to 2}(a\sqrt{x+2}-b) = 0$이므로
$$2a-b = 0 \quad \therefore b=2a \qquad \cdots\cdots ㉡ \qquad \text{2단계}$$
㉡을 ㉠의 좌변에 대입하면
$$\lim_{x \to 2} \frac{a\sqrt{x+2}-2a}{x-2}$$
$$= \lim_{x \to 2} \frac{a(\sqrt{x+2}-2)(\sqrt{x+2}+2)}{(x-2)(\sqrt{x+2}+2)}$$
$$= \lim_{x \to 2} \frac{a}{\sqrt{x+2}+2}$$
$$= \frac{a}{4}$$
따라서 $\dfrac{a}{4} = 1$이므로 $a=4$
$a=4$를 ㉡에 대입하면 $b=8$
$$\therefore ab = 32 \qquad \cdots \text{3단계}$$
$$\text{답 32}$$

채점 요소		비율
1단계	$x=2$에서 연속임을 이용하여 식 세우기	20 %
2단계	a, b 사이의 관계식 구하기	30 %
3단계	ab의 값 구하기	50 %

0161 함수 $f(x)$가 $x=-1$에서 연속이므로
$$\lim_{x \to -1+} f(x) = \lim_{x \to -1-} f(x) = f(-1)$$
이때 $x \to -1+$이면 $[x]=-1$, $x \to -1-$이면 $[x]=-2$이므로
$$\lim_{x \to -1+} f(x) = (-1)^2 + (-a+2) \times (-1) = a-1,$$
$$\lim_{x \to -1-} f(x) = (-2)^2 + (-a+2) \times (-2) = 2a,$$
$$f(-1) = (-1)^2 + (-a+2) \times (-1) = a-1$$
즉 $a-1 = 2a$이므로 $a=-1$ \qquad 답 -1

0162 함수 $f(x)$가 실수 전체의 집합에서 연속이면 $x=3$에서 연속이므로 $\lim\limits_{x \to 3+} f(x) = \lim\limits_{x \to 3-} f(x) = f(3)$
이때
$$\lim_{x \to 3+} f(x) = \lim_{x \to 3+}(3x-6) = 3,$$
$$\lim_{x \to 3-} f(x) = \lim_{x \to 3-}(x^2+ax+b) = 9+3a+b,$$
$$f(3) = 3$$
이므로 $3 = 9+3a+b$ $\therefore 3a+b=-6$ ······ ㉠
또 $f(x) = f(x+5)$에서 $f(0) = f(5)$이므로 $b=9$
$b=9$를 ㉠에 대입하면
$$3a+9 = -6 \quad \therefore a=-5$$
따라서 $f(x) = \begin{cases} 3x-6 & (3 \leq x \leq 5) \\ x^2-5x+9 & (0 \leq x < 3) \end{cases}$ 이므로
$$f(16) = f(11) = f(6) = f(1) = 5 \qquad \text{답 5}$$

0163 $x \neq 1$일 때, $f(x) = \dfrac{x^2-4x+a}{x-1}$
함수 $f(x)$가 모든 실수 x에서 연속이므로 $x=1$에서 연속이다.
$$\therefore f(1) = \lim_{x \to 1} f(x) = \lim_{x \to 1} \frac{x^2-4x+a}{x-1}$$
$x \to 1$일 때 (분모) $\to 0$이고 극한값이 존재하므로 (분자) $\to 0$이다.
즉 $\lim\limits_{x \to 1}(x^2-4x+a) = 0$이므로
$$-3+a = 0 \quad \therefore a=3$$
$$\therefore f(1) = \lim_{x \to 1} \frac{x^2-4x+3}{x-1} = \lim_{x \to 1} \frac{(x-1)(x-3)}{x-1}$$
$$= \lim_{x \to 1}(x-3) = -2 \qquad \text{답 ①}$$

0164 $x \neq 2$일 때
$$f(x) = \frac{x^2+2x-8}{x-2} = \frac{(x-2)(x+4)}{x-2} = x+4$$
함수 $f(x)$가 모든 실수 x에서 연속이므로 $x=2$에서 연속이다.
$$\therefore f(2) = \lim_{x \to 2} f(x) = \lim_{x \to 2}(x+4) = 6 \qquad \text{답 6}$$

0165 $x \neq 4$일 때

$$f(x) = \frac{x\sqrt{x}-8}{\sqrt{x}-2} = \frac{(\sqrt{x})^3 - 2^3}{\sqrt{x}-2}$$
$$= \frac{(\sqrt{x}-2)(x+2\sqrt{x}+4)}{\sqrt{x}-2}$$
$$= x + 2\sqrt{x} + 4$$

함수 $f(x)$가 $x \geq 0$인 모든 실수 x에서 연속이므로 $x=4$에서 연속이다.

$$\therefore f(4) = \lim_{x \to 4} f(x) = \lim_{x \to 4}(x + 2\sqrt{x} + 4) = 12$$

답 ③

0166 $x \neq 1$일 때, $\quad f(x) = \dfrac{a\sqrt{x+3}+b}{x-1}$

함수 $f(x)$가 $x \geq -3$인 모든 실수 x에서 연속이면 $x=1$에서 연속이므로 $\quad \lim_{x \to 1} f(x) = f(1)$

$$\therefore \lim_{x \to 1} \frac{a\sqrt{x+3}+b}{x-1} = 2 \quad \cdots\cdots \text{㉠} \quad \cdots \boxed{1단계}$$

$x \to 1$일 때 (분모) $\to 0$이고 극한값이 존재하므로 (분자) $\to 0$이다.

즉 $\lim_{x \to 1}(a\sqrt{x+3}+b) = 0$이므로

$$2a + b = 0 \quad \therefore b = -2a \quad \cdots\cdots \text{㉡} \quad \cdots \boxed{2단계}$$

㉡을 ㉠의 좌변에 대입하면

$$\lim_{x \to 1} \frac{a\sqrt{x+3}-2a}{x-1} = \lim_{x \to 1} \frac{a(\sqrt{x+3}-2)(\sqrt{x+3}+2)}{(x-1)(\sqrt{x+3}+2)}$$
$$= \lim_{x \to 1} \frac{a}{\sqrt{x+3}+2} = \frac{a}{4}$$

따라서 $\dfrac{a}{4} = 2$이므로 $\quad a = 8$

$a=8$을 ㉡에 대입하면 $\quad b = -16$

$$\therefore a - b = 24 \quad \cdots \boxed{3단계}$$

답 24

	채점 요소	비율
1단계	$x=1$에서 연속임을 이용하여 식 세우기	20 %
2단계	a, b 사이의 관계식 구하기	30 %
3단계	$a-b$의 값 구하기	50 %

0167 두 함수 $f(x) = x-5$, $g(x) = x^2+3x+5$는 다항함수이므로 모든 실수 x에서 연속이다.

① 두 함수 $f(x)$, $3g(x)$가 모든 실수 x에서 연속이므로 함수 $f(x) - 3g(x)$도 모든 실수 x에서 연속이다.

② 두 함수 $f(x)$, $g(x)$는 실수 전체의 집합에서 정의되어 있고 모든 실수 x에서 연속이므로 함수 $g(f(x))$도 모든 실수 x에서 연속이다.

③ $\dfrac{f(x)}{g(x)} = \dfrac{x-5}{x^2+3x+5}$

이때 $x^2+3x+5 = \left(x + \dfrac{3}{2}\right)^2 + \dfrac{11}{4} > 0$이므로 함수 $\dfrac{f(x)}{g(x)}$는 모든 실수 x에서 연속이다.

④ $\dfrac{g(x)}{f(x)} = \dfrac{x^2+3x+5}{x-5}$는 $x=5$에서 정의되어 있지 않으므로 $x=5$에서 불연속이다.

⑤ 두 함수 $f(x)$, $g(x)$가 모든 실수 x에서 연속이므로 함수 $f(x)g(x)$도 모든 실수 x에서 연속이다.

답 ④

0168 ① 두 함수 $2f(x)$, $g(x)$가 $x=a$에서 연속이므로 함수 $2f(x) - g(x)$도 $x=a$에서 연속이다.

② 두 함수 $f(x)$, $g(x)$가 $x=a$에서 연속이므로 함수 $f(x)g(x)$도 $x=a$에서 연속이다.

③ [반례] $f(x) = 2x$, $g(x) = x+a$이면 두 함수 $f(x)$, $g(x)$는 모두 $x=a$에서 연속이지만

$$\frac{f(x)}{f(x) - g(x)} = \frac{2x}{x-a}$$

는 $x=a$에서 정의되어 있지 않으므로 $x=a$에서 불연속이다.

④ 함수 $f(x)$가 $x=a$에서 연속이므로 함수 $\{f(x)\}^2$도 $x=a$에서 연속이다.

⑤ [반례] $a \neq 0$일 때, $f(x) = x-a$, $g(x) = \dfrac{1}{x}$이면 두 함수 $f(x)$, $g(x)$는 모두 $x=a$에서 연속이지만

$$g(f(x)) = \frac{1}{x-a}$$

은 $x=a$에서 불연속이다.

답 ③, ⑤

0169 ㄱ. [반례] $f(x) = \begin{cases} 0 & (x>0) \\ -1 & (x \leq 0) \end{cases}$,

$g(x) = \begin{cases} -1 & (x>0) \\ 0 & (x \leq 0) \end{cases}$이면

$$f(x) + g(x) = -1, \quad f(x)g(x) = 0$$

이므로 두 함수 $f(x)+g(x)$, $f(x)g(x)$는 모두 $x=0$에서 연속이지만 함수

$$f(x) - g(x) = \begin{cases} 1 & (x>0) \\ -1 & (x \leq 0) \end{cases}$$

은 $x=0$에서 불연속이다.

ㄴ. $\{f(x)\}^2 + \{g(x)\}^2 = \{f(x)+g(x)\}^2 - 2f(x)g(x)$

이때 두 함수 $f(x)+g(x)$, $f(x)g(x)$가 모두 $x=0$에서 연속이므로 함수 $\{f(x)\}^2 + \{g(x)\}^2$도 $x=0$에서 연속이다.

ㄷ. $\{f(x)\}^3 + \{g(x)\}^3$
$= \{f(x)+g(x)\}^3 - 3f(x)g(x)\{f(x)+g(x)\}$

이때 두 함수 $f(x)+g(x)$, $f(x)g(x)$가 모두 $x=0$에서 연속이므로 함수 $\{f(x)\}^3 + \{g(x)\}^3$도 $x=0$에서 연속이다.

이상에서 $x=0$에서 항상 연속인 함수는 ㄴ, ㄷ이다. **답 ④**

0170 두 함수 $f(x)$, $g(x)$가 모든 실수 x에서 연속이므로 함수 $\dfrac{f(x)}{g(x)} = \dfrac{x+1}{x^2-2ax+3}$이 모든 실수 x에서 연속이려면 모든 실수 x에 대하여 $x^2-2ax+3 \neq 0$이어야 한다.

따라서 이차방정식 $x^2-2ax+3=0$의 판별식을 D라 하면
$$\frac{D}{4}=a^2-3<0, \qquad (a+\sqrt{3})(a-\sqrt{3})<0$$
$$\therefore -\sqrt{3}<a<\sqrt{3}$$
즉 정수 a는 -1, 0, 1의 3개이다.   **답** **3**

0171 $\dfrac{f(x)}{\sqrt{g(x)}}=\dfrac{x^2+2x}{\sqrt{x^3-8}}=\dfrac{x(x+2)}{\sqrt{(x-2)(x^2+2x+4)}}$이므로

함수 $\dfrac{f(x)}{\sqrt{g(x)}}$는 $(x-2)(x^2+2x+4)>0$인 구간에서 연속이다.

이때 $x^2+2x+4=(x+1)^2+3>0$이므로 $x-2>0$
$$\therefore x>2$$
따라서 함수 $\dfrac{f(x)}{\sqrt{g(x)}}$가 연속인 구간은

$(2, \infty)$ **답** $(2, \infty)$

0172 두 함수 $\dfrac{1}{f(x)}=\dfrac{1}{x^2+4x+k^2}$, $\sqrt{g(x)}=\sqrt{x^2-x-k}$

가 모든 실수 x에서 연속이려면 모든 실수 x에 대하여
$x^2+4x+k^2\neq0$, $x^2-x-k\geq0$이어야 한다.
따라서 이차방정식 $x^2+4x+k^2=0$의 판별식을 D_1이라 하면
$$\frac{D_1}{4}=4-k^2<0, \qquad (k+2)(k-2)>0$$
$$\therefore k<-2 \text{ 또는 } k>2 \qquad \cdots\cdots ㉠$$
또 이차방정식 $x^2-x-k=0$의 판별식을 D_2라 하면
$$D_2=1+4k\leq0 \quad \therefore k\leq-\frac{1}{4} \qquad \cdots\cdots ㉡$$
㉠, ㉡에서 $k<-2$ **답** ①

0173 ① 함수 $f(x)$가 불연속인 x의 값은 0, 1의 2개이다.
③ $\lim\limits_{x\to1+}f(x)=1$, $\lim\limits_{x\to1-}f(x)=3$이므로
$$\lim\limits_{x\to1+}f(x)\neq\lim\limits_{x\to1-}f(x)$$
따라서 $\lim\limits_{x\to1}f(x)$의 값은 존재하지 않는다.
④ 함수 $f(x)$는 구간 $[-1, 2]$에서 최솟값을 갖지 않는다.
⑤ 함수 $f(x)$는 구간 $\left[-\dfrac{3}{2}, 0\right]$에서 연속이므로 최대·최소 정리에 의하여 최댓값을 갖는다.

      답 ④

0174 $f(x)=\dfrac{2x+1}{x-1}=\dfrac{3}{x-1}+2$

이므로 구간 $[2, 4]$에서 함수 $y=f(x)$의
그래프는 오른쪽 그림과 같다.
따라서 함수 $f(x)$는
    $x=2$에서 최댓값 5,
    $x=4$에서 최솟값 3
을 가지므로 구하는 곱은 $5\times3=15$ **답** **15**

0175 ㄱ. 함수 $f(x)g(x)$는 구간 $[a, b]$에서 연속이므로 최대·최소 정리에 의하여 반드시 최댓값과 최솟값을 갖는다.
ㄴ. [반례] $f(x)=x$, $g(x)=x^2$이면 $f(x)$, $g(x)$는 구간

    $[-1, 1]$에서 모두 연속이지만 $\dfrac{f(x)}{g(x)}=\dfrac{1}{x}$은 구간

    $[-1, 1]$에서 최댓값과 최솟값을 갖지 않는다.

ㄷ. [반례] $f(x)=\dfrac{1}{x}$, $g(x)=x-2$이면 $f(x)$, $g(x)$는 구간

    $[1, 3]$에서 모두 연속이지만 $f(g(x))=\dfrac{1}{x-2}$은 구간

    $[1, 3]$에서 최댓값과 최솟값을 갖지 않는다.

이상에서 구간 $[a, b]$에서 반드시 최댓값과 최솟값을 갖는 함수
는 ㄱ뿐이다.   **답** ①

0176 $f(x)=2x^3-x^2-x-1$이라 하면 함수 $f(x)$는 모든 실
수 x에서 연속이고
$$f(-1)=-3<0, \ f(0)=-1<0, \ f(1)=-1<0,$$
$$f(2)=9>0, \ f(3)=41>0, \ f(4)=107>0$$
따라서 $f(1)f(2)<0$이므로 사잇값 정리에 의하여 주어진 방정
식의 실근이 존재하는 구간은 $(1, 2)$이다.   **답** ③

0177 $f(-2)f(-1)<0$, $f(2)f(3)<0$
이므로 사잇값 정리에 의하여 방정식 $f(x)=0$은 구간
$(-2, -1)$, $(2, 3)$에서 각각 적어도 하나의 실근을 갖는다.
또 $f(1)=0$이므로 방정식 $f(x)=0$은 구간 $(-2, 3)$에서 적어
도 3개의 실근을 갖는다.   **답** **3개**

0178 ㄱ. $f(x)=x^3+x-5$라 하면 함수 $f(x)$는 구간
    $[1, 2]$에서 연속이고
$$f(1)=-3<0, \ f(2)=5>0$$
    따라서 $f(1)f(2)<0$이므로 사잇값 정리에 의하여 방정식
    $f(x)=0$은 구간 $(1, 2)$에서 실근을 갖는다.
ㄴ. $x^3-2x=3$에서 $x^3-2x-3=0$
    $f(x)=x^3-2x-3$이라 하면 함수 $f(x)$는 구간 $[1, 2]$에서
    연속이고
$$f(1)=-4<0, \ f(2)=1>0$$
    따라서 $f(1)f(2)<0$이므로 사잇값 정리에 의하여 방정식
    $f(x)=0$은 구간 $(1, 2)$에서 실근을 갖는다.
ㄷ. $f(x)=-x^3+2x+2$라 하면 함수 $f(x)$는 구간 $[1, 2]$에
    서 연속이고
$$f(1)=3>0, \ f(2)=-2<0$$
    따라서 $f(1)f(2)<0$이므로 사잇값 정리에 의하여 방정식
    $f(x)=0$은 구간 $(1, 2)$에서 실근을 갖는다.
이상에서 ㄱ, ㄴ, ㄷ 모두 구간 $(1, 2)$에서 실근을 갖는다.

    답 ㄱ, ㄴ, ㄷ

0179 $g(x)=f(x)-1$이라 하면 $f(x)$가 연속함수이므로
$g(x)$도 연속함수이다.   ··· **1단계**

방정식 $f(x)=1$, 즉 $g(x)=0$이 구간 $(1, 3)$에서 중근이 아닌 한 실근을 가지려면 $g(1)g(3)<0$이어야 한다.

이때

$$g(1)=f(1)-1=k-1,$$
$$g(3)=f(3)-1=(k-5)-1=k-6$$

이므로 $\quad (k-1)(k-6)<0$

$$\therefore 1<k<6 \qquad \cdots \boxed{\text{2단계}}$$

따라서 정수 k는 2, 3, 4, 5이므로 구하는 합은

$$2+3+4+5=14 \qquad \cdots \boxed{\text{3단계}}$$

$$\boxed{\text{답}} \ \mathbf{14}$$

채점 요소		비율
1단계	$g(x)=f(x)-1$로 놓고 $g(x)$가 연속함수임을 알기	20 %
2단계	k의 값의 범위 구하기	60 %
3단계	정수 k의 값의 합 구하기	20 %

0180 자동차의 속력이 연속하여 변하므로 사잇값 정리에 의하여 속력이 83 km/h에서 98 km/h로 변하는 11시 30분과 12시 사이에 속력이 95 km/h인 순간이 적어도 한 번 존재한다.

또 속력이 98 km/h에서 55 km/h로 변하는 12시와 12시 30분 사이에 속력이 95 km/h인 순간이 적어도 한 번 존재한다.

따라서 k의 최솟값은 2이다. $\qquad \boxed{\text{답}} \ ②$

0181 몸무게는 연속하여 변하므로 사잇값 정리에 의하여 2년 전부터 1년 전 사이에 몸무게가 66 kg, 67 kg, 69 kg, 71 kg, 72 kg인 때가 각각 적어도 한 번 있었다.

또 1년 전부터 현재 사이에 몸무게가 69 kg, 71 kg, 72 kg인 때가 각각 적어도 한 번 있었다.

② 몸무게가 67 kg인 때는 적어도 한 번 있었다.

$$\boxed{\text{답}} \ ②$$

0182 함수 $g(f(x))$가 실수 전체의 집합에서 연속이면 $x=1$에서 연속이므로

$$\lim_{x \to 1+} g(f(x)) = \lim_{x \to 1-} g(f(x)) = g(f(1))$$

$f(x)=t$로 놓으면 $x \to 1+$일 때 $t \to 2-$이고, $x \to 1-$일 때 $t \to 3-$이므로

$$\lim_{x \to 1+} g(f(x)) = \lim_{t \to 2-} g(t) = g(2) = 2a+4,$$
$$\lim_{x \to 1-} g(f(x)) = \lim_{t \to 3-} g(t) = g(3) = 3a+9,$$
$$g(f(1)) = g(2) = 2a+4$$

즉 $2a+4=3a+9$이므로

$$a=-5 \qquad \boxed{\text{답}} \ ①$$

0183 주어진 그래프에서

$$f(x) = \begin{cases} \dfrac{1}{2}x & (x<2) \\[2mm] \dfrac{1}{2}x+2 & (x \geq 2) \end{cases} \qquad \cdots \boxed{\text{1단계}}$$

$f(x)=t$로 놓으면 $x \to 2+$일 때 $t \to 3+$이고, $x \to 2-$일 때 $t \to 1-$이므로

$$\lim_{x \to 2+} (f \circ f)(x) = \lim_{x \to 2+} f(f(x)) = \lim_{t \to 3+} f(t)$$
$$= f(3) = \frac{7}{2},$$
$$\lim_{x \to 2-} (f \circ f)(x) = \lim_{x \to 2-} f(f(x)) = \lim_{t \to 1-} f(t)$$
$$= f(1) = \frac{1}{2} \qquad \cdots \boxed{\text{2단계}}$$

$$\therefore \lim_{x \to 2+} (f \circ f)(x) \neq \lim_{x \to 2-} (f \circ f)(x)$$

따라서 $\lim_{x \to 2} (f \circ f)(x)$의 값이 존재하지 않으므로 함수 $(f \circ f)(x)$는 $x=2$에서 불연속이다. $\qquad \cdots \boxed{\text{3단계}}$

$$\boxed{\text{답}} \ \textbf{불연속}$$

채점 요소		비율
1단계	$f(x)$ 구하기	20 %
2단계	$\lim\limits_{x \to 2+}(f \circ f)(x)$, $\lim\limits_{x \to 2-}(f \circ f)(x)$의 값 구하기	60 %
3단계	$x=2$에서 불연속임을 알기	20 %

0184 ㄱ. $\lim\limits_{x \to 0} f(x)g(x) = \lim\limits_{x \to 0} f(x) \times \lim\limits_{x \to 0} g(x)$

$$= 0 \times 0 = 0$$

이때 $f(0)g(0)=1 \times 0 = 0$이므로

$$\lim_{x \to 0} f(x)g(x) = f(0)g(0)$$

따라서 함수 $f(x)g(x)$는 $x=0$에서 연속이다.

ㄴ. $g(x)=t$로 놓으면 $x \to 0$일 때 $t \to 0$이므로

$$\lim_{x \to 0} f(g(x)) = f(0) = 1$$

이때 $f(g(0))=f(0)=1$이므로

$$\lim_{x \to 0} f(g(x)) = f(g(0))$$

따라서 함수 $f(g(x))$는 $x=0$에서 연속이다.

ㄷ. $f(x)=s$로 놓으면 $x \to 0+$일 때 $s \to 0-$이고, $x \to 0-$일 때 $s \to 0+$이므로

$$\lim_{x \to 0+} g(f(x)) = \lim_{s \to 0-} g(s) = 0,$$
$$\lim_{x \to 0-} g(f(x)) = \lim_{s \to 0+} g(s) = 0$$
$$\therefore \lim_{x \to 0} g(f(x)) = 0$$

이때 $g(f(0))=g(1)=0$이므로

$$\lim_{x \to 0} g(f(x)) = g(f(0))$$

따라서 함수 $g(f(x))$는 $x=0$에서 연속이다.

이상에서 ㄱ, ㄴ, ㄷ 모두 $x=0$에서 연속이다. $\quad \boxed{\text{답}} \ ㄱ, ㄴ, ㄷ$

0185 조건 ㈎에서 $x \to -1$일 때 (분모) $\to 0$이고 극한값이 존재하므로 (분자) $\to 0$이다.

즉 $\lim\limits_{x \to -1} f(x)=0$이므로 $\quad f(-1)=0 \qquad \cdots\cdots ㉠$

또 조건 ㈏에서 $x \to 2$일 때 (분모) $\to 0$이고 극한값이 존재하므로 (분자) $\to 0$이다.

즉 $\lim\limits_{x \to 2} f(x)=0$이므로 $\quad f(2)=0 \qquad \cdots\cdots ㉡$

㉠, ㉡에서 $f(x)=(x+1)(x-2)g(x)$ ($g(x)$는 다항함수)라
하면 $g(x)$는 모든 실수 x에서 연속이므로
$$\lim_{x \to -1} \frac{f(x)}{x+1} = \lim_{x \to -1} \frac{(x+1)(x-2)g(x)}{x+1}$$
$$= \lim_{x \to -1} (x-2)g(x)$$
$$= -3g(-1) = a,$$
$$\lim_{x \to 2} \frac{f(x)}{x-2} = \lim_{x \to 2} \frac{(x+1)(x-2)g(x)}{x-2}$$
$$= \lim_{x \to 2} (x+1)g(x)$$
$$= 3g(2) = b$$
즉 $g(-1) = -\dfrac{a}{3}$, $g(2) = \dfrac{b}{3}$이므로
$$g(-1)g(2) = -\frac{ab}{9} < 0 \ (\because ab > 0)$$
따라서 사잇값 정리에 의하여 방정식 $g(x)=0$은 구간 $(-1, 2)$
에서 적어도 하나의 실근을 갖는다.

즉 방정식 $f(x)=0$은 구간 $(-1, 2)$에서 적어도 하나의 실근을
갖고, ㉠, ㉡에 의하여 $x=-1$, $x=2$도 방정식 $f(x)=0$의 근
이므로 구간 $[-1, 2]$에서 적어도 3개의 실근을 갖는다.

답 ③

0186 조건 ㈎의 식에
$x=1$을 대입하면 $f(5)=f(3)$
$x=4$를 대입하면 $f(8)=f(0)$
이때 조건 ㈏에서 $f(0)f(3)<0$이므로
$$f(8)f(5)<0$$
조건 ㈐에서 $f(4)f(5)<0$이므로
$$f(4)f(3)<0$$
따라서 사잇값 정리에 의하여 방정식 $f(x)=0$은 구간
$$(0, 3), \ (3, 4), \ (4, 5), \ (5, 8)$$
에서 각각 적어도 하나의 실근을 갖는다.
즉 적어도 4개의 실근을 가지므로
$$k=4$$

답 4

• 본책 033~035쪽

시험에 꼭 나오는 문제

0187 ① 함수 $f(x)$는 $x<-1$에서 정의되지 않으므로
$x \geq -1$, 즉 구간 $[-1, \infty)$에서 연속이다.

② $f(0)$의 값이 존재하지 않으므로 함수 $f(x)$는 $x=0$에서 불연
속이다.

③ $f(x) = \dfrac{x+3}{x^2-x-2} = \dfrac{x+3}{(x+1)(x-2)}$
즉 $f(-1)$, $f(2)$의 값이 정의되어 있지 않으므로 함수 $f(x)$
는 $x=-1$, $x=2$에서 불연속이다.

④ 함수 $f(x)$가 $x=0$에서 연속이면 모든 실수 x에서 연속이다.
$$\lim_{x \to 0+} f(x) = \lim_{x \to 0+} \frac{x^3}{|x|} = \lim_{x \to 0+} \frac{x^3}{x} = \lim_{x \to 0+} x^2 = 0,$$
$$\lim_{x \to 0-} f(x) = \lim_{x \to 0-} \frac{x^3}{|x|} = \lim_{x \to 0-} \frac{x^3}{-x}$$
$$= \lim_{x \to 0-} (-x^2) = 0$$
이므로 $\lim\limits_{x \to 0} f(x) = 0$
이때 $f(0)=0$이므로 $\lim\limits_{x \to 0} f(x) = f(0)$
즉 함수 $f(x)$는 $x=0$에서 연속이므로 모든 실수 x에서 연속
이다.

⑤ $\lim\limits_{x \to 1+} f(x) = \lim\limits_{x \to 1+} \dfrac{x^2-x}{|x-1|} = \lim\limits_{x \to 1+} \dfrac{x(x-1)}{x-1}$
$$= \lim_{x \to 1+} x = 1$$
$\lim\limits_{x \to 1-} f(x) = \lim\limits_{x \to 1-} \dfrac{x^2-x}{|x-1|} = \lim\limits_{x \to 1-} \dfrac{x(x-1)}{-(x-1)}$
$$= \lim_{x \to 1-} (-x) = -1$$
$$\therefore \lim_{x \to 1+} f(x) \neq \lim_{x \to 1-} f(x)$$
즉 $\lim\limits_{x \to 1} f(x)$의 값이 존재하지 않으므로 함수 $f(x)$는 $x=1$에
서 불연속이다.

답 ④

0188 함수 $f(x)=[3x]$는 $3x$가 정수가 되는 x의 값에서 불연
속이다.
이때 $-\dfrac{4}{3} < x < 1$에서 $-4 < 3x < 3$
따라서 $3x = -3, -2, -1, 0, 1, 2$인 x의 값, 즉
$$x = -1, \ -\frac{2}{3}, \ -\frac{1}{3}, \ 0, \ \frac{1}{3}, \ \frac{2}{3}$$
에서 불연속이므로 구하는 x의 개수는 6이다.

답 ④

0189 ㄱ. $\lim\limits_{x \to -1+} \{f(x)+g(x)\}$
$$= \lim_{x \to -1+} f(x) + \lim_{x \to -1+} g(x)$$
$$= -1 + (-1) = -2,$$
$\lim\limits_{x \to -1-} \{f(x)+g(x)\} = \lim\limits_{x \to -1-} f(x) + \lim\limits_{x \to -1-} g(x)$
$$= 1 + 1 = 2$$
이므로 $\lim\limits_{x \to -1+} \{f(x)+g(x)\} \neq \lim\limits_{x \to -1-} \{f(x)+g(x)\}$
따라서 $\lim\limits_{x \to -1} \{f(x)+g(x)\}$의 값이 존재하지 않으므로 함수
$f(x)+g(x)$는 $x=-1$에서 불연속이다. (거짓)

ㄴ. $\lim\limits_{x \to 1+} \{f(x)-g(x)\} = \lim\limits_{x \to 1+} f(x) - \lim\limits_{x \to 1+} g(x)$
$$= -1 - 1 = -2,$$
$\lim\limits_{x \to 1-} \{f(x)-g(x)\} = \lim\limits_{x \to 1-} f(x) - \lim\limits_{x \to 1-} g(x)$
$$= 1 - (-1) = 2$$
이므로 $\lim\limits_{x \to 1+} \{f(x)-g(x)\} \neq \lim\limits_{x \to 1-} \{f(x)-g(x)\}$
따라서 $\lim\limits_{x \to 1} \{f(x)-g(x)\}$의 값이 존재하지 않으므로 함수
$f(x)-g(x)$는 $x=1$에서 불연속이다. (거짓)

ㄷ. $\displaystyle\lim_{x\to-1+}f(x)g(x)=\lim_{x\to-1+}f(x)\times\lim_{x\to-1+}g(x)$
$$=-1\times(-1)=1,$$
$\displaystyle\lim_{x\to-1-}f(x)g(x)=\lim_{x\to-1-}f(x)\times\lim_{x\to-1-}g(x)$
$$=1\times1=1$$

이므로 $\displaystyle\lim_{x\to-1}f(x)g(x)=1$

이때 $f(-1)g(-1)=1\times1=1$이므로
$$\lim_{x\to-1}f(x)g(x)=f(-1)g(-1)$$

따라서 함수 $f(x)g(x)$는 $x=-1$에서 연속이다. (참)

ㄹ. $\displaystyle\lim_{x\to1+}\frac{f(x)}{g(x)}=\frac{\displaystyle\lim_{x\to1+}f(x)}{\displaystyle\lim_{x\to1+}g(x)}=\frac{-1}{1}=-1,$

$\displaystyle\lim_{x\to1-}\frac{f(x)}{g(x)}=\frac{\displaystyle\lim_{x\to1-}f(x)}{\displaystyle\lim_{x\to1-}g(x)}=\frac{1}{-1}=-1$

이므로 $\displaystyle\lim_{x\to1}\frac{f(x)}{g(x)}=-1$

이때 $\dfrac{f(1)}{g(1)}=\dfrac{-1}{1}=-1$이므로
$$\lim_{x\to1}\frac{f(x)}{g(x)}=\frac{f(1)}{g(1)}$$

따라서 함수 $\dfrac{f(x)}{g(x)}$는 $x=1$에서 연속이다. (참)

이상에서 옳은 것은 ㄷ, ㄹ이다. **답** ㄷ, ㄹ

0190 함수 $f(x)$가 $x=a$에서 연속이면 구간 $(-\infty,\ \infty)$에 연속이므로
$$\lim_{x\to a+}f(x)=\lim_{x\to a-}f(x)=f(a)$$
이때
$$\lim_{x\to a+}f(x)=\lim_{x\to a+}4x=4a,$$
$$\lim_{x\to a-}f(x)=\lim_{x\to a-}(x^2-5)=a^2-5,$$
$$f(a)=4a$$
이므로 $4a=a^2-5,\quad a^2-4a-5=0$
$$(a+1)(a-5)=0\quad\therefore a=-1\ \text{또는}\ a=5$$
따라서 구하는 합은 $-1+5=4$ **답** 4

0191 함수 $f(x)$가 $x=-1$에서 연속이려면
$\displaystyle\lim_{x\to-1}f(x)=f(-1)$이어야 하므로
$$\lim_{x\to-1}\frac{x^2+ax+b}{x+1}=2\qquad\cdots\cdots\ \text{㉠}$$
$x\to-1$일 때 (분모) $\to0$이고 극한값이 존재하므로
(분자) $\to0$이다.
즉 $\displaystyle\lim_{x\to-1}(x^2+ax+b)=0$이므로
$$1-a+b=0\quad\therefore b=a-1\qquad\cdots\cdots\ \text{㉡}$$
㉡을 ㉠의 좌변에 대입하면
$$\lim_{x\to-1}\frac{x^2+ax+a-1}{x+1}=\lim_{x\to-1}\frac{(x+1)(x+a-1)}{x+1}$$
$$=\lim_{x\to-1}(x+a-1)$$
$$=-2+a$$

따라서 $-2+a=2$이므로 $a=4$
$a=4$를 ㉡에 대입하면 $b=3$
$$\therefore a+b=7\qquad\qquad\text{**답** 7}$$

0192 $\displaystyle\lim_{x\to\infty}\frac{f(x)}{x^2-3x-5}=2$에서 $f(x)$는 최고차항의 계수가 2인 이차함수이므로
$$f(x)=2x^2+ax+b\ (a,\ b\text{는 상수})$$
라 하면 $f(x)g(x)=\begin{cases}\dfrac{2x^2+ax+b}{x-3}&(x\neq3)\\[2mm]2x^2+ax+b&(x=3)\end{cases}$

이때 함수 $f(x)g(x)$가 실수 전체의 집합에서 연속이므로 $x=3$에서 연속이다.

즉 $\displaystyle\lim_{x\to3}f(x)g(x)=f(3)g(3)$이므로
$$\lim_{x\to3}\frac{2x^2+ax+b}{x-3}=18+3a+b\qquad\cdots\cdots\ \text{㉠}$$

$x\to3$일 때 (분모) $\to0$이고 극한값이 존재하므로
(분자) $\to0$이다.
즉 $\displaystyle\lim_{x\to3}(2x^2+ax+b)=0$이므로 $18+3a+b=0$
$$\therefore b=-3a-18\qquad\cdots\cdots\ \text{㉡}$$
㉡을 ㉠의 좌변에 대입하면
$$\lim_{x\to3}\frac{2x^2+ax-3a-18}{x-3}=\lim_{x\to3}\frac{(x-3)(2x+a+6)}{x-3}$$
$$=\lim_{x\to3}(2x+a+6)$$
$$=12+a$$
즉 $12+a=0$이므로 $a=-12$
$a=-12$를 ㉡에 대입하면 $b=18$
따라서 $f(x)=2x^2-12x+18$이므로
$$f(1)=8\qquad\qquad\text{**답** ①}$$

0193 $x\neq0$일 때, $f(x)=\dfrac{x^2-x}{\sqrt{1+x}-\sqrt{1-x}}$

함수 $f(x)$가 구간 $(-1,\ 1)$에서 연속이면 $x=0$에서도 연속이므로
$$f(0)=\lim_{x\to0}f(x)=\lim_{x\to0}\frac{x^2-x}{\sqrt{1+x}-\sqrt{1-x}}$$
$$=\lim_{x\to0}\frac{x(x-1)(\sqrt{1+x}+\sqrt{1-x})}{(\sqrt{1+x}-\sqrt{1-x})(\sqrt{1+x}+\sqrt{1-x})}$$
$$=\lim_{x\to0}\frac{(x-1)(\sqrt{1+x}+\sqrt{1-x})}{2}$$
$$=-1\qquad\qquad\text{**답** ②}$$

0194 ㄱ. $h(x)=f(x)+g(x)$라 하면
$$g(x)=h(x)-f(x)$$
이때 두 함수 $f(x)$, $h(x)$가 모든 실수 x에서 연속이므로 함수 $g(x)$도 모든 실수 x에서 연속이다. (참)

ㄴ. [반례] $f(x)=\begin{cases}1&(x>1)\\-1&(x\leq1)\end{cases}$, $g(x)=|x|$이면
$$g(f(x))=1$$

따라서 함수 $g(f(x))$는 $x=1$에서 연속이지만 함수 $f(x)$는 $x=1$에서 불연속이다. (거짓)

ㄷ. [반례] $f(x)=\dfrac{1}{x}$, $g(x)=x-1$이면

$$f(g(x))=\dfrac{1}{x-1}$$

따라서 두 함수 $f(x)$, $g(x)$는 모두 $x=1$에서 연속이지만 함수 $f(g(x))$는 $x=1$에서 불연속이다. (거짓)

이상에서 옳은 것은 ㄱ뿐이다. **답** ①

0195 함수 $y=f(x)$의 그래프는 오른쪽 그림과 같다.

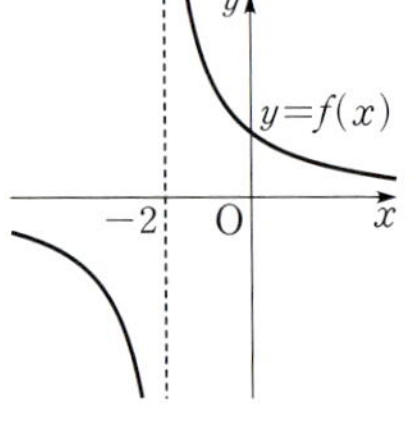

① $-5\leq x<-2$일 때, 최솟값은 없다.

②, ④, ⑤ $f(x)$는 주어진 구간에서 연속이므로 최대·최소 정리에 의하여 이 구간에서 반드시 최댓값과 최솟값을 갖는다.

③ $-2<x\leq 3$일 때, 최솟값은 $f(3)=1$

답 ①

0196 $f(x)=x^3+x^2-1$이라 하면 함수 $f(x)$는 모든 실수 x에서 연속이고

$$f(-1)=-1<0,\ f\left(-\dfrac{1}{2}\right)=-\dfrac{7}{8}<0,\ f(0)=-1<0,$$

$$f\left(\dfrac{1}{2}\right)=-\dfrac{5}{8}<0,\ f(1)=1>0,\ f(2)=11>0$$

따라서 $f\left(\dfrac{1}{2}\right)f(1)<0$이므로 사잇값 정리에 의하여 주어진 방정식의 실근이 존재하는 구간은 $\left(\dfrac{1}{2},\ 1\right)$이다. **답** ④

0197 버스가 A 정류장을 출발한 지 x시간 후의 버스의 속력을 $f(x)$ km/h라 하고 A 정류장을 출발한 지 각각 b시간, c시간 후에 B 정류장, C 정류장에 도착하였다고 하면

$$f(0)=0,\ f(b)=0,\ f(c)=0$$

이때 $0<\alpha<b$, $b<\beta<c$이고 $f(\alpha)=58$, $f(\beta)=68$인 α, β가 존재하므로 사잇값 정리에 의하여 $f(k)=30$인 k가 구간

$$(0,\ \alpha),\ (\alpha,\ b),\ (b,\ \beta),\ (\beta,\ c)$$

에 각각 적어도 하나씩 존재한다.

따라서 버스의 속력이 30 km/h인 순간은 적어도 4번 존재하므로 $n=4$ **답** ④

0198 함수 $g(f(x))$가 모든 실수 x에서 연속이면 $x=-1$에서 연속이므로

$$\lim_{x\to-1+}g(f(x))=\lim_{x\to-1-}g(f(x))=g(f(-1))$$

$f(x)=t$로 놓으면 $x\to-1+$일 때 $t\to2-$이고,

$x\to-1-$일 때 $t\to0-$이므로

$$\lim_{x\to-1+}g(f(x))=\lim_{t\to2-}g(t)=g(2)=4a+2b+9,$$
$$\lim_{x\to-1-}g(f(x))=\lim_{t\to0-}g(t)=g(0)=1,$$
$$g(f(-1))=g(1)=a+b+2$$

즉 $4a+2b+9=1$, $a+b+2=1$이므로

$$2a+b=-4,\ a+b=-1$$

두 식을 연립하여 풀면 $a=-3$, $b=2$

따라서 $g(x)=x^3-3x^2+2x+1$이므로

$$g(-1)=-5$$ **답** -5

0199 $f(0)=-1$이므로 $b=1$ ··· **1단계**

이때 함수 $f(x)$가 모든 실수 x에서 연속이므로 $x=-1$, $x=1$에서 연속이다.

(i) $x=-1$에서 연속이므로

$$\lim_{x\to-1+}f(x)=\lim_{x\to-1-}f(x)=f(-1)$$

이때

$$\lim_{x\to-1+}f(x)=\lim_{x\to-1+}(x^2-b)=1-b=0,$$
$$\lim_{x\to-1-}f(x)=\lim_{x\to-1-}(-2x+a)=2+a,$$
$$f(-1)=1-b=0$$

이므로 $2+a=0$ $\therefore a=-2$ ··· **2단계**

(ii) $x=1$에서 연속이므로

$$\lim_{x\to1+}f(x)=\lim_{x\to1-}f(x)=f(1)$$

이때

$$\lim_{x\to1+}f(x)=\lim_{x\to1+}(3x+c)=3+c,$$
$$\lim_{x\to1-}f(x)=\lim_{x\to1-}(x^2-b)=1-b=0,$$
$$f(1)=3+c$$

이므로 $3+c=0$ $\therefore c=-3$ ··· **3단계**

$\therefore abc=6$ ··· **4단계**

답 6

채점 요소		비율
1단계	b의 값 구하기	10 %
2단계	a의 값 구하기	40 %
3단계	c의 값 구하기	40 %
4단계	abc의 값 구하기	10 %

0200 $x\neq2$일 때, $f(x)=\dfrac{ax^2+bx}{x-2}$

함수 $f(x)$가 모든 실수 x에서 연속이면 $x=2$에서 연속이므로

$$\lim_{x\to2}f(x)=f(2)$$

$$\therefore \lim_{x\to2}\dfrac{ax^2+bx}{x-2}=4$$ ······ ㉠ ··· **1단계**

$x\to2$일 때 (분모) $\to0$이고 극한값이 존재하므로 (분자) $\to0$이다.

즉 $\lim_{x\to2}(ax^2+bx)=0$이므로

$$4a+2b=0 \qquad \therefore b=-2a$$ ······ ㉡ ··· **2단계**

ⓒ을 ㉠의 좌변에 대입하면

$$\lim_{x\to 2}\frac{ax^2-2ax}{x-2}=\lim_{x\to 2}\frac{ax(x-2)}{x-2}=\lim_{x\to 2}ax=2a$$

따라서 $2a=4$이므로　　$a=2$

$a=2$를 ⓒ에 대입하면　　$b=-4$

$$\therefore a+b=-2 \quad\cdots\text{3단계}$$

답 -2

채점 요소	비율
1단계 $x=2$에서 연속임을 이용하여 식 세우기	20 %
2단계 $a,\ b$ 사이의 관계식 구하기	30 %
3단계 $a+b$의 값 구하기	50 %

0201 $g(x)=f(x)+3x$라 하면 $g(x)$는 연속함수이고

$$g(1)=f(1)+3=-5+3=-2,$$
$$g(2)=f(2)+6=-2+6=4,$$
$$g(3)=f(3)+9=3+9=12,$$
$$g(4)=f(4)+12=-14+12=-2 \quad\cdots\text{1단계}$$

따라서 $g(1)g(2)<0$, $g(3)g(4)<0$이므로 사잇값 정리에 의하여 방정식 $g(x)=0$, 즉 $f(x)+3x=0$은 구간 $(1,\ 2)$, $(3,\ 4)$에서 각각 적어도 하나의 실근을 갖는다.

즉 방정식 $f(x)+3x=0$은 구간 $(1,\ 4)$에서 적어도 2개의 실근을 갖는다. $\quad\cdots\text{2단계}$

답 2개

채점 요소	비율
1단계 $g(x)=f(x)+3x$로 놓고 $g(1)$, $g(2)$, $g(3)$, $g(4)$의 값 구하기	50 %
2단계 방정식 $f(x)+3x=0$이 구간 $(1,\ 4)$에서 적어도 몇 개의 실근을 갖는지 구하기	50 %

0202 **전략** 직선과 곡선이 접할 때와 직선이 점 $(2,\ 0)$을 지날 때의 k의 값을 기준으로 구간을 나누어 $f(k)$를 구한다.

(i) 직선 $y=x+k$가 곡선 $y=\sqrt{x-2}$와 접할 때 $\sqrt{x-2}=x+k$의 양변을 제곱하면

$$x-2=x^2+2kx+k^2$$
$$\therefore x^2+(2k-1)x+k^2+2=0$$

이 이차방정식의 판별식을 D라 하면

$$D=(2k-1)^2-4(k^2+2)=0$$
$$-4k-7=0 \quad \therefore k=-\frac{7}{4}$$

(ii) 직선 $y=x+k$가 점 $(2,\ 0)$을 지날 때

$$0=2+k \quad \therefore k=-2$$

(i), (ii)에서　$f(k)=\begin{cases} 0 & \left(k>-\dfrac{7}{4}\right) \\ 1 & \left(k=-\dfrac{7}{4}\ \text{또는}\ k<-2\right) \\ 2 & \left(-2\leq k<-\dfrac{7}{4}\right) \end{cases}$

따라서 함수 $f(k)$가 불연속인 k의 값은 -2, $-\dfrac{7}{4}$이므로 구하는 곱은　　$-2\times\left(-\dfrac{7}{4}\right)=\dfrac{7}{2}$　　답 $\dfrac{7}{2}$

0203 **전략** k가 양수인 경우와 음수인 경우로 나누어 함수 $f(x)f(x-k)$의 $x=k$에서의 우극한, 좌극한, 함숫값을 구한다.

$$f(x)=\begin{cases} x+1 & (x<0) \\ x^2-2x & (x\geq 0) \end{cases}\text{에서}$$

$$f(x-k)=\begin{cases} x-k+1 & (x<k) \\ (x-k)^2-2(x-k) & (x\geq k) \end{cases}$$

이때 함수 $f(x)f(x-k)$가 $x=k$에서 연속이려면

$$\lim_{x\to k+}f(x)f(x-k)=\lim_{x\to k-}f(x)f(x-k)=f(k)f(0)$$

(i) $k>0$일 때

$$\lim_{x\to k+}f(x)f(x-k)=\lim_{x\to k+}f(x)\times\lim_{x\to k+}f(x-k)$$
$$=(k^2-2k)\times 0=0,$$
$$\lim_{x\to k-}f(x)f(x-k)=\lim_{x\to k-}f(x)\times\lim_{x\to k-}f(x-k)$$
$$=(k^2-2k)\times 1=k^2-2k,$$
$$f(k)f(0)=(k^2-2k)\times 0=0$$

이므로　　$k^2-2k=0$,　　$k(k-2)=0$

$$\therefore k=2\ (\because k>0)$$

(ii) $k<0$일 때

$$\lim_{x\to k+}f(x)f(x-k)=\lim_{x\to k+}f(x)\times\lim_{x\to k+}f(x-k)$$
$$=(k+1)\times 0=0,$$
$$\lim_{x\to k-}f(x)f(x-k)=\lim_{x\to k-}f(x)\times\lim_{x\to k-}f(x-k)$$
$$=(k+1)\times 1=k+1,$$
$$f(k)f(0)=(k+1)\times 0=0$$

이므로　　$k+1=0$

$$\therefore k=-1$$

(i), (ii)에서　　$k=-1$ 또는 $k=2$

따라서 구하는 곱은　　$-1\times 2=-2$　　답 -2

0204 **전략** 직선 $y=t$에 의하여 나누어지는 사각형의 넓이에 대한 함수를 생각하고 사잇값 정리를 이용한다.

$\square$AOBC의 넓이는

$$\frac{1}{2}\times(9+7)\times 6=48$$

오른쪽 그림과 같이 직선 $y=t$와 $\square$AOBC가 만나는 두 점을 각각 D, E라 하자.

$0<t\leq 6$에서 $\square$DOBE의 넓이를 $f(t)$라 하고 $f(0)=0$이라 하면 함수 $f(t)$는 구간 $[0,\ 6]$에서 연속이고

$$f(0)=0,\ f(6)=48$$

이므로 사잇값 정리에 의하여 $f(c)=24$인 c가 구간 $(0,\ 6)$에 적어도 하나 존재한다.

따라서 $\square$AOBC의 넓이를 이등분하고 x축에 평행한 직선 $y=c$가 적어도 하나 존재한다.　　답 풀이 참조

03 미분계수와 도함수

본책 039쪽, 041쪽

0205 $\dfrac{\Delta y}{\Delta x}=\dfrac{f(2)-f(0)}{2-0}=\dfrac{7-1}{2}=3$ 답 **3**

0206 $\dfrac{\Delta y}{\Delta x}=\dfrac{f(2)-f(0)}{2-0}=\dfrac{4-0}{2}=2$ 답 **2**

0207 $\dfrac{\Delta y}{\Delta x}=\dfrac{f(2)-f(0)}{2-0}=\dfrac{20-(-4)}{2}=12$ 답 **12**

0208 $\dfrac{\Delta y}{\Delta x}=\dfrac{f(2)-f(0)}{2-0}=\dfrac{1-9}{2}=-4$ 답 **−4**

0209 (1) $\dfrac{\Delta y}{\Delta x}=\dfrac{f(4)-f(1)}{4-1}=\dfrac{-14-1}{3}=-5$

(2) $\dfrac{\Delta y}{\Delta x}=\dfrac{f(3+\Delta x)-f(3)}{(3+\Delta x)-3}$

$=\dfrac{\{-(3+\Delta x)^2+2\}-(-7)}{\Delta x}$

$=\dfrac{-6\Delta x-(\Delta x)^2}{\Delta x}=-6-\Delta x$

(3) $\dfrac{\Delta y}{\Delta x}=\dfrac{f(a+\Delta x)-f(a)}{(a+\Delta x)-a}$

$=\dfrac{\{-(a+\Delta x)^2+2\}-(-a^2+2)}{\Delta x}$

$=\dfrac{-2a\Delta x-(\Delta x)^2}{\Delta x}=-2a-\Delta x$

답 (1) **−5**   (2) **−6−Δx**   (3) **−2a−Δx**

0210 $f'(2)=\displaystyle\lim_{\Delta x\to 0}\dfrac{f(2+\Delta x)-f(2)}{\Delta x}$

$=\displaystyle\lim_{\Delta x\to 0}\dfrac{3(2+\Delta x)-6}{\Delta x}$

$=\displaystyle\lim_{\Delta x\to 0}\dfrac{3\Delta x}{\Delta x}=3$ 답 **3**

다른 풀이 $f'(2)=\displaystyle\lim_{x\to 2}\dfrac{f(x)-f(2)}{x-2}$

$=\displaystyle\lim_{x\to 2}\dfrac{3x-6}{x-2}$

$=\displaystyle\lim_{x\to 2}\dfrac{3(x-2)}{x-2}=3$

0211 $f'(2)=\displaystyle\lim_{\Delta x\to 0}\dfrac{f(2+\Delta x)-f(2)}{\Delta x}$

$=\displaystyle\lim_{\Delta x\to 0}\dfrac{\{-2(2+\Delta x)+5\}-1}{\Delta x}$

$=\displaystyle\lim_{\Delta x\to 0}\dfrac{-2\Delta x}{\Delta x}=-2$ 답 **−2**

0212 $f'(2)=\displaystyle\lim_{\Delta x\to 0}\dfrac{f(2+\Delta x)-f(2)}{\Delta x}$

$=\displaystyle\lim_{\Delta x\to 0}\dfrac{\{(2+\Delta x)^2-2\}-2}{\Delta x}$

$=\displaystyle\lim_{\Delta x\to 0}\dfrac{4\Delta x+(\Delta x)^2}{\Delta x}$

$=\displaystyle\lim_{\Delta x\to 0}(4+\Delta x)=4$ 답 **4**

0213 $f'(2)=\displaystyle\lim_{\Delta x\to 0}\dfrac{f(2+\Delta x)-f(2)}{\Delta x}$

$=\displaystyle\lim_{\Delta x\to 0}\dfrac{(\Delta x+5)^2-25}{\Delta x}$

$=\displaystyle\lim_{\Delta x\to 0}\dfrac{10\Delta x+(\Delta x)^2}{\Delta x}$

$=\displaystyle\lim_{\Delta x\to 0}(10+\Delta x)=10$ 답 **10**

0214 $f'(a)=\displaystyle\lim_{\Delta x\to 0}\dfrac{f(a+\Delta x)-f(a)}{\Delta x}$

$=\displaystyle\lim_{\Delta x\to 0}\dfrac{\{(a+\Delta x)^2-2(a+\Delta x)\}-(a^2-2a)}{\Delta x}$

$=\displaystyle\lim_{\Delta x\to 0}\dfrac{(2a-2)\Delta x+(\Delta x)^2}{\Delta x}$

$=\displaystyle\lim_{\Delta x\to 0}(2a-2+\Delta x)=2a-2$

즉 $2a-2=6$이므로 $a=4$ 답 **4**

0215 $f'(a)=\displaystyle\lim_{\Delta x\to 0}\dfrac{f(a+\Delta x)-f(a)}{\Delta x}$

$=\displaystyle\lim_{\Delta x\to 0}\dfrac{\{2(a+\Delta x)^3+3\}-(2a^3+3)}{\Delta x}$

$=\displaystyle\lim_{\Delta x\to 0}\dfrac{6a^2\Delta x+6a(\Delta x)^2+2(\Delta x)^3}{\Delta x}$

$=\displaystyle\lim_{\Delta x\to 0}\{6a^2+6a\Delta x+2(\Delta x)^2\}=6a^2$

즉 $6a^2=6$이므로 $a^2=1$

$\therefore a=1\ (\because a>0)$ 답 **1**

0216 $\displaystyle\lim_{h\to 0}\dfrac{f(a-h)-f(a)}{h}$

$=\displaystyle\lim_{h\to 0}\dfrac{f(a-h)-f(a)}{-h}\times(-1)$

$=-f'(a)=-3$ 답 **−3**

0217 $\displaystyle\lim_{h\to 0}\dfrac{f(a+2h)-f(a)}{3h}$

$=\displaystyle\lim_{h\to 0}\dfrac{f(a+2h)-f(a)}{2h}\times\dfrac{2}{3}$

$=\dfrac{2}{3}f'(a)=\dfrac{2}{3}\times 3=2$ 답 **2**

0218 $\displaystyle\lim_{x\to a}\dfrac{f(x)-f(a)}{x^2-a^2}$

$=\displaystyle\lim_{x\to a}\left\{\dfrac{f(x)-f(a)}{x-a}\times\dfrac{1}{x+a}\right\}$

$=f'(a)\times\dfrac{1}{2a}=\dfrac{3}{2a}$ 답 $\dfrac{3}{2a}$

0219
$$f'(1)=\lim_{\Delta x\to 0}\frac{f(1+\Delta x)-f(1)}{\Delta x}$$
$$=\lim_{\Delta x\to 0}\frac{\{2(1+\Delta x)^2-3\}-(-1)}{\Delta x}$$
$$=\lim_{\Delta x\to 0}\frac{4\Delta x+2(\Delta x)^2}{\Delta x}$$
$$=\lim_{\Delta x\to 0}(4+2\Delta x)=4 \qquad \text{답 } \mathbf{4}$$

0220
$$f'(0)=\lim_{\Delta x\to 0}\frac{f(0+\Delta x)-f(0)}{\Delta x}$$
$$=\lim_{\Delta x\to 0}\frac{\{(\Delta x)^2-2\Delta x-5\}-(-5)}{\Delta x}$$
$$=\lim_{\Delta x\to 0}\frac{(\Delta x)^2-2\Delta x}{\Delta x}$$
$$=\lim_{\Delta x\to 0}(\Delta x-2)=-2 \qquad \text{답 } \mathbf{-2}$$

0221
$$f'(-1)$$
$$=\lim_{\Delta x\to 0}\frac{f(-1+\Delta x)-f(-1)}{\Delta x}$$
$$=\lim_{\Delta x\to 0}\frac{\{-(-1+\Delta x)^3-(-1+\Delta x)+7\}-9}{\Delta x}$$
$$=\lim_{\Delta x\to 0}\frac{-4\Delta x+3(\Delta x)^2-(\Delta x)^3}{\Delta x}$$
$$=\lim_{\Delta x\to 0}\{-4+3\Delta x-(\Delta x)^2\}=-4 \qquad \text{답 } \mathbf{-4}$$

0222 (1) $f(2)=0$이고
$$\lim_{x\to 2+}f(x)=\lim_{x\to 2+}(x-2)=0,$$
$$\lim_{x\to 2-}f(x)=\lim_{x\to 2-}(-x+2)=0$$
이므로 $\lim_{x\to 2}f(x)=0$

따라서 $\lim_{x\to 2}f(x)=f(2)$이므로 함수 $f(x)$는 $x=2$에서 연속이다.

(2) $\lim_{x\to 2+}\dfrac{f(x)-f(2)}{x-2}=\lim_{x\to 2+}\dfrac{(x-2)-0}{x-2}=1$

$\lim_{x\to 2-}\dfrac{f(x)-f(2)}{x-2}=\lim_{x\to 2-}\dfrac{(-x+2)-0}{x-2}=-1$

따라서 $f'(2)$의 값이 존재하지 않으므로 함수 $f(x)$는 $x=2$에서 미분가능하지 않다.

답 (1) **연속이다.** (2) **미분가능하지 않다.**

0223 (1) $f(1)=2$이고
$$\lim_{x\to 1+}f(x)=\lim_{x\to 1+}2x^3=2,$$
$$\lim_{x\to 1-}f(x)=\lim_{x\to 1-}(6x-4)=2$$
이므로 $\lim_{x\to 1}f(x)=2$

따라서 $\lim_{x\to 1}f(x)=f(1)$이므로 함수 $f(x)$는 $x=1$에서 연속이다.

(2) $\lim_{x\to 1+}\dfrac{f(x)-f(1)}{x-1}=\lim_{x\to 1+}\dfrac{2x^3-2}{x-1}$
$$=\lim_{x\to 1+}\frac{2(x-1)(x^2+x+1)}{x-1}$$
$$=\lim_{x\to 1+}2(x^2+x+1)=6$$

$$\lim_{x\to 1-}\frac{f(x)-f(1)}{x-1}=\lim_{x\to 1-}\frac{(6x-4)-2}{x-1}$$
$$=\lim_{x\to 1-}\frac{6(x-1)}{x-1}=6$$
따라서 $f'(1)=6$이므로 함수 $f(x)$는 $x=1$에서 미분가능하다.

답 (1) **연속이다.** (2) **미분가능하다.**

0224
$$f'(x)=\lim_{h\to 0}\frac{f(x+h)-f(x)}{h}$$
$$=\lim_{h\to 0}\frac{2-2}{h}=0 \qquad \text{답 } \boldsymbol{f'(x)=0}$$

0225
$$f'(x)=\lim_{h\to 0}\frac{f(x+h)-f(x)}{h}$$
$$=\lim_{h\to 0}\frac{\{2(x+h)+1\}-(2x+1)}{h}$$
$$=\lim_{h\to 0}\frac{2h}{h}=2 \qquad \text{답 } \boldsymbol{f'(x)=2}$$

0226
$$f'(x)=\lim_{h\to 0}\frac{f(x+h)-f(x)}{h}$$
$$=\lim_{h\to 0}\frac{\{(x+h)^2-1\}-(x^2-1)}{h}$$
$$=\lim_{h\to 0}\frac{2xh+h^2}{h}$$
$$=\lim_{h\to 0}(2x+h)=2x \qquad \text{답 } \boldsymbol{f'(x)=2x}$$

0227 ㄱ. $\lim_{h\to 0}\dfrac{f(x+h)-f(x)}{h}=f'(x)$

ㄴ. $\lim_{\Delta x\to 0}\dfrac{f(1+\Delta x)-f(1)}{\Delta x}=f'(1)$

ㄷ. $t-x=h$로 놓으면 $t=x+h$

$t\to x$일 때 $h\to 0$이므로
$$\lim_{t\to x}\frac{f(t)-f(x)}{t-x}=\lim_{h\to 0}\frac{f(x+h)-f(x)}{h}=f'(x)$$

ㄹ. $\lim_{\Delta x\to 0}\dfrac{f(x)-f(\Delta x)}{\Delta x}\neq\lim_{\Delta x\to 0}\dfrac{f(x+\Delta x)-f(x)}{\Delta x}$

이므로 $\lim_{\Delta x\to 0}\dfrac{f(x)-f(\Delta x)}{\Delta x}\neq f'(x)$

이상에서 도함수 $f'(x)$와 같은 것은 ㄱ, ㄷ이다. 답 **ㄱ, ㄷ**

0228 답 $\boldsymbol{y'=3x^2}$

0229 답 $\boldsymbol{y'=5x^4}$

0230 답 $\boldsymbol{y'=0}$

0231
$$y'=\left(\frac{1}{2}x^4+x^2\right)'=\left(\frac{1}{2}x^4\right)'+(x^2)'$$
$$=2x^3+2x \qquad \text{답 } \boldsymbol{y'=2x^3+2x}$$

0232
$$y'=(-3x^2+9x+10)'$$
$$=(-3x^2)'+(9x)'+(10)'$$
$$=-6x+9 \qquad \text{답 } \boldsymbol{y'=-6x+9}$$

0233 $y'=(2x^3-x^2+4x-1)'$
$$=(2x^3)'-(x^2)'+(4x)'-(1)'$$
$$=6x^2-2x+4$$
답 $y'=6x^2-2x+4$

0234 (1) $\{f(x)+g(x)\}'=f'(x)+g'(x)$이므로 $x=1$에서의 미분계수는
$$f'(1)+g'(1)=3+(-2)=1$$
(2) $\{2f(x)-g(x)\}'=2f'(x)-g'(x)$이므로 $x=1$에서의 미분계수는
$$2f'(1)-g'(1)=2\times3-(-2)=8$$
(3) $\{f(x)g(x)\}'=f'(x)g(x)+f(x)g'(x)$이므로 $x=1$에서의 미분계수는
$$f'(1)g(1)+f(1)g'(1)=3\times2+(-1)\times(-2)=8$$
(4) $[\{f(x)\}^2]'=2f(x)f'(x)$이므로 $x=1$에서의 미분계수는
$$2f(1)f'(1)=2\times(-1)\times3=-6$$
답 (1) **1**　(2) **8**　(3) **8**　(4) **−6**

0235 $y'=(x)'(3x+2)+x(3x+2)'$
$$=(3x+2)+3x$$
$$=6x+2$$
답 $y'=6x+2$

0236 $y'=(x-4)'(3x-1)+(x-4)(3x-1)'$
$$=(3x-1)+3(x-4)$$
$$=6x-13$$
답 $y'=6x-13$

0237 $y'=(-x^2)'(2x-3)+(-x^2)(2x-3)'$
$$=-2x(2x-3)-2x^2$$
$$=-6x^2+6x$$
답 $y'=-6x^2+6x$

0238 $y'=(x^2-3)'(x+4)+(x^2-3)(x+4)'$
$$=2x(x+4)+(x^2-3)$$
$$=3x^2+8x-3$$
답 $y'=3x^2+8x-3$

0239 $y'=(x)'(x-1)(x-2)+x(x-1)'(x-2)$
$$+x(x-1)(x-2)'$$
$$=(x-1)(x-2)+x(x-2)+x(x-1)$$
$$=3x^2-6x+2$$
답 $y'=3x^2-6x+2$

0240 $y'=(x-5)'(2x+4)(-x+1)$
$$+(x-5)(2x+4)'(-x+1)$$
$$+(x-5)(2x+4)(-x+1)'$$
$$=(2x+4)(-x+1)+2(x-5)(-x+1)$$
$$-(x-5)(2x+4)$$
$$=-6x^2+16x+14$$
답 $y'=-6x^2+16x+14$

0241 $y=(3x+4)^2=(3x+4)(3x+4)$이므로
$$y'=(3x+4)'(3x+4)+(3x+4)(3x+4)'$$
$$=3(3x+4)+3(3x+4)$$
$$=6(3x+4)$$
답 $y'=6(3x+4)$

다른 풀이 $y'=2(3x+4)(3x+4)'=6(3x+4)$

0242 $y=(2x-5)^3=(2x-5)(2x-5)(2x-5)$이므로
$$y'=(2x-5)'(2x-5)(2x-5)$$
$$+(2x-5)(2x-5)'(2x-5)$$
$$+(2x-5)(2x-5)(2x-5)'$$
$$=2(2x-5)^2+2(2x-5)^2+2(2x-5)^2$$
$$=6(2x-5)^2$$
답 $y'=6(2x-5)^2$

0243 $y=(x^2+1)(2x+1)^2=(x^2+1)(2x+1)(2x+1)$
이므로
$$y'=(x^2+1)'(2x+1)(2x+1)$$
$$+(x^2+1)(2x+1)'(2x+1)$$
$$+(x^2+1)(2x+1)(2x+1)'$$
$$=2x(2x+1)^2+2(x^2+1)(2x+1)$$
$$+2(x^2+1)(2x+1)$$
$$=2(2x+1)(4x^2+x+2)$$
답 $y'=2(2x+1)(4x^2+x+2)$

0244 x의 값이 1에서 a까지 변할 때의 함수 $f(x)$의 평균변화율은
$$\frac{f(a)-f(1)}{a-1}=\frac{(a^3-2a+5)-4}{a-1}$$
$$=\frac{(a-1)(a^2+a-1)}{a-1}=a^2+a-1$$
즉 $a^2+a-1=5$이므로　$a^2+a-6=0$
$$(a+3)(a-2)=0\quad\therefore a=2\ (\because a>1)$$
답 **2**

0245 x의 값이 1에서 $1+h$까지 변할 때의 함수 $f(x)$의 평균변화율은
$$\frac{f(1+h)-f(1)}{(1+h)-1}=\frac{(1+h)^2-1^2}{h}=\frac{h^2+2h}{h}=h+2$$
즉 $h+2=3$이므로　$h=1$
답 **1**

0246 x의 값이 1에서 a까지 변할 때의 함수 $f(x)$의 평균변화율은
$$\frac{f(a)-f(1)}{a-1}=\frac{(a^2-3a+a)-(-2+a)}{a-1}$$
$$=\frac{a^2-3a+2}{a-1}=\frac{(a-1)(a-2)}{a-1}=a-2$$
즉 $a-2=2a-7$이므로　$a=5$
답 **5**

0247 직선 AB의 기울기는 x의 값이 2에서 4까지 변할 때의 함수 $f(x)$의 평균변화율과 같으므로

$$\frac{f(4)-f(2)}{4-2}=2$$

이때 함수 $y=f(x)$의 그래프는 직선 $x=2$에 대하여 대칭이므로

$$f(0)=f(4)$$

따라서 x의 값이 0에서 2까지 변할 때의 함수 $f(x)$의 평균변화율은

$$\frac{f(2)-f(0)}{2-0}=\frac{f(2)-f(4)}{2}$$
$$=-\frac{f(4)-f(2)}{4-2}=-2$$

답 -2

0248 x의 값이 -1에서 4까지 변할 때의 함수 $f(x)$의 평균변화율은

$$\frac{f(4)-f(-1)}{4-(-1)}=\frac{8-3}{5}=1$$

함수 $f(x)$의 $x=a$에서의 미분계수는

$$f'(a)=\lim_{h\to 0}\frac{f(a+h)-f(a)}{h}$$
$$=\lim_{h\to 0}\frac{\{(a+h)^2-2(a+h)\}-(a^2-2a)}{h}$$
$$=\lim_{h\to 0}\frac{2ah+h^2-2h}{h}$$
$$=\lim_{h\to 0}(2a+h-2)=2a-2$$

즉 $2a-2=1$이므로 $a=\dfrac{3}{2}$

답 $\dfrac{3}{2}$

0249 x의 값이 1에서 k까지 변할 때의 함수 $f(x)$의 평균변화율은

$$\frac{f(k)-f(1)}{k-1}=\frac{(k^3-1)-0}{k-1}$$
$$=\frac{(k-1)(k^2+k+1)}{k-1}$$
$$=k^2+k+1$$

함수 $f(x)$의 $x=\sqrt{7}$에서의 순간변화율은

$$f'(\sqrt{7})=\lim_{h\to 0}\frac{f(\sqrt{7}+h)-f(\sqrt{7})}{h}$$
$$=\lim_{h\to 0}\frac{\{(\sqrt{7}+h)^3-1\}-\{(\sqrt{7})^3-1\}}{h}$$
$$=\lim_{h\to 0}\frac{21h+3\sqrt{7}h^2+h^3}{h}$$
$$=\lim_{h\to 0}(21+3\sqrt{7}h+h^2)=21$$

즉 $k^2+k+1=21$이므로 $k^2+k-20=0$
$$(k+5)(k-4)=0 \quad \therefore k=4 \ (\because k>1)$$

답 4

0250 x의 값이 a에서 $2a$까지 변할 때의 함수 $f(x)$의 평균변화율은

$$\frac{f(2a)-f(a)}{2a-a}=\frac{(4a^3+4a)-(a^3+2a)}{a}$$
$$=\frac{3a^3+2a}{a}=3a^2+2$$

··· **1단계**

함수 $f(x)$의 $x=1$에서의 미분계수는

$$f'(1)=\lim_{h\to 0}\frac{f(1+h)-f(1)}{h}$$
$$=\lim_{h\to 0}\frac{\{a(1+h)^2+2(1+h)\}-(a+2)}{h}$$
$$=\lim_{h\to 0}\frac{2ah+ah^2+2h}{h}$$
$$=\lim_{h\to 0}(2a+ah+2)$$
$$=2a+2$$

··· **2단계**

즉 $3a^2+2=2a+2$이므로 $3a^2-2a=0$

$$a(3a-2)=0 \quad \therefore a=\frac{2}{3} \ (\because a>0)$$

··· **3단계**

답 $\dfrac{2}{3}$

채점 요소		비율
1단계	x의 값이 a에서 $2a$까지 변할 때의 평균변화율 구하기	40 %
2단계	$x=1$에서의 미분계수 구하기	40 %
3단계	양수 a의 값 구하기	20 %

0251 x의 값이 1에서 k까지 변할 때의 함수 $f(x)$의 평균변화율이 $-k$이므로

$$\frac{f(k)-f(1)}{k-1}=-k$$

이때 $f(1)=3$이므로

$$f(k)=-k^2+k+3$$

따라서 $f(x)=-x^2+x+3$이므로 $x=-1$에서의 미분계수는

$$f'(-1)=\lim_{h\to 0}\frac{f(-1+h)-f(-1)}{h}$$
$$=\lim_{h\to 0}\frac{\{-(-1+h)^2+(-1+h)+3\}-1}{h}$$
$$=\lim_{h\to 0}\frac{3h-h^2}{h}$$
$$=\lim_{h\to 0}(3-h)=3$$

답 3

0252 $\displaystyle\lim_{h\to 0}\frac{f(2+h)-f(2-h)}{3h}$

$$=\lim_{h\to 0}\frac{f(2+h)-f(2)-\{f(2-h)-f(2)\}}{3h}$$
$$=\lim_{h\to 0}\frac{f(2+h)-f(2)}{h}\times\frac{1}{3}+\lim_{h\to 0}\frac{f(2-h)-f(2)}{-h}\times\frac{1}{3}$$
$$=\frac{1}{3}f'(2)+\frac{1}{3}f'(2)=\frac{2}{3}f'(2)$$
$$=\frac{2}{3}\times 6=4$$

답 4

0253 $\displaystyle\lim_{h\to 0}\frac{f(1+kh)-f(1)}{h}$

$$=\lim_{h\to 0}\frac{f(1+kh)-f(1)}{kh}\times k$$
$$=kf'(1)=3k$$

즉 $3k=6$이므로
$$k=2$$

답 2

0254 $\displaystyle\lim_{h\to0}\frac{f(a+2h)-f(a-3h)}{h}$

$=\displaystyle\lim_{h\to0}\frac{f(a+2h)-f(a)-\{f(a-3h)-f(a)\}}{h}$

$=\displaystyle\lim_{h\to0}\frac{f(a+2h)-f(a)}{2h}\times2+\lim_{h\to0}\frac{f(a-3h)-f(a)}{-3h}\times3$

$=2f'(a)+3f'(a)$

$=5f'(a)$ **답** ⑤

0255 $\displaystyle\lim_{h\to0}\frac{f(a+3h)-f(a+h^2)}{h}$

$=\displaystyle\lim_{h\to0}\frac{f(a+3h)-f(a)-\{f(a+h^2)-f(a)\}}{h}$

$=\displaystyle\lim_{h\to0}\frac{f(a+3h)-f(a)}{3h}\times3-\lim_{h\to0}\frac{f(a+h^2)-f(a)}{h^2}\times h$

$=3f'(a)-f'(a)\times0=3f'(a)$

$=3\times(-3)=-9$ **답** -9

0256 $\displaystyle\lim_{x\to1}\frac{f(x^3)-f(1)}{x-1}$

$=\displaystyle\lim_{x\to1}\left\{\frac{f(x^3)-f(1)}{x^3-1}\times(x^2+x+1)\right\}$

$=3f'(1)=3\times2=6$ **답** **6**

0257 $\displaystyle\lim_{x\to3}\frac{f(x)-f(3)}{x-3}=1$이므로

$f'(3)=1$

$\therefore\ \displaystyle\lim_{h\to0}\frac{f(3+3h)-f(3)}{h}=\lim_{h\to0}\frac{f(3+3h)-f(3)}{3h}\times3$

$\qquad\qquad\qquad\qquad\qquad\qquad=3f'(3)=3\times1=3$

답 **3**

0258 $\displaystyle\lim_{x\to-1}\frac{f(x)+xf(-1)}{x^2+3x+2}$

$=\displaystyle\lim_{x\to-1}\frac{f(x)-f(-1)+xf(-1)+f(-1)}{(x+1)(x+2)}$

$=\displaystyle\lim_{x\to-1}\left\{\frac{f(x)-f(-1)}{x+1}\times\frac{1}{x+2}\right\}+\lim_{x\to-1}\frac{(x+1)f(-1)}{(x+1)(x+2)}$

$=f'(-1)+f(-1)$

$=-2+3=1$ **답** ④

0259 $\displaystyle\lim_{x\to1}\frac{\sqrt{f(x)}-3}{\sqrt{x}-1}$

$=\displaystyle\lim_{x\to1}\frac{\sqrt{f(x)}-\sqrt{f(1)}}{\sqrt{x}-1}$

$=\displaystyle\lim_{x\to1}\frac{\{\sqrt{f(x)}-\sqrt{f(1)}\}\{\sqrt{f(x)}+\sqrt{f(1)}\}(\sqrt{x}+1)}{(\sqrt{x}-1)(\sqrt{x}+1)\{\sqrt{f(x)}+\sqrt{f(1)}\}}$

$=\displaystyle\lim_{x\to1}\frac{f(x)-f(1)}{x-1}\times\lim_{x\to1}\frac{\sqrt{x}+1}{\sqrt{f(x)}+\sqrt{f(1)}}$

$=f'(1)\times\dfrac{1}{\sqrt{f(1)}}=6\times\dfrac{1}{3}=2$ **답** **2**

0260 미분계수의 정의에 의하여

$f'(2)=\displaystyle\lim_{h\to0}\frac{f(2+h)-f(2)}{h}$

$\qquad=\displaystyle\lim_{h\to0}\frac{f(2)+f(h)-1-f(2)}{h}$

$\qquad=\displaystyle\lim_{h\to0}\frac{f(h)-1}{h}$

이때 $f'(2)=1$이므로 $\displaystyle\lim_{h\to0}\frac{f(h)-1}{h}=1$

$\therefore\ f'(1)=\displaystyle\lim_{h\to0}\frac{f(1+h)-f(1)}{h}$

$\qquad\quad=\displaystyle\lim_{h\to0}\frac{f(1)+f(h)-1-f(1)}{h}$

$\qquad\quad=\displaystyle\lim_{h\to0}\frac{f(h)-1}{h}=1$ **답** ①

0261 미분계수의 정의에 의하여

$f'(0)=\displaystyle\lim_{h\to0}\frac{f(0+h)-f(0)}{h}$

$\qquad=\displaystyle\lim_{h\to0}\frac{f(0)+f(h)-f(0)}{h}=\lim_{h\to0}\frac{f(h)}{h}$

이때 $f'(0)=-1$이므로 $\displaystyle\lim_{h\to0}\frac{f(h)}{h}=-1$

$\therefore\ f'(2a)=\displaystyle\lim_{h\to0}\frac{f(2a+h)-f(2a)}{h}$

$\qquad\quad=\displaystyle\lim_{h\to0}\frac{f(2a)+f(h)-2ah-f(2a)}{h}$

$\qquad\quad=\displaystyle\lim_{h\to0}\frac{f(h)}{h}-2a=-1-2a$

즉 $-1-2a=7$이므로 $a=-4$ **답** ②

0262 $x=0$, $y=0$을 주어진 식에 대입하면

$f(0)=2\{f(0)\}^2$ $\therefore\ f(0)=\dfrac{1}{2}\ (\because\ f(0)>0)$

$\therefore\ f'(2)=\displaystyle\lim_{h\to0}\frac{f(2+h)-f(2)}{h}$

$\qquad\quad=\displaystyle\lim_{h\to0}\frac{2f(2)f(h)-f(2)}{h}$

$\qquad\quad=\displaystyle\lim_{h\to0}\frac{2f(2)\left\{f(h)-\dfrac{1}{2}\right\}}{h}$

$\qquad\quad=2f(2)\times\displaystyle\lim_{h\to0}\frac{f(h)-f(0)}{h}$

$\qquad\quad=2f(2)f'(0)=2f(2)\times3=6f(2)$

$\therefore\ \dfrac{f'(2)}{f(2)}=6$ **답** **6**

0263 오른쪽 그림과 같이 $A(a,\ f(a))$, $B(b,\ f(b))$라 하자.

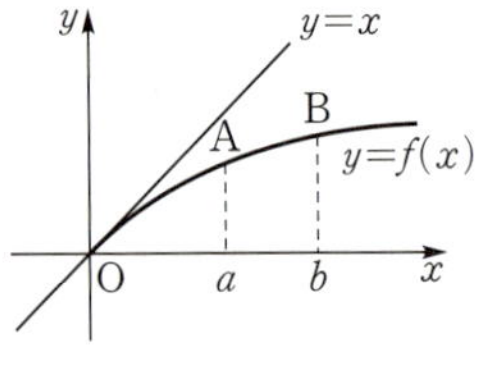

ㄱ. $f'(a)$는 점 A에서의 접선의 기울기이고, $f'(b)$는 점 B에서의 접선의 기울기이므로

$\qquad f'(a)>f'(b)$ (거짓)

ㄴ. 직선 AB의 기울기는 1보다 작으므로

$$\frac{f(b)-f(a)}{b-a}<1$$

이때 $b-a>0$이므로

$$f(b)-f(a)<b-a \ (참)$$

ㄷ. $\dfrac{f(a)}{a}$는 원점과 점 A를 지나는 직선의 기울기이고, $\dfrac{f(b)}{b}$는

원점과 점 B를 지나는 직선의 기울기이므로

$$\frac{f(a)}{a}>\frac{f(b)}{b} \ (거짓)$$

이상에서 옳은 것은 ㄴ뿐이다.　　　　　**답** ㄴ

0264 ①~⑤의 값은 오른쪽 그림
에서 각 접선의 기울기와 같다.
접선의 기울기가 큰 것부터 순서대로
나열하면

　　⑤, ④, ①, ③, ②

이므로 그 값이 가장 큰 것은 ⑤이다.

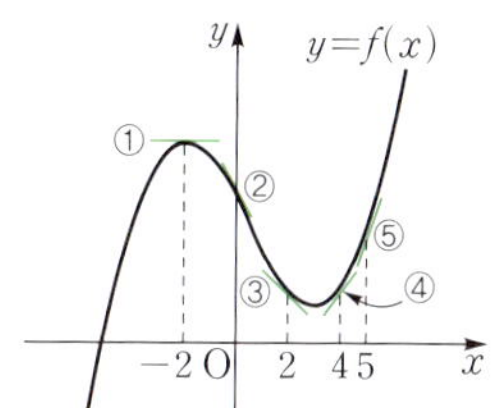

답 ⑤

0265 오른쪽 그림과 같이
$A(a, f(a))$, $B(b, f(b))$라 하자.
ㄱ. $f'(a)$는 점 A에서의 접선의 기울
　 기이고, $f'(b)$는 점 B에서의 접선
　 의 기울기이므로

$$f'(a)<f'(b) \ (참)$$

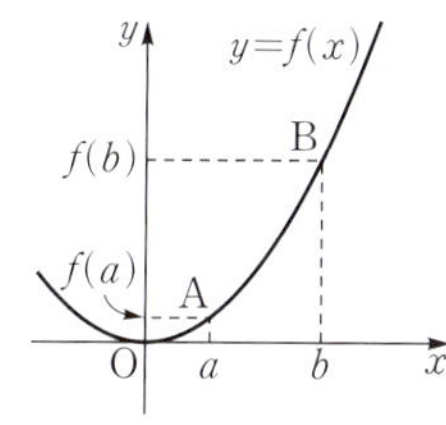

ㄴ. 직선 AB의 기울기가 점 B에서의 접선의 기울기보다 작으므

　로　$\dfrac{f(b)-f(a)}{b-a}<f'(b) \ (참)$

ㄷ. $a>0$, $b>0$이므로 산술평균과 기하평균의 관계에 의하여

$$\frac{a+b}{2}>\sqrt{ab} \ (\because a\neq b)$$

따라서 $x=\dfrac{a+b}{2}$인 점에서의 접선의 기울기는 $x=\sqrt{ab}$인

점에서의 접선의 기울기보다 크므로

$$f'\left(\frac{a+b}{2}\right)>f'(\sqrt{ab}) \ (참)$$

이상에서 ㄱ, ㄴ, ㄷ 모두 옳다.　　　**답** ㄱ, ㄴ, ㄷ

> **✏ RPM 비법노트**
>
> **산술평균과 기하평균의 관계**
>
> $a>0$, $b>0$일 때
>
> $$\frac{a+b}{2}\geq\sqrt{ab} \ (단, 등호는 a=b일 때 성립)$$

0266 ㄱ. $\displaystyle\lim_{x\to1}f(x)=f(1)=1$이므로 함수 $f(x)$는 $x=1$에서
　　연속이고

$$\lim_{x\to1}\frac{f(x)-f(1)}{x-1}=\lim_{x\to1}\frac{x^2-1}{x-1}$$
$$=\lim_{x\to1}(x+1)=2$$

따라서 $f'(1)=2$이므로 함수 $f(x)$는 $x=1$에서 미분가능하
다.

ㄴ. $\displaystyle\lim_{x\to1}f(x)=f(1)=0$이므로 함수 $f(x)$는 $x=1$에서 연속이
　고

$$\lim_{x\to1+}\frac{f(x)-f(1)}{x-1}=\lim_{x\to1+}\frac{|x^2-x|}{x-1}=\lim_{x\to1+}\frac{x^2-x}{x-1}$$
$$=\lim_{x\to1+}x=1,$$
$$\lim_{x\to1-}\frac{f(x)-f(1)}{x-1}=\lim_{x\to1-}\frac{|x^2-x|}{x-1}=\lim_{x\to1-}\frac{-x^2+x}{x-1}$$
$$=\lim_{x\to1-}(-x)=-1$$

따라서 $f'(1)$의 값이 존재하지 않으므로 함수 $f(x)$는 $x=1$
에서 미분가능하지 않다.

ㄷ. $\displaystyle\lim_{x\to1}f(x)=f(1)=1$이므로 함수 $f(x)$는 $x=1$에서 연속이
　고

$$\lim_{x\to1}\frac{f(x)-f(1)}{x-1}=\lim_{x\to1}\frac{\frac{1}{x}-1}{x-1}=\lim_{x\to1}\left(-\frac{1}{x}\right)=-1$$

따라서 $f'(1)=-1$이므로 함수 $f(x)$는 $x=1$에서 미분가
능하다.

이상에서 $x=1$에서 미분가능한 함수는 ㄱ, ㄷ이다.　**답** ㄱ, ㄷ

0267 함수 $y=f(x)$는 $x=-2$, $x=1$에서 불연속이므로
　　$m=2$
또 $x=-2$, $x=1$, $x=2$에서 미분가능하지 않으므로
　　$n=3$
　　$\therefore m+n=5$　　　　　　　　　　　　　　**답** 5

0268 $f(1)=0$이고
$$\lim_{x\to1+}f(x)=\lim_{x\to1+}(x+2)|x-1|$$
$$=\lim_{x\to1+}(x+2)(x-1)=0,$$
$$\lim_{x\to1-}f(x)=\lim_{x\to1-}(x+2)|x-1|$$
$$=\lim_{x\to1-}(x+2)(-x+1)=0$$

이므로　$\displaystyle\lim_{x\to1}f(x)=0$

따라서 $\displaystyle\lim_{x\to1}f(x)=f(1)$이므로 함수 $f(x)$는 $x=1$에서 연속이
다.　　　　　　　　　　　　　　　　　　… **1단계**

$$\lim_{x\to1+}\frac{f(x)-f(1)}{x-1}=\lim_{x\to1+}\frac{(x+2)|x-1|}{x-1}$$
$$=\lim_{x\to1+}\frac{(x+2)(x-1)}{x-1}$$
$$=\lim_{x\to1+}(x+2)=3$$
$$\lim_{x\to1-}\frac{f(x)-f(1)}{x-1}=\lim_{x\to1-}\frac{(x+2)|x-1|}{x-1}$$
$$=\lim_{x\to1-}\frac{(x+2)(-x+1)}{x-1}$$
$$=\lim_{x\to1-}(-x-2)=-3$$

즉 $f'(1)$의 값이 존재하지 않으므로 함수 $f(x)$는 $x=1$에서 미
분가능하지 않다.　　　　　　　　　　　　… **2단계**

따라서 $f(x)$는 $x=1$에서 연속이지만 미분가능하지 않다.
··· **3단계**

답 **연속이지만 미분가능하지 않다.**

채점 요소	비율
1단계 연속성 조사하기	40 %
2단계 미분가능성 조사하기	50 %
3단계 답 구하기	10 %

0269 ① 점 $(3, f(3))$에서의 접선의 기울기는 음수이므로
$$f'(3)<0$$
② $\lim\limits_{x\to 2+}f(x)=\lim\limits_{x\to 2-}f(x)$이므로 $\lim\limits_{x\to 2}f(x)$의 값은 존재한다.

③ $f'(x)=0$인 x의 값은 존재하지 않는다.

④ 함수 $f(x)$는 $x=2$, $x=4$에서 불연속이므로 불연속인 x의 값은 2개이다.

⑤ 함수 $f(x)$는 $x=1$, $x=2$, $x=4$에서 미분가능하지 않으므로 미분가능하지 않은 x의 값은 3개이다.

답 ⑤

0270 ㄱ. $\lim\limits_{x\to 0}f(x)=f(0)=0$이므로 함수 $f(x)$는 $x=0$에서 연속이고
$$\lim_{x\to 0+}\frac{f(x)-f(0)}{x}=\lim_{x\to 0+}\frac{x}{x}=1,$$
$$\lim_{x\to 0-}\frac{f(x)-f(0)}{x}=\lim_{x\to 0-}\frac{-x}{x}=-1$$
따라서 $f'(0)$의 값이 존재하지 않으므로 함수 $f(x)$는 $x=0$에서 미분가능하지 않다.

ㄴ. $\lim\limits_{x\to 0}f(x)=f(0)=2$이므로 함수 $f(x)$는 $x=0$에서 연속이고
$$\lim_{x\to 0+}\frac{f(x)-f(0)}{x}=\lim_{x\to 0+}\frac{(x^2-3|x|+2)-2}{x}$$
$$=\lim_{x\to 0+}\frac{x^2-3x}{x}$$
$$=\lim_{x\to 0+}(x-3)=-3,$$
$$\lim_{x\to 0-}\frac{f(x)-f(0)}{x}=\lim_{x\to 0-}\frac{(x^2-3|x|+2)-2}{x}$$
$$=\lim_{x\to 0-}\frac{x^2+3x}{x}$$
$$=\lim_{x\to 0-}(x+3)=3$$
따라서 $f'(0)$의 값이 존재하지 않으므로 함수 $f(x)$는 $x=0$에서 미분가능하지 않다.

ㄷ. $\lim\limits_{x\to 0}f(x)=f(0)=1$이므로 함수 $f(x)$는 $x=0$에서 연속이고
$$\lim_{x\to 0+}\frac{f(x)-f(0)}{x}=\lim_{x\to 0+}\frac{(x+1)^2-1}{x}$$
$$=\lim_{x\to 0+}\frac{x^2+2x}{x}$$
$$=\lim_{x\to 0+}(x+2)=2,$$
$$\lim_{x\to 0-}\frac{f(x)-f(0)}{x}=\lim_{x\to 0-}\frac{(2x+1)-1}{x}$$
$$=\lim_{x\to 0-}\frac{2x}{x}=2$$

따라서 $f'(0)=2$이므로 함수 $f(x)$는 $x=0$에서 미분가능하다.

이상에서 $x=0$에서 연속이지만 미분가능하지 않은 함수는 ㄱ, ㄴ이다.

답 ㄱ, ㄴ

0271 ㄱ. $h(x)=xf(x)=\begin{cases} x^2 & (x\geq 0) \\ -x^2 & (x<0) \end{cases}$
이라 하면 $\lim\limits_{x\to 0}h(x)=h(0)=0$이므로 함수 $h(x)$는 $x=0$에서 연속이고
$$\lim_{x\to 0+}\frac{h(x)-h(0)}{x}=\lim_{x\to 0+}\frac{x^2}{x}=\lim_{x\to 0+}x=0,$$
$$\lim_{x\to 0-}\frac{h(x)-h(0)}{x}=\lim_{x\to 0-}\frac{-x^2}{x}=\lim_{x\to 0-}(-x)=0$$
따라서 $h'(0)=0$이므로 함수 $h(x)$는 $x=0$에서 미분가능하다.

ㄴ. $i(x)=f(x)+xg(x)=\begin{cases} x^2-x & (x\geq 0) \\ x^2+x & (x<0) \end{cases}$
라 하면 $\lim\limits_{x\to 0}i(x)=i(0)=0$이므로 함수 $i(x)$는 $x=0$에서 연속이고
$$\lim_{x\to 0+}\frac{i(x)-i(0)}{x}=\lim_{x\to 0+}\frac{x^2-x}{x}=\lim_{x\to 0+}(x-1)=-1,$$
$$\lim_{x\to 0-}\frac{i(x)-i(0)}{x}=\lim_{x\to 0-}\frac{x^2+x}{x}=\lim_{x\to 0-}(x+1)=1$$
따라서 $i'(0)$의 값이 존재하지 않으므로 함수 $i(x)$는 $x=0$에서 미분가능하지 않다.

ㄷ. $k(x)=f(x)g(x)=\begin{cases} x^2-2x & (x\geq 0) \\ -x^2-2x & (x<0) \end{cases}$
라 하면 $\lim\limits_{x\to 0}k(x)=k(0)=0$이므로 함수 $k(x)$는 $x=0$에서 연속이고
$$\lim_{x\to 0+}\frac{k(x)-k(0)}{x}=\lim_{x\to 0+}\frac{x^2-2x}{x}$$
$$=\lim_{x\to 0+}(x-2)=-2,$$
$$\lim_{x\to 0-}\frac{k(x)-k(0)}{x}=\lim_{x\to 0-}\frac{-x^2-2x}{x}$$
$$=\lim_{x\to 0-}(-x-2)=-2$$
따라서 $k'(0)=-2$이므로 함수 $k(x)$는 $x=0$에서 미분가능하다.

이상에서 $x=0$에서 미분가능한 함수는 ㄱ, ㄷ이다. 답 ㄱ, ㄷ

0272 $f'(x)=3x^2-6x+a$이므로 $f'(1)=2$에서
$$-3+a=2 \qquad \therefore a=5$$
답 ⑤

0273 $f'(x)=1+x+x^2+\cdots+x^{99}$이므로
$$f'(1)=\underbrace{1+1+1+\cdots+1}_{100개}=100$$
답 **100**

0274 $f(1)=1$에서 $a+b+3=1$
$$\therefore a+b=-2 \qquad\qquad \cdots\cdots ㉠$$

$f'(x)=3ax^2+b$이므로 $f'(1)=4$에서

$$3a+b=4 \qquad \cdots\cdots ㉡$$

㉠, ㉡을 연립하여 풀면 $a=3$, $b=-5$

$$\therefore ab=-15$$

답 ③

0275 $f(x)=2x^2-xf'(1)$에서

$$f'(x)=4x-f'(1)$$

$x=1$을 대입하면 $f'(1)=4-f'(1)$

$$\therefore f'(1)=2$$

따라서 $f'(x)=4x-2$이므로

$$f'(3)=10$$

답 **10**

0276 $g(x)=(x^2+3x)f(x)$에서

$$\begin{aligned}g'(x)&=(x^2+3x)'f(x)+(x^2+3x)f'(x)\\&=(2x+3)f(x)+(x^2+3x)f'(x)\end{aligned}$$

$$\begin{aligned}\therefore g'(1)&=5f(1)+4f'(1)\\&=5\times3+4\times2=23\end{aligned}$$

답 **23**

0277 $f(x)=(x+1)(x+2)(x+3)$에서

$$\begin{aligned}f'(x)=&(x+1)'(x+2)(x+3)\\&+(x+1)(x+2)'(x+3)\\&+(x+1)(x+2)(x+3)'\\=&(x+2)(x+3)+(x+1)(x+3)\\&+(x+1)(x+2)\end{aligned}$$

$$\therefore f'(0)=6+3+2=11$$

답 ①

0278 $f(x)=(3x^2-1)^3=(3x^2-1)(3x^2-1)(3x^2-1)$

이므로

$$\begin{aligned}f'(x)=&(3x^2-1)'(3x^2-1)(3x^2-1)\\&+(3x^2-1)(3x^2-1)'(3x^2-1)\\&+(3x^2-1)(3x^2-1)(3x^2-1)'\\=&6x(3x^2-1)^2+6x(3x^2-1)^2+6x(3x^2-1)^2\\=&18x(3x^2-1)^2\end{aligned}$$

$$\therefore f'(1)=72$$

답 ⑤

0279 $f'(x)$

$$\begin{aligned}&=(x-a)'(x^3+2x^2+8)+(x-a)(x^3+2x^2+8)'\\&=x^3+2x^2+8+(x-a)(3x^2+4x)\end{aligned}$$

… **1단계**

$f'(a)=11$에서 $a^3+2a^2+8=11$

$$a^3+2a^2-3=0, \quad (a-1)(a^2+3a+3)=0$$

$$\therefore a=1 \ (\because a^2+3a+3>0)$$

… **2단계**

따라서 $f'(x)=x^3+2x^2+8+(x-1)(3x^2+4x)$이므로

$$f'(-1)=11$$

… **3단계**

답 **11**

채점 요소	비율
1단계 $f'(x)$ 구하기	40 %
2단계 a의 값 구하기	40 %
3단계 $f'(-1)$의 값 구하기	20 %

0280 곡선 $y=f(x)g(x)$ 위의 점 $(1,\ -4)$에서의 접선의 기울기는 함수 $y=f(x)g(x)$의 $x=1$에서의 미분계수와 같다.

이때 $y'=f'(x)g(x)+f(x)g'(x)$이고

$$f'(x)=-2x+3,\ g'(x)=6x^2+2x-1$$

이므로 구하는 값은

$$f'(1)g(1)+f(1)g'(1)=1\times(-2)+2\times7=12$$

답 **12**

0281 조건 ㈎의 식을 x에 대하여 미분하면

$$\begin{aligned}f'(x)&=(x^3)'g(x)+x^3g'(x)\\&=3x^2g(x)+x^3g'(x)\end{aligned}$$

$f(x)$, $f'(x)$를 조건 ㈏의 식에 대입하면

$$\{3x^2g(x)+x^3g'(x)\}g(x)-x^3g(x)g'(x)=48x^4$$

$$3x^2\{g(x)\}^2=48x^4, \quad \{g(x)\}^2=16x^2$$

$$\therefore g(x)=\pm4x$$

이때 조건 ㈎의 식에 $x=-1$을 대입하면 $f(-1)=-g(-1)$이므로

$$f(-1)g(-1)=-\{g(-1)\}^2=-16$$

답 ①

0282 $(x-1)^2f(x)=x^8+ax+b \qquad \cdots\cdots ㉠$

㉠의 양변에 $x=1$을 대입하면

$$0=1+a+b \quad \therefore b=-a-1 \qquad \cdots\cdots ㉡$$

㉠의 양변을 x에 대하여 미분하면

$$\{(x-1)^2\}'f(x)+(x-1)^2f'(x)=8x^7+a$$

$$\therefore 2(x-1)f(x)+(x-1)^2f'(x)=8x^7+a$$

양변에 $x=1$을 대입하면

$$0=8+a \quad \therefore a=-8$$

$a=-8$을 ㉡에 대입하면 $b=7$

따라서 $(x-1)^2f(x)=x^8-8x+7$이므로 양변에 $x=2$를 대입하면

$$f(2)=247$$

답 ②

0283 $\displaystyle\lim_{h\to0}\dfrac{f(1+h)-f(1-h)}{h}$

$$=\lim_{h\to0}\dfrac{f(1+h)-f(1)-\{f(1-h)-f(1)\}}{h}$$

$$=\lim_{h\to0}\dfrac{f(1+h)-f(1)}{h}+\lim_{h\to0}\dfrac{f(1-h)-f(1)}{-h}$$

$$=f'(1)+f'(1)=2f'(1)$$

이때 $f'(x)=3x^2-4x$이므로 구하는 값은

$$2f'(1)=2\times(-1)=-2$$

답 ①

0284 $\displaystyle\lim_{x\to1}\dfrac{\{f(x)\}^2-\{f(1)\}^2}{x-1}$

$$=\lim_{x\to1}\left[\dfrac{f(x)-f(1)}{x-1}\times\{f(x)+f(1)\}\right]$$

$$=2f(1)f'(1)$$

이때 $f'(x)=3x^2-10x$이므로 구하는 값은

$$2f(1)f'(1)=2\times(-4)\times(-7)=56$$

답 **56**

0285 $\lim\limits_{x\to 2}\dfrac{2f(x)-xf(2)}{x-2}$

$=\lim\limits_{x\to 2}\dfrac{2f(x)-2f(2)-\{xf(2)-2f(2)\}}{x-2}$

$=\lim\limits_{x\to 2}\dfrac{f(x)-f(2)}{x-2}\times 2-\lim\limits_{x\to 2}\dfrac{(x-2)f(2)}{x-2}$

$=2f'(2)-f(2)$

이때 $f(x)=(3x-2)(2x^2+1)$에서

$\quad f'(x)=(3x-2)'(2x^2+1)+(3x-2)(2x^2+1)'$
$\qquad\quad =3(2x^2+1)+4x(3x-2)$

이므로 구하는 값은

$\quad 2f'(2)-f(2)=2\times 59-36=82$ **답** **82**

0286 $f(1)=g(1)=3$이므로

$\quad \lim\limits_{h\to 0}\dfrac{f(1+2h)-g(1-h)}{3h}$

$\quad =\lim\limits_{h\to 0}\dfrac{f(1+2h)-f(1)-\{g(1-h)-g(1)\}}{3h}$

$\quad =\lim\limits_{h\to 0}\dfrac{f(1+2h)-f(1)}{2h}\times\dfrac{2}{3}$

$\qquad +\lim\limits_{h\to 0}\dfrac{g(1-h)-g(1)}{-h}\times\dfrac{1}{3}$

$\quad =\dfrac{2}{3}f'(1)+\dfrac{1}{3}g'(1)$

이때 $f'(x)=1+3x^2+5x^4,\ g'(x)=2x+4x^3+6x^5$이므로 구하는 값은

$\quad \dfrac{2}{3}f'(1)+\dfrac{1}{3}g'(1)=\dfrac{2}{3}\times 9+\dfrac{1}{3}\times 12=10$

답 **10**

0287 $\lim\limits_{x\to 1}\dfrac{f(x)}{x-1}=2$에서 $x\longrightarrow 1$일 때 (분모) $\longrightarrow 0$이고 극한값이 존재하므로 (분자) $\longrightarrow 0$이다.

즉 $\lim\limits_{x\to 1}f(x)=0$이므로 $\quad f(1)=0$

$\quad \therefore \lim\limits_{x\to 1}\dfrac{f(x)}{x-1}=\lim\limits_{x\to 1}\dfrac{f(x)-f(1)}{x-1}=f'(1)=2$

한편 $f(x)=x^3+2ax^2+bx-2b$에서

$\quad f'(x)=3x^2+4ax+b$

$f(1)=0$에서 $\quad 1+2a-b=0$

$\quad \therefore 2a-b=-1$ $\qquad\qquad \cdots\cdots$ ㉠

$f'(1)=2$에서 $\quad 3+4a+b=2$

$\quad \therefore 4a+b=-1$ $\qquad\qquad \cdots\cdots$ ㉡

㉠, ㉡을 연립하여 풀면 $\quad a=-\dfrac{1}{3},\ b=\dfrac{1}{3}$

$\quad \therefore a+b=0$ **답** **③**

0288 $f(-1)=3$에서 $\quad -1+a+b=3$

$\quad \therefore b=-a+4$ $\qquad\qquad \cdots\cdots$ ㉠

한편

$\quad \lim\limits_{x\to 1}\dfrac{f(x)-f(1)}{x^2-1}=\lim\limits_{x\to 1}\left\{\dfrac{f(x)-f(1)}{x-1}\times\dfrac{1}{x+1}\right\}$

$\qquad\qquad\qquad\qquad =\dfrac{1}{2}f'(1)=\dfrac{5}{2}$

이므로 $\quad f'(1)=5$

이때 $f'(x)=3x^2+2ax$이므로

$\quad 3+2a=5 \quad \therefore a=1$

$a=1$을 ㉠에 대입하면 $\quad b=3$

$\quad \therefore ab=3$ **답** **⑤**

0289 $\lim\limits_{x\to 2}\dfrac{f(x)-f(2)}{x-2}=-2$에서

$\quad f'(2)=-2$

$\quad \lim\limits_{h\to 0}\dfrac{f(1-2h)-f(1+2h)}{h}$

$\quad =\lim\limits_{h\to 0}\dfrac{f(1-2h)-f(1)-\{f(1+2h)-f(1)\}}{h}$

$\quad =\lim\limits_{h\to 0}\dfrac{f(1-2h)-f(1)}{-2h}\times(-2)-\lim\limits_{h\to 0}\dfrac{f(1+2h)-f(1)}{2h}\times 2$

$\quad =-2f'(1)-2f'(1)=-4f'(1)$

즉 $-4f'(1)=8$이므로 $\quad f'(1)=-2$

이때 $f'(x)=4x^3+2ax+b$이므로

$f'(2)=-2$에서 $\quad 32+4a+b=-2$

$\quad \therefore 4a+b=-34$ $\qquad\qquad \cdots\cdots$ ㉠

$f'(1)=-2$에서 $\quad 4+2a+b=-2$

$\quad \therefore 2a+b=-6$ $\qquad\qquad \cdots\cdots$ ㉡

㉠, ㉡을 연립하여 풀면

$\quad a=-14,\ b=22$

따라서 $f(x)=x^4-14x^2+22x+1$이므로

$\quad f(1)=10$ **답** **10**

0290 $\lim\limits_{x\to 3}\dfrac{f(x)}{x-3}=11$에서 $x\longrightarrow 3$일 때 (분모) $\longrightarrow 0$이고 극한값이 존재하므로 (분자) $\longrightarrow 0$이다.

즉 $\lim\limits_{x\to 3}f(x)=0$이므로 $\quad f(3)=0$

$\quad \therefore \lim\limits_{x\to 3}\dfrac{f(x)}{x-3}=\lim\limits_{x\to 3}\dfrac{f(x)-f(3)}{x-3}=f'(3)=11$

또 $\lim\limits_{x\to -1}\dfrac{f(x)-f(-1)}{x+1}=-13$에서

$\quad f'(-1)=-13$ $\qquad\qquad$ ⋯ **1단계**

이때 $f(3)=0$에서 이차함수 $f(x)$는 $x-3$을 인수로 가지므로

$\quad f(x)=(x-3)(ax+b)\ (a,\ b$는 상수, $a\ne 0)$

라 하면

$\quad f'(x)=ax+b+a(x-3)$

$f'(3)=11$에서 $\quad 3a+b=11$ $\qquad\qquad \cdots\cdots$ ㉠

$f'(-1)=-13$에서 $\quad -5a+b=-13$ $\qquad\cdots\cdots$ ㉡

㉠, ㉡을 연립하여 풀면

$\quad a=3,\ b=2$

$\quad \therefore f(x)=(x-3)(3x+2)$ $\qquad$ ⋯ **2단계**

따라서 방정식 $f(x)=0$의 두 근의 합은

$\quad 3+\left(-\dfrac{2}{3}\right)=\dfrac{7}{3}$ $\qquad\qquad$ ⋯ **3단계**

답 $\dfrac{7}{3}$

채점 요소	비율
1단계 $f(3)$, $f'(3)$, $f'(-1)$의 값 구하기	40 %
2단계 $f(x)$ 구하기	40 %
3단계 방정식 $f(x)=0$의 모든 근의 합 구하기	20 %

0291 $f(x)=x^3+ax+b$라 하면
$$f'(x)=3x^2+a$$
점 $(1, 1)$에서의 접선의 기울기가 -3이므로
$$f'(1)=3+a=-3 \qquad \therefore a=-6$$
또 점 $(1, 1)$은 곡선 $y=f(x)$ 위의 점이므로
$$f(1)=1-6+b=1 \qquad \therefore b=6$$
$$\therefore ab=-36 \qquad\qquad\qquad \text{답 ①}$$

0292 $f(x)=x^2-3x+2$에서 $\quad f'(x)=2x-3$
점 (a, b)에서의 접선의 기울기가 9이므로
$$f'(a)=2a-3=9 \qquad \therefore a=6$$
또 점 $(6, b)$는 함수 $f(x)=x^2-3x+2$의 그래프 위의 점이므로 $\quad b=f(6)=20$ $\qquad$ **답 $a=6$, $b=20$**

0293 점 $(1, 3)$은 함수 $f(x)=x^2+ax+1$의 그래프 위의 점이므로
$$f(1)=2+a=3 \qquad \therefore a=1$$
즉 $f(x)=x^2+x+1$이므로
$$f'(x)=2x+1$$
점 $(1, 3)$에서의 접선의 기울기가 m이므로
$$m=f'(1)=3$$
$$\therefore a+m=4 \qquad\qquad\qquad \text{답 ①}$$

0294 $f(x)=(2x-1)^2(x^3+k)$
$$=(2x-1)(2x-1)(x^3+k)$$
라 하면
$$\begin{aligned}
f'(x)&=(2x-1)'(2x-1)(x^3+k)\\
&\quad+(2x-1)(2x-1)'(x^3+k)\\
&\quad+(2x-1)(2x-1)(x^3+k)'\\
&=2(2x-1)(x^3+k)\\
&\quad+2(2x-1)(x^3+k)\\
&\quad+3x^2(2x-1)^2\\
&=(2x-1)(10x^3-3x^2+4k)
\end{aligned}$$
x좌표가 1인 점에서의 접선의 기울기가 -13이므로
$$f'(1)=7+4k=-13$$
$$\therefore k=-5 \qquad\qquad\qquad \text{답 ⑤}$$

0295 함수 $f(x)$가 $x=-1$에서 미분가능하므로 $x=-1$에서 연속이다.
즉 $\lim\limits_{x\to-1}f(x)=f(-1)$이므로
$$-1+1-b=a+3 \qquad \therefore b=-a-3 \qquad \cdots\cdots \text{㉠}$$

또 $f'(-1)$이 존재하므로
$$\begin{aligned}
\lim_{x\to-1+}\frac{f(x)-f(-1)}{x-(-1)}&=\lim_{x\to-1+}\frac{(ax^2+3)-(a+3)}{x+1}\\
&=\lim_{x\to-1+}\frac{a(x-1)(x+1)}{x+1}\\
&=\lim_{x\to-1+}a(x-1)=-2a,
\end{aligned}$$
$$\begin{aligned}
&\lim_{x\to-1-}\frac{f(x)-f(-1)}{x-(-1)}\\
&=\lim_{x\to-1-}\frac{(x^3+x^2+bx)-(a+3)}{x+1}\\
&=\lim_{x\to-1-}\frac{\{x^3+x^2+(-a-3)x\}-(a+3)}{x+1} \quad(\because \text{㉠})\\
&=\lim_{x\to-1-}\frac{(x+1)(x^2-a-3)}{x+1}\\
&=\lim_{x\to-1-}(x^2-a-3)=-a-2
\end{aligned}$$
에서 $\quad -2a=-a-2 \qquad \therefore a=2$
$a=2$를 ㉠에 대입하면 $\quad b=-5$
$$\therefore a-b=7 \qquad\qquad\qquad \text{답 7}$$

다른 풀이 $g(x)=ax^2+3$, $h(x)=x^3+x^2+bx$라 하면
$$g'(x)=2ax, \quad h'(x)=3x^2+2x+b$$
함수 $f(x)$가 $x=-1$에서 연속이므로
$$g(-1)=h(-1), \qquad a+3=-1+1-b$$
$$\therefore a+b=-3 \qquad\qquad \cdots\cdots \text{㉡}$$
함수 $f(x)$의 $x=-1$에서의 미분계수가 존재하므로
$$g'(-1)=h'(-1), \qquad -2a=3-2+b$$
$$\therefore 2a+b=-1 \qquad\qquad \cdots\cdots \text{㉢}$$
㉡, ㉢을 연립하여 풀면
$$a=2, \ b=-5$$

0296 함수 $f(x)$가 $x=1$에서 미분가능하므로 $x=1$에서 연속이다.
즉 $\lim\limits_{x\to1}f(x)=f(1)$이므로
$$a+b=1 \qquad \therefore b=-a+1 \qquad \cdots\cdots \text{㉠}$$
또 $f'(1)$이 존재하므로
$$\begin{aligned}
\lim_{x\to1+}\frac{f(x)-f(1)}{x-1}&=\lim_{x\to1+}\frac{x^2-1}{x-1}\\
&=\lim_{x\to1+}\frac{(x+1)(x-1)}{x-1}\\
&=\lim_{x\to1+}(x+1)=2,
\end{aligned}$$
$$\begin{aligned}
\lim_{x\to1-}\frac{f(x)-f(1)}{x-1}&=\lim_{x\to1-}\frac{(ax+b)-1}{x-1}\\
&=\lim_{x\to1-}\frac{a(x-1)}{x-1} \quad(\because \text{㉠})\\
&=a
\end{aligned}$$
에서 $\quad a=2$
$a=2$를 ㉠에 대입하면 $\quad b=-1$
따라서 $f(x)=\begin{cases} x^2 & (x\geq1)\\ 2x-1 & (x<1) \end{cases}$이므로
$$f(-1)=-3 \qquad\qquad\qquad \text{답 } -3$$

0297 함수 $f(x)$가 $x=a$에서 미분가능하므로 $x=a$에서 연속이다.

즉 $\lim\limits_{x \to a} f(x) = f(a)$이므로 $a^3 = a^2 + a + b$ ······ ㉠

또 $f'(a)$가 존재하므로

$$\lim_{x \to a+} \frac{f(x)-f(a)}{x-a} = \lim_{x \to a+} \frac{(x^2+x+b)-(a^2+a+b)}{x-a}$$
$$= \lim_{x \to a+} \frac{(x-a)(x+a+1)}{x-a}$$
$$= \lim_{x \to a+} (x+a+1) = 2a+1,$$

$$\lim_{x \to a-} \frac{f(x)-f(a)}{x-a} = \lim_{x \to a-} \frac{x^3-(a^2+a+b)}{x-a}$$
$$= \lim_{x \to a-} \frac{x^3-a^3}{x-a} \ (\because ㉠)$$
$$= \lim_{x \to a-} \frac{(x-a)(x^2+ax+a^2)}{x-a}$$
$$= \lim_{x \to a-} (x^2+ax+a^2) = 3a^2$$

에서 $2a+1=3a^2$, $3a^2-2a-1=0$

$(3a+1)(a-1)=0$ $\therefore a=1 \ (\because a>0)$

$a=1$을 ㉠에 대입하면 $1=1+1+b$ $\therefore b=-1$

$\therefore a+b=0$ **답** ②

0298 $h(x)=f(x)g(x)=\begin{cases} (x-2)\left(-\dfrac{1}{2}x+a\right) & (x \geq 2) \\ -(x-2)\left(-\dfrac{1}{2}x+a\right) & (x < 2) \end{cases}$

라 하면 함수 $h(x)$가 모든 실수 x에서 미분가능하므로 $x=2$에서 미분가능하다.

이때 $\lim\limits_{x \to 2} h(x) = h(2) = 0$이므로 함수 $h(x)$는 $x=2$에서 연속이다.

또 $h'(2)$가 존재하므로

$$\lim_{x \to 2+} \frac{h(x)-h(2)}{x-2} = \lim_{x \to 2+} \frac{(x-2)\left(-\frac{1}{2}x+a\right)}{x-2}$$
$$= \lim_{x \to 2+} \left(-\frac{1}{2}x+a\right) = a-1,$$

$$\lim_{x \to 2-} \frac{h(x)-h(2)}{x-2} = \lim_{x \to 2-} \frac{-(x-2)\left(-\frac{1}{2}x+a\right)}{x-2}$$
$$= \lim_{x \to 2-} \left(\frac{1}{2}x-a\right) = 1-a$$

에서 $a-1=1-a$ $\therefore a=1$ **답** **1**

0299 다항식 x^3+ax^2+bx-5를 $(x+1)^2$으로 나누었을 때의 몫을 $Q(x)$라 하면

$$x^3+ax^2+bx-5=(x+1)^2 Q(x)$$ ······ ㉠

㉠의 양변에 $x=-1$을 대입하면

$$-1+a-b-5=0$$ $\therefore a-b=6$ ······ ㉡

㉠의 양변을 x에 대하여 미분하면

$$3x^2+2ax+b=2(x+1)Q(x)+(x+1)^2 Q'(x)$$

양변에 $x=-1$을 대입하면

$$3-2a+b=0$$ $\therefore 2a-b=3$ ······ ㉢

㉡, ㉢을 연립하여 풀면 $a=-3, \ b=-9$

$\therefore a+b=-12$ **답** -12

0300 다항식 $x^{10}-2x^3+1$을 $(x+1)^2$으로 나누었을 때의 몫을 $Q(x)$, $R(x)=ax+b$ (a, b는 상수)라 하면

$$x^{10}-2x^3+1=(x+1)^2 Q(x)+ax+b$$ ······ ㉠

㉠의 양변에 $x=-1$을 대입하면

$$4=-a+b$$ $\therefore b=a+4$ ······ ㉡

㉠의 양변을 x에 대하여 미분하면

$$10x^9-6x^2=2(x+1)Q(x)+(x+1)^2 Q'(x)+a$$

양변에 $x=-1$을 대입하면 $a=-16$

$a=-16$을 ㉡에 대입하면 $b=-12$

따라서 $R(x)=-16x-12$이므로

$$R(1)=-28$$ **답** ②

0301 다항식 x^6-3x^2+a를 $(x-b)^2$으로 나누었을 때의 몫을 $Q(x)$라 하면

$$x^6-3x^2+a=(x-b)^2 Q(x)$$ ······ ㉠

㉠의 양변에 $x=b$를 대입하면

$$b^6-3b^2+a=0$$ $\therefore a=-b^6+3b^2$ ······ ㉡

㉠의 양변을 x에 대하여 미분하면

$$6x^5-6x=2(x-b)Q(x)+(x-b)^2 Q'(x)$$

양변에 $x=b$를 대입하면

$$6b^5-6b=0, \qquad 6b(b^2+1)(b+1)(b-1)=0$$

$$\therefore b=1 \ (\because b>0)$$

$b=1$을 ㉡에 대입하면 $a=2$

$\therefore a-b=1$ **답** **1**

0302 다항식 $x^{10}+ax^3+b$를 $(x-1)^2$으로 나누었을 때의 몫을 $Q(x)$라 하면 나머지가 $4x-9$이므로

$$x^{10}+ax^3+b=(x-1)^2 Q(x)+4x-9$$ ······ ㉠

㉠의 양변에 $x=1$을 대입하면

$$1+a+b=-5$$ $\therefore b=-a-6$ ······ ㉡

㉠의 양변을 x에 대하여 미분하면

$$10x^9+3ax^2=2(x-1)Q(x)+(x-1)^2 Q'(x)+4$$

양변에 $x=1$을 대입하면

$$10+3a=4$$ $\therefore a=-2$

$a=-2$를 ㉡에 대입하면 $b=-4$

$\therefore ab=8$ **답** **8**

0303 $\lim\limits_{x \to 1} \dfrac{x^n-kx+2}{x-1}=15$에서 $x \longrightarrow 1$일 때 (분모) $\longrightarrow 0$

이고 극한값이 존재하므로 (분자) $\longrightarrow 0$이다.

즉 $\lim\limits_{x \to 1}(x^n-kx+2)=0$이므로

$$1-k+2=0$$ $\therefore k=3$

$f(x)=x^n-3x$라 하면 $f(1)=-2$이므로

$$\lim_{x \to 1} \frac{x^n-3x+2}{x-1}=\lim_{x \to 1} \frac{f(x)-f(1)}{x-1}=f'(1)=15$$

이때 $f'(x)=nx^{n-1}-3$이므로
$$f'(1)=n-3$$
즉 $n-3=15$이므로 $\quad n=18$
$$\therefore n+k=21$$
답 ④

0304 $f(x)=x^9-x^8+x^7-x^6+x^5$이라 하면 $f(1)=1$이므로
$$\lim_{x\to1}\frac{x^9-x^8+x^7-x^6+x^5-1}{x-1}=\lim_{x\to1}\frac{f(x)-f(1)}{x-1}$$
$$=f'(1)$$
이때 $f'(x)=9x^8-8x^7+7x^6-6x^5+5x^4$이므로 구하는 값은
$$f'(1)=7$$
답 7

0305 $f(x)=x^n-2x^2-3x$라 하면 $f(1)=-4$이므로
$$\lim_{x\to1}\frac{x^n-2x^2-3x+4}{x-1}=\lim_{x\to1}\frac{f(x)-f(1)}{x-1}$$
$$=f'(1)=5$$
이때 $f'(x)=nx^{n-1}-4x-3$이므로 $\quad f'(1)=n-7$
즉 $n-7=5$이므로 $\quad n=12$
답 12

0306 $\displaystyle\lim_{x\to2}\frac{x^n+x-34}{x-2}=k$에서 $x\to2$일 때 (분모) $\to0$이고 극한값이 존재하므로 (분자) $\to0$이다.
즉 $\displaystyle\lim_{x\to2}(x^n+x-34)=0$이므로
$$2^n+2-34=0, \qquad 2^n=32$$
$$\therefore n=5$$
… 1단계
$f(x)=x^5+x$라 하면 $f(2)=34$이므로
$$\lim_{x\to2}\frac{x^5+x-34}{x-2}=\lim_{x\to2}\frac{f(x)-f(2)}{x-2}=f'(2)=k$$
이때 $f'(x)=5x^4+1$이므로
$$k=f'(2)=81$$
… 2단계
$$\therefore n+k=86$$
… 3단계
답 86

채점 요소		비율
1단계	n의 값 구하기	40 %
2단계	k의 값 구하기	50 %
3단계	$n+k$의 값 구하기	10 %

0307 $f(x)$가 이차함수이므로
$$f(x)=ax^2+bx+c \ (a, b, c\text{는 상수}, a\neq0)$$
라 하면 $\quad f'(x)=2ax+b$
$f(x), f'(x)$를 주어진 등식에 대입하면
$$(x+2)(2ax+b)-(ax^2+bx+c)=3x^2+12x$$
$$\therefore ax^2+4ax+2b-c=3x^2+12x$$
이 등식이 모든 실수 x에 대하여 성립하므로
$$a=3, \ 2b-c=0 \qquad \cdots\cdots ㉠$$
또 $f'(-1)=1$이므로 $\quad -2a+b=1 \qquad \cdots\cdots ㉡$
㉠, ㉡에서 $\quad a=3, b=7, c=14$
따라서 $f'(x)=6x+7$이므로
$$f'(-2)=-5$$
답 ②

0308 $f(x)$가 이차함수이므로
$$f(x)=ax^2+bx+c \ (a, b, c\text{는 상수}, a\neq0)$$
라 하면 $\quad f'(x)=2ax+b$
$f(x), f'(x)$를 주어진 등식에 대입하면
$$x(2ax+b)-(ax^2+bx+c)=x^2+3$$
$$\therefore ax^2-c=x^2+3$$
이 등식이 모든 실수 x에 대하여 성립하므로
$$a=1, \ c=-3$$
또 $f'(1)=3$이므로 $\quad 2a+b=3 \quad \therefore b=1$
따라서 $f(x)=x^2+x-3$이므로
$$f(2)=3$$
답 ⑤

0309 주어진 등식의 우변의 최고차항이 $3x^2$이므로 $f(x)$는 상수함수 또는 일차함수가 될 수 없다.
또 $f(x)$가 최고차항의 계수가 1인 이차함수이면 $f'(x)$는 최고차항의 계수가 2인 일차함수이므로 주어진 등식에서 좌변의 최고차항의 계수는 -1, 우변의 최고차항의 계수는 3이 되어 모순이다.
따라서 $f(x)$는 최고차항의 계수가 1인 삼차함수이어야 하므로
$$f(x)=x^3+ax^2+bx+c \ (a, b, c\text{는 상수})$$
라 하면 $\quad f'(x)=3x^2+2ax+b$
$f(x), f'(x)$를 주어진 등식에 대입하면
$$x(3x^2+2ax+b)-3(x^3+ax^2+bx+c)=3x^2-x$$
$$\therefore -ax^2-2bx-3c=3x^2-x$$
이 등식이 모든 실수 x에 대하여 성립하므로
$$-a=3, \ -2b=-1, \ -3c=0$$
$$\therefore a=-3, \ b=\frac{1}{2}, \ c=0$$
따라서 $f(x)=x^3-3x^2+\dfrac{1}{2}x$이므로
$$f(-1)=-\frac{9}{2}$$
답 $-\dfrac{9}{2}$

시험에 꼭 나오는 문제

0310 $f(a)=g(a)$이므로
$$\lim_{h\to0}\frac{f(a+h)-g(a+h)}{h}$$
$$=\lim_{h\to0}\frac{f(a+h)-f(a)-\{g(a+h)-g(a)\}}{h}$$
$$=\lim_{h\to0}\frac{f(a+h)-f(a)}{h}-\lim_{h\to0}\frac{g(a+h)-g(a)}{h}$$
$$=f'(a)-g'(a)=1-g'(a)$$
즉 $1-g'(a)=3$이므로
$$g'(a)=-2$$
답 ②

0311 점 $(-2, f(-2))$에서의 접선의 기울기가 -6이므로

$$f'(-2)=-6$$

$$\therefore \lim_{x \to -2} \frac{f(x)-f(-2)}{x^3+8}$$

$$=\lim_{x \to -2}\left\{\frac{f(x)-f(-2)}{x+2} \times \frac{1}{x^2-2x+4}\right\}$$

$$=\frac{1}{12}f'(-2)=\frac{1}{12} \times (-6)$$

$$=-\frac{1}{2}$$

답 ④

0312 미분계수의 정의에 의하여

$$f'(0)=\lim_{h \to 0}\frac{f(0+h)-f(0)}{h}$$

$$=\lim_{h \to 0}\frac{f(0)+f(h)-f(0)}{h}=\lim_{h \to 0}\frac{f(h)}{h}$$

이때 $f'(0)=-2$이므로 $\quad \lim_{h \to 0}\dfrac{f(h)}{h}=-2$

$$\therefore f'(x)=\lim_{h \to 0}\frac{f(x+h)-f(x)}{h}$$

$$=\lim_{h \to 0}\frac{f(x)+f(h)-3xh-f(x)}{h}$$

$$=\lim_{h \to 0}\frac{f(h)}{h}-3x$$

$$=-3x-2$$

답 $f'(x)=-3x-2$

0313 ① $\lim_{x \to 3+}f(x)=2$, $\lim_{x \to 3-}f(x)=2$이므로

$$\lim_{x \to 3}f(x)=2$$

② 점 $(4, f(4))$에서의 접선의 기울기는 음수이므로

$$f'(4)<0$$

③ 함수 $f(x)$는 $x=2$, $x=3$에서 불연속이므로 불연속인 x의 값은 2개이다.

④ 함수 $f(x)$는 $x=1$, $x=2$, $x=3$에서 미분가능하지 않으므로 미분가능하지 않은 x의 값은 3개이다.

⑤ $f'(x)=0$인 x의 값은 구간 $(-1, 1)$, $(4, 5)$에서 각각 한 개씩 존재하고, 구간 $(1, 2)$의 모든 x에서 $f'(x)=0$이다.

답 ⑤

0314 ㄱ. $f(x)=\sqrt{(x-2)^2}=|x-2|$

$\lim_{x \to 2}f(x)=f(2)=0$이므로 함수 $f(x)$는 $x=2$에서 연속이고

$$\lim_{x \to 2+}\frac{f(x)-f(2)}{x-2}=\lim_{x \to 2+}\frac{|x-2|}{x-2}$$

$$=\lim_{x \to 2+}\frac{x-2}{x-2}=1,$$

$$\lim_{x \to 2-}\frac{f(x)-f(2)}{x-2}=\lim_{x \to 2-}\frac{|x-2|}{x-2}$$

$$=\lim_{x \to 2-}\frac{-(x-2)}{x-2}=-1$$

따라서 $f'(2)$의 값이 존재하지 않으므로 함수 $f(x)$는 $x=2$에서 미분가능하지 않다.

ㄴ. $\lim_{x \to 2}f(x)=f(2)=0$이므로 함수 $f(x)$는 $x=2$에서 연속이고

$$\lim_{x \to 2+}\frac{f(x)-f(2)}{x-2}=\lim_{x \to 2+}\frac{(x-2)|x-2|}{x-2}$$

$$=\lim_{x \to 2+}\frac{(x-2)^2}{x-2}$$

$$=\lim_{x \to 2+}(x-2)=0,$$

$$\lim_{x \to 2-}\frac{f(x)-f(2)}{x-2}=\lim_{x \to 2-}\frac{(x-2)|x-2|}{x-2}$$

$$=\lim_{x \to 2-}\frac{-(x-2)^2}{x-2}$$

$$=\lim_{x \to 2-}(-x+2)=0$$

따라서 $f'(2)=0$이므로 함수 $f(x)$는 $x=2$에서 미분가능하다.

ㄷ. $f(2)$의 값이 존재하지 않으므로 함수 $f(x)$는 $x=2$에서 불연속이다.

즉 함수 $f(x)$는 $x=2$에서 미분가능하지 않다.

이상에서 $x=2$에서 미분가능하지 않은 함수는 ㄱ, ㄷ이다.

답 ㄱ, ㄷ

0315 x의 값이 1에서 3까지 변할 때의 함수 $f(x)$의 평균변화율은

$$\frac{f(3)-f(1)}{3-1}=\frac{7-1}{2}=3$$

$f'(x)=2x-1$이므로 $x=a$에서의 미분계수는

$$f'(a)=2a-1$$

즉 $2a-1=3$이므로 $\quad a=2$

답 ④

0316 $\lim_{x \to 2}\dfrac{f(x)-2}{x^2-4}=2$에서 $x \longrightarrow 2$일 때 (분모) $\longrightarrow 0$이고 극한값이 존재하므로 (분자) $\longrightarrow 0$이다.

즉 $\lim_{x \to 2}\{f(x)-2\}=0$이므로 $\quad f(2)=2$

$$\therefore \lim_{x \to 2}\frac{f(x)-2}{x^2-4}=\lim_{x \to 2}\frac{f(x)-f(2)}{x^2-4}$$

$$=\lim_{x \to 2}\left\{\frac{f(x)-f(2)}{x-2} \times \frac{1}{x+2}\right\}$$

$$=\frac{1}{4}f'(2)$$

따라서 $\frac{1}{4}f'(2)=2$이므로 $\quad f'(2)=8$

또 $\lim_{x \to 2}\dfrac{g(x)-1}{x^3-8}=1$에서 $x \longrightarrow 2$일 때 (분모) $\longrightarrow 0$이고 극한값이 존재하므로 (분자) $\longrightarrow 0$이다.

즉 $\lim_{x \to 2}\{g(x)-1\}=0$이므로 $\quad g(2)=1$

$$\therefore \lim_{x \to 2}\frac{g(x)-1}{x^3-8}=\lim_{x \to 2}\frac{g(x)-g(2)}{x^3-8}$$

$$=\lim_{x \to 2}\left\{\frac{g(x)-g(2)}{x-2} \times \frac{1}{x^2+2x+4}\right\}$$

$$=\frac{1}{12}g'(2)$$

따라서 $\frac{1}{12}g'(2)=1$이므로 $\quad g'(2)=12$

한편 함수 $y=f(x)g(x)$에서
$$y'=f'(x)g(x)+f(x)g'(x)$$
이므로 $x=2$에서의 미분계수는
$$f'(2)g(2)+f(2)g'(2)=8\times1+2\times12=32$$

답 32

0317 함수 $y=f(x)$의 그래프 위의 점 $(3,\ 1)$에서의 접선의 기울기가 -1이므로
$$f(3)=1,\ f'(3)=-1$$
이때 $g(x)=x^2+(x+1)f(x)$에서
$$g'(x)=2x+f(x)+(x+1)f'(x)$$
$$\therefore g'(3)=6+f(3)+4f'(3)$$
$$=6+1+4\times(-1)=3$$

답 3

0318 함수 $y=f(x)$의 그래프에서
$$f(1)=0,\ f'(1)<0,\ f(2)<0,\ f'(2)=0,$$
$$f(3)=0,\ f'(3)>0$$
이때 $g(x)=xf(x)$에서
$$g'(x)=f(x)+xf'(x)$$
ㄱ. $f(1)+g'(1)=2f(1)+f'(1)=f'(1)<0$ (거짓)

ㄴ. $g(2)g'(2)=2f(2)\times\{f(2)+2f'(2)\}=2\{f(2)\}^2>0$
(참)

ㄷ. $f(3)+g'(3)=2f(3)+3f'(3)=3f'(3)>0$ (참)

이상에서 옳은 것은 ㄴ, ㄷ이다.

답 ④

0319 조건 ㈎에서 $f(x)$는 최고차항의 계수가 -3인 이차함수이다.

따라서 $f(x)=-3x^2+ax+b$ (a, b는 상수)라 하면
$$f'(x)=-6x+a$$
한편 조건 ㈏에서 $x \to 1$일 때 (분모) $\to 0$이고 극한값이 존재하므로 (분자) $\to 0$이다.

즉 $\lim\limits_{x\to1}\{f(x)-5\}=0$이므로 $f(1)=5$
$$\therefore \lim\limits_{x\to1}\frac{f(x)-5}{x-1}=\lim\limits_{x\to1}\frac{f(x)-f(1)}{x-1}$$
$$=f'(1)=-6+a$$
따라서 $-6+a=-8$이므로 $a=-2$

즉 $f'(x)=-6x-2$이므로
$$f'(-1)=4$$

답 4

0320 함수 $f(x)$가 실수 전체의 집합에서 미분가능하면 $x=1$에서 미분가능하므로 $x=1$에서 연속이다.

즉 $\lim\limits_{x\to1}f(x)=f(1)$에서
$$1+a+b=b+4 \quad \therefore a=3$$
또 $f'(1)$이 존재하므로
$$\lim\limits_{x\to1+}\frac{f(x)-f(1)}{x-1}=\lim\limits_{x\to1+}\frac{bx+4-(b+4)}{x-1}$$
$$=\lim\limits_{x\to1+}\frac{b(x-1)}{x-1}=b,$$

$$\lim\limits_{x\to1-}\frac{f(x)-f(1)}{x-1}=\lim\limits_{x\to1-}\frac{x^3+3x+b-(b+4)}{x-1}$$
$$=\lim\limits_{x\to1-}\frac{(x-1)(x^2+x+4)}{x-1}$$
$$=\lim\limits_{x\to1-}(x^2+x+4)=6$$
에서 $b=6$
$$\therefore a+b=9$$

답 ④

0321 다항식 x^5+ax^4+b를 $(x+1)^2$으로 나누었을 때의 몫을 $Q(x)$라 하면
$$x^5+ax^4+b=(x+1)^2Q(x) \quad \cdots\cdots ㉠$$
㉠의 양변에 $x=-1$을 대입하면
$$-1+a+b=0 \quad \therefore b=-a+1 \quad \cdots\cdots ㉡$$
㉠의 양변을 x에 대하여 미분하면
$$5x^4+4ax^3=2(x+1)Q(x)+(x+1)^2Q'(x)$$
양변에 $x=-1$을 대입하면
$$5-4a=0 \quad \therefore a=\frac{5}{4}$$
$a=\frac{5}{4}$를 ㉡에 대입하면 $b=-\frac{1}{4}$
$$\therefore a-b=\frac{3}{2}$$

답 ⑤

0322 $f(x)=x^{16}+x^8+x^4+x^2$이라 하면 $f(-1)=4$이므로
$$\lim\limits_{x\to-1}\frac{x^{16}+x^8+x^4+x^2-4}{x+1}=\lim\limits_{x\to-1}\frac{f(x)-f(-1)}{x-(-1)}$$
$$=f'(-1)$$
이때 $f'(x)=16x^{15}+8x^7+4x^3+2x$이므로 구하는 값은
$$f'(-1)=-30$$

답 −30

0323 $x+2=t$라 하면 $x \to 2$일 때 $t \to 4$이므로
$$\lim\limits_{x\to2}\frac{f(x+2)-6}{x^2-4}=\lim\limits_{t\to4}\frac{f(t)-6}{(t-2)^2-4}$$
$$=\lim\limits_{t\to4}\frac{f(t)-6}{t^2-4t}=3$$
$t \to 4$일 때 (분모) $\to 0$이고 극한값이 존재하므로 (분자) $\to 0$이다.

즉 $\lim\limits_{t\to4}\{f(t)-6\}=0$이므로 $f(4)=6$ ··· **1단계**
$$\therefore \lim\limits_{t\to4}\frac{f(t)-6}{t^2-4t}=\lim\limits_{t\to4}\left\{\frac{f(t)-f(4)}{t-4}\times\frac{1}{t}\right\}$$
$$=\frac{1}{4}f'(4)$$
따라서 $\frac{1}{4}f'(4)=3$이므로 $f'(4)=12$ ··· **2단계**
$$\therefore f(4)+f'(4)=18$$ ··· **3단계**

답 18

채점 요소		비율
1단계	$f(4)$의 값 구하기	40 %
2단계	$f'(4)$의 값 구하기	50 %
3단계	$f(4)+f'(4)$의 값 구하기	10 %

0324 조건 ㈎에 의하여

$$f'(1)=\lim_{h\to0}\frac{f(1+h)-f(1)}{h}$$
$$=\lim_{h\to0}\frac{f(1)+f(h)+2h-1-f(1)}{h}$$
$$=\lim_{h\to0}\frac{f(h)-1}{h}+2$$

이때 조건 ㈏에서 $f'(1)=1$이므로

$$\lim_{h\to0}\frac{f(h)-1}{h}=-1 \qquad\qquad \cdots\text{1단계}$$

$$\therefore f'(0)=\lim_{h\to0}\frac{f(0+h)-f(0)}{h}$$
$$=\lim_{h\to0}\frac{f(0)+f(h)-1-f(0)}{h}$$
$$=\lim_{h\to0}\frac{f(h)-1}{h}=-1 \qquad \cdots\text{2단계}$$

답 -1

채점 요소	비율
1단계 $\lim\limits_{h\to0}\dfrac{f(h)-1}{h}$의 값 구하기	50 %
2단계 $f'(0)$의 값 구하기	50 %

다른 풀이 조건 ㈎의 식에 $x=0$, $y=0$을 대입하면

$$f(0)=f(0)+f(0)-1 \qquad \therefore f(0)=1$$
$$\therefore f'(1)=\lim_{h\to0}\frac{f(1+h)-f(1)}{h}$$
$$=\lim_{h\to0}\frac{f(1)+f(h)+2h-1-f(1)}{h}$$
$$=\lim_{h\to0}\frac{f(h)-1}{h}+2=\lim_{h\to0}\frac{f(h)-f(0)}{h}+2$$
$$=f'(0)+2$$
$$\therefore f'(0)=f'(1)-2=-1$$

0325 조건 ㈎에서 방정식 $f(x)=x-3$, 즉 $f(x)-x+3=0$
의 세 실근이 1, 2, 3이므로

$$f(x)-x+3=a(x-1)(x-2)(x-3) \ (a\text{는 상수, } a\ne0)$$

이라 하면 $\quad f(x)=a(x-1)(x-2)(x-3)+x-3$

이때 조건 ㈏에서 $f(0)=15$이므로

$$-6a-3=15 \qquad \therefore a=-3$$

따라서 $f(x)=-3(x-1)(x-2)(x-3)+x-3$이므로

$$\cdots\text{1단계}$$

$$f'(x)=-3\{(x-2)(x-3)+(x-1)(x-3)$$
$$+(x-1)(x-2)\}$$
$$+1$$
$$=-9x^2+36x-32=-9(x-2)^2+4 \quad \cdots\text{2단계}$$

즉 함수 $f'(x)$의 최댓값은 4이다. $\qquad \cdots\text{3단계}$

답 4

채점 요소	비율
1단계 $f(x)$ 구하기	50 %
2단계 $f'(x)$ 구하기	30 %
3단계 $f'(x)$의 최댓값 구하기	20 %

0326 $\lim\limits_{x\to2}\dfrac{f(x)-a}{x-2}=4$에서 $x\longrightarrow2$일 때 (분모) $\longrightarrow0$이고
극한값이 존재하므로 (분자) $\longrightarrow0$이다.

즉 $\lim\limits_{x\to2}\{f(x)-a\}=0$이므로 $\qquad f(2)=a$

$$\therefore \lim_{x\to2}\frac{f(x)-a}{x-2}=\lim_{x\to2}\frac{f(x)-f(2)}{x-2}$$
$$=f'(2)=4 \qquad \cdots\text{1단계}$$

한편 $f(x)$를 $(x-2)^2$으로 나누었을 때의 몫을 $Q(x)$라 하면 나
머지가 $bx+3$이므로

$$f(x)=(x-2)^2Q(x)+bx+3 \qquad \cdots\cdots㉠ \quad \cdots\text{2단계}$$

㉠의 양변에 $x=2$를 대입하면

$$f(2)=2b+3$$
$$\therefore a=2b+3 \qquad\qquad \cdots\cdots㉡$$

㉠의 양변을 x에 대하여 미분하면

$$f'(x)=2(x-2)Q(x)+(x-2)^2Q'(x)+b$$

양변에 $x=2$를 대입하면

$$f'(2)=b \qquad \therefore b=4$$

$b=4$를 ㉡에 대입하면 $\qquad a=11$

$$\therefore a+b=15 \qquad \cdots\text{3단계}$$

답 15

채점 요소	비율
1단계 $f(2)$, $f'(2)$의 값 구하기	30 %
2단계 $f(x)$에 대한 등식 세우기	20 %
3단계 $a+b$의 값 구하기	50 %

0327 **전략** 함수 $h(x)$가 $x=a$에서 미분가능하면
$$\lim_{x\to a+}\frac{h(x)-h(a)}{x-a}=\lim_{x\to a-}\frac{h(x)-h(a)}{x-a}$$임을 이용한다.

주어진 그래프에서

$$f(x)=\begin{cases} x+1 & (-2\le x<0) \\ 0 & (x=0) \\ x-1 & (0<x\le2) \end{cases},$$

$$g(x)=\begin{cases} -1 & (-2\le x\le-1) \\ x & (-1<x<0 \text{ 또는 } 0<x<1) \\ 1 & (x=0 \text{ 또는 } 1\le x\le2) \end{cases}$$

ㄱ. $\lim\limits_{x\to0+}\{f(x)+g(x)\}=\lim\limits_{x\to0+}f(x)+\lim\limits_{x\to0+}g(x)$
$$=-1+0=-1$$

$\lim\limits_{x\to0-}\{f(x)+g(x)\}=\lim\limits_{x\to0-}f(x)+\lim\limits_{x\to0-}g(x)$
$$=1+0=1$$

따라서 $\lim\limits_{x\to0}\{f(x)+g(x)\}$의 값이 존재하지 않으므로 함수
$f(x)+g(x)$는 $x=0$에서 불연속이다.

즉 함수 $f(x)+g(x)$는 $x=0$에서 미분가능하지 않다. (거짓)

ㄴ. 구간 $[-2, 0]$에서

$$f(x)g(x)=\begin{cases} -(x+1) & (-2\le x\le-1) \\ x(x+1) & (-1<x\le0) \end{cases}$$이므로

$$\lim_{x\to-1}f(x)g(x)=f(-1)g(-1)=0$$

즉 함수 $f(x)g(x)$는 $x=-1$에서 연속이고

$$\lim_{x \to -1+} \frac{f(x)g(x)-f(-1)g(-1)}{x-(-1)}$$

$$=\lim_{x \to -1+} \frac{x(x+1)}{x+1}=\lim_{x \to -1+} x=-1,$$

$$\lim_{x \to -1-} \frac{f(x)g(x)-f(-1)g(-1)}{x-(-1)}$$

$$=\lim_{x \to -1-} \frac{-(x+1)}{x+1}=-1$$

따라서 함수 $f(x)g(x)$의 $x=-1$에서의 미분계수가 존재하므로 $x=-1$에서 미분가능하다. (참)

ㄷ. 구간 $(0, 2]$에서

$$(f \circ g)(x)=f(g(x))=\begin{cases} x-1 & (0<x<1) \\ 0 & (1 \le x \le 2) \end{cases}$$이므로

$$\lim_{x \to 1}(f \circ g)(x)=(f \circ g)(1)=0$$

즉 함수 $(f \circ g)(x)$는 $x=1$에서 연속이고

$$\lim_{x \to 1+} \frac{(f \circ g)(x)-(f \circ g)(1)}{x-1}=\lim_{x \to 1+} \frac{0}{x-1}=0,$$

$$\lim_{x \to 1-} \frac{(f \circ g)(x)-(f \circ g)(1)}{x-1}=\lim_{x \to 1-} \frac{x-1}{x-1}=1$$

따라서 $(f \circ g)'(1)$의 값이 존재하지 않으므로 함수 $(f \circ g)(x)$는 $x=1$에서 미분가능하지 않다. (거짓)

이상에서 옳은 것은 ㄴ뿐이다. **답** ㄴ

0328 **전략** $f(x)$가 $x=-1$에서 연속이고 미분가능함을 이용하여 a, b의 값을 구한다.

함수 $f(x)$는 실수 전체의 집합에서 미분가능하므로 실수 전체의 집합에서 연속이다.

따라서 함수 $f(x)$는 $x=-1$에서 연속이므로

$$\lim_{x \to -1+} f(x)=\lim_{x \to -1-} f(x)=f(-1)$$

이때 $f(x+2)=f(x)$이므로 $\displaystyle\lim_{x \to -1+} f(x)=\lim_{x \to 1-} f(x)$

$$-a+b-1+1=a+b+1+1, \qquad 2a=-2$$

$$\therefore a=-1$$

$$\therefore f(x)=-x^3+bx^2+x+1 \; (-1 \le x < 1)$$

또 함수 $f(x)$는 $x=-1$에서 미분가능하므로

$$\lim_{x \to -1+} \frac{f(x)-f(-1)}{x-(-1)}=\lim_{x \to -1-} \frac{f(x)-f(-1)}{x-(-1)}$$

이때 $f(x+2)=f(x)$이므로

$$\lim_{x \to -1+} \frac{f(x)-f(-1)}{x+1}=\lim_{x \to -1-} \frac{f(x+2)-f(-1)}{x+1}$$

$$\qquad\qquad \cdots\cdots \text{㉠}$$

㉠의 좌변에서

$$\lim_{x \to -1+} \frac{f(x)-f(-1)}{x+1}$$

$$=\lim_{x \to -1+} \frac{-x^3+bx^2+x+1-(1+b)}{x+1}$$

$$=\lim_{x \to -1+} \frac{-(x+1)(x-1)(x-b)}{x+1}$$

$$=\lim_{x \to -1+} \{-(x-1)(x-b)\}=-2b-2$$

㉠의 우변에서 $x+2=t$로 놓으면 $x \longrightarrow -1-$일 때 $t \longrightarrow 1-$이므로

$$\lim_{x \to -1-} \frac{f(x+2)-f(-1)}{x+1}$$

$$=\lim_{t \to 1-} \frac{f(t)-f(-1)}{t-1}$$

$$=\lim_{t \to 1-} \frac{-t^3+bt^2+t+1-(1+b)}{t-1}$$

$$=\lim_{t \to 1-} \frac{-(t-1)(t+1)(t-b)}{t-1}$$

$$=\lim_{t \to 1-} \{-(t+1)(t-b)\}$$

$$=2b-2$$

따라서 $-2b-2=2b-2$이므로

$$b=0$$

즉 $f(x)=-x^3+x+1 \; (-1 \le x < 1)$이고 $f'(-1)=-2$이므로

$$f(101)+f'(101)=f(2 \times 51-1)+f'(2 \times 51-1)$$

$$=f(-1)+f'(-1)$$

$$=1+(-2)$$

$$=-1 \qquad\qquad \textbf{답} -1$$

RPM 비법 노트

모든 실수 x에 대하여 $f(x+2)=f(x)$가 성립하므로 정수 n에 대하여 구간 $[-2, 0]$과 구간 $[2n-2, 2n]$에서의 $y=f(x)$의 그래프가 일치한다.

따라서 $y=f(x)$의 그래프 위의 $x=-1$인 점에서의 접선의 기울기와 $x=2n-1$인 점에서의 접선의 기울기가 같으므로

$$f'(2n-1)=f'(-1)$$

0329 **전략** 먼저 주어진 등식을 만족시키는 함수 $f(x)$의 차수를 구한다.

$f(x)$를 n차 함수라 하면 $f'(x)$는 $(n-1)$차 함수이고 주어진 등식의 우변의 차수는 1이므로

$$n+(n-1)=1 \qquad \therefore n=1$$

따라서 $f(x)$는 일차함수이므로

$$f(x)=ax+b \; (a, b는 상수, a \neq 0)$$

라 하면 $f'(x)=a$

$f(x)$, $f'(x)$를 주어진 등식에 대입하면

$$(ax+b) \times a=9x+12$$

$$\therefore a^2x+ab=9x+12$$

이 등식이 모든 실수 x에 대하여 성립하므로

$$a^2=9, \; ab=12$$

$$\therefore a=3, b=4 \; 또는 \; a=-3, b=-4$$

(i) $a=3$, $b=4$일 때, $f(x)=3x+4$이므로

$$f(1)f(2)=7 \times 10=70$$

(ii) $a=-3$, $b=-4$일 때, $f(x)=-3x-4$이므로

$$f(1)f(2)=-7 \times (-10)=70$$

(i), (ii)에서 $f(1)f(2)=70$ **답** 70

04 도함수의 활용 (1)

교과서 문제 정복하기

0330 $f(x)=x^2-1$이라 하면
$$f'(x)=2x$$
곡선 $y=f(x)$ 위의 점 $(2, 3)$에서의 접선의 기울기는
$$f'(2)=4$$
답 **4**

0331 $f(x)=\dfrac{1}{3}x^3+2x^2-4$라 하면
$$f'(x)=x^2+4x$$
곡선 $y=f(x)$ 위의 점 $(-3, 5)$에서의 접선의 기울기는
$$f'(-3)=-3$$
답 -3

0332 $f(x)=2x^2-3x+7$이라 하면
$$f'(x)=4x-3$$
곡선 $y=f(x)$ 위의 점 $(1, 6)$에서의 접선의 기울기는
$$f'(1)=1$$
따라서 구하는 접선의 방정식은
$$y-6=1\times(x-1)$$
$$\therefore y=x+5$$
답 $y=x+5$

0333 $f(x)=-x^3+6x+8$이라 하면
$$f'(x)=-3x^2+6$$
곡선 $y=f(x)$ 위의 점 $(-1, 3)$에서의 접선의 기울기는
$$f'(-1)=3$$
따라서 구하는 접선의 방정식은
$$y-3=3(x+1)$$
$$\therefore y=3x+6$$
답 $y=3x+6$

0334 $f(x)=-x^2+3x+5$라 하면
$$f'(x)=-2x+3$$
접점의 좌표를 $(t, -t^2+3t+5)$라 하면 접선의 기울기가 1이므로
$$f'(t)=-2t+3=1 \qquad \therefore t=1$$
따라서 접점의 좌표는 $(1, 7)$이므로 구하는 접선의 방정식은
$$y-7=x-1 \qquad \therefore y=x+6$$
답 $y=x+6$

0335 $f(x)=\dfrac{1}{2}x^2-5x+3$이라 하면
$$f'(x)=x-5$$
접점의 좌표를 $\left(t, \dfrac{1}{2}t^2-5t+3\right)$이라 하면 접선의 기울기가 1이므로
$$f'(t)=t-5=1 \qquad \therefore t=6$$
따라서 접점의 좌표는 $(6, -9)$이므로 구하는 접선의 방정식은
$$y+9=x-6 \qquad \therefore y=x-15$$
답 $y=x-15$

0336 $f(x)=x^3-2x$라 하면
$$f'(x)=3x^2-2$$
접점의 좌표를 (t, t^3-2t)라 하면 접선의 기울기가 1이므로
$$f'(t)=3t^2-2=1$$
$$t^2=1 \qquad \therefore t=-1 \text{ 또는 } t=1$$
따라서 접점의 좌표는 $(-1, 1)$, $(1, -1)$이므로 구하는 접선의 방정식은
$$y-1=x+1,\ y+1=x-1$$
$$\therefore y=x+2,\ y=x-2$$
답 $y=x+2,\ y=x-2$

0337 $f(x)=-x^3+4x$라 하면
$$f'(x)=-3x^2+4$$
곡선 $y=f(x)$ 위의 점 $(2, 0)$에서의 접선의 기울기는
$$f'(2)=-8$$
이므로 점 $(2, 0)$에서의 접선에 수직인 직선의 기울기는 $\dfrac{1}{8}$이다.
따라서 구하는 직선의 방정식은
$$y=\dfrac{1}{8}(x-2)$$
$$\therefore y=\dfrac{1}{8}x-\dfrac{1}{4}$$
답 $y=\dfrac{1}{8}x-\dfrac{1}{4}$

0338 $f(x)=x^3+5$라 하면 $f'(x)=3x^2$
접점의 좌표를 (t, t^3+5)라 하면 직선 $y=3x+1$에 평행한 직선의 기울기는 3이므로
$$f'(t)=3t^2=3$$
$$t^2=1 \qquad \therefore t=-1 \text{ 또는 } t=1$$
따라서 접점의 좌표는 $(-1, 4)$, $(1, 6)$이므로 구하는 접선의 방정식은
$$y-4=3(x+1),\ y-6=3(x-1)$$
$$\therefore y=3x+7,\ y=3x+3$$
답 $y=3x+7,\ y=3x+3$

0339 (1) $f(x)=x^3-x^2-2$라 하면
$$f'(x)=3x^2-2x$$
점 (t, t^3-t^2-2)에서의 접선의 기울기는 $f'(t)=3t^2-2t$이므로 접선의 방정식은
$$y-(t^3-t^2-2)=(3t^2-2t)(x-t)$$
$$\therefore y=(3t^2-2t)x-2t^3+t^2-2$$
(2) 직선 $y=(3t^2-2t)x-2t^3+t^2-2$가 점 $(-1, 2)$를 지나므로
$$2=-2t^3-2t^2+2t-2, \qquad t^3+t^2-t+2=0$$
$$(t+2)(t^2-t+1)=0$$
$$\therefore t=-2 \ (\because t^2-t+1>0)$$
(3) $t=-2$를 $y=(3t^2-2t)x-2t^3+t^2-2$에 대입하면
$$y=16x+18$$
답 (1) $y=(3t^2-2t)x-2t^3+t^2-2$
(2) -2
(3) $y=16x+18$

0340 함수 $f(x)=x^2-4x$는 닫힌구간 $[-1, 5]$에서 연속이
고 열린구간 $(-1, 5)$에서 미분가능하며 $f(-1)=f(5)=5$이
므로 롤의 정리에 의하여 $f'(c)=0$인 c가 열린구간 $(-1, 5)$에
적어도 하나 존재한다.
이때 $f'(x)=2x-4$이므로 $f'(c)=0$에서
$$2c-4=0 \quad \therefore c=2$$
답 2

0341 함수 $f(x)=x^3-x^2-5x-4$는 닫힌구간 $[-1, 3]$에
서 연속이고 열린구간 $(-1, 3)$에서 미분가능하며
$f(-1)=f(3)=-1$이므로 롤의 정리에 의하여 $f'(c)=0$인 c
가 열린구간 $(-1, 3)$에 적어도 하나 존재한다.
이때 $f'(x)=3x^2-2x-5$이므로 $f'(c)=0$에서
$$3c^2-2c-5=0, \quad (c+1)(3c-5)=0$$
$$\therefore c=\frac{5}{3} \ (\because -1<c<3)$$
답 $\dfrac{5}{3}$

0342 함수 $f(x)=x^2$은 닫힌구간 $[1, 3]$에서 연속이고 열린
구간 $(1, 3)$에서 미분가능하므로 평균값 정리에 의하여
$\dfrac{f(3)-f(1)}{3-1}=f'(c)$인 c가 열린구간 $(1, 3)$에 적어도 하나 존
재한다.
이때 $f'(x)=2x$이므로
$$\frac{9-1}{2}=2c \quad \therefore c=2$$
답 2

0343 함수 $f(x)=-x^3+x-2$는 닫힌구간 $[-2, 0]$에서 연
속이고 열린구간 $(-2, 0)$에서 미분가능하므로 평균값 정리에
의하여 $\dfrac{f(0)-f(-2)}{0-(-2)}=f'(c)$인 c가 열린구간 $(-2, 0)$에 적
어도 하나 존재한다.
이때 $f'(x)=-3x^2+1$이므로
$$\frac{-2-4}{2}=-3c^2+1, \quad c^2=\frac{4}{3}$$
$$\therefore c=-\frac{2\sqrt{3}}{3} \ (\because -2<c<0)$$
답 $-\dfrac{2\sqrt{3}}{3}$

0344 오른쪽 그림과 같이 두 점
$(a, f(a))$, $(b, f(b))$를 지나는 직선과
평행한 접선을 3개 그을 수 있으므로 평
균값 정리를 만족시키는 실수 c의 개수는
3이다.
답 3

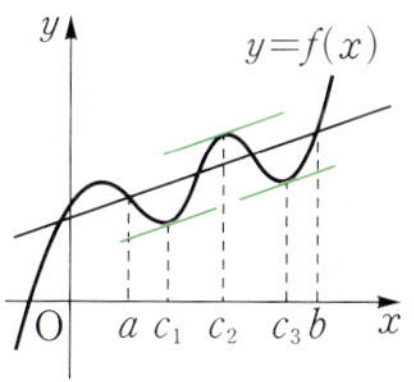

0345 $f(x)=x^3+ax^2+b$라 하면
$$f'(x)=3x^2+2ax$$

점 $(2, 6)$이 곡선 $y=f(x)$ 위의 점이므로 $f(2)=6$
즉 $8+4a+b=6$에서 $b=-4a-2$ $\qquad$ ······ ㉠
점 $(2, 6)$에서의 접선의 기울기가 8이므로 $f'(2)=8$
즉 $12+4a=8$에서 $a=-1$
$a=-1$을 ㉠에 대입하면 $b=2$
$$\therefore a+b=1$$
답 1

0346 곡선 $y=f(x)$ 위의 점 $(2, -4)$에서의 접선의 기울기
가 -3이므로
$$f'(2)=-3$$
$$\begin{aligned} \therefore \lim_{h\to 0}\frac{f(2+5h)-f(2)}{h} &= \lim_{h\to 0}\frac{f(2+5h)-f(2)}{5h}\times 5 \\ &= 5f'(2) \\ &= 5\times(-3)=-15 \end{aligned}$$
답 -15

0347 $f(x)=x^3+3ax^2+bx+c$라 하면
$$f'(x)=3x^2+6ax+b$$
점 $(-1, 1)$이 곡선 $y=f(x)$ 위의 점이므로 $f(-1)=1$
즉 $-1+3a-b+c=1$에서
$$3a-b+c=2 \qquad ······ ㉠$$
점 $(-1, 1)$에서의 접선의 기울기가 15이므로 $f'(-1)=15$
즉 $3-6a+b=15$에서
$$6a-b=-12 \qquad ······ ㉡$$
또 x좌표가 2인 점에서의 접선의 기울기가 6이므로 $f'(2)=6$
즉 $12+12a+b=6$에서
$$12a+b=-6 \qquad ······ ㉢$$
㉡, ㉢을 연립하여 풀면 $a=-1$, $b=6$
이것을 ㉠에 대입하면 $-9+c=2$ $\therefore c=11$
$$\therefore ab+c=5$$
답 5

0348 $f(x)=-x^3+9x^2-20x+1$이라 하면
$$f'(x)=-3x^2+18x-20=-3(x-3)^2+7$$
즉 $f'(x)$는 $x=3$일 때 최댓값 7을 가지므로 $M=7$
이때 $f(3)=-5$이므로 $p=3$, $q=-5$
$$\therefore p+q+M=5$$
답 5

0349 $f(x)=x^3-x^2+ax+2$라 하면
$$f'(x)=3x^2-2x+a$$
점 $(1, 3)$이 곡선 $y=f(x)$ 위의 점이므로 $f(1)=3$
즉 $1-1+a+2=3$에서 $a=1$
점 $(1, 3)$에서의 접선의 기울기는 $f'(1)=2$이므로 접선의 방정
식은
$$y-3=2(x-1) \quad \therefore y=2x+1$$
따라서 $b=2$, $c=1$이므로
$$abc=2$$
답 ②

0350 $f(x)=-3x^2+7x-4$라 하면
$$f'(x)=-6x+7$$
점 $(0, -4)$에서의 접선의 기울기는 $f'(0)=7$이므로 직선 l의 방정식은
$$y=7x-4 \qquad \cdots\cdots \ \bigcirc$$
또 점 $(2, -2)$에서의 접선의 기울기는 $f'(2)=-5$이므로 직선 m의 방정식은
$$y+2=-5(x-2)$$
$$\therefore y=-5x+8 \qquad \cdots\cdots \ \bigcirc$$
$\bigcirc$, $\bigcirc$을 연립하여 풀면
$$x=1,\ y=3$$
따라서 두 직선 l, m의 교점의 좌표는 $(1, 3)$이다.

답 $(1, 3)$

0351 $\displaystyle\lim_{x\to -1}\dfrac{f(x)-3}{x+1}=-2$에서 $x\to -1$일 때 (분모) $\to 0$
이고 극한값이 존재하므로 (분자) $\to 0$이다.
즉 $\displaystyle\lim_{x\to -1}\{f(x)-3\}=0$이므로 $f(-1)=3$
$$\therefore \lim_{x\to -1}\frac{f(x)-3}{x+1}=\lim_{x\to -1}\frac{f(x)-f(-1)}{x-(-1)}$$
$$=f'(-1)=-2 \qquad \cdots\ \boxed{1단계}$$
따라서 점 $(-1, 3)$에서의 접선의 방정식은
$$y-3=-2(x+1) \qquad \therefore y=-2x+1 \qquad \cdots\ \boxed{2단계}$$
즉 $a=-2$, $b=1$이므로
$$a+b=-1 \qquad \cdots\ \boxed{3단계}$$

답 -1

채점 요소	비율
1단계 $f(-1)$, $f'(-1)$의 값 구하기	50 %
2단계 접선의 방정식 구하기	40 %
3단계 $a+b$의 값 구하기	10 %

0352 $f(0)=f(3)=f(4)=a$ (a는 상수)라 하면 $f(x)$는 최고차항의 계수가 1인 삼차함수이므로
$$f(x)=x(x-3)(x-4)+a$$
이때 $f(1)=1$이므로
$$6+a=1$$
$$\therefore a=-5$$
즉 $f(x)=x(x-3)(x-4)-5$이므로
$$f'(x)=(x-3)(x-4)+x(x-4)+x(x-3)$$
따라서 $f(2)=-1$, $f'(2)=-4$이므로 구하는 접선의 방정식은
$$y+1=-4(x-2)$$
$$\therefore y=-4x+7$$

답 $y=-4x+7$

RPM 비법 노트

최고차항의 계수가 k인 삼차함수 $f(x)$에 대하여
$f(\alpha)=f(\beta)=f(\gamma)=a$이면
$$f(x)=k(x-\alpha)(x-\beta)(x-\gamma)+a$$

0353 $f(x)=x(x+1)(2-x)$라 하면
$$f'(x)=(x+1)(2-x)+x(2-x)-x(x+1)$$
점 $(2, 0)$에서의 접선의 기울기는
$$f'(2)=-6$$
이므로 점 $(2, 0)$에서의 접선과 수직인 직선의 기울기는 $\dfrac{1}{6}$이다.
따라서 점 $(2, 0)$을 지나고 이 점에서의 접선과 수직인 직선의 방정식은
$$y=\frac{1}{6}(x-2) \qquad \therefore y=\frac{1}{6}x-\frac{1}{3}$$
즉 $m=\dfrac{1}{6}$, $n=-\dfrac{1}{3}$이므로
$$m+n=-\frac{1}{6}$$

답 ③

0354 $f(x)=x^2+ax+b$라 하면 $f'(x)=2x+a$
점 $(3, 2)$가 곡선 $y=f(x)$ 위의 점이므로 $f(3)=2$
즉 $9+3a+b=2$에서
$$b=-3a-7 \qquad \cdots\cdots \ \bigcirc$$
점 $(3, 2)$에서의 접선의 기울기는
$$f'(3)=6+a$$
점 $(3, 2)$에서의 접선과 수직인 직선의 기울기가 $-\dfrac{1}{4}$이므로
$$(6+a)\times\left(-\frac{1}{4}\right)=-1$$
$$6+a=4 \qquad \therefore a=-2$$
$a=-2$를 $\bigcirc$에 대입하면 $b=-1$
$$\therefore ab=2$$

답 2

0355 $f(x)=2x-\dfrac{1}{3}x^3$이라 하면 $f'(x)=-x^2+2$
점 $\left(2, \dfrac{4}{3}\right)$에서의 접선의 기울기는
$$f'(2)=-2$$
이므로 점 $\left(2, \dfrac{4}{3}\right)$에서의 접선과 수직인 직선의 기울기는 $\dfrac{1}{2}$이다.
따라서 직선 l의 방정식은
$$y-\frac{4}{3}=\frac{1}{2}(x-2) \qquad \therefore y=\frac{1}{2}x+\frac{1}{3}$$
즉 직선 l의 y절편은 $\dfrac{1}{3}$이다.

답 $\dfrac{1}{3}$

0356 $f(x)=x^3-4x^2+5$라 하면 $f'(x)=3x^2-8x$
점 $(1, 2)$에서의 접선의 기울기는 $f'(1)=-5$이므로 접선의 방정식은
$$y-2=-5(x-1) \qquad \therefore y=-5x+7$$
이 직선이 곡선과 만나는 점의 x좌표는 $-5x+7=x^3-4x^2+5$에서
$$x^3-4x^2+5x-2=0, \qquad (x-1)^2(x-2)=0$$
$$\therefore x=1 \ \text{또는} \ x=2$$
따라서 다시 만나는 점의 좌표는 $(2, -3)$이므로
$$a=2,\ b=-3 \qquad \therefore a-b=5$$

답 5

0357 $f(x)=x^3-3x^2-2x+4$라 하면
$$f'(x)=3x^2-6x-2$$
점 $(0,\ 4)$에서의 접선의 기울기는 $f'(0)=-2$이므로 접선의 방정식은 $y=-2x+4$
이 직선이 곡선과 만나는 점의 x좌표는
$-2x+4=x^3-3x^2-2x+4$에서
$$x^3-3x^2=0,\qquad x^2(x-3)=0$$
$$\therefore x=0\ \text{또는}\ x=3$$
즉 점 P의 좌표는 $(3,\ -2)$이므로 점 P에서의 접선의 기울기는
$$f'(3)=7$$
따라서 구하는 접선의 방정식은
$$y+2=7(x-3)$$
$$\therefore y=7x-23$$
답 $y=7x-23$

0358 $f(x)=-x^3+3x^2+x-7$이라 하면
$$f'(x)=-3x^2+6x+1$$
점 $P(2,\ -1)$에서의 접선의 기울기는 $f'(2)=1$이므로 접선의 방정식은
$$y+1=x-2\qquad\therefore y=x-3$$
따라서 점 Q의 좌표는 $(3,\ 0)$이므로
$$\overline{PQ}=\sqrt{(3-2)^2+(0+1)^2}=\sqrt{2}$$
또 직선 $y=x-3$이 주어진 곡선과 만나는 점의 x좌표는
$x-3=-x^3+3x^2+x-7$에서
$$x^3-3x^2+4=0,\qquad (x+1)(x-2)^2=0$$
$$\therefore x=-1\ \text{또는}\ x=2$$
따라서 점 R의 좌표는 $(-1,\ -4)$이므로
$$\overline{PR}=\sqrt{(-1-2)^2+(-4+1)^2}=3\sqrt{2}$$
$$\therefore \overline{PQ}:\overline{PR}=\sqrt{2}:3\sqrt{2}=1:3$$
답 ②

0359 $f(x)=3x^2-4x+1$이라 하면 $f'(x)=6x-4$
접점의 좌표를 $(t,\ 3t^2-4t+1)$이라 하면 직선 $x+y-3=0$, 즉 $y=-x+3$에 평행한 직선의 기울기는 -1이므로
$$f'(t)=6t-4=-1\qquad\therefore t=\frac{1}{2}$$
따라서 접점의 좌표는 $\left(\frac{1}{2},\ -\frac{1}{4}\right)$이므로 구하는 직선의 방정식은
$$y+\frac{1}{4}=-\left(x-\frac{1}{2}\right)\qquad\therefore y=-x+\frac{1}{4}$$
답 $y=-x+\dfrac{1}{4}$

0360 $f(x)=-x^2+3x+2$라 하면 $f'(x)=-2x+3$
접점의 좌표를 $(t,\ -t^2+3t+2)$라 하면 접선의 기울기는 $\tan 45°=1$이므로
$$f'(t)=-2t+3=1\qquad\therefore t=1$$
즉 접점의 좌표는 $(1,\ 4)$이므로 접선의 방정식은
$$y-4=x-1\qquad\therefore y=x+3$$
따라서 구하는 x절편은 -3이다.
답 -3

0361 $f(x)=\dfrac{1}{2}x^4$이라 하면 $f'(x)=2x^3$
곡선 $y=f(x)$의 접선 중에서 직선 $y=2x-9$와 평행한 접선의 접점의 좌표를 $\left(t,\ \dfrac{1}{2}t^4\right)$이라 하면
$$f'(t)=2t^3=2\qquad\therefore t=1$$
따라서 접점의 좌표는 $\left(1,\ \dfrac{1}{2}\right)$이고, 구하는 최솟값은 점 $\left(1,\ \dfrac{1}{2}\right)$
과 직선 $y=2x-9$, 즉 $2x-y-9=0$ 사이의 거리와 같으므로
$$\frac{\left|2-\dfrac{1}{2}-9\right|}{\sqrt{2^2+(-1)^2}}=\frac{3\sqrt{5}}{2}$$
답 $\dfrac{3\sqrt{5}}{2}$

0362 $f(x)=x^3-2x$라 하면 $f'(x)=3x^2-2$
접점의 좌표를 $(t,\ t^3-2t)$라 하면 접선의 기울기가 10이므로
$$f'(t)=3t^2-2=10$$
$$t^2-4=0,\qquad (t+2)(t-2)=0$$
$$\therefore t=-2\ \text{또는}\ t=2$$
따라서 접점의 좌표는 $(-2,\ -4),\ (2,\ 4)$이므로 접선의 방정식은
$$y+4=10(x+2),\ y-4=10(x-2)$$
$$\therefore y=10x+16,\ y=10x-16$$
두 직선의 y절편은 각각 $16,\ -16$이므로 선분 AB의 길이는
$$16-(-16)=32$$
답 32

0363 $f(x)=x^3-3x^2-9x+a$라 하면
$$f'(x)=3x^2-6x-9$$
접점의 좌표를 $(t,\ t^3-3t^2-9t+a)$라 하면 접선의 기울기가 -12이므로
$$f'(t)=3t^2-6t-9=-12$$
$$t^2-2t+1=0,\qquad (t-1)^2=0$$
$$\therefore t=1$$
따라서 접점의 좌표가 $(1,\ -11+a)$이고 이 점은 직선 $y=-12x+11$ 위의 점이므로
$$-11+a=-1\qquad\therefore a=10$$
답 ④

0364 $f(x)=x^2-4x+a$라 하면 $f'(x)=2x-4$
점 $(t,\ t^2-4t+a)$에서의 접선의 기울기가 -2이므로
$$f'(t)=2t-4=-2\qquad\therefore t=1$$
따라서 접점의 좌표가 $(1,\ -3+a)$이고 이 점은 직선 $y=-2x+5$ 위의 점이므로
$$-3+a=3\qquad\therefore a=6$$
$$\therefore a+t=7$$
답 7

0365 $f(x)=x^3+ax+3$이라 하면 $f'(x)=3x^2+a$
곡선 $y=f(x)$와 직선 $y=4x+b$가 점 $(-1,\ c)$에서 접하므로
$f(-1)=c$에서 $2-a=c$ ...... ㉠
$f'(-1)=4$에서 $3+a=4$ $\therefore a=1$
$a=1$을 ㉠에 대입하면 $c=1$

따라서 직선 $y=4x+b$가 점 $(-1, 1)$을 지나므로
$$1=-4+b \qquad \therefore b=5$$
$$\therefore abc=5 \qquad\qquad \text{답 ④}$$

0366 $f(x)=x^3+ax^2+2ax+1$이라 하면
$$f'(x)=3x^2+2ax+2a$$
접점의 좌표를 $(t,\ t^3+at^2+2at+1)$이라 하면 이 점에서의 접선의 기울기는 $f'(t)=3t^2+2at+2a$이므로 접선의 방정식은
$$y-(t^3+at^2+2at+1)=(3t^2+2at+2a)(x-t)$$
$$\therefore y=(3t^2+2at+2a)x-2t^3-at^2+1$$
이 직선이 직선 $y=3x+1$과 일치해야 하므로
$$3t^2+2at+2a=3 \qquad\qquad \cdots\cdots ㉠$$
$$-2t^3-at^2+1=1 \qquad\qquad \cdots\cdots ㉡$$
㉡에서 $\quad t^2(2t+a)=0 \qquad \therefore t=0$ 또는 $t=-\dfrac{a}{2}$

(i) $t=0$일 때, ㉠에서
$$2a=3 \qquad \therefore a=\frac{3}{2}$$

(ii) $t=-\dfrac{a}{2}$일 때, ㉠에서
$$\frac{3}{4}a^2-a^2+2a=3$$
$$a^2-8a+12=0, \qquad (a-2)(a-6)=0$$
$$\therefore a=2 \text{ 또는 } a=6$$

(i), (ii)에서 구하는 곱은
$$\frac{3}{2}\times2\times6=18 \qquad\qquad \text{답 } 18$$

0367 $f(x)=x^3-x+3$이라 하면 $\quad f'(x)=3x^2-1$
접점의 좌표를 $(t,\ t^3-t+3)$이라 하면 이 점에서의 접선의 기울기는 $f'(t)=3t^2-1$이므로 접선의 방정식은
$$y-(t^3-t+3)=(3t^2-1)(x-t)$$
$$\therefore y=(3t^2-1)x-2t^3+3 \qquad\qquad \cdots\cdots ㉠$$
이 직선이 점 $(0, 1)$을 지나므로
$$1=-2t^3+3, \qquad t^3=1 \qquad \therefore t=1$$
$t=1$을 ㉠에 대입하면 접선의 방정식은 $\quad y=2x+1$
따라서 구하는 x절편은 $-\dfrac{1}{2}$이다. $\qquad$ 답 $-\dfrac{1}{2}$

0368 $f(x)=x^2+x$라 하면 $\quad f'(x)=2x+1$
접점의 좌표를 $(t,\ t^2+t)$라 하면 이 점에서의 접선의 기울기는 $f'(t)=2t+1$이므로 접선의 방정식은
$$y-(t^2+t)=(2t+1)(x-t)$$
$$\therefore y=(2t+1)x-t^2$$
이 직선이 점 $(-1, -1)$을 지나므로
$$-1=-(2t+1)-t^2, \qquad t^2+2t=0$$
$$t(t+2)=0 \qquad \therefore t=-2 \text{ 또는 } t=0$$
따라서 두 접선의 기울기의 곱은
$$f'(-2)f'(0)=-3\times1=-3 \qquad\qquad \text{답 } -3$$

0369 $f(x)=-x^3+3x^2-4$라 하면
$$f'(x)=-3x^2+6x$$
접점의 좌표를 $(t,\ -t^3+3t^2-4)$라 하면 이 점에서의 접선의 기울기는 $f'(t)=-3t^2+6t$이므로 접선의 방정식은
$$y-(-t^3+3t^2-4)=(-3t^2+6t)(x-t)$$
$$\therefore y=(-3t^2+6t)x+2t^3-3t^2-4$$
이 직선이 점 $(3, 0)$을 지나므로
$$0=2t^3-12t^2+18t-4$$
$$\therefore t^3-6t^2+9t-2=0$$
이 삼차방정식의 서로 다른 세 실근이 $x_1,\ x_2,\ x_3$이므로 삼차방정식의 근과 계수의 관계에 의하여
$$x_1x_2x_3=-\frac{-2}{1}=2 \qquad\qquad \text{답 } 2$$

참고 $|$ $t^3-6t^2+9t-2=0$에서 $\quad (t-2)(t^2-4t+1)=0$
이차방정식 $t^2-4t+1=0$의 판별식을 D라 하면
$$\frac{D}{4}=(-2)^2-1=3>0$$
이므로 삼차방정식 $t^3-6t^2+9t-2=0$은 서로 다른 세 실근을 갖는다.

RPM 비법 노트

삼차방정식의 근과 계수의 관계

삼차방정식 $ax^3+bx^2+cx+d=0$의 세 근을 $\alpha,\ \beta,\ \gamma$라 하면
$$\alpha+\beta+\gamma=-\frac{b}{a},\ \alpha\beta+\beta\gamma+\gamma\alpha=\frac{c}{a},\ \alpha\beta\gamma=-\frac{d}{a}$$

0370 $f(x)=\dfrac{1}{4}x^2+1$이라 하면
$$f'(x)=\frac{1}{2}x$$
접점의 좌표를 $\left(t,\ \dfrac{1}{4}t^2+1\right)$이라 하면 이 점에서의 접선의 기울기는 $f'(t)=\dfrac{1}{2}t$이므로 접선의 방정식은
$$y-\left(\frac{1}{4}t^2+1\right)=\frac{1}{2}t(x-t)$$
$$\therefore y=\frac{1}{2}tx-\frac{1}{4}t^2+1$$
이 직선이 점 $(0, a)$를 지나므로
$$a=-\frac{1}{4}t^2+1$$
$$\therefore t^2+4(a-1)=0 \qquad\qquad \cdots\cdots ㉠$$
이차방정식 ㉠의 두 근을 $t_1,\ t_2$라 하면 두 접선의 기울기는 각각 $\dfrac{1}{2}t_1,\ \dfrac{1}{2}t_2$이고 두 접선이 서로 수직이므로
$$\frac{1}{2}t_1\times\frac{1}{2}t_2=-1 \qquad \therefore t_1t_2=-4 \qquad\qquad \cdots\cdots ㉡$$
이때 ㉠에서 이차방정식의 근과 계수의 관계에 의하여
$$t_1t_2=4(a-1) \qquad\qquad \cdots\cdots ㉢$$
따라서 ㉡, ㉢에서 $\quad 4(a-1)=-4$
$$\therefore a=0 \qquad\qquad \text{답 } 0$$

0371 $f(x)=x^3+2x^2, g(x)=-x^2+4$라 하면
$$f'(x)=3x^2+4x, g'(x)=-2x$$

두 곡선 $y=f(x)$, $y=g(x)$가 공통인 접선을 갖는 점의 x좌표를 t라 하면

$f(t)=g(t)$에서 $t^3+2t^2=-t^2+4$

$\qquad t^3+3t^2-4=0$, $(t+2)^2(t-1)=0$

$\qquad \therefore t=-2$ 또는 $t=1$ …… ㉠

또 $f'(t)=g'(t)$에서 $3t^2+4t=-2t$

$\qquad t^2+2t=0$, $t(t+2)=0$

$\qquad \therefore t=-2$ 또는 $t=0$ …… ㉡

㉠, ㉡에서 $t=-2$

따라서 점 $(-2, 0)$에서 공통인 접선을 갖고 이 점에서의 접선의 기울기는 $f'(-2)=g'(-2)=4$이므로 공통인 접선의 방정식은

$\qquad y=4(x+2)$

$\qquad \therefore y=4x+8$ 답 $y=4x+8$

0372 $f(x)=x^2+ax+b$, $g(x)=-x^2+c$라 하면

$\qquad f'(x)=2x+a$, $g'(x)=-2x$

두 곡선 $y=f(x)$, $y=g(x)$가 모두 점 $(1, 3)$을 지나므로

$f(1)=3$에서 $1+a+b=3$

$\qquad \therefore b=-a+2$ …… ㉠

$g(1)=3$에서 $-1+c=3$ $\therefore c=4$

또 두 곡선의 접점 $(1, 3)$에서의 접선의 기울기가 같으므로

$f'(1)=g'(1)$에서

$\qquad 2+a=-2$ $\therefore a=-4$

$a=-4$를 ㉠에 대입하면 $b=6$

$\qquad \therefore a-b-c=-14$ 답 ①

0373 $f(x)=x^3-ax$, $g(x)=x^2+bx+c$라 하면

$\qquad f'(x)=3x^2-a$, $g'(x)=2x+b$

두 곡선이 모두 점 $(1, -1)$을 지나므로

$f(1)=-1$에서 $1-a=-1$ $\therefore a=2$

$g(1)=-1$에서 $1+b+c=-1$

$\qquad \therefore c=-b-2$ …… ㉠

또 두 곡선 위의 점 $(1, -1)$에서의 접선이 서로 수직이므로

$f'(1)g'(1)=-1$에서

$\qquad (3-a)(2+b)=-1$ $\therefore b=-3$

$b=-3$을 ㉠에 대입하면 $c=1$

$\qquad \therefore abc=-6$ 답 -6

0374 $f(x)=x^3+ax+1$, $g(x)=x^2$이라 하면

$\qquad f'(x)=3x^2+a$, $g'(x)=2x$

두 곡선 $y=f(x)$, $y=g(x)$의 접점의 x좌표를 t라 하면

$f(t)=g(t)$에서

$\qquad t^3+at+1=t^2$ …… ㉠   … 1단계

또 $f'(t)=g'(t)$에서

$\qquad 3t^2+a=2t$ $\therefore a=-3t^2+2t$ …… ㉡   … 2단계

㉡을 ㉠에 대입하면

$\qquad t^3+(-3t^2+2t)t+1=t^2$, $2t^3-t^2-1=0$

$\qquad (t-1)(2t^2+t+1)=0$

$\qquad \therefore t=1 \ (\because 2t^2+t+1>0)$

$t=1$을 ㉡에 대입하면 $a=-1$ … 3단계

답 -1

채점 요소		비율
1단계	$f(t)=g(t)$임을 이용하여 식 세우기	30 %
2단계	$f'(t)=g'(t)$임을 이용하여 식 세우기	30 %
3단계	a의 값 구하기	40 %

0375 $f(x)=-\dfrac{1}{2}x^2$이라 하면 $f'(x)=-x$

곡선 $y=f(x)$ 위의 점 $(2, -2)$에서의 접선의 기울기는

$f'(2)=-2$이므로 접선의 방정식은

$\qquad y+2=-2(x-2)$ $\therefore y=-2x+2$

이 접선의 x절편은 1, y절편은 2이므로 구하는 도형의 넓이는

$\qquad \dfrac{1}{2}\times 1\times 2=1$ 답 ①

0376 $f(x)=-x^2+4x-2$라 하면

$\qquad f'(x)=-2x+4$

접점의 좌표를 $(t, -t^2+4t-2)$라 하면 이 점에서의 접선의 기울기는 $f'(t)=-2t+4$이므로 접선의 방정식은

$\qquad y-(-t^2+4t-2)=(-2t+4)(x-t)$

$\qquad \therefore y=(-2t+4)x+t^2-2$ …… ㉠

이 직선이 점 $A(2, 3)$을 지나므로

$\qquad 3=t^2-4t+6$, $t^2-4t+3=0$

$\qquad (t-1)(t-3)=0$ $\therefore t=1$ 또는 $t=3$

이것을 ㉠에 각각 대입하면 접선의 방정식은

$\qquad y=2x-1$, $y=-2x+7$

따라서 두 접선의 x절편은 각각 $\dfrac{1}{2}$, $\dfrac{7}{2}$이므로 오른쪽 그림에서 삼각형 ABC의 넓이는

$\qquad \dfrac{1}{2}\times\left(\dfrac{7}{2}-\dfrac{1}{2}\right)\times 3=\dfrac{9}{2}$

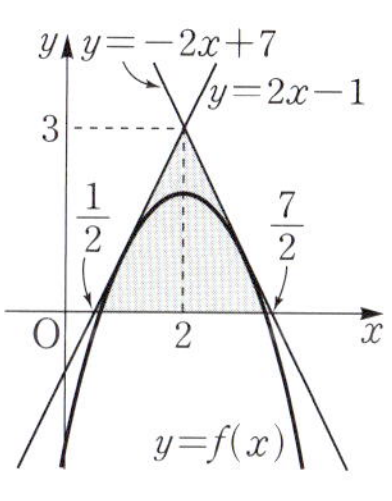

답 $\dfrac{9}{2}$

0377 $f(x)=(x+a)(x-a)=x^2-a^2$이라 하면

$\qquad f'(x)=2x$

$A(-a, 0)$, $B(a, 0)$이라 하면 곡선 $y=f(x)$ 위의 두 점 A, B에서의 접선의 기울기는 각각

$\qquad f'(-a)=-2a$, $f'(a)=2a$

점 $A(-a, 0)$에서의 접선의 방정식은

$\qquad y=-2a(x+a)=-2ax-2a^2$

점 $B(a, 0)$에서의 접선의 방정식은

$\qquad y=2a(x-a)=2ax-2a^2$ … 1단계

두 접선의 교점을 C라 하면 점 C의 x좌표는

$-2ax-2a^2=2ax-2a^2$에서 $x=0$ $(\because a\neq0)$

$\therefore$ C$(0, -2a^2)$ ··· **2단계**

이때 $\triangle$ACB의 넓이가 16이므로 $\dfrac{1}{2}\times2a\times2a^2=16$

$a^3=8$ $\therefore a=2$ ··· **3단계**

답 2

채점 요소		비율
1단계	두 점 A, B에서의 접선의 방정식 구하기	50 %
2단계	두 접선의 교점의 좌표 구하기	20 %
3단계	a의 값 구하기	30 %

0378 $f(x)=a(x-1)^2-2$라 하면

$f'(x)=2a(x-1)$

곡선 $y=f(x)$ 위의 점 A$(0, a-2)$에서의 접선의 기울기는

$f'(0)=-2a$이므로 접선의 방정식은

$y=-2ax+a-2$

이 직선의 x절편은 $\dfrac{a-2}{2a}$이므로 P$\left(\dfrac{a-2}{2a}, 0\right)$

따라서 삼각형 OPA의 넓이 S는

$$S=\dfrac{1}{2}\times\left|\dfrac{a-2}{2a}\right|\times|a-2|=\dfrac{(a-2)^2}{4a}$$

$$\therefore \lim_{a\to0+}aS=\lim_{a\to0+}\dfrac{a(a-2)^2}{4a}=\lim_{a\to0+}\dfrac{(a-2)^2}{4}=1$$

답 1

0379 함수 $f(x)=(x+2)(x-3)^2$은 닫힌구간 $[-2, 3]$에서 연속이고 열린구간 $(-2, 3)$에서 미분가능하며

$f(-2)=f(3)=0$이므로 롤의 정리에 의하여 $f'(c)=0$인 c가 열린구간 $(-2, 3)$에 적어도 하나 존재한다.

이때

$$f'(x)=(x-3)^2+(x+2)\times2(x-3)=(x-3)(3x+1)$$

이므로 $f'(c)=0$에서 $(c-3)(3c+1)=0$

$\therefore c=-\dfrac{1}{3}$ $(\because -2<c<3)$ **답 ①**

0380 함수 $f(x)=-2x^2+kx$에 대하여 닫힌구간 $[-1, 3]$에서 롤의 정리를 만족시키는 실수 c가 존재하므로

$f(-1)=f(3)$, $-2-k=-18+3k$ $\therefore k=4$

따라서 $f(x)=-2x^2+4x$이므로 $f'(x)=-4x+4$

즉 $f'(c)=0$에서 $-4c+4=0$

$\therefore c=1$ **답 ④**

0381 함수 $f(x)=-2x^3-4x^2+8x+3$에 대하여 닫힌구간 $[-a, a]$에서 롤의 정리를 만족시키는 실수 c가 존재하므로

$f(-a)=f(a)$

$2a^3-4a^2-8a+3=-2a^3-4a^2+8a+3$

$a^3-4a=0$, $a(a+2)(a-2)=0$

$\therefore a=2$ $(\because a$는 자연수$)$

이때 $f'(x)=-6x^2-8x+8$이므로 $f'(c)=0$에서

$-6c^2-8c+8=0$, $(3c-2)(c+2)=0$

$\therefore c=\dfrac{2}{3}$ $(\because -2<c<2)$

$\therefore \dfrac{a}{c}=3$ **답 3**

0382 함수 $f(x)=2x^2-4x+1$은 닫힌구간 $[1, 3]$에서 연속이고 열린구간 $(1, 3)$에서 미분가능하므로 평균값 정리에 의하여

$$\dfrac{f(3)-f(1)}{3-1}=f'(c)$$

인 c가 열린구간 $(1, 3)$에 적어도 하나 존재한다.

이때 $f'(x)=4x-4$이므로

$$\dfrac{7-(-1)}{2}=4c-4$$

$4c=8$ $\therefore c=2$ **답 2**

0383 함수 $f(x)=-x^2+5x$에 대하여 닫힌구간 $[a, 1]$에서 평균값 정리를 만족시키는 실수 c의 값이 0이므로

$$\dfrac{f(1)-f(a)}{1-a}=f'(0)$$

이때 $f'(x)=-2x+5$이므로

$$\dfrac{4-(-a^2+5a)}{1-a}=5$$

$a^2-5a+4=5-5a$, $a^2=1$

$\therefore a=-1$ $(\because a<0)$ **답 ⑤**

0384 $f(x)=2x^2$에서 $f'(x)=4x$

$f(x+h)-f(x)=hf'(x+\theta h)$에서

$2(x+h)^2-2x^2=h\times4(x+\theta h)$

$4xh+2h^2=4xh+4\theta h^2$

$\therefore \theta=\dfrac{1}{2}$ $(\because h\neq0)$ **답 $\dfrac{1}{2}$**

0385 함수 $f(x)$가 모든 실수 x에서 미분가능하므로 $f(x)$는 닫힌구간 $[x-5, x+1]$에서 연속이고 열린구간 $(x-5, x+1)$에서 미분가능하다.

따라서 평균값 정리에 의하여

$$\dfrac{f(x+1)-f(x-5)}{(x+1)-(x-5)}=f'(c)$$

인 c가 열린구간 $(x-5, x+1)$에 적어도 하나 존재한다.

이때 $x\to\infty$이면 $c\to\infty$이므로

$$\lim_{x\to\infty}\{f(x+1)-f(x-5)\}$$
$$=6\lim_{x\to\infty}\dfrac{f(x+1)-f(x-5)}{(x+1)-(x-5)}$$
$$=6\lim_{x\to\infty}f'(c)$$
$$=6\lim_{c\to\infty}f'(c)$$
$$=6\times(-2)=-12$$

답 -12

0386 $f(x)=x^3-4x^2+1$이라 하면
$$f'(x)=3x^2-8x$$
접점의 좌표를 $(t,\ t^3-4t^2+1)$이라 하면 이 점에서의 접선의 기울기는 $f'(t)=3t^2-8t$이므로 접선의 방정식은
$$y-(t^3-4t^2+1)=(3t^2-8t)(x-t)$$
$$\therefore\ y=(3t^2-8t)x-2t^3+4t^2+1$$
이 직선이 점 $(a,\ 1)$을 지나므로
$$1=(3t^2-8t)a-2t^3+4t^2+1$$
$$t\{2t^2-(3a+4)t+8a\}=0$$
$$\therefore\ t=0\ 또는\ 2t^2-(3a+4)t+8a=0$$
이때 접선이 오직 한 개 존재하려면 이차방정식 $2t^2-(3a+4)t+8a=0$이 $t=0$을 중근으로 갖거나 실근을 갖지 않아야 한다.

(ⅰ) $2t^2-(3a+4)t+8a=0$이 $t=0$을 중근으로 갖는 경우
$$3a+4=0,\ 8a=0$$
그런데 이를 만족시키는 a의 값이 존재하지 않는다.

(ⅱ) $2t^2-(3a+4)t+8a=0$이 실근을 갖지 않는 경우
이 이차방정식의 판별식을 D라 하면
$$D=\{-(3a+4)\}^2-4\times2\times8a<0$$
$$9a^2-40a+16<0,\qquad(9a-4)(a-4)<0$$
$$\therefore\ \frac{4}{9}<a<4$$

(ⅰ), (ⅱ)에서 $\dfrac{4}{9}<a<4$ **답** ①

0387 $f(x)=x^2-3x-1$이라 하면
$$f'(x)=2x-3$$
접점의 좌표를 $(t,\ t^2-3t-1)$이라 하면 이 점에서의 접선의 기울기는 $f'(t)=2t-3$이므로 접선의 방정식은
$$y-(t^2-3t-1)=(2t-3)(x-t)$$
$$\therefore\ y=(2t-3)x-t^2-1 \qquad \cdots \text{1단계}$$
이 직선이 점 $A(a,\ -2)$를 지나므로
$$-2=(2t-3)a-t^2-1$$
$$\therefore\ t^2-2at+3a-1=0 \qquad \cdots \text{2단계}$$
이 이차방정식의 두 근을 $t_1,\ t_2$라 하면 이차방정식의 근과 계수의 관계에 의하여
$$t_1+t_2=2a$$
이때 $t_1,\ t_2$는 두 점 B, C의 x좌표이고 삼각형 ABC의 무게중심의 x좌표는 3이므로
$$\frac{a+t_1+t_2}{3}=3,\qquad\frac{a+2a}{3}=3$$
$$\therefore\ a=3 \qquad \cdots \text{3단계}$$

답 3

채점 요소	비율
1단계 접점의 좌표를 $(t,\ f(t))$로 놓고 접선의 방정식 구하기	40 %
2단계 접선이 점 A를 지남을 이용하여 t에 대한 이차방정식 세우기	30 %
3단계 a의 값 구하기	30 %

삼각형의 무게중심

좌표평면 위의 세 점 $A(x_1,\ y_1)$, $B(x_2,\ y_2)$, $C(x_3,\ y_3)$을 꼭짓점으로 하는 삼각형 ABC의 무게중심을 G라 하면
$$G\left(\frac{x_1+x_2+x_3}{3},\ \frac{y_1+y_2+y_3}{3}\right)$$

0388 $f(x)=-x^2+3$이라 하면 $f'(x)=-2x$
접점의 좌표를 $(t,\ -t^2+3)$이라 하면 이 점에서의 접선의 기울기는 $f'(t)=-2t$이므로 접선의 방정식은
$$y-(-t^2+3)=-2t(x-t)$$
$$\therefore\ y=-2tx+t^2+3$$
이 직선이 점 $P(1,\ 6)$을 지나므로
$$6=-2t+t^2+3,\qquad t^2-2t-3=0$$
$$(t+1)(t-3)=0\qquad\therefore\ t=-1\ 또는\ t=3$$
따라서 $Q(-1,\ 2)$, $R(3,\ -6)$이므로
$$\overline{PQ}=\sqrt{(-1-1)^2+(2-6)^2}=2\sqrt{5}$$
이때 점 Q에서의 접선의 방정식은
$$y=2x+4,\ 즉\ 2x-y+4=0$$
따라서 직선 PQ와 점 $R(3,\ -6)$ 사이의 거리는
$$\frac{|2\times3+6+4|}{\sqrt{2^2+(-1)^2}}=\frac{16\sqrt{5}}{5}$$
이므로 삼각형 PQR의 넓이는
$$\frac{1}{2}\times2\sqrt{5}\times\frac{16\sqrt{5}}{5}=16$$

답 16

다른 풀이 삼각형 PQR의 넓이는
$$\{3-(-1)\}\times\{6-(-6)\}$$
$$-\frac{1}{2}\times\{1-(-1)\}\times(6-2)$$
$$-\frac{1}{2}\times\{3-(-1)\}\times\{2-(-6)\}$$
$$-\frac{1}{2}\times(3-1)\times\{6-(-6)\}$$
$$=48-4-16-12$$
$$=16$$

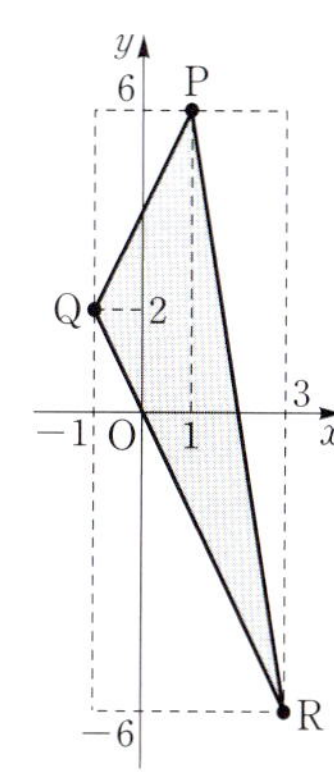

시험에 꼭 나오는 문제   • 본책 062~063쪽

0389 $f(x)=x^3+ax^2+bx+c$라 하면
$$f'(x)=3x^2+2ax+b$$

두 점 $(-1, -4)$, $(3, 16)$이 곡선 $y=f(x)$ 위의 점이므로
$$f(-1)=-4, \ f(3)=16$$
즉 $-1+a-b+c=-4$, $27+9a+3b+c=16$에서
$$a-b+c=-3, \ 9a+3b+c=-11 \qquad \cdots\cdots \ \text{㉠}$$
또 두 점 $(-1, -4)$, $(3, 16)$에서의 접선이 서로 평행하므로
$$f'(-1)=f'(3)$$
즉 $3-2a+b=27+6a+b$에서 $\quad a=-3$
$a=-3$을 ㉠에 대입하면
$$-3-b+c=-3, \ -27+3b+c=-11$$
$$\therefore \ b-c=0, \ 3b+c=16$$
두 식을 연립하여 풀면 $\quad b=4, \ c=4$
$$\therefore \ abc=-48$$
답 -48

0390 $f(x)=x^3+6x^2+10x-4$라 하면
$$f'(x)=3x^2+12x+10=3(x+2)^2-2$$
즉 $f'(x)$는 $x=-2$일 때 최솟값 -2를 갖는다.
이때 $f(-2)=-8$이므로 기울기가 최소인 접선의 방정식은
$$y+8=-2(x+2)$$
$$\therefore \ y=-2x-12$$
따라서 $a=-2$, $b=-12$이므로
$$ab=24$$
답 24

0391 $f(x)=x^4$이라 하면
$$f'(x)=4x^3$$
접점을 $P(1, 1)$이라 하면 점 P에서의 접선의 기울기는
$$f'(1)=4$$

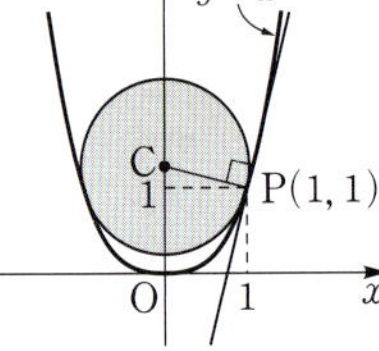

원의 중심을 $C(0, a)$라 하면 직선 CP는 점 P에서의 접선과 수직이므로
$$\frac{1-a}{1-0}=-\frac{1}{4} \qquad \therefore \ a=\frac{5}{4}$$
$$\therefore \ C\left(0, \ \frac{5}{4}\right)$$
이때 원의 반지름의 길이는 선분 CP의 길이와 같으므로
$$\sqrt{1^2+\left(1-\frac{5}{4}\right)^2}=\frac{\sqrt{17}}{4}$$
따라서 구하는 원의 넓이는
$$\pi \times \left(\frac{\sqrt{17}}{4}\right)^2=\frac{17}{16}\pi$$
답 $\dfrac{17}{16}\pi$

0392 $f(x)=x^2-3x+1$이라 하면
$$f'(x)=2x-3$$
점 $(t, \ t^2-3t+1)$에서의 접선의 기울기는 $f'(t)=2t-3$이므로 접선의 방정식은
$$y-(t^2-3t+1)=(2t-3)(x-t)$$
$$\therefore \ y=(2t-3)x-t^2+1$$
이 직선의 y절편은 $-t^2+1$이므로
$$g(t)=-t^2+1$$

$$\therefore \ \lim_{t\to\infty} \frac{g(t+2)-g(t)}{t}$$
$$=\lim_{t\to\infty} \frac{\{-(t+2)^2+1\}-(-t^2+1)}{t}$$
$$=\lim_{t\to\infty} \frac{-4t-4}{t}=-4$$
답 ②

0393 $f(x)=x^3-\dfrac{5}{2}x^2+ax+2$에서
$$f'(x)=3x^2-5x+a$$
점 $A(0, 2)$에서의 접선의 기울기는 $f'(0)=a$이므로 직선 l의 방정식은
$$y=ax+2$$
또 $f(2)=2a$이고 점 $B(2, 2a)$에서의 접선의 기울기는 $f'(2)=a+2$이므로 직선 m의 방정식은
$$y-2a=(a+2)(x-2)$$
$$\therefore \ y=(a+2)x-4$$
따라서 직선 l, m의 x절편은 각각
$$-\frac{2}{a}, \ \frac{4}{a+2}$$
이므로 $\quad -\dfrac{2}{a}=\dfrac{4}{a+2}$
$$2a+4=-4a \qquad \therefore \ a=-\frac{2}{3}$$
즉 $f(2)=2a=2\times\left(-\dfrac{2}{3}\right)=-\dfrac{4}{3}$이므로
$$60\times|f(2)|=60\times\left|-\frac{4}{3}\right|=80$$
답 80

0394 $f(x)=ax^3-2x^2+1$이라 하면 $\quad f'(x)=3ax^2-4x$
점 $(1, 1)$이 곡선 $y=f(x)$ 위의 점이므로
$$f(1)=1$$
즉 $a-1=1$이므로 $\quad a=2$
점 $(1, 1)$에서의 접선의 기울기는
$$f'(1)=2$$
이므로 점 $(1, 1)$에서의 접선과 수직인 직선의 기울기는 $-\dfrac{1}{2}$이다.
따라서 구하는 직선의 방정식은
$$y-1=-\frac{1}{2}(x-1)$$
$$\therefore \ y=-\frac{1}{2}x+\frac{3}{2}$$
답 $y=-\dfrac{1}{2}x+\dfrac{3}{2}$

0395 $f(x)=x^3-3x^2+2$라 하면 $\quad f'(x)=3x^2-6x$
접점의 좌표를 $(t, \ t^3-3t^2+2)$라 하면 접선의 기울기가 9이므로
$$f'(t)=3t^2-6t=9$$
$$t^2-2t-3=0, \qquad (t+1)(t-3)=0$$
$$\therefore \ t=-1 \ \text{또는} \ t=3$$
즉 접점의 좌표는 $(-1, -2)$, $(3, 2)$이므로 접선의 방정식은
$$y+2=9(x+1), \ y-2=9(x-3)$$
$$\therefore \ 9x-y+7=0, \ 9x-y-25=0$$

이때 두 직선 사이의 거리는 직선 $9x-y+7=0$ 위의 점 $(0,\ 7)$ 과 직선 $9x-y-25=0$ 사이의 거리와 같으므로

$$\frac{|-7-25|}{\sqrt{9^2+(-1)^2}}=\frac{16\sqrt{82}}{41}$$

답 $\dfrac{16\sqrt{82}}{41}$

0396 $f(x)=x^3-4x+a$라 하면 $\quad f'(x)=3x^2-4$

접점의 좌표를 $(t,\ t^3-4t+a)\ (t>0)$라 하면 접선의 기울기가 -1이므로

$$f'(t)=3t^2-4=-1,\qquad t^2=1$$
$$\therefore\ t=1\ (\because\ t>0)$$

따라서 접점의 좌표가 $(1,\ -3+a)$이고 이 점은 직선 $y=-x+b$ 위의 점이므로

$$-3+a=-1+b$$
$$\therefore\ a-b=2$$

답 **2**

0397 $f(x)=x^2-x$라 하면 $\quad f'(x)=2x-1$

접점의 좌표를 $(t,\ t^2-t)$라 하면 이 점에서의 접선의 기울기 $f'(t)=2t-1$이므로 접선의 방정식은

$$y-(t^2-t)=(2t-1)(x-t)$$
$$\therefore\ y=(2t-1)x-t^2 \qquad \cdots\cdots\ \ominus$$

이 직선이 점 $(1,\ -1)$을 지나므로

$$-1=2t-1-t^2,\qquad t^2-2t=0$$
$$t(t-2)=0 \qquad \therefore\ t=0\ \text{또는}\ t=2$$

이때 접선의 기울기가 음수이어야 하므로 $\quad t=0$

$t=0$을 $\ominus$에 대입하면 $\quad y=-x$

이 직선이 점 $(a,\ -5)$를 지나므로 $\quad -5=-a$

$$\therefore\ a=5$$

답 ④

참고 | 접선의 기울기가 음수이어야 하므로 $2t-1<0$에서 $t<\dfrac{1}{2}$이다.

0398 $f(x)=x^3-x+3,\ g(x)=x^2+a$라 하면

$$f'(x)=3x^2-1,\ g'(x)=2x$$

두 곡선 $y=f(x),\ y=g(x)$가 공통인 접선을 갖는 점의 x좌표 를 $t\ (t>0)$라 하면

$f(t)=g(t)$에서 $\quad t^3-t+3=t^2+a$
$$\therefore\ a=t^3-t^2-t+3 \qquad \cdots\cdots\ \ominus$$

$f'(t)=g'(t)$에서 $\quad 3t^2-1=2t$
$$3t^2-2t-1=0,\qquad (3t+1)(t-1)=0$$
$$\therefore\ t=1\ (\because\ t>0)$$

$t=1$을 $\ominus$에 대입하면 $\quad a=2$

답 **2**

0399 $f(x)=x^3+x^2-3$이라 하면 $\quad f'(x)=3x^2+2x$

점 $\mathrm{P}(-1,\ -3)$에서의 접선의 기울기는 $f'(-1)=1$이므로 직 선 l의 방정식은

$$y+3=x+1 \qquad \therefore\ y=x-2$$

또 직선 l과 수직인 직선의 기울기는 -1이므로 직선 m의 방정 식은

$$y+3=-(x+1) \qquad \therefore\ y=-x-4$$

따라서 두 직선 $l,\ m$의 x절편이 각각 $2,\ -4$이므로 구하는 도형 의 넓이는

$$\frac{1}{2}\times\{2-(-4)\}\times3=9$$

답 **9**

0400 함수 $f(x)=x^2-(a+b)x+ab$는 닫힌구간 $[a,\ b]$에 서 연속이고 열린구간 $(a,\ b)$에서 미분가능하며 $f(a)=f(b)=0$ 이므로 롤의 정리에 의하여 $f'(c)=0$인 c가 열린구간 $(a,\ b)$에 적어도 하나 존재한다.

이때 $f'(x)=2x-(a+b)$이므로 $f'(c)=0$에서

$$2c-(a+b)=0 \qquad \therefore\ c=\frac{a+b}{2}$$

답 ⑤

0401 $f(x)=x^3-4x+a$라 하면
$$f'(x)=3x^2-4$$

접점의 좌표를 $(t,\ t^3-4t+a)$라 하면 이 점에서의 접선의 기울 기는 $f'(t)=3t^2-4$이므로 접선의 방정식은

$$y-(t^3-4t+a)=(3t^2-4)(x-t)$$
$$\therefore\ y=(3t^2-4)x-2t^3+a \qquad \cdots\ \boxed{\text{1단계}}$$

이 직선이 직선 $y=ax-4$와 일치해야 하므로

$$a=3t^2-4 \qquad \cdots\cdots\ \ominus$$
$$-2t^3+a=-4 \qquad \cdots\cdots\ \ominus$$

$\ominus$을 $\ominus$에 대입하면

$$-2t^3+3t^2-4=-4,\qquad t^2(2t-3)=0$$
$$\therefore\ t=0\ \text{또는}\ t=\frac{3}{2}$$

$t=0$일 때, $\ominus$에서 $\quad a=-4$

$t=\dfrac{3}{2}$일 때, $\ominus$에서 $\quad a=\dfrac{11}{4}$ $\qquad \cdots\ \boxed{\text{2단계}}$

따라서 구하는 곱은

$$-4\times\frac{11}{4}=-11 \qquad \cdots\ \boxed{\text{3단계}}$$

답 -11

	채점 요소	비율
1단계	접점의 좌표를 $(t,\ t^3-4t+a)$로 놓고 접선의 방정식 구하기	30 %
2단계	a의 값 구하기	60 %
3단계	모든 a의 값의 곱 구하기	10 %

0402 $f(x)=2x^2+3x+4$라 하면
$$f'(x)=4x+3$$

접점의 좌표를 $(t,\ 2t^2+3t+4)$라 하면 이 점에서의 접선의 기울 기는 $f'(t)=4t+3$이므로 접선의 방정식은

$$y-(2t^2+3t+4)=(4t+3)(x-t)$$
$$\therefore\ y=(4t+3)x-2t^2+4 \qquad \cdots\ \boxed{\text{1단계}}$$

이 직선이 점 $(-1,\ -5)$를 지나므로

$$-5=-2t^2-4t+1$$
$$t^2+2t-3=0,\qquad (t+3)(t-1)=0$$
$$\therefore\ t=-3\ \text{또는}\ t=1 \qquad \cdots\ \boxed{\text{2단계}}$$

따라서 두 접점의 좌표가 각각 $(-3, 13)$, $(1, 9)$이므로 선분 PQ의 길이는

$$\sqrt{(1+3)^2+(9-13)^2}=4\sqrt{2} \qquad \cdots \text{❸단계}$$

답 $4\sqrt{2}$

	채점 요소	비율
❶단계	접점의 좌표를 $(t, 2t^2+3t+4)$로 놓고 접선의 방정식 구하기	40 %
❷단계	t의 값 구하기	40 %
❸단계	선분 PQ의 길이 구하기	20 %

0403 함수 $f(x)$에 대하여 $f'(t)=m$이면 곡선 $y=f(x)$ 위의 $x=t$인 점에서의 접선의 기울기가 m임을 이용한다.

$f(x)=x^3+(a+3)x^2-ax+7$이라 하면
$$f'(x)=3x^2+2(a+3)x-a$$

곡선 $y=f(x)$ 위의 점 $(t, f(t))$에서의 접선의 기울기는
$$f'(t)=3t^2+2(a+3)t-a$$

이때 직선 $3x-y+1=0$, 즉 $y=3x+1$과 수직인 직선의 기울기는 $-\dfrac{1}{3}$이므로 $3t^2+2(a+3)t-a=-\dfrac{1}{3}$, 즉

$3t^2+2(a+3)t-a+\dfrac{1}{3}=0$을 만족시키는 실수 t의 값이 존재하지 않아야 한다.

따라서 이 이차방정식의 판별식을 D라 하면
$$\frac{D}{4}=(a+3)^2-3\times\left(-a+\frac{1}{3}\right)<0$$
$$a^2+9a+8<0, \qquad (a+8)(a+1)<0$$
$$\therefore -8<a<-1$$

즉 정수 a는 $-7, -6, \cdots, -2$의 6개이다.

답 6

0404 $\displaystyle\lim_{x\to a}\dfrac{q(x)}{p(x)}=\alpha$ (α는 상수)일 때, $\displaystyle\lim_{x\to a}p(x)=0$이면 $\displaystyle\lim_{x\to a}q(x)=0$임을 이용한다.

조건 (나)에서 $x\to 1$일 때 (분모) $\to 0$이고 극한값이 존재하므로 (분자) $\to 0$이다.

즉 $\displaystyle\lim_{x\to 1}\{f(x)-g(x)\}=0$이므로
$$f(1)=g(1) \qquad \cdots\cdots \ \text{㉠}$$

$$\therefore \lim_{x\to 1}\frac{f(x)-g(x)}{x-1}$$
$$=\lim_{x\to 1}\frac{f(x)-f(1)-\{g(x)-g(1)\}}{x-1}$$
$$=\lim_{x\to 1}\frac{f(x)-f(1)}{x-1}-\lim_{x\to 1}\frac{g(x)-g(1)}{x-1}$$
$$=f'(1)-g'(1)$$

따라서 $f'(1)-g'(1)=-2$이므로
$$f'(1)=g'(1)-2 \qquad \cdots\cdots \ \text{㉡}$$

조건 (가)의 양변에 $x=1$을 대입하면
$$g(1)=3f(1)-6, \qquad g(1)=3g(1)-6 \ (\because \text{㉠})$$
$$\therefore g(1)=3$$

조건 (가)의 양변을 x에 대하여 미분하면
$$g'(x)=(2x+2)f(x)+(x^2+2x)f'(x)$$

$x=1$을 대입하면
$$g'(1)=4f(1)+3f'(1)$$
$$g'(1)=4\times 3+3\{g'(1)-2\} \ (\because \text{㉠}, \text{㉡})$$
$$2g'(1)=-6 \qquad \therefore g'(1)=-3$$

따라서 곡선 $y=g(x)$ 위의 점 $(1, 3)$에서의 접선의 방정식은
$$y-3=-3(x-1) \qquad \therefore y=-3x+6$$

즉 $a=-3$, $b=6$이므로
$$b-a=9$$

답 9

05 도함수의 활용 (2)

교과서 문제 정복하기

0405 $f(x)=x^2$에서 $\quad f'(x)=2x$

$f'(x)=0$에서 $\quad x=0$

함수 $f(x)$의 증가와 감소를 표로 나타내면 오른쪽과 같다. 따라서 함수 $f(x)$는 구간 $(-\infty,\ 0]$에서 감소하고, 구간 $[0,\ \infty)$에서 증가한다.

x	$\cdots$	0	$\cdots$
$f'(x)$	$-$	0	$+$
$f(x)$	$\searrow$		$\nearrow$

답 풀이 참조

0406 $f(x)=-x^3$에서 $\quad f'(x)=-3x^2$

$f'(x)=0$에서 $\quad x=0$

함수 $f(x)$의 증가와 감소를 표로 나타내면 오른쪽과 같다. 따라서 함수 $f(x)$는 구간 $(-\infty,\ \infty)$에서 감소한다.

x	$\cdots$	0	$\cdots$
$f'(x)$	$-$	0	$-$
$f(x)$	$\searrow$		$\searrow$

답 풀이 참조

0407 $f(x)=3x-x^2$에서 $\quad f'(x)=3-2x$

$f'(x)=0$에서 $\quad x=\dfrac{3}{2}$

함수 $f(x)$의 증가와 감소를 표로 나타내면 오른쪽과 같다. 따라서 함수 $f(x)$는 구간 $\left(-\infty,\ \dfrac{3}{2}\right]$에서 증가하고, 구간 $\left[\dfrac{3}{2},\ \infty\right)$에서 감소한다.

x	$\cdots$	$\dfrac{3}{2}$	$\cdots$
$f'(x)$	$+$	0	$-$
$f(x)$	$\nearrow$		$\searrow$

답 풀이 참조

0408 $f(x)=x^2-x-2$에서 $\quad f'(x)=2x-1$

$f'(x)=0$에서 $\quad x=\dfrac{1}{2}$

함수 $f(x)$의 증가와 감소를 표로 나타내면 오른쪽과 같다. 따라서 함수 $f(x)$는 구간 $\left(-\infty,\ \dfrac{1}{2}\right]$에서 감소하고, 구간 $\left[\dfrac{1}{2},\ \infty\right)$에서 증가한다.

x	$\cdots$	$\dfrac{1}{2}$	$\cdots$
$f'(x)$	$-$	0	$+$
$f(x)$	$\searrow$		$\nearrow$

답 풀이 참조

0409 $f(x)=\dfrac{1}{3}x^3+x^2-4$에서

$f'(x)=x^2+2x=x(x+2)$

$f'(x)=0$에서 $\quad x=-2$ 또는 $x=0$

함수 $f(x)$의 증가와 감소를 표로 나타내면 다음과 같다.

x	$\cdots$	-2	$\cdots$	0	$\cdots$
$f'(x)$	$+$	0	$-$	0	$+$
$f(x)$	$\nearrow$		$\searrow$		$\nearrow$

따라서 함수 $f(x)$는 구간 $(-\infty,\ -2]$, $[0,\ \infty)$에서 증가하고, 구간 $[-2,\ 0]$에서 감소한다.

답 풀이 참조

0410 답 ⑴ $b,\ d$ ⑵ $a,\ c,\ f$

참고 | 함수 $f(x)$가 $x=k$에서 미분가능하지 않을 때에도 $x=k$에서 극값을 가질 수 있다.

즉 함수 $f(x)$는 $x=c$에서 미분가능하지 않지만 $x=c$를 포함하는 어떤 열린구간에 속하는 모든 x에 대하여 $f(x)\geq f(c)$이므로 $x=c$에서 극솟값을 갖는다.

0411 ⑴ $f(x)=2x^3+6x^2-1$에서

$f'(x)=6x^2+12x=6x(x+2)$

$f'(x)=0$에서 $\quad x=-2$ 또는 $x=0$

⑵

x	$\cdots$	-2	$\cdots$	0	$\cdots$
$f'(x)$	$+$	0	$-$	0	$+$
$f(x)$	$\nearrow$	7	$\searrow$	-1	$\nearrow$

⑶ 함수 $f(x)$는 $x=-2$에서 극댓값 7, $x=0$에서 극솟값 -1을 갖는다.

답 ⑴ $-2,\ 0$ ⑵ $-2,\ 0,\ -,\ 7,\ -1$
⑶ 극댓값: 7, 극솟값: -1

0412 $f(x)=x^3-3x+1$에서

$f'(x)=3x^2-3=3(x+1)(x-1)$

$f'(x)=0$에서 $\quad x=-1$ 또는 $x=1$

함수 $f(x)$의 증가와 감소를 표로 나타내면 다음과 같다.

x	$\cdots$	-1	$\cdots$	1	$\cdots$
$f'(x)$	$+$	0	$-$	0	$+$
$f(x)$	$\nearrow$	3	$\searrow$	-1	$\nearrow$

따라서 함수 $f(x)$는

$x=-1$에서 극댓값 3, $x=1$에서 극솟값 -1

을 갖는다. 답 극댓값: 3, 극솟값: -1

0413 $f(x)=x^4-2x^2$에서

$f'(x)=4x^3-4x=4x(x+1)(x-1)$

$f'(x)=0$에서 $\quad x=-1$ 또는 $x=0$ 또는 $x=1$

함수 $f(x)$의 증가와 감소를 표로 나타내면 다음과 같다.

x	$\cdots$	-1	$\cdots$	0	$\cdots$	1	$\cdots$
$f'(x)$	$-$	0	$+$	0	$-$	0	$+$
$f(x)$	$\searrow$	-1	$\nearrow$	0	$\searrow$	-1	$\nearrow$

따라서 함수 $f(x)$는

$x=0$에서 극댓값 0, $x=-1$과 $x=1$에서 극솟값 -1

을 갖는다. 답 극댓값: 0, 극솟값: -1

0414 $f(x)=-3x^4+4x^3-1$에서
$$f'(x)=-12x^3+12x^2=-12x^2(x-1)$$
$f'(x)=0$에서 $x=0$ 또는 $x=1$
함수 $f(x)$의 증가와 감소를 표로 나타내면 다음과 같다.

x	$\cdots$	0	$\cdots$	1	$\cdots$
$f'(x)$	$+$	0	$+$	0	$-$
$f(x)$	$\nearrow$	-1	$\nearrow$	0	$\searrow$

따라서 함수 $f(x)$는 $x=1$에서 극댓값 0을 갖는다.

답 극댓값: **0**

참고 | $f'(0)=0$이지만 $x=0$의 좌우에서 $f'(x)$의 부호가 바뀌지 않으므로 $f(x)$는 $x=0$에서 극값을 갖지 않는다.

0415 $f(x)=-x^3+3x+2$에서
$$f'(x)=-3x^2+3=-3(x+1)(x-1)$$
$f'(x)=0$에서 $x=-1$ 또는 $x=1$
함수 $f(x)$의 증가와 감소를 표로 나타내면 다음과 같다.

x	$\cdots$	-1	$\cdots$	1	$\cdots$
$f'(x)$	$-$	0	$+$	0	$-$
$f(x)$	$\searrow$	0	$\nearrow$	4	$\searrow$

따라서 함수 $y=f(x)$의 그래프는 오른쪽 그림과 같다.

답 풀이 참조

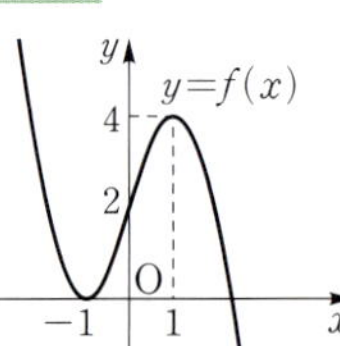

0416 $f(x)=\dfrac{1}{3}x^3-x^2$에서
$$f'(x)=x^2-2x=x(x-2)$$
$f'(x)=0$에서 $x=0$ 또는 $x=2$
함수 $f(x)$의 증가와 감소를 표로 나타내면 다음과 같다.

x	$\cdots$	0	$\cdots$	2	$\cdots$
$f'(x)$	$+$	0	$-$	0	$+$
$f(x)$	$\nearrow$	0	$\searrow$	$-\dfrac{4}{3}$	$\nearrow$

따라서 함수 $y=f(x)$의 그래프는 오른쪽 그림과 같다.

답 풀이 참조

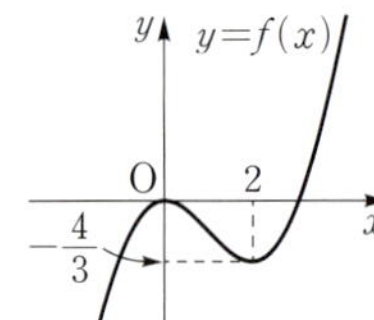

0417 $f(x)=x^4-4x^3+4x^2+2$에서
$$f'(x)=4x^3-12x^2+8x=4x(x-1)(x-2)$$
$f'(x)=0$에서 $x=0$ 또는 $x=1$ 또는 $x=2$
함수 $f(x)$의 증가와 감소를 표로 나타내면 다음과 같다.

x	$\cdots$	0	$\cdots$	1	$\cdots$	2	$\cdots$
$f'(x)$	$-$	0	$+$	0	$-$	0	$+$
$f(x)$	$\searrow$	2	$\nearrow$	3	$\searrow$	2	$\nearrow$

따라서 함수 $y=f(x)$의 그래프는 오른쪽 그림과 같다.

답 풀이 참조

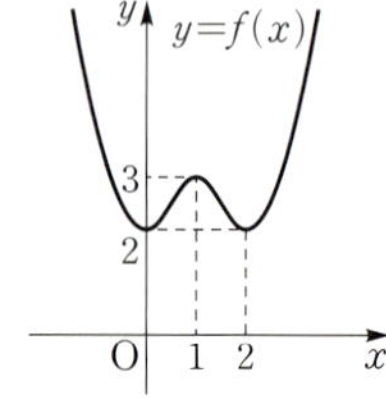

0418 $f(x)=-x^3+3x^2$에서
$$f'(x)=-3x^2+6x=-3x(x-2)$$
$f'(x)=0$에서 $x=0$ 또는 $x=2$
구간 $[-2,\ 3]$에서 함수 $f(x)$의 증가와 감소를 표로 나타내면 다음과 같다.

x	-2	$\cdots$	0	$\cdots$	2	$\cdots$	3
$f'(x)$		$-$	0	$+$	0	$-$	
$f(x)$	20	$\searrow$	0	$\nearrow$	4	$\searrow$	0

따라서 함수 $f(x)$는 $x=-2$에서 최댓값 20, $x=0$과 $x=3$에서 최솟값 0을 갖는다.

답 최댓값: **20**, 최솟값: **0**

0419 $f(x)=x^3-6x^2+9x-2$에서
$$f'(x)=3x^2-12x+9=3(x-1)(x-3)$$
$f'(x)=0$에서 $x=1$ 또는 $x=3$
구간 $[0,\ 4]$에서 함수 $f(x)$의 증가와 감소를 표로 나타내면 다음과 같다.

x	0	$\cdots$	1	$\cdots$	3	$\cdots$	4
$f'(x)$		$+$	0	$-$	0	$+$	
$f(x)$	-2	$\nearrow$	2	$\searrow$	-2	$\nearrow$	2

따라서 함수 $f(x)$는 $x=1$과 $x=4$에서 최댓값 2, $x=0$과 $x=3$에서 최솟값 -2를 갖는다.

답 최댓값: **2**, 최솟값: **−2**

0420 $f(x)=\dfrac{1}{4}x^4-x^3$에서
$$f'(x)=x^3-3x^2=x^2(x-3)$$
$f'(x)=0$에서 $x=0$ 또는 $x=3$
구간 $[-2,\ 3]$에서 함수 $f(x)$의 증가와 감소를 표로 나타내면 다음과 같다.

x	-2	$\cdots$	0	$\cdots$	3
$f'(x)$		$-$	0	$-$	
$f(x)$	12	$\searrow$	0	$\searrow$	$-\dfrac{27}{4}$

따라서 함수 $f(x)$는 $x=-2$에서 최댓값 12, $x=3$에서 최솟값 $-\dfrac{27}{4}$을 갖는다.

답 최댓값: **12**, 최솟값: $-\dfrac{27}{4}$

0421 $f(x)=3x^4-4x^3+1$에서
$$f'(x)=12x^3-12x^2=12x^2(x-1)$$
$f'(x)=0$에서 $\quad x=0$ 또는 $x=1$
구간 $[-1,\ 2]$에서 함수 $f(x)$의 증가와 감소를 표로 나타내면 다음과 같다.

x	-1	$\cdots$	0	$\cdots$	1	$\cdots$	2
$f'(x)$		$-$	0	$-$	0	$+$	
$f(x)$	8	$\searrow$	1	$\searrow$	0	$\nearrow$	17

따라서 함수 $f(x)$는 $x=2$에서 최댓값 17, $x=1$에서 최솟값 0 을 갖는다.

답 **최댓값: 17, 최솟값: 0**

0422 $f(x)=-x^3-3x^2+24x-2$에서
$$f'(x)=-3x^2-6x+24=-3(x+4)(x-2)$$
함수 $f(x)$는 $f'(x)\geq0$인 구간에서 증가하므로 $f'(x)\geq0$에서
$$-3(x+4)(x-2)\geq0$$
$$(x+4)(x-2)\leq0 \quad \therefore -4\leq x\leq2$$
즉 $a=-4$, $b=2$이므로
$$a+b=-2$$

답 **-2**

다른 풀이 $f'(x)=0$에서 $\quad x=-4$ 또는 $x=2$
함수 $f(x)$의 증가와 감소를 표로 나타내면 다음과 같다.

x	$\cdots$	-4	$\cdots$	2	$\cdots$
$f'(x)$	$-$	0	$+$	0	$-$
$f(x)$	$\searrow$		$\nearrow$		$\searrow$

따라서 함수 $f(x)$는 구간 $[-4,\ 2]$에서 증가하므로
$$a=-4,\ b=2$$

0423 $f(x)=x^3+ax^2+bx+c$에서
$$f'(x)=3x^2+2ax+b$$
$f'(x)\leq0$의 해가 $1\leq x\leq2$이므로
$$f'(x)=3(x-1)(x-2)=3x^2-9x+6$$
따라서 $2a=-9$, $b=6$이므로
$$2a+b=-3$$

답 **-3**

0424 $f(x)=2x^3+ax^2+36x+9$에서
$$f'(x)=6x^2+2ax+36$$
$f'(x)\leq0$의 해가 $b\leq x\leq3$이므로
$$f'(x)=6(x-b)(x-3)=6x^2-6(b+3)x+18b$$
따라서 $2a=-6(b+3)$, $36=18b$이므로
$$a=-15,\ b=2$$
$$\therefore b-a=17$$

답 **17**

0425 $f(x)=-x^3+ax^2+bx+3$에서
$$f'(x)=-3x^2+2ax+b$$
주어진 조건에서 함수 $f(x)$가 $x=-1$, $x=2$의 좌우에서 증가와 감소가 바뀌므로
$$f'(-1)=0,\ f'(2)=0$$
따라서 이차방정식 $f'(x)=0$, 즉 $-3x^2+2ax+b=0$의 두 근이 -1, 2이므로 이차방정식의 근과 계수의 관계에 의하여
$$-1+2=-\frac{2a}{-3},\ -1\times2=\frac{b}{-3}$$
$$\therefore a=\frac{3}{2},\ b=6 \quad \therefore ab=9$$

답 **9**

0426 $f(x)=x^3-ax^2+(a+6)x+5$에서
$$f'(x)=3x^2-2ax+a+6$$
함수 $f(x)$가 실수 전체의 집합에서 증가하려면 모든 실수 x에 대하여 $f'(x)\geq0$이어야 하므로 이차방정식 $f'(x)=0$의 판별식을 D라 하면
$$\frac{D}{4}=(-a)^2-3(a+6)\leq0$$
$$a^2-3a-18\leq0, \quad (a+3)(a-6)\leq0$$
$$\therefore -3\leq a\leq6$$
따라서 정수 a의 최댓값은 6이다.

답 **③**

📝 **RPM 비법 노트**

이차부등식이 항상 성립할 조건

이차방정식 $ax^2+bx+c=0$의 판별식을 D라 할 때, 모든 실수 x에 대하여
① 이차부등식 $ax^2+bx+c\geq0$이 성립하려면
$$a>0,\ D\leq0$$
② 이차부등식 $ax^2+bx+c\leq0$이 성립하려면
$$a<0,\ D\leq0$$

0427 $f(x)=ax^3+x^2-x$에서
$$f'(x)=3ax^2+2x-1 \qquad \cdots \text{1단계}$$
함수 $f(x)$가 구간 $(-\infty,\ \infty)$에서 감소하려면 모든 실수 x에 대하여 $f'(x)\leq0$이어야 하므로
$$a<0 \qquad \cdots\cdots ㉠$$
또 이차방정식 $f'(x)=0$의 판별식을 D라 하면
$$\frac{D}{4}=1-3a\times(-1)\leq0$$
$$\therefore a\leq-\frac{1}{3} \qquad \cdots\cdots ㉡$$
㉠, ㉡에서 $\quad a\leq-\frac{1}{3} \qquad \cdots \text{2단계}$
따라서 정수 a의 최댓값은 -1이다. $\qquad \cdots \text{3단계}$

답 **-1**

채점 요소		비율
1단계	$f'(x)$ 구하기	30 %
2단계	a의 값의 범위 구하기	60 %
3단계	정수 a의 최댓값 구하기	10 %

0428 $f(x)=-x^3+ax^2+ax+7$에서
$$f'(x)=-3x^2+2ax+a$$
임의의 두 실수 x_1, x_2에 대하여 $x_1<x_2$이면 $f(x_1)>f(x_2)$를 만족시키려면 함수 $f(x)$가 실수 전체의 집합에서 감소해야 한다.
즉 모든 실수 x에 대하여 $f'(x)\leq0$이어야 하므로 이차방정식 $f'(x)=0$의 판별식을 D라 하면
$$\frac{D}{4}=a^2-(-3)\times a\leq0$$
$$a(a+3)\leq0 \quad \therefore -3\leq a\leq0$$
따라서 정수 a는 -3, -2, -1, 0의 4개이다. **답 4**

0429 $f(x)=\dfrac{1}{3}x^3-ax^2+8x$에서
$$f'(x)=x^2-2ax+8$$
함수 $f(x)$의 최고차항의 계수가 양수이므로 $f(x)$의 역함수가 존재하려면 $f(x)$가 실수 전체의 집합에서 증가해야 한다.
즉 모든 실수 x에 대하여 $f'(x)\geq0$이어야 하므로 이차방정식 $f'(x)=0$의 판별식을 D라 하면
$$\frac{D}{4}=(-a)^2-1\times8\leq0$$
$$(a+2\sqrt{2})(a-2\sqrt{2})\leq0$$
$$\therefore -2\sqrt{2}\leq a\leq2\sqrt{2}$$
따라서 정수 a의 최댓값은 2이다. **답 2**

참고| 함수 $f(x)$의 역함수가 존재하려면 $f(x)$가 일대일대응이어야 하므로 $f(x)$는 실수 전체의 집합에서 증가하거나 감소해야 한다.

0430 $f(x)=x^3-3x^2+ax+2$에서
$$f'(x)=3x^2-6x+a$$
$$=3(x-1)^2+a-3$$
함수 $f(x)$가 구간 $[1,\,3]$에서 감소하려면 $1\leq x\leq3$에서 $f'(x)\leq0$이어야 하므로 오른쪽 그림에서
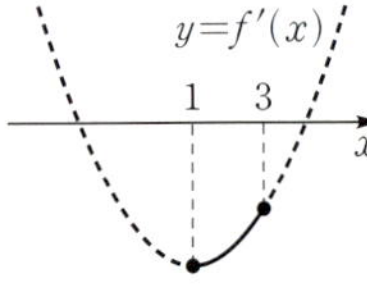
$$f'(3)=a+9\leq0$$
$$\therefore a\leq-9$$
답 $a\leq-9$

0431 $f(x)=-x^3+x^2+ax-4$에서
$$f'(x)=-3x^2+2x+a$$
$$=-3\left(x-\frac{1}{3}\right)^2+a+\frac{1}{3}$$
함수 $f(x)$가 구간 $[1,\,2]$에서 증가하려면 $1\leq x\leq2$에서 $f'(x)\geq0$이어야 하므로 오른쪽 그림에서
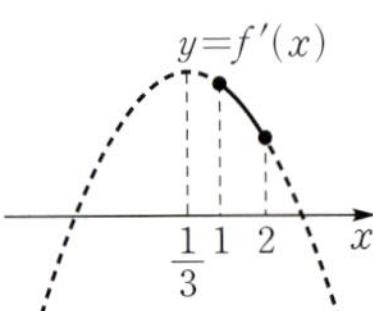
$$f'(2)=-8+a\geq0$$
$$\therefore a\geq8$$
따라서 정수 a의 최솟값은 8이다. **답 8**

0432 $f(x)=x^3+kx^2-8x+4$에서
$$f'(x)=3x^2+2kx-8$$
함수 $f(x)$가 $-2\leq x\leq1$에서 감소하려면 이 구간에서 $f'(x)\leq0$이어야 한다.
따라서 오른쪽 그림에서

$$f'(-2)=12-4k-8\leq0$$이므로
$$k\geq1 \quad\cdots\cdots\text{㉠}$$
$$f'(1)=3+2k-8\leq0$$이므로
$$k\leq\frac{5}{2} \quad\cdots\cdots\text{㉡}$$
㉠, ㉡에서
$$1\leq k\leq\frac{5}{2}$$
즉 실수 k의 최댓값은 $\dfrac{5}{2}$, 최솟값은 1이므로 구하는 합은
$$\frac{5}{2}+1=\frac{7}{2}$$
답 ④

0433 $f(x)=x^3+ax^2+3$에서
$$f'(x)=3x^2+2ax$$
함수 $f(x)$가 주어진 조건을 만족시키려면 $1\leq x\leq2$에서 $f'(x)\leq0$, $x\geq3$에서 $f'(x)\geq0$이어야 한다.
따라서 오른쪽 그림에서
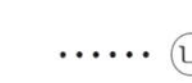
$$f'(1)=3+2a\leq0$$이므로
$$a\leq-\frac{3}{2} \quad\cdots\cdots\text{㉠}$$
$$f'(2)=12+4a\leq0$$이므로
$$a\leq-3 \quad\cdots\cdots\text{㉡}$$
$$f'(3)=27+6a\geq0$$이므로
$$a\geq-\frac{9}{2} \quad\cdots\cdots\text{㉢}$$
㉠, ㉡, ㉢에서
$$-\frac{9}{2}\leq a\leq-3$$
답 $-\dfrac{9}{2}\leq a\leq-3$

0434 $f(x)=-2x^3+6x+1$에서
$$f'(x)=-6x^2+6$$
$$=-6(x+1)(x-1)$$
$f'(x)=0$에서
$$x=-1 \text{ 또는 } x=1$$
함수 $f(x)$의 증가와 감소를 표로 나타내면 다음과 같다.

x	$\cdots$	-1	$\cdots$	1	$\cdots$
$f'(x)$	$-$	0	$+$	0	$-$
$f(x)$	$\searrow$	-3	$\nearrow$	5	$\searrow$

따라서 함수 $f(x)$는 $x=1$에서 극댓값 5, $x=-1$에서 극솟값 -3을 가지므로
$$M=5,\ m=-3$$
$$\therefore M+m=2$$
답 ①

0435 $f(x)=x^4-4x^3+15$에서
$$f'(x)=4x^3-12x^2=4x^2(x-3)$$
$f'(x)=0$에서　$x=0$ 또는 $x=3$
함수 $f(x)$의 증가와 감소를 표로 나타내면 다음과 같다.

x	$\cdots$	0	$\cdots$	3	$\cdots$
$f'(x)$	$-$	0	$-$	0	$+$
$f(x)$	$\searrow$	15	$\searrow$	-12	$\nearrow$

따라서 함수 $f(x)$는 $x=3$에서 극솟값 -12를 가지므로
$$a=3,\ b=-12\qquad\therefore a+b=-9$$
답 ②

0436 $f(x)=-x^4+4x^3+2x^2-12x-7$에서
$$f'(x)=-4x^3+12x^2+4x-12$$
$$=-4(x+1)(x-1)(x-3)$$
$f'(x)=0$에서　$x=-1$ 또는 $x=1$ 또는 $x=3$
함수 $f(x)$의 증가와 감소를 표로 나타내면 다음과 같다.

x	$\cdots$	-1	$\cdots$	1	$\cdots$	3	$\cdots$
$f'(x)$	$+$	0	$-$	0	$+$	0	$-$
$f(x)$	$\nearrow$	극대	$\searrow$	극소	$\nearrow$	극대	$\searrow$

따라서 함수 $f(x)$는 $x=-1$과 $x=3$에서 극댓값을 가지므로 구하는 합은
$$-1+3=2$$
답 **2**

0437 $f(x)=x^3-3x^2-9x+8$에서
$$f'(x)=3x^2-6x-9=3(x+1)(x-3)$$
$f'(x)=0$에서　$x=-1$ 또는 $x=3$
함수 $f(x)$의 증가와 감소를 표로 나타내면 다음과 같다.

x	$\cdots$	-1	$\cdots$	3	$\cdots$
$f'(x)$	$+$	0	$-$	0	$+$
$f(x)$	$\nearrow$	13	$\searrow$	-19	$\nearrow$

따라서 함수 $f(x)$는 $x=-1$에서 극댓값 13, $x=3$에서 극솟값 -19를 가지므로
$$\mathrm{A}(-1,\ 13),\ \mathrm{B}(3,\ -19)$$
따라서 선분 AB의 중점의 좌표는
$$\left(\frac{-1+3}{2},\ \frac{13-19}{2}\right),\ \text{즉}\ (1,\ -3)$$
답 $(1,\ -3)$

0438 $f(x)=x^3+ax^2+bx+3$에서
$$f'(x)=3x^2+2ax+b$$
함수 $f(x)$가 $x=2$에서 극댓값 23을 가지므로
$$f'(2)=0,\ f(2)=23$$
$f'(2)=0$에서　$12+4a+b=0$
$$\therefore 4a+b=-12\qquad\cdots\cdots\ \text{㉠}$$
$f(2)=23$에서　$11+4a+2b=23$
$$\therefore 2a+b=6\qquad\cdots\cdots\ \text{㉡}$$
㉠, ㉡을 연립하여 풀면　$a=-9,\ b=24$

따라서 $f(x)=x^3-9x^2+24x+3$이므로
$$f'(x)=3x^2-18x+24=3(x-2)(x-4)$$
$f'(x)=0$에서
$$x=2\ \text{또는}\ x=4$$
함수 $f(x)$의 증가와 감소를 표로 나타내면 다음과 같다.

x	$\cdots$	2	$\cdots$	4	$\cdots$
$f'(x)$	$+$	0	$-$	0	$+$
$f(x)$	$\nearrow$	23	$\searrow$	19	$\nearrow$

따라서 함수 $f(x)$는 $x=4$에서 극솟값 19를 갖는다.
답 ⑤

0439 $f(x)=-x^3+27x+a$에서
$$f'(x)=-3x^2+27=-3(x+3)(x-3)$$
$f'(x)=0$에서
$$x=-3\ \text{또는}\ x=3$$
함수 $f(x)$의 증가와 감소를 표로 나타내면 다음과 같다.

x	$\cdots$	-3	$\cdots$	3	$\cdots$
$f'(x)$	$-$	0	$+$	0	$-$
$f(x)$	$\searrow$	$a-54$	$\nearrow$	$a+54$	$\searrow$

따라서 함수 $f(x)$는 $x=-3$에서 극솟값 $a-54$, $x=3$에서 극댓값 $a+54$를 갖는다.
이때 극댓값과 극솟값의 합이 10이므로
$$(a+54)+(a-54)=10$$
$$2a=10\qquad\therefore a=5$$
답 **5**

0440 $f(x)=-2x^3-6x^2+a$에서
$$f'(x)=-6x^2-12x=-6x(x+2)$$
$f'(x)=0$에서
$$x=-2\ \text{또는}\ x=0$$
함수 $f(x)$의 증가와 감소를 표로 나타내면 다음과 같다.

x	$\cdots$	-2	$\cdots$	0	$\cdots$
$f'(x)$	$-$	0	$+$	0	$-$
$f(x)$	$\searrow$	$a-8$	$\nearrow$	a	$\searrow$

따라서 함수 $f(x)$는 $x=-2$에서 극솟값 $a-8$을 가지므로
$$b=-2,\ a-8=1$$
$$\therefore a=9,\ b=-2$$
$$\therefore a-b=11$$
답 ③

0441 $f(x)=x^3+(2a+4)x^2-5x$에서
$$f'(x)=3x^2+2(2a+4)x-5$$
함수 $f(x)$가 $x=\alpha$에서 극대, $x=\beta$에서 극소라 하면
$$f'(\alpha)=0,\ f'(\beta)=0$$
따라서 $\alpha,\ \beta$는 방정식 $f'(x)=0$, 즉 $3x^2+2(2a+4)x-5=0$의 두 근이므로 이차방정식의 근과 계수의 관계에 의하여
$$\alpha+\beta=-\frac{2(2a+4)}{3}$$

이때 $y=f(x)$의 그래프에서 극대인 점과 극소인 점이 원점에 대하여 대칭이므로

$$\alpha=-\beta \qquad \therefore \ \alpha+\beta=0$$

따라서 $-\dfrac{2(2a+4)}{3}=0$이므로

$$a=-2$$

답 -2

0442 $f(x)=2x^3-\dfrac{3}{2}ax^2+1$에서

$$f'(x)=6x^2-3ax=3x(2x-a)$$

$f'(x)=0$에서 $\quad x=0$ 또는 $x=\dfrac{a}{2}$

따라서 함수 $f(x)$는 $x=0$, $x=\dfrac{a}{2}$에서 극값을 갖는다.

이때 함수 $y=f(x)$의 그래프가 x축에 접하려면

$$f(0)=0 \ \text{또는} \ f\!\left(\dfrac{a}{2}\right)=0$$

이어야 한다.

그런데 $f(0)=1$이므로 $\quad f\!\left(\dfrac{a}{2}\right)=0$

$$-\dfrac{a^3}{8}+1=0, \quad a^3=8$$

$$\therefore \ a=2$$

답 2

0443 $f(x)$는 최고차항의 계수가 1이고 $f(0)=0$인 삼차함수이므로

$$f(x)=x^3+ax^2+bx \ (a, b\text{는 상수})$$

라 하면

$$f'(x)=3x^2+2ax+b \qquad \text{··· 1단계}$$

이때 함수 $f(x)$가 $x=-1$과 $x=3$에서 극값을 가지므로

$$f'(-1)=0, \ f'(3)=0$$

$f'(-1)=0$에서 $\quad 3-2a+b=0$

$$\therefore \ 2a-b=3 \qquad\qquad \cdots\cdots \ \text{㉠}$$

$f'(3)=0$에서 $\quad 27+6a+b=0$

$$\therefore \ 6a+b=-27 \qquad\qquad \cdots\cdots \ \text{㉡}$$

㉠, ㉡을 연립하여 풀면

$$a=-3, \ b=-9$$

$$\therefore \ f(x)=x^3-3x^2-9x,$$
$$f'(x)=3x^2-6x-9 \qquad \text{··· 2단계}$$

함수 $f(x)$의 증가와 감소를 표로 나타내면 다음과 같다.

x	$\cdots$	-1	$\cdots$	3	$\cdots$
$f'(x)$	$+$	0	$-$	0	$+$
$f(x)$	$\nearrow$	5	$\searrow$	-27	$\nearrow$

따라서 함수 $f(x)$는 $x=-1$에서 극댓값 5를 갖는다. $\quad \text{··· 3단계}$

답 5

채점 요소	비율
1단계 $f(x)=x^3+ax^2+bx \ (a, b\text{는 상수})$로 놓고 $f'(x)$ 구하기	20 %
2단계 $f(x)$, $f'(x)$ 구하기	50 %
3단계 $f(x)$의 극댓값 구하기	30 %

0444 $f(x)=x^3+ax^2+bx+c \ (a, b, c\text{는 상수})$라 하면

$$f'(x)=3x^2+2ax+b$$

조건 ㈎에서 $\quad f'(1)=0, \ f(1)=3$

$f'(1)=0$에서 $\quad 3+2a+b=0$

$$\therefore \ 2a+b=-3 \qquad\qquad \cdots\cdots \ \text{㉠}$$

$f(1)=3$에서 $\quad 1+a+b+c=3$

$$\therefore \ c=-a-b+2 \qquad\qquad \cdots\cdots \ \text{㉡}$$

조건 ㈏에서 $f'(2)=-7$이므로 $\quad 12+4a+b=-7$

$$\therefore \ 4a+b=-19 \qquad\qquad \cdots\cdots \ \text{㉢}$$

㉠, ㉢을 연립하여 풀면 $\quad a=-8, \ b=13$

이것을 ㉡에 대입하면 $\quad c=-3$

따라서 $f(x)=x^3-8x^2+13x-3$이므로

$$f(3)=-9$$

답 -9

0445 $f(x)=ax^3+bx^2+cx+d \ (a\neq0, \ a, b, c, d\text{는 상수})$라 하면

$$f'(x)=3ax^2+2bx+c$$

조건 ㈎에서 $x \to 0$일 때 (분모) $\to 0$이고 극한값이 존재하므로 (분자) $\to 0$이다.

즉 $\lim\limits_{x\to0}f(x)=0$이므로 $\quad f(0)=0$

$$\therefore \ \lim_{x\to0}\frac{f(x)}{x}=\lim_{x\to0}\frac{f(x)-f(0)}{x-0}=f'(0)=-2$$

$f(0)=0$에서 $\quad d=0$

$f'(0)=-2$에서 $\quad c=-2$

또 조건 ㈏에서 $\quad f'(1)=0, \ f(1)=-3$

$f'(1)=0$에서 $\quad 3a+2b-2=0$

$$\therefore \ 3a+2b=2 \qquad\qquad \cdots\cdots \ \text{㉠}$$

$f(1)=-3$에서 $\quad a+b-2=-3$

$$\therefore \ a+b=-1 \qquad\qquad \cdots\cdots \ \text{㉡}$$

㉠, ㉡을 연립하여 풀면 $\quad a=4, \ b=-5$

따라서 $f(x)=4x^3-5x^2-2x$이므로

$$f(2)=8$$

답 8

0446 $f(x)=\dfrac{1}{2}x^3+ax^2+b$에서

$$f'(x)=\dfrac{3}{2}x^2+2ax$$

함수 $y=f'(x)$의 그래프에서

$$f'(0)=0, \ f'(4)=0$$

$f'(4)=0$에서 $\quad 24+8a=0 \qquad \therefore \ a=-3$

$$\therefore \ f(x)=\dfrac{1}{2}x^3-3x^2+b$$

이때 $x=0$의 좌우에서 $f'(x)$의 부호가 양에서 음으로 바뀌므로 $f(x)$는 $x=0$에서 극대이고, $x=4$의 좌우에서 $f'(x)$의 부호가 음에서 양으로 바뀌므로 $f(x)$는 $x=4$에서 극소이다.

따라서 $f(4)=-6$에서 $\quad -16+b=-6 \qquad \therefore \ b=10$

즉 $f(x)=\dfrac{1}{2}x^3-3x^2+10$이므로 구하는 극댓값은

$$f(0)=10$$

답 ③

0447 오른쪽 그림에서
$f'(x_2)=0$이고 $x=x_2$의 좌우에서
$f'(x)$의 부호가 양에서 음으로 바
뀌므로 함수 $f(x)$는 $x=x_2$에서 극
댓값을 갖는다.

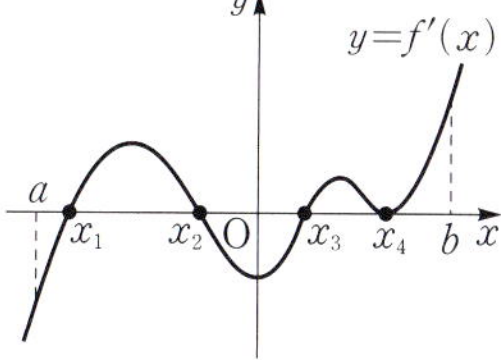

$$\therefore m=1$$

또 $f'(x_1)=f'(x_3)=0$이고 $x=x_1$, $x=x_3$의 좌우에서 $f'(x)$
의 부호가 음에서 양으로 바뀌므로 함수 $f(x)$는 $x=x_1$, $x=x_3$
에서 극솟값을 갖는다.

$$\therefore n=2 \qquad \therefore m-n=-1 \qquad \text{달 } -1$$

참고 ㅣ 함수 $f(x)$는 $x=x_4$에서 극값을 갖지 않는다.

0448 $f(x)=ax^3+bx^2+cx+d$ $(a\neq0,\ a,\ b,\ c,\ d$는 상수$)$
라 하면 $\qquad f'(x)=3ax^2+2bx+c$

함수 $y=f'(x)$의 그래프에서 $\qquad f'(0)=0,\ f'(-2)=0$
$f'(0)=0$에서 $\qquad c=0$
$f'(-2)=0$에서 $\qquad 12a-4b=0 \qquad \therefore b=3a$

$$\therefore f(x)=ax^3+3ax^2+d$$

이때 $x=-2$의 좌우에서 $f'(x)$의 부호가 양에서 음으로 바뀌므
로 $f(x)$는 $x=-2$에서 극댓값 6을 갖고, $x=0$의 좌우에서
$f'(x)$의 부호가 음에서 양으로 바뀌므로 $f(x)$는 $x=0$에서 극
솟값 -2를 갖는다.

따라서 $f(0)=-2$에서 $\qquad d=-2$
$f(-2)=6$에서 $\qquad 4a-2=6 \qquad \therefore a=2$
즉 $f(x)=2x^3+6x^2-2$이므로
$$f(1)=6 \qquad\qquad \text{달 } 6$$

0449 ① 구간 $(-2,\ 4)$에서 $f(x)$가 미분가능하므로 $f(x)$는
　　연속이다.

② 구간 $(0,\ 4)$에서 $f'(x)\geq0$이므로 이 구간에서 $f(x)$는 증가
　　한다.

③ $f'(-1)=0$이고 $x=-1$의 좌우에서 $f'(x)$의 부호가 음에
　　서 양으로 바뀌므로 $f(x)$는 $x=-1$에서 극소이다.

④ $f'(2)=0$이므로 $f(x)$는 $x=2$에서 미분가능하다.

⑤ 구간 $(-2,\ 4)$에서 $f(x)$가 극값을 갖는 x의 값은 -1의 1개
　　이다.

$$\text{달 } ⑤$$

0450 ㄱ. 구간 $(\alpha,\ \beta)$에서 $f'(x)>0$이므로 이 구간에서
　　$f(x)$는 증가한다. (거짓)

ㄴ. $f'(\beta)=0$이고 $x=\beta$의 좌우에서 $f'(x)$의 부호가 양에서
　　음으로 바뀌므로 $f(x)$는 $x=\beta$에서 극댓값을 갖는다. (참)

ㄷ. $f'(\gamma)=0$이고 $x=\gamma$의 좌우에서 $f'(x)$의 부호가 음에서 양
　　으로 바뀌므로 $f(x)$는 $x=\gamma$에서 극솟값을 갖는다.
　　따라서 $f(x)$가 극값을 갖는 x의 값은 β, γ의 2개이다.
　　　　　　　　　　　　　　　　　　　　　　　　　　(거짓)

이상에서 옳은 것은 ㄴ뿐이다. $\qquad\qquad \text{달 } ①$

0451 $f(x)=x^3+3ax^2+ax-2$에서
$$f'(x)=3x^2+6ax+a$$

함수 $f(x)$가 극값을 가지려면 이차방정식 $f'(x)=0$이 서로 다
른 두 실근을 가져야 하므로 판별식을 D라 하면

$$\frac{D}{4}=(3a)^2-3a>0, \qquad a(3a-1)>0$$

$$\therefore a<0 \text{ 또는 } a>\frac{1}{3} \qquad\qquad \text{달 } a<0 \text{ 또는 } a>\frac{1}{3}$$

0452 $f(x)=x^3+ax^2+12x+2$에서
$$f'(x)=3x^2+2ax+12$$

함수 $f(x)$가 극값을 가지려면 이차방정식 $f'(x)=0$이 서로 다
른 두 실근을 가져야 하므로 판별식을 D라 하면

$$\frac{D}{4}=a^2-3\times12>0, \qquad (a+6)(a-6)>0$$

$$\therefore a<-6 \text{ 또는 } a>6$$

따라서 $\alpha=-6$, $\beta=6$이므로
$$\beta-\alpha=12 \qquad\qquad \text{달 } ③$$

0453 $f(x)=x^3+3x^2+ax-1$에서
$$f'(x)=3x^2+6x+a$$

함수 $f(x)$가 극댓값과 극솟값을 모두 가지려면 이차방정식
$f'(x)=0$이 서로 다른 두 실근을 가져야 하므로 판별식을 D라
하면

$$\frac{D}{4}=3^2-3a>0 \qquad \therefore a<3$$

따라서 정수 a의 최댓값은 2이다. $\qquad\qquad \text{달 } ⑤$

0454 $f(x)$가 삼차함수이므로
$$3k\neq0 \qquad \therefore k\neq0 \qquad\qquad\qquad \cdots\cdots ㉠$$
$f(x)=3kx^3+(k+2)x^2+kx+1$에서
$$f'(x)=9kx^2+2(k+2)x+k$$

함수 $f(x)$가 극값을 가지려면 이차방정식 $f'(x)=0$이 서로 다
른 두 실근을 가져야 하므로 판별식을 D라 하면

$$\frac{D}{4}=(k+2)^2-9k\times k>0$$

$$2k^2-k-1<0, \qquad (2k+1)(k-1)<0$$

$$\therefore -\frac{1}{2}<k<1 \qquad\qquad\qquad \cdots\cdots ㉡$$

㉠, ㉡에서 $\qquad -\frac{1}{2}<k<0 \text{ 또는 } 0<k<1$

$$\text{달 } -\frac{1}{2}<k<0 \text{ 또는 } 0<k<1$$

0455 $f(x)=x^3+ax^2+3x+4$에서
$$f'(x)=3x^2+2ax+3$$

함수 $f(x)$가 극값을 갖지 않으려면 이차방정식 $f'(x)=0$이 중
근을 갖거나 허근을 가져야 하므로 판별식을 D라 하면

$$\frac{D}{4}=a^2-3\times3\leq0, \qquad (a+3)(a-3)\leq0$$

$$\therefore -3\leq a\leq3 \qquad\qquad \text{달 } -3\leq a\leq3$$

0456 $f(x)=x^3-ax^2+\left(a-\dfrac{2}{3}\right)x-1$에서

$$f'(x)=3x^2-2ax+a-\dfrac{2}{3}$$

함수 $f(x)$가 극값을 갖지 않으려면 이차방정식 $f'(x)=0$이 중근을 갖거나 허근을 가져야 하므로 판별식을 D라 하면

$$\dfrac{D}{4}=(-a)^2-3\left(a-\dfrac{2}{3}\right)\le0$$

$$a^2-3a+2\le0,\qquad (a-1)(a-2)\le0$$

$$\therefore\ 1\le a\le2$$

따라서 정수 a는 1, 2이므로 구하는 합은

$$1+2=3$$

답 ⑤

0457 $f(x)=-x^3+ax^2+(a^2-4a)x+3$에서

$$f'(x)=-3x^2+2ax+a^2-4a$$

함수 $f(x)$가 극값을 갖지 않으려면 이차방정식 $f'(x)=0$이 중근을 갖거나 허근을 가져야 하므로 판별식을 D_1이라 하면

$$\dfrac{D_1}{4}=a^2-(-3)\times(a^2-4a)\le0$$

$$a^2-3a\le0,\qquad a(a-3)\le0$$

$$\therefore\ 0\le a\le3 \qquad\qquad \cdots\cdots\ \bigcirc$$

$g(x)=x^3-2ax^2+ax-2$에서

$$g'(x)=3x^2-4ax+a$$

함수 $g(x)$가 극값을 가지려면 이차방정식 $g'(x)=0$이 서로 다른 두 실근을 가져야 하므로 판별식을 D_2라 하면

$$\dfrac{D_2}{4}=(-2a)^2-3a>0$$

$$4a^2-3a>0,\qquad a(4a-3)>0$$

$$\therefore\ a<0\ \text{또는}\ a>\dfrac{3}{4} \qquad\qquad \cdots\cdots\ \bigcirc$$

$\bigcirc$, $\bigcirc$에서 $\quad\dfrac{3}{4}<a\le3$

따라서 정수 a는 1, 2, 3의 3개이다.

답 3

0458 $f(x)=x^3-3(a-1)x^2-3(b^2-9)x+a$에서

$$f'(x)=3x^2-6(a-1)x-3(b^2-9)$$

함수 $f(x)$가 극값을 갖지 않으려면 이차방정식 $f'(x)=0$이 중근을 갖거나 허근을 가져야 하므로 판별식을 D라 하면

$$\dfrac{D}{4}=\{-3(a-1)\}^2-3\{-3(b^2-9)\}\le0$$

$$(a-1)^2+b^2-9\le0$$

$$\therefore\ b^2\le9-(a-1)^2 \qquad\qquad \cdots\ \boxed{\text{1단계}}$$

(i) $a=1$일 때, $b^2\le9$이므로 $\quad b=1,\ 2,\ 3$

따라서 순서쌍 $(a,\ b)$의 개수는 $\quad3$

(ii) $a=2$일 때, $b^2\le8$이므로 $\quad b=1,\ 2$

따라서 순서쌍 $(a,\ b)$의 개수는 $\quad2$

(iii) $a=3$일 때, $b^2\le5$이므로 $\quad b=1,\ 2$

따라서 순서쌍 $(a,\ b)$의 개수는 $\quad2$

(iv) $a=4$일 때, $b^2\le0$이므로 자연수 b는 존재하지 않는다.

이상에서 구하는 순서쌍 $(a,\ b)$의 개수는

$$3+2+2=7 \qquad\qquad \cdots\ \boxed{\text{2단계}}$$

답 7

채점 요소		비율
1단계	극값을 갖지 않을 조건을 이용하여 a, b에 대한 부등식 세우기	40 %
2단계	순서쌍 $(a,\ b)$의 개수 구하기	60 %

0459 $f(x)=2x^3+3x^2+kx-5$에서

$$f'(x)=6x^2+6x+k$$

함수 $f(x)$가 $-2<x<0$에서 극댓값을 갖고, $x>0$에서 극솟값을 가지려면 이차방정식 $f'(x)=0$이 $-2<x<0$, $x>0$에서 각각 하나의 실근을 가져야 하므로 $y=f'(x)$의 그래프가 오른쪽 그림과 같아야 한다.

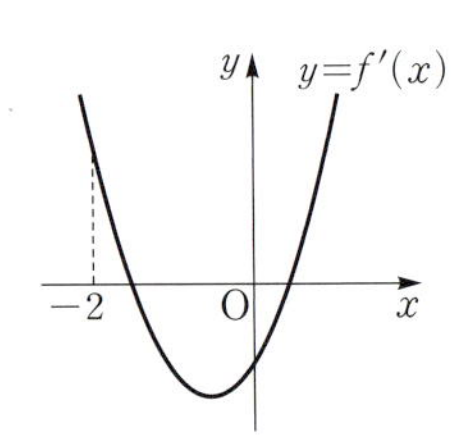

(i) $f'(-2)>0$에서 $\quad12+k>0$

$$\therefore\ k>-12$$

(ii) $f'(0)<0$에서 $\quad k<0$

(i), (ii)에서 $\quad-12<k<0$

따라서 $a=-12,\ b=0$이므로

$$a^2+b^2=144$$

답 ④

0460 $f(x)=x^3-3ax^2+3ax-1$에서

$$f'(x)=3x^2-6ax+3a$$

함수 $f(x)$가 $1<x<2$에서 극솟값은 갖고 극댓값은 갖지 않으려면 $y=f'(x)$의 그래프가 오른쪽 그림과 같아야 한다.

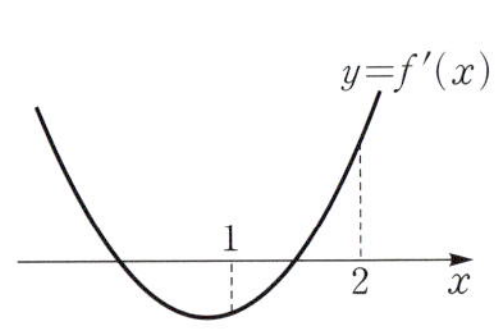

(i) $f'(1)<0$에서

$$3-6a+3a<0$$

$$\therefore\ a>1$$

(ii) $f'(2)>0$에서

$$12-12a+3a>0,\qquad -9a>-12$$

$$\therefore\ a<\dfrac{4}{3}$$

(i), (ii)에서 $\quad1<a<\dfrac{4}{3}$

답 $1<a<\dfrac{4}{3}$

0461 $f(x)=x^3+px^2+(p-1)x$에서

$$f'(x)=3x^2+2px+p-1$$

함수 $f(x)$가 $-1<x<1$에서 극댓값과 극솟값을 모두 가지려면 이차방정식 $f'(x)=0$이 $-1<x<1$에서 서로 다른 두 실근을 가져야 하므로 $y=f'(x)$의 그래프가 오른쪽 그림과 같아야 한다.

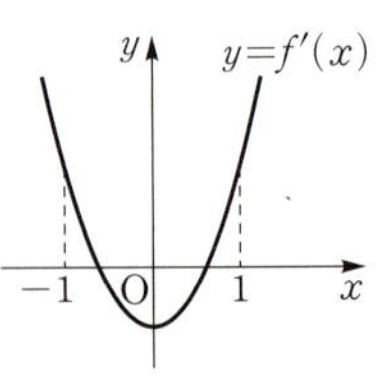

(i) 이차방정식 $f'(x)=0$의 판별식을 D라 하면
$$\frac{D}{4}=p^2-3(p-1)>0$$
$$\therefore p^2-3p+3=\left(p-\frac{3}{2}\right)^2+\frac{3}{4}>0$$
따라서 모든 실수 p에 대하여 성립한다.

(ii) $f'(-1)>0$에서 $3-2p+p-1>0$
$$\therefore p<2$$

(iii) $f'(1)>0$에서 $3+2p+p-1>0$
$$\therefore p>-\frac{2}{3}$$

(iv) $y=f'(x)$의 그래프의 축의 방정식이 $x=-\dfrac{p}{3}$이므로
$$-1<-\frac{p}{3}<1 \quad \therefore -3<p<3$$

이상에서 $-\dfrac{2}{3}<p<2$

따라서 정수 p는 0, 1의 2개이다.   답 ②

0462 $f(x)=-x^4+4x^3+4ax^2$에서
$$f'(x)=-4x^3+12x^2+8ax$$
$$=-4x(x^2-3x-2a)$$

함수 $f(x)$가 극솟값을 가지려면 삼차방정식 $f'(x)=0$이 서로 다른 세 실근을 가져야 하므로 이차방정식 $x^2-3x-2a=0$이 0이 아닌 서로 다른 두 실근을 가져야 한다.

$x=0$이 $x^2-3x-2a=0$의 근이 아니므로
$$a\neq 0 \qquad\qquad \cdots\cdots \text{㉠}$$
이차방정식 $x^2-3x-2a=0$의 판별식을 D라 하면
$$D=(-3)^2-4\times1\times(-2a)>0$$
$$\therefore a>-\frac{9}{8} \qquad\qquad \cdots\cdots \text{㉡}$$

㉠, ㉡에서 $-\dfrac{9}{8}<a<0$ 또는 $a>0$

따라서 $\alpha=-\dfrac{9}{8}$, $\beta=0$이므로
$$\alpha+\beta=-\frac{9}{8} \qquad\qquad \text{답}\ -\frac{9}{8}$$

0463 $f(x)=3x^4-8x^3+6ax^2+7$에서
$$f'(x)=12x^3-24x^2+12ax$$
$$=12x(x^2-2x+a)$$

함수 $f(x)$가 극댓값과 극솟값을 모두 가지려면 삼차방정식 $f'(x)=0$이 서로 다른 세 실근을 가져야 하므로 이차방정식 $x^2-2x+a=0$이 0이 아닌 서로 다른 두 실근을 가져야 한다.

$x=0$이 $x^2-2x+a=0$의 근이 아니므로
$$a\neq 0 \qquad\qquad \cdots\cdots \text{㉠}$$
이차방정식 $x^2-2x+a=0$의 판별식을 D라 하면
$$\frac{D}{4}=(-1)^2-a>0 \quad \therefore a<1 \qquad \cdots\cdots \text{㉡}$$

㉠, ㉡에서 $a<0$ 또는 $0<a<1$

답 $a<0$ 또는 $0<a<1$

0464 사차함수 $f(x)$가 극댓값을 갖지 않으려면 삼차방정식 $f'(x)=0$이 한 실근과 두 허근을 갖거나 중근과 다른 한 실근을 갖거나 삼중근을 가져야 한다.

(i) $f'(x)=0$이 한 실근과 두 허근을 갖는 경우
이차방정식 $x^2+ax+2a=0$이 허근을 가져야 하므로 판별식을 D라 하면
$$D=a^2-4\times1\times2a<0, \quad a(a-8)<0$$
$$\therefore 0<a<8$$

(ii) $f'(x)=0$이 중근과 다른 한 실근을 갖는 경우
이차방정식 $x^2+ax+2a=0$이 $x=-1$을 근으로 갖거나 -1이 아닌 실수를 중근으로 가져야 한다.

 ⓐ 이차방정식 $x^2+ax+2a=0$이 $x=-1$을 근으로 가질 때
$$1-a+2a=0 \quad \therefore a=-1$$
 ⓑ 이차방정식 $x^2+ax+2a=0$이 -1이 아닌 실수를 중근으로 가질 때, 판별식을 D라 하면
$$D=a^2-4\times1\times2a=0, \quad a(a-8)=0$$
$$\therefore a=0 \text{ 또는 } a=8$$

(i), (ii)에서 $a=-1$ 또는 $0\leq a\leq 8$
따라서 정수 a는 -1, 0, 1, $\cdots$, 8의 10개이다.   답 10

참고ㅣ 이차방정식 $x^2+ax+2a=0$이 $x=-1$을 중근으로 가질 수 없으므로 삼차방정식 $f'(x)=0$은 삼중근을 가질 수 없다.

0465 $f(x)=-3x^4-8x^3+6(k+3)x^2-12kx$에서
$$f'(x)=-12x^3-24x^2+12(k+3)x-12k$$
$$=-12(x-1)(x^2+3x-k)$$

함수 $f(x)$가 극솟값을 갖지 않으려면 삼차방정식 $f'(x)=0$이 한 실근과 두 허근을 갖거나 중근과 다른 한 실근을 갖거나 삼중근을 가져야 한다.

(i) $f'(x)=0$이 한 실근과 두 허근을 갖는 경우
이차방정식 $x^2+3x-k=0$이 허근을 가져야 하므로 판별식을 D라 하면
$$D=3^2-4\times1\times(-k)<0$$
$$\therefore k<-\frac{9}{4}$$

(ii) $f'(x)=0$이 중근과 다른 한 실근을 갖는 경우
이차방정식 $x^2+3x-k=0$이 $x=1$을 근으로 갖거나 1이 아닌 실수를 중근으로 가져야 한다.

 ⓐ 이차방정식 $x^2+3x-k=0$이 $x=1$을 근으로 가질 때
$$1+3-k=0 \quad \therefore k=4$$
 ⓑ 이차방정식 $x^2+3x-k=0$이 1이 아닌 실수를 중근으로 가질 때, 판별식을 D라 하면
$$D=3^2-4\times1\times(-k)=0$$
$$\therefore k=-\frac{9}{4}$$

(i), (ii)에서 $k\leq-\dfrac{9}{4}$ 또는 $k=4$

따라서 실수 k의 최댓값은 4이다.   답 4

0466 $f(x)=2x^3+3x^2-12x+3$에서
$$f'(x)=6x^2+6x-12=6(x+2)(x-1)$$
$f'(x)=0$에서　　$x=-2$ 또는 $x=1$
구간 $[-2, 2]$에서 함수 $f(x)$의 증가와 감소를 표로 나타내면
다음과 같다.

x	-2	$\cdots$	1	$\cdots$	2
$f'(x)$		$-$	0	$+$	
$f(x)$	23	$\searrow$	-4	$\nearrow$	7

따라서 함수 $f(x)$는 $x=-2$에서 최댓값 23, $x=1$에서 최솟값
-4를 가지므로
$$M=23,\ m=-4 \qquad \therefore\ M+m=19$$
답 ②

0467 $f(x)=x^4-2x^2-2$에서
$$f'(x)=4x^3-4x=4x(x+1)(x-1)$$
$f'(x)=0$에서　　$x=-1$ 또는 $x=0$ 또는 $x=1$
구간 $[-3, 0]$에서 함수 $f(x)$의 증가와 감소를 표로 나타내면
다음과 같다.

x	-3	$\cdots$	-1	$\cdots$	0
$f'(x)$		$-$	0	$+$	
$f(x)$	61	$\searrow$	-3	$\nearrow$	-2

따라서 함수 $f(x)$는 $x=-1$에서 최솟값 -3을 가지므로
$$a=-1,\ b=-3 \qquad \therefore\ ab=3$$
답 **3**

0468 $f(x)=3x^4-8x^3+6x^2+1$에서
$$f'(x)=12x^3-24x^2+12x=12x(x-1)^2$$
$f'(x)=0$에서　　$x=0$ 또는 $x=1$
구간 $[-1, 2]$에서 함수 $f(x)$의 증가와 감소를 표로 나타내면
다음과 같다.

x	-1	$\cdots$	0	$\cdots$	1	$\cdots$	2
$f'(x)$		$-$	0	$+$	0	$+$	
$f(x)$	18	$\searrow$	1	$\nearrow$	2	$\nearrow$	9

따라서 함수 $f(x)$는 $x=-1$에서 최댓값 18, $x=0$에서 최솟값
1을 가지므로
$$M=18,\ m=1 \qquad \therefore\ Mm=18$$
답 **18**

0469 $x^2-4x+2=t$로 놓으면
$$t=x^2-4x+2=(x-2)^2-2$$
이때 $0\le x\le4$이므로　　$-2\le t\le2$
$g(t)=t^3-12t+1$이라 하면
$$g'(t)=3t^2-12=3(t+2)(t-2)$$
$g'(t)=0$에서　　$t=-2$ 또는 $t=2$
$-2\le t\le2$에서 $g'(t)\le0$이므로 함수 $g(t)$는 $t=-2$에서 최댓
값 17, $t=2$에서 최솟값 -15를 갖는다.
즉 $M=17$, $m=-15$이므로
$$M+m=2$$
답 **2**

0470 $f(x)=-x^4+6x^2-8x+a$에서
$$f'(x)=-4x^3+12x-8=-4(x+2)(x-1)^2$$
$f'(x)=0$에서　　$x=-2$ 또는 $x=1$
구간 $[-3, 1]$에서 함수 $f(x)$의 증가와 감소를 표로 나타내면
다음과 같다.

x	-3	$\cdots$	-2	$\cdots$	1
$f'(x)$		$+$	0	$-$	
$f(x)$	$a-3$	$\nearrow$	$a+24$	$\searrow$	$a-3$

따라서 함수 $f(x)$는 $x=-2$에서 최댓값 $a+24$를 가지므로
$$a+24=19 \qquad \therefore\ a=-5$$
답 ③

0471 $f(x)=ax^3-6ax^2+b$에서
$$f'(x)=3ax^2-12ax=3ax(x-4)$$
$f'(x)=0$에서　　$x=0$ 또는 $x=4$
$a>0$이므로 $-1\le x\le2$에서 함수 $f(x)$의 증가와 감소를 표로
나타내면 다음과 같다.

x	-1	$\cdots$	0	$\cdots$	2
$f'(x)$		$+$	0	$-$	
$f(x)$	$-7a+b$	$\nearrow$	b	$\searrow$	$-16a+b$

따라서 함수 $f(x)$는 $x=0$에서 최댓값 b, $x=2$에서 최솟값
$-16a+b$를 갖는다.
즉 $b=3$, $-16a+b=-13$이므로
$$a=1,\ b=3$$
$$\therefore\ a+b=4$$
답 ④

0472 $f(x)=x^3+ax^2+bx+5$에서
$$f'(x)=3x^2+2ax+b$$
이때 구간 $[0, 3]$에서 함수 $f(x)$는 $x=2$에서 최솟값 3을 가지
므로 $x=2$에서 극솟값 3을 가져야 한다.
$$\therefore\ f'(2)=0,\ f(2)=3$$
$f'(2)=0$에서　　$12+4a+b=0$
$$\therefore\ 4a+b=-12 \qquad\qquad \cdots\cdots\ \text{㉠}$$
$f(2)=3$에서　　$8+4a+2b+5=3$
$$\therefore\ 2a+b=-5 \qquad\qquad \cdots\cdots\ \text{㉡}$$
㉠, ㉡을 연립하여 풀면
$$a=-\frac{7}{2},\ b=2$$
따라서 $f(x)=x^3-\dfrac{7}{2}x^2+2x+5$이므로
$$f(1)=\frac{9}{2}$$
답 $\dfrac{9}{2}$

0473 $f(x)=x^3+ax^2+bx+c$ $(a, b, c$는 상수$)$라 하면
$$f'(x)=3x^2+2ax+b$$
조건 ㈎에서
$$f'(-3)=0,\ f'(1)=0$$

$f'(-3)=0$에서 $27-6a+b=0$

$\quad \therefore 6a-b=27$ $\qquad\qquad$ …… ㉠

$f'(1)=0$에서 $3+2a+b=0$

$\quad \therefore 2a+b=-3$ $\qquad\qquad$ …… ㉡

㉠, ㉡을 연립하여 풀면 $a=3$, $b=-9$

$\quad \therefore f(x)=x^3+3x^2-9x+c$ … **1단계**

구간 $[-4,\ 2]$에서 함수 $f(x)$의 증가와 감소를 표로 나타내면 다음과 같다.

x	-4	$\cdots$	-3	$\cdots$	1	$\cdots$	2
$f'(x)$		$+$	0	$-$	0	$+$	
$f(x)$	$c+20$	$\nearrow$	$c+27$	$\searrow$	$c-5$	$\nearrow$	$c+2$

즉 함수 $f(x)$는 $x=-3$에서 최댓값 $c+27$, $x=1$에서 최솟값 $c-5$를 가지므로 조건 ㈏에서

$\quad c-5=-10$ $\quad \therefore c=-5$

따라서 함수 $f(x)$의 최댓값은

$\quad c+27=-5+27=22$ … **2단계**

답 22

채점 요소	비율
1단계 $f(x)$의 이차항과 일차항의 계수 구하기	60 %
2단계 구간 $[-4,\ 2]$에서 $f(x)$의 최댓값 구하기	40 %

0474 점 D의 좌표를 $(a,\ 0)\ (0<a<2)$이라 하면

$\quad \overline{\mathrm{AD}}=2a,\ \overline{\mathrm{CD}}=-a^2+4$

직사각형 ABCD의 넓이를 $S(a)$라 하면

$\quad S(a)=2a(-a^2+4)=-2a^3+8a$

$\quad \therefore S'(a)=-6a^2+8=-2(3a^2-4)$

$S'(a)=0$에서 $a=\dfrac{2\sqrt{3}}{3}\ (\because 0<a<2)$

$0<a<2$에서 함수 $S(a)$의 증가와 감소를 표로 나타내면 다음과 같다.

a	0	$\cdots$	$\dfrac{2\sqrt{3}}{3}$	$\cdots$	2
$S'(a)$		$+$	0	$-$	
$S(a)$		$\nearrow$	$\dfrac{32\sqrt{3}}{9}$	$\searrow$	

따라서 $S(a)$는 $a=\dfrac{2\sqrt{3}}{3}$에서 극대이면서 최대이므로 직사각형 ABCD의 넓이의 최댓값은 $\dfrac{32\sqrt{3}}{9}$이다. **답** $\dfrac{32\sqrt{3}}{9}$

0475 하루에 A 제품 x개를 판매하여 얻는 이익을 $g(x)$원이라 하면

$\quad g(x)=1000x-f(x)$

$\qquad\quad =-x^3+180x^2-4000$

$\quad \therefore g'(x)=-3x^2+360x=-3x(x-120)$

$g'(x)=0$에서 $x=120\ (\because x>0)$

$x>0$에서 함수 $g(x)$의 증가와 감소를 표로 나타내면 오른쪽과 같다.

x	0	$\cdots$	120	$\cdots$
$g'(x)$		$+$	0	$-$
$g(x)$		$\nearrow$	극대	$\searrow$

따라서 $g(x)$는 $x=120$에서 극대이면서 최대이므로 이익을 최대로 하기 위해 하루에 생산해야 할 A 제품의 개수는 120이다.

답 120

0476 잘라 내는 정사각형의 한 변의 길이를 x라 하면

$x>0,\ 12-2x>0$이므로

$\quad 0<x<6$

상자의 부피를 $V(x)$라 하면

$\quad V(x)=x(12-2x)^2$

$\quad \therefore V'(x)=(12-2x)^2-4x(12-2x)$

$\qquad\qquad =12(x-2)(x-6)$

$V'(x)=0$에서 $x=2\ (\because 0<x<6)$

$0<x<6$에서 함수 $V(x)$의 증가와 감소를 표로 나타내면 다음과 같다.

x	0	$\cdots$	2	$\cdots$	6
$V'(x)$		$+$	0	$-$	
$V(x)$		$\nearrow$	128	$\searrow$	

따라서 $V(x)$는 $x=2$에서 극대이면서 최대이므로 상자의 부피의 최댓값은 128이다.

답 ③

0477 점 P의 x좌표를 t라 하면 두 점 $\mathrm{P}(t,\ -t^2+3)$, $\mathrm{A}(5,\ 4)$에 대하여

$\quad \overline{\mathrm{AP}}=\sqrt{(t-5)^2+(-t^2+3-4)^2}$

$\qquad\quad =\sqrt{t^4+3t^2-10t+26}$

$f(t)=t^4+3t^2-10t+26$이라 하면

$\quad f'(t)=4t^3+6t-10$

$\qquad\quad =2(t-1)(2t^2+2t+5)$

$f'(t)=0$에서 $t=1\ (\because 2t^2+2t+5>0)$

함수 $f(t)$의 증가와 감소를 표로 나타내면 오른쪽과 같다.

t	$\cdots$	1	$\cdots$
$f'(t)$	$-$	0	$+$
$f(t)$	$\searrow$	20	$\nearrow$

따라서 $f(t)$는 $t=1$에서 극소이면서 최소이므로 선분 AP의 길이의 최솟값은

$\quad \sqrt{20}=2\sqrt{5}$ **답** $2\sqrt{5}$

RPM 비법 노트

함수 $g(x)=\sqrt{x}$에서 $0<x_1<x_2$이면

$\quad 0<g(x_1)<g(x_2)$

즉 함수 $g(x)$는 증가함수이다.

따라서 $f(t)$가 최대일 때 $\sqrt{f(t)}$도 최대이다.

0478 $-2x^2+8=0$에서 $\quad x^2-4=0$

$\qquad (x+2)(x-2)=0 \quad \therefore x=-2$ 또는 $x=2$

$\qquad \therefore \text{A}(-2,\,0),\ \text{B}(2,\,0)$

점 C의 좌표를 $(a,\,-2a^2+8)\,(0<a<2)$이라 하면

$\overline{\text{CD}}=2a$

또 $\overline{\text{AB}}=4$이고 사다리꼴의 높이가 $-2a^2+8$이므로 사다리꼴 ABCD의 넓이를 $S(a)$라 하면

$$S(a)=\frac{1}{2}(2a+4)(-2a^2+8)$$

$$=-2a^3-4a^2+8a+16 \qquad \cdots \boxed{\text{1단계}}$$

$$\therefore S'(a)=-6a^2-8a+8=-2(a+2)(3a-2)$$

$S'(a)=0$에서 $\quad a=\dfrac{2}{3}\,(\because 0<a<2)$

$0<a<2$에서 함수 $S(a)$의 증가와 감소를 표로 나타내면 다음과 같다.

a	0	$\cdots$	$\dfrac{2}{3}$	$\cdots$	2
$S'(a)$		$+$	0	$-$	
$S(a)$		$\nearrow$	$\dfrac{512}{27}$	$\searrow$	

따라서 $S(a)$는 $a=\dfrac{2}{3}$에서 극대이면서 최대이므로 사다리꼴

ABCD의 넓이의 최댓값은 $\dfrac{512}{27}$이다. $\qquad \cdots \boxed{\text{2단계}}$

즉 $p=27$, $q=512$이므로 $\quad p+q=539 \qquad \cdots \boxed{\text{3단계}}$

답 **539**

채점 요소	비율
1단계 사다리꼴 ABCD의 넓이를 점 C의 x좌표에 대한 식으로 나타내기	40 %
2단계 사다리꼴 ABCD의 넓이의 최댓값 구하기	50 %
3단계 $p+q$의 값 구하기	10 %

0479 오른쪽 그림과 같이 원기둥의 밑면의 반지름의 길이를 $r\,(0<r<3)$, 높이를 h라 하면

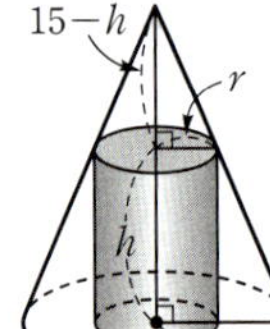

$$(15-h):r=15:3$$

$$3(15-h)=15r \quad \therefore h=15-5r$$

원기둥의 부피를 $V(r)$라 하면

$$V(r)=\pi r^2 h=\pi r^2(15-5r)=\pi(15r^2-5r^3)$$

$$\therefore V'(r)=\pi(30r-15r^2)=15\pi r(2-r)$$

$V'(r)=0$에서 $\quad r=2\,(\because 0<r<3)$

$0<r<3$에서 함수 $V(r)$의 증가와 감소를 표로 나타내면 다음과 같다.

r	0	$\cdots$	2	$\cdots$	3
$V'(r)$		$+$	0	$-$	
$V(r)$		$\nearrow$	20π	$\searrow$	

따라서 $V(r)$는 $r=2$에서 극대이면서 최대이므로 원기둥의 부피의 최댓값은 20π이다. 답 **⑤**

0480 사각기둥의 밑면의 한 변의 길이를 a, 높이를 x라 하면 삼각형 ABF에서

$$a^2+x^2=12^2$$

$$\therefore a^2=144-x^2 \qquad \cdots\cdots ㉠$$

이때 $x>0$, $144-x^2>0$이므로

$$0<x<12$$

사각기둥의 부피를 $V(x)$라 하면

$$V(x)=a^2 x=(144-x^2)\times x$$

$$=-x^3+144x$$

$$\therefore V'(x)=-3x^2+144$$

$$=-3(x+4\sqrt{3})(x-4\sqrt{3})$$

$V'(x)=0$에서

$$x=4\sqrt{3}\,(\because 0<x<12)$$

$0<x<12$에서 함수 $V(x)$의 증가와 감소를 표로 나타내면 다음과 같다.

x	0	$\cdots$	$4\sqrt{3}$	$\cdots$	12
$V'(x)$		$+$	0	$-$	
$V(x)$		$\nearrow$	극대	$\searrow$	

따라서 $V(x)$는 $x=4\sqrt{3}$에서 극대이면서 최대이므로 사각기둥의 부피가 최대일 때의 밑넓이는 ㉠에서

$$144-(4\sqrt{3})^2=96$$

답 **96**

0481 $f(x)=ax^3+bx^2+cx+d$에서

$$f'(x)=3ax^2+2bx+c$$

$x\to\infty$일 때 $f(x)\to\infty$이므로 $\quad a>0$

$f(0)>0$이므로 $\quad d>0$

이차방정식 $f'(x)=0$의 두 실근이 α, β이고 $\alpha<0$, $\beta>0$, $|\alpha|<|\beta|$이므로 이차방정식의 근과 계수의 관계에 의하여

$$\alpha+\beta=-\frac{2b}{3a}>0,\ \alpha\beta=\frac{c}{3a}<0$$

이때 $a>0$이므로 $\quad b<0$, $c<0$

$$\therefore ab<0,\ ac<0,\ bd<0,\ cd<0$$

답 **④**

0482 $f(x)=ax^3+bx^2+cx+d$에서

$$f'(x)=3ax^2+2bx+c$$

$x\to\infty$일 때 $f(x)\to-\infty$이므로 $\quad a<0$

$f(0)>0$이므로 $\quad d>0$

$$\therefore ad<0$$

이차방정식 $f'(x)=0$의 두 실근이 α, β이고 $\alpha<0$, $\beta<0$이므로 이차방정식의 근과 계수의 관계에 의하여

$$\alpha+\beta=-\frac{2b}{3a}<0,\ \alpha\beta=\frac{c}{3a}>0$$

이때 $a<0$이므로 $\quad b<0$, $c<0$

$$\therefore b+c<0$$

또 $bc>0$이므로 $\quad bc+d>0$

$ab>0$이므로 $\quad c-ab<0$

답 **④**

0483 $f'(x)=0$에서 $x=-1$ 또는 $x=2$

함수 $f(x)$의 증가와 감소를 표로 나타내면 다음과 같다.

x	$\cdots$	-1	$\cdots$	2	$\cdots$
$f'(x)$	$-$	0	$-$	0	$+$
$f(x)$	$\searrow$		$\searrow$	극소	$\nearrow$

따라서 함수 $f(x)$는 $x=2$에서 극소이므로 $y=f(x)$의 그래프의 개형이 될 수 있는 것은 ①이다. **답** ①

0484 $f'(x)=0$에서 $x=a$ 또는 $x=b$ 또는 $x=c$

함수 $f(x)$의 증가와 감소를 표로 나타내면 다음과 같다.

x	$\cdots$	a	$\cdots$	b	$\cdots$	c	$\cdots$
$f'(x)$	$+$	0	$-$	0	$-$	0	$+$
$f(x)$	$\nearrow$	극대	$\searrow$		$\searrow$	극소	$\nearrow$

따라서 함수 $f(x)$는 $x=a$에서 극대, $x=c$에서 극소이므로 $y=f(x)$의 그래프의 개형이 될 수 있는 것은 ③이다. **답** ③

시험에 꼭 나오는 문제

● 본책 075~078쪽

0485 $f(x)=x^3+ax^2+9x-1$에서

$$f'(x)=3x^2+2ax+9$$

$f'(x)\leq0$의 해가 $1\leq x\leq b$이므로

$$f'(x)=3(x-1)(x-b)=3x^2-3(b+1)x+3b$$

따라서 $2a=-3(b+1)$, $9=3b$이므로

$$a=-6,\ b=3$$
$$\therefore a+b=-3$$

답 ②

0486 $f(x)=-x^3-ax^2+2ax+15$에서

$$f'(x)=-3x^2-2ax+2a$$

함수 $f(x)$가 실수 전체의 집합에서 감소하려면 모든 실수 x에 대하여 $f'(x)\leq0$이어야 하므로 이차방정식 $f'(x)=0$의 판별식을 D라 하면

$$\frac{D}{4}=(-a)^2-(-3)\times2a\leq0,\qquad a(a+6)\leq0$$
$$\therefore -6\leq a\leq0$$

따라서 정수 a는 -6, -5, $\cdots$, 0의 7개이다. **답** ③

0487 $f(x)=x^3+2kx^2+4x$에서

$$f'(x)=3x^2+4kx+4$$

임의의 두 실수 x_1, x_2에 대하여 $x_1\neq x_2$이면 $f(x_1)\neq f(x_2)$가 성립하는 함수 $f(x)$는 일대일함수이고, $f(x)$의 최고차항의 계수가 양수이므로 함수 $f(x)$는 실수 전체의 집합에서 증가해야 한다.

즉 모든 실수 x에 대하여 $f'(x)\geq0$이어야 하므로 이차방정식 $f'(x)=0$의 판별식을 D라 하면

$$\frac{D}{4}=(2k)^2-3\times4\leq0,\qquad (k+\sqrt{3})(k-\sqrt{3})\leq0$$
$$\therefore -\sqrt{3}\leq k\leq\sqrt{3}$$

답 $-\sqrt{3}\leq k\leq\sqrt{3}$

0488 $f(x)=2x^3+ax^2$에서

$$f'(x)=6x^2+2ax$$

함수 $f(x)$가 구간 $[2,\ 3]$에서 감소하려면 $2\leq x\leq3$에서 $f'(x)\leq0$이어야 한다.

즉 오른쪽 그림에서

$$f'(2)=24+4a\leq0$이므로$$
$$a\leq-6 \qquad\cdots\cdots\ \ㄱ$$
$$f'(3)=54+6a\leq0$이므로$$
$$a\leq-9 \qquad\cdots\cdots\ \ㄴ$$

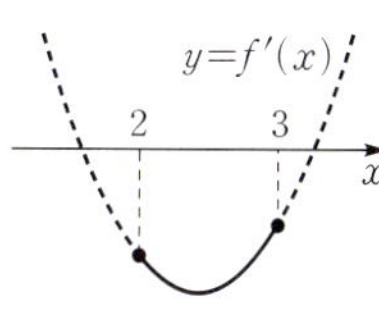

ㄱ, ㄴ에서 $a\leq-9$

따라서 실수 a의 최댓값은 -9이다. **답** ②

0489 $f(x)=2x^3-9x^2+12x+2$에서

$$f'(x)=6x^2-18x+12=6(x-1)(x-2)$$

$f'(x)=0$에서 $x=1$ 또는 $x=2$

함수 $f(x)$의 증가와 감소를 표로 나타내면 다음과 같다.

x	$\cdots$	1	$\cdots$	2	$\cdots$
$f'(x)$	$+$	0	$-$	0	$+$
$f(x)$	$\nearrow$	7	$\searrow$	6	$\nearrow$

따라서 함수 $f(x)$는 $x=1$에서 극댓값 7, $x=2$에서 극솟값 6을 가지므로

$$M=7,\ m=6$$
$$\therefore Mm=42$$

답 **42**

0490 다항함수 $f(x)$가 $x=3$에서 극솟값 2를 가지므로

$$f'(3)=0,\ f(3)=2$$

$g(x)=(x^2-2x)f(x)$에서

$$g'(x)=(2x-2)f(x)+(x^2-2x)f'(x)$$
$$\therefore g'(3)=4f(3)+3f'(3)=4\times2+3\times0=8$$

답 **8**

0491 $f(x)=x^4-4x^3+4x^2+2$에서

$$f'(x)=4x^3-12x^2+8x=4x(x-1)(x-2)$$

$f'(x)=0$에서

$$x=0 \text{ 또는 } x=1 \text{ 또는 } x=2$$

함수 $f(x)$의 증가와 감소를 표로 나타내면 다음과 같다.

x	$\cdots$	0	$\cdots$	1	$\cdots$	2	$\cdots$
$f'(x)$	$-$	0	$+$	0	$-$	0	$+$
$f(x)$	$\searrow$	2	$\nearrow$	3	$\searrow$	2	$\nearrow$

따라서 함수 $f(x)$는

$x=0$과 $x=2$에서 극솟값 2,

$x=1$에서 극댓값 3

을 가지므로 오른쪽 그림에서 구하는 삼각

형의 넓이는

$$\frac{1}{2}\times 2\times 1=1$$
답 ②

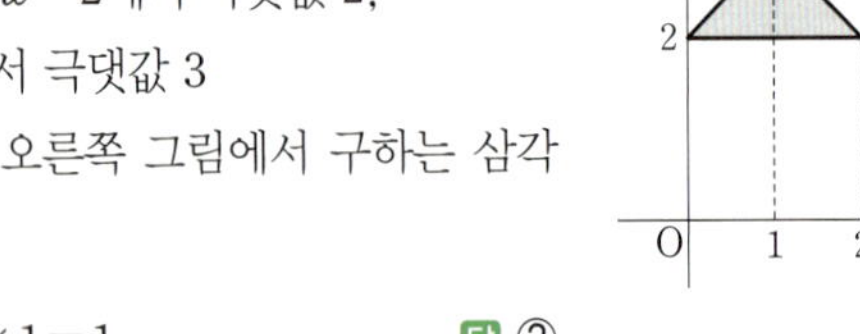

0492 $f(x)=-x^3-x^2+x+\dfrac{1}{3}$에서

$$f'(x)=-3x^2-2x+1=-(x+1)(3x-1)$$

$f'(x)=0$에서 $x=-1$ 또는 $x=\dfrac{1}{3}$

함수 $f(x)$의 증가와 감소를 표로 나타내면 다음과 같다.

x	$\cdots$	-1	$\cdots$	$\dfrac{1}{3}$	$\cdots$
$f'(x)$	$-$	0	$+$	0	$-$
$f(x)$	$\searrow$	$-\dfrac{2}{3}$	$\nearrow$	$\dfrac{14}{27}$	$\searrow$

따라서 함수 $f(x)$는 $x=-1$에서 극

솟값 $-\dfrac{2}{3}$, $x=\dfrac{1}{3}$에서 극댓값 $\dfrac{14}{27}$

를 가지므로 $y=g(x)$의 그래프는

오른쪽 그림과 같다.

즉 함수 $g(x)$는 $x=-1$에서 극댓값

$\dfrac{2}{3}$, $x=\dfrac{1}{3}$에서 극댓값 $\dfrac{14}{27}$를 가지므로 $g(x)$의 모든 극댓값의

합은

$$\frac{2}{3}+\frac{14}{27}=\frac{32}{27}$$
답 $\dfrac{32}{27}$

0493 조건 ㈎에 의하여

$$f(x)=(x-2)^2(x+a) \quad (a\text{는 상수})$$

라 하면 $f'(x)=2(x-2)(x+a)+(x-2)^2$

조건 ㈏에서

$$\lim_{x\to 1}\frac{f(x)-3x^2f(1)+2f(1)}{x^2-1}$$

$$=\lim_{x\to 1}\frac{f(x)-f(1)-3x^2f(1)+3f(1)}{x^2-1}$$

$$=\lim_{x\to 1}\left\{\frac{f(x)-f(1)}{x-1}\times\frac{1}{x+1}\right\}-\lim_{x\to 1}\frac{3(x^2-1)f(1)}{x^2-1}$$

$$=\frac{1}{2}f'(1)-3f(1)=-\frac{15}{2}$$

이때 $f(1)=a+1$, $f'(1)=-2a-1$이므로

$$\frac{1}{2}\times(-2a-1)-3(a+1)=-\frac{15}{2}$$

$$-4a-\frac{7}{2}=-\frac{15}{2}\qquad \therefore a=1$$

$$\therefore f(x)=(x-2)^2(x+1),$$

$$f'(x)=2(x-2)(x+1)+(x-2)^2$$

$$=3x(x-2)$$

$f'(x)=0$에서 $x=0$ 또는 $x=2$

함수 $f(x)$의 증가와 감소를 표로 나타내면 다음과 같다.

x	$\cdots$	0	$\cdots$	2	$\cdots$
$f'(x)$	$+$	0	$-$	0	$+$
$f(x)$	$\nearrow$	4	$\searrow$	0	$\nearrow$

따라서 함수 $f(x)$는 $x=0$에서 극댓값 4를 갖는다.
답 4

다른 풀이 $g(x)=f(x)-3x^2f(1)$이라 하면

$$g(1)=-2f(1)$$

조건 ㈏에서

$$\lim_{x\to 1}\frac{f(x)-3x^2f(1)+2f(1)}{x^2-1}$$

$$=\lim_{x\to 1}\left\{\frac{g(x)-g(1)}{x-1}\times\frac{1}{x+1}\right\}$$

$$=\frac{g'(1)}{2}=-\frac{15}{2}$$

$$\therefore g'(1)=-15$$

이때 $g'(x)=f'(x)-6xf(1)$이므로

$$g'(1)=f'(1)-6f(1)$$

$f(1)=a+1$, $f'(1)=-2a-1$이므로

$$g'(1)=-2a-1-6(a+1)=-8a-7$$

따라서 $-8a-7=-15$이므로 $a=1$

0494 $f(x)=x^3-3kx^2-9k^2x+1$에서

$$f'(x)=3x^2-6kx-9k^2=3(x+k)(x-3k)$$

$f'(x)=0$에서 $x=-k$ 또는 $x=3k$

$k>0$이므로 함수 $f(x)$의 증가와 감소를 표로 나타내면 다음과 같다.

x	$\cdots$	$-k$	$\cdots$	$3k$	$\cdots$
$f'(x)$	$+$	0	$-$	0	$+$
$f(x)$	$\nearrow$	$5k^3+1$	$\searrow$	$-27k^3+1$	$\nearrow$

따라서 함수 $f(x)$는 $x=-k$에서 극댓값 $5k^3+1$, $x=3k$에서

극솟값 $-27k^3+1$을 갖는다.

이때 극댓값과 극솟값의 차가 32이므로

$$(5k^3+1)-(-27k^3+1)=32$$

$$32k^3=32,\qquad k^3=1$$

$$\therefore k=1$$
답 1

0495 $f(x)=ax^3+bx^2+cx+d$ $(a\neq0,\ a,\ b,\ c,\ d\text{는 상수})$

라 하면

$$f'(x)=3ax^2+2bx+c$$

함수 $y=f'(x)$의 그래프에서

$$f'(0)=3,\ f'(-3)=0,\ f'(1)=0$$

$f'(0)=3$에서 $c=3$

$f'(-3)=0$에서

$$27a-6b+3=0 \qquad \therefore 9a-2b=-1 \qquad \cdots\cdots ㉠$$

$f'(1)=0$에서

$$3a+2b+3=0 \qquad \therefore 3a+2b=-3 \qquad \cdots\cdots ㉡$$

㉠, ㉡을 연립하여 풀면 $a=-\dfrac{1}{3}$, $b=-1$

$$\therefore f(x)=-\dfrac{1}{3}x^3-x^2+3x+d$$

이때 $x=-3$의 좌우에서 $f'(x)$의 부호가 음에서 양으로 바뀌므로 $f(x)$는 $x=-3$에서 극소이고, $x=1$의 좌우에서 $f'(x)$의 부호가 양에서 음으로 바뀌므로 $f(x)$는 $x=1$에서 극대이다.

따라서 $f(x)$의 극댓값과 극솟값의 차는

$$f(1)-f(-3)=\left(\dfrac{5}{3}+d\right)-(-9+d)=\dfrac{32}{3}$$

답 $\dfrac{32}{3}$

0496 ㄱ. $f'(0)\neq0$이므로 $f(x)$는 $x=0$에서 극값을 갖지 않는다. (거짓)

ㄴ. $0<x<1$에서 $f'(x)<0$이므로 이 구간에서 $f(x)$는 감소한다. (거짓)

ㄷ. $f'(-1)=0$이고 $x=-1$의 좌우에서 $f'(x)$의 부호가 양에서 음으로 바뀌므로 $f(x)$는 $x=-1$에서 극댓값을 갖는다. 또 $f'(1)=0$이고 $x=1$의 좌우에서 $f'(x)$의 부호가 음에서 양으로 바뀌므로 $f(x)$는 $x=1$에서 극솟값을 갖는다. (참)

이상에서 옳은 것은 ㄷ뿐이다.

답 ㄷ

0497 $f(x)=x^3-ax^2+(a+6)x+1$에서

$$f'(x)=3x^2-2ax+a+6$$

함수 $f(x)$가 극값을 갖지 않으려면 이차방정식 $f'(x)=0$이 중근을 갖거나 허근을 가져야 하므로 판별식을 D라 하면

$$\dfrac{D}{4}=(-a)^2-3(a+6)\leq0$$

$$a^2-3a-18\leq0, \quad (a+3)(a-6)\leq0$$

$$\therefore -3\leq a\leq6$$

따라서 정수 a는 -3, -2, -1, $\cdots$, 6의 10개이다.

답 ④

0498 $f(x)=x^3-(a+2)x^2+ax$에서

$$f'(x)=3x^2-2(a+2)x+a$$

함수 $f(x)$가 $-1<x<0$에서 극댓값을 갖고, $x>0$에서 극솟값을 가지려면 이차방정식 $f'(x)=0$이 $-1<x<0$, $x>0$에서 각각 하나의 실근을 가져야 하므로 $y=f'(x)$의 그래프가 오른쪽 그림과 같아야 한다.

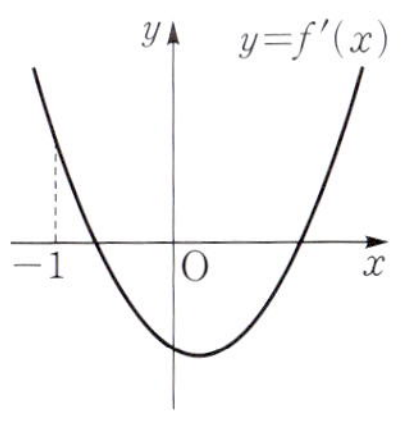

(i) $f'(-1)>0$에서 $3+2(a+2)+a>0$

$$\therefore a>-\dfrac{7}{3}$$

(ii) $f'(0)<0$에서 $a<0$

(i), (ii)에서 $-\dfrac{7}{3}<a<0$

따라서 정수 a는 -2, -1이므로 구하는 곱은

$$-2\times(-1)=2$$

답 2

0499 $f(x)=x^4-4x^3+2ax^2+1$에서

$$f'(x)=4x^3-12x^2+4ax=4x(x^2-3x+a)$$

함수 $f(x)$가 극댓값을 가지려면 삼차방정식 $f'(x)=0$이 서로 다른 세 실근을 가져야 하므로 이차방정식 $x^2-3x+a=0$이 0이 아닌 서로 다른 두 실근을 가져야 한다.

$x=0$이 $x^2-3x+a=0$의 근이 아니므로

$$a\neq0 \qquad \cdots\cdots ㉠$$

이차방정식 $x^2-3x+a=0$의 판별식을 D라 하면

$$D=(-3)^2-4a>0 \qquad \therefore a<\dfrac{9}{4} \qquad \cdots\cdots ㉡$$

㉠, ㉡에서 $a<0$ 또는 $0<a<\dfrac{9}{4}$

따라서 정수 a의 최댓값은 2이다.

답 ③

0500 $f(x)=2x^3-3x^2-12x+4$에서

$$f'(x)=6x^2-6x-12=6(x+1)(x-2)$$

$f'(x)=0$에서 $x=-1$ 또는 $x=2$

구간 $[-2, 3]$에서 함수 $f(x)$의 증가와 감소를 표로 나타내면 다음과 같다.

x	-2	$\cdots$	-1	$\cdots$	2	$\cdots$	3
$f'(x)$		$+$	0	$-$	0	$+$	
$f(x)$	0	$\nearrow$	11	$\searrow$	-16	$\nearrow$	-5

따라서 함수 $f(x)$는 $x=-1$에서 최댓값 11, $x=2$에서 최솟값 -16을 가지므로

$$M=11, \ m=-16 \qquad \therefore M+m=-5$$

답 -5

0501 $f(x)=-x^4+4a^3x-20$에서

$$f'(x)=-4x^3+4a^3=-4(x-a)(x^2+ax+a^2)$$

$f'(x)=0$에서 $x=a \ (\because x^2+ax+a^2>0)$

함수 $f(x)$의 증가와 감소를 표로 나타내면 오른쪽과 같다.

x	$\cdots$	a	$\cdots$
$f'(x)$	$+$	0	$-$
$f(x)$	$\nearrow$	$3a^4-20$	$\searrow$

따라서 함수 $f(x)$는 $x=a$에서 최댓값 $3a^4-20$을 가지므로

$$3a^4-20=a^4+12, \qquad a^4-16=0$$

$$(a^2+4)(a+2)(a-2)=0$$

$$\therefore a=2 \ (\because a>0)$$

답 ②

0502 $f(x)=ax(x-3)^2+b$에서

$$f'(x)=a(x-3)^2+2ax(x-3)=3a(x-1)(x-3)$$

$f'(x)=0$에서 $x=1$ 또는 $x=3$

구간 $[0, 5]$에서 함수 $f(x)$의 증가와 감소를 표로 나타내면 다음과 같다.

x	0	$\cdots$	1	$\cdots$	3	$\cdots$	5
$f'(x)$		$+$	0	$-$	0	$+$	
$f(x)$	b	$\nearrow$	$4a+b$	$\searrow$	b	$\nearrow$	$20a+b$

따라서 함수 $f(x)$는 $x=5$에서 최댓값 $20a+b$, $x=0$과 $x=3$에서 최솟값 b를 가지므로
$$20a+b=15, \; b=-5 \quad \therefore a=1, \; b=-5$$
$$\therefore a^2+b^2=26$$
답 26

0503 점 (a, b)는 곡선 $y=f(x)$ 위의 점이므로
$$b=a^2-4a+4$$
$f(x)=x^2-4x+4$에서
$$f'(x)=2x-4$$
점 $(a, \; a^2-4a+4)$에서의 접선의 기울기는 $f'(a)=2a-4$이므로 접선의 방정식은
$$y-(a^2-4a+4)=(2a-4)(x-a)$$
$$\therefore y=(2a-4)x-a^2+4$$
따라서 접선의 x절편은 $\dfrac{a^2-4}{2a-4}=\dfrac{a+2}{2}$, y절편은 $-a^2+4$이므로 접선과 x축 및 y축으로 둘러싸인 삼각형의 넓이를 $S(a)$라 하면
$$S(a)=\frac{1}{2}\times\frac{a+2}{2}\times(-a^2+4)$$
$$=\frac{1}{4}(-a^3-2a^2+4a+8)$$
$$\therefore S'(a)=\frac{1}{4}(-3a^2-4a+4)$$
$$=-\frac{1}{4}(a+2)(3a-2)$$
$S'(a)=0$에서 $\quad a=\dfrac{2}{3} \; (\because 0<a<2)$

$0<a<2$에서 함수 $S(a)$의 증가와 감소를 표로 나타내면 다음과 같다.

a	0	$\cdots$	$\dfrac{2}{3}$	$\cdots$	2
$S'(a)$		$+$	0	$-$	
$S(a)$		$\nearrow$	극대	$\searrow$	

따라서 $S(a)$는 $a=\dfrac{2}{3}$에서 극대이면서 최대이다.

즉 삼각형의 넓이가 최대일 때 $a=\dfrac{2}{3}$, $b=\dfrac{16}{9}$이므로
$$b-a=\frac{16}{9}-\frac{2}{3}=\frac{10}{9}$$
답 ③

0504 상자의 밑면의 한 변의 길이는 $10-2x$이고 높이는
$$x\times\tan 30°=\frac{x}{\sqrt{3}}$$
이때 $10-2x>0$, $\dfrac{x}{\sqrt{3}}>0$이므로
$$0<x<5$$
상자의 부피를 $V(x)$라 하면
$$V(x)=\frac{\sqrt{3}}{4}(10-2x)^2\times\frac{x}{\sqrt{3}}$$
$$=x^3-10x^2+25x$$

$$\therefore V'(x)=3x^2-20x+25=(3x-5)(x-5)$$
$V'(x)=0$에서 $\quad x=\dfrac{5}{3} \; (\because 0<x<5)$

$0<x<5$에서 함수 $V(x)$의 증가와 감소를 표로 나타내면 다음과 같다.

x	0	$\cdots$	$\dfrac{5}{3}$	$\cdots$	5
$V'(x)$		$+$	0	$-$	
$V(x)$		$\nearrow$	극대	$\searrow$	

따라서 $V(x)$는 $x=\dfrac{5}{3}$에서 극대이면서 최대이므로 상자의 부피가 최대가 되도록 하는 x의 값은 $\dfrac{5}{3}$이다.
답 $\dfrac{5}{3}$

0505 $f(x)=ax^3+bx^2+cx+d$에서
$$f'(x)=3ax^2+2bx+c$$
$x\to\infty$일 때 $f(x)\to\infty$이므로
$$a>0$$
이차방정식 $f'(x)=0$의 두 실근이 α, β이고 $\alpha<0$, $\beta>0$, $|\alpha|>|\beta|$이므로 이차방정식의 근과 계수의 관계에 의하여
$$\alpha+\beta=-\frac{2b}{3a}<0, \; \alpha\beta=\frac{c}{3a}<0$$
이때 $a>0$이므로
$$b>0, \; c<0$$
$$\therefore |c-b|-|b|+|c|=-(c-b)-b+(-c)$$
$$=-2c$$
답 ②

0506 $f(x)=x^3-2ax^2+ax$에서
$$f'(x)=3x^2-4ax+a \qquad \cdots \text{1단계}$$
함수 $f(x)$의 최고차항의 계수가 양수이므로 $f(x)$의 역함수가 존재하려면 $f(x)$가 실수 전체의 집합에서 증가해야 한다.
$\cdots$ 2단계

즉 모든 실수 x에 대하여 $f'(x)\geq0$이어야 하므로 이차방정식 $f'(x)=0$의 판별식을 D라 하면
$$\frac{D}{4}=(-2a)^2-3\times a\leq0, \quad a(4a-3)\leq0$$
$$\therefore 0\leq a\leq\frac{3}{4} \qquad \cdots \text{3단계}$$
답 $0\leq a\leq\dfrac{3}{4}$

	채점 요소	비율
1단계	$f'(x)$ 구하기	20 %
2단계	함수 $f(x)$가 실수 전체의 집합에서 증가해야 함을 알기	30 %
3단계	a의 값의 범위 구하기	50 %

0507 $f(x)=x^3-6x^2+k$에서
$$f'(x)=3x^2-12x=3x(x-4) \qquad \cdots \text{1단계}$$
$f'(x)=0$에서
$$x=0 \text{ 또는 } x=4$$

함수 $f(x)$의 증가와 감소를 표로 나타내면 다음과 같다.

x	$\cdots$	0	$\cdots$	4	$\cdots$
$f'(x)$	$+$	0	$-$	0	$+$
$f(x)$	$\nearrow$	k	$\searrow$	$k-32$	$\nearrow$

함수 $f(x)$는 $x=0$에서 극댓값 k, $x=4$에서 극솟값 $k-32$를 갖는다. ··· 2단계

이때 극댓값과 극솟값의 절댓값이 같고 그 부호가 서로 다르므로

$$k+(k-32)=0, \qquad 2k=32$$

$$\therefore k=16 \qquad \cdots \text{3단계}$$

답 16

	채점 요소	비율
1단계	$f'(x)$ 구하기	20 %
2단계	극댓값과 극솟값을 k에 대한 식으로 나타내기	50 %
3단계	k의 값 구하기	30 %

0508 $f(x)=x^3-3kx^2+kx$에서
$$f'(x)=3x^2-6kx+k$$

함수 $f(x)$가 $x>0$에서 극댓값과 극솟값을 모두 가지려면 이차방정식 $f'(x)=0$이 서로 다른 두 양의 실근을 가져야 한다. ··· 1단계

(i) 이차방정식 $f'(x)=0$의 판별식을 D라 하면
$$\frac{D}{4}=(-3k)^2-3k>0, \qquad k(3k-1)>0$$
$$\therefore k<0 \ \text{또는} \ k>\frac{1}{3}$$

(ii) (두 근의 합)$=-\dfrac{-6k}{3}=2k>0 \qquad \therefore k>0$

(iii) (두 근의 곱)$=\dfrac{k}{3}>0 \qquad \therefore k>0$

이상에서 $\quad k>\dfrac{1}{3}$ ··· 2단계

답 $k>\dfrac{1}{3}$

	채점 요소	비율
1단계	방정식 $f'(x)=0$의 해의 조건 구하기	30 %
2단계	k의 값의 범위 구하기	70 %

0509 $g(x)=x^2+2x=(x+1)^2-1$이므로 $g(x)=t$로 놓으면 $\quad t\geq-1$ ··· 1단계

$(f\circ g)(x)=f(g(x))=f(t)=-t^3+3t$에서
$$f'(t)=-3t^2+3=-3(t+1)(t-1)$$

$f'(t)=0$에서 $\quad t=-1 \ \text{또는} \ t=1$ ··· 2단계

$t\geq-1$에서 함수 $f(t)$의 증가와 감소를 표로 나타내면 오른쪽과 같다.

t	-1	$\cdots$	1	$\cdots$
$f'(t)$		$+$	0	$-$
$f(t)$	-2	$\nearrow$	2	$\searrow$

따라서 함수 $f(t)$는 $t=1$에서 최댓값 2를 가지므로 $(f\circ g)(x)$의 최댓값은 2이다. ··· 3단계

답 2

	채점 요소	비율
1단계	$g(x)=t$로 놓고 t의 값의 범위 구하기	30 %
2단계	$f'(t)=0$을 만족시키는 t의 값 구하기	40 %
3단계	$(f\circ g)(x)$의 최댓값 구하기	30 %

0510 전략 주어진 조건을 만족시키도록 $y=f'(x)$의 그래프를 그려 본다.

$$f(x)=\begin{cases} -\dfrac{1}{3}x^3-ax^2-bx & (x<0) \\ \dfrac{1}{3}x^3+ax^2-bx & (x\geq0) \end{cases} \text{에서}$$

$$f'(x)=\begin{cases} -x^2-2ax-b & (x\leq0) \\ x^2+2ax-b & (x\geq0) \end{cases}$$

함수 $f(x)$가 구간 $(-\infty,\ -1]$에서 감소하고 구간 $[-1,\ 0]$에서 증가하려면 $x\leq-1$에서 $f'(x)\leq0$, $-1\leq x\leq0$에서 $f'(x)\geq0$이어야 하므로 $x\leq0$에서 $y=-x^2-2ax-b$의 그래프가 오른쪽 그림과 같아야 한다.

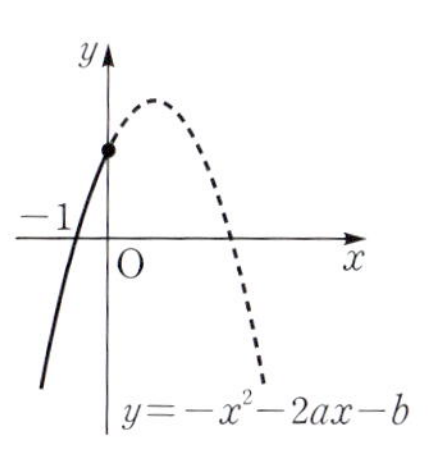

따라서 $f'(-1)=0$이므로
$$-1+2a-b=0$$
$$\therefore b=2a-1 \qquad \cdots\cdots \ \text{㉠}$$

$f'(0)\geq0$이므로
$$-b\geq0, \qquad -(2a-1)\geq0 \ (\because \text{㉠})$$
$$\therefore a\leq\frac{1}{2} \qquad \cdots\cdots \ \text{㉡}$$

한편 함수 $f(x)$가 구간 $[0,\ \infty)$에서 증가하려면 $x\geq0$에서 $f'(x)\geq0$이어야 한다.

$x\geq0$에서
$$f'(x)=x^2+2ax-b=(x+a)^2-a^2-b$$
$$=(x+a)^2-a^2-2a+1 \ (\because \text{㉠})$$

(i) $-a\leq0$, 즉 $a\geq0$이면 오른쪽 그림과 같이 $f'(0)\geq0$이어야 하므로

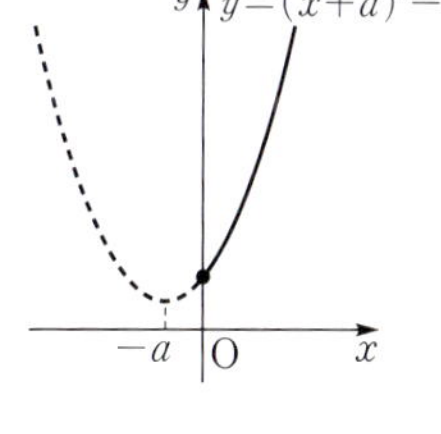

$$-2a+1\geq0$$
$$\therefore 0\leq a\leq\frac{1}{2}$$
$$(\because a\geq0)$$

(ii) $-a>0$, 즉 $a<0$이면 오른쪽 그림과 같이 $f'(-a)\geq0$이어야 하므로

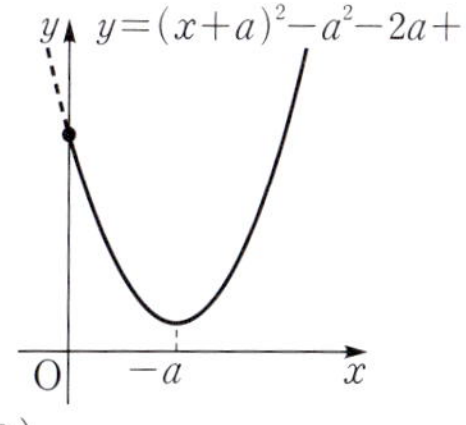

$$-a^2-2a+1\geq0$$
$$a^2+2a-1\leq0$$
$$\therefore -1-\sqrt{2}\leq a<0 \ (\because a<0)$$

(i), (ii)에서 $\quad -1-\sqrt{2}\leq a\leq\frac{1}{2} \qquad \cdots\cdots \ \text{㉢}$

㉡, ㉢에서　　　$-1-\sqrt{2}\leq a\leq\dfrac{1}{2}$

이때 ㉠에서 $a+b=a+(2a-1)=3a-1$이고

　　　$-4-3\sqrt{2}\leq 3a-1\leq\dfrac{1}{2}$

이므로　　　$M=\dfrac{1}{2}$, $m=-4-3\sqrt{2}$

　　　$\therefore M-m=\dfrac{9}{2}+3\sqrt{2}$

답 ③

다른 풀이 $x\geq 0$에서 $f'(x)\geq 0$이어야 하므로 이차방정식 $f'(x)=0$, 즉 $x^2+2ax-2a+1=0$이 중근 또는 허근을 갖거나 양수가 아닌 서로 다른 두 실근을 가져야 한다.

(i) $f'(x)=0$이 중근 또는 허근을 갖는 경우

이차방정식 $f'(x)=0$의 판별식을 D라 하면

　　　$\dfrac{D}{4}=a^2-(-2a+1)\leq 0$,　　　$a^2+2a-1\leq 0$

　　　$\therefore -1-\sqrt{2}\leq a\leq -1+\sqrt{2}$

(ii) $f'(x)=0$이 양수가 아닌 서로 다른 두 실근을 갖는 경우

이차방정식 $f'(x)=0$의 판별식을 D라 하면

　　　$\dfrac{D}{4}=a^2-(-2a+1)>0$,　　　$a^2+2a-1>0$

　　　$\therefore a<-1-\sqrt{2}$ 또는 $a>-1+\sqrt{2}$　　　$\cdots\cdots$ ㉣

또 이차방정식의 근과 계수의 관계에 의하여

　　　$-2a<0$, $-2a+1\geq 0$

　　　$\therefore 0<a\leq\dfrac{1}{2}$　　　$\cdots\cdots$ ㉤

㉣, ㉤에서　　　$-1+\sqrt{2}<a\leq\dfrac{1}{2}$

(i), (ii)에서　　　$-1-\sqrt{2}\leq a\leq\dfrac{1}{2}$

0511 **전략** x의 값의 범위를 나누어 $f'(x)$의 부호를 파악한다.

$y=xf'(x)$의 그래프에서 $-f'(-1)=0$이므로

　　　$f'(-1)=0$

(i) $x<-1$일 때, $xf'(x)<0$이므로

　　　$f'(x)>0$

(ii) $-1<x<0$일 때, $xf'(x)>0$이므로

　　　$f'(x)<0$

(iii) $x>0$일 때, $xf'(x)>0$이므로

　　　$f'(x)>0$

이상에서 함수 $f(x)$의 증가와 감소를 표로 나타내면 다음과 같다.

x	$\cdots$	-1	$\cdots$	0	$\cdots$
$f'(x)$	$+$	0	$-$	0	$+$
$f(x)$	↗	극대	↘	극소	↗

ㄱ. $f(x)$는 $-1<x<0$에서 감소한다. (참)

ㄴ. $f(x)$는 $x=-1$에서 극댓값을 갖는다. (거짓)

ㄷ. $f(x)$는 $x=0$에서 극솟값을 갖는다. (거짓)

이상에서 옳은 것은 ㄱ뿐이다.

답 ㄱ

0512 **전략** 원기둥의 부피를 h에 대한 함수로 나타낸다.

반구의 반지름의 길이를 R, 반구의 중심을 O라 하면 오른쪽 그림에서

　　　$r^2+h^2=R^2$

　　　$\therefore r^2=R^2-h^2$

이때 $h>0$, $R^2-h^2>0$이므로

　　　$0<h<R$

따라서 원기둥의 부피를 $V(h)$라 하면

　　　$V(h)=\pi r^2 h=\pi(R^2-h^2)h=\pi(R^2 h-h^3)$

　　　$\therefore V'(h)=\pi(R^2-3h^2)=-3\pi\Big(h+\dfrac{R}{\sqrt{3}}\Big)\Big(h-\dfrac{R}{\sqrt{3}}\Big)$

$V'(h)=0$에서　　　$h=\dfrac{R}{\sqrt{3}}$ $(\because 0<h<R)$

$0<h<R$에서 함수 $V(h)$의 증가와 감소를 표로 나타내면 다음과 같다.

h	0	$\cdots$	$\dfrac{R}{\sqrt{3}}$	$\cdots$	R
$V'(h)$		$+$	0	$-$	
$V(h)$		↗	극대	↘	

즉 $V(h)$는 $h=\dfrac{R}{\sqrt{3}}$에서 극대이면서 최대이므로 $h=\dfrac{R}{\sqrt{3}}$일 때 원기둥의 부피가 최대이다.

$h=\dfrac{R}{\sqrt{3}}$일 때,　　　$r^2=R^2-\Big(\dfrac{R}{\sqrt{3}}\Big)^2=\dfrac{2}{3}R^2$

　　　$\therefore r=\sqrt{\dfrac{2}{3}}R$

따라서 구하는 값은　　　$\dfrac{\dfrac{R}{\sqrt{3}}}{\sqrt{\dfrac{2}{3}}R}=\dfrac{\sqrt{2}}{2}$

답 $\dfrac{\sqrt{2}}{2}$

06 도함수의 활용 (3)

교과서 문제 정복하기

본책 081쪽

0513 $f(x)=x^3-6x^2+2$라 하면
$$f'(x)=3x^2-12x=3x(x-4)$$
$f'(x)=0$에서 $x=0$ 또는 $x=4$
함수 $f(x)$의 증가와 감소를 표로 나타내면 다음과 같다.

x	$\cdots$	0	$\cdots$	4	$\cdots$
$f'(x)$	$+$	0	$-$	0	$+$
$f(x)$	$\nearrow$	2	$\searrow$	-30	$\nearrow$

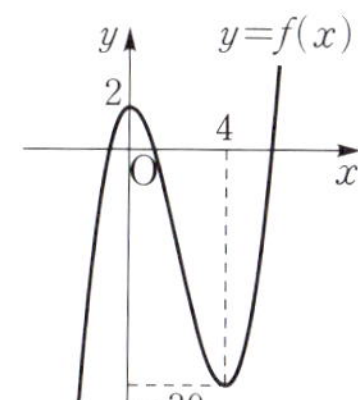

따라서 함수 $y=f(x)$의 그래프는 오른쪽
그림과 같이 x축과 세 점에서 만나므로 방
정식 $f(x)=0$, 즉 $x^3-6x^2+2=0$의 서로 다른 실근의 개수는
3이다. **답 3**

다른 풀이 함수 $f(x)$는 $x=0$, $x=4$에서 극값을 갖고
$$f(0)f(4)=2\times(-30)=-60<0$$
이므로 방정식 $f(x)=0$은 서로 다른 세 실근을 갖는다.

0514 $f(x)=x^3-3x^2-4$라 하면
$$f'(x)=3x^2-6x=3x(x-2)$$
$f'(x)=0$에서 $x=0$ 또는 $x=2$
함수 $f(x)$의 증가와 감소를 표로 나타내면 다음과 같다.

x	$\cdots$	0	$\cdots$	2	$\cdots$
$f'(x)$	$+$	0	$-$	0	$+$
$f(x)$	$\nearrow$	-4	$\searrow$	-8	$\nearrow$

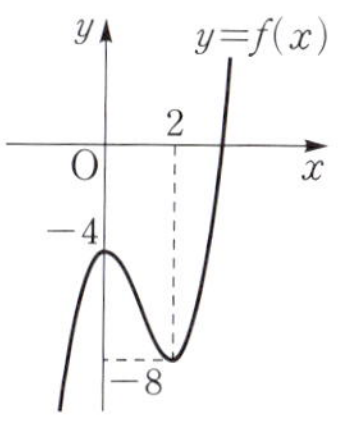

따라서 함수 $y=f(x)$의 그래프는 오른쪽 그
림과 같이 x축과 한 점에서 만나므로 방정식
$f(x)=0$, 즉 $x^3-3x^2-4=0$의 서로 다른 실근의 개수는 1이다.
답 1

0515 $f(x)=-x^4+2x^2+2$라 하면
$$f'(x)=-4x^3+4x=-4x(x+1)(x-1)$$
$f'(x)=0$에서 $x=-1$ 또는 $x=0$ 또는 $x=1$
함수 $f(x)$의 증가와 감소를 표로 나타내면 다음과 같다.

x	$\cdots$	-1	$\cdots$	0	$\cdots$	1	$\cdots$
$f'(x)$	$+$	0	$-$	0	$+$	0	$-$
$f(x)$	$\nearrow$	3	$\searrow$	2	$\nearrow$	3	$\searrow$

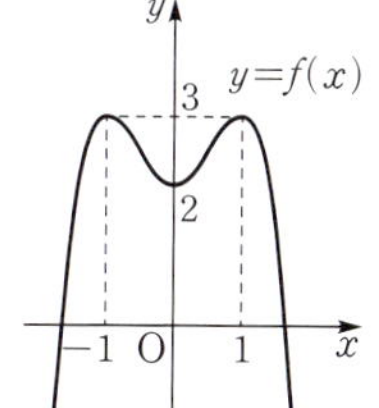

따라서 함수 $y=f(x)$의 그래프는 오른쪽
그림과 같이 x축과 두 점에서 만나므로 방
정식 $f(x)=0$, 즉 $-x^4+2x^2+2=0$의 서로 다른 실근의 개수
는 2이다. **답 2**

0516 $3x^4+6x^2=8x^3+1$에서 $3x^4-8x^3+6x^2-1=0$
$f(x)=3x^4-8x^3+6x^2-1$이라 하면
$$f'(x)=12x^3-24x^2+12x=12x(x-1)^2$$
$f'(x)=0$에서 $x=0$ 또는 $x=1$
함수 $f(x)$의 증가와 감소를 표로 나타내면 다음과 같다.

x	$\cdots$	0	$\cdots$	1	$\cdots$
$f'(x)$	$-$	0	$+$	0	$+$
$f(x)$	$\searrow$	-1	$\nearrow$	0	$\nearrow$

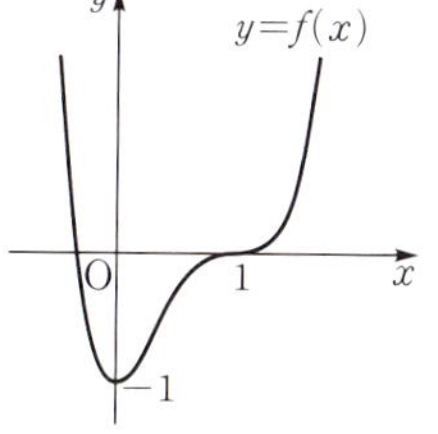

따라서 함수 $y=f(x)$의 그래프는 오른
쪽 그림과 같이 x축과 두 점에서 만나므
로 방정식 $f(x)=0$, 즉 $3x^4+6x^2=8x^3+1$의 서로 다른 실근의
개수는 2이다. **답 2**

0517 $f(x)=x^3-6x^2-15x+k$라 하면
$$f'(x)=3x^2-12x-15=3(x+1)(x-5)$$
$f'(x)=0$에서 $x=-1$ 또는 $x=5$
따라서 함수 $f(x)$는 $x=-1$, $x=5$에서 극값을 갖는다.
(1) 방정식 $f(x)=0$이 서로 다른 세 실근을 가지려면
$$f(-1)f(5)<0$$이어야 하므로
$$(k+8)(k-100)<0 \qquad \therefore -8<k<100$$
(2) 방정식 $f(x)=0$이 중근과 다른 한 실근을 가지려면
$$f(-1)f(5)=0$$이어야 하므로
$$(k+8)(k-100)=0 \qquad \therefore k=-8 \text{ 또는 } k=100$$
(3) 방정식 $f(x)=0$이 한 실근과 두 허근을 가지려면
$$f(-1)f(5)>0$$이어야 하므로
$$(k+8)(k-100)>0 \qquad \therefore k<-8 \text{ 또는 } k>100$$
답 (1) $-8<k<100$ (2) $k=-8$ 또는 $k=100$
(3) $k<-8$ 또는 $k>100$

다른 풀이 $x^3-6x^2-15x+k=0$에서
$$-x^3+6x^2+15x=k$$
$g(x)=-x^3+6x^2+15x$라 하면
$$g'(x)=-3x^2+12x+15=-3(x+1)(x-5)$$
$g'(x)=0$에서 $x=-1$ 또는 $x=5$
함수 $g(x)$의 증가와 감소를 표로 나타내면 다음과 같다.

x	$\cdots$	-1	$\cdots$	5	$\cdots$
$g'(x)$	$-$	0	$+$	0	$-$
$g(x)$	$\searrow$	-8	$\nearrow$	100	$\searrow$

따라서 함수 $y=g(x)$의 그래프는 오
른쪽 그림과 같다.

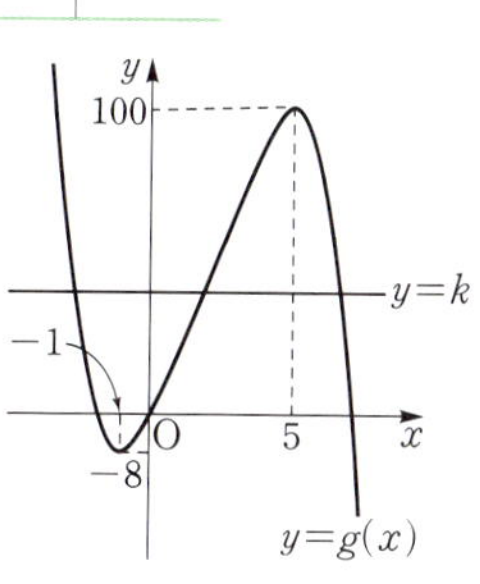

(1) 직선 $y=k$와 세 점에서 만나도록
하는 k의 값의 범위는
$$-8<k<100$$
(2) 직선 $y=k$와 두 점에서 만나도록
하는 k의 값은
$$k=-8 \text{ 또는 } k=100$$

(3) 직선 $y=k$와 한 점에서 만나도록 하는 k의 값의 범위는
$$k<-8 \text{ 또는 } k>100$$

0518 함수 $f(x)$의 증가와 감소를 표로 나타내면 다음과 같다.

x	$\cdots$	0	$\cdots$	2	$\cdots$
$f'(x)$	$-$	0	$-$	0	$+$
$f(x)$	$\searrow$	18	$\searrow$	2	$\nearrow$

따라서 함수 $f(x)$는 $x=$ [가] 2 에서 극소이면서 최소이므로
$f(x)$의 최솟값은 [나] 2 이다.
즉 $f(x)$ [다] $\geq$ 2이므로 모든 실수 x에 대하여
$$3x^4-8x^3+18>0$$
이 성립한다.　　　답 (가) **2**　(나) **2**　(다) $\boldsymbol{\geq}$

0519 $f(x)=2x^3-3x^2+3$이라 하면
$$f'(x)=6x^2-6x=6x(x-1)$$
$f'(x)=0$에서　　$x=0$ 또는 $x=1$
$x>0$에서 함수 $f(x)$의 증가와 감소를 표로 나타내면 다음과 같다.

x	0	$\cdots$	1	$\cdots$
$f'(x)$		$-$	0	$+$
$f(x)$		$\searrow$	2	$\nearrow$

즉 $x>0$일 때 함수 $f(x)$는 $x=1$에서 최솟값 2를 가지므로
$$f(x)\geq 2$$
따라서 $x>0$일 때, 부등식 $f(x)>0$, 즉 $2x^3-3x^2+3>0$이 성립한다.　　답 **풀이 참조**

0520 $f(x)=\dfrac{1}{4}x^4-x^3+x^2+k$라 하면
$$f'(x)=x^3-3x^2+2x=x(x-1)(x-2)$$
$f'(x)=0$에서　　$x=0$ 또는 $x=1$ 또는 $x=2$
함수 $f(x)$의 증가와 감소를 표로 나타내면 다음과 같다.

x	$\cdots$	0	$\cdots$	1	$\cdots$	2	$\cdots$
$f'(x)$	$-$	0	$+$	0	$-$	0	$+$
$f(x)$	$\searrow$	k	$\nearrow$	$k+\dfrac{1}{4}$	$\searrow$	k	$\nearrow$

따라서 함수 $f(x)$는 $x=0$과 $x=2$에서 최솟값 k를 가지므로 모든 실수 x에 대하여 $f(x)\geq 0$이 성립하려면
$$k\geq 0$$
답 $\boldsymbol{k\geq 0}$

0521 시각 t에서의 점 P의 속도를 v, 가속도를 a라 하면
$$v=\frac{dx}{dt}=3t^2-8t,\ a=\frac{dv}{dt}=6t-8$$
따라서 $t=2$에서의 점 P의 속도는
$$12-16=-4$$
가속도는　　$12-8=4$　　답 **속도: -4, 가속도: 4**

0522 시각 t에서의 점 P의 속도를 v, 가속도를 a라 하면
$$v=\frac{dx}{dt}=-3t^2+6t-2,\ a=\frac{dv}{dt}=-6t+6$$
따라서 $t=2$에서의 점 P의 속도는
$$-12+12-2=-2$$
가속도는　　$-12+6=-6$
답 **속도: -2, 가속도: -6**

0523 시각 t에서의 점 P의 속도를 v, 가속도를 a라 하면
$$v=\frac{dx}{dt}=4t^3-4,\ a=\frac{dv}{dt}=12t^2$$
따라서 $t=2$에서의 점 P의 속도는
$$32-4=28$$
가속도는　　48　　답 **속도: 28, 가속도: 48**

0524 $\dfrac{dl}{dt}=2t+4$이므로 $t=3$에서의 물체의 길이의 변화율은
$$6+4=10$$
답 **10**

0525 (1) 구의 겉넓이를 S라 하면
$$S=4\pi\times(0.2t)^2=0.16\pi t^2$$
$$\therefore \frac{dS}{dt}=0.32\pi t$$
따라서 $t=10$에서의 구의 겉넓이의 변화율은
$$0.32\pi\times 10=3.2\pi$$
(2) 구의 부피를 V라 하면
$$V=\frac{4}{3}\pi\times(0.2t)^3=\frac{0.032}{3}\pi t^3$$
$$\therefore \frac{dV}{dt}=0.032\pi t^2$$
따라서 $t=10$에서의 구의 부피의 변화율은
$$0.032\pi\times 10^2=3.2\pi$$
답 (1) $\boldsymbol{3.2\pi}$　(2) $\boldsymbol{3.2\pi}$

0526 $x^3-3x^2+2-k=0$에서
$$x^3-3x^2+2=k$$
따라서 주어진 방정식이 서로 다른 세 실근을 가지려면
$y=x^3-3x^2+2$의 그래프와 직선 $y=k$가 세 점에서 만나야 한다.
$f(x)=x^3-3x^2+2$라 하면
$$f'(x)=3x^2-6x=3x(x-2)$$
$f'(x)=0$에서　　$x=0$ 또는 $x=2$
함수 $f(x)$의 증가와 감소를 표로 나타내면 다음과 같다.

x	$\cdots$	0	$\cdots$	2	$\cdots$
$f'(x)$	$+$	0	$-$	0	$+$
$f(x)$	$\nearrow$	2	$\searrow$	-2	$\nearrow$

따라서 함수 $y=f(x)$의 그래프는 오른쪽 그림과 같으므로 직선 $y=k$와 세 점에서 만나도록 하는 k의 값의 범위는
$$-2<k<2$$
즉 정수 k는 -1, 0, 1의 3개이다.

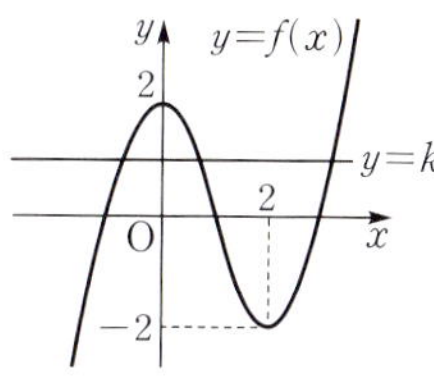

답 **3**

0527 $y=f'(x)$의 그래프를 이용하여 함수 $f(x)$의 증가와 감소를 표로 나타내면 다음과 같다.

x	$\cdots$	-2	$\cdots$	1	$\cdots$
$f'(x)$	$-$	0	$+$	0	$-$
$f(x)$	$\searrow$	-1	$\nearrow$	2	$\searrow$

따라서 함수 $y=f(x)$의 그래프는 오른쪽 그림과 같다.

이때 방정식 $f(x)-k=0$, 즉 $f(x)=k$가 서로 다른 세 실근을 가지려면 $y=f(x)$의 그래프와 직선 $y=k$가 세 점에서 만나야 하므로
$$-1<k<2$$

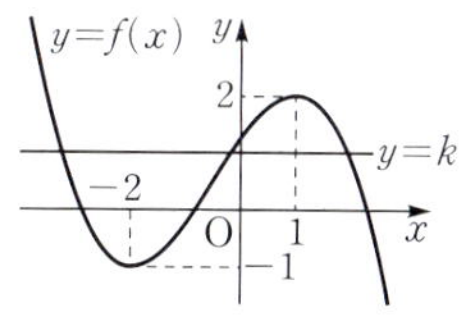

답 $-1<k<2$

0528 $\dfrac{3}{4}x^4-x^3-3x^2+k=0$에서
$$-\dfrac{3}{4}x^4+x^3+3x^2=k$$

따라서 주어진 방정식이 서로 다른 네 개의 실근을 가지려면 $y=-\dfrac{3}{4}x^4+x^3+3x^2$의 그래프와 직선 $y=k$가 네 점에서 만나야 한다.

$f(x)=-\dfrac{3}{4}x^4+x^3+3x^2$이라 하면
$$f'(x)=-3x^3+3x^2+6x$$
$$=-3x(x+1)(x-2)$$
$f'(x)=0$에서
$$x=-1 \text{ 또는 } x=0 \text{ 또는 } x=2$$
함수 $f(x)$의 증가와 감소를 표로 나타내면 다음과 같다.

x	$\cdots$	-1	$\cdots$	0	$\cdots$	2	$\cdots$
$f'(x)$	$+$	0	$-$	0	$+$	0	$-$
$f(x)$	$\nearrow$	$\dfrac{5}{4}$	$\searrow$	0	$\nearrow$	8	$\searrow$

따라서 함수 $y=f(x)$의 그래프는 오른쪽 그림과 같으므로 직선 $y=k$와 네 점에서 만나도록 하는 k의 값의 범위는
$$0<k<\dfrac{5}{4}$$
즉 $\alpha=0$, $\beta=\dfrac{5}{4}$이므로
$$\beta-\alpha=\dfrac{5}{4}$$

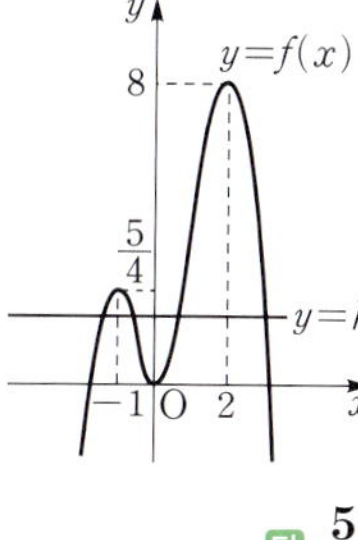

답 $\dfrac{5}{4}$

0529 $x^4+4x^3+28=8x^2+k$에서
$$x^4+4x^3-8x^2+28=k$$
따라서 주어진 방정식이 서로 다른 세 실근을 가지려면 $y=x^4+4x^3-8x^2+28$의 그래프와 직선 $y=k$가 세 점에서 만나야 한다.

$f(x)=x^4+4x^3-8x^2+28$이라 하면
$$f'(x)=4x^3+12x^2-16x$$
$$=4x(x+4)(x-1)$$
$f'(x)=0$에서
$$x=-4 \text{ 또는 } x=0 \text{ 또는 } x=1$$
함수 $f(x)$의 증가와 감소를 표로 나타내면 다음과 같다.

x	$\cdots$	-4	$\cdots$	0	$\cdots$	1	$\cdots$
$f'(x)$	$-$	0	$+$	0	$-$	0	$+$
$f(x)$	$\searrow$	-100	$\nearrow$	28	$\searrow$	25	$\nearrow$

함수 $y=f(x)$의 그래프는 오른쪽 그림과 같으므로 직선 $y=k$와 세 점에서 만나려면
$$k=25 \text{ 또는 } k=28$$
따라서 구하는 합은
$$25+28=53$$

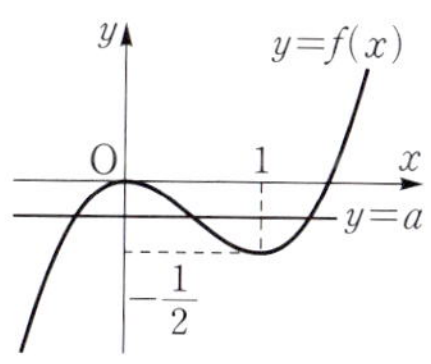

답 **53**

0530 $x^3-\dfrac{3}{2}x^2-a=0$에서 $x^3-\dfrac{3}{2}x^2=a$

$f(x)=x^3-\dfrac{3}{2}x^2$이라 하면
$$f'(x)=3x^2-3x=3x(x-1)$$
$f'(x)=0$에서 $x=0 \text{ 또는 } x=1$
함수 $f(x)$의 증가와 감소를 표로 나타내면 다음과 같다.

x	$\cdots$	0	$\cdots$	1	$\cdots$
$f'(x)$	$+$	0	$-$	0	$+$
$f(x)$	$\nearrow$	0	$\searrow$	$-\dfrac{1}{2}$	$\nearrow$

따라서 함수 $y=f(x)$의 그래프는 오른쪽 그림과 같고 직선 $y=a$와 교점의 x좌표가 한 개는 음수, 두 개는 양수이어야 하므로
$$-\dfrac{1}{2}<a<0$$

답 $-\dfrac{1}{2}<a<0$

0531 $2x^3-3x^2-12x+1-k=0$에서
$$2x^3-3x^2-12x+1=k$$
$f(x)=2x^3-3x^2-12x+1$이라 하면
$$f'(x)=6x^2-6x-12$$
$$=6(x+1)(x-2)$$
$f'(x)=0$에서
$$x=-1 \text{ 또는 } x=2$$

함수 $f(x)$의 증가와 감소를 표로 나타내면 다음과 같다.

x	$\cdots$	-1	$\cdots$	2	$\cdots$
$f'(x)$	$+$	0	$-$	0	$+$
$f(x)$	$\nearrow$	8	$\searrow$	-19	$\nearrow$

따라서 함수 $y=f(x)$의 그래프는 오른쪽 그림과 같고 직선 $y=k$와 교점의 x좌표가 한 개는 양수, 두 개는 음수이어야 하므로
$$1<k<8$$
따라서 정수 k의 최댓값은 7, 최솟값은 2이므로 구하는 합은 $7+2=9$

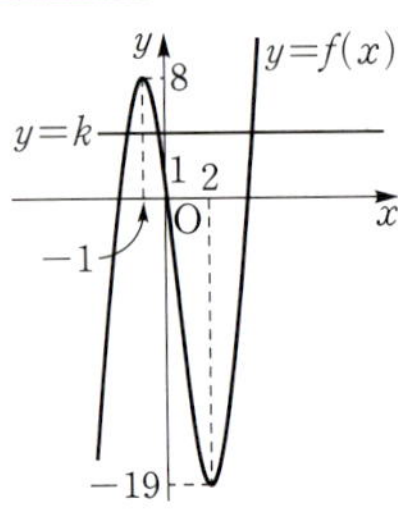

답 9

0532 $x^3-5x^2+7x=x^2-2x+a$에서
$$x^3-6x^2+9x=a$$
$f(x)=x^3-6x^2+9x$라 하면
$$f'(x)=3x^2-12x+9=3(x-1)(x-3)$$
$f'(x)=0$에서 $x=1$ 또는 $x=3$
함수 $f(x)$의 증가와 감소를 표로 나타내면 다음과 같다.

x	$\cdots$	1	$\cdots$	3	$\cdots$
$f'(x)$	$+$	0	$-$	0	$+$
$f(x)$	$\nearrow$	4	$\searrow$	0	$\nearrow$

따라서 함수 $y=f(x)$의 그래프는 오른쪽 그림과 같고 직선 $y=a$와 교점의 x좌표가 3개 모두 양수이어야 하므로
$$0<a<4$$
따라서 정수 a는 1, 2, 3이므로 구하는 합은
$$1+2+3=6$$

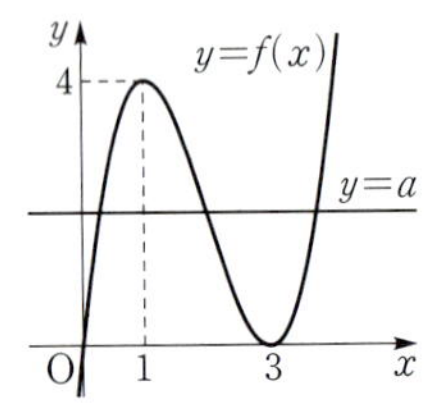

답 ⑤

0533 $x^4-4x^3-2x^2+12x-k=0$에서
$$x^4-4x^3-2x^2+12x=k$$
$f(x)=x^4-4x^3-2x^2+12x$라 하면
$$f'(x)=4x^3-12x^2-4x+12$$
$$=4(x+1)(x-1)(x-3)$$
$f'(x)=0$에서 $x=-1$ 또는 $x=1$ 또는 $x=3$

x	$\cdots$	-1	$\cdots$	1	$\cdots$	3	$\cdots$
$f'(x)$	$-$	0	$+$	0	$-$	0	$+$
$f(x)$	$\searrow$	-9	$\nearrow$	7	$\searrow$	-9	$\nearrow$

따라서 함수 $y=f(x)$의 그래프는 오른쪽 그림과 같고 직선 $y=k$와 교점의 x좌표가 두 개는 양수, 두 개는 음수이어야 하므로
$$-9<k<0$$
따라서 정수 k는 -8, -7, $\cdots$, -1의 8개이다.

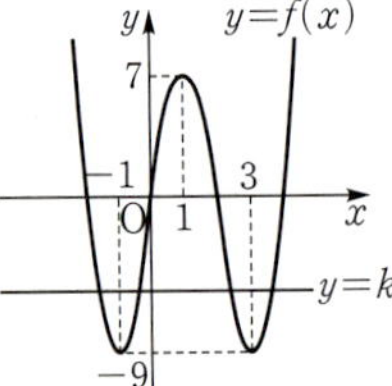

답 8

0534 $f(x)=x^3-3x^2+1-k$라 하면
$$f'(x)=3x^2-6x=3x(x-2)$$
$f'(x)=0$에서 $x=0$ 또는 $x=2$
따라서 함수 $f(x)$는 $x=0$, $x=2$에서 극값을 갖는다.
이때 방정식 $f(x)=0$이 서로 다른 세 실근을 가지려면
$$f(0)f(2)<0, \qquad (1-k)(-3-k)<0$$
$$(k-1)(k+3)<0 \qquad \therefore -3<k<1$$
따라서 정수 k는 -2, -1, 0의 3개이다.

답 3

0535 $f(x)=\dfrac{1}{3}x^3-x^2+a$라 하면
$$f'(x)=x^2-2x=x(x-2)$$
$f'(x)=0$에서 $x=0$ 또는 $x=2$
따라서 함수 $f(x)$는 $x=0$, $x=2$에서 극값을 갖는다.
이때 방정식 $f(x)=0$이 한 실근과 두 허근을 가지려면
$$f(0)f(2)>0, \qquad a\left(a-\frac{4}{3}\right)>0$$
$$\therefore a<0 \text{ 또는 } a>\frac{4}{3}$$

답 $a<0$ 또는 $a>\dfrac{4}{3}$

0536 $f(x)=2x^3-6x^2-18x+k$라 하면
$$f'(x)=6x^2-12x-18=6(x+1)(x-3)$$
$f'(x)=0$에서 $x=-1$ 또는 $x=3$
따라서 함수 $f(x)$는 $x=-1$, $x=3$에서 극값을 갖는다.
이때 방정식 $f(x)=0$이 서로 다른 두 실근을 가지려면
$$f(-1)f(3)=0, \qquad (10+k)(-54+k)=0$$
$$\therefore k=-10 \text{ 또는 } k=54$$
따라서 모든 실수 k의 값의 합은
$$-10+54=44$$

답 44

0537 $x^3-2=12x+k$에서 $x^3-12x-2-k=0$
$f(x)=x^3-12x-2-k$라 하면
$$f'(x)=3x^2-12=3(x+2)(x-2)$$
$f'(x)=0$에서 $x=-2$ 또는 $x=2$
따라서 함수 $f(x)$는 $x=-2$, $x=2$에서 극값을 갖는다.
이때 방정식 $f(x)=0$이 한 개의 실근을 가지려면
$$f(-2)f(2)>0, \qquad (14-k)(-18-k)>0$$
$$(k-14)(k+18)>0 \qquad \therefore k<-18 \text{ 또는 } k>14$$
따라서 $\alpha=-18$, $\beta=14$이므로
$$\beta-\alpha=32$$

답 ⑤

0538 주어진 곡선과 직선이 세 점에서 만나려면 방정식
$$x^3-11x=x+k, \text{ 즉 } x^3-12x-k=0$$
이 서로 다른 세 실근을 가져야 한다.
$f(x)=x^3-12x-k$라 하면
$$f'(x)=3x^2-12=3(x+2)(x-2)$$
$f'(x)=0$에서 $x=-2$ 또는 $x=2$

따라서 함수 $f(x)$는 $x=-2$, $x=2$에서 극값을 가지므로 방정식 $f(x)=0$이 서로 다른 세 실근을 가지려면
$$f(-2)f(2)<0, \qquad (16-k)(-16-k)<0$$
$$(k-16)(k+16)<0$$
$$\therefore -16<k<16$$
답 $-16<k<16$

다른 풀이 주어진 곡선과 직선이 세 점에서 만나려면 방정식 $x^3-11x=x+k$, 즉 $x^3-12x=k$가 서로 다른 세 실근을 가져야 하므로 $y=x^3-12x$의 그래프와 직선 $y=k$가 세 점에서 만나야 한다.

$g(x)=x^3-12x$라 하면
$$g'(x)=3x^2-12=3(x+2)(x-2)$$
$g'(x)=0$에서 $x=-2$ 또는 $x=2$
함수 $g(x)$의 증가와 감소를 표로 나타내면 다음과 같다.

x	$\cdots$	-2	$\cdots$	2	$\cdots$
$g'(x)$	$+$	0	$-$	0	$+$
$g(x)$	$\nearrow$	16	$\searrow$	-16	$\nearrow$

따라서 함수 $y=g(x)$의 그래프는 오른쪽 그림과 같으므로 직선 $y=k$와 세 점에서 만나도록 하는 k의 값의 범위는
$$-16<k<16$$

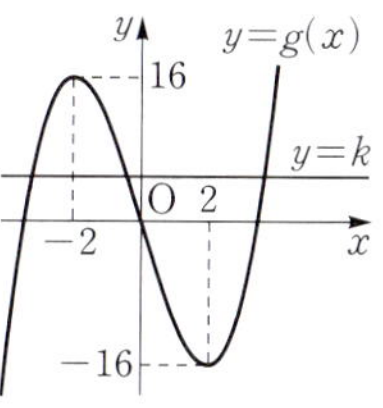

0539 주어진 두 곡선이 두 점에서 만나려면 방정식
$$x^3-5x^2+3x+k=-2x^2+3x, \ 즉 \ x^3-3x^2+k=0$$
이 서로 다른 두 실근을 가져야 한다.
$f(x)=x^3-3x^2+k$라 하면
$$f'(x)=3x^2-6x=3x(x-2)$$
$f'(x)=0$에서 $x=0$ 또는 $x=2$
따라서 함수 $f(x)$는 $x=0$, $x=2$에서 극값을 가지므로 방정식 $f(x)=0$이 서로 다른 두 실근을 가지려면
$$f(0)f(2)=0, \qquad k(k-4)=0$$
$$\therefore k=4 \ (\because k>0)$$
답 4

0540 주어진 두 곡선이 한 점에서 만나려면 방정식
$$x^3+2x^2-5x+k=-x^2+4x+2,$$
$$즉 \ x^3+3x^2-9x+k-2=0$$
이 한 실근과 두 허근을 가져야 한다. $\cdots$ **1단계**
$f(x)=x^3+3x^2-9x+k-2$라 하면
$$f'(x)=3x^2+6x-9=3(x+3)(x-1)$$
$f'(x)=0$에서 $x=-3$ 또는 $x=1$ $\cdots$ **2단계**
따라서 함수 $f(x)$는 $x=-3$, $x=1$에서 극값을 가지므로 방정식 $f(x)=0$이 한 실근과 두 허근을 가지려면
$$f(-3)f(1)>0, \qquad (k+25)(k-7)>0$$
$$\therefore k<-25 \ 또는 \ k>7 \qquad \cdots \ \textbf{3단계}$$
따라서 자연수 k의 최솟값은 8이다. $\cdots$ **4단계**
답 8

채점 요소		비율
1단계	방정식이 한 실근과 두 허근을 가져야 함을 알기	20 %
2단계	$f'(x)=0$인 x의 값 구하기	30 %
3단계	k의 값의 범위 구하기	40 %
4단계	자연수 k의 최솟값 구하기	10 %

0541 주어진 두 곡선이 한 점에서 만나고 다른 한 점에서 접하려면 방정식
$$-2x^3-x^2+6x+3=2x^2-6x+k,$$
$$즉 \ 2x^3+3x^2-12x+k-3=0$$
이 중근과 다른 한 실근을 가져야 한다.
$f(x)=2x^3+3x^2-12x+k-3$이라 하면
$$f'(x)=6x^2+6x-12=6(x+2)(x-1)$$
$f'(x)=0$에서 $x=-2$ 또는 $x=1$
따라서 함수 $f(x)$는 $x=-2$, $x=1$에서 극값을 가지므로 방정식 $f(x)=0$이 중근과 다른 한 실근을 가지려면
$$f(-2)f(1)=0$$
$$(k+17)(k-10)=0$$
$$\therefore k=-17 \ 또는 \ k=10$$
따라서 모든 실수 k의 값의 합은
$$-17+10=-7$$
답 -7

0542 $f(x)=x^4-4a^3x+48$이라 하면
$$f'(x)=4x^3-4a^3$$
$$=4(x-a)(x^2+ax+a^2)$$
이때 $x^2+ax+a^2=\left(x+\dfrac{a}{2}\right)^2+\dfrac{3}{4}a^2\geq0$이므로 $f'(x)=0$에서
$$x=a$$

함수 $f(x)$의 증가와 감소를 표로 나타내면 오른쪽과 같다.

x	$\cdots$	a	$\cdots$
$f'(x)$	$-$	0	$+$
$f(x)$	$\searrow$	$-3a^4+48$	$\nearrow$

따라서 함수 $f(x)$는 $x=a$에서 최솟값 $-3a^4+48$을 가지므로 모든 실수 x에 대하여 $f(x)>0$이 성립하려면
$$-3a^4+48>0, \qquad a^4-16<0$$
$$\therefore (a+2)(a-2)(a^2+4)<0$$
이때 $a^2+4>0$이므로 $\quad (a+2)(a-2)<0$
$$\therefore -2<a<2$$
답 ③

0543 $x^4-4x+a^2>2ax(2-x)$에서
$$x^4+2ax^2-4(a+1)x+a^2>0$$
$f(x)=x^4+2ax^2-4(a+1)x+a^2$이라 하면
$$f'(x)=4x^3+4ax-4(a+1)$$
$$=4(x-1)(x^2+x+a+1)$$
이때 $x^2+x+a+1=\left(x+\dfrac{1}{2}\right)^2+a+\dfrac{3}{4}>0 \ (\because a>0)$이므로
$f'(x)=0$에서 $\quad x=1$

함수 $f(x)$의 증가와 감소를 표로 나타내면 오른쪽과 같다.

x	$\cdots$	1	$\cdots$
$f'(x)$	$-$	0	$+$
$f(x)$	$\searrow$	a^2-2a-3	$\nearrow$

따라서 함수 $f(x)$는
$x=1$에서 최솟값 a^2-2a-3을 가지므로 모든 실수 x에 대하여 $f(x)>0$이 성립하려면
$$a^2-2a-3>0, \quad (a+1)(a-3)>0$$
$$\therefore a>3 \ (\because a>0)$$
따라서 양의 정수 a의 최솟값은 4이다. 답 ④

0544 $y=f(x)$의 그래프가 $y=g(x)$의 그래프보다 항상 위쪽에 있으려면 모든 실수 x에 대하여 부등식
$$f(x)>g(x), \text{ 즉 } f(x)-g(x)>0$$
이 성립해야 한다.
$h(x)=f(x)-g(x)$라 하면
$$h(x)=\frac{1}{4}x^4-x^3+\frac{5}{2}x^2-3x+k$$
$$\therefore h'(x)=x^3-3x^2+5x-3=(x-1)(x^2-2x+3)$$
$h'(x)=0$에서 $x=1 \ (\because x^2-2x+3>0)$
함수 $h(x)$의 증가와 감소를 표로 나타내면 오른쪽과 같다.

x	$\cdots$	1	$\cdots$
$h'(x)$	$-$	0	$+$
$h(x)$	$\searrow$	$k-\frac{5}{4}$	$\nearrow$

따라서 함수 $h(x)$는 $x=1$에서 최솟값 $k-\frac{5}{4}$를 가지므로 모든 실수 x에 대하여 $h(x)>0$이 성립하려면
$$k-\frac{5}{4}>0 \quad \therefore k>\frac{5}{4}$$
답 $k>\dfrac{5}{4}$

0545 $3x^4+4a^3 \geq 4x^3+3a^4$에서
$$3x^4-4x^3-3a^4+4a^3 \geq 0$$
$f(x)=3x^4-4x^3-3a^4+4a^3$이라 하면
$$f'(x)=12x^3-12x^2=12x^2(x-1)$$
$f'(x)=0$에서 $x=0$ 또는 $x=1$
함수 $f(x)$의 증가와 감소를 표로 나타내면 다음과 같다.

x	$\cdots$	0	$\cdots$	1	$\cdots$
$f'(x)$	$-$	0	$-$	0	$+$
$f(x)$	$\searrow$	$-3a^4+4a^3$	$\searrow$	$-3a^4+4a^3-1$	$\nearrow$

따라서 함수 $f(x)$는 $x=1$에서 최솟값 $-3a^4+4a^3-1$을 가지므로 모든 실수 x에 대하여 $f(x) \geq 0$이 성립하려면
$$-3a^4+4a^3-1 \geq 0, \quad 3a^4-4a^3+1 \leq 0$$
$$(a-1)^2(3a^2+2a+1) \leq 0$$
$$\therefore a=1 \ (\because 3a^2+2a+1>0)$$
답 1

0546 $x^3+k>3x^2$에서 $x^3-3x^2+k>0$
$f(x)=x^3-3x^2+k$라 하면
$$f'(x)=3x^2-6x=3x(x-2)$$

$x>2$일 때 $f'(x)>0$이므로 함수 $f(x)$는 구간 $(2, \infty)$에서 증가한다.
따라서 $x>2$에서 부등식 $f(x)>0$이 성립하려면 $f(2) \geq 0$이어야 하므로
$$8-12+k \geq 0 \quad \therefore k \geq 4$$
즉 정수 k의 최솟값은 4이다. 답 ②

0547 $f(x)=x^3-\dfrac{3}{2}x^2-6x+k$라 하면
$$f'(x)=3x^2-3x-6=3(x+1)(x-2)$$
$0<x<2$일 때 $f'(x)<0$이므로 함수 $f(x)$는 구간 $(0, 2)$에서 감소한다.
따라서 $0<x<2$에서 부등식 $f(x)>0$이 성립하려면 $f(2) \geq 0$이어야 하므로
$$8-6-12+k \geq 0 \quad \therefore k \geq 10$$
답 $k \geq 10$

0548 $f(x) \geq g(x)$에서 $f(x)-g(x) \geq 0$
$h(x)=f(x)-g(x)$라 하면
$$h(x)=4x^3-3x^2-6x+k$$
$$\therefore h'(x)=12x^2-6x-6=6(2x+1)(x-1) \quad \cdots \text{1단계}$$
$x \geq 1$일 때 $h'(x) \geq 0$이므로 함수 $h(x)$는 구간 $[1, \infty)$에서 증가한다.
따라서 $x \geq 1$에서 부등식 $h(x) \geq 0$이 성립하려면 $h(1) \geq 0$이어야 하므로
$$4-3-6+k \geq 0 \quad \therefore k \geq 5 \quad \cdots \text{2단계}$$
즉 실수 k의 최솟값은 5이다. $\cdots$ 3단계
답 5

채점 요소	비율
1단계 $h(x)=f(x)-g(x)$로 놓고 $h'(x)$ 구하기	30 %
2단계 k의 값의 범위 구하기	60 %
3단계 k의 최솟값 구하기	10 %

0549 $x^3-x^2-2x+1 \geq -x^2+x-k$에서
$$x^3-3x+1+k \geq 0$$
$f(x)=x^3-3x+1+k$라 하면
$$f'(x)=3x^2-3=3(x+1)(x-1)$$
$f'(x)=0$에서 $x=-1$ 또는 $x=1$
$0 \leq x \leq 2$에서 함수 $f(x)$의 증가와 감소를 표로 나타내면 다음과 같다.

x	0	$\cdots$	1	$\cdots$	2
$f'(x)$		$-$	0	$+$	
$f(x)$	$k+1$	$\searrow$	$k-1$	$\nearrow$	$k+3$

따라서 $0 \leq x \leq 2$일 때 함수 $f(x)$는 $x=1$에서 최솟값 $k-1$을 가지므로 구간 $[0, 2]$에서 부등식 $f(x) \geq 0$이 성립하려면
$$k-1 \geq 0 \quad \therefore k \geq 1$$
즉 실수 k의 최솟값은 1이다. 답 1

0550 $x^3-\dfrac{3}{2}x^2+2>6x+k$ 에서

$$x^3-\dfrac{3}{2}x^2-6x+2-k>0$$

$f(x)=x^3-\dfrac{3}{2}x^2-6x+2-k$ 라 하면

$$f'(x)=3x^2-3x-6=3(x+1)(x-2)$$

$f'(x)=0$ 에서 $x=-1$ 또는 $x=2$

$1<x<3$ 에서 함수 $f(x)$ 의 증가와 감소를 표로 나타내면 다음과 같다.

x	1	$\cdots$	2	$\cdots$	3
$f'(x)$		$-$	0	$+$	
$f(x)$		$\searrow$	$-8-k$	$\nearrow$	

따라서 $1<x<3$ 일 때 함수 $f(x)$ 는 $x=2$ 에서 최솟값 $-8-k$ 를 가지므로 부등식 $f(x)>0$ 이 성립하려면

$$-8-k>0   \therefore k<-8$$

즉 정수 k 의 최댓값은 -9 이다.   답 ②

0551 $x>-1$ 일 때 $y=f(x)$ 의 그래프가 $y=g(x)$ 의 그래프보다 항상 위쪽에 있으려면 부등식 $f(x)>g(x)$, 즉 $f(x)-g(x)>0$ 이 성립해야 한다.

$h(x)=f(x)-g(x)$ 라 하면

$$h(x)=2x^3+3x^2+k-5$$

$$\therefore h'(x)=6x^2+6x=6x(x+1)$$

$h'(x)=0$ 에서 $x=-1$ 또는 $x=0$

$x>-1$ 에서 함수 $h(x)$ 의 증가와 감소를 표로 나타내면 오른쪽과 같다.

x	-1	$\cdots$	0	$\cdots$
$h'(x)$		$-$	0	$+$
$h(x)$		$\searrow$	$k-5$	$\nearrow$

따라서 $x>-1$ 일 때 함수 $h(x)$ 는 $x=0$ 에서 최솟값 $k-5$ 를 가지므로 부등식 $h(x)>0$ 이 성립하려면

$$k-5>0   \therefore k>5$$

답 $k>5$

0552 시각 t 에서의 점 P의 속도를 v 라 하면

$$v=\dfrac{dx}{dt}=3t^2-10t+6$$

점 P가 원점을 지나는 순간의 시각은 $x=0$ 에서

$$t^3-5t^2+6t=0,   t(t-2)(t-3)=0$$

$$\therefore t=2 \text{ 또는 } t=3 \ (\because t>0)$$

따라서 점 P는 $t=3$ 에서 마지막으로 원점을 지나므로 이때의 점 P의 속도는

$$27-30+6=3$$

답 **3**

0553 시각 t 에서의 점 P의 속도를 v 라 하면

$$v=\dfrac{dx}{dt}=3t^2-6t-14$$

점 P의 속도가 10일 때의 시각은 $v=10$ 에서

$$3t^2-6t-14=10$$

$$t^2-2t-8=0,   (t+2)(t-4)=0$$

$$\therefore t=4 \ (\because t>0)$$

따라서 $t=4$ 에서의 점 P의 위치는

$$64-48-56=-40$$

답 ②

0554 시각 t 에서의 점 P의 속도를 v, 가속도를 a 라 하면

$$v=\dfrac{dx}{dt}=3t^2+6t+k, \ a=\dfrac{dv}{dt}=6t+6$$

점 P의 가속도가 18일 때의 시각은 $a=18$ 에서

$$6t+6=18   \therefore t=2$$

따라서 $t=2$ 에서의 점 P의 위치가 22이므로

$$8+12+2k=22$$

$$2k=2   \therefore k=1$$

답 ①

0555 시각 t 에서의 점 P의 속도를 v 라 하면

$$v=\dfrac{dx}{dt}=-t^2+6t+16=-(t-3)^2+25$$

$0\le t\le 5$ 에서 v 는

$$t=3 \text{ 에서 최댓값 } 25, \ t=0 \text{ 에서 최솟값 } 16$$

을 가지므로

$$16\le v\le 25   \therefore 16\le |v|\le 25$$

따라서 $0\le t\le 5$ 에서 점 P의 속력 $|v|$ 는 $t=3$ 일 때 최댓값 25를 가지므로

$$M=25, \ a=3   \therefore M-a=22$$

답 **22**

0556 시각 t 에서의 두 점 P, Q의 속도를 각각 $v_P(t)$, $v_Q(t)$ 라 하면

$$v_P(t)=x_P{}'(t)=t^2+4, \ v_Q(t)=x_Q{}'(t)=4t$$

두 점 P, Q의 속도가 같아지는 순간의 시각은 $v_P(t)=v_Q(t)$ 에서

$$t^2+4=4t,   t^2-4t+4=0$$

$$(t-2)^2=0   \therefore t=2$$

이때 시각 t 에서의 점 P의 가속도를 $a_P(t)$ 라 하면

$$a_P(t)=2t$$

이므로 $t=2$ 에서의 점 P의 가속도는

$$2\times 2=4$$

답 **4**

0557 시각 t 에서의 두 점 P, Q의 속도를 각각 $v_P(t)$, $v_Q(t)$ 라 하면

$$v_P(t)=x_P{}'(t)=2t^2+4t,$$

$$v_Q(t)=x_Q{}'(t)=8t+30$$ $\cdots$ 1단계

두 점 P, Q의 속도가 같아지는 순간의 시각은 $v_P(t)=v_Q(t)$ 에서

$$2t^2+4t=8t+30,   t^2-2t-15=0$$

$$(t+3)(t-5)=0   \therefore t=5 \ (\because t>0)$$ $\cdots$ 2단계

$t=5$에서의 두 점 P, Q의 위치는 각각
$$x_P(5)=133, \ x_Q(5)=250$$
따라서 두 점 P, Q 사이의 거리는
$$250-133=117 \qquad \cdots \ \boxed{\text{3단계}}$$
$$\boxed{\text{답}} \ \mathbf{117}$$

채점 요소	비율
1단계 두 점 P, Q의 속도 구하기	40 %
2단계 속도가 같아지는 순간의 시각 구하기	30 %
3단계 두 점 P, Q 사이의 거리 구하기	30 %

0558 시각 t에서의 두 점 P, Q의 속도를 각각 $v_P(t)$, $v_Q(t)$라 하면
$$v_P(t)=x_P{}'(t)=6t^2+2t, \ v_Q(t)=x_Q{}'(t)=3t^2+2$$
두 점 P, Q가 다시 만나는 순간의 시각은 $x_P(t)=x_Q(t)$에서
$$2t^3+t^2=t^3+2t, \qquad t^3+t^2-2t=0$$
$$t(t+2)(t-1)=0$$
$$\therefore t=1 \ (\because t>0)$$
$t=1$에서의 두 점 P, Q의 속도는 각각
$$v_P(1)=8, \ v_Q(1)=5$$
따라서 $\alpha=8$, $\beta=5$이므로
$$\alpha\beta=40 \qquad\qquad \boxed{\text{답}} \ \mathbf{40}$$

0559 시각 t에서의 점 P의 속도를 v, 가속도를 a라 하면
$$v=\frac{dx}{dt}=-3t^2+10t-3, \ a=\frac{dv}{dt}=-6t+10$$
점 P가 운동 방향을 바꿀 때의 속도는 0이므로 $v=0$에서
$$-3t^2+10t-3=0$$
$$(3t-1)(t-3)=0 \qquad \therefore t=\frac{1}{3} \ \text{또는} \ t=3$$
따라서 점 P는 $t=3$에서 두 번째로 운동 방향을 바꾸므로 이때의 점 P의 가속도는
$$-18+10=-8 \qquad\qquad \boxed{\text{답}} \ \mathbf{-8}$$

0560 시각 t에서의 두 점 P, Q의 속도를 각각 $v_P(t)$, $v_Q(t)$라 하면
$$v_P(t)=x_P{}'(t)=8t-3, \ v_Q(t)=x_Q{}'(t)=4t-8$$
두 점 P, Q가 서로 반대 방향으로 움직이면 속도의 부호가 서로 반대이므로 $v_P(t)v_Q(t)<0$에서
$$(8t-3)(4t-8)<0, \qquad (8t-3)(t-2)<0$$
$$\therefore \frac{3}{8}<t<2 \qquad\qquad \boxed{\text{답}} \ \mathbf{\frac{3}{8}<t<2}$$

0561 자동차가 제동을 건 지 t초 후의 속도를 v라 하면
$$v=\frac{dx}{dt}=18-0.9t \, (\text{m/s})$$
자동차가 정지할 때의 속도는 0이므로 $v=0$에서
$$18-0.9t=0 \qquad \therefore t=20$$

따라서 20초 동안 자동차가 움직인 거리는
$$360-180=180 \, (\text{m}) \qquad\qquad \boxed{\text{답}} \ \mathbf{180 \ m}$$

0562 시각 t에서의 점 P의 속도를 v라 하면
$$v=\frac{dx}{dt}=3t^2-18t+24 \qquad \cdots \ \boxed{\text{1단계}}$$
점 P가 운동 방향을 바꿀 때의 속도는 0이므로 $v=0$에서
$$3t^2-18t+24=0, \qquad (t-2)(t-4)=0$$
$$\therefore t=2 \ \text{또는} \ t=4$$
즉 점 P는 $t=2$, $t=4$에서 운동 방향을 바꾼다. $\quad \cdots \ \boxed{\text{2단계}}$
$t=2$에서의 점 P의 위치는 $\qquad 8-36+48=20$
$t=4$에서의 점 P의 위치는 $\qquad 64-144+96=16$
따라서 두 지점 A, B 사이의 거리는
$$20-16=4 \qquad\qquad \cdots \ \boxed{\text{3단계}}$$
$$\boxed{\text{답}} \ \mathbf{4}$$

채점 요소	비율
1단계 점 P의 속도 구하기	40 %
2단계 운동 방향을 바꾸는 순간의 시각 구하기	30 %
3단계 두 지점 A, B 사이의 거리 구하기	30 %

0563 ① $v(1)=2$, $v(3)=-2$이므로 $t=1$일 때와 $t=3$일 때 점 P는 움직이고 있다.

② $2<t<4$에서 $v(t)<0$이므로 점 P는 음의 방향으로 움직인다.

③ $t=5$의 좌우에서 $v(t)$의 부호가 바뀌지 않으므로 $t=5$에서 점 P는 운동 방향을 바꾸지 않는다.

④ $3<t<4$에서 $|v(t)|$의 값이 감소하므로 점 P의 속력은 감소한다.

⑤ $v(2)=v(4)=0$이고 $t=2$, $t=4$의 좌우에서 각각 $v(t)$의 부호가 바뀌므로 점 P는 $t=2$, $t=4$에서 운동 방향을 바꾼다.
따라서 $0<t<6$에서 점 P는 운동 방향을 2번 바꾼다.
$$\boxed{\text{답}} \ ②$$

0564 점 P의 시각 t에서의 가속도를 $a(t)$라 하면
$a(t)=v'(t)$이므로 점 P의 시각 t에서의 가속도는 시각 t에서의 $y=v(t)$의 그래프의 접선의 기울기와 같다.
이때
$$a(t_1)<0, \ a(t_2)=0, \ a(t_3)>0, \ a(t_4)=0, \ a(t_5)<0$$
이므로 $t=t_3$에서의 가속도가 가장 크다. $\qquad \boxed{\text{답}} \ ③$

0565 t초 후의 물체의 속도를 v라 하면
$$v=\frac{dh}{dt}=20-10t \, (\text{m/s})$$
최고 지점에 도달했을 때의 속도는 0이므로 $v=0$에서
$$20-10t=0 \qquad \therefore t=2$$
따라서 이 물체가 최고 지점에 도달했을 때 지면으로부터의 높이는
$$40+40-20=60 \, (\text{m})$$
$$\boxed{\text{답}} \ ②$$

0566 t초 후의 물체의 속도를 v라 하면

$$v=\frac{dh}{dt}=a-10t\,(\text{m/s})$$

최고 지점에 도달했을 때의 속도는 0이므로 $v=0$에서

$$a-10t=0 \qquad \therefore t=\frac{a}{10}$$

즉 $t=\frac{a}{10}$일 때 물체의 높이가 최대이므로

$$a\times\frac{a}{10}-5\times\left(\frac{a}{10}\right)^2\geq45, \qquad a^2-900\geq0$$

$$(a+30)(a-30)\geq0 \qquad \therefore a\geq30\ (\because a>0)$$

따라서 a의 최솟값은 30이다. **답 30**

참고 | 물체가 지면으로부터의 높이가 45 m인 지점까지 도달하려면
(물체가 최고 지점에 도달했을 때의 높이) ≥45

0567 돌을 던진 지 t초 후의 돌의 속도를 v라 하면

$$v=\frac{dh}{dt}=40-10t\,(\text{m/s})$$

ㄱ. 돌을 던진 지 2초 후의 돌의 속도는
$$40-20=20\,(\text{m/s})\ (\text{참})$$

ㄴ. 최고 높이에 도달했을 때의 속도는 0이므로 $v=0$에서
$$40-10t=0 \qquad \therefore t=4\ (\text{참})$$

ㄷ. 지면에 떨어질 때의 높이는 0이므로 $h=0$에서
$$45+40t-5t^2=0, \qquad t^2-8t-9=0$$
$$(t+1)(t-9)=0 \qquad \therefore t=9\ (\because t>0)$$

따라서 돌을 던진 지 9초 후의 돌의 속도는
$$40-90=-50\,(\text{m/s})\ (\text{참})$$

이상에서 ㄱ, ㄴ, ㄷ 모두 옳다. **답 ㄱ, ㄴ, ㄷ**

0568 t초 후의 정사각형의 한 변의 길이는 $(8+2t)\,\text{cm}$이므로 정사각형의 한 대각선의 길이를 $l\,\text{cm}$라 하면

$$l=\sqrt{2}(8+2t)=2\sqrt{2}t+8\sqrt{2}$$

따라서 정사각형의 한 대각선의 길이의 변화율은

$$\frac{dl}{dt}=2\sqrt{2}\,(\text{cm/s}) \qquad \text{답 } 2\sqrt{2}\ \text{cm/s}$$

0569 t초 후의 두 점 P, Q의 좌표는 각각 $(t,\,0)$, $(0,\,2t)$이므로 두 점 P, Q를 지나는 직선의 방정식은

$$\frac{x}{t}+\frac{y}{2t}=1 \qquad \cdots\ \text{1단계}$$

이 직선과 직선 $y=2x$의 교점 R의 x좌표는 $\frac{x}{t}+\frac{2x}{2t}=1$에서

$$x=\frac{t}{2} \qquad \therefore \text{R}\left(\frac{t}{2},\,t\right) \qquad \cdots\ \text{2단계}$$

선분 OR의 길이를 l이라 하면

$$l=\sqrt{\left(\frac{t}{2}\right)^2+t^2}=\frac{\sqrt{5}}{2}t\ (\because t>0)$$

따라서 선분 OR의 길이의 변화율은

$$\frac{dl}{dt}=\frac{\sqrt{5}}{2} \qquad \cdots\ \text{3단계}$$

$$\text{답 } \frac{\sqrt{5}}{2}$$

채점 요소	비율
1단계 두 점 P, Q를 지나는 직선의 방정식 구하기	30 %
2단계 점 R의 좌표 구하기	20 %
3단계 선분 OR의 길이의 변화율 구하기	50 %

0570 경민이가 t분 동안 움직인 거리는 $90t$ m
t분 후의 경민이의 그림자의 길이를 l m라 하면 오른쪽 그림에서
$\triangle \text{ADE} \backsim \triangle \text{ABC}$ (AA 닮음)이므로

$$1.5:3=l:(l+90t)$$
$$3l=1.5(l+90t)$$
$$\therefore l=90t$$

따라서 그림자의 길이의 변화율은

$$\frac{dl}{dt}=90\,(\text{m/min}) \qquad \text{답 } \textbf{90 m/min}$$

0571 t초 후의 가장 바깥쪽 파문의 반지름의 길이는 $5t$ cm이므로 파문의 넓이를 $S\,\text{cm}^2$라 하면

$$S=\pi\times(5t)^2=25\pi t^2$$
$$\therefore \frac{dS}{dt}=50\pi t\,(\text{cm}^2/\text{s})$$

따라서 2초 후의 파문의 넓이의 변화율은

$$50\pi\times2=100\pi\,(\text{cm}^2/\text{s})$$
$$\therefore a=100 \qquad \text{답 } ⑤$$

0572 t초 후의 정육각형의 한 변의 길이는 $4+2t$이므로 정육각형의 넓이를 S라 하면

$$S=6\times\frac{\sqrt{3}}{4}(4+2t)^2=6\sqrt{3}(t+2)^2$$
$$\therefore \frac{dS}{dt}=6\sqrt{3}\times2(t+2)=12\sqrt{3}(t+2)$$

이때 정육각형의 넓이가 $54\sqrt{3}$이 되는 순간의 시각은
$6\sqrt{3}(t+2)^2=54\sqrt{3}$에서

$$(t+2)^2=9$$
$$\therefore t=1\ (\because t>0)$$

따라서 1초 후의 정육각형의 넓이의 변화율은

$$12\sqrt{3}\times3=36\sqrt{3} \qquad \text{답 } 36\sqrt{3}$$

0573 점 P가 출발한 지 t초 후의 두 점 P, Q의 좌표는
$$\text{P}(3t,\,0),\ \text{Q}(0,\,4(t-2))\ (t>2)$$

이때 삼각형 OPQ의 넓이를 S라 하면

$$S=\frac{1}{2}\times3t\times4(t-2)=6t^2-12t$$
$$\therefore \frac{dS}{dt}=12t-12$$

따라서 5초 후의 삼각형 OPQ의 넓이의 변화율은

$$60-12=48 \qquad \text{답 } 48$$

0574 t초 후의 고무 풍선의 반지름의 길이는

$(4+t)\,\mathrm{cm}$

t초 후의 고무 풍선의 부피를 $V\,\mathrm{cm}^3$라 하면

$$V=\frac{4}{3}\pi(4+t)^3$$

$$\therefore \frac{dV}{dt}=\frac{4}{3}\pi\times3(4+t)^2$$

$$=4\pi(t+4)^2\,(\mathrm{cm}^3/\mathrm{s})$$

따라서 6초 후의 고무 풍선의 부피의 변화율은

$$4\pi\times10^2=400\pi\,(\mathrm{cm}^3/\mathrm{s})$$

답 $400\pi\ \mathrm{cm}^3/\mathrm{s}$

0575 t초 후의 수면의 높이는 t

이때 오른쪽 그림과 같이 t초 후의 수면의 반지름의 길이를 r라 하면

$$6:18=r:t$$

$$\therefore r=\frac{1}{3}t$$

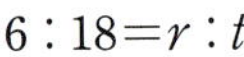

t초 후의 물의 부피를 V라 하면

$$V=\frac{1}{3}\pi r^2 t=\frac{1}{3}\pi\times\left(\frac{1}{3}t\right)^2\times t$$

$$=\frac{1}{27}\pi t^3$$

$$\therefore \frac{dV}{dt}=\frac{1}{9}\pi t^2$$

수면의 높이가 5가 되는 순간의 시각은 $t=5$이므로 구하는 물의 부피의 변화율은

$$\frac{1}{9}\pi\times25=\frac{25}{9}\pi$$

답 $\dfrac{25}{9}\pi$

0576 비가 내리기 전 측정기의 각 모서리의 길이는

$$50-5\times9=5\,(\mathrm{mm})$$

따라서 낮 12시부터 t시간이 지난 후의 측정기의 각 모서리의 길이는 $(5+5t)\,\mathrm{mm}$이므로 측정기의 부피를 $V\,\mathrm{mm}^3$라 하면

$$V=(5+5t)^3=125(1+t)^3$$

$$\therefore \frac{dV}{dt}=125\times3(1+t)^2$$

$$=375(1+t)^2\,(\mathrm{mm}^3/\mathrm{h})$$

이때 측정기의 부피의 변화율이 $13500\,\mathrm{mm}^3/\mathrm{h}$가 되는 순간의 시각은 $375(1+t)^2=13500$에서

$$(1+t)^2=36$$

$$\therefore t=5\ (\because t>0)$$

따라서 낮 12시부터 5시간이 지난 후인 오후 5시이다.

답 ②

0577 ㄱ. $|x'(a)|=0$이고 $0<t<a$ 또는 $a<t<b$일 때 $|x'(t)|>0$이므로 $t=a$에서 점 P의 속력은 최대가 아니다. (거짓)

ㄴ. $t=a$, $t=c$, $t=e$에서 점 P의 운동 방향이 바뀌므로 3번 바뀐다. (참)

ㄷ. $x'(c)=0$이므로 $t=c$에서 점 P의 속도는 0이다. (참)

ㄹ. $0\leq t\leq f$일 때 $|x(t)|$는 $t=a$에서 최대이므로 $t=a$일 때 점 P가 원점에서 가장 멀리 떨어져 있다. (거짓)

이상에서 옳은 것은 ㄴ, ㄷ이다.

답 ㄴ, ㄷ

0578 ㄱ. $x_\mathrm{P}{}'(a)=0$, $x_\mathrm{Q}{}'(a)>0$이므로 $t=a$에서 점 Q의 속도가 더 크다. (거짓)

ㄴ. $x_\mathrm{P}(b)=x_\mathrm{Q}(b)$이므로 두 점 P, Q는 $t=b$에서 만난다. (참)

ㄷ. $x_\mathrm{P}{}'(c)>0$, $x_\mathrm{Q}{}'(c)<0$이므로 $t=c$에서 두 점 P, Q는 서로 반대 방향으로 움직인다. (참)

이상에서 옳은 것은 ㄴ, ㄷ이다.

답 ④

0579 $x^4-4x^3-2x^2+12x-a=0$에서

$$x^4-4x^3-2x^2+12x=a$$

따라서 주어진 방정식이 서로 다른 네 실근을 가지려면 $y=x^4-4x^3-2x^2+12x$의 그래프와 직선 $y=a$가 네 점에서 만나야 한다.

$f(x)=x^4-4x^3-2x^2+12x$라 하면

$$f'(x)=4x^3-12x^2-4x+12$$

$$=4(x+1)(x-1)(x-3)$$

$f'(x)=0$에서 $x=-1$ 또는 $x=1$ 또는 $x=3$

함수 $f(x)$의 증가와 감소를 표로 나타내면 다음과 같다.

x	$\cdots$	-1	$\cdots$	1	$\cdots$	3	$\cdots$
$f'(x)$	$-$	0	$+$	0	$-$	0	$+$
$f(x)$	$\searrow$	-9	$\nearrow$	7	$\searrow$	-9	$\nearrow$

따라서 함수 $y=f(x)$의 그래프는 오른쪽 그림과 같으므로 직선 $y=a$와 네 점에서 만나도록 하는 a의 값의 범위는

$$-9<a<7$$

답 $-9<a<7$

0580 $y=f'(x)$의 그래프를 이용하여 함수 $f(x)$의 증가와 감소를 표로 나타내면 다음과 같다.

x	$\cdots$	0	$\cdots$	a	$\cdots$	b	$\cdots$	c	$\cdots$
$f'(x)$	$+$	0	$+$	0	$+$	0	$-$	0	$+$
$f(x)$	$\nearrow$		$\nearrow$		$\nearrow$	극대	$\searrow$	극소	$\nearrow$

따라서 함수 $y=f(x)$의 그래프는 오른쪽 그림과 같다.

이때 방정식 $f(x)=k$의 서로 다른 실근의 개수는 $y=f(x)$의 그래프와 직선 $y=k$의 교점의 개수와

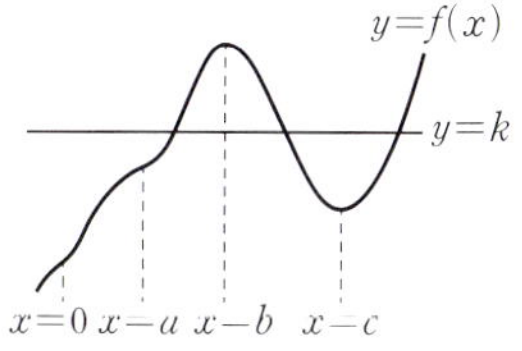

같으므로 방정식 $f(x)=k$의 서로 다른 실근의 최대 개수는 3이다.

답 ③

0581 $y=f'(x)$의 그래프를 이용하여 함수 $f(x)$의 증가와 감소를 표로 나타내면 다음과 같다.

x	$\cdots$	a	$\cdots$	c	$\cdots$
$f'(x)$	$+$	0	$+$	0	$-$
$f(x)$	$\nearrow$		$\nearrow$	극대	$\searrow$

ㄱ. $f(a)=0$이면 함수 $y=f(x)$의 그래프는 오른쪽 그림과 같으므로 방정식 $f(x)=0$은 서로 다른 두 실근을 갖는다. (참)

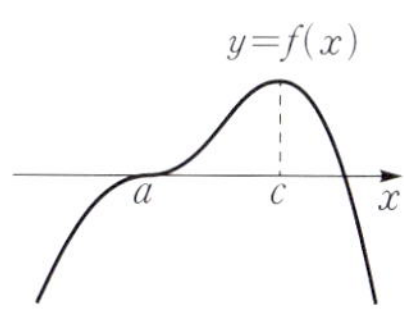

ㄴ. $f(a)f(c)<0$이면 함수 $y=f(x)$의 그래프는 오른쪽 그림과 같으므로 방정식 $f(x)=0$은 서로 다른 두 실근을 갖는다. (참)

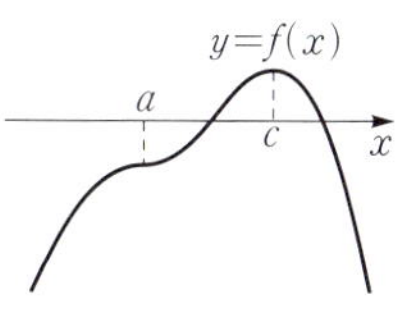

ㄷ. $f(a)>0$, $f(c)>0$이면 $f(a)f(c)>0$이지만 함수 $y=f(x)$의 그래프는 오른쪽 그림과 같으므로 방정식 $f(x)=0$은 서로 다른 두 실근을 갖는다. (거짓)

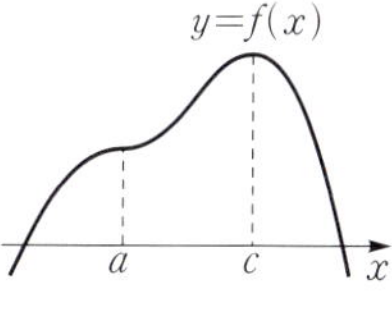

이상에서 옳은 것은 ㄱ, ㄴ이다.

답 ㄱ, ㄴ

0582 $y=f'(x)$의 그래프를 이용하여 함수 $f(x)$의 증가와 감소를 표로 나타내면 다음과 같다.

x	$\cdots$	-1	$\cdots$	3	$\cdots$	5	$\cdots$
$f'(x)$	$-$	0	$+$	0	$-$	0	$+$
$f(x)$	$\searrow$	-2	$\nearrow$	극대	$\searrow$	1	$\nearrow$

따라서 함수 $y=f(x)$의 그래프는 오른쪽 그림과 같다.

이때 방정식 $f(x)+x+1=0$, 즉 $f(x)=-x-1$의 실근은 함수 $y=f(x)$의 그래프와 직선 $y=-x-1$의 교점의 x좌표와 같으므로 방정식

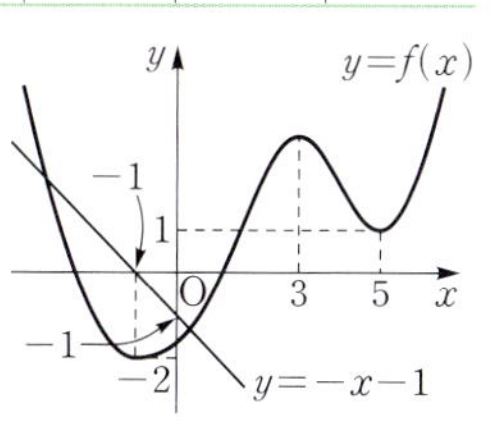

$f(x)+x+1=0$은 1개의 양의 실근과 1개의 음의 실근을 갖는다.

답 ③

0583 주어진 방정식의 세 실근 α, β, γ에 대하여 $\alpha<0<\beta<\gamma$ 이려면 방정식이 한 개의 음의 실근과 서로 다른 두 개의 양의 실근을 가져야 한다.

이때 $2x^3+3x^2-12x+a=0$에서
$$-2x^3-3x^2+12x=a$$
$f(x)=-2x^3-3x^2+12x$라 하면
$$f'(x)=-6x^2-6x+12=-6(x+2)(x-1)$$
$f'(x)=0$에서 $x=-2$ 또는 $x=1$

함수 $f(x)$의 증가와 감소를 표로 나타내면 다음과 같다.

x	$\cdots$	-2	$\cdots$	1	$\cdots$
$f'(x)$	$-$	0	$+$	0	$-$
$f(x)$	$\searrow$	-20	$\nearrow$	7	$\searrow$

따라서 함수 $y=f(x)$의 그래프는 오른쪽 그림과 같고 직선 $y=a$와 교점의 x좌표가 한 개는 음수, 두 개는 양수이어야 하므로

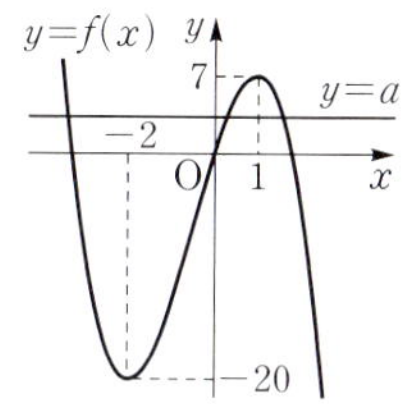

$$0<a<7$$

따라서 정수 a는 1, 2, 3, $\cdots$, 6이므로 구하는 합은
$$1+2+3+\cdots+6=21$$

답 ④

0584 $f(x)=2x^3-3ax^2+a$라 하면
$$f'(x)=6x^2-6ax=6x(x-a)$$
$f'(x)=0$에서 $x=0$ 또는 $x=a$

따라서 함수 $f(x)$는 $x=0$, $x=a$에서 극값을 가지므로 방정식 $f(x)=0$이 중근과 다른 한 실근을 가지려면
$$f(0)f(a)=0, \qquad a(-a^3+a)=0$$
$$a^2(a+1)(a-1)=0$$
$$\therefore a=1 \ (\because a>0)$$

답 ①

0585 주어진 두 곡선이 만나는 점의 개수가 2가 되려면 방정식
$$2x^2-1=x^3-x^2+k, \ \ 즉 \ x^3-3x^2+k+1=0$$
이 서로 다른 두 실근을 가져야 한다.

$f(x)=x^3-3x^2+k+1$이라 하면
$$f'(x)=3x^2-6x=3x(x-2)$$
$f'(x)=0$에서 $x=0$ 또는 $x=2$

따라서 함수 $f(x)$는 $x=0$, $x=2$에서 극값을 가지므로 방정식 $f(x)=0$이 서로 다른 두 실근을 가지려면
$$f(0)f(2)=0, \qquad (k+1)(k-3)=0$$
$$\therefore k=3 \ (\because k>0)$$

답 ③

0586 $x^4-8x+a\geq4x^3-6x^2$에서
$$x^4-4x^3+6x^2-8x+a\geq0$$
$f(x)=x^4-4x^3+6x^2-8x+a$라 하면
$$f'(x)=4x^3-12x^2+12x-8$$
$$=4(x-2)(x^2-x+1)$$
$f'(x)=0$에서
$$x=2 \ (\because x^2-x+1>0)$$

함수 $f(x)$의 증가와 감소를
표로 나타내면 오른쪽과 같다.
따라서 함수 $f(x)$는 $x=2$에
서 최솟값 $a-8$을 가지므로 모
든 실수 x에 대하여 부등식 $f(x) \geq 0$이 성립하려면

$$a-8 \geq 0 \qquad \therefore a \geq 8$$

따라서 실수 a의 최솟값은 8이다.

x	$\cdots$	2	$\cdots$
$f'(x)$	$-$	0	$+$
$f(x)$	$\searrow$	$a-8$	$\nearrow$

답 ⑤

0587 $y=f(x)$의 그래프가 $y=g(x)$의 그래프보다 항상 위쪽
에 있으려면 모든 실수 x에 대하여 부등식

$$f(x) > g(x), \ \ \text{즉} \ f(x)-g(x) > 0$$

이 성립해야 한다.
$h(x)=f(x)-g(x)$라 하면

$$h(x)=x^4+x^2-6x+a$$
$$\therefore h'(x)=4x^3+2x-6=2(x-1)(2x^2+2x+3)$$

$h'(x)=0$에서 $\quad x=1 \ (\because 2x^2+2x+3>0)$

함수 $h(x)$의 증가와 감소를
표로 나타내면 오른쪽과 같다.
따라서 함수 $h(x)$는 $x=1$에
서 최솟값 $a-4$를 가지므로 모
든 실수 x에 대하여 부등식 $h(x)>0$이 성립하려면

$$a-4>0 \qquad \therefore a>4$$

x	$\cdots$	1	$\cdots$
$h'(x)$	$-$	0	$+$
$h(x)$	$\searrow$	$a-4$	$\nearrow$

답 $a>4$

0588 $2x^3+k \geq 3x^2$에서 $\quad 2x^3-3x^2+k \geq 0$

$f(x)=2x^3-3x^2+k$라 하면

$$f'(x)=6x^2-6x=6x(x-1)$$

$f'(x)=0$에서 $\quad x=0$ 또는 $x=1$

$x \geq 0$에서 함수 $f(x)$
의 증가와 감소를 표로
나타내면 오른쪽과 같
다.

x	0	$\cdots$	1	$\cdots$
$f'(x)$		$-$	0	$+$
$f(x)$	k	$\searrow$	$k-1$	$\nearrow$

따라서 $x \geq 0$일 때 함수 $f(x)$는 $x=1$에서 최솟값 $k-1$을 가지
므로 부등식 $f(x) \geq 0$이 성립하려면

$$k-1 \geq 0 \qquad \therefore k \geq 1$$

답 $k \geq 1$

0589 시각 t에서의 점 P의 속도를 v라 하면

$$v=\frac{dx}{dt}=\frac{3}{4}t^2-3t-1=\frac{3}{4}(t-2)^2-4$$

$0 \leq t \leq 6$에서 $-4 \leq v \leq 8$이므로

$$0 \leq |v| \leq 8$$

따라서 점 P의 속력 $|v|$의 최댓값은 8이다. **답 8**

0590 시각 t에서의 중점 M의 위치를 x라 하면

$$x=\frac{1}{2}\{x_P(t)+x_Q(t)\}$$
$$=\frac{1}{2}\{(2t^3-2t^2+3t)+(-4t^2-t)\}$$
$$=t^3-3t^2+t$$

시각 t에서의 중점 M의 속도를 v라 하면

$$v=\frac{dx}{dt}=3t^2-6t+1$$

따라서 $t=3$에서의 중점 M의 속도는

$$27-18+1=10$$

답 ①

0591 브레이크를 밟은 지 t초 후의 자동차의 속도를 v라 하면

$$v=\frac{dx}{dt}=16-4t \ \text{(m/s)}$$

자동차가 정지할 때의 속도는 0이므로 $v=0$에서

$$16-4t=0 \qquad \therefore t=4$$

따라서 자동차가 정지할 때까지 걸린 시간은 4초이다.

답 4초

0592 시각 t에서의 점 P의 속도를 v라 하면

$$v=\frac{dx}{dt}=3t^2+6t-24$$

점 P가 운동 방향을 바꿀 때의 속도는 0이므로 $v=0$에서

$$3t^2+6t-24=0, \qquad t^2+2t-8=0$$
$$(t+4)(t-2)=0 \qquad \therefore t=2 \ (\because t>0)$$

즉 $t=2$에서의 점 P의 위치가 원점이므로

$$8+12-48+k=0 \qquad \therefore k=28$$ **답 28**

0593 시각 t에서의 점 P의 속도를 v, 가속도를 a라 하면

$$v=\frac{dx}{dt}=t^2+2pt+q, \ a=\frac{dv}{dt}=2t+2p$$

$t=1$에서 점 P는 운동 방향을 바꾸므로 속도가 0이다.
즉 $1+2p+q=0$이므로

$$2p+q=-1 \qquad\qquad \cdots\cdots \ \text{㉠}$$

또 $t=1$에서의 점 P의 위치가 $\frac{10}{3}$이므로

$$\frac{1}{3}+p+q=\frac{10}{3} \qquad \therefore p+q=3 \qquad \cdots\cdots \ \text{㉡}$$

㉠, ㉡을 연립하여 풀면 $\quad p=-4, \ q=7$

$$\therefore v=t^2-8t+7, \ a=2t-8$$

이때 $v=0$에서 $\quad t^2-8t+7=0$

$$(t-1)(t-7)=0 \qquad \therefore t=1 \ \text{또는} \ t=7$$

즉 점 P는 $t=7$에서 두 번째로 운동 방향을 바꾸므로 이때의 점
P의 가속도는

$$14-8=6$$ **답 6**

0594 ㄱ. $0<t<2$에서 점 P는 양의 방향으로 이동하므로
$t=2$에서의 점 P의 위치는 원점이 아니다. (거짓)

ㄴ. $v(1)=2>0$, $v(3)=-2<0$이므로 $t=1$일 때와 $t=3$일 때
점 P의 운동 방향은 서로 반대이다. (참)

ㄷ. $t=2$, $t=5$에서 점 P가 운동 방향을 바꾸므로 점 P는 운동
방향을 2번 바꾼다. (참)

이상에서 옳은 것은 ㄴ, ㄷ이다. **답 ㄴ, ㄷ**

0595 ㄱ. 물체의 t초 후의 속도를 v라 하면

$$v=\frac{dh}{dt}=30-10t\,(\text{m/s})$$

최고 높이에서 물체의 속도는 0이므로 $v=0$에서

$$30-10t=0 \qquad \therefore t=3$$

따라서 최고 높이에 도달하는 데 걸리는 시간은 3초이다. (참)

ㄴ. 물체의 최고 높이는 $t=3$일 때의 높이이므로

$$35+90-45=80\,(\text{m}) \ (\text{거짓})$$

ㄷ. 물체가 지면에 떨어질 때의 높이는 0이므로 $h=0$에서

$$35+30t-5t^2=0, \qquad t^2-6t-7=0$$
$$(t+1)(t-7)=0 \qquad \therefore t=7\ (\because t>0)$$

따라서 지면에 떨어지는 데 걸리는 시간은 7초이다. (거짓)

ㄹ. 물체의 가속도를 a라 하면

$$a=\frac{dv}{dt}=-10\,(\text{m/s}^2)$$

따라서 가속도는 일정하다. (참)

이상에서 옳은 것은 ㄱ, ㄹ이다.

답 ㄱ, ㄹ

0596 지훈이가 t분 동안 움직인 거리는 $100t$ m

t분 후의 가로등 바로 밑에서부터 지훈이의 그림자의 머리끝까지의 거리를 x m라 하면 오른쪽 그림에서

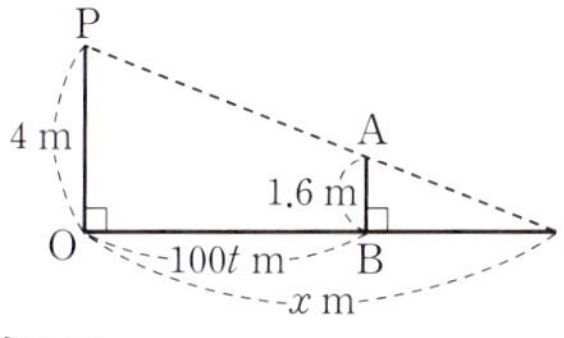

$\triangle\text{POC}\backsim\triangle\text{ABC}$ (AA 닮음)이므로

$$4:1.6=x:(x-100t)$$
$$1.6x=4(x-100t), \qquad 2.4x=400t$$
$$\therefore x=\frac{500}{3}t$$

따라서 그림자의 머리끝이 움직이는 속도는

$$\frac{dx}{dt}=\frac{500}{3}\,(\text{m/min})$$

답 ③

0597 t초 후의 정삼각형의 한 변의 길이는 $(2+2t)$ cm이므로 정삼각형의 넓이를 S cm^{2}라 하면

$$S=\frac{\sqrt{3}}{4}(2t+2)^2=\sqrt{3}(t+1)^2$$
$$\therefore \frac{dS}{dt}=\sqrt{3}\times2(t+1)=2\sqrt{3}(t+1)\,(\text{cm}^2/\text{s})$$

따라서 5초 후의 정삼각형의 넓이의 변화율은

$$2\sqrt{3}\times6=12\sqrt{3}\,(\text{cm}^2/\text{s})$$

답 $12\sqrt{3}$ cm^2/s

0598 t초 후의 수면의 높이는 $0.5t$ cm

이때 오른쪽 그림과 같이 t초 후의 수면의 반지름의 길이를 r cm라 하면

$$4:8=r:0.5t$$
$$\therefore r=\frac{t}{4}$$

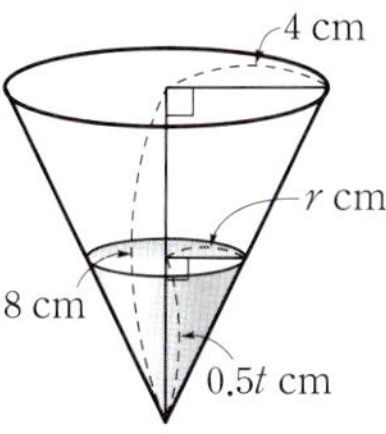

t초 후의 물의 부피를 V cm^{3}라 하면

$$V=\frac{1}{3}\pi r^2\times0.5t=\frac{1}{3}\pi\times\left(\frac{t}{4}\right)^2\times\frac{t}{2}=\frac{\pi}{96}t^3$$
$$\therefore \frac{dV}{dt}=\frac{\pi}{32}t^2\,(\text{cm}^3/\text{s})$$

한편 수면의 높이가 4 cm가 되는 순간의 시각은 $0.5t=4$에서

$$t=8$$

따라서 8초 후의 물의 부피의 변화율은

$$\frac{\pi}{32}\times64=2\pi\,(\text{cm}^3/\text{s})$$

답 ①

0599 $x^3-3x^2-k=0$에서 $x^3-3x^2=k$

따라서 주어진 방정식의 서로 다른 실근의 개수는 $y=x^3-3x^2$의 그래프와 직선 $y=k$의 교점의 개수와 같다. ··· 1단계

$f(x)=x^3-3x^2$이라 하면

$$f'(x)=3x^2-6x=3x(x-2)$$

$f'(x)=0$에서 $x=0$ 또는 $x=2$

함수 $f(x)$의 증가와 감소를 표로 나타내면 다음과 같다.

x	$\cdots$	0	$\cdots$	2	$\cdots$
$f'(x)$	$+$	0	$-$	0	$+$
$f(x)$	$\nearrow$	0	$\searrow$	-4	$\nearrow$

따라서 함수 $y=f(x)$의 그래프는 오른쪽 그림과 같다. ··· 2단계

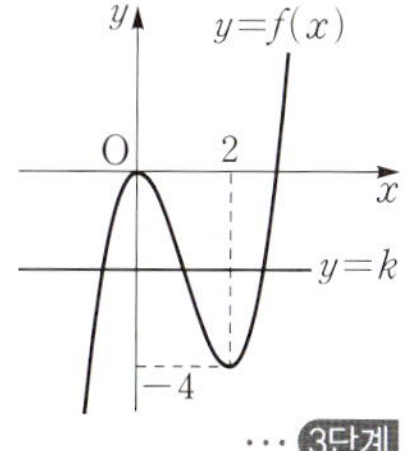

이때 $-4<k<0$이면 $y=f(x)$의 그래프와 직선 $y=k$가 세 점에서 만나므로 주어진 방정식의 서로 다른 실근의 개수는 3이다. ··· 3단계

답 3

	채점 요소	비율
1단계	주어진 방정식의 서로 다른 실근의 개수의 의미 파악하기	20 %
2단계	$y=f(x)$의 그래프 그리기	50 %
3단계	주어진 방정식의 서로 다른 실근의 개수 구하기	30 %

0600 주어진 곡선과 직선이 서로 다른 두 점에서 만나려면 방정식

$$x^4-x=3x+k, \ \text{즉} \ x^4-4x=k$$

가 서로 다른 두 실근을 가져야 한다.

즉 $y=x^4-4x$의 그래프와 직선 $y=k$가 두 점에서 만나야 한다. ··· 1단계

$f(x)=x^4-4x$라 하면

$$f'(x)=4x^3-4=4(x-1)(x^2+x+1)$$

$f'(x)=0$에서 $x=1\ (\because x^2+x+1>0)$

함수 $f(x)$의 증가와 감소를 표로 나타내면 다음과 같다.

x	$\cdots$	1	$\cdots$
$f'(x)$	$-$	0	$+$
$f(x)$	$\searrow$	-3	$\nearrow$

따라서 함수 $y=f(x)$의 그래프는 오른쪽 그림
과 같다. $\qquad$ ··· 2단계

이때 $y=f(x)$의 그래프와 직선 $y=k$가 두 점
에서 만나도록 하는 k의 값의 범위는
$$k>-3 \qquad ··· \text{3단계}$$

답 $k>-3$

	채점 요소	비율
1단계	$y=x^4-4x$의 그래프와 직선 $y=k$가 두 점에서 만나야 함을 알기	20 %
2단계	$y=x^4-4x$의 그래프 그리기	50 %
3단계	k의 값의 범위 구하기	30 %

0601 $f(x)\geq g(x)$에서 $\quad f(x)-g(x)\geq0$
$h(x)=f(x)-g(x)$라 하면
$$h(x)=x^3-3x^2+a$$
$$\therefore h'(x)=3x^2-6x=3x(x-2)$$
$h'(x)=0$에서 $\quad x=0$ 또는 $x=2$ $\quad$ ··· 1단계
$1<x<3$에서 함수 $h(x)$의 증가와 감소를 표로 나타내면 다음
과 같다.

x	1	$\cdots$	2	$\cdots$	3
$h'(x)$		$-$	0	$+$	
$h(x)$		$\searrow$	$a-4$	$\nearrow$	

$1<x<3$일 때 함수 $h(x)$는 $x=2$에서 최솟값 $a-4$를 갖는다.
$\qquad$ ··· 2단계

즉 $1<x<3$에서 부등식 $h(x)\geq0$이 성립하려면
$$a-4\geq0 \qquad \therefore a\geq4$$
따라서 a의 최솟값은 4이다. $\qquad$ ··· 3단계

답 4

	채점 요소	비율
1단계	$h(x)=f(x)-g(x)$로 놓고 $h'(x)=0$인 x의 값 구하기	30 %
2단계	$1<x<3$에서 $h(x)$의 최솟값 구하기	40 %
3단계	a의 최솟값 구하기	30 %

0602 시각 t에서의 두 점 P, Q의 속도를 각각 $v_P(t)$, $v_Q(t)$
라 하면
$$v_P(t)=x_P{}'(t)=2t-6,$$
$$v_Q(t)=x_Q{}'(t)=t+4 \qquad ··· \text{1단계}$$
두 점 P, Q가 같은 방향으로 움직이면 속도의 부호가 같으므로
$v_P(t)v_Q(t)>0$에서
$$(2t-6)(t+4)>0, \qquad (t-3)(t+4)>0$$
$$\therefore t>3 \ (\because t>0) \qquad ··· \text{2단계}$$

답 $t>3$

	채점 요소	비율
1단계	두 점 P, Q의 속도 구하기	40 %
2단계	t의 값의 범위 구하기	60 %

0603 전략 조건 ㉮를 이용하여 $f(x)$가 x^2을 인수로 가짐을 알고 조건
㉯를 이용하여 $f(x)$의 식을 세운다.

$g(x)=f(x)+|f'(x)|$에 $x=0$을 대입하면
$$g(0)=f(0)+|f'(0)|$$
조건 ㉮에서 $f(0)=g(0)=0$이므로
$$|f'(0)|=0 \qquad \therefore f'(0)=0$$
즉 $f(0)=0$, $f'(0)=0$이므로 $f(x)$는 x^2을 인수로 갖는다.
이때 조건 ㉯에서 방정식 $f(x)=0$은 양의 실근을 가지므로 양의
실근을 a라 하면
$$f(x)=x^2(x-a)$$
$$\therefore f'(x)=2x(x-a)+x^2$$
$$=x(3x-2a)$$
$f'(x)=0$에서 $\quad x=0$ 또는 $x=\dfrac{2}{3}a$
함수 $f(x)$의 증가와 감소를 표로 나타내면 다음과 같다.

x	$\cdots$	0	$\cdots$	$\dfrac{2}{3}a$	$\cdots$
$f'(x)$	$+$	0	$-$	0	$+$
$f(x)$	$\nearrow$	0	$\searrow$	$-\dfrac{4}{27}a^3$	$\nearrow$

따라서 함수 $y=|f(x)|$의 그래프는
오른쪽 그림과 같다.
이때 조건 ㉰에 의하여 $y=|f(x)|$의
그래프와 직선 $y=4$가 세 점에서 만나
야 하므로
$$\frac{4}{27}a^3=4, \qquad a^3=27$$
$$\therefore a=3$$
따라서 $f(x)=x^2(x-3)$, $f'(x)=3x(x-2)$이므로
$$g(3)=f(3)+|f'(3)|=0+9=9$$

답 ①

0604 전략 접점의 x좌표를 t로 놓고 접선의 방정식을 세운 후 접선이 점
$(0, a)$를 지남을 이용한다.

$f(x)=x^3-3x^2-2$라 하면
$$f'(x)=3x^2-6x$$
접점의 좌표를 (t, t^3-3t^2-2)라 하면 접선의 기울기는
$f'(t)=3t^2-6t$이므로 접선의 방정식은
$$y-(t^3-3t^2-2)=(3t^2-6t)(x-t)$$
$$\therefore y=(3t^2-6t)x-2t^3+3t^2-2$$
이 직선이 점 $(0, a)$를 지나므로
$$a=-2t^3+3t^2-2$$
$$\therefore 2t^3-3t^2+2+a=0 \qquad \cdots\cdots \text{㉠}$$
점 $(0, a)$에서 곡선 $y=x^3-3x^2-2$에 오직 한 개의 접선만을
그을 수 있으려면 t에 대한 삼차방정식 ㉠이 오직 하나의 실근만
을 가져야 한다.
$g(t)=2t^3-3t^2+2+a$라 하면
$$g'(t)=6t^2-6t=6t(t-1)$$
$g'(t)=0$에서 $\quad t=0$ 또는 $t=1$

따라서 함수 $g(t)$는 $t=0$, $t=1$에서 극값을 가지므로 방정식 ㉠
이 오직 하나의 실근을 가지려면

$$g(0)g(1)>0$$
$$(a+2)(a+1)>0 \qquad \therefore a<-2 \ \text{또는} \ a>-1$$

답 $a<-2$ 또는 $a>-1$

0605 전략 $h(x)=f(x)-g(x)$로 놓고 주어진 조건을 만족시키는 함수 $h(x)$를 구한다.

두 함수 $y=f(x)$, $y=g(x)$의 그래프가 y축에서 만나므로
$$f(0)=g(0)$$
또 x좌표가 2인 점에서 공통인 접선을 가지므로
$$f(2)=g(2), \ f'(2)=g'(2)$$
이때 $f(x)\geq g(x)+3$에서
$$f(x)-g(x)\geq 3$$
이므로 $h(x)=f(x)-g(x)$라 하면
$$h'(x)=f'(x)-g'(x)$$
$$\therefore h(0)=0, \ h(2)=0, \ h'(2)=0$$
$h(x)$는 최고차항의 계수가 1인 삼차함수이므로
$$h(x)=x(x-2)^2=x^3-4x^2+4x$$
$$\therefore h'(x)=3x^2-8x+4=(3x-2)(x-2)$$

$h'(x)=0$에서
$$x=\frac{2}{3} \ \text{또는} \ x=2$$

함수 $h(x)$의 증가와 감소를 표로 나타내면 다음과 같다.

x	$\cdots$	$\frac{2}{3}$	$\cdots$	2	$\cdots$
$h'(x)$	$+$	0	$-$	0	$+$
$h(x)$	$\nearrow$	$\frac{32}{27}$	$\searrow$	0	$\nearrow$

즉 함수 $y=h(x)$의 그래프는 오른쪽 그림과 같다.

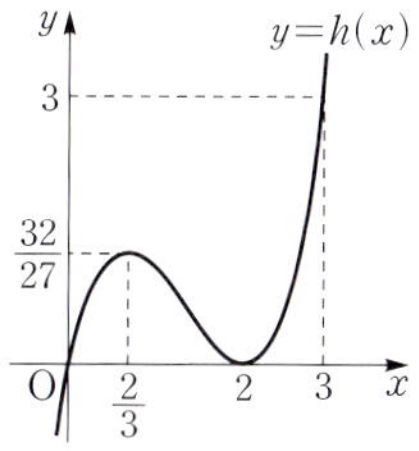

이때 $h(x)=3$에서
$$x^3-4x^2+4x=3$$
$$x^3-4x^2+4x-3=0$$
$$(x-3)(x^2-x+1)=0$$
$$\therefore x=3 \ (\because x^2-x+1>0)$$

따라서 $x\geq a$일 때 부등식 $h(x)\geq 3$이 성립하려면
$$a\geq 3$$
즉 실수 a의 최솟값은 3이다.

답 **3**

07 부정적분

교과서 문제 정복하기

0606 ㄱ. $(-2x)'=-2$이므로

$$\int(-2)dx=-2x+C \text{ (참)}$$

ㄴ. $\left(\dfrac{1}{3}x^3\right)'=x^2$이므로 $\quad \int x^2 dx=\dfrac{1}{3}x^3+C \text{ (거짓)}$

ㄷ. $(3x^2-x)'=6x-1$이므로

$$\int(6x-1)dx=3x^2-x+C \text{ (참)}$$

ㄹ. $(x^4+3x^2)'=4x^3+6x$이므로

$$\int(4x^3+6x)dx=x^4+3x^2+C \text{ (거짓)}$$

이상에서 옳은 것은 ㄱ, ㄷ이다.   **답** ㄱ, ㄷ

0607 $f(x)=(3x^2+4x+C)'=6x+4$

   답 $f(x)=6x+4$

0608 $f(x)=(x^3-x^2+C)'=3x^2-2x$

   답 $f(x)=3x^2-2x$

0609 $f(x)=\left(\dfrac{1}{4}x^4+\dfrac{1}{3}x^3+\dfrac{1}{2}x^2+C\right)'$

$\qquad =x^3+x^2+x$ **답** $f(x)=x^3+x^2+x$

0610 **답** x^3+2x **0611** **답** x^3+2x+C

0612 **답** $\dfrac{1}{4}x^4+C$ **0613** **답** $\dfrac{1}{15}x^{15}+C$

0614 **답** $\dfrac{1}{51}x^{51}+C$

0615 $\displaystyle\int(3x-4)dx=3\int x\,dx-\int 4\,dx$

$\qquad =\dfrac{3}{2}x^2-4x+C$ **답** $\dfrac{3}{2}x^2-4x+C$

0616 $\displaystyle\int(5x^2-2x+1)dx=5\int x^2 dx-2\int x\,dx+\int 1\,dx$

$\qquad =\dfrac{5}{3}x^3-x^2+x+C$

   답 $\dfrac{5}{3}x^3-x^2+x+C$

0617 $\displaystyle\int(x-1)(x+2)dx=\int(x^2+x-2)dx$

$\qquad =\int x^2 dx+\int x\,dx-\int 2\,dx$

$\qquad =\dfrac{1}{3}x^3+\dfrac{1}{2}x^2-2x+C$

   답 $\dfrac{1}{3}x^3+\dfrac{1}{2}x^2-2x+C$

0618 $\displaystyle\int(2x-3)^2 dx=\int(4x^2-12x+9)dx$

$\qquad =4\int x^2 dx-12\int x\,dx+\int 9\,dx$

$\qquad =\dfrac{4}{3}x^3-6x^2+9x+C$

   답 $\dfrac{4}{3}x^3-6x^2+9x+C$

0619 $\displaystyle\int(x-3)(x^2+3x+9)dx=\int(x^3-27)dx$

$\qquad =\int x^3 dx-\int 27\,dx$

$\qquad =\dfrac{1}{4}x^4-27x+C$

   답 $\dfrac{1}{4}x^4-27x+C$

0620 $\displaystyle\int\dfrac{x^2-4}{x+2}dx=\int\dfrac{(x+2)(x-2)}{x+2}dx=\int(x-2)dx$

$\qquad =\int x\,dx-\int 2\,dx$

$\qquad =\dfrac{1}{2}x^2-2x+C$ **답** $\dfrac{1}{2}x^2-2x+C$

0621 $\displaystyle\int\dfrac{x^3+1}{x+1}dx=\int\dfrac{(x+1)(x^2-x+1)}{x+1}dx$

$\qquad =\int(x^2-x+1)dx$

$\qquad =\int x^2 dx-\int x\,dx+\int 1\,dx$

$\qquad =\dfrac{1}{3}x^3-\dfrac{1}{2}x^2+x+C$

   답 $\dfrac{1}{3}x^3-\dfrac{1}{2}x^2+x+C$

0622 $\displaystyle\int(x+1)^2 dx+\int(1+x)(1-x)dx$

$=\displaystyle\int(x^2+2x+1)dx+\int(1-x^2)dx$

$=\displaystyle\int(x^2+2x+1+1-x^2)dx$

$=\displaystyle\int(2x+2)dx=2\int x\,dx+\int 2\,dx$

$=x^2+2x+C$ **답** x^2+2x+C

0623 $\displaystyle\int\dfrac{x^3}{x-2}dx-\int\dfrac{8}{x-2}dx$

$=\displaystyle\int\dfrac{x^3-8}{x-2}dx=\int\dfrac{(x-2)(x^2+2x+4)}{x-2}dx$

$=\displaystyle\int(x^2+2x+4)dx$

$=\displaystyle\int x^2 dx+2\int x\,dx+\int 4\,dx$

$=\dfrac{1}{3}x^3+x^2+4x+C$ **답** $\dfrac{1}{3}x^3+x^2+4x+C$

유형 익히기

0624 $(x-3)f(x)=(x^3-27x+C)'=3x^2-27$
$$=3(x+3)(x-3)$$
따라서 $f(x)=3(x+3)$이므로
$$f(-1)=6$$
답 **6**

0625 $F(x)=x^3+x^2+1$로 놓으면
$$f(x)=F'(x)=3x^2+2x$$
답 **②**

0626 $F(x)=\{f(x)g(x)\}'=f'(x)g(x)+f(x)g'(x)$
$$=4x(4x+3)+(2x^2-1)\times 4$$
$$=24x^2+12x-4$$
$\therefore F(0)=-4$
답 **−4**

0627 $f(x)=F'(x)=3x^2+2ax+2$이므로
$$b=f(0)=2$$
··· **1단계**
$f'(x)=6x+2a$이므로 $f'(0)=3$에서
$$2a=3 \qquad \therefore a=\frac{3}{2}$$
··· **2단계**
$$\therefore ab=3$$
··· **3단계**
답 **3**

채점 요소		비율
1단계	b의 값 구하기	40 %
2단계	a의 값 구하기	40 %
3단계	ab의 값 구하기	20 %

0628 $F(x)=\int\left\{\dfrac{d}{dx}(x^3-2x)\right\}dx=x^3-2x+C$

이때 $F(0)=2$이므로 $C=2$
따라서 $F(x)=x^3-2x+2$이므로
$$F(2)=6$$
답 **6**

0629 $\dfrac{d}{dx}\left\{\int(ax^3+2x^2+bx-7)dx\right\}=ax^3+2x^2+bx-7$

이므로
$$ax^3+2x^2+bx-7=x^3+cx^2+3x+d$$
위의 등식이 모든 실수 x에 대하여 성립하므로
$$a=1,\ b=3,\ c=2,\ d=-7$$
$\therefore a+b+c+d=-1$
답 **−1**

0630 $f(x)=\int\left\{\dfrac{d}{dx}(x^2-4x)\right\}dx=x^2-4x+C$
$$=(x-2)^2+C-4$$
이때 함수 $f(x)$의 최솟값이 -8이므로
$$C-4=-8 \qquad \therefore C=-4$$
따라서 $f(x)=x^2-4x-4$이므로
$$f(5)=1$$
답 **1**

0631 $F(x)=\int\left[\dfrac{d}{dx}\int\left\{\dfrac{d}{dx}f(x)\right\}dx\right]dx$
$$=\int\left[\dfrac{d}{dx}\{f(x)+C_1\}\right]dx$$
$$=f(x)+C_2$$
$$=10x^{10}+9x^9+\cdots+2x^2+x+C_2$$
이때 $F(0)=-5$이므로 $C_2=-5$
따라서 $F(x)=10x^{10}+9x^9+\cdots+2x^2+x-5$이므로
$$F(1)=10+9+\cdots+2+1-5=50$$
답 **50**

0632 $\dfrac{d}{dx}\{f(x)+g(x)\}=4$에서
$$\int\left[\dfrac{d}{dx}\{f(x)+g(x)\}\right]dx=\int 4\,dx$$
$\therefore f(x)+g(x)=4x+C_1$
양변에 $x=0$을 대입하면
$$C_1=f(0)+g(0)=-1$$
$\therefore f(x)+g(x)=4x-1$
······ ㉠
$\dfrac{d}{dx}\{f(x)-g(x)\}=4x$에서
$$\int\left[\dfrac{d}{dx}\{f(x)-g(x)\}\right]dx=\int 4x\,dx$$
$\therefore f(x)-g(x)=2x^2+C_2$
양변에 $x=0$을 대입하면
$$C_2=f(0)-g(0)=7$$
$\therefore f(x)-g(x)=2x^2+7$
······ ㉡
㉠, ㉡을 연립하여 풀면
$$f(x)=x^2+2x+3,\ g(x)=-x^2+2x-4$$
$\therefore f(1)+g(-1)=6+(-7)=-1$
답 **−1**

0633 $\dfrac{d}{dx}\{f(x)g(x)\}=3x^2$에서
$$\int\left[\dfrac{d}{dx}\{f(x)g(x)\}\right]dx=\int 3x^2\,dx$$
$\therefore f(x)g(x)=x^3+C$
양변에 $x=2$를 대입하면
$$f(2)g(2)=8+C=0 \qquad \therefore C=-8$$
즉 $f(x)g(x)=x^3-8=(x-2)(x^2+2x+4)$이고 $f(2)=0$,
$g(2)=12$이므로
$$f(x)=x-2,\ g(x)=x^2+2x+4$$
$\therefore f(0)+g(1)=-2+7=5$
답 **5**

0634 조건 ㈏에서
$$\int\left[\dfrac{d}{dx}\{f(x)+g(x)\}\right]dx=\int 3\,dx$$
$\therefore f(x)+g(x)=3x+C_1$
양변에 $x=0$을 대입하면
$$C_1=f(0)+g(0)=3$$
$\therefore f(x)+g(x)=3x+3$
······ ㉠

조건 (대)에서
$$\int \left[\frac{d}{dx} \{ f(x)g(x) \} \right] dx = \int (4x+5) dx$$
$$\therefore f(x)g(x) = 2x^2 + 5x + C_2$$
양변에 $x=0$을 대입하면
$$C_2 = f(0)g(0) = 2$$
$$\therefore f(x)g(x) = 2x^2 + 5x + 2$$
$$= (2x+1)(x+2) \qquad \cdots\cdots \text{ⓛ}$$
이때 $f(x)$, $g(x)$는 일차함수이고 $f(0)=2$, $g(0)=1$이므로
㉠, ㉤에서
$$f(x) = x+2, \; g(x) = 2x+1$$
$$\therefore f(1) - g(2) = 3 - 5 = -2$$
답 -2

0635 $f(x) = \displaystyle\int \frac{x^2}{x-1} dx - \int \frac{1}{x-1} dx$
$$= \int \frac{x^2-1}{x-1} dx = \int \frac{(x-1)(x+1)}{x-1} dx$$
$$= \int (x+1) dx = \frac{1}{2} x^2 + x + C$$
이때 $f(0)=1$이므로 $\quad C=1$
따라서 $f(x) = \dfrac{1}{2} x^2 + x + 1$이므로
$$f(2) = 5$$
답 5

0636 $f(x) = \displaystyle\int (1-x)^3 dx - \int (1+x)^3 dx$
$$= \int \{ (1-x)^3 - (1+x)^3 \} dx$$
$$= \int (-2x^3 - 6x) dx = -\frac{1}{2} x^4 - 3x^2 + C$$
이때 $f(0) = \dfrac{1}{2}$이므로 $\quad C = \dfrac{1}{2}$
따라서 $f(x) = -\dfrac{1}{2} x^4 - 3x^2 + \dfrac{1}{2}$이므로
$$f(1) = -3$$
답 -3

0637 $\displaystyle\int \frac{9}{x} dx + \int \frac{(2x+3)(2x-3)}{x} dx$
$$= \int \frac{9}{x} dx + \int \frac{4x^2-9}{x} dx = \int \frac{9+4x^2-9}{x} dx$$
$$= \int 4x \, dx = 2x^2 + C$$
따라서 $a=2$, $b=0$이므로 $\quad a+b=2$
답 ②

0638 $f(x) = \displaystyle\int (1+2x+3x^2+\cdots+9x^8) dx$
$$= x + x^2 + x^3 + \cdots + x^9 + C$$
이때 $f(1)=10$이므로 $\quad \underbrace{1+1+1+\cdots+1}_{9\text{개}} + C = 10$
$$9 + C = 10 \qquad \therefore C = 1$$
따라서 $f(x) = x + x^2 + x^3 + \cdots + x^9 + 1$이므로
$$f(-1) = -1 + 1 - 1 + \cdots - 1 + 1 = 0$$
답 0

0639 $f(x) = \displaystyle\int f'(x) dx = \int (3x^2 + 2ax + 1) dx$
$$= x^3 + ax^2 + x + C$$
이때 $f(0)=1$, $f(1)=2$이므로
$$C=1, \; 1+a+1+C=2$$
$$\therefore a=-1, \; C=1$$
따라서 $f(x) = x^3 - x^2 + x + 1$이므로
$$f(2) = 7$$
답 7

0640 $f(x) = \displaystyle\int f'(x) dx = \int \frac{x^3-27}{x^2+3x+9} dx$
$$= \int \frac{(x-3)(x^2+3x+9)}{x^2+3x+9} dx$$
$$= \int (x-3) dx$$
$$= \frac{1}{2} x^2 - 3x + C$$
이때 $f(0)=1$이므로 $\quad C=1$
따라서 $f(x) = \dfrac{1}{2} x^2 - 3x + 1$이므로
$$f(-2) = 9$$
답 9

0641 $f'(x) = 3x^2 - 1$이므로
$$f(x) = \int f'(x) dx = \int (3x^2-1) dx = x^3 - x + C$$
이때 $f(0)=2$이므로 $\quad C=2$
따라서 $f(x) = x^3 - x + 2$이므로
$$\int f(x) dx = \int (x^3 - x + 2) dx = \frac{1}{4} x^4 - \frac{1}{2} x^2 + 2x + C$$
답 $\dfrac{1}{4} x^4 - \dfrac{1}{2} x^2 + 2x + C$

0642 $f(x) = \displaystyle\int f'(x) dx = \int (12x^2 + 4x - 2) dx$
$$= 4x^3 + 2x^2 - 2x + C$$
이때 $f(x)$가 $x-1$로 나누어떨어지므로 $\quad f(1)=0$
$$4+2-2+C=0 \qquad \therefore C=-4$$
따라서 $f(x) = 4x^3 + 2x^2 - 2x - 4$이므로
$$f(-1) = -4$$
답 ①

> **RPM 비법 노트**
>
> **인수정리**
> 다항식 $f(x)$가 일차식 $x-\alpha$로 나누어떨어지면 $f(\alpha)=0$이다.

0643 $f'(x) = 3x^2 + 5$이므로
$$f(x) = \int f'(x) dx = \int (3x^2+5) dx = x^3 + 5x + C$$
이때 곡선 $y=f(x)$가 점 $(0, 3)$을 지나므로 $\quad f(0)=3$
$$\therefore C=3$$
따라서 $f(x) = x^3 + 5x + 3$이므로
$$f(1) = 9$$
답 ⑤

0644 $f'(x)=-4x+2$이므로
$$f(x)=\int f'(x)dx=\int(-4x+2)dx=-2x^2+2x+C$$
이때 곡선 $y=f(x)$가 점 $(1, 2)$를 지나므로 $f(1)=2$
$$-2+2+C=2 \quad \therefore C=2$$
따라서 $f(x)=-2x^2+2x+2$이고 곡선 $y=f(x)$가 점 $(2, k)$를 지나므로
$$k=f(2)=-2$$
답 -2

0645 $f'(x)=4x-16$이므로
$$f(x)=\int f'(x)dx=\int(4x-16)dx$$
$$=2x^2-16x+C=2(x-4)^2-32+C$$
이때 함수 $f(x)$의 최솟값이 -10이므로
$$-32+C=-10$$
$$\therefore f(x)=2(x-4)^2-10$$
따라서 구간 $[-1, 1]$에서 $f(x)$는 $x=-1$일 때 최댓값 $f(-1)=40$을 갖는다.
답 40

0646 $f(x)=\int(kx^2-4x+4)dx$의 양변을 x에 대하여 미분하면 $f'(x)=kx^2-4x+4$
이때 곡선 $y=f(x)$ 위의 점 $(1, 2)$에서의 접선의 기울기가 6이므로 $f'(1)=6$
$$k-4+4=6 \quad \therefore k=6 \qquad \cdots \text{1단계}$$
$$\therefore f(x)=\int(6x^2-4x+4)dx$$
$$=2x^3-2x^2+4x+C$$
점 $(1, 2)$가 곡선 $y=f(x)$ 위의 점이므로 $f(1)=2$
$$2-2+4+C=2 \quad \therefore C=-2$$
따라서 $f(x)=2x^3-2x^2+4x-2$이므로 $\cdots$ 2단계
$$f(2)=14 \qquad \cdots \text{3단계}$$
답 14

채점 요소		비율
1단계	k의 값 구하기	50 %
2단계	$f(x)$ 구하기	40 %
3단계	$f(2)$의 값 구하기	10 %

0647 $F(x)=xf(x)+2x^3-x^2+1$의 양변을 x에 대하여 미분하면
$$f(x)=f(x)+xf'(x)+6x^2-2x$$
$$xf'(x)=-6x^2+2x \quad \therefore f'(x)=-6x+2$$
$$\therefore f(x)=\int f'(x)dx=\int(-6x+2)dx$$
$$=-3x^2+2x+C$$
이때 $f(1)=2$이므로 $-3+2+C=2 \quad \therefore C=3$
$$\therefore f(x)=-3x^2+2x+3$$
답 $f(x)=-3x^2+2x+3$

0648 $\int(x-2)f(x)dx+2F(x)=-\dfrac{1}{2}x^4+\dfrac{8}{3}x^3+x^2+C$
의 양변을 x에 대하여 미분하면
$$(x-2)f(x)+2f(x)=-2x^3+8x^2+2x$$
$$xf(x)=-2x^3+8x^2+2x$$
$$\therefore f(x)=-2x^2+8x+2=-2(x-2)^2+10$$
따라서 함수 $f(x)$는 $x=2$에서 최댓값 10을 갖는다.
답 10

0649 $(x-1)f(x)-F(x)=4x^3-6x^2$의 양변을 x에 대하여 미분하면
$$f(x)+(x-1)f'(x)-f(x)=12x^2-12x$$
$$(x-1)f'(x)=12x(x-1)$$
$$\therefore f'(x)=12x \qquad \cdots \text{1단계}$$
$$\therefore f(x)=\int f'(x)dx=\int 12x\,dx=6x^2+C$$
이때 $f(1)=2$이므로 $6+C=2 \quad \therefore C=-4$
따라서 $f(x)=6x^2-4$이므로 $\cdots$ 2단계
$$f(-2)=20 \qquad \cdots \text{3단계}$$
답 20

채점 요소		비율
1단계	$f'(x)$ 구하기	40 %
2단계	$f(x)$ 구하기	40 %
3단계	$f(-2)$의 값 구하기	20 %

0650 $f(x)+\int xf(x)dx=\dfrac{1}{4}x^4+\dfrac{2}{3}x^3-\dfrac{5}{2}x^2+2x$의 양변을 x에 대하여 미분하면
$$f'(x)+xf(x)=x^3+2x^2-5x+2 \qquad \cdots\cdots \text{㉠}$$
이때 $f(x)$를 n차 함수라 하면 $xf(x)$는 $(n+1)$차 함수이므로 ㉠에서
$$n+1=3 \quad \therefore n=2$$
즉 $f(x)$가 이차함수이므로
$$f(x)=ax^2+bx+c \ (a, b, c\text{는 상수}, a\neq0)$$
로 놓으면 $f'(x)=2ax+b$
$f(x), f'(x)$를 ㉠에 대입하면
$$2ax+b+x(ax^2+bx+c)=x^3+2x^2-5x+2$$
$$\therefore ax^3+bx^2+(2a+c)x+b=x^3+2x^2-5x+2$$
이 등식이 모든 실수 x에 대하여 성립하므로
$$a=1, b=2, 2a+c=-5$$
$$\therefore a=1, b=2, c=-7$$
따라서 $f(x)=x^2+2x-7$이므로
$$f(3)=8$$
답 ④

0651 $f'(x)=\begin{cases} 2x-1 & (x>0) \\ -x^2+4 & (x<0) \end{cases}$ 이므로
$$f(x)=\begin{cases} x^2-x+C_1 & (x>0) \\ -\dfrac{1}{3}x^3+4x+C_2 & (x<0) \end{cases}$$

이때 $f(2)=-4$이므로 $4-2+C_1=-4$ $\therefore C_1=-6$

한편 함수 $f(x)$가 모든 실수 x에서 연속이므로 $x=0$에서 연속이다.

즉 $\lim\limits_{x\to 0+}f(x)=\lim\limits_{x\to 0-}f(x)$에서

$$C_2=-6$$

따라서 $f(x)=\begin{cases} x^2-x-6 & (x\geq 0) \\ -\dfrac{1}{3}x^3+4x-6 & (x\leq 0) \end{cases}$ 이므로

$$f(-3)=-9$$

답 -9

0652 $f'(x)=\begin{cases} 2x+2 & (x\geq 1) \\ 3x^2+1 & (x\leq 1) \end{cases}$ 이므로

$$f(x)=\begin{cases} x^2+2x+C_1 & (x\geq 1) \\ x^3+x+C_2 & (x\leq 1) \end{cases}$$

이때 함수 $f(x)$가 실수 전체의 집합에서 미분가능하므로 실수 전체의 집합에서 연속이다.

따라서 $f(x)$가 $x=1$에서 연속이므로

$$\lim\limits_{x\to 1+}f(x)=\lim\limits_{x\to 1-}f(x)=f(1)$$
$$1+2+C_1=1+1+C_2 \quad \therefore C_1=C_2-1$$
$$\therefore f(0)-f(2)=C_2-(8+C_1)$$
$$=C_2-(8+C_2-1)$$
$$=-7$$

답 -7

0653 $f'(x)=x^2-|x|=\begin{cases} x^2-x & (x\geq 0) \\ x^2+x & (x\leq 0) \end{cases}$ 이므로

$$f(x)=\begin{cases} \dfrac{1}{3}x^3-\dfrac{1}{2}x^2+C_1 & (x\geq 0) \\ \dfrac{1}{3}x^3+\dfrac{1}{2}x^2+C_2 & (x\leq 0) \end{cases}$$

이때 $f(1)=0$이므로 $\dfrac{1}{3}-\dfrac{1}{2}+C_1=0$ $\therefore C_1=\dfrac{1}{6}$

한편 함수 $f(x)$가 모든 실수 x에서 연속이므로 $x=0$에서 연속이다.

즉 $\lim\limits_{x\to 0+}f(x)=\lim\limits_{x\to 0-}f(x)=f(0)$에서

$$C_2=\dfrac{1}{6}$$

따라서 $f(x)=\begin{cases} \dfrac{1}{3}x^3-\dfrac{1}{2}x^2+\dfrac{1}{6} & (x\geq 0) \\ \dfrac{1}{3}x^3+\dfrac{1}{2}x^2+\dfrac{1}{6} & (x\leq 0) \end{cases}$ 이므로

$$f(-2)+f(2)=-\dfrac{1}{2}+\dfrac{5}{6}=\dfrac{1}{3}$$

답 $\dfrac{1}{3}$

0654 $f'(x)=\begin{cases} 2x+k & (x>1) \\ 6 & (x<1) \end{cases}$ 이므로

$$f(x)=\begin{cases} x^2+kx+C_1 & (x>1) \\ 6x+C_2 & (x<1) \end{cases}$$

이때 $f(0)=-2$이므로 $C_2=-2$

$f(2)=6$이므로 $4+2k+C_1=6$

$$\therefore 2k+C_1=2 \qquad\qquad \cdots\cdots\ \text{㉠}$$

한편 함수 $f(x)$가 모든 실수 x에서 연속이므로 $x=1$에서 연속이다.

즉 $\lim\limits_{x\to 1+}f(x)=\lim\limits_{x\to 1-}f(x)$에서

$$1+k+C_1=4 \quad \therefore k+C_1=3 \qquad\qquad \cdots\cdots\ \text{㉡}$$

㉠, ㉡을 연립하여 풀면 $k=-1$, $C_1=4$

따라서 $f(x)=\begin{cases} x^2-x+4 & (x\geq 1) \\ 6x-2 & (x\leq 1) \end{cases}$ 이므로

$$k+f(1)=-1+4=3$$

답 3

0655 $f(x)=\displaystyle\int(x^3-2x+2)dx$의 양변을 x에 대하여 미분하면

$$f'(x)=x^3-2x+2$$
$$\therefore \lim\limits_{h\to 0}\frac{f(-2+h)-f(-2-h)}{h}$$
$$=\lim\limits_{h\to 0}\frac{f(-2+h)-f(-2)-\{f(-2-h)-f(-2)\}}{h}$$
$$=\lim\limits_{h\to 0}\frac{f(-2+h)-f(-2)}{h}$$
$$\quad+\lim\limits_{h\to 0}\frac{f(-2-h)-f(-2)}{-h}$$
$$=f'(-2)+f'(-2)=2f'(-2)$$
$$=2\times(-2)=-4$$

답 -4

0656 $f(x)=\displaystyle\int(x^2-2x+k)dx$의 양변을 x에 대하여 미분하면

$$f'(x)=x^2-2x+k$$
$$\lim\limits_{x\to -2}\frac{f(x)-f(-2)}{x+2}=4$$에서 $f'(-2)=4$이므로
$$4+4+k=4 \quad \therefore k=-4$$
$$\therefore f(x)=\int f'(x)dx=\int(x^2-2x-4)dx$$
$$=\dfrac{1}{3}x^3-x^2-4x+C$$

이때 $f(0)=3$이므로 $C=3$

따라서 $f(x)=\dfrac{1}{3}x^3-x^2-4x+3$이므로

$$f(3)=-9$$

답 ①

0657 $\lim\limits_{h\to 0}\dfrac{f(x+3h)-f(x-h)}{h}$

$$=\lim\limits_{h\to 0}\frac{f(x+3h)-f(x)-\{f(x-h)-f(x)\}}{h}$$
$$=\lim\limits_{h\to 0}\frac{f(x+3h)-f(x)}{3h}\times 3+\lim\limits_{h\to 0}\frac{f(x-h)-f(x)}{-h}$$
$$=3f'(x)+f'(x)=4f'(x)$$

즉 $4f'(x)=12x^2+8x-8$이므로

$$f'(x)=3x^2+2x-2$$
$$\therefore f(x)=\int f'(x)dx=\int(3x^2+2x-2)dx$$
$$=x^3+x^2-2x+C$$

이때 $f(1)=3$이므로
$$1+1-2+C=3 \quad \therefore C=3$$
따라서 $f(x)=x^3+x^2-2x+3$이므로
$$f(-1)=5$$
달 5

0658 조건 ㈏에서 $x \longrightarrow 1$일 때 (분모) $\longrightarrow 0$이고 극한값이 존재하므로 (분자) $\longrightarrow 0$이다.
즉 $\lim\limits_{x \to 1} f(x)=0$이므로 $\quad f(1)=0$
$$\therefore \lim_{x \to 1} \frac{f(x)}{x-1}=\lim_{x \to 1}\frac{f(x)-f(1)}{x-1}=f'(1)=2a-1$$
이때 조건 ㈐에서 $f'(1)=2+a$이므로
$$2+a=2a-1 \quad \therefore a=3$$
$$\therefore f(x)=\int f'(x)dx=\int (2x+3)dx$$
$$=x^2+3x+C$$
$f(1)=0$이므로
$$1+3+C=0 \quad \therefore C=-4$$
따라서 $f(x)=x^2+3x-4$이므로
$$f(2)=6$$
$$\therefore a+f(2)=9$$
달 9

0659 $f(x+y)=f(x)+f(y)-2xy$에 $x=0$, $y=0$을 대입하면
$$f(0)=f(0)+f(0) \quad \therefore f(0)=0$$
$f'(1)=2$이므로
$$f'(1)=\lim_{h \to 0}\frac{f(1+h)-f(1)}{h}$$
$$=\lim_{h \to 0}\frac{f(1)+f(h)-2h-f(1)}{h}$$
$$=\lim_{h \to 0}\frac{f(h)}{h}-2=2$$
$$\therefore \lim_{h \to 0}\frac{f(h)}{h}=4$$
도함수의 정의에 의하여
$$f'(x)=\lim_{h \to 0}\frac{f(x+h)-f(x)}{h}$$
$$=\lim_{h \to 0}\frac{f(x)+f(h)-2xh-f(x)}{h}$$
$$=\lim_{h \to 0}\frac{f(h)}{h}-2x$$
$$=4-2x$$
$$\therefore f(x)=\int f'(x)dx=\int(4-2x)dx$$
$$=-x^2+4x+C$$
이때 $f(0)=0$이므로 $\quad C=0$
따라서 $f(x)=-x^2+4x$이므로
$$f(3)=3$$
달 ③

0660 조건 ㈏의 식에 $x=0$, $y=0$을 대입하면
$$f(0)=f(0)+f(0)+1 \quad \therefore f(0)=-1$$

도함수의 정의에 의하여
$$f'(x)=\lim_{h \to 0}\frac{f(x+h)-f(x)}{h}$$
$$=\lim_{h \to 0}\frac{f(x)+f(h)+xh+1-f(x)}{h}$$
$$=\lim_{h \to 0}\frac{f(h)+1}{h}+x$$
조건 ㈎에서 $\lim\limits_{h \to 0}\dfrac{f(h)+1}{h}=2$이므로
$$f'(x)=x+2$$
$$\therefore f(x)=\int f'(x)dx=\int(x+2)dx$$
$$=\frac{1}{2}x^2+2x+C$$
이때 $f(0)=-1$이므로 $\quad C=-1$
$$\therefore f(x)=\frac{1}{2}x^2+2x-1 \qquad \text{달 } f(x)=\frac{1}{2}x^2+2x-1$$

0661 $f(x+y)=f(x)+f(y)+x^2y+xy^2-3$에 $x=0$, $y=0$을 대입하면
$$f(0)=f(0)+f(0)-3 \quad \therefore f(0)=3$$
$f'(0)=3$이므로
$$f'(0)=\lim_{h \to 0}\frac{f(0+h)-f(0)}{h}$$
$$=\lim_{h \to 0}\frac{f(0)+f(h)-3-f(0)}{h}$$
$$=\lim_{h \to 0}\frac{f(h)-3}{h}=3$$
도함수의 정의에 의하여
$$f'(x)=\lim_{h \to 0}\frac{f(x+h)-f(x)}{h}$$
$$=\lim_{h \to 0}\frac{f(x)+f(h)+x^2h+xh^2-3-f(x)}{h}$$
$$=\lim_{h \to 0}\frac{f(h)-3}{h}+x^2$$
$$=3+x^2$$
$$\therefore f(x)=\int f'(x)dx=\int(3+x^2)dx$$
$$=\frac{1}{3}x^3+3x+C$$
이때 $f(0)=3$이므로 $\quad C=3$
따라서 $f(x)=\dfrac{1}{3}x^3+3x+3$이므로
$$f(2)=\frac{35}{3}$$
달 ③

0662 함수 $y=f'(x)$의 그래프에서
$$f'(-2)=0, \ f'(0)=0$$
이때 $x=-2$의 좌우에서 $f'(x)$의 부호가 음에서 양으로 바뀌고, $x=0$의 좌우에서 $f'(x)$의 부호가 양에서 음으로 바뀌므로 함수 $f(x)$는 $x=-2$에서 극솟값, $x=0$에서 극댓값을 갖는다.
$$\therefore f(-2)=-1, \ f(0)=3$$

$f'(x)=kx(x+2)$ $(k<0)$로 놓으면

$$f(x)=\int f'(x)dx=\int kx(x+2)dx$$
$$=\int (kx^2+2kx)dx=\frac{k}{3}x^3+kx^2+C$$

$f(0)=3$에서　　$C=3$

$f(-2)=-1$에서　　$\frac{4}{3}k+3=-1$　　$\therefore k=-3$

따라서 $f(x)=-x^3-3x^2+3$이므로
$$f(-1)=1$$

답 ④

0663 $f'(x)=x^2+2x-8=(x+4)(x-2)$이므로

$f'(x)=0$에서　　$x=-4$ 또는 $x=2$

x	$\cdots$	-4	$\cdots$	2	$\cdots$
$f'(x)$	$+$	0	$-$	0	$+$
$f(x)$	↗	극대	↘	극소	↗

따라서 함수 $f(x)$는 $x=2$에서 극솟값을 가지므로
$$f(2)=-8$$

이때
$$f(x)=\int f'(x)dx=\int (x^2+2x-8)dx$$
$$=\frac{1}{3}x^3+x^2-8x+C$$

이므로　　$f(2)=\frac{8}{3}+4-16+C=-8$　　$\therefore C=\frac{4}{3}$

즉 $f(x)=\frac{1}{3}x^3+x^2-8x+\frac{4}{3}$이므로 $f(x)$의 극댓값은
$$f(-4)=28$$

답 28

0664 $f'(x)=0$에서　　$x=0$ 또는 $x=4$

x	$\cdots$	0	$\cdots$	4	$\cdots$
$f'(x)$	$-$	0	$+$	0	$-$
$f(x)$	↘	극소	↗	극대	↘

따라서 함수 $f(x)$는 $x=0$에서 극솟값을 갖고, $x=4$에서 극댓값을 갖는다.

이때
$$f(x)=\int f'(x)dx=\int \{-x(x-4)\}dx$$
$$=\int (-x^2+4x)dx=-\frac{1}{3}x^3+2x^2+C$$

이므로 $f(x)$의 극솟값과 극댓값은 각각
$$f(0)=C,\ f(4)=C+\frac{32}{3}$$

극댓값이 극솟값의 $\frac{5}{3}$배이므로
$$C+\frac{32}{3}=\frac{5}{3}C\qquad \therefore C=16$$

즉 $f(x)=-\frac{1}{3}x^3+2x^2+16$이므로
$$f(3)=25$$

답 ④

0665 함수 $f(x)$의 최고차항이 $2x^3$이므로 $f'(x)$의 최고차항은 $6x^2$이다.

$f'(-1)=f'(3)=0$이므로
$$f'(x)=6(x+1)(x-3)$$

x	$\cdots$	-1	$\cdots$	3	$\cdots$
$f'(x)$	$+$	0	$-$	0	$+$
$f(x)$	↗	극대	↘	극소	↗

따라서 함수 $f(x)$는 $x=-1$에서 극댓값을 가지므로
$$f(-1)=24$$

이때
$$f(x)=\int f'(x)dx=\int 6(x+1)(x-3)dx$$
$$=\int (6x^2-12x-18)dx$$
$$=2x^3-6x^2-18x+C$$

이므로
$$f(-1)=-2-6+18+C=24\qquad \therefore C=14$$

즉 $f(x)=2x^3-6x^2-18x+14$이므로 $f(x)$의 극솟값은
$$f(3)=-40$$

답 ⑤

0666 $f'(x)=0$에서　　$x=-1$ 또는 $x=\frac{1}{3}$

x	$\cdots$	-1	$\cdots$	$\frac{1}{3}$	$\cdots$
$f'(x)$	$+$	0	$-$	0	$+$
$f(x)$	↗	극대	↘	극소	↗

따라서 함수 $f(x)$는 $x=-1$에서 극댓값을 갖고, $x=\frac{1}{3}$에서 극솟값을 갖는다.

이때 $y=f(x)$의 그래프가 x축에 접하고 $f(x)$의 극댓값이 양수

이므로　　$f\left(\frac{1}{3}\right)=0$　　… 1단계

$$f(x)=\int f'(x)dx=\int (x+1)(3x-1)dx$$
$$=\int (3x^2+2x-1)dx=x^3+x^2-x+C$$

이므로
$$f\left(\frac{1}{3}\right)=\frac{1}{27}+\frac{1}{9}-\frac{1}{3}+C=0\qquad \therefore C=\frac{5}{27}$$

즉 $f(x)=x^3+x^2-x+\frac{5}{27}$이므로　　… 2단계
$$f\left(-\frac{1}{3}\right)=\frac{16}{27}\qquad \text{… 3단계}$$

답 $\dfrac{16}{27}$

채점 요소		비율
1단계	$f\left(\frac{1}{3}\right)=0$임을 알기	50 %
2단계	$f(x)$ 구하기	40 %
3단계	$f\left(-\frac{1}{3}\right)$의 값 구하기	10 %

0667 함수 $y=f'(x)$의 그래프에서

$$f'(-1)=0,\quad f'(1)=0$$

따라서 $f'(x)=a(x+1)(x-1)\ (a>0)$로 놓으면

$f'(0)=-2$이므로

$$-a=-2\qquad \therefore a=2$$

$$\therefore f'(x)=2(x+1)(x-1)$$

$$f(x)=\int f'(x)dx=\int 2(x+1)(x-1)dx$$

$$=\int(2x^2-2)dx=\frac{2}{3}x^3-2x+C$$

이므로 $f(0)=0$에서 $\quad C=0$

$$\therefore f(x)=\frac{2}{3}x^3-2x$$

한편 $x=-1$의 좌우에서 $f'(x)$의 부호가 양에서 음으로 바뀌고, $x=1$의 좌우에서 $f'(x)$의 부호가 음에서 양으로 바뀌므로 함수 $f(x)$는 $x=-1$에서 극댓값 $\frac{4}{3}$, $x=1$에서 극솟값 $-\frac{4}{3}$를 갖는다.

따라서 $y=f(x)$의 그래프는 오른쪽 그림과 같다.

이때 방정식 $f(x)=k$가 서로 다른 세 실근을 가지려면 $y=f(x)$의 그래프와 직선 $y=k$가 세 점에서 만나야 하므로

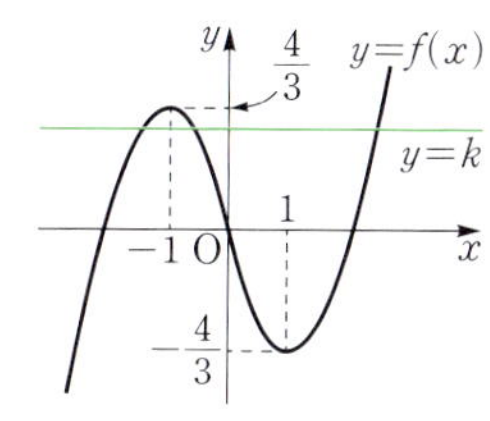

$$-\frac{4}{3}<k<\frac{4}{3}$$

답 $-\dfrac{4}{3}<k<\dfrac{4}{3}$

다른 풀이 $f(x)=k$에서 $\quad \frac{2}{3}x^3-2x=k$

$$\therefore \frac{2}{3}x^3-2x-k=0$$

$g(x)=\frac{2}{3}x^3-2x-k$로 놓으면

$$g'(x)=2x^2-2=2(x+1)(x-1)$$

$g'(x)=0$에서

$$x=-1\ \text{또는}\ x=1$$

따라서 함수 $g(x)$는 $x=-1$, $x=1$에서 극값을 가지므로 방정식 $g(x)=0$, 즉 $f(x)=k$가 서로 다른 세 실근을 가지려면

$$g(-1)g(1)<0,\qquad \left(\frac{4}{3}-k\right)\left(-\frac{4}{3}-k\right)<0$$

$$\left(k-\frac{4}{3}\right)\left(k+\frac{4}{3}\right)<0\qquad \therefore -\frac{4}{3}<k<\frac{4}{3}$$

📝 RPM 비법 노트

삼차방정식의 근의 판별

삼차함수 $f(x)$가 극값을 가질 때, 삼차방정식 $f(x)=0$의 실근의 개수는 다음과 같다.

(ⅰ) (극댓값)$\times$(극솟값)<0

$\iff$ 서로 다른 세 실근을 갖는다.

(ⅱ) (극댓값)$\times$(극솟값)$=0$

$\iff$ 중근과 다른 한 실근 (서로 다른 두 실근)을 갖는다.

(ⅲ) (극댓값)$\times$(극솟값)>0

$\iff$ 한 실근과 두 허근을 갖는다.

0668 $F(x)-G(x)=k\ (k$는 상수$)$라 하면

$$k=F(0)-G(0)=1-2=-1$$

$$\therefore G(x)=F(x)-k$$

$$=x^3-2x^2+1-(-1)=x^3-2x^2+2$$

$$\therefore G(2)=2$$

답 **2**

0669 $\dfrac{d}{dx}\left\{\displaystyle\int xf(x)dx\right\}=xf(x)$이므로

$$xf(x)=x^4+x^3+x^2+x=x(x^3+x^2+x+1)$$

따라서 $f(x)=x^3+x^2+x+1$이므로

$$f(3)=40$$

답 ③

0670 $\displaystyle\int(x+3y)^2dy=\int(x^2+6xy+9y^2)dy$

$$=x^2\int dy+6x\int y\,dy+9\int y^2\,dy$$

$$=x^2y+3xy^2+3y^3+C$$

답 $x^2y+3xy^2+3y^3+C$

참고 | 적분변수 이외의 문자는 상수로 생각한다.

0671 $f(x)=\displaystyle\int(\sqrt{x}+5)^2dx+\int(\sqrt{x}-5)^2dx$

$$=\int\{(\sqrt{x}+5)^2+(\sqrt{x}-5)^2\}dx$$

$$=\int(2x+50)dx$$

$$=x^2+50x+C$$

이때 $f(0)=49$이므로 $\quad C=49$

따라서 $f(x)=x^2+50x+49$이므로

$$f(1)=100$$

답 ③

0672 $f(1)=a\ (a$는 상수$)$라 하면

$$f(x)=\int f'(x)dx=\int(6x^2-2ax)dx$$

$$=2x^3-ax^2+C$$

이때 $f(0)=4$이므로 $\quad C=4$

즉 $f(x)=2x^3-ax^2+4$이므로 양변에 $x=1$을 대입하면

$$a=2-a+4\qquad \therefore a=3$$

따라서 $f(x)=2x^3-3x^2+4$이므로

$$f(2)=8$$

답 ④

0673 함수 $f(x)$가 실수 전체의 집합에서 증가하므로 모든 실수 x에 대하여 $f'(x)\geq0$이어야 한다.

따라서

$$f'(x)=\{3x-f(1)\}(x-1)$$

$$=3\left\{x-\frac{f(1)}{3}\right\}(x-1)$$

에서 $\dfrac{f(1)}{3}=1$이므로 $\quad f(1)=3$

즉 $f'(x)=3(x-1)^2=3x^2-6x+3$이므로
$$f(x)=\int f'(x)dx=\int(3x^2-6x+3)dx$$
$$=x^3-3x^2+3x+C$$
이때 $f(1)=3$이므로 $\qquad 1-3+3+C=3$
$$\therefore C=2$$
따라서 $f(x)=x^3-3x^2+3x+2$이므로
$$f(2)=4 \qquad\qquad\text{답 ②}$$

다른 풀이 $f(1)=a$ (a는 상수)라 하면
$$f'(x)=(3x-a)(x-1)=3x^2-(3+a)x+a$$
이때 모든 실수 x에 대하여 $f'(x)\geq 0$이어야 하므로 이차방정식
$f'(x)-0$의 판별식을 D라 하면
$$D=(3+a)^2-4\times 3\times a\leq 0$$
$$(a-3)^2\leq 0 \qquad \therefore a=3$$

0674 곡선 $y=f(x)$ 위의 임의의 점 $(x,\,f(x))$에서의 접선의
기울기가 x^2에 정비례하므로
$$f'(x)=ax^2\ (a\text{는 상수},\ a\neq 0)$$
으로 놓으면
$$f(x)=\int f'(x)dx=\int ax^2dx=\frac{a}{3}x^3+C$$
이때 곡선 $y=f(x)$가 두 점 $(1,\,3)$, $(-1,\,1)$을 지나므로
$$f(1)=3,\ f(-1)=1$$
$$\frac{a}{3}+C=3,\ -\frac{a}{3}+C=1$$
$$\therefore a=3,\ C=2$$
따라서 $f(x)=x^3+2$이므로
$$f(3)=29 \qquad\qquad\text{답 29}$$

0675 $\int g(x)dx=x^3f(x)+x+C$의 양변을 x에 대하여 미
분하면
$$g(x)=3x^2f(x)+x^3f'(x)+1$$
$$\therefore g(2)=12f(2)+8f'(2)+1$$
$$=12\times 1+8\times(-1)+1=5 \qquad\text{답 ⑤}$$

0676 $\int(3x+2)f'(x)dx=x^3-2x^2-4x+C$의 양변을 x에
대하여 미분하면
$$(3x+2)f'(x)=3x^2-4x-4=(3x+2)(x-2)$$
$$\therefore f'(x)=x-2$$
$$\therefore f(x)=\int f'(x)dx=\int(x-2)dx=\frac{1}{2}x^2-2x+C_1$$
이때 $y=f(x)$의 그래프의 y절편이 1이므로
$$f(0)=C_1=1$$
따라서 $f(x)=\frac{1}{2}x^2-2x+1$이므로 $f(x)$의 상수항을 포함한
모든 항의 계수의 합은
$$\frac{1}{2}+(-2)+1=-\frac{1}{2} \qquad\qquad\text{답 }-\frac{1}{2}$$

0677 주어진 그래프에서
$$f'(x)=\begin{cases}2 & (x\geq 1)\\ 2x & (x\leq 1)\end{cases}$$
$$\therefore f(x)=\begin{cases}2x+C_1 & (x\geq 1)\\ x^2+C_2 & (x\leq 1)\end{cases}$$
이때 $y=f(x)$의 그래프가 원점을 지나므로 $\qquad f(0)=0$
$$\therefore C_2=0$$
한편 $f(x)$가 연속함수이므로 $x=1$에서 연속이다.
즉 $\displaystyle\lim_{x\to 1+}f(x)=\lim_{x\to 1-}f(x)=f(1)$에서
$$2+C_1=1 \qquad \therefore C_1=-1$$
따라서 $f(x)=\begin{cases}2x-1 & (x\geq 1)\\ x^2 & (x\leq 1)\end{cases}$이므로
$$f(4)=7 \qquad\qquad\text{답 7}$$

0678 $f'(x)=\begin{cases}2x-3 & (|x|\geq 1)\\ -3x^2+2x & (|x|\leq 1)\end{cases}$이므로
$$f(x)=\begin{cases}x^2-3x+C_1 & (x\leq -1)\\ -x^3+x^2+C_2 & (-1\leq x\leq 1)\\ x^2-3x+C_3 & (x\geq 1)\end{cases}$$
이때 $f(-2)=10$이므로
$$4+6+C_1=10 \qquad \therefore C_1=0$$
한편 함수 $f(x)$가 모든 실수 x에서 연속이므로 $x=-1$, $x=1$
에서 연속이다.
즉 $\displaystyle\lim_{x\to -1+}f(x)=\lim_{x\to -1-}f(x)=f(-1)$에서
$$1+1+C_2=4$$
$$\therefore C_2=2$$
또 $\displaystyle\lim_{x\to 1+}f(x)=\lim_{x\to 1-}f(x)=f(1)$에서
$$1-3+C_3=2$$
$$\therefore C_3=4$$
따라서 $f(x)=\begin{cases}x^2-3x & (x\leq -1)\\ -x^3+x^2+2 & (-1\leq x\leq 1)\\ x^2-3x+4 & (x\geq 1)\end{cases}$이므로
$$f(2)=2 \qquad\qquad\text{답 2}$$

0679 $f(x)=\int\left\{\dfrac{d}{dx}(3x^3-ax^2)\right\}dx$
$$=3x^3-ax^2+C$$
이때 $f(1)=6$이므로 $\qquad 3-a+C=6$
$$\therefore C=a+3 \qquad\qquad\cdots\cdots\ \text{㉠}$$
또 $\displaystyle\lim_{x\to 1}\frac{f(x)-f(1)}{x-1}=f'(1)=-1$이므로
$f'(x)=9x^2-2ax$에서
$$9-2a=-1 \qquad \therefore a=5$$
$a=5$를 ㉠에 대입하면 $\qquad C=8$
따라서 $f(x)=3x^3-5x^2+8$이므로
$$f(2)=12 \qquad\qquad\text{답 12}$$

0680 $f(x)=\displaystyle\int(5x^3-x^2+4x+7)dx$의 양변을 x에 대하여

미분하면 $f'(x)=5x^3-x^2+4x+7$

$$\therefore \lim_{x\to1}\frac{f(x)-f(1)}{x^3-1}$$
$$=\lim_{x\to1}\left\{\frac{f(x)-f(1)}{x-1}\times\frac{1}{x^2+x+1}\right\}$$
$$=\frac{1}{3}f'(1)=\frac{1}{3}\times15=5$$

답 ⑤

0681 조건 ㈎에서 $f'(x)$는 일차항의 계수가 2인 일차함수이므로

$$f'(x)=2x+k \ (k\text{는 상수})$$

로 놓을 수 있다.

조건 ㈏에서 $x\to3$일 때 (분모) $\to0$이고 극한값이 존재하므로 (분자) $\to0$이다.

즉 $\displaystyle\lim_{x\to3}f(x)=0$이므로 $f(3)=0$

$$\therefore \lim_{x\to3}\frac{f(x)}{x-3}=\lim_{x\to3}\frac{f(x)-f(3)}{x-3}=f'(3)=2$$

이때 $f'(3)=6+k$이므로 $6+k=2$ $\therefore k=-4$

$$\therefore f'(x)=2x-4$$

즉 $f(x)=\displaystyle\int(2x-4)dx=x^2-4x+C$이고 $f(3)=0$이므로

$$9-12+C=0 \quad \therefore C=3$$
$$\therefore f(x)=x^2-4x+3=(x-1)(x-3)$$

따라서 방정식 $f(x)=0$, 즉 $(x-1)(x-3)=0$의 해는

$$x=1 \text{ 또는 } x=3$$

답 $x=1$ 또는 $x=3$

0682 $f(x)=\displaystyle\int(6x^2+ax-12)dx$의 양변을 x에 대하여 미

분하면

$$f'(x)=6x^2+ax-12$$

이때 함수 $f(x)$가 $x=1$에서 극솟값 3을 가지므로

$$f'(1)=0, \ f(1)=3$$

$f'(1)=0$에서 $6+a-12=0$ $\therefore a=6$

따라서

$$f(x)=\int(6x^2+6x-12)dx=2x^3+3x^2-12x+C$$

이므로

$$f(1)=2+3-12+C=3 \quad \therefore C=10$$
$$\therefore f(x)=2x^3+3x^2-12x+10$$

한편 $f'(x)=6x^2+6x-12=6(x+2)(x-1)$이므로

$f'(x)=0$에서 $x=-2$ 또는 $x=1$

x	$\cdots$	-2	$\cdots$	1	$\cdots$
$f'(x)$	$+$	0	$-$	0	$+$
$f(x)$	↗	극대	↘	극소	↗

따라서 $f(x)$는 $x=-2$에서 극대이므로 구하는 극댓값은

$$f(-2)=30$$

답 ①

0683 $F(x)=\dfrac{d}{dx}\left\{\displaystyle\int xf(x)dx\right\}=xf(x)$

$$=x(2x+1)=2x^2+x \qquad \cdots \text{1단계}$$

$$G(x)=\int\left\{\frac{d}{dx}xf(x)\right\}dx=xf(x)+C$$

$$=x(2x+1)+C=2x^2+x+C$$

이때 $G(1)=5$이므로

$$2+1+C=5 \quad \therefore C=2$$

따라서 $G(x)=2x^2+x+2$이므로 $\qquad \cdots \text{2단계}$

$$F(-1)+G(-1)=1+3=4 \qquad \cdots \text{3단계}$$

답 4

채점 요소		비율
1단계	$F(x)$ 구하기	40 %
2단계	$G(x)$ 구하기	50 %
3단계	$F(-1)+G(-1)$의 값 구하기	10 %

0684 $\dfrac{d}{dx}\{f(x)+g(x)\}=2x+1$에서

$$\int\left[\frac{d}{dx}\{f(x)+g(x)\}\right]dx=\int(2x+1)dx$$
$$\therefore f(x)+g(x)=x^2+x+C_1$$

양변에 $x=0$을 대입하면

$$C_1=f(0)+g(0)=-1$$
$$\therefore f(x)+g(x)=x^2+x-1 \qquad \cdots\cdots ㉠$$

$\dfrac{d}{dx}\{f(x)g(x)\}=3x^2-6x+2$에서

$$\int\left[\frac{d}{dx}\{f(x)g(x)\}\right]dx=\int(3x^2-6x+2)dx$$
$$\therefore f(x)g(x)=x^3-3x^2+2x+C_2$$

양변에 $x=0$을 대입하면

$$C_2=f(0)g(0)=-6$$
$$\therefore f(x)g(x)=x^3-3x^2+2x-6$$
$$=(x-3)(x^2+2) \qquad \cdots\cdots ㉡ \quad \cdots \text{1단계}$$

이때 $f(0)=-3$, $g(0)=2$이므로 ㉠, ㉡에서

$$f(x)=x-3, \ g(x)=x^2+2 \qquad \cdots \text{2단계}$$
$$\therefore f(1)+g(2)=-2+6=4 \qquad \cdots \text{3단계}$$

답 4

채점 요소		비율
1단계	$f(x)+g(x)$, $f(x)g(x)$ 구하기	60 %
2단계	$f(x)$, $g(x)$ 구하기	30 %
3단계	$f(1)+g(2)$의 값 구하기	10 %

0685 $f'(x)=4x+6$이므로 $\qquad \cdots \text{1단계}$

$$f(x)=\int f'(x)dx=\int(4x+6)dx=2x^2+6x+C$$

이때 곡선 $y=f(x)$가 점 $(1,\ 3)$을 지나므로 $f(1)=3$

$$2+6+C=3 \quad \therefore C=-5$$
$$\therefore f(x)=2x^2+6x-5 \qquad \cdots \text{2단계}$$

따라서 방정식 $f(x)=0$, 즉 $2x^2+6x-5=0$의 모든 근의 곱은 이차방정식의 근과 계수의 관계에 의하여 $-\dfrac{5}{2}$이다. $\cdots$ 3단계

답 $-\dfrac{5}{2}$

채점 요소		비율
1단계	$f'(x)$ 구하기	20 %
2단계	$f(x)$ 구하기	50 %
3단계	방정식 $f(x)=0$의 모든 근의 곱 구하기	30 %

0686 $4\displaystyle\int f(x)dx-f(x)=2xf(x)+x$의 양변을 x에 대하여 미분하면
$$4f(x)-f'(x)=2f(x)+2xf'(x)+1$$
$$\therefore 2f(x)=(2x+1)f'(x)+1 \quad \cdots\cdots\ \text{㉠} \quad \cdots\ \text{1단계}$$
이때 $f(x)$가 일차함수이므로
$$f(x)=ax+b\ (a,\ b\text{는 상수},\ a\neq0)$$
로 놓으면 $f'(x)=a$
$f(x)$, $f'(x)$를 ㉠에 대입하면
$$2(ax+b)=(2x+1)\times a+1$$
$$\therefore a-2b=-1 \quad \cdots\cdots\ \text{㉡}$$
또 $f(1)=1$이므로
$$a+b=1 \quad \cdots\cdots\ \text{㉢}$$
㉡, ㉢을 연립하여 풀면 $a=\dfrac{1}{3}$, $b=\dfrac{2}{3}$

따라서 $f(x)=\dfrac{1}{3}x+\dfrac{2}{3}$이므로 $\cdots$ 2단계
$$f(4)=2 \quad \cdots\ \text{3단계}$$

답 2

채점 요소		비율
1단계	$f(x)$와 $f'(x)$ 사이의 관계식 구하기	30 %
2단계	$f(x)$ 구하기	60 %
3단계	$f(4)$의 값 구하기	10 %

0687 전략 주어진 등식의 양변을 미분하여 $f(x)$와 $f'(x)$ 사이의 관계식을 구한다.

$3\displaystyle\int f(x)dx=xf(x)-2f(x)$의 양변을 x에 대하여 미분하면
$$3f(x)=f(x)+xf'(x)-2f'(x)$$
$$\therefore 2f(x)=(x-2)f'(x) \quad \cdots\cdots\ \text{㉠}$$
이때 $f(x)$의 최고차항을 ax^n (a는 상수, n은 자연수)이라 하면
$2f(x)$의 최고차항은 $2ax^n$, $(x-2)f'(x)$의 최고차항은 anx^n
이므로 ㉠에서
$$2a=an, \quad a(n-2)=0$$
$$\therefore n=2\ (\because a\neq0)$$
즉 $f(x)$가 이차함수이고 $f(0)=2$이므로
$$f(x)=ax^2+bx+2\ (b\text{는 상수})$$
로 놓으면 $f'(x)=2ax+b$

$f(x)$, $f'(x)$를 ㉠에 대입하면
$$2(ax^2+bx+2)=(x-2)(2ax+b)$$
$$\therefore 2ax^2+2bx+4=2ax^2+(b-4a)x-2b$$
이 등식이 모든 실수 x에 대하여 성립하므로
$$2b=b-4a, \quad 4=-2b$$
$$\therefore a=\dfrac{1}{2}, \quad b=-2$$
따라서 $f(x)=\dfrac{1}{2}x^2-2x+2$이므로
$$f(6)=8$$

답 8

0688 전략 미분계수와 도함수의 정의를 이용한다.

ㄱ. $f(x+y)=f(x)+f(y)+3xy$에 $x=0$, $y=0$을 대입하면
$$f(0)=f(0)+f(0)$$
$$\therefore f(0)=0\ (\text{참})$$

ㄴ. $f'(1)=6$이므로
$$f'(1)=\lim_{h\to0}\frac{f(1+h)-f(1)}{h}$$
$$=\lim_{h\to0}\frac{f(1)+f(h)+3h-f(1)}{h}$$
$$=\lim_{h\to0}\frac{f(h)}{h}+3=6$$
$$\therefore \lim_{h\to0}\frac{f(h)}{h}=3$$
이때 $-h=t$라 하면 $h\longrightarrow0$일 때 $t\longrightarrow0$이므로
$$\lim_{h\to0}\frac{f(-h)}{h}=\lim_{t\to0}\frac{f(t)}{-t}=\lim_{t\to0}\frac{f(t)}{t}\times(-1)$$
$$=3\times(-1)=-3\ (\text{거짓})$$

ㄷ. $f'(-1)=\displaystyle\lim_{h\to0}\frac{f(-1+h)-f(-1)}{h}$
$$=\lim_{h\to0}\frac{f(-1)+f(h)-3h-f(-1)}{h}$$
$$=\lim_{h\to0}\frac{f(h)}{h}-3$$
$$=3-3=0\ (\text{참})$$

ㄹ. $f'(x)=\displaystyle\lim_{h\to0}\frac{f(x+h)-f(x)}{h}$
$$=\lim_{h\to0}\frac{f(x)+f(h)+3xh-f(x)}{h}$$
$$=\lim_{h\to0}\frac{f(h)}{h}+3x$$
$$=3+3x$$
$$\therefore f(x)=\int f'(x)dx=\int(3+3x)dx$$
$$=\frac{3}{2}x^2+3x+C$$
이때 $f(0)=0$이므로
$$C=0$$
따라서 $f(x)=\dfrac{3}{2}x^2+3x$이므로
$$f(-3)=\frac{9}{2}>0\ (\text{거짓})$$
이상에서 옳은 것은 ㄱ, ㄷ이다.

답 ㄱ, ㄷ

0689 전략 먼저 조건 (나), (다)를 만족시키는 함수 $y=f(x)$의 그래프의 개형을 파악한다.

조건 (다)를 만족시키려면 함수 $y=f(x)$의 그래프와 직선 $y=f(3)$이 두 점에서 만나야 한다.

따라서 최고차항의 계수가 1인 삼차함수 $f(x)$가 조건 (나), (다)를 만족시키려면 함수 $y=f(x)$의 그래프는 다음 그림과 같아야 한다.

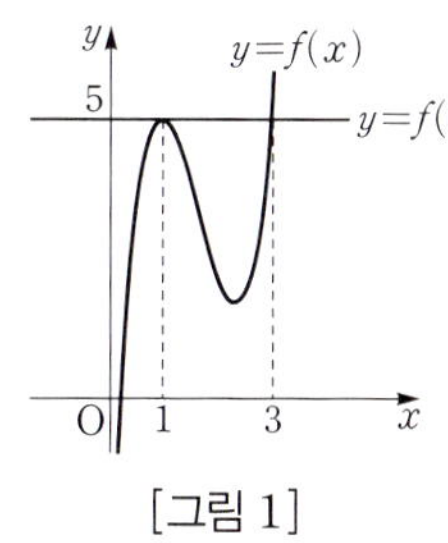
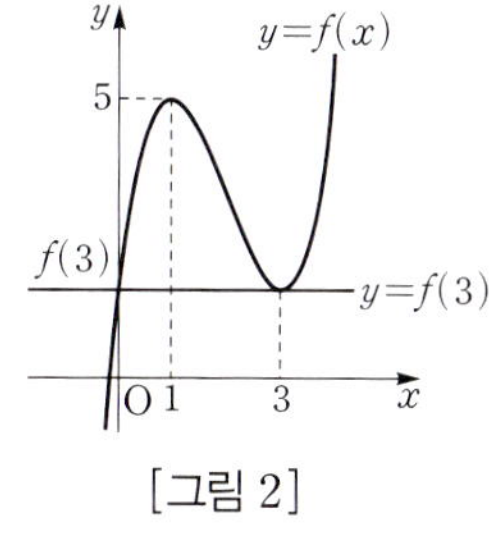

[그림 1]　　　　[그림 2]

(i) [그림 1]의 경우

방정식 $f(x)=f(3)$, 즉 $f(x)-f(3)=0$의 해는
$$x=1 \text{ 또는 } x=3$$
이고 함수 $y=f(x)$의 그래프와 직선 $y=f(3)$이 $x=1$에서 접하므로
$$f(x)-f(3)=(x-1)^2(x-3)$$
$$\therefore f(x)=(x-1)^2(x-3)+f(3)$$

이때 $f'(x)=2(x-1)(x-3)+(x-1)^2$이므로
$$f'\left(\frac{8}{3}\right)=\frac{5}{3}>0$$
따라서 조건 (가)를 만족시키지 않는다.

(ii) [그림 2]의 경우

$f(x)$는 최고차항의 계수가 1인 삼차함수이므로 $f'(x)$는 최고차항의 계수가 3인 이차함수이다.

이때 함수 $f(x)$가 $x=1$, $x=3$에서 극값을 가지므로
$$f'(x)=3(x-1)(x-3)$$
따라서 $f'\left(\frac{8}{3}\right)=-\frac{5}{3}<0$이므로 조건 (가)를 만족시킨다.

(i), (ii)에서 $f'(x)=3(x-1)(x-3)$이므로
$$f(x)=\int f'(x)dx=\int 3(x-1)(x-3)dx$$
$$=\int(3x^2-12x+9)dx$$
$$=x^3-6x^2+9x+C$$
이때 조건 (나)에서 $f(1)=5$이므로
$$1-6+9+C=5 \qquad \therefore C=1$$
따라서 $f(x)=x^3-6x^2+9x+1$이므로
$$f(-1)=-15$$

답 -15

08 정적분

0690 답 0

0691 $\displaystyle\int_0^1 2x\,dx=\Big[x^2\Big]_0^1=1-0=1$ 답 1

0692 $\displaystyle\int_1^3 (2y-1)\,dy=\Big[y^2-y\Big]_1^3$
$$=(9-3)-(1-1)=6$$ 답 6

0693 $\displaystyle\int_1^2 (x^2-2x+6)\,dx=\Big[\frac{1}{3}x^3-x^2+6x\Big]_1^2$
$$=\Big(\frac{8}{3}-4+12\Big)-\Big(\frac{1}{3}-1+6\Big)$$
$$=\frac{16}{3}$$ 답 $\dfrac{16}{3}$

0694 $\displaystyle\int_3^1 (3x^2-x+1)\,dx=\Big[x^3-\frac{1}{2}x^2+x\Big]_3^1$
$$=\Big(1-\frac{1}{2}+1\Big)-\Big(27-\frac{9}{2}+3\Big)$$
$$=-24$$ 답 -24

0695 $\displaystyle\int_1^{-2} (x^3+3x^2)\,dx=\Big[\frac{1}{4}x^4+x^3\Big]_1^{-2}$
$$=(4-8)-\Big(\frac{1}{4}+1\Big)$$
$$=-\frac{21}{4}$$ 답 $-\dfrac{21}{4}$

0696 $\displaystyle\int_{-2}^0 x(x+4)\,dx=\int_{-2}^0 (x^2+4x)\,dx$
$$=\Big[\frac{1}{3}x^3+2x^2\Big]_{-2}^0$$
$$=0-\Big(-\frac{8}{3}+8\Big)=-\frac{16}{3}$$ 답 $-\dfrac{16}{3}$

0697 $\displaystyle\int_1^2 (x-1)(x-2)\,dx=\int_1^2 (x^2-3x+2)\,dx$
$$=\Big[\frac{1}{3}x^3-\frac{3}{2}x^2+2x\Big]_1^2$$
$$=\Big(\frac{8}{3}-6+4\Big)-\Big(\frac{1}{3}-\frac{3}{2}+2\Big)$$
$$=-\frac{1}{6}$$ 답 $-\dfrac{1}{6}$

0698 $\displaystyle\int_0^1 (x+3)(x^2-3x+9)\,dx=\int_0^1 (x^3+27)\,dx$
$$=\Big[\frac{1}{4}x^4+27x\Big]_0^1$$
$$=\Big(\frac{1}{4}+27\Big)-0$$
$$=\frac{109}{4}$$ 답 $\dfrac{109}{4}$

0699 $\displaystyle\int_0^2 (x^2-1)\,dx+\int_0^2 (x^2+1)\,dx$
$$=\int_0^2 (x^2-1+x^2+1)\,dx=\int_0^2 2x^2\,dx$$
$$=\Big[\frac{2}{3}x^3\Big]_0^2=\frac{16}{3}-0=\frac{16}{3}$$ 답 $\dfrac{16}{3}$

0700 $\displaystyle\int_{-1}^3 (3x^2+x-2)\,dx-\int_{-1}^3 (x+3)\,dx$
$$=\int_{-1}^3 \{3x^2+x-2-(x+3)\}\,dx=\int_{-1}^3 (3x^2-5)\,dx$$
$$=\Big[x^3-5x\Big]_{-1}^3=(27-15)-(-1+5)=8$$ 답 8

0701 $\displaystyle\int_{-2}^1 (x+1)^3\,dx-\int_{-2}^1 (x-1)^3\,dx$
$$=\int_{-2}^1 \{(x+1)^3-(x-1)^3\}\,dx$$
$$=\int_{-2}^1 (6x^2+2)\,dx=\Big[2x^3+2x\Big]_{-2}^1$$
$$=(2+2)-(-16-4)=24$$ 답 24

0702 $\displaystyle\int_{-1}^0 (x^2+1)\,dx+\int_0^2 (x^2+1)\,dx$
$$=\int_{-1}^2 (x^2+1)\,dx=\Big[\frac{1}{3}x^3+x\Big]_{-1}^2$$
$$=\Big(\frac{8}{3}+2\Big)-\Big(-\frac{1}{3}-1\Big)=6$$ 답 6

0703 $\displaystyle\int_{-1}^0 (2x^2-x+1)\,dx+\int_0^{-1} (2x^2-x+1)\,dx$
$$=\int_{-1}^{-1} (2x^2-x+1)\,dx=0$$ 답 0

0704 $\displaystyle\int_{-2}^{-1} (x^2-4x+5)\,dx+\int_{-1}^1 (y^2-4y+5)\,dy$
$$=\int_{-2}^{-1} (x^2-4x+5)\,dx+\int_{-1}^1 (x^2-4x+5)\,dx$$
$$=\int_{-2}^1 (x^2-4x+5)\,dx=\Big[\frac{1}{3}x^3-2x^2+5x\Big]_{-2}^1$$
$$=\Big(\frac{1}{3}-2+5\Big)-\Big(-\frac{8}{3}-8-10\Big)=24$$ 답 24

0705 $\displaystyle\int_0^1 (x^3-3x^2)\,dx-\int_2^1 (x^3-3x^2)\,dx$
$$=\int_0^1 (x^3-3x^2)\,dx+\int_1^2 (x^3-3x^2)\,dx$$
$$=\int_0^2 (x^3-3x^2)\,dx=\Big[\frac{1}{4}x^4-x^3\Big]_0^2$$
$$=(4-8)-0=-4$$ 답 -4

0706 $\displaystyle\int_{-1}^1 (x^5-x^3+3x^2+5x+1)\,dx$
$$=\int_{-1}^1 (x^5-x^3+5x)\,dx+\int_{-1}^1 (3x^2+1)\,dx$$
$$=2\int_0^1 (3x^2+1)\,dx=2\Big[x^3+x\Big]_0^1$$
$$=2\times\{(1+1)-0\}=4$$ 답 4

0707 $\displaystyle\int_{-2}^{2}(x^7-5x^4+3x^2-1)dx$

$=\displaystyle\int_{-2}^{2}x^7dx+\int_{-2}^{2}(-5x^4+3x^2-1)dx$

$=2\displaystyle\int_{0}^{2}(-5x^4+3x^2-1)dx=2\Big[-x^5+x^3-x\Big]_{0}^{2}$

$=2\times\{(-32+8-2)-0\}=-52$ **답** -52

0708 주어진 등식의 양변을 x에 대하여 미분하면

$f(x)=2x-2$ **답** $f(x)=2x-2$

0709 주어진 등식의 양변을 x에 대하여 미분하면

$f(x)=3x^2+2x-1$ **답** $f(x)=3x^2+2x-1$

0710 $f(t)=2t^2+3$으로 놓고 $f(t)$의 한 부정적분을 $F(t)$라 하면

$$\lim_{x\to1}\frac{1}{x-1}\int_{1}^{x}(2t^2+3)dt=\lim_{x\to1}\frac{1}{x-1}\int_{1}^{x}f(t)dt$$
$$=\lim_{x\to1}\frac{\Big[F(t)\Big]_{1}^{x}}{x-1}$$
$$=\lim_{x\to1}\frac{F(x)-F(1)}{x-1}$$
$$=F'(1)=f(1)=5$$

답 5

0711 $f(x)=x^2-2x-1$로 놓고 $f(x)$의 한 부정적분을 $F(x)$라 하면

$$\lim_{h\to0}\frac{1}{h}\int_{0}^{h}(x^2-2x-1)dx=\lim_{h\to0}\frac{1}{h}\int_{0}^{h}f(x)dx$$
$$=\lim_{h\to0}\frac{\Big[F(x)\Big]_{0}^{h}}{h}$$
$$=\lim_{h\to0}\frac{F(h)-F(0)}{h}$$
$$=F'(0)=f(0)=-1$$

답 -1

0712 $\displaystyle\int_{-1}^{2}(6t+5)(1-2t)dt+\int_{3}^{3}(6t-5)(1+2t)dt$

$=\displaystyle\int_{-1}^{2}(6t+5)(1-2t)dt+0=\int_{-1}^{2}(-12t^2-4t+5)dt$

$=\Big[-4t^3-2t^2+5t\Big]_{-1}^{2}=-27$ **답** ①

0713 $\displaystyle\int_{0}^{2}x^2f(x)dx=\int_{0}^{2}x^2(5x^2-8x+3)dx$

$=\displaystyle\int_{0}^{2}(5x^4-8x^3+3x^2)dx$

$=\Big[x^5-2x^4+x^3\Big]_{0}^{2}=8$ **답** 8

0714 $\displaystyle\int_{-2}^{1}\{f'(x)+3x^2\}dx=\Big[f(x)+x^3\Big]_{-2}^{1}$

$=\{f(1)+1\}-\{f(-2)-8\}$

$=f(1)+4\ (\because f(-2)=5)$

따라서 $f(1)+4=2$이므로 $f(1)=-2$ **답** -2

0715 $F(x)-G(x)=k$ (k는 상수)라 하면

$k=F(0)-G(0)=1$

이므로 $F(x)=G(x)+1$

$\therefore \displaystyle\int_{1}^{4}f(x)dx=\Big[F(x)\Big]_{1}^{4}=F(4)-F(1)$

$=\{G(4)+1\}-F(1)$

$=(7+1)-2=6$ **답** 6

0716 $\displaystyle\int_{0}^{2}(-6x^2+6kx-5)dx=\Big[-2x^3+3kx^2-5x\Big]_{0}^{2}$

$=12k-26$

$12k-26<10$에서 $k<3$

따라서 정수 k의 최댓값은 2이다. **답** 2

0717 $\displaystyle\int_{0}^{a}(3x^2+2x-2)dx=\Big[x^3+x^2-2x\Big]_{0}^{a}$

$=a^3+a^2-2a$

따라서 $a^3+a^2-2a=0$이므로

$a(a+2)(a-1)=0$ $\therefore a=1\ (\because a>0)$ **답** 1

0718 $\displaystyle\int_{0}^{1}(6a^2x^2-8ax-3)dx=\Big[2a^2x^3-4ax^2-3x\Big]_{0}^{1}$

$=2a^2-4a-3$

$=2(a-1)^2-5$ ··· **1단계**

따라서 $\displaystyle\int_{0}^{1}(6a^2x^2-8ax-3)dx$는 $a=1$일 때 최솟값 -5를 가지므로

$m=1,\ n=-5$ ··· **2단계**

$\therefore m+n=-4$ ··· **3단계**

답 -4

	채점 요소	비율
1단계	$\displaystyle\int_{0}^{1}(6a^2x^2-8ax-3)dx$의 값을 a에 대한 이차식으로 나타내기	60 %
2단계	$m,\ n$의 값 구하기	30 %
3단계	$m+n$의 값 구하기	10 %

0719 함수 $f(x)=ax^2+bx+c$의 그래프가 점 $(-1,\ 1)$을 지나므로 $f(-1)=1$

$\therefore a-b+c=1$ ······ ㉠

또 점 $(1,\ 1)$을 지나므로 $f(1)=1$

$\therefore a+b+c=1$ ······ ㉡

㉠$-$㉡을 하면 $-2b=0$ $\therefore b=0$

$b=0$을 ㉠에 대입하면 $a+c=1$ $\therefore c=1-a$

따라서 $f(x)=ax^2+1-a$이므로

$$\int_0^1 f(x)dx=\int_0^1 (ax^2+1-a)dx$$
$$=\left[\frac{a}{3}x^3+(1-a)x\right]_0^1$$
$$=-\frac{2}{3}a+1$$

즉 $-\frac{2}{3}a+1=-1$이므로　　$a=3$　　답 ④

0720 $\displaystyle\int_0^1 \frac{1}{x+1}dx-\int_1^0 \frac{y^3}{y+1}dy$

$$=\int_0^1 \frac{1}{x+1}dx+\int_0^1 \frac{x^3}{x+1}dx=\int_0^1 \frac{x^3+1}{x+1}dx$$
$$=\int_0^1 \frac{(x+1)(x^2-x+1)}{x+1}dx=\int_0^1 (x^2-x+1)dx$$
$$=\left[\frac{1}{3}x^3-\frac{1}{2}x^2+x\right]_0^1=\frac{5}{6}$$　　답 $\dfrac{5}{6}$

0721 $\displaystyle\int_{-1}^3 (2x^2+x+1)dx+2\int_{-1}^3 (-x^2+1)dx$

$$=\int_{-1}^3 (2x^2+x+1)dx+\int_{-1}^3 2(-x^2+1)dx$$
$$=\int_{-1}^3 \{2x^2+x+1+2(-x^2+1)\}dx$$
$$=\int_{-1}^3 (x+3)dx=\left[\frac{1}{2}x^2+3x\right]_{-1}^3=16$$　　답 **16**

0722 $\displaystyle\int_0^2 (x+k)^2 dx+\int_2^0 (x-k)^2 dx$

$$=\int_0^2 (x+k)^2 dx-\int_0^2 (x-k)^2 dx$$
$$=\int_0^2 \{(x+k)^2-(x-k)^2\}dx$$
$$=\int_0^2 4kx\,dx=\left[2kx^2\right]_0^2=8k$$

따라서 $8k=16$이므로　　$k=2$　　답 ④

0723 $\displaystyle\int_1^3 \{f(x)-2\}^2 dx$

$$=\int_1^3 [\{f(x)\}^2-4f(x)+4]dx$$
$$=\int_1^3 \{f(x)\}^2 dx-4\int_1^3 f(x)dx+\int_1^3 4dx$$
$$=\int_1^3 \{f(x)\}^2 dx+4\int_3^1 f(x)dx+\int_1^3 4dx$$
$$=6+4\times(-2)+\left[4x\right]_1^3$$
$$=6-8+8=6$$　　답 **6**

0724 $\displaystyle\int_1^2 \frac{x^2}{x^2+1}dx-\int_3^2 \frac{x^2}{x^2+1}dx+\int_1^3 \frac{1}{x^2+1}dx$

$$=\int_1^2 \frac{x^2}{x^2+1}dx+\int_2^3 \frac{x^2}{x^2+1}dx+\int_1^3 \frac{1}{x^2+1}dx$$
$$=\int_1^3 \frac{x^2}{x^2+1}dx+\int_1^3 \frac{1}{x^2+1}dx$$
$$=\int_1^3 \frac{x^2+1}{x^2+1}dx=\int_1^3 1dx=\left[x\right]_1^3=2$$　　답 **2**

0725 $\displaystyle\int_{-1}^1 (2x^3+6x^2-2)dx+\int_1^2 (2y^3+6y^2-2)dy$

$$=\int_{-1}^1 (2x^3+6x^2-2)dx+\int_1^2 (2x^3+6x^2-2)dx$$
$$=\int_{-1}^2 (2x^3+6x^2-2)dx$$
$$=\left[\frac{1}{2}x^4+2x^3-2x\right]_{-1}^2=\frac{39}{2}$$　　답 $\dfrac{39}{2}$

0726 $\displaystyle\int_2^5 f(x)dx-\int_3^5 f(x)dx+\int_1^2 f(x)dx$

$$=\int_2^5 f(x)dx+\int_5^3 f(x)dx+\int_1^2 f(x)dx$$
$$=\int_2^3 f(x)dx+\int_1^2 f(x)dx=\int_1^3 f(x)dx$$
$$=\int_1^3 (x^2-2x)dx=\left[\frac{1}{3}x^3-x^2\right]_1^3=\frac{2}{3}$$　　답 $\dfrac{2}{3}$

0727 $\displaystyle\int_{-1}^3 f(x)dx=\int_{-1}^2 f(x)dx+\int_2^3 f(x)dx$

$$=\int_{-1}^2 f(x)dx+\int_2^1 f(x)dx+\int_1^3 f(x)dx$$
$$=\int_{-1}^2 f(x)dx-\int_1^2 f(x)dx+\int_1^3 f(x)dx$$
$$=2-8+4=-2$$　　답 -2

0728 $\displaystyle\int_0^2 f(x)dx=\int_0^1 f(x)dx+\int_1^2 f(x)dx$

$$=\int_0^1 x\,dx+\int_1^2 (x-2)^2 dx$$
$$=\int_0^1 x\,dx+\int_1^2 (x^2-4x+4)dx$$
$$=\left[\frac{1}{2}x^2\right]_0^1+\left[\frac{1}{3}x^3-2x^2+4x\right]_1^2$$
$$=\frac{1}{2}+\frac{1}{3}=\frac{5}{6}$$　　답 $\dfrac{5}{6}$

0729 주어진 그래프에서

$$f(x)=\begin{cases} 12 & (x\geq 0) \\ 3x+12 & (x\leq 0) \end{cases}$$

$$\therefore \int_{-4}^4 xf(x)dx=\int_{-4}^0 xf(x)dx+\int_0^4 xf(x)dx$$
$$=\int_{-4}^0 (3x^2+12x)dx+\int_0^4 12x\,dx$$
$$=\left[x^3+6x^2\right]_{-4}^0+\left[6x^2\right]_0^4$$
$$=-32+96=64$$　　답 **64**

0730 $\displaystyle\int_a^0 f(x)dx=\int_a^{-1} f(x)dx+\int_{-1}^0 f(x)dx$

$$=\int_a^{-1} 4x\,dx+\int_{-1}^0 (3x^2-7)dx$$
$$=\left[2x^2\right]_a^{-1}+\left[x^3-7x\right]_{-1}^0$$
$$=(2-2a^2)+(-6)=-2a^2-4$$

따라서 $-2a^2-4=-22$이므로

$a^2=9$　　$\therefore a=-3\ (\because a<-1)$　　답 ①

0731 $\displaystyle\int_0^2 |x^2-1|\,dx - 2\int_2^0 |1-x^2|\,dx$

$= \displaystyle\int_0^2 |x^2-1|\,dx + 2\int_0^2 |x^2-1|\,dx$

$= \displaystyle 3\int_0^2 |x^2-1|\,dx$

이때 $|x^2-1| = \begin{cases} x^2-1 & (x\le -1\ \text{또는}\ x\ge 1) \\ -x^2+1 & (-1\le x\le 1) \end{cases}$ 이므로

$\displaystyle 3\int_0^2 |x^2-1|\,dx = 3\left\{ \int_0^1 (-x^2+1)\,dx + \int_1^2 (x^2-1)\,dx \right\}$

$\qquad = 3\left(\left[-\dfrac{1}{3}x^3+x \right]_0^1 + \left[\dfrac{1}{3}x^3-x \right]_1^2 \right)$

$\qquad = 3\times\left(\dfrac{2}{3} + \dfrac{4}{3} \right) = 6$ ☑ **6**

0732 $|x^2-x-2| = \begin{cases} x^2-x-2 & (x\le -1\ \text{또는}\ x\ge 2) \\ -x^2+x+2 & (-1\le x\le 2) \end{cases}$

$\therefore \displaystyle\int_{-2}^0 |x^2-x-2|\,dx$

$= \displaystyle\int_{-2}^{-1} (x^2-x-2)\,dx + \int_{-1}^0 (-x^2+x+2)\,dx$

$= \left[\dfrac{1}{3}x^3 - \dfrac{1}{2}x^2 - 2x \right]_{-2}^{-1} + \left[-\dfrac{1}{3}x^3 + \dfrac{1}{2}x^2 + 2x \right]_{-1}^{0}$

$= \dfrac{11}{6} + \dfrac{7}{6} = 3$ ☑ **3**

0733 $x|x-2| = \begin{cases} x(x-2) & (x\ge 2) \\ -x(x-2) & (x\le 2) \end{cases}$

$\therefore \displaystyle\int_0^a x|x-2|\,dx$

$= \displaystyle\int_0^2 \{-x(x-2)\}\,dx + \int_2^a x(x-2)\,dx$

$= \displaystyle\int_0^2 (-x^2+2x)\,dx + \int_2^a (x^2-2x)\,dx$

$= \left[-\dfrac{1}{3}x^3 + x^2 \right]_0^2 + \left[\dfrac{1}{3}x^3 - x^2 \right]_2^a$

$= \dfrac{4}{3} + \left(\dfrac{a^3}{3} - a^2 + \dfrac{4}{3} \right) = \dfrac{a^3}{3} - a^2 + \dfrac{8}{3}$

따라서 $\dfrac{a^3}{3} - a^2 + \dfrac{8}{3} = 8$이므로

$a^3 - 3a^2 - 16 = 0, \qquad (a-4)(a^2+a+4) = 0$

$\therefore a = 4\ (\because a^2+a+4 > 0)$ ☑ **②**

0734 $f(x) = |x+2| + |x| + |x-2|$

$= \begin{cases} -3x & (x\le -2) \\ -x+4 & (-2\le x\le 0) \\ x+4 & (0\le x\le 2) \\ 3x & (x\ge 2) \end{cases}$

이므로 함수 $y=f(x)$의 그래프는 오른쪽 그림과 같다. ··· **1단계**

따라서 함수 $f(x)$는 $x=0$일 때 최솟값 4를 가지므로

$\qquad a = 4$ ··· **2단계**

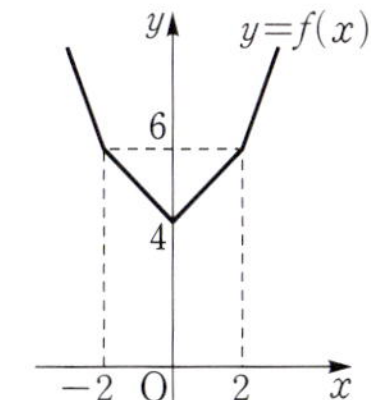

$\therefore \displaystyle\int_1^a f(x)\,dx = \int_1^4 f(x)\,dx$

$\qquad = \displaystyle\int_1^2 f(x)\,dx + \int_2^4 f(x)\,dx$

$\qquad = \displaystyle\int_1^2 (x+4)\,dx + \int_2^4 3x\,dx$

$\qquad = \left[\dfrac{1}{2}x^2 + 4x \right]_1^2 + \left[\dfrac{3}{2}x^2 \right]_2^4$

$\qquad = \dfrac{11}{2} + 18 = \dfrac{47}{2}$ ··· **3단계**

☑ $\dfrac{47}{2}$

채점 요소	비율
1단계 함수 $y=f(x)$의 그래프 그리기	30 %
2단계 a의 값 구하기	20 %
3단계 $\displaystyle\int_1^a f(x)\,dx$의 값 구하기	50 %

0735 $\displaystyle\int_{-2}^4 (5x^4-x^3+3x+1)\,dx + \int_4^2 (5x^4-x^3+3x+1)\,dx$

$= \displaystyle\int_{-2}^2 (5x^4-x^3+3x+1)\,dx = 2\int_0^2 (5x^4+1)\,dx$

$= 2\left[x^5+x \right]_0^2 = 2\times 34 = 68$ ☑ **①**

0736 $\displaystyle\int_{-a}^a (2x^3-3x+4)\,dx = 2\int_0^a 4\,dx = 2\left[4x \right]_0^a$

$\qquad = 2\times 4a = 8a$

따라서 $8a = 16$이므로 $\qquad a = 2$ ☑ **2**

0737 $\displaystyle\int_{-1}^1 (1+2x+3x^2+\cdots+100x^{99})\,dx$

$= \displaystyle 2\int_0^1 (1+3x^2+5x^4+\cdots+99x^{98})\,dx$

$= 2\left[x+x^3+x^5+\cdots+x^{99} \right]_0^1$

$= 2\times 50 = 100$ ☑ **100**

0738 $\displaystyle\int_{-1}^1 xf(x)\,dx = \int_{-1}^1 (ax^2+bx)\,dx = 2\int_0^1 ax^2\,dx$

$\qquad = 2\left[\dfrac{a}{3}x^3 \right]_0^1 = 2\times\dfrac{a}{3} = \dfrac{2}{3}a$

따라서 $\dfrac{2}{3}a = 1$이므로 $\qquad a = \dfrac{3}{2}$

$\displaystyle\int_{-1}^1 x^2 f(x)\,dx = \int_{-1}^1 (ax^3+bx^2)\,dx = 2\int_0^1 bx^2\,dx$

$\qquad = 2\left[\dfrac{b}{3}x^3 \right]_0^1 = 2\times\dfrac{b}{3} = \dfrac{2}{3}b$

따라서 $\dfrac{2}{3}b = -1$이므로 $\qquad b = -\dfrac{3}{2}$

$\therefore ab = -\dfrac{9}{4}$ ☑ $-\dfrac{9}{4}$

0739 $f(-x) = -f(x)$에서 $f(x)$는 기함수이고

$(-x)^2 f(-x) = -x^2 f(x),$

$-xf(-x) = xf(x)$

에서 $x^2 f(x)$는 기함수, $xf(x)$는 우함수이다.

$$\therefore \int_{-2}^{2}(5x^2+2x+1)f(x)dx$$
$$=5\int_{-2}^{2}x^2f(x)dx+2\int_{-2}^{2}xf(x)dx+\int_{-2}^{2}f(x)dx$$
$$=0+4\int_{0}^{2}xf(x)dx+0=4\times2=8$$

답 8

우함수, 기함수의 곱

일반적으로 우함수와 기함수에 대하여 다음이 성립한다.
① (우함수)×(우함수) ⇨ 우함수
② (우함수)×(기함수) ⇨ 기함수
③ (기함수)×(기함수) ⇨ 우함수

0740 $f(-x)=f(x)$에서 $f(x)$는 우함수이므로
$$\int_{-4}^{4}f(x)dx=2\int_{0}^{4}f(x)dx=14$$
$$\therefore \int_{0}^{4}f(x)dx=7$$
$$\therefore \int_{2}^{4}f(x)dx=\int_{2}^{0}f(x)dx+\int_{0}^{4}f(x)dx$$
$$=-\int_{0}^{2}f(x)dx+\int_{0}^{4}f(x)dx$$
$$=-5+7=2$$

답 2

0741 $f(-x)=-f(x)$에서 $f(x)$는 기함수이고,
$g(-x)=g(x)$에서 $g(x)$는 우함수이다.
또 $f(-x)g(-x)=-f(x)g(x)$이므로 $f(x)g(x)$는 기함수
이다.
$$\therefore \int_{-3}^{3}\{f(x)+g(x)+f(x)g(x)\}dx$$
$$=\int_{-3}^{3}f(x)dx+\int_{-3}^{3}g(x)dx+\int_{-3}^{3}f(x)g(x)dx$$
$$=0+2\int_{0}^{3}g(x)dx+0=2\times5=10$$

답 10

0742 $\int_{0}^{2}f(t)dt=k$ (k는 상수) ······ ㉠
로 놓으면 $f(x)=3x^2+2x+k$
이것을 ㉠에 대입하면
$$\int_{0}^{2}(3t^2+2t+k)dt=k, \quad \left[t^3+t^2+kt\right]_{0}^{2}=k$$
$$12+2k=k \qquad \therefore k=-12$$
따라서 $f(x)=3x^2+2x-12$이므로
$$f(2)=4$$

답 ⑤

0743 $\int_{0}^{3}tf'(t)dt=k$ (k는 상수) ······ ㉠
로 놓으면 $f(x)=4x+k$
$$\therefore f'(x)=4$$
이것을 ㉠에 대입하면
$$\int_{0}^{3}4t\,dt=k, \quad \left[2t^2\right]_{0}^{3}=k \quad \therefore k=18$$
따라서 $f(x)=4x+18$이므로 $f(-3)=6$

답 ②

0744 $\int_{1}^{2}f(t)dt=k$ (k는 상수) ······ ㉠
로 놓으면 $f(x)=\dfrac{75}{7}x^2-6kx+k^2$
이것을 ㉠에 대입하면
$$\int_{1}^{2}\left(\dfrac{75}{7}t^2-6kt+k^2\right)dt=k$$
$$\left[\dfrac{25}{7}t^3-3kt^2+k^2t\right]_{1}^{2}=k$$
$$25-9k+k^2=k, \quad k^2-10k+25=0$$
$$(k-5)^2=0 \qquad \therefore k=5$$
$$\therefore \int_{1}^{2}f(x)dx=5$$

답 5

0745 $f(x)=3x^2+\int_{0}^{1}(2x-1)f(t)dt$
$$=3x^2+2x\int_{0}^{1}f(t)dt-\int_{0}^{1}f(t)dt$$
이때
$$\int_{0}^{1}f(t)dt=k \ (k는 상수) \qquad ······ ㉠$$
로 놓으면 $f(x)=3x^2+2kx-k$
이것을 ㉠에 대입하면
$$\int_{0}^{1}(3t^2+2kt-k)dt=k, \quad \left[t^3+kt^2-kt\right]_{0}^{1}=k$$
$$\therefore k=1$$
따라서 $f(x)=3x^2+2x-1$이므로
$$f(-2)=7$$

답 7

0746 $\int_{0}^{2}f(t)dt=a$, $\int_{0}^{1}f(t)dt=b$ (a, b는 상수)로 놓으면
$$f(x)=x^2-ax+2b$$
$\int_{0}^{2}f(t)dt=a$에서
$$\int_{0}^{2}(t^2-at+2b)dt=a, \quad \left[\dfrac{1}{3}t^3-\dfrac{1}{2}at^2+2bt\right]_{0}^{2}=a$$
$$\dfrac{8}{3}-2a+4b=a \quad \therefore 3a-4b=\dfrac{8}{3} \qquad ······ ㉠$$
또 $\int_{0}^{1}f(t)dt=b$에서
$$\int_{0}^{1}(t^2-at+2b)dt=b, \quad \left[\dfrac{1}{3}t^3-\dfrac{1}{2}at^2+2bt\right]_{0}^{1}=b$$
$$\dfrac{1}{3}-\dfrac{1}{2}a+2b=b \quad \therefore a-2b=\dfrac{2}{3} \qquad ······ ㉡$$
㉠, ㉡을 연립하여 풀면 $a=\dfrac{4}{3}$, $b=\dfrac{1}{3}$
따라서 $f(x)=x^2-\dfrac{4}{3}x+\dfrac{2}{3}$이므로
$$f(1)=\dfrac{1}{3}$$

답 $\dfrac{1}{3}$

0747 주어진 등식의 양변에 $x=3$을 대입하면
$$9-3a-3=0 \quad \therefore a=2$$
주어진 등식의 양변을 x에 대하여 미분하면
$$f(x)=2x-2 \quad \therefore f(7)=12$$

답 ④

0748 주어진 등식의 양변에 $x=1$을 대입하면 $\quad f(1)=0$

주어진 등식의 양변을 x에 대하여 미분하면
$$f'(x)=(2x-3)(x^2+1)$$
따라서 $f'(1)=-2$이므로
$$f(1)+f'(1)=-2$$
답 -2

0749 주어진 등식의 양변에 $x=a$를 대입하면
$$a^2-2a-8=0, \quad (a+2)(a-4)=0$$
$$\therefore a=4 \ (\because a>0) \qquad \cdots \text{1단계}$$
주어진 등식의 양변을 x에 대하여 미분하면
$$f(x)=2x-2$$
$$\therefore f(a)=f(4)=6 \qquad \cdots \text{2단계}$$
$$\therefore a+f(a)=10 \qquad \cdots \text{3단계}$$
답 **10**

채점 요소		비율
1단계	a의 값 구하기	40 %
2단계	$f(a)$의 값 구하기	40 %
3단계	$a+f(a)$의 값 구하기	20 %

0750 주어진 등식의 양변을 x에 대하여 미분하면
$$f'(x)=\{(x+2)^3-(x+2)\}-(x^3-x)$$
$$=6x^2+12x+6$$
$$\therefore f(x)=\int f'(x)dx=\int(6x^2+12x+6)dx$$
$$=2x^3+6x^2+6x+C$$
이때 $f(-1)=0$이므로
$$-2+6-6+C=0 \quad \therefore C=2$$
따라서 $f(x)=2x^3+6x^2+6x+2$이므로
$$f(1)=16$$
답 ④

0751 주어진 등식의 양변에 $x=1$을 대입하면
$$f(1)=14$$
주어진 등식의 양변을 x에 대하여 미분하면
$$f(x)+xf'(x)=24x^3-12x^2+24x+f(x)$$
$$xf'(x)=24x^3-12x^2+24x$$
$$\therefore f'(x)=24x^2-12x+24$$
$$\therefore f(x)=\int f'(x)dx=\int(24x^2-12x+24)dx$$
$$=8x^3-6x^2+24x+C$$
이때 $f(1)=14$이므로
$$8-6+24+C=14 \quad \therefore C=-12$$
따라서 $f(x)=8x^3-6x^2+24x-12$이므로
$$f(2)=76$$
답 **76**

0752 주어진 등식에서
$$x\int_a^x f(t)dt-\int_a^x tf(t)dt=x^3-2x^2-4x+8$$

양변을 x에 대하여 미분하면
$$\int_a^x f(t)dt+xf(x)-xf(x)=3x^2-4x-4$$
$$\therefore \int_a^x f(t)dt=3x^2-4x-4$$
양변을 다시 x에 대하여 미분하면
$$f(x)=6x-4$$
$$\therefore f(2)=8$$
답 **8**

0753 주어진 등식에서
$$x\int_0^x f(t)dt-\int_0^x tf(t)dt=2x^4-3x^2$$
양변을 x에 대하여 미분하면
$$\int_0^x f(t)dt+xf(x)-xf(x)=8x^3-6x$$
$$\therefore \int_0^x f(t)dt=8x^3-6x$$
양변에 $x=2$를 대입하면 $\quad \int_0^2 f(t)dt=52$
$$\therefore \int_0^2 f(x)dx=52$$
답 **52**

0754 주어진 등식에서
$$x\int_0^x f'(t)dt-\int_0^x tf'(t)dt=\frac{2}{3}x^3$$
양변을 x에 대하여 미분하면
$$\int_0^x f'(t)dt+xf'(x)-xf'(x)=2x^2$$
$$\therefore \int_0^x f'(t)dt=2x^2$$
양변을 다시 x에 대하여 미분하면 $\quad f'(x)=4x$
$$\therefore f(x)=\int f'(x)dx=\int 4x\,dx=2x^2+C$$
이때 $f(0)=2$이므로 $\quad C=2$
따라서 $f(x)=2x^2+2$이므로
$$f(1)=4$$
답 **4**

0755 주어진 등식에서
$$x\int_2^x f(t)dt-\int_2^x tf(t)dt=-2x^3+ax+b$$
양변을 x에 대하여 미분하면
$$\int_2^x f(t)dt+xf(x)-xf(x)=-6x^2+a$$
$$\therefore \int_2^x f(t)dt=-6x^2+a \qquad \cdots\cdots ㉠$$
양변을 다시 x에 대하여 미분하면
$$f(x)=-12x$$
한편 주어진 등식의 양변에 $x=2$를 대입하면
$$-16+2a+b=0 \quad \therefore b=-2a+16 \qquad \cdots\cdots ㉡$$
㉠의 양변에 $x=2$를 대입하면
$$-24+a=0 \quad \therefore a=24$$
$a=24$를 ㉡에 대입하면 $\quad b=-32$
$$\therefore f(a+b)=f(-8)=96$$
답 **96**

0756 $f(x)$의 한 부정적분을 $F(x)$라 하면

$$\lim_{x\to 3}\frac{1}{x-3}\int_x^3 f(t)dt=\lim_{x\to 3}\frac{-1}{x-3}\int_3^x f(t)dt$$
$$=-\lim_{x\to 3}\frac{F(x)-F(3)}{x-3}$$
$$=-F'(3)=-f(3)$$
$$=-12 \qquad \text{답} \ -12$$

0757 $f(x)$의 한 부정적분을 $F(x)$라 하면

$$\lim_{x\to -1}\frac{1}{x+1}\int_{-1}^x f(t)dt=\lim_{x\to -1}\frac{F(x)-F(-1)}{x-(-1)}$$
$$=F'(-1)=f(-1)$$
$$=-6+a$$

따라서 $-6+a=2$이므로

$$a=8 \qquad \text{답} \ 8$$

0758 $f(x)$의 한 부정적분을 $F(x)$라 하면

$$\lim_{x\to 2}\frac{1}{x^2-4}\int_2^x f(t)dt=\lim_{x\to 2}\frac{F(x)-F(2)}{x^2-4}$$
$$=\lim_{x\to 2}\left\{\frac{F(x)-F(2)}{x-2}\times\frac{1}{x+2}\right\}$$
$$=\frac{1}{4}F'(2)=\frac{1}{4}f(2)$$
$$=\frac{1}{4}\times 12=3 \qquad \text{답} \ ③$$

0759 $f(x)$의 한 부정적분을 $F(x)$라 하면

$$\lim_{x\to 1}\frac{1}{x-1}\int_1^{x^3} f(t)dt$$
$$=\lim_{x\to 1}\frac{F(x^3)-F(1)}{x-1}$$
$$=\lim_{x\to 1}\left\{\frac{F(x^3)-F(1)}{x^3-1}\times(x^2+x+1)\right\}$$
$$=3F'(1)=3f(1)$$
$$=3\times 1=3 \qquad \text{답} \ 3$$

0760 $f(x)=x^3-x^2+2$로 놓고 $f(x)$의 한 부정적분을 $F(x)$라 하면

$$\lim_{h\to 0}\frac{1}{h}\int_1^{1+2h}(x^3-x^2+2)dx$$
$$=\lim_{h\to 0}\frac{1}{h}\int_1^{1+2h}f(x)dx=\lim_{h\to 0}\frac{F(1+2h)-F(1)}{h}$$
$$=\lim_{h\to 0}\frac{F(1+2h)-F(1)}{2h}\times 2=2F'(1)=2f(1)$$
$$=2\times 2=4 \qquad \text{답} \ ④$$

0761 $f(x)=\int_0^x(4t^2+t-5)dt$의 양변을 x에 대하여 미분하면

$$f'(x)=4x^2+x-5$$
$$\therefore \lim_{x\to 0}\frac{1}{x}\int_0^x f'(t)dt=\lim_{x\to 0}\frac{f(x)-f(0)}{x}$$
$$=f'(0)=-5 \qquad \text{답} \ -5$$

0762 $f(x)$의 한 부정적분을 $F(x)$라 하면

$$\lim_{h\to 0}\frac{1}{h}\int_{2-3h}^{2+h}f(x)dx$$
$$=\lim_{h\to 0}\frac{F(2+h)-F(2-3h)}{h}$$
$$=\lim_{h\to 0}\frac{F(2+h)-F(2)-\{F(2-3h)-F(2)\}}{h}$$
$$=\lim_{h\to 0}\frac{F(2+h)-F(2)}{h}$$
$$\quad +\lim_{h\to 0}\frac{F(2-3h)-F(2)}{-3h}\times 3$$
$$=F'(2)+3F'(2)=4F'(2)$$
$$=4f(2)=4(10-2k)=40-8k$$

따라서 $40-8k=24$이므로

$$k=2 \qquad \text{답} \ 2$$

0763 $h\neq 0$일 때, 조건 ㈏의 양변을 h로 나누면

$$\frac{g(x+h)-g(x)}{h}=\frac{1}{h}\int_x^{x+h}f(t)dt$$
$$\therefore \lim_{h\to 0}\frac{g(x+h)-g(x)}{h}=\lim_{h\to 0}\frac{1}{h}\int_x^{x+h}f(t)dt$$

$f(x)$의 한 부정적분을 $F(x)$라 하면

$$\lim_{h\to 0}\frac{g(x+h)-g(x)}{h}=\lim_{h\to 0}\frac{F(x+h)-F(x)}{h}$$
$$\therefore g'(x)=F'(x)=f(x)=3x^2-2x+1 \qquad \cdots \text{1단계}$$

이때

$$g(x)=\int g'(x)dx=\int(3x^2-2x+1)dx$$
$$=x^3-x^2+x+C$$

이므로 조건 ㈎에서 $\quad C=2$

$$\therefore g(x)=x^3-x^2+x+2 \qquad \cdots \text{2단계}$$
$$\therefore g'(2)+g(2)=9+8=17 \qquad \cdots \text{3단계}$$

답 17

채점 요소		비율
1단계	$g'(x)$ 구하기	50 %
2단계	$g(x)$ 구하기	40 %
3단계	$g'(2)+g(2)$의 값 구하기	10 %

0764 모든 실수 x에 대하여 $f(x+3)=f(x)$이므로

$$\int_{-1}^2 f(x)dx=\int_2^5 f(x)dx=\int_5^8 f(x)dx$$
$$=\int_8^{11}f(x)dx=3$$
$$\therefore \int_{-1}^{11}f(x)dx$$
$$=\int_{-1}^2 f(x)dx+\int_2^5 f(x)dx+\int_5^8 f(x)dx$$
$$\quad +\int_8^{11}f(x)dx$$
$$=3+3+3+3=12 \qquad \text{답} \ 12$$

0765 $f(-x)=f(x)$에서 $f(x)$는 우함수이므로
$$\int_{-1}^{1}f(x)dx=2\int_{0}^{1}f(x)dx=2\times5=10$$
이때 모든 실수 x에 대하여 $f(x+2)=f(x)$이므로
$$\int_{-9}^{-7}f(x)dx=\int_{-7}^{-5}f(x)dx=\cdots=\int_{7}^{9}f(x)dx=10$$
$$\therefore \int_{-9}^{9}f(x)dx$$
$$=\int_{-9}^{-7}f(x)dx+\int_{-7}^{-5}f(x)dx+\cdots+\int_{7}^{9}f(x)dx$$
$$=\underbrace{10+10+\cdots+10}_{9개}=90$$
답 **90**

0766 조건 ㈎에 의하여
$$\int_{-2}^{-1}f(x)dx=\int_{-1}^{0}f(x)dx=\int_{0}^{1}f(x)dx=\int_{1}^{2}f(x)dx$$
$$\therefore \int_{-2}^{2}f(x)dx$$
$$=\int_{-2}^{-1}f(x)dx+\int_{-1}^{0}f(x)dx+\int_{0}^{1}f(x)dx$$
$$\qquad+\int_{1}^{2}f(x)dx$$
$$=4\int_{0}^{1}f(x)dx$$
$$=4\int_{0}^{1}(-x^2+x)dx \ (\because 조건 ㈏)$$
$$=4\left[-\frac{1}{3}x^3+\frac{1}{2}x^2\right]_{0}^{1}=4\times\frac{1}{6}=\frac{2}{3}$$
답 $\dfrac{2}{3}$

0767 $f(x)=\displaystyle\int_{-3}^{x}(3t^2+at+b)dt$의 양변을 x에 대하여 미분하면
$$f'(x)=3x^2+ax+b$$
이때 함수 $f(x)$가 $x=5$에서 극솟값 -32를 가지므로
$$f'(5)=0, \ f(5)=-32$$
$f'(5)=0$에서 $\quad 75+5a+b=0$
$$\therefore 5a+b=-75 \qquad\qquad \cdots\cdots\ ㉠$$
$f(5)=-32$에서 $\quad \displaystyle\int_{-3}^{5}(3t^2+at+b)dt=-32$
$$\left[t^3+\frac{a}{2}t^2+bt\right]_{-3}^{5}=-32, \quad 152+8a+8b=-32$$
$$\therefore a+b=-23 \qquad\qquad \cdots\cdots\ ㉡$$
㉠, ㉡을 연립하여 풀면 $\quad a=-13, \ b=-10$
$$\therefore ab=130$$
답 **130**

0768 $f(x)=\displaystyle\int_{x}^{x+a}t(t-2)dt$의 양변을 x에 대하여 미분하면
$$f'(x)=(x+a)(x+a-2)-x(x-2)$$
$$=2ax+a^2-2a$$
이때 함수 $f(x)$가 $x=-1$에서 극솟값을 가지므로
$$f'(-1)=0$$
즉 $a^2-4a=0$이므로 $\quad a(a-4)=0$
$$\therefore a=4 \ (\because a>0)$$
답 **4**

0769 $f(x)=\displaystyle\int_{-1}^{x}t(t-1)dt$의 양변을 x에 대하여 미분하면
$$f'(x)=x(x-1)$$
$f'(x)=0$에서 $\quad x=0$ 또는 $x=1$

x	$\cdots$	0	$\cdots$	1	$\cdots$
$f'(x)$	$+$	0	$-$	0	$+$
$f(x)$	↗	극대	↘	극소	↗

따라서 함수 $f(x)$는 $x=0$에서 극대이므로
$$M=f(0)=\int_{-1}^{0}t(t-1)dt=\int_{-1}^{0}(t^2-t)dt$$
$$=\left[\frac{1}{3}t^3-\frac{1}{2}t^2\right]_{-1}^{0}=\frac{5}{6}$$
또 $x=1$에서 극소이므로
$$m=f(1)=\int_{-1}^{1}t(t-1)dt=\int_{-1}^{1}(t^2-t)dt$$
$$=2\int_{0}^{1}t^2dt=2\left[\frac{1}{3}t^3\right]_{0}^{1}$$
$$=2\times\frac{1}{3}=\frac{2}{3}$$
$$\therefore M+m=\frac{3}{2}$$
답 **②**

0770 주어진 등식의 양변에 $x=1$을 대입하면
$$0=a+3 \qquad \therefore a=-3$$
따라서 주어진 등식에서
$$x\int_{1}^{x}f'(t)dt-\int_{1}^{x}tf'(t)dt=x^4-x^3-3x^2+5x-2$$
양변을 x에 대하여 미분하면
$$\int_{1}^{x}f'(t)dt+xf'(x)-xf'(x)=4x^3-3x^2-6x+5$$
$$\therefore \int_{1}^{x}f'(t)dt=4x^3-3x^2-6x+5$$
양변을 다시 x에 대하여 미분하면
$$f'(x)=12x^2-6x-6=6(2x+1)(x-1)$$
$f'(x)=0$에서 $\quad x=-\dfrac{1}{2}$ 또는 $x=1$

x	$\cdots$	$-\dfrac{1}{2}$	$\cdots$	1	$\cdots$
$f'(x)$	$+$	0	$-$	0	$+$
$f(x)$	↗	극대	↘	극소	↗

따라서 함수 $f(x)$는 $x=-\dfrac{1}{2}$에서 극대, $x=1$에서 극소이다.
이때
$$f(x)=\int f'(x)dx=\int(12x^2-6x-6)dx$$
$$=4x^3-3x^2-6x+C$$
이므로
$$M=f\left(-\frac{1}{2}\right)=\frac{7}{4}+C, \ m=f(1)=-5+C$$
$$\therefore M-m=\left(\frac{7}{4}+C\right)-(-5+C)=\frac{27}{4}$$
답 $\dfrac{27}{4}$

0771 $f(x)=\int_x^{x+1}(t^3-t)dt$의 양변을 x에 대하여 미분하면

$$f'(x)=\{(x+1)^3-(x+1)\}-(x^3-x)=3x^2+3x$$
$$=3x(x+1)$$

$f'(x)=0$에서 $x=-1$ 또는 $x=0$

x	-1	$\cdots$	0	$\cdots$	1
$f'(x)$		$-$	0	$+$	
$f(x)$		$\searrow$	극소	$\nearrow$	

이때

$$f(-1)=\int_{-1}^{0}(t^3-t)dt=\left[\frac{1}{4}t^4-\frac{1}{2}t^2\right]_{-1}^{0}=\frac{1}{4},$$

$$f(0)=\int_{0}^{1}(t^3-t)dt=\left[\frac{1}{4}t^4-\frac{1}{2}t^2\right]_{0}^{1}=-\frac{1}{4},$$

$$f(1)=\int_{1}^{2}(t^3-t)dt=\left[\frac{1}{4}t^4-\frac{1}{2}t^2\right]_{1}^{2}=\frac{9}{4}$$

이므로 $-1\le x\le 1$에서 함수 $f(x)$의 최댓값은 $\dfrac{9}{4}$, 최솟값은

$-\dfrac{1}{4}$이다.

따라서 $M=\dfrac{9}{4}$, $m=-\dfrac{1}{4}$이므로

$$M+m=2$$

답 **2**

0772 $f(x)=-6x^2+\int_{-1}^{0}xf(t)dt$

$$=-6x^2+x\int_{-1}^{0}f(t)dt$$

이므로

$$\int_{-1}^{0}f(t)dt=k\ (k\text{는 상수}) \qquad \cdots\cdots\ \bigcirc$$

로 놓으면 $f(x)=-6x^2+kx$

이것을 ㉠에 대입하면

$$\int_{-1}^{0}(-6t^2+kt)dt=k$$

$$\left[-2t^3+\frac{k}{2}t^2\right]_{-1}^{0}=k,\qquad -2-\frac{k}{2}=k$$

$$\therefore k=-\frac{4}{3}$$

$$\therefore f(x)=-6x^2-\frac{4}{3}x=-6\left(x+\frac{1}{9}\right)^2+\frac{2}{27}$$

따라서 함수 $f(x)$는 $x=-\dfrac{1}{9}$에서 최댓값 $\dfrac{2}{27}$를 갖는다.

답 ②

0773 주어진 등식에서

$$x\int_0^x f(t)dt-\int_0^x tf(t)dt=\frac{3}{4}x^4-x^2$$

양변을 x에 대하여 미분하면

$$\int_0^x f(t)dt+xf(x)-xf(x)=3x^3-2x$$

$$\therefore \int_0^x f(t)dt=3x^3-2x \qquad \cdots\ \boxed{\text{1단계}}$$

양변을 다시 x에 대하여 미분하면

$$f(x)=9x^2-2 \qquad\qquad \cdots\ \boxed{\text{2단계}}$$

따라서 함수 $f(x)$는 $x=0$에서 최솟값 -2를 갖는다. $\cdots\ \boxed{\text{3단계}}$

답 -2

채점 요소		비율
$\boxed{\text{1단계}}$	$\int_0^x f(t)dt$ 구하기	50 %
$\boxed{\text{2단계}}$	$f(x)$ 구하기	30 %
$\boxed{\text{3단계}}$	$f(x)$의 최솟값 구하기	20 %

0774 $f(x)=\int_{-1}^{x}(1-|t|)dt$의 양변을 x에 대하여 미분하면

$$f'(x)=1-|x|$$

$f'(x)=0$에서 $x=-1$ 또는 $x=1$

x	-1	$\cdots$	1	$\cdots$	2
$f'(x)$		$+$	0	$-$	
$f(x)$		$\nearrow$	극대	$\searrow$	

이때

$$f(-1)=\int_{-1}^{-1}(1-|t|)dt=0,$$

$$f(1)=\int_{-1}^{1}(1-|t|)dt=\int_{-1}^{0}(1+t)dt+\int_{0}^{1}(1-t)dt$$

$$=\left[t+\frac{1}{2}t^2\right]_{-1}^{0}+\left[t-\frac{1}{2}t^2\right]_{0}^{1}=\frac{1}{2}+\frac{1}{2}=1,$$

$$f(2)=\int_{-1}^{2}(1-|t|)dt=\int_{-1}^{0}(1+t)dt+\int_{0}^{2}(1-t)dt$$

$$=\left[t+\frac{1}{2}t^2\right]_{-1}^{0}+\left[t-\frac{1}{2}t^2\right]_{0}^{2}=\frac{1}{2}+0=\frac{1}{2}$$

이므로 $-1\le x\le 2$에서 함수 $f(x)$의 최댓값은 1, 최솟값은 0이다.

따라서 $M=1$, $m=0$이므로

$$M-m=1$$

답 **1**

0775 주어진 그래프에서

$$f(x)=a(x+1)(x-3)\ (a<0)$$

으로 놓으면 $f(0)=3$이므로

$$-3a=3 \qquad \therefore a=-1$$

$$\therefore f(x)=-(x+1)(x-3)=-x^2+2x+3$$

한편 $F(x)=\int_{-1}^{x}f(t)dt$의 양변을 x에 대하여 미분하면

$$F'(x)=f(x)$$

이때 $f(3)=0$이고 $x=3$의 좌우에서 $f(x)$의 부호가 양에서 음으로 바뀌므로 함수 $F(x)$는 $x=3$에서 극대이다.

따라서 $F(x)$의 극댓값은

$$F(3)=\int_{-1}^{3}f(t)dt=\int_{-1}^{3}(-t^2+2t+3)dt$$

$$=\left[-\frac{1}{3}t^3+t^2+3t\right]_{-1}^{3}$$

$$=\frac{32}{3}$$

답 $\dfrac{32}{3}$

0776 주어진 그래프에서
$$F(x)=ax(x-2)=ax^2-2ax \ (a>0)$$
로 놓으면 $F(x)=\displaystyle\int_2^x f(t)dt$에서
$$\int_2^x f(t)dt=ax^2-2ax$$
양변을 x에 대하여 미분하면
$$f(x)=2ax-2a$$
이때 $y=f(x)$의 그래프가 점 $(2,\ 4)$를 지나므로 $\quad f(2)=4$
$$2a=4 \qquad \therefore\ a=2$$
따라서 $f(x)=4x-4$이므로
$$f(3)=8 \hspace{3em} \boxed{답}\ ④$$

0777 주어진 그래프에서
$$f(x)=a(x-2)(x-7) \ (a<0)$$
로 놓을 수 있다.
$g(x)=\displaystyle\int_x^{x+1} f(t)dt$의 양변을 x에 대하여 미분하면
$$g'(x)=f(x+1)-f(x)$$
$$=a(x-1)(x-6)-a(x-2)(x-7)$$
$$=2a(x-4)$$
$g'(x)=0$에서 $\quad x=4$
따라서 함수 $g(x)$는 $x=4$일 때 극대이면서 최대이므로
$$k=4 \hspace{2em} \boxed{답}\ 4$$

x	$\cdots$	4	$\cdots$
$g'(x)$	$+$	0	$-$
$g(x)$	$\nearrow$	극대	$\searrow$

0778 $\displaystyle\int_{-1}^3 f(x)dx=\int_{-1}^3 (4x^3+2kx)dx$
$$=\Big[x^4+kx^2\Big]_{-1}^3$$
$$=80+8k$$
이때 $f(2)=32+4k$이므로 $\quad 80+8k=32+4k$
$$4k=-48 \qquad \therefore\ k=-12 \hspace{2em} \boxed{답}\ ⑤$$

0779 $f'(x)=2x$이므로
$$f(x)=\int f'(x)dx=\int 2x\,dx=x^2+C$$
$$\therefore \int_0^3 f(x)dx=\int_0^3 (x^2+C)dx$$
$$=\Big[\frac{1}{3}x^3+Cx\Big]_0^3=9+3C$$
즉 $9+3C=0$이므로 $\quad C=-3$

따라서 $f(x)=x^2-3$이므로
$$\int_{-1}^2 f(x)dx=\int_{-1}^2 (x^2-3)dx$$
$$=\Big[\frac{1}{3}x^3-3x\Big]_{-1}^2=-6 \hspace{2em} \boxed{답}\ -6$$

0780 $\displaystyle\int_0^2 (4x+2)dx-\int_k^2 (4t+2)dt$
$$=\int_0^2 (4x+2)dx+\int_2^k (4x+2)dx$$
$$=\int_0^k (4x+2)dx=\Big[2x^2+2x\Big]_0^k$$
$$=2k^2+2k$$
따라서 $2k^2+2k=84$이므로
$$k^2+k-42=0, \qquad (k+7)(k-6)=0$$
$$\therefore\ k=6 \ (\because\ k>0) \hspace{2em} \boxed{답}\ 6$$

0781 $\displaystyle\int_{-2}^2 f(x)dx=\int_{-2}^0 f(x)dx+\int_0^2 f(x)dx$
이때 $\displaystyle\int_{-2}^2 f(x)dx=\int_{-2}^0 f(x)dx$이므로
$$\int_0^2 f(x)dx=0$$
$$\therefore \int_{-2}^2 f(x)dx=\int_{-2}^0 f(x)dx=\int_0^2 f(x)dx=0$$
$f(0)=1$이므로
$$f(x)=ax^2+bx+1 \ (a,\ b는\ 상수,\ a\neq0)$$
로 놓으면
$$\int_{-2}^0 f(x)dx=\int_{-2}^0 (ax^2+bx+1)dx$$
$$=\Big[\frac{a}{3}x^3+\frac{b}{2}x^2+x\Big]_{-2}^0$$
$$=\frac{8}{3}a-2b+2=0 \hspace{2em} \cdots\cdots \ ㉠$$
$$\int_0^2 f(x)dx=\int_0^2 (ax^2+bx+1)dx$$
$$=\Big[\frac{a}{3}x^3+\frac{b}{2}x^2+x\Big]_0^2$$
$$=\frac{8}{3}a+2b+2=0 \hspace{2em} \cdots\cdots \ ㉡$$
$㉠$, $㉡$을 연립하여 풀면
$$a=-\frac{3}{4},\ b=0$$
따라서 $f(x)=-\dfrac{3}{4}x^2+1$이므로
$$f(2)=-2 \hspace{3em} \boxed{답}\ -2$$

0782 $\displaystyle\int_{-2}^2 f(x)dx=\int_{-2}^1 f(x)dx+\int_1^2 f(x)dx$
$$=\int_{-2}^1 x^2dx+\int_1^2 (2x-x^2)dx$$
$$=\Big[\frac{1}{3}x^3\Big]_{-2}^1+\Big[x^2-\frac{1}{3}x^3\Big]_1^2$$
$$=3+\frac{2}{3}$$
$$=\frac{11}{3} \hspace{3em} \boxed{답}\ \frac{11}{3}$$

0783 $(f \circ g)(x) = f(g(x)) = f(x^2+1)$

$$= |x^2-4|$$

$$= \begin{cases} x^2-4 & (x \leq -2 \text{ 또는 } x \geq 2) \\ -x^2+4 & (-2 \leq x \leq 2) \end{cases}$$

$$\therefore \int_1^3 (f \circ g)(x)dx$$

$$= \int_1^2 (f \circ g)(x)dx + \int_2^3 (f \circ g)(x)dx$$

$$= \int_1^2 (-x^2+4)dx + \int_2^3 (x^2-4)dx$$

$$= \left[-\frac{1}{3}x^3+4x\right]_1^2 + \left[\frac{1}{3}x^3-4x\right]_2^3$$

$$= \frac{5}{3} + \frac{7}{3} = 4$$

답 4

0784 $(x+a)|x-a| = \begin{cases} (x+a)(x-a) & (x \geq a) \\ -(x+a)(x-a) & (x \leq a) \end{cases}$ 이므로

$$f(a) = \int_0^1 (x+a)|x-a|dx$$

$$= \int_0^a \{-(x+a)(x-a)\}dx$$

$$\quad + \int_a^1 (x+a)(x-a)dx$$

$$= \int_0^a (a^2-x^2)dx + \int_a^1 (x^2-a^2)dx$$

$$= \left[a^2x-\frac{1}{3}x^3\right]_0^a + \left[\frac{1}{3}x^3-a^2x\right]_a^1$$

$$= \frac{2}{3}a^3 + \left(\frac{2}{3}a^3-a^2+\frac{1}{3}\right)$$

$$= \frac{4}{3}a^3-a^2+\frac{1}{3}$$

$$\therefore f'(a) = 4a^2-2a = 2a(2a-1)$$

$f'(a)=0$에서 $a=\frac{1}{2}$ $(\because 0<a<1)$

a	0	$\cdots$	$\frac{1}{2}$	$\cdots$	1
$f'(a)$		$-$	0	$+$	
$f(a)$		$\searrow$	극소	$\nearrow$	

따라서 $0<a<1$일 때, 함수 $f(a)$는 $a=\frac{1}{2}$에서 극소이면서 최

소이므로 $f(a)$의 최솟값은

$$f\left(\frac{1}{2}\right) = \frac{1}{4}$$

답 ②

0785 $|-x|=|x|$, $-x|-x|=-x|x|$

에서 $y=|x|$는 우함수, $y=x|x|$는 기함수이다.

$$\therefore \int_{-3}^3 (x^7-3x^5-x|x|+|x|-1)dx$$

$$= 2\int_0^3 (|x|-1)dx = 2\int_0^3 (x-1)dx$$

$$= 2\left[\frac{1}{2}x^2-x\right]_0^3$$

$$= 2 \times \frac{3}{2} = 3$$

답 ③

0786 $f(x) = x^2 + \int_0^1 (3x+1)f(t)dt$

$$= x^2 + 3x\int_0^1 f(t)dt + \int_0^1 f(t)dt$$

이때

$$\int_0^1 f(t)dt = k \ (k\text{는 상수}) \qquad \cdots\cdots \ ㉠$$

로 놓으면 $f(x) = x^2+3kx+k$

이것을 ㉠에 대입하면

$$\int_0^1 (t^2+3kt+k)dt = k, \quad \left[\frac{1}{3}t^3+\frac{3}{2}kt^2+kt\right]_0^1 = k$$

$$\frac{1}{3} + \frac{5}{2}k = k \qquad \therefore k = -\frac{2}{9}$$

따라서 $f(x) = x^2-\frac{2}{3}x-\frac{2}{9}$이므로

$$f(-1) = \frac{13}{9}$$

답 $\dfrac{13}{9}$

0787 조건 ㈎에서

$$\int_0^1 g(t)dt = k \ (k\text{는 상수}) \qquad \cdots\cdots \ ㉠$$

로 놓으면 $f(x) = 2x+2k$

이때 $f(x)$의 한 부정적분이 $g(x)$이므로

$$g(x) = \int f(x)dx = \int (2x+2k)dx$$

$$= x^2+2kx+C$$

따라서 ㉠에서 $\int_0^1 (t^2+2kt+C)dt = k$

$$\left[\frac{1}{3}t^3+kt^2+Ct\right]_0^1 = k$$

$$\frac{1}{3}+k+C = k \qquad \therefore C = -\frac{1}{3}$$

즉 $g(x) = x^2+2kx-\frac{1}{3}$이므로 조건 ㈏에서

$$-\frac{1}{3}-k = \frac{2}{3} \qquad \therefore k = -1$$

따라서 $g(x) = x^2-2x-\frac{1}{3}$이므로

$$g(1) = -\frac{4}{3}$$

답 ③

0788 주어진 등식에서

$$\int_1^x f'(t)dt = 2x^3+ax^2-1 \qquad \cdots\cdots \ ㉠$$

㉠의 양변에 $x=1$을 대입하면

$$2+a-1 = 0 \qquad \therefore a = -1$$

㉠의 양변을 x에 대하여 미분하면

$$f'(x) = 6x^2-2x$$

$$\therefore f'(a) = f'(-1) = 8$$

답 8

0789 $\displaystyle\lim_{x \to -2} \frac{f(x)-\int_{-2}^x f(t)dt}{x+2} = 3$에서 $x \to -2$일 때

(분모) $\to 0$이고 극한값이 존재하므로 (분자) $\to 0$이다.

즉 $\lim\limits_{x \to -2}\left\{f(x)-\int_{-2}^{x}f(t)dt\right\}=0$에서

$\qquad f(-2)=0 \qquad\qquad \cdots\cdots\ \text{㉠}$

$f(x)$의 한 부정적분을 $F(x)$라 하면

$$\lim_{x \to -2}\frac{f(x)-\int_{-2}^{x}f(t)dt}{x+2}$$

$$=\lim_{x \to -2}\frac{f(x)-f(-2)-\{F(x)-F(-2)\}}{x+2}\ (\because \text{㉠})$$

$$=\lim_{x \to -2}\frac{f(x)-f(-2)}{x-(-2)}-\lim_{x \to -2}\frac{F(x)-F(-2)}{x-(-2)}$$

$$=f'(-2)-F'(-2)=f'(-2)-f(-2)$$

$$=f'(-2)\ (\because \text{㉠})$$

이므로 $\qquad f'(-2)=3$ 답 **3**

0790 $f(x)$의 한 부정적분을 $F(x)$라 하면

$$\lim_{h \to 0}\frac{1}{h}\int_{2}^{2+h}f(t)dt=\lim_{h \to 0}\frac{F(2+h)-F(2)}{h}$$

$$=F'(2)=f(2)$$

$$=4+2a-b$$

따라서 $4+2a-b=2$이므로

$\qquad 2a-b=-2 \qquad\qquad \cdots\cdots\ \text{㉠}$

한편

$$\int_{0}^{1}f(x)dx=\int_{0}^{1}(x^2+ax-b)dx$$

$$=\left[\frac{1}{3}x^3+\frac{a}{2}x^2-bx\right]_0^1=\frac{1}{3}+\frac{a}{2}-b$$

이므로

$$\frac{1}{3}+\frac{a}{2}-b=1 \qquad \therefore a-2b=\frac{4}{3} \qquad \cdots\cdots\ \text{㉡}$$

㉠, ㉡을 연립하여 풀면 $\qquad a=-\dfrac{16}{9},\ b=-\dfrac{14}{9}$

$$\therefore b-a=\frac{2}{9}$$ 답 $\dfrac{2}{9}$

0791 조건 ㈎에 의하여

$$\int_{-1}^{1}f(x)dx=\int_{-1}^{1}(-x^2+1)dx=2\int_{0}^{1}(-x^2+1)dx$$

$$=2\left[-\frac{1}{3}x^3+x\right]_0^1=2\times\frac{2}{3}=\frac{4}{3}$$

이때 조건 ㈏에 의하여

$$\int_{-1}^{1}f(x)dx=\int_{1}^{3}f(x)dx=\int_{3}^{5}f(x)dx=\cdots=\frac{4}{3}$$

이고 $\int_{1}^{k}f(x)dx=8=\dfrac{4}{3}\times 6$이므로

$$\int_{1}^{k}f(x)dx$$

$$=\int_{1}^{3}f(x)dx+\int_{3}^{5}f(x)dx+\int_{5}^{7}f(x)dx$$

$$\quad+\int_{7}^{9}f(x)dx+\int_{9}^{11}f(x)dx+\int_{11}^{13}f(x)dx$$

$$=\int_{1}^{13}f(x)dx$$

$$\therefore k=13$$ 답 **13**

0792 $f(x)=\int_{0}^{x}(3t^2-6t)dt$의 양변을 x에 대하여 미분하면

$$f'(x)=3x^2-6x=3x(x-2)$$

$f'(x)=0$에서 $\quad x=0$ 또는 $x=2$

x	$\cdots$	0	$\cdots$	2	$\cdots$
$f'(x)$	$+$	0	$-$	0	$+$
$f(x)$	$\nearrow$	극대	$\searrow$	극소	$\nearrow$

따라서 함수 $f(x)$는 $x=2$에서 극소이므로 $f(x)$의 극솟값은

$$f(2)=\int_{0}^{2}(3t^2-6t)dt=\left[t^3-3t^2\right]_0^2=-4$$

즉 $\alpha=2$, $\beta=-4$이므로

$\qquad \alpha+\beta=-2$ 답 ①

0793 $F(x)=\int_{0}^{x}f(t)dt$의 양변을 x에 대하여 미분하면

$$F'(x)=f(x)=x^3-12x+a$$

따라서 사차함수 $F(x)$가 오직 하나의 극값을 가지려면 삼차방정식 $F'(x)=0$, 즉 $f(x)=0$이 한 실근과 두 허근을 갖거나 중근과 다른 한 실근을 가져야 한다.

이때 $f'(x)=3x^2-12=3(x+2)(x-2)$이므로

$f'(x)=0$에서 $\quad x=-2$ 또는 $x=2$

즉 $f(-2)f(2)\geq 0$이어야 하므로

$$(a+16)(a-16)\geq 0$$

$$\therefore a\leq -16 \text{ 또는 } a\geq 16$$

따라서 양수 a의 최솟값은 16이다. 답 **16**

0794 함수 $f(x)$가 모든 실수 x에서 연속이면 $x=2$에서 연속이므로

$$\lim_{x \to 2+}f(x)=\lim_{x \to 2-}f(x)=f(2)$$

$$6=2+k \qquad \therefore k=4$$ ··· 1단계

따라서 $f(x)=\begin{cases}-x^2+5x & (x\geq 2) \\ x+4 & (x\leq 2)\end{cases}$ 이므로

$$\int_{-1}^{3}f(x)dx$$

$$=\int_{-1}^{2}f(x)dx+\int_{2}^{3}f(x)dx$$

$$=\int_{-1}^{2}(x+4)dx+\int_{2}^{3}(-x^2+5x)dx$$

$$=\left[\frac{1}{2}x^2+4x\right]_{-1}^{2}+\left[-\frac{1}{3}x^3+\frac{5}{2}x^2\right]_{2}^{3}$$

$$=\frac{27}{2}+\frac{37}{6}$$

$$=\frac{59}{3}$$ ··· 2단계

답 $\dfrac{59}{3}$

채점 요소		비율
1단계	k의 값 구하기	50 %
2단계	$\int_{-1}^{3}f(x)dx$의 값 구하기	50 %

0795 $f(-x)=-f(x)$이므로 $f(x)$는 기함수이다. ··· 1단계

$$\therefore \int_{-4}^{5} f(x)dx = \int_{-4}^{4} f(x)dx + \int_{4}^{5} f(x)dx$$
$$= \int_{4}^{5} f(x)dx$$
$$= \int_{4}^{0} f(x)dx + \int_{0}^{5} f(x)dx$$
$$= -\int_{0}^{4} f(x)dx + \int_{0}^{5} f(x)dx$$
$$= -3+(k+1) = k-2 \qquad \text{··· 2단계}$$

이때 $\int_{-4}^{5} f(x)dx = 2k$이므로

$$k-2 = 2k \qquad \therefore k = -2 \qquad \text{··· 3단계}$$

답 -2

채점 요소		비율
1단계	$f(x)$가 기함수임을 알기	30 %
2단계	$\int_{0}^{4} f(x)dx=3$, $\int_{4}^{5} f(x)dx=k+1$임을 이용하여 $\int_{-4}^{5} f(x)dx$를 k에 대한 식으로 나타내기	50 %
3단계	k의 값 구하기	20 %

0796 주어진 등식의 양변에 $x=-1$을 대입하면

$$-2+a-1=0 \qquad \therefore a=3 \qquad \text{··· 1단계}$$

따라서 주어진 등식에서

$$x\int_{-1}^{x} f(t)dt - \int_{-1}^{x} tf(t)dt = 2x^3+3x^2-1$$

양변을 x에 대하여 미분하면

$$\int_{-1}^{x} f(t)dt + xf(x) - xf(x) = 6x^2+6x$$
$$\therefore \int_{-1}^{x} f(t)dt = 6x^2+6x$$

양변을 다시 x에 대하여 미분하면

$$f(x) = 12x+6$$
$$\therefore b = f(-1) = -6 \qquad \text{··· 2단계}$$
$$\therefore ab = -18 \qquad \text{··· 3단계}$$

답 -18

채점 요소		비율
1단계	a의 값 구하기	30 %
2단계	b의 값 구하기	60 %
3단계	ab의 값 구하기	10 %

0797 함수 $f(x)$가 $x=2$에서 극솟값 $\dfrac{2}{3}$를 가지므로

$$f(2) = \frac{2}{3}$$

즉 $\int_{0}^{2} (t-a)(t-2)dt = \dfrac{2}{3}$이므로

$$\int_{0}^{2} \{t^2-(a+2)t+2a\}dt = \frac{2}{3}$$
$$\left[\frac{1}{3}t^3 - \frac{a+2}{2}t^2 + 2at\right]_{0}^{2} = \frac{2}{3}, \qquad 2a - \frac{4}{3} = \frac{2}{3}$$
$$\therefore a = 1 \qquad \text{··· 1단계}$$

따라서 $f(x)=\int_{0}^{x} (t-1)(t-2)dt$의 양변을 x에 대하여 미분하면

$$f'(x) = (x-1)(x-2)$$

$f'(x)=0$에서 $x=1$ 또는 $x=2$

x	$\cdots$	1	$\cdots$	2	$\cdots$
$f'(x)$		$+$	0	$-$	0	$+$
$f(x)$		$\nearrow$	극대	$\searrow$	극소	$\nearrow$

즉 함수 $f(x)$는 $x=1$에서 극대이므로 구하는 극댓값은

$$f(1) = \int_{0}^{1} (t-1)(t-2)dt = \int_{0}^{1} (t^2-3t+2)dt$$
$$= \left[\frac{1}{3}t^3 - \frac{3}{2}t^2 + 2t\right]_{0}^{1} = \frac{5}{6} \qquad \text{··· 2단계}$$

답 $\dfrac{5}{6}$

채점 요소		비율
1단계	a의 값 구하기	40 %
2단계	극댓값 구하기	60 %

0798 전략 주어진 조건을 이용하여 함수 $g(x)$의 식을 구하고 $\int_{-1}^{1} g(x)dx = \int_{-1}^{0} g(x)dx + \int_{0}^{1} g(x)dx$임을 이용한다.

$f(x)$의 최고차항이 x^3이므로 $f'(x)$의 최고차항은 $3x^2$이다.

이때 $f'(0)=f'(2)=0$이므로

$$f'(x) = 3x(x-2) = 3x^2-6x$$
$$\therefore f(x) = \int f'(x)dx = \int (3x^2-6x)dx$$
$$= x^3-3x^2+C$$

따라서

$$f(x)-f(0) = (x^3-3x^2+C)-C = x^3-3x^2,$$
$$f(x+p)-f(p)$$
$$= \{(x+p)^3-3(x+p)^2+C\} - (p^3-3p^2+C)$$
$$= x^3+3(p-1)x^2+3p(p-2)x$$

이므로

$$g(x) = \begin{cases} x^3-3x^2 & (x \leq 0) \\ x^3+3(p-1)x^2+3p(p-2)x & (x > 0) \end{cases}$$

ㄱ. $p=1$일 때, $x>0$에서 $g(x)=x^3-3x$이므로

$$g'(x) = 3x^2-3 \qquad \therefore g'(1)=0 \text{ (참)}$$

ㄴ. $g(x)$가 실수 전체의 집합에서 미분가능하려면 $x=0$에서 미분가능해야 한다.

이때 $g(0)=\lim\limits_{x\to 0} g(x)=0$이므로 $g(x)$는 $x=0$에서 연속이고

$$\lim_{x\to 0+} \frac{g(x)-g(0)}{x}$$
$$= \lim_{x\to 0+} \frac{x^3+3(p-1)x^2+3p(p-2)x}{x}$$
$$= \lim_{x\to 0+} \{x^2+3(p-1)x+3p(p-2)\}$$
$$= 3p(p-2),$$

$$\lim_{x \to 0-} \frac{g(x)-g(0)}{x} = \lim_{x \to 0-} \frac{x^3-3x^2}{x}$$
$$= \lim_{x \to 0-} (x^2-3x) = 0$$

이므로　$3p(p-2)=0$　$\therefore p=2 \; (\because p>0)$

즉 $g(x)$가 실수 전체의 집합에서 미분가능하도록 하는 양수 p의 개수는 1이다. (참)

ㄷ. $\displaystyle\int_{-1}^{0} g(x)dx = \int_{-1}^{0} (x^3-3x^2)dx = \left[\frac{1}{4}x^4-x^3\right]_{-1}^{0} = -\frac{5}{4}$

$\displaystyle\int_{0}^{1} g(x)dx = \int_{0}^{1} \{x^3+3(p-1)x^2+3p(p-2)x\}dx$

$\displaystyle = \left[\frac{1}{4}x^4+(p-1)x^3+\frac{3p(p-2)}{2}x^2\right]_{0}^{1}$

$\displaystyle = \frac{3}{2}p^2-2p-\frac{3}{4}$

$\displaystyle\therefore \int_{-1}^{1} g(x)dx = \int_{-1}^{0} g(x)dx + \int_{0}^{1} g(x)dx$

$\displaystyle = -\frac{5}{4} + \left(\frac{3}{2}p^2-2p-\frac{3}{4}\right)$

$\displaystyle = \frac{3}{2}p^2-2p-2$

$\displaystyle = \frac{1}{2}(3p+2)(p-2)$

이때 $p\geq 2$이면 $\dfrac{1}{2}(3p+2)(p-2)\geq 0$이므로

$$\int_{-1}^{1} g(x)dx \geq 0 \;\text{(참)}$$

이상에서 ㄱ, ㄴ, ㄷ 모두 옳다.　　　　　답 ⑤

0799 전략 주어진 조건을 이용하여 $h'(x)$가 우함수인지 기함수인지 알아본다.

$h(-x)=f(-x)g(-x)=-f(x)g(x)=-h(x)$이므로 $h(x)$는 기함수이다.

따라서 $h(0)=0$이고 $h'(x)$는 우함수, $xh'(x)$는 기함수이므로

$\displaystyle\int_{-2}^{2} (x+1)h'(x)dx = \int_{-2}^{2} xh'(x)dx + \int_{-2}^{2} h'(x)dx$

$\displaystyle = 2\int_{0}^{2} h'(x)dx$

$\displaystyle = 2\left[h(x)\right]_{0}^{2} = 2\{h(2)-h(0)\}$

$= 2h(2)$

즉 $2h(2)=20$이므로　$h(2)=10$　　　답 10

0800 전략 함수 $g(x)$가 $x=2$에서 극댓값을 가져야 함을 이용한다.

$g(x)=\displaystyle\int_{0}^{x} f(t)dt-xf(x)$의 양변을 x에 대하여 미분하면

$g'(x)=f(x)-f(x)-xf'(x)$

$=-xf'(x)$

이때 $f(x)$의 최고차항이 $4x^3$이므로 $f'(x)$의 최고차항은 $12x^2$이다.

따라서 $g'(x)$는 최고차항의 계수가 -12인 삼차함수이다.

한편 모든 실수 x에 대하여 $g(x)\leq g(2)$이므로 $g(x)$는 $x=2$에서 최댓값을 갖는다.

즉 $g(x)$는 $x=2$에서 극댓값을 가지므로
$$g'(2)=0$$
따라서
$$g'(x)=-12x(x-2)(x-a)\;(a\text{는 상수})$$
로 놓을 수 있다.

또 $g(x)$는 오직 한 개의 극값만 가지므로 $x=0$에서 극값을 갖지 않아야 한다.

따라서 방정식 $g'(x)=0$은 $x=0$을 중근으로 가져야 하므로

$a=0$

$\therefore g'(x)=-12x^2(x-2)=-12x^3+24x^2$

$\displaystyle\therefore \int_{0}^{1} g'(x)dx = \int_{0}^{1} (-12x^3+24x^2)dx$

$\displaystyle = \left[-3x^4+8x^3\right]_{0}^{1}$

$= 5$　　　답 5

09 정적분의 활용

교과서 문제 정복하기

0801 $\displaystyle\int_{-2}^{1}(-x^2-x+2)dx=\left[-\frac{1}{3}x^3-\frac{1}{2}x^2+2x\right]_{-2}^{1}=\frac{9}{2}$

답 $\dfrac{9}{2}$

다른 풀이 포물선 $y=-x^2-x+2$와 x축의 교점의 x좌표가 -2, 1이므로 구하는 넓이는

$$\frac{|-1|\{1-(-2)\}^3}{6}=\frac{9}{2}$$

0802 $\displaystyle-\int_{0}^{2}(x^2-2x)dx=-\left[\frac{1}{3}x^3-x^2\right]_{0}^{2}=\frac{4}{3}$

답 $\dfrac{4}{3}$

0803 곡선 $y=x^2-5x+4$와 x축의 교점의 x좌표는 $x^2-5x+4=0$에서

$\quad(x-1)(x-4)=0$

$\quad\therefore x=1$ 또는 $x=4$

따라서 구하는 넓이는

$$-\int_{1}^{4}(x^2-5x+4)dx=-\left[\frac{1}{3}x^3-\frac{5}{2}x^2+4x\right]_{1}^{4}=\frac{9}{2}$$

답 $\dfrac{9}{2}$

0804 곡선 $y=x^3-4x$와 x축의 교점의 x좌표는 $x^3-4x=0$에서

$\quad x(x+2)(x-2)=0$

$\quad\therefore x=-2$ 또는 $x=0$ 또는 $x=2$

따라서 구하는 넓이는

$$\int_{-2}^{0}(x^3-4x)dx-\int_{0}^{2}(x^3-4x)dx$$
$$=\left[\frac{1}{4}x^4-2x^2\right]_{-2}^{0}-\left[\frac{1}{4}x^4-2x^2\right]_{0}^{2}$$
$$=4-(-4)=8$$

답 8

0805 $\displaystyle\int_{-2}^{1}(x^2+1)dx=\left[\frac{1}{3}x^3+x\right]_{-2}^{1}=6$

답 6

0806 $\displaystyle-\int_{-1}^{2}(x^3-3x^2)dx=-\left[\frac{1}{4}x^4-x^3\right]_{-1}^{2}=\frac{21}{4}$

답 $\dfrac{21}{4}$

0807 곡선 $y=x^2+2x-3$과 x축의 교점의 x좌표는 $x^2+2x-3=0$에서

$\quad(x+3)(x-1)=0 \quad\therefore x=-3$ 또는 $x=1$

따라서 구하는 넓이는

$$-\int_{-2}^{1}(x^2+2x-3)dx+\int_{1}^{2}(x^2+2x-3)dx$$
$$=-\left[\frac{1}{3}x^3+x^2-3x\right]_{-2}^{1}+\left[\frac{1}{3}x^3+x^2-3x\right]_{1}^{2}$$
$$=-(-9)+\frac{7}{3}=\frac{34}{3}$$

답 $\dfrac{34}{3}$

0808 $\displaystyle\int_{-2}^{1}\{-x^2-(x-2)\}dx=\int_{-2}^{1}(-x^2-x+2)dx$
$$=\left[-\frac{1}{3}x^3-\frac{1}{2}x^2+2x\right]_{-2}^{1}$$
$$=\frac{9}{2}$$

답 $\dfrac{9}{2}$

0809 곡선 $y=x^2-3x$와 직선 $y=-x$의 교점의 x좌표는 $x^2-3x=-x$에서

$\quad x^2-2x=0, \qquad x(x-2)=0$

$\quad\therefore x=0$ 또는 $x=2$

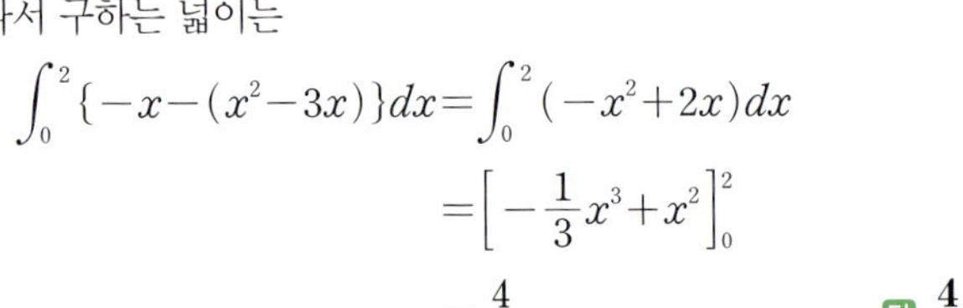

따라서 구하는 넓이는

$$\int_{0}^{2}\{-x-(x^2-3x)\}dx=\int_{0}^{2}(-x^2+2x)dx$$
$$=\left[-\frac{1}{3}x^3+x^2\right]_{0}^{2}$$
$$=\frac{4}{3}$$

답 $\dfrac{4}{3}$

0810 곡선 $y=x^3$과 직선 $y=x$의 교점의 x좌표는 $x^3=x$에서

$\quad x^3-x=0$

$\quad x(x+1)(x-1)=0$

$\quad\therefore x=-1$ 또는 $x=0$ 또는 $x=1$

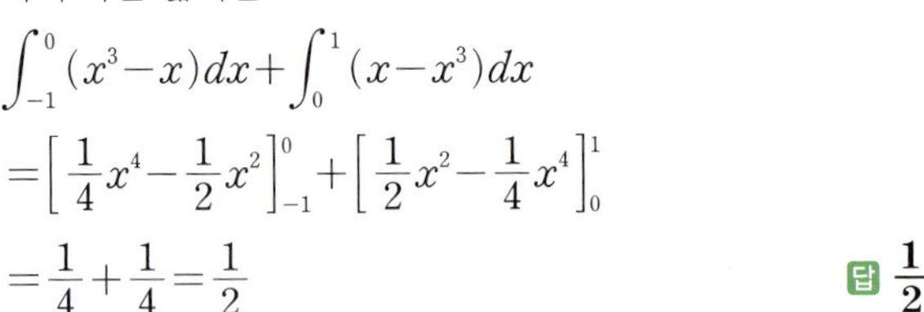

따라서 구하는 넓이는

$$\int_{-1}^{0}(x^3-x)dx+\int_{0}^{1}(x-x^3)dx$$
$$=\left[\frac{1}{4}x^4-\frac{1}{2}x^2\right]_{-1}^{0}+\left[\frac{1}{2}x^2-\frac{1}{4}x^4\right]_{0}^{1}$$
$$=\frac{1}{4}+\frac{1}{4}=\frac{1}{2}$$

답 $\dfrac{1}{2}$

0811 $\displaystyle\int_{-2}^{2}\{(-x^2+7)-(x^2-1)\}dx$
$$=\int_{-2}^{2}(-2x^2+8)dx=2\int_{0}^{2}(-2x^2+8)dx$$
$$=2\left[-\frac{2}{3}x^3+8x\right]_{0}^{2}=2\times\frac{32}{3}=\frac{64}{3}$$

답 $\dfrac{64}{3}$

0812 두 곡선 $y=x^2-5x+6$, $y=-x^2+3x$의 교점의 x좌표는 $x^2-5x+6=-x^2+3x$에서

$\quad x^2-4x+3=0$

$\quad(x-1)(x-3)=0$

$\quad\therefore x=1$ 또는 $x=3$

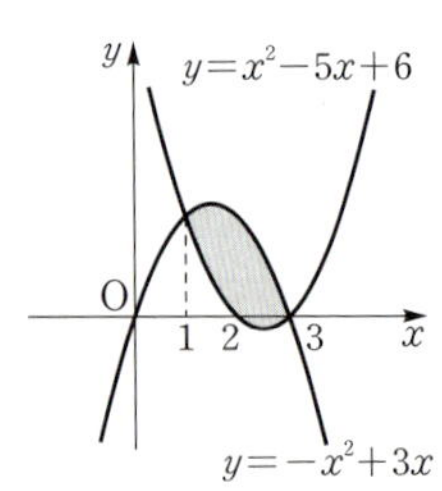

따라서 구하는 넓이는

$$\int_1^3 \{(-x^2+3x)-(x^2-5x+6)\}dx$$

$$=\int_1^3 (-2x^2+8x-6)dx$$

$$=\left[-\frac{2}{3}x^3+4x^2-6x\right]_1^3=\frac{8}{3}$$

답 $\dfrac{8}{3}$

0813 두 곡선 $y=x^3-x^2$과 $y=x^2$의

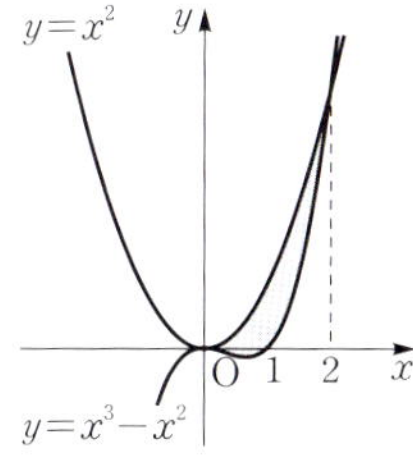

교점의 x좌표는 $x^3-x^2=x^2$에서

$$x^3-2x^2=0$$

$$x^2(x-2)=0$$

$$\therefore\ x=0\ \text{또는}\ x=2$$

따라서 구하는 넓이는

$$\int_0^2 \{x^2-(x^3-x^2)\}dx=\int_0^2 (-x^3+2x^2)dx$$

$$=\left[-\frac{1}{4}x^4+\frac{2}{3}x^3\right]_0^2$$

$$=\frac{4}{3}$$

답 $\dfrac{4}{3}$

0814 (1) $0+\displaystyle\int_0^2 (-t^2+4t-3)dt=\left[-\frac{1}{3}t^3+2t^2-3t\right]_0^2$

$$=-\frac{2}{3}$$

(2) $\displaystyle\int_1^4 (-t^2+4t-3)dt=\left[-\frac{1}{3}t^3+2t^2-3t\right]_1^4=0$

(3) $\displaystyle\int_1^4 |-t^2+4t-3|\,dt$

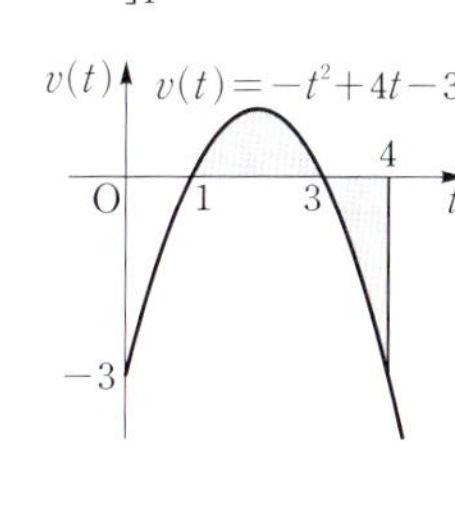

$$=\int_1^3 (-t^2+4t-3)dt$$

$$\quad-\int_3^4 (-t^2+4t-3)dt$$

$$=\left[-\frac{1}{3}t^3+2t^2-3t\right]_1^3$$

$$\quad-\left[-\frac{1}{3}t^3+2t^2-3t\right]_3^4$$

$$=\frac{4}{3}-\left(-\frac{4}{3}\right)=\frac{8}{3}$$

답 (1) $-\dfrac{2}{3}$ (2) $\mathbf{0}$ (3) $\dfrac{8}{3}$

● 본책 124~131쪽

0815 곡선 $y=x^2-6x$와 x축의 교점의

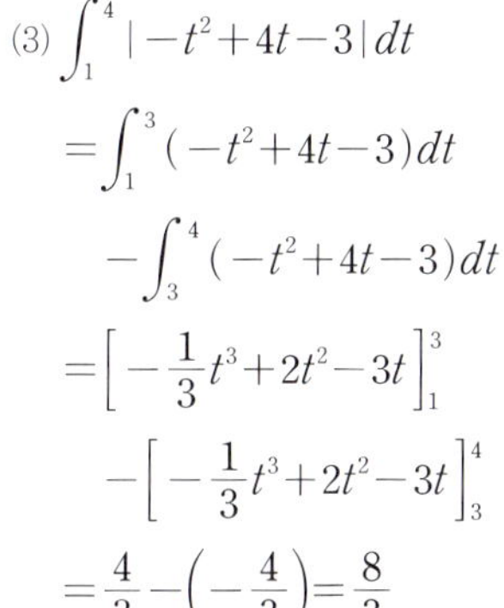

x좌표는 $x^2-6x=0$에서

$$x(x-6)=0$$

$$\therefore\ x=0\ \text{또는}\ x=6$$

따라서 구하는 넓이는

$$\int_{-1}^0 (x^2-6x)dx-\int_0^3 (x^2-6x)dx$$

$$=\left[\frac{1}{3}x^3-3x^2\right]_{-1}^0-\left[\frac{1}{3}x^3-3x^2\right]_0^3$$

$$=\frac{10}{3}-(-18)=\frac{64}{3}$$

답 $\dfrac{64}{3}$

0816 곡선 $y=-x^2+6x-9$와 x축의

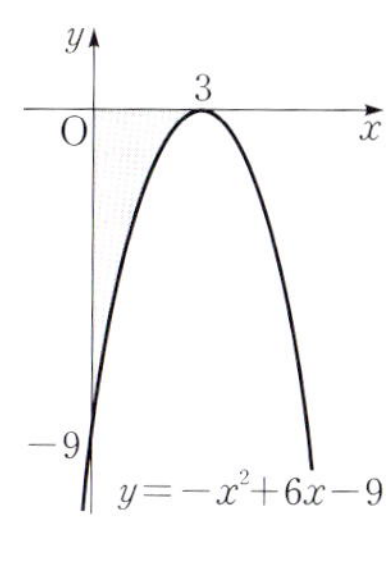

교점의 x좌표는 $-x^2+6x-9=0$에서

$$(x-3)^2=0$$

$$\therefore\ x=3$$

따라서 구하는 넓이는

$$-\int_0^3 (-x^2+6x-9)dx$$

$$=-\left[-\frac{1}{3}x^3+3x^2-9x\right]_0^3=9$$

답 ④

0817 곡선 $y=x^3+x^2-2x$와

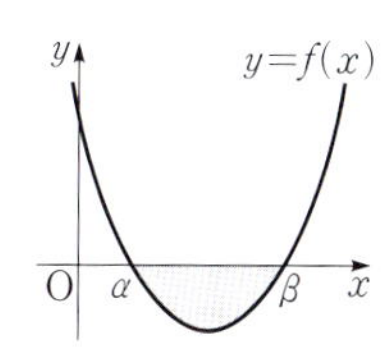

x축의 교점의 x좌표는

$x^3+x^2-2x=0$에서

$$x(x+2)(x-1)=0$$

$$\therefore\ x=-2\ \text{또는}\ x=0$$

$$\text{또는}\ x=1$$

따라서 구하는 넓이는

$$\int_{-2}^0 (x^3+x^2-2x)dx-\int_0^1 (x^3+x^2-2x)dx$$

$$=\left[\frac{1}{4}x^4+\frac{1}{3}x^3-x^2\right]_{-2}^0-\left[\frac{1}{4}x^4+\frac{1}{3}x^3-x^2\right]_0^1$$

$$=\frac{8}{3}-\left(-\frac{5}{12}\right)=\frac{37}{12}$$

답 ③

0818 곡선 $y=f(x)$와 x축의 교점의 x

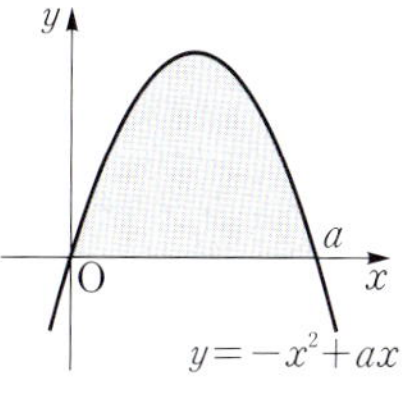

좌표는 $(x-\alpha)(x-\beta)=0$에서

$$x=\alpha\ \text{또는}\ x=\beta$$

따라서 구하는 넓이는

$$-\int_\alpha^\beta f(x)dx$$

$$=-\left\{\int_\alpha^0 f(x)dx+\int_0^\beta f(x)dx\right\}$$

$$=-\left\{-\int_0^\alpha f(x)dx+\int_0^\beta f(x)dx\right\}$$

$$=\int_0^\alpha f(x)dx-\int_0^\beta f(x)dx$$

$$=\frac{7}{3}-\left(-\frac{1}{2}\right)=\frac{17}{6}$$

답 $\dfrac{17}{6}$

0819 곡선 $y=-x^2+ax$와 x축의 교점의 x좌표는

$-x^2+ax=0$에서

$$x(x-a)=0\qquad \therefore\ x=0\ \text{또는}\ x=a$$

오른쪽 그림에서 색칠한 도형의 넓이는

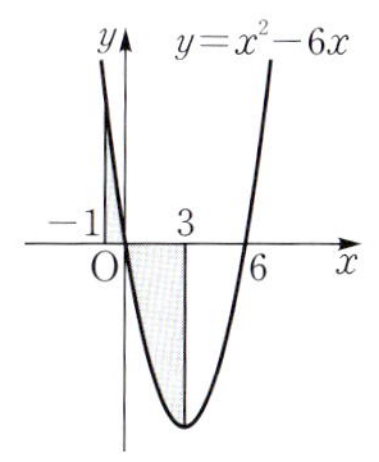

$$\int_0^a (-x^2+ax)dx$$

$$=\left[-\frac{1}{3}x^3+\frac{a}{2}x^2\right]_0^a=\frac{a^3}{6}$$

따라서 $\dfrac{a^3}{6}=\dfrac{32}{3}$이므로

$$a^3=64\qquad \therefore\ a=4$$

답 ②

0820 오른쪽 그림에서 색칠한 도형의 넓 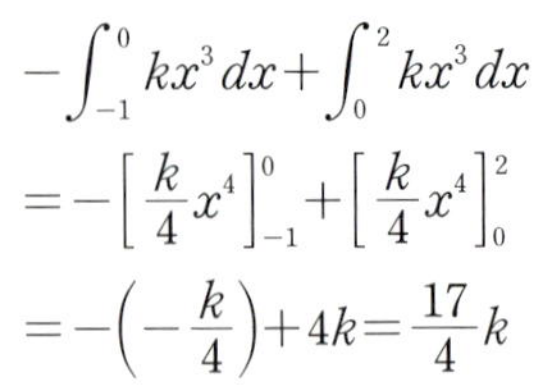
이는

$$-\int_{-1}^{0}kx^3\,dx+\int_{0}^{2}kx^3\,dx$$

$$=-\left[\frac{k}{4}x^4\right]_{-1}^{0}+\left[\frac{k}{4}x^4\right]_{0}^{2}$$

$$=-\left(-\frac{k}{4}\right)+4k=\frac{17}{4}k$$

따라서 $\dfrac{17}{4}k=17$이므로 $k=4$ **답 4**

0821 주어진 등식의 양변을 x에 대하여 미분하면
$$f(x)=2x^2-x$$
곡선 $y=f(x)$와 x축의 교점의 x좌표는 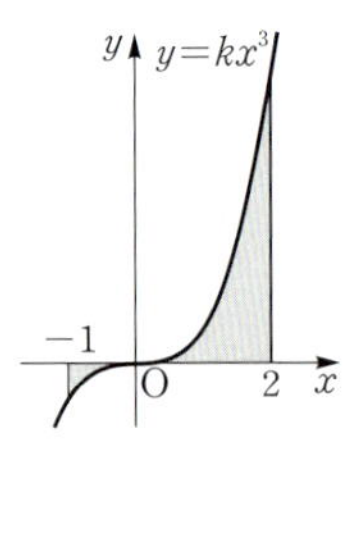
$2x^2-x=0$에서

$$x(2x-1)=0$$

$$\therefore\ x=0\ \text{또는}\ x=\frac{1}{2}$$

따라서 구하는 넓이는

$$-\int_{0}^{\frac{1}{2}}(2x^2-x)\,dx=-\left[\frac{2}{3}x^3-\frac{1}{2}x^2\right]_{0}^{\frac{1}{2}}=\frac{1}{24}$$

답 $\dfrac{1}{24}$

0822 곡선 $y=x(x-3)^2$과 직선 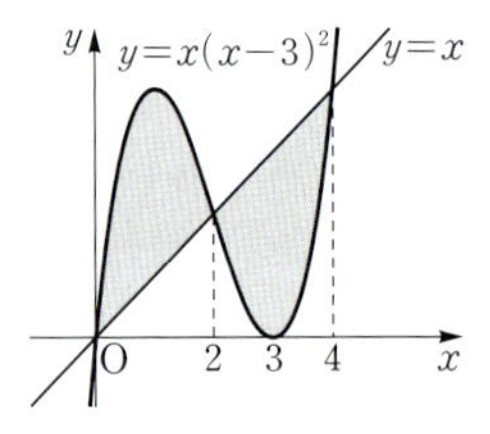
$y=x$의 교점의 x좌표는
$x(x-3)^2=x$에서

$$x(x-2)(x-4)=0$$

$$\therefore\ x=0\ \text{또는}\ x=2\ \text{또는}\ x=4$$

따라서 구하는 넓이는

$$\int_{0}^{2}\{x(x-3)^2-x\}\,dx+\int_{2}^{4}\{x-x(x-3)^2\}\,dx$$

$$=\int_{0}^{2}(x^3-6x^2+8x)\,dx+\int_{2}^{4}(-x^3+6x^2-8x)\,dx$$

$$=\left[\frac{1}{4}x^4-2x^3+4x^2\right]_{0}^{2}+\left[-\frac{1}{4}x^4+2x^3-4x^2\right]_{2}^{4}$$

$$=4+4=8$$

답 ④

0823 곡선 $y=-x^2+6x$와 직선 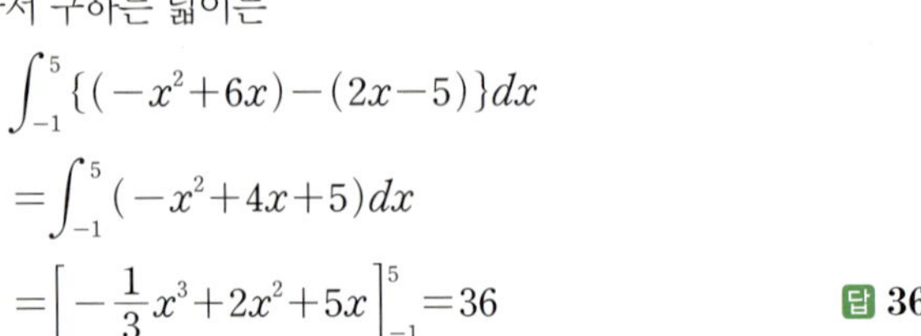
$y=2x-5$의 교점의 x좌표는
$-x^2+6x=2x-5$에서

$$x^2-4x-5=0$$

$$(x+1)(x-5)=0$$

$$\therefore\ x=-1\ \text{또는}\ x=5$$

따라서 구하는 넓이는

$$\int_{-1}^{5}\{(-x^2+6x)-(2x-5)\}\,dx$$

$$=\int_{-1}^{5}(-x^2+4x+5)\,dx$$

$$=\left[-\frac{1}{3}x^3+2x^2+5x\right]_{-1}^{5}=36$$

답 36

0824 곡선 $y=x^3+4x^2+k$와 직선 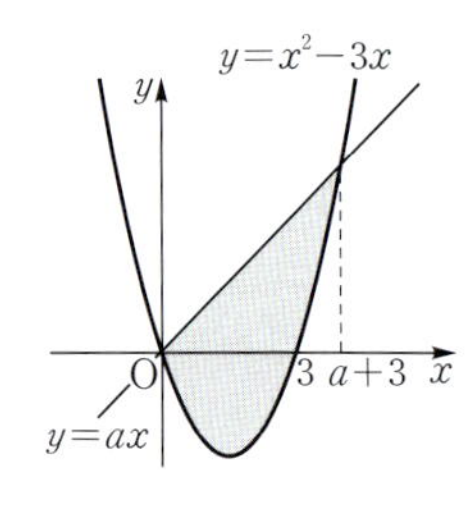
$y=k$의 교점의 x좌표는
$x^3+4x^2+k=k$에서

$$x^3+4x^2=0,\qquad x^2(x+4)=0$$

$$\therefore\ x=-4\ \text{또는}\ x=0$$

따라서 구하는 넓이는

$$\int_{-4}^{0}\{(x^3+4x^2+k)-k\}\,dx$$

$$=\int_{-4}^{0}(x^3+4x^2)\,dx$$

$$=\left[\frac{1}{4}x^4+\frac{4}{3}x^3\right]_{-4}^{0}=\frac{64}{3}$$

답 $\dfrac{64}{3}$

0825 곡선 $y=x^2-3x$와 직선 $y=ax$의 교점의 x좌표는
$x^2-3x=ax$에서

$$x\{x-(a+3)\}=0$$

$$\therefore\ x=0\ \text{또는}\ x=a+3$$

오른쪽 그림에서 색칠한 도형의 넓이는 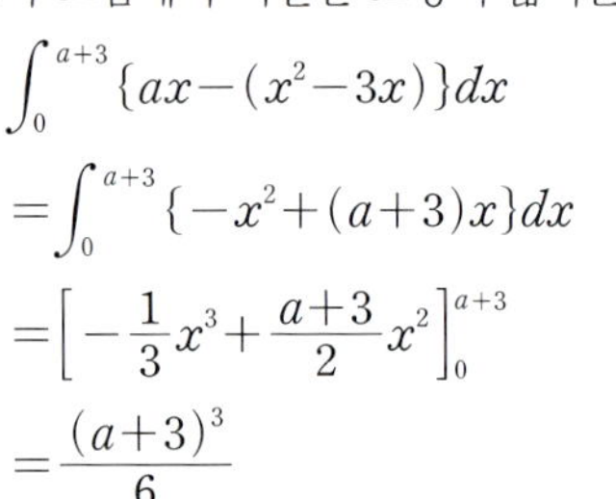

$$\int_{0}^{a+3}\{ax-(x^2-3x)\}\,dx$$

$$=\int_{0}^{a+3}\{-x^2+(a+3)x\}\,dx$$

$$=\left[-\frac{1}{3}x^3+\frac{a+3}{2}x^2\right]_{0}^{a+3}$$

$$=\frac{(a+3)^3}{6}$$

따라서 $\dfrac{(a+3)^3}{6}=36$이므로 $(a+3)^3=216$

$$a+3=6\qquad\therefore\ a=3$$

답 ③

0826 두 곡선 $y=x^3-4x$, $y=3x^2$의 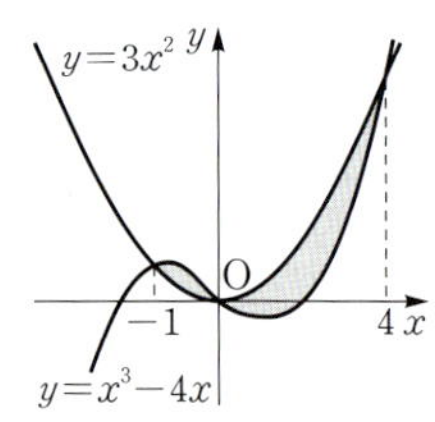
교점의 x좌표는 $x^3-4x=3x^2$에서

$$x^3-3x^2-4x=0$$

$$x(x+1)(x-4)=0$$

$$\therefore\ x=-1\ \text{또는}\ x=0\ \text{또는}\ x=4$$

따라서 구하는 넓이는

$$\int_{-1}^{0}\{(x^3-4x)-3x^2\}\,dx+\int_{0}^{4}\{3x^2-(x^3-4x)\}\,dx$$

$$=\int_{-1}^{0}(x^3-3x^2-4x)\,dx+\int_{0}^{4}(-x^3+3x^2+4x)\,dx$$

$$=\left[\frac{1}{4}x^4-x^3-2x^2\right]_{-1}^{0}+\left[-\frac{1}{4}x^4+x^3+2x^2\right]_{0}^{4}$$

$$=\frac{3}{4}+32=\frac{131}{4}$$

답 $\dfrac{131}{4}$

0827 두 곡선 $y=x^2-4x+5$, 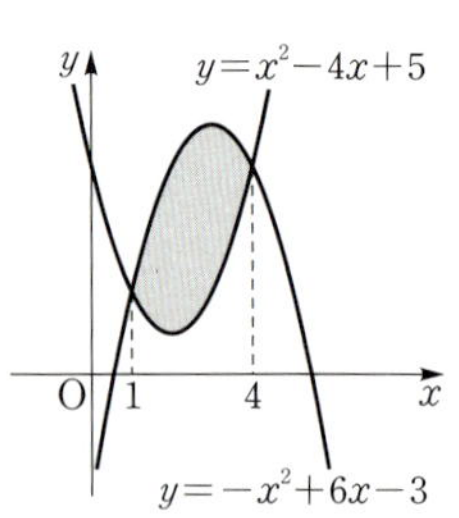
$y=-x^2+6x-3$의 교점의 x좌표는
$x^2-4x+5=-x^2+6x-3$에서

$$x^2-5x+4=0$$

$$(x-1)(x-4)=0$$

$$\therefore\ x=1\ \text{또는}\ x=4$$

따라서 구하는 넓이는

$$\int_1^4\{(-x^2+6x-3)-(x^2-4x+5)\}dx$$
$$=\int_1^4(-2x^2+10x-8)dx$$
$$=\left[-\frac{2}{3}x^3+5x^2-8x\right]_1^4=9$$

답 ①

0828 두 곡선 $y=x^3-3x^2$,
$y=x^2-3x$의 교점의 x좌표는
$x^3-3x^2=x^2-3x$에서

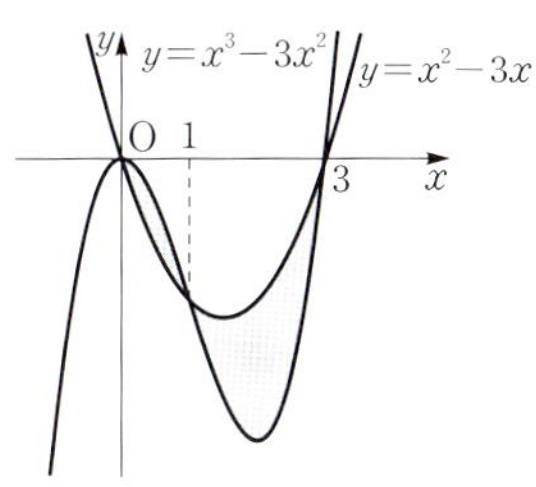

$$x^3-4x^2+3x=0$$
$$x(x-1)(x-3)=0$$
$$\therefore x=0 \ \text{또는} \ x=1$$
$$\text{또는} \ x=3$$

… 1단계

따라서 두 곡선 $y=x^3-3x^2$, $y=x^2-3x$로 둘러싸인 두 도형의
넓이는 각각

$$\int_0^1\{(x^3-3x^2)-(x^2-3x)\}dx$$
$$=\int_0^1(x^3-4x^2+3x)dx$$
$$=\left[\frac{1}{4}x^4-\frac{4}{3}x^3+\frac{3}{2}x^2\right]_0^1=\frac{5}{12},$$
$$\int_1^3\{(x^2-3x)-(x^3-3x^2)\}dx$$
$$=\int_1^3(-x^3+4x^2-3x)dx$$
$$=\left[-\frac{1}{4}x^4+\frac{4}{3}x^3-\frac{3}{2}x^2\right]_1^3=\frac{8}{3}$$

… 2단계

이므로 $\quad S_1S_2=\frac{5}{12}\times\frac{8}{3}=\frac{10}{9}$

… 3단계

답 $\dfrac{10}{9}$

채점 요소	비율
1단계 두 곡선의 교점의 x좌표 구하기	30 %
2단계 두 도형의 넓이 구하기	60 %
3단계 S_1S_2의 값 구하기	10 %

0829 곡선 $y=x^2-1$을 x축에 대하여 대칭이동한 곡선의 방
정식은

$$-y=x^2-1 \qquad \therefore y=-x^2+1$$

이 곡선을 x축의 방향으로 1만큼, y축의 방향으로 3만큼 평행이
동한 곡선의 방정식은

$$y=-(x-1)^2+4$$
$$\therefore f(x)=-(x-1)^2+4=-x^2+2x+3$$

두 곡선 $y=x^2-1$, $y=f(x)$의 교점의
x좌표는 $x^2-1=-x^2+2x+3$에서

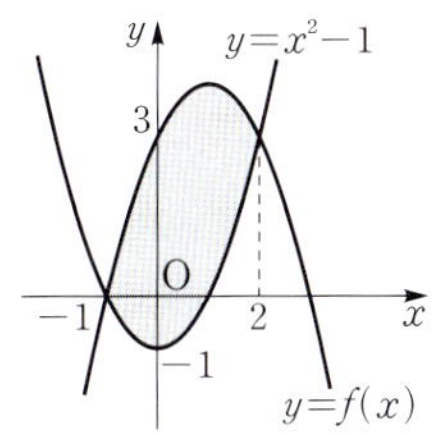

$$x^2-x-2=0$$
$$(x+1)(x-2)=0$$
$$\therefore x=-1 \ \text{또는} \ x=2$$

따라서 구하는 넓이는

$$\int_{-1}^2\{(-x^2+2x+3)-(x^2-1)\}dx$$
$$=\int_{-1}^2(-2x^2+2x+4)dx$$
$$=\left[-\frac{2}{3}x^3+x^2+4x\right]_{-1}^2=9$$

답 9

0830 $y=|x(x-1)|=\begin{cases} x(x-1) & (x\leq0 \ \text{또는} \ x\geq1) \\ -x(x-1) & (0\leq x\leq1) \end{cases}$

$x\leq0$ 또는 $x\geq1$일 때 곡선
$y=|x(x-1)|$과 직선 $y=2$의 교점
의 x좌표는 $x(x-1)=2$에서

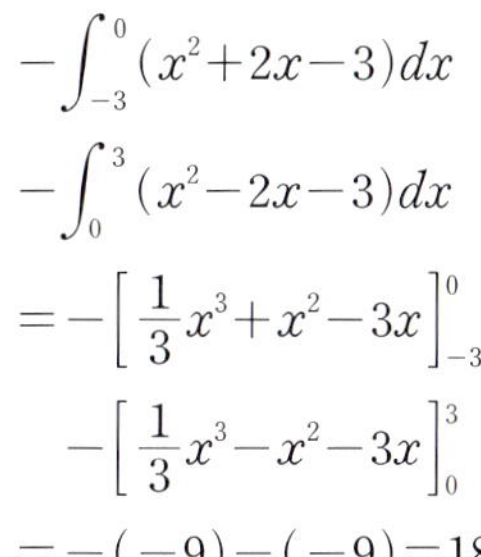

$$x^2-x-2=0$$
$$(x+1)(x-2)=0$$
$$\therefore x=-1 \ \text{또는} \ x=2$$

따라서 구하는 넓이는

$$\int_{-1}^0\{2-x(x-1)\}dx+\int_0^1[2-\{-x(x-1)\}]dx$$
$$+\int_1^2\{2-x(x-1)\}dx$$
$$=\int_{-1}^0(-x^2+x+2)dx+\int_0^1(x^2-x+2)dx$$
$$+\int_1^2(-x^2+x+2)dx$$
$$=\left[-\frac{1}{3}x^3+\frac{1}{2}x^2+2x\right]_{-1}^0+\left[\frac{1}{3}x^3-\frac{1}{2}x^2+2x\right]_0^1$$
$$+\left[-\frac{1}{3}x^3+\frac{1}{2}x^2+2x\right]_1^2$$
$$=\frac{7}{6}+\frac{11}{6}+\frac{7}{6}=\frac{25}{6}$$

답 ④

0831 $y=x^2-2|x|-3=\begin{cases} x^2-2x-3 & (x\geq0) \\ x^2+2x-3 & (x\leq0) \end{cases}$

$y=x^2-2|x|-3$의 그래프와 x축의 교점의 x좌표는
(i) $x\leq0$일 때

$$x^2+2x-3=0\text{에서} \qquad (x+3)(x-1)=0$$
$$\therefore x=-3 \ (\because x\leq0)$$

(ii) $x\geq0$일 때

$$x^2-2x-3=0\text{에서} \qquad (x+1)(x-3)=0$$
$$\therefore x=3 \ (\because x\geq0)$$

따라서 구하는 넓이는

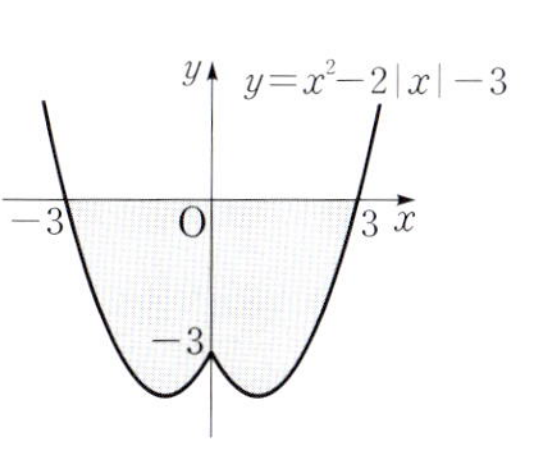

$$-\int_{-3}^0(x^2+2x-3)dx$$
$$-\int_0^3(x^2-2x-3)dx$$
$$=-\left[\frac{1}{3}x^3+x^2-3x\right]_{-3}^0$$
$$-\left[\frac{1}{3}x^3-x^2-3x\right]_0^3$$
$$=-(-9)-(-9)=18$$

답 18

다른 풀이 $y=x^2-2|x|-3$의 그래프는 y축에 대하여 대칭이므로 구하는 넓이는

$$2\left\{-\int_{-3}^{0}(x^2+2x-3)dx\right\}=-2\left[\frac{1}{3}x^3+x^2-3x\right]_{-3}^{0}$$
$$=-2\times(-9)=18$$

0832 $y=|x^2-ax|=\begin{cases} x^2-ax & (x\leq 0 \text{ 또는 } x\geq a) \\ -x^2+ax & (0\leq x\leq a) \end{cases}$

곡선 $y=|x^2-ax|$와 직선 $y=ax$의 교점의 x좌표는

(i) $x\leq 0$ 또는 $x\geq a$일 때

$x^2-ax=ax$에서　$x^2-2ax=0$

　　$x(x-2a)=0$

　　$\therefore x=0$ 또는 $x=2a$

(ii) $0\leq x\leq a$일 때

　$-x^2+ax=ax$에서

　　$x^2=0$　$\therefore x=0$

따라서 곡선 $y=|x^2-ax|$와 직선
$y=ax$로 둘러싸인 도형의 넓이는

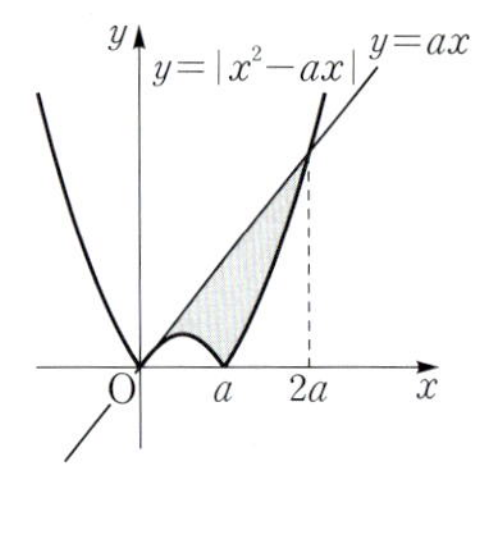

$$\int_{0}^{a}\{ax-(-x^2+ax)\}dx$$
$$+\int_{a}^{2a}\{ax-(x^2-ax)\}dx$$
$$=\int_{0}^{a}x^2dx$$
$$+\int_{a}^{2a}(-x^2+2ax)dx$$
$$=\left[\frac{1}{3}x^3\right]_{0}^{a}+\left[-\frac{1}{3}x^3+ax^2\right]_{a}^{2a}$$
$$=\frac{1}{3}a^3+\frac{2}{3}a^3=a^3$$

즉 $a^3=\frac{27}{8}$이므로　$a=\frac{3}{2}$

답 ③

0833 $f(x)=-x^3$으로 놓으면

　$f'(x)=-3x^2$

곡선 $y=f(x)$ 위의 점 $(-1,\ 1)$에서의
접선의 기울기는

　$f'(-1)=-3$

이므로 접선의 방정식은

　$y-1=-3(x+1)$

　　$\therefore y=-3x-2$

곡선 $y=-x^3$과 직선 $y=-3x-2$의 교점의 x좌표는

$-x^3=-3x-2$에서

　$x^3-3x-2=0$,　$(x+1)^2(x-2)=0$

　　$\therefore x=-1$ 또는 $x=2$

따라서 구하는 넓이는

$$\int_{-1}^{2}\{-x^3-(-3x-2)\}dx$$
$$=\int_{-1}^{2}(-x^3+3x+2)dx$$
$$=\left[-\frac{1}{4}x^4+\frac{3}{2}x^2+2x\right]_{-1}^{2}=\frac{27}{4}$$

답 ③

0834 $f(x)=x^2+2$로 놓으면

　$f'(x)=2x$

곡선 $y=f(x)$ 위의 점 $(1,\ 3)$에서의
접선의 기울기는

　$f'(1)=2$

이므로 접선의 방정식은

　$y-3=2(x-1)$

　　$\therefore y=2x+1$

따라서 구하는 넓이는

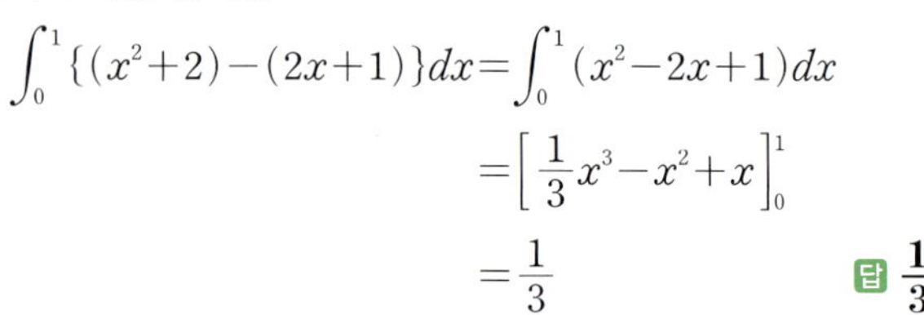

$$\int_{0}^{1}\{(x^2+2)-(2x+1)\}dx=\int_{0}^{1}(x^2-2x+1)dx$$
$$=\left[\frac{1}{3}x^3-x^2+x\right]_{0}^{1}$$
$$=\frac{1}{3}$$

답 $\dfrac{1}{3}$

0835 $f(x)=x^2$으로 놓으면

　$f'(x)=2x$

접점의 좌표를 $(t,\ t^2)$이라 하면 이 점에서 접선의 기울기는
$f'(t)=2t$이므로 접선의 방정식은

　$y-t^2=2t(x-t)$　$\therefore y=2tx-t^2$　……㉠

직선 ㉠이 점 $(1,\ -3)$을 지나므로

　$-3=2t-t^2$

　$t^2-2t-3=0$,　$(t+1)(t-3)=0$

　　$\therefore t=-1$ 또는 $t=3$

$t=-1$일 때, ㉠에서

　$y=-2x-1$

$t=3$일 때, ㉠에서

　$y=6x-9$

따라서 구하는 넓이는

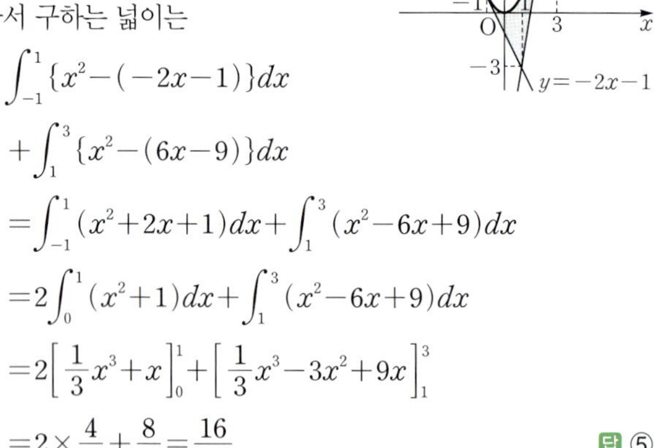

$$\int_{-1}^{1}\{x^2-(-2x-1)\}dx$$
$$+\int_{1}^{3}\{x^2-(6x-9)\}dx$$
$$=\int_{-1}^{1}(x^2+2x+1)dx+\int_{1}^{3}(x^2-6x+9)dx$$
$$=2\int_{0}^{1}(x^2+1)dx+\int_{1}^{3}(x^2-6x+9)dx$$
$$=2\left[\frac{1}{3}x^3+x\right]_{0}^{1}+\left[\frac{1}{3}x^3-3x^2+9x\right]_{1}^{3}$$
$$=2\times\frac{4}{3}+\frac{8}{3}=\frac{16}{3}$$

답 ⑤

📝 RPM 비법 노트

곡선 밖의 한 점에서 곡선에 그은 접선의 방정식

곡선 $y=f(x)$ 밖의 점 $(x_1,\ y_1)$에서 이 곡선에 그은 접선의 방정식은 다음과 같은 순서로 구한다.

(i) 접점의 좌표를 $(t,\ f(t))$로 놓고 접선의 기울기 $f'(t)$를 구한다.

(ii) 직선 $y-f(t)=f'(t)(x-t)$가 점 $(x_1,\ y_1)$을 지남을 이용하여 t의 값을 구한다.

(iii) (ii)에서 구한 t의 값을 $y-f(t)=f'(t)(x-t)$에 대입한다.

0836 곡선 $y=x(x-2)(x-k)$와 x축의 교점의 x좌표는

$x(x-2)(x-k)=0$에서

$\quad x=0$ 또는 $x=2$ 또는 $x=k$

오른쪽 그림에서 색칠한 두 도형의 넓이가 같으므로

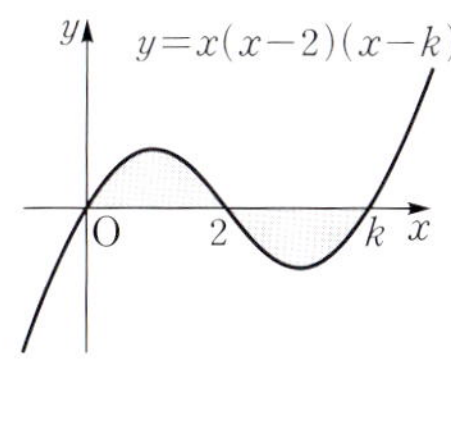

$$\int_0^k x(x-2)(x-k)\,dx=0$$

$$\int_0^k \{x^3-(k+2)x^2+2kx\}\,dx$$

$$=0$$

$$\left[\frac{1}{4}x^4-\frac{k+2}{3}x^3+kx^2\right]_0^k=0$$

$$-\frac{k^4}{12}+\frac{k^3}{3}=0, \qquad k^3(k-4)=0$$

$$\therefore k=4 \ (\because k>2)$$ **답 4**

0837 두 곡선 $y=x^2(x-4)$, $y=ax(x-4)$의 교점의 x좌표는 $x^2(x-4)=ax(x-4)$에서

$$x(x-4)(x-a)=0$$

$$\therefore x=0 \ 또는\ x=4\ 또는\ x=a$$

이때 색칠한 두 도형의 넓이가 같으므로

$$\int_0^4 \{x^2(x-4)-ax(x-4)\}\,dx=0$$

$$\int_0^4 \{x^3-(4+a)x^2+4ax\}\,dx=0$$

$$\left[\frac{1}{4}x^4-\frac{4+a}{3}x^3+2ax^2\right]_0^4=0$$

$$-\frac{64}{3}+\frac{32}{3}a=0 \qquad \therefore a=2$$ **답 2**

0838 $A:B=1:2$에서

$$B=2A$$

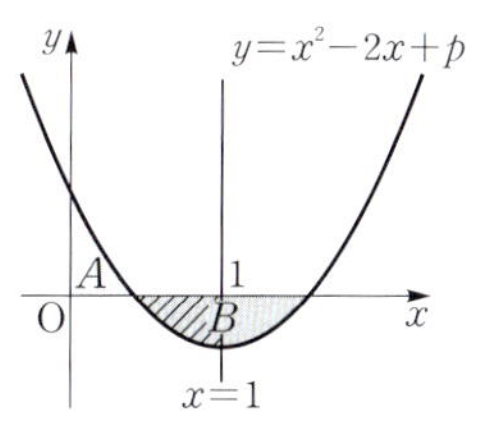

이때 곡선 $y=x^2-2x+p=(x-1)^2+p-1$은 직선 $x=1$에 대하여 대칭이므로 오른쪽 그림에서 빗금 친 부분의 넓이는 A와 같다.

즉 곡선 $y=x^2-2x+p$와 x축, y축 및 직선 $x=1$로 둘러싸인 두 도형의 넓이가 같으므로

$$\int_0^1 (x^2-2x+p)\,dx=0$$

$$\left[\frac{1}{3}x^3-x^2+px\right]_0^1=0$$

$$-\frac{2}{3}+p=0 \qquad \therefore p=\frac{2}{3}$$ **답 $\dfrac{2}{3}$**

0839 곡선 $y=x^2-2x$와 직선 $y=mx$의 교점의 x좌표는 $x^2-2x=mx$에서

$$x^2-(m+2)x=0, \qquad x\{x-(m+2)\}=0$$

$$\therefore x=0 \ 또는\ x=m+2$$

오른쪽 그림에서 색칠한 도형의 넓이는

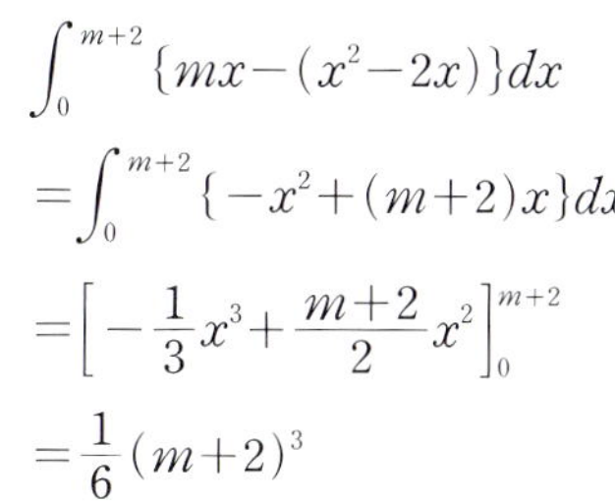
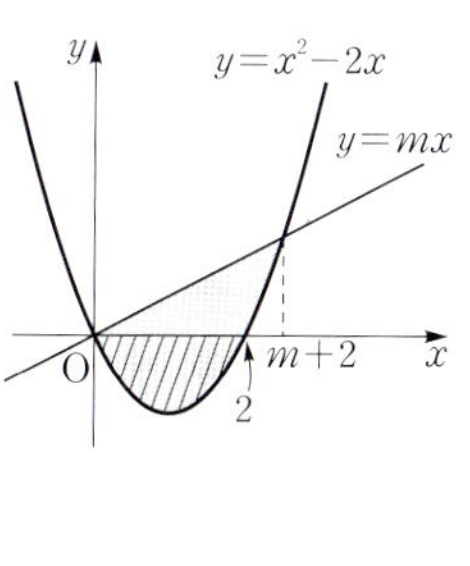

$$\int_0^{m+2} \{mx-(x^2-2x)\}\,dx$$

$$=\int_0^{m+2} \{-x^2+(m+2)x\}\,dx$$

$$=\left[-\frac{1}{3}x^3+\frac{m+2}{2}x^2\right]_0^{m+2}$$

$$=\frac{1}{6}(m+2)^3$$

위의 그림에서 빗금 친 부분의 넓이는

$$-\int_0^2 (x^2-2x)\,dx=-\left[\frac{1}{3}x^3-x^2\right]_0^2=\frac{4}{3}$$

따라서 $\dfrac{1}{6}(m+2)^3=2\times\dfrac{4}{3}$이므로

$$(m+2)^3=16$$ **답 16**

0840 곡선 $y=-x^2+3x$와 직선 $y=mx$의 교점의 x좌표는 $-x^2+3x=mx$에서

$$x^2+(m-3)x=0, \qquad x(x+m-3)=0$$

$$\therefore x=0 \ 또는\ x=3-m$$ ··· **1단계**

오른쪽 그림에서 빗금 친 부분의 넓이는

$$\int_0^{3-m} \{(-x^2+3x)-mx\}\,dx$$

$$=\int_0^{3-m} \{-x^2+(3-m)x\}\,dx$$

$$=\left[-\frac{1}{3}x^3+\frac{3-m}{2}x^2\right]_0^{3-m}$$

$$=\frac{1}{6}(3-m)^3$$ ··· **2단계**

위의 그림에서 색칠한 도형의 넓이는

$$\int_0^3 (-x^2+3x)\,dx=\left[-\frac{1}{3}x^3+\frac{3}{2}x^2\right]_0^3=\frac{9}{2}$$ ··· **3단계**

따라서 $\dfrac{9}{2}=2\times\dfrac{1}{6}(3-m)^3$이므로

$$(3-m)^3=\frac{27}{2}, \qquad 27-27m+9m^2-m^3=\frac{27}{2}$$

$$\therefore m^3-9m^2+27m=\frac{27}{2}$$ ··· **4단계**

답 $\dfrac{27}{2}$

	채점 요소	비율
1단계	곡선과 직선의 교점의 x좌표 구하기	20 %
2단계	곡선과 직선으로 둘러싸인 도형의 넓이 구하기	30 %
3단계	곡선과 x축으로 둘러싸인 도형의 넓이 구하기	30 %
4단계	m^3-9m^2+27m의 값 구하기	20 %

0841 두 곡선 $y=4x-x^2$, $y=ax^2$의 교점의 x좌표는 $4x-x^2=ax^2$에서

$$(a+1)x^2-4x=0, \qquad x\{(a+1)x-4\}=0$$

$$\therefore x=0 \ 또는\ x=\frac{4}{a+1}$$

오른쪽 그림에서 빗금 친 부분의 넓이는

$$\int_0^{\frac{4}{a+1}}\{(4x-x^2)-ax^2\}dx$$

$$=\int_0^{\frac{4}{a+1}}\{4x-(a+1)x^2\}dx$$

$$=\left[2x^2-\frac{a+1}{3}x^3\right]_0^{\frac{4}{a+1}}=\frac{32}{3(a+1)^2}$$

위의 그림에서 색칠한 도형의 넓이는

$$\int_0^4(4x-x^2)dx=\left[2x^2-\frac{1}{3}x^3\right]_0^4=\frac{32}{3}$$

따라서 $\frac{32}{3}=2\times\frac{32}{3(a+1)^2}$이므로

$$(a+1)^2=2,\qquad a+1=\sqrt{2}\ (\because a>0)$$

$$\therefore a=\sqrt{2}-1$$

답 ①

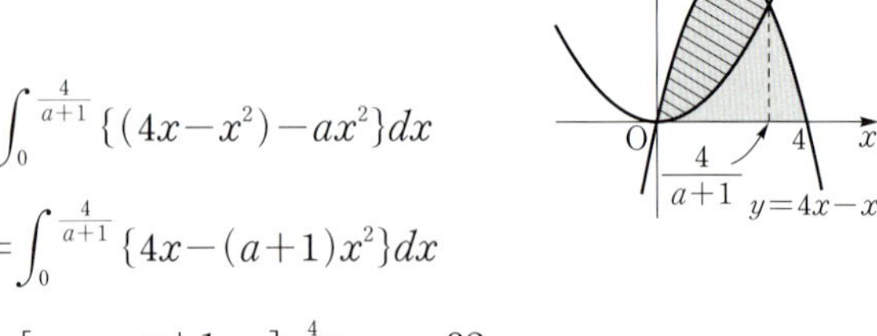

0842 곡선 $y=(x+1)(x-1)(x-a)$와 x축의 교점의 x좌표는 $(x+1)(x-1)(x-a)=0$에서

$$x=-1\ 또는\ x=1\ 또는\ x=a$$

따라서 곡선 $y=(x+1)(x-1)(x-a)$와 x축으로 둘러싸인 도형의 넓이를 $S(a)$라 하면

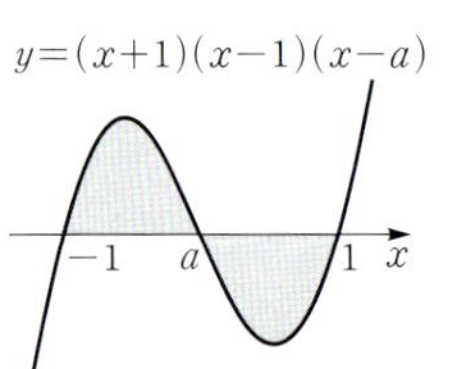

$S(a)$

$$=\int_{-1}^{a}(x+1)(x-1)(x-a)dx$$

$$\quad-\int_{a}^{1}(x+1)(x-1)(x-a)dx$$

$$=\int_{-1}^{a}(x^3-ax^2-x+a)dx$$

$$\quad-\int_{a}^{1}(x^3-ax^2-x+a)dx$$

$$=\left[\frac{1}{4}x^4-\frac{a}{3}x^3-\frac{1}{2}x^2+ax\right]_{-1}^{a}$$

$$\quad-\left[\frac{1}{4}x^4-\frac{a}{3}x^3-\frac{1}{2}x^2+ax\right]_{a}^{1}$$

$$=-\frac{1}{12}a^4+\frac{1}{2}a^2+\frac{2}{3}a+\frac{1}{4}$$

$$\quad-\left(\frac{1}{12}a^4-\frac{1}{2}a^2+\frac{2}{3}a-\frac{1}{4}\right)$$

$$=-\frac{1}{6}a^4+a^2+\frac{1}{2}$$

$$\therefore S'(a)=-\frac{2}{3}a^3+2a$$

$$=-\frac{2}{3}a(a+\sqrt{3})(a-\sqrt{3})$$

$S'(a)=0$에서 $a=0\ (\because -1<a<1)$

a	-1	$\cdots$	0	$\cdots$	1
$S'(a)$		$-$	0	$+$	
$S(a)$		$\searrow$	극소	$\nearrow$	

따라서 $S(a)$는 $a=0$일 때 극소이면서 최소이다.

답 0

0843 두 곡선 $y=\frac{1}{k}x^3$, $y=-9kx^3$과 직선 $x=1$로 둘러싸인 도형의 넓이는

$$\int_0^1\left\{\frac{1}{k}x^3-(-9kx^3)\right\}dx$$

$$=\left(9k+\frac{1}{k}\right)\int_0^1 x^3\,dx$$

$$=\left(9k+\frac{1}{k}\right)\times\left[\frac{1}{4}x^4\right]_0^1$$

$$=\frac{1}{4}\left(9k+\frac{1}{k}\right)$$

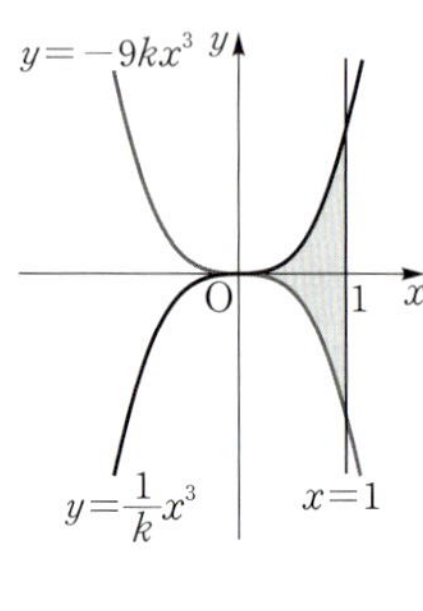

이때 $9k>0$, $\frac{1}{k}>0$이므로 산술평균과 기하평균의 관계에 의하여

$$\frac{1}{4}\left(9k+\frac{1}{k}\right)\geq\frac{1}{4}\times2\sqrt{9k\times\frac{1}{k}}=\frac{3}{2}$$

$$\left(단,\ 등호는\ k=\frac{1}{3}일\ 때\ 성립\right)$$

따라서 구하는 최솟값은 $\frac{3}{2}$이다.

답 $\frac{3}{2}$

0844 $f(x)=x^2-1$로 놓으면

$$f'(x)=2x$$

곡선 $y=f(x)$ 위의 점 $(t,\ t^2-1)$에서의 접선의 기울기는

$$f'(t)=2t$$

이므로 접선의 방정식은

$$y-(t^2-1)=2t(x-t)\qquad \therefore y=2tx-t^2-1$$

오른쪽 그림에서 색칠한 도형의 넓이는

$$\int_0^1\{(x^2-1)-(2tx-t^2-1)\}dx$$

$$=\int_0^1(x^2-2tx+t^2)dx$$

$$=\left[\frac{1}{3}x^3-tx^2+t^2x\right]_0^1$$

$$=\frac{1}{3}-t+t^2=\left(t-\frac{1}{2}\right)^2+\frac{1}{12}$$

따라서 구하는 최솟값은 $\frac{1}{12}$이다.

답 $\frac{1}{12}$

0845 $v(t)=0$에서 $t^2-7t+10=0$

$$(t-2)(t-5)=0\qquad \therefore t=2\ 또는\ t=5$$

따라서 시각 $t=5$에서 점 P의 운동 방향이 두 번째로 바뀌므로 이때의 점 P의 위치는

$$0+\int_0^5(t^2-7t+10)dt=\left[\frac{1}{3}t^3-\frac{7}{2}t^2+10t\right]_0^5=\frac{25}{6}$$

답 ②

참고 | 움직이던 물체가 운동 방향을 바꿀 때의 물체의 속도는 0이다.

0846 시각 $t=4$에서의 점 P의 위치는

$$0+\int_0^2(-t^2+2t)dt+\int_2^4(t^2-3t+2)dt$$

$$=\left[-\frac{1}{3}t^3+t^2\right]_0^2+\left[\frac{1}{3}t^3-\frac{3}{2}t^2+2t\right]_2^4$$

$$=\frac{4}{3}+\frac{14}{3}=6$$

답 6

0847 점 P가 출발한 후 다시 원점으로 되돌아올 때까지 걸리는 시간을 a라 하면 $t=0$에서 $t=a$까지 점 P의 위치의 변화량은 0이므로

$$\int_0^a (t^2-2t)\,dt=0, \qquad \left[\frac{1}{3}t^3-t^2\right]_0^a=0$$

$$\frac{1}{3}a^3-a^2=0, \qquad a^2(a-3)=0$$

$$\therefore a=3 \ (\because a>0)$$

따라서 $t=0$에서 $t=3$까지 점 P가 움직인 거리는

$$\int_0^3 |t^2-2t|\,dt=\int_0^2 (-t^2+2t)\,dt+\int_2^3 (t^2-2t)\,dt$$

$$=\left[-\frac{1}{3}t^3+t^2\right]_0^2+\left[\frac{1}{3}t^3-t^2\right]_2^3$$

$$=\frac{4}{3}+\frac{4}{3}=\frac{8}{3}$$

답 $\dfrac{8}{3}$

0848 물체를 쏘아 올린 후 5초 동안 움직인 거리는

$$\int_0^5 |15-10t|\,dt$$

$$=\int_0^{\frac{3}{2}} (15-10t)\,dt+\int_{\frac{3}{2}}^5 (-15+10t)\,dt$$

$$=\left[15t-5t^2\right]_0^{\frac{3}{2}}+\left[-15t+5t^2\right]_{\frac{3}{2}}^5$$

$$=\frac{45}{4}+\frac{245}{4}=\frac{145}{2}\,(\mathrm{m})$$

답 $\dfrac{145}{2}$ **m**

0849 $v(t)=0$에서 $30-3t=0$

$$\therefore t=10$$

따라서 열차는 제동을 건 지 10초 후에 정지하므로 정지할 때까지 달린 거리는

$$\int_0^{10} (30-3t)\,dt=\left[30t-\frac{3}{2}t^2\right]_0^{10}$$

$$=150\,(\mathrm{m})$$

답 ②

0850 물체를 쏘아 올린 지 3초 후의 지면으로부터의 높이는

$$25+\int_0^3 (20-10t)\,dt=25+\left[20t-5t^2\right]_0^3$$

$$=25+15=40\,(\mathrm{m})$$

$$\therefore h_1=40$$ … **1단계**

$v(t)=0$에서 $20-10t=0$ $\therefore t=2$

따라서 $t=2$일 때 최고 높이에 도달하므로 이때의 지면으로부터의 높이는

$$25+\int_0^2 (20-10t)\,dt=25+\left[20t-5t^2\right]_0^2$$

$$=25+20=45\,(\mathrm{m})$$

$$\therefore h_2=45$$ … **2단계**

$$\therefore h_1+h_2=40+45=85$$ … **3단계**

답 85

채점 요소	비율
1단계 h_1의 값 구하기	40 %
2단계 h_2의 값 구하기	50 %
3단계 h_1+h_2의 값 구하기	10 %

0851 $v(t)=0$에서 $4t-t^2=0$

$$t(4-t)=0$$

$$\therefore t=0 \ \text{또는} \ t=4$$

따라서 물이 흐르기 시작한 지 4초 후에 물이 멈추므로 구하는 물의 양은

$$\pi\int_0^4 (4t-t^2)\,dt=\pi\left[2t^2-\frac{1}{3}t^3\right]_0^4$$

$$=\frac{32}{3}\pi\,(\mathrm{cm}^3)$$

답 $\dfrac{32}{3}\pi$ **cm³**

0852 출발한 후 t초 동안 두 자동차 A, B의 위치의 변화량을 각각 x_A m, x_B m라 하면

$$x_A=\int_0^t 2t\,dt=\left[t^2\right]_0^t=t^2,$$

$$x_B=\int_0^t (t+1)\,dt=\left[\frac{1}{2}t^2+t\right]_0^t=\frac{1}{2}t^2+t$$

두 자동차 A, B가 만나려면 $x_A=24+x_B$에서

$$t^2=24+\frac{1}{2}t^2+t, \qquad t^2-2t-48=0$$

$$(t-8)(t+6)=0 \qquad \therefore t=8 \ (\because t>0)$$

따라서 두 자동차 A, B가 만나는 것은 출발한 지 8초 후이다.

답 ③

0853 고속열차가 출발한 후 4 km를 달리는 데 걸리는 시간을 x분이라 하면

$$\int_0^x \left(\frac{3}{4}t^2+\frac{1}{2}t+\frac{1}{2}\right)dt=4$$

$$\left[\frac{1}{4}t^3+\frac{1}{4}t^2+\frac{1}{2}t\right]_0^x=4$$

$$\frac{1}{4}x^3+\frac{1}{4}x^2+\frac{1}{2}x=4$$

$$x^3+x^2+2x-16=0, \qquad (x-2)(x^2+3x+8)=0$$

$$\therefore x=2 \ (\because x^2+3x+8>0)$$

이때 $v(2)=\dfrac{9}{2}$이므로 2분 후부터는 속도가 $\dfrac{9}{2}$ km/min으로 일정하다.

따라서 열차가 출발한 후 10분 동안 달린 거리는

$$4+\int_2^{10} \frac{9}{2}\,dt=4+\left[\frac{9}{2}t\right]_2^{10}=4+36=40\,(\mathrm{km})$$

답 **40 km**

0854 시각 $t=0$에서 $t=6$까지 점 P가 움직인 거리는

$$\int_0^6 |v(t)|\,dt=\frac{1}{2}\times(1+4)\times2+\frac{1}{2}\times2\times2=7$$

답 7

0855 시각 $t=2$에서의 점 P의 위치는

$$-3+\int_0^2 v(t)\,dt=-3+\frac{1}{2}\times2\times1=-2$$

$$\therefore a=-2$$ … **1단계**

시각 $t=4$에서의 점 P의 위치는

$$-3+\int_0^4 v(t)dt=-3+\frac{1}{2}\times2\times1-\frac{1}{2}\times2\times1=-3$$

$$\therefore b=-3 \qquad \cdots \text{2단계}$$

$$\therefore a+b=-5 \qquad \cdots \text{3단계}$$

답 -5

채점 요소		비율
1단계	a의 값 구하기	40 %
2단계	b의 값 구하기	40 %
3단계	$a+b$의 값 구하기	20 %

0856 시각 $t=7$에서의 점 P의 위치는

$$0+\int_0^7 v(t)dt$$

$$=\frac{1}{2}\times(1+3)\times k-\frac{1}{2}\times2\times2+\frac{1}{2}\times2\times k$$

$$=3k-2$$

따라서 $3k-2=10$이므로

$$k=4$$

답 4

0857 ㄱ. 시각 $t=4$에서의 점 P의 위치는

$$0+\int_0^4 v(t)dt=\frac{1}{2}\times2\times2-\frac{1}{2}\times2\times2=0 \ (참)$$

ㄴ. 점 P는 $t=2$와 $t=6$에서 운동 방향을 바꾸므로 2번 바꾼다.

(거짓)

ㄷ. 시각 $t=1$에서의 점 P의 위치는

$$0+\int_0^1 v(t)dt=\frac{1}{2}\times1\times2=1$$

시각 $t=7$에서의 점 P의 위치는

$$0+\int_0^7 v(t)dt$$

$$=\frac{1}{2}\times2\times2-\frac{1}{2}\times2\times2-\frac{1}{2}\times2\times2+\frac{1}{2}\times1\times2$$

$$=-1$$

따라서 시각 $t=1$에서와 시각 $t=7$에서의 점 P의 위치는 다르다. (거짓)

이상에서 옳은 것은 ㄱ뿐이다.

답 ①

다른 풀이 ㄷ. 시각 $t=1$에서 $t=7$까지 점 P의 위치의 변화량은

$$\int_1^7 v(t)dt$$

$$=\frac{1}{2}\times1\times2-\frac{1}{2}\times2\times2-\frac{1}{2}\times2\times2+\frac{1}{2}\times1\times2$$

$$=-2$$

따라서 위치의 변화량이 0이 아니므로 시각 $t=1$에서와 시각 $t=7$에서의 점 P의 위치는 다르다. (거짓)

0858 ② $\int_0^c v(t)dt=0$이면 시각 $t=0$에서 $t=c$까지 점 P의 위치의 변화량이 0이므로 시각 $t=c$에서 점 P는 원점에 있다.

③ $v(a)>0$이므로 시각 $t=a$에서 점 P는 양의 방향으로 움직이고 있다.

⑤ $|v(c)|>v(a)$이면 시각 $t=c$에서 $|v(t)|$의 값이 가장 크므로 점 P의 속력은 시각 $t=c$에서 최대이다.

답 ③

0859 두 곡선 $y=f(x)$와 $y=g(x)$는 직선 $y=x$에 대하여 대칭이므로 두 곡선으로 둘러싸인 도형의 넓이는 곡선 $y=f(x)$와 직선 $y=x$로 둘러싸인 도형의 넓이의 2배와 같다.

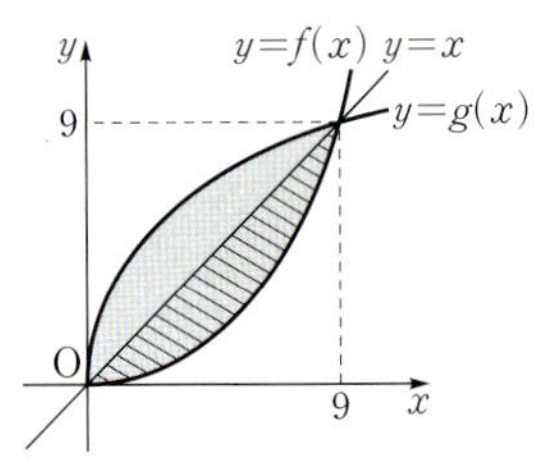

곡선 $y=f(x)$와 직선 $y=x$의 교점의 x좌표는 $\frac{1}{9}x^2=x$에서

$$x^2-9x=0, \qquad x(x-9)=0$$

$$\therefore x=0 \ 또는 \ x=9$$

따라서 구하는 넓이는

$$2\int_0^9\left(x-\frac{1}{9}x^2\right)dx=2\left[\frac{1}{2}x^2-\frac{1}{27}x^3\right]_0^9$$

$$=2\times\frac{27}{2}=27$$

답 ②

0860 두 곡선 $y=f(x)$와 $y=g(x)$는 직선 $y=x$에 대하여 대칭이므로 구하는 넓이는 직선 $y=x$에 의하여 이등분된다.

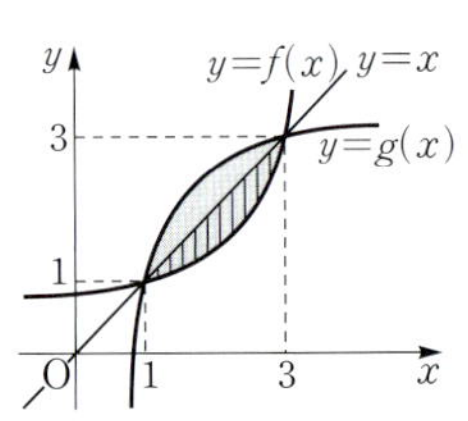

이때 오른쪽 그림에서 빗금 친 부분의 넓이는

$$\int_1^3\{x-f(x)\}dx=\int_1^3 x\,dx-\int_1^3 f(x)dx$$

$$=\left[\frac{1}{2}x^2\right]_1^3-3=4-3=1$$

따라서 구하는 넓이는 빗금 친 부분의 넓이의 2배이므로

$$2\times1=2$$

답 2

0861 $f(0)=1$, $f(2)=13$이므로 곡선 $y=f(x)$는 두 점 $(0,\ 1)$, $(2,\ 13)$을 지나고 두 곡선 $y=f(x)$와 $y=g(x)$는 직선 $y=x$에 대하여 대칭이다.

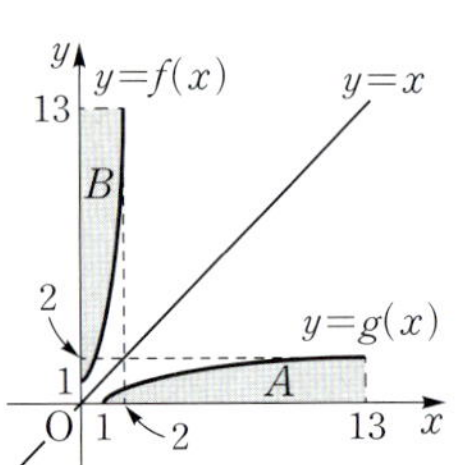

따라서 오른쪽 그림에서

$$(A의 넓이)=(B의 넓이)$$

이므로 구하는 넓이는

$$(A의 넓이)=(B의 넓이)$$

$$=2\times13-\int_0^2 f(x)dx$$

$$=26-\int_0^2(3x^2+1)dx$$

$$=26-\left[x^3+x\right]_0^2$$

$$=26-10=16$$

답 ⑤

0862 두 곡선 $y=f(x)$와 $y=g(x)$는 직선 $y=x$에 대하여 대칭이다.

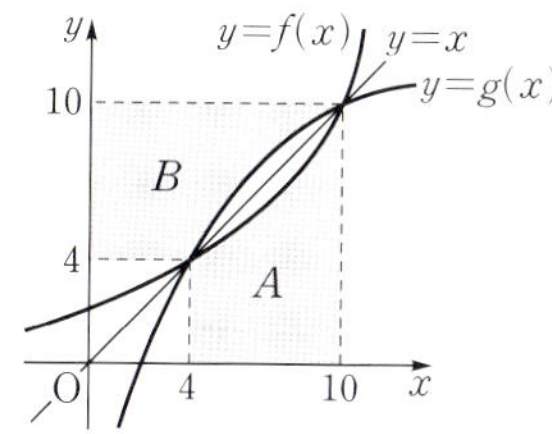

따라서 오른쪽 그림에서

$$(B\text{의 넓이})=(A\text{의 넓이})=S$$

이므로

$$\int_4^{10} g(x)dx=10^2-4^2-(B\text{의 넓이})$$
$$=84-S$$

$$\therefore a=84$$

답 ①

0863 $f(1)=1$, $f(9)=3$이므로 곡선 $y=f(x)$는 두 점 $(1,\ 1)$, $(9,\ 3)$을 지나고 두 곡선 $y=f(x)$와 $y=g(x)$는 직선 $y=x$에 대하여 대칭이다.

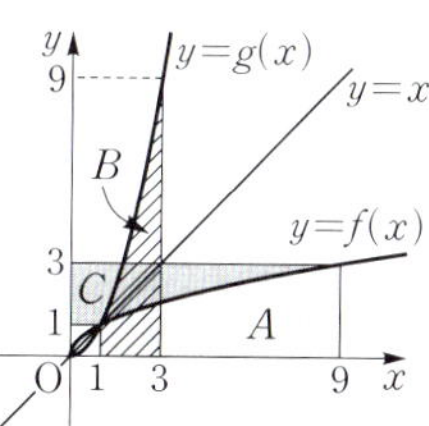

따라서 오른쪽 그림에서

$$(B\text{의 넓이})=(C\text{의 넓이})$$

이므로

$$\int_1^9 f(x)dx+\int_1^3 g(x)dx$$
$$=(A\text{의 넓이})+(B\text{의 넓이})$$
$$=(A\text{의 넓이})+(C\text{의 넓이})$$
$$=9\times3-1\times1=26$$

답 26

0864 두 곡선 $y=f(x)$와 $y=g(x)$는 직선 $y=x$에 대하여 대칭이므로 두 곡선으로 둘러싸인 도형의 넓이는 곡선 $y=f(x)$와 직선 $y=x$로 둘러싸인 도형의 넓이의 2배와 같다.

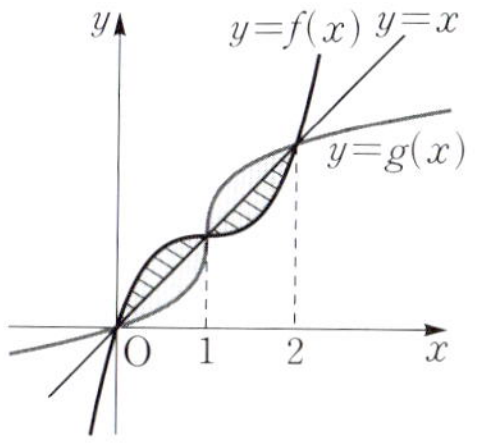

곡선 $y=f(x)$와 직선 $y=x$의 교점의 x좌표는 $x^3-3x^2+3x=x$에서

$$x^3-3x^2+2x=0,\qquad x(x-1)(x-2)=0$$
$$\therefore x=0 \text{ 또는 } x=1 \text{ 또는 } x=2$$

따라서 구하는 넓이는

$$2\int_0^2 |x-f(x)|dx$$
$$=2\Big[\int_0^1 \{(x^3-3x^2+3x)-x\}dx$$
$$\qquad +\int_1^2 \{x-(x^3-3x^2+3x)\}dx\Big]$$
$$=2\Big\{\int_0^1 (x^3-3x^2+2x)dx+\int_1^2 (-x^3+3x^2-2x)dx\Big\}$$
$$=2\Big(\Big[\frac{1}{4}x^4-x^3+x^2\Big]_0^1+\Big[-\frac{1}{4}x^4+x^3-x^2\Big]_1^2\Big)$$
$$=2\times\Big(\frac{1}{4}+\frac{1}{4}\Big)=1$$

답 ④

0865 곡선 $y=x(x-2)^2$과 x축의 교점의 x좌표는 $x(x-2)^2=0$에서

$$x=0 \text{ 또는 } x=2$$

따라서 구하는 넓이는

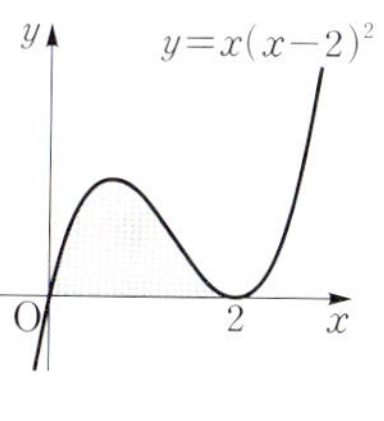

$$\int_0^2 x(x-2)^2 dx$$
$$=\int_0^2 (x^3-4x^2+4x)dx$$
$$=\Big[\frac{1}{4}x^4-\frac{4}{3}x^3+2x^2\Big]_0^2$$
$$=\frac{4}{3}$$

답 ②

0866 곡선 $y=x^2-2x$와 x축의 교점의 x좌표는 $x^2-2x=0$에서

$$x(x-2)=0 \qquad \therefore x=0 \text{ 또는 } x=2$$

주어진 그림에서 색칠한 도형의 넓이는

$$-\int_0^2 (x^2-2x)dx+\int_2^a (x^2-2x)dx$$
$$=-\Big[\frac{1}{3}x^3-x^2\Big]_0^2+\Big[\frac{1}{3}x^3-x^2\Big]_2^a$$
$$=\frac{4}{3}+\Big(\frac{1}{3}a^3-a^2+\frac{4}{3}\Big)$$
$$=\frac{1}{3}a^3-a^2+\frac{8}{3}$$

따라서 $\dfrac{1}{3}a^3-a^2+\dfrac{8}{3}=\dfrac{8}{3}$이므로

$$\frac{1}{3}a^3-a^2=0,\qquad a^2(a-3)=0$$
$$\therefore a=3\ (\because a>2)$$

답 3

0867 곡선 $y=-x^2+5nx$와 직선 $y=2nx$의 교점의 x좌표는 $-x^2+5nx=2nx$에서

$$x^2-3nx=0,\qquad x(x-3n)=0$$
$$\therefore x=0 \text{ 또는 } x=3n$$

오른쪽 그림에서 색칠한 도형의 넓이는

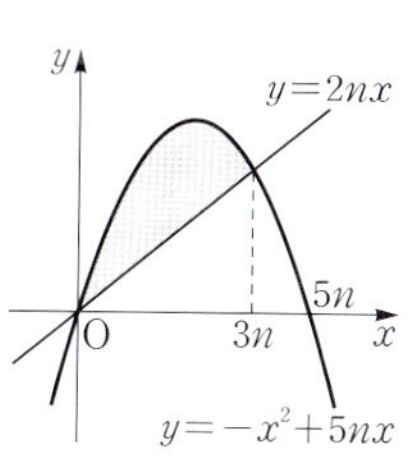

$$S_n$$
$$=\int_0^{3n} \{(-x^2+5nx)-2nx\}dx$$
$$=\int_0^{3n} (-x^2+3nx)dx$$
$$=\Big[-\frac{1}{3}x^3+\frac{3}{2}nx^2\Big]_0^{3n}$$
$$=\frac{9}{2}n^3$$

따라서 $S_n>180$에서 $\dfrac{9}{2}n^3>180$

$$\therefore n^3>40$$

이때 $3^3=27$, $4^3=64$이므로 자연수 n의 최솟값은 4이다.

답 4

0868 두 곡선 $y=x^3-2x$, $y=x^2$의 교점의 x좌표는 $x^3-2x=x^2$에서

$$x^3-x^2-2x=0$$
$$x(x+1)(x-2)=0$$
$$\therefore x=-1 \text{ 또는 } x=0 \text{ 또는 } x=2$$

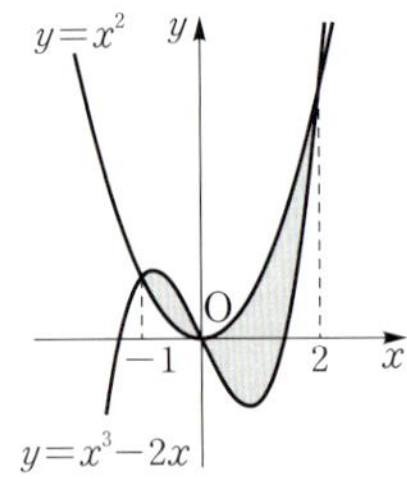

따라서 구하는 넓이는

$$\int_{-1}^{0}\{(x^3-2x)-x^2\}dx+\int_{0}^{2}\{x^2-(x^3-2x)\}dx$$
$$=\int_{-1}^{0}(x^3-x^2-2x)dx+\int_{0}^{2}(-x^3+x^2+2x)dx$$
$$=\left[\frac{1}{4}x^4-\frac{1}{3}x^3-x^2\right]_{-1}^{0}+\left[-\frac{1}{4}x^4+\frac{1}{3}x^3+x^2\right]_{0}^{2}$$
$$=\frac{5}{12}+\frac{8}{3}=\frac{37}{12}$$

답 ④

0869 $y=2x|x-1|=\begin{cases} 2x(x-1) & (x\geq 1) \\ -2x(x-1) & (x\leq 1) \end{cases}$

곡선 $y=2x|x-1|$과 직선 $y=x$의 교점의 x좌표는

(i) $x\leq 1$일 때

$$-2x(x-1)=x \text{에서}$$
$$2x^2-x=0, \quad x(2x-1)=0$$
$$\therefore x=0 \text{ 또는 } x=\frac{1}{2}$$

(ii) $x\geq 1$일 때

$$2x(x-1)=x \text{에서}$$
$$2x^2-3x=0, \quad x(2x-3)=0$$
$$\therefore x=\frac{3}{2} (\because x\geq 1)$$

따라서 구하는 넓이는

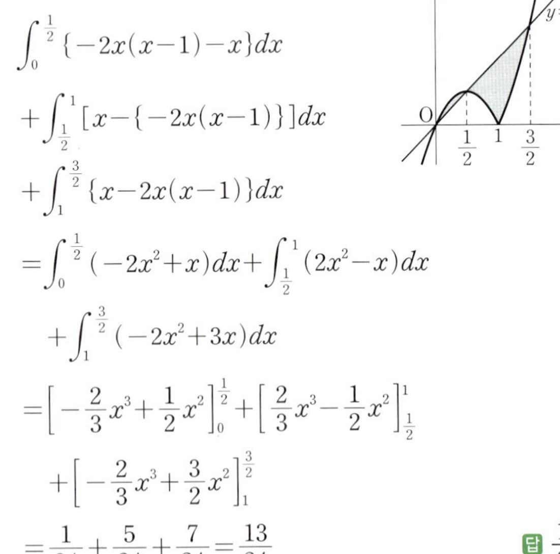

$$\int_{0}^{\frac{1}{2}}\{-2x(x-1)-x\}dx$$
$$+\int_{\frac{1}{2}}^{1}[x-\{-2x(x-1)\}]dx$$
$$+\int_{1}^{\frac{3}{2}}\{x-2x(x-1)\}dx$$
$$=\int_{0}^{\frac{1}{2}}(-2x^2+x)dx+\int_{\frac{1}{2}}^{1}(2x^2-x)dx$$
$$+\int_{1}^{\frac{3}{2}}(-2x^2+3x)dx$$
$$=\left[-\frac{2}{3}x^3+\frac{1}{2}x^2\right]_{0}^{\frac{1}{2}}+\left[\frac{2}{3}x^3-\frac{1}{2}x^2\right]_{\frac{1}{2}}^{1}$$
$$+\left[-\frac{2}{3}x^3+\frac{3}{2}x^2\right]_{1}^{\frac{3}{2}}$$
$$=\frac{1}{24}+\frac{5}{24}+\frac{7}{24}=\frac{13}{24}$$

답 $\dfrac{13}{24}$

0870 $f(x)=x^2$으로 놓으면 $f'(x)=2x$

곡선 $y=f(x)$ 위의 점 $(1, 1)$에서의 접선의 기울기는

$$f'(1)=2$$

이므로 접선의 방정식은

$$y-1=2(x-1) \quad \therefore y=2x-1$$

곡선 $y=ax^2-1 (a>0)$과 직선 $y=2x-1$의 교점의 x좌표는 $ax^2-1=2x-1$에서

$$ax^2-2x=0, \quad x(ax-2)=0$$
$$\therefore x=0 \text{ 또는 } x=\frac{2}{a}$$

오른쪽 그림에서 색칠한 도형의 넓이는

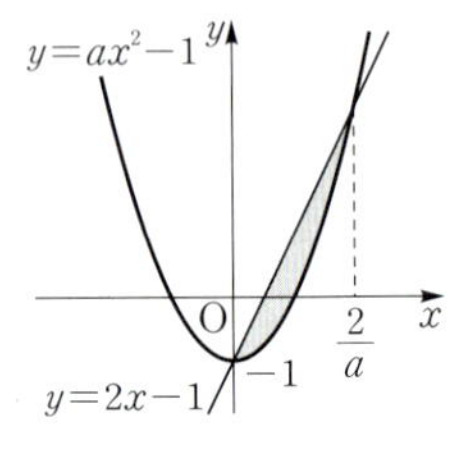

$$\int_{0}^{\frac{2}{a}}\{(2x-1)-(ax^2-1)\}dx$$
$$=\int_{0}^{\frac{2}{a}}(2x-ax^2)dx$$
$$=\left[x^2-\frac{a}{3}x^3\right]_{0}^{\frac{2}{a}}=\frac{4}{3a^2}$$

따라서 $\dfrac{4}{3a^2}=\dfrac{4}{3}$이므로 $a^2=1$

$$\therefore a=1 (\because a>0)$$

답 ②

0871 $y=2|x|=\begin{cases} 2x & (x\geq 0) \\ -2x & (x\leq 0) \end{cases}$

이므로 함수 $y=ax^2+1$의 그래프와 직선 $y=2x$가 점 B에서 접한다.

따라서 방정식 $ax^2+1=2x$, 즉 $ax^2-2x+1=0$의 판별식을 D라 하면

$$\frac{D}{4}=(-1)^2-a=0 \quad \therefore a=1$$

즉 점 B의 x좌표는 $x^2-2x+1=0$에서

$$(x-1)^2=0 \quad \therefore x=1$$

이때 두 함수 $y=x^2+1$과 $y=2|x|$의 그래프는 모두 y축에 대하여 대칭이므로 구하는 넓이는

$$2\int_{0}^{1}\{(x^2+1)-2x\}dx$$
$$=2\int_{0}^{1}(x^2-2x+1)dx$$
$$=2\left[\frac{1}{3}x^3-x^2+x\right]_{0}^{1}=2\times\frac{1}{3}=\frac{2}{3}$$

답 $\dfrac{2}{3}$

0872 색칠한 두 도형의 넓이가 같으므로

$$\int_{0}^{k}(-x^2+3x)dx=0, \quad \left[-\frac{1}{3}x^3+\frac{3}{2}x^2\right]_{0}^{k}=0$$
$$-\frac{1}{3}k^3+\frac{3}{2}k^2=0, \quad k^2(2k-9)=0$$
$$\therefore k=\frac{9}{2} (\because k>3)$$

답 $\dfrac{9}{2}$

0873 $A=B$이므로

$$\int_{0}^{2}\{(x^3+x^2)-(-x^2+k)\}dx=0$$
$$\int_{0}^{2}(x^3+2x^2-k)dx=0$$
$$\left[\frac{1}{4}x^4+\frac{2}{3}x^3-kx\right]_{0}^{2}=0$$
$$\frac{28}{3}-2k=0 \quad \therefore k=\frac{14}{3}$$

답 ④

0874 곡선 $y=-x^2+4x$와 직선 $y=-2x$의 교점의 x좌표는

$-x^2+4x=-2x$에서

$$x^2-6x=0, \quad x(x-6)=0$$

$$\therefore x=0 \text{ 또는 } x=6$$

오른쪽 그림에서 색칠한 도형의 넓이는

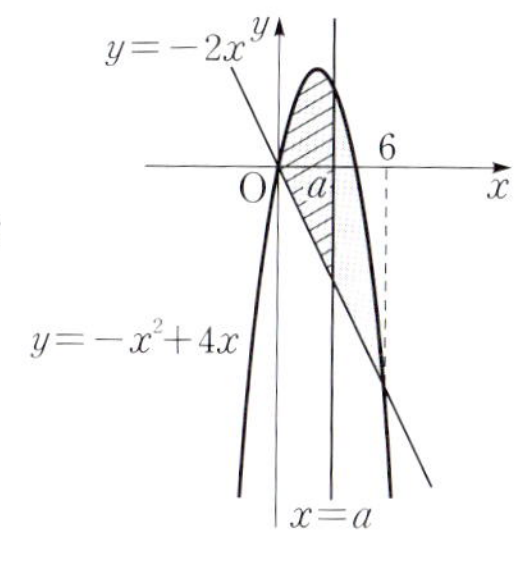

$$\int_0^6 \{(-x^2+4x)-(-2x)\}dx$$

$$=\int_0^6 (-x^2+6x)dx$$

$$=\left[-\frac{1}{3}x^3+3x^2\right]_0^6$$

$$=36$$

위의 그림에서 빗금 친 부분의 넓이는

$$\int_0^a \{(-x^2+4x)-(-2x)\}dx=\int_0^a (-x^2+6x)dx$$

$$=\left[-\frac{1}{3}x^3+3x^2\right]_0^a$$

$$=-\frac{1}{3}a^3+3a^2$$

따라서 $36=2\times\left(-\frac{1}{3}a^3+3a^2\right)$이므로

$$a^3-9a^2+54=0, \quad (a-3)(a^2-6a-18)=0$$

$$\therefore a=3 \;(\because 0<a<6)$$

답 **3**

$\boxed{\text{다른 풀이}}$ 위의 그림에서 색칠한 도형의 넓이는

$$\int_0^6 \{(-x^2+4x)-(-2x)\}dx=\int_0^6 (-x^2+6x)dx$$

이때 $\int_0^6 (-x^2+6x)dx$의 값은 곡선

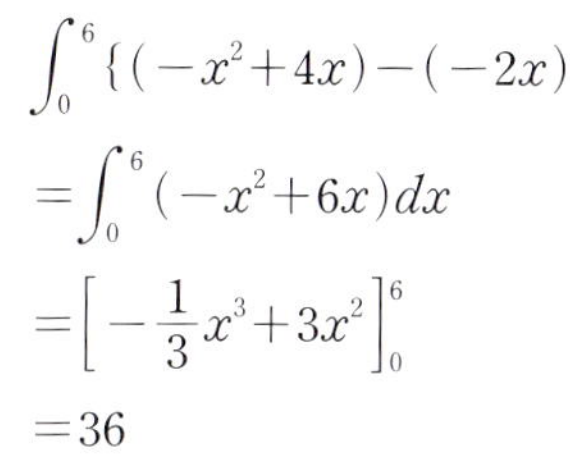

$y=-x^2+6x$와 x축으로 둘러싸인 도형의 넓이와 같다.

이때 곡선

$$y=-x^2+6x=-(x-3)^2+9$$

는 직선 $x=3$에 대하여 대칭이므로

$$a=3$$

0875 두 점 P, Q의 t초 후의 위치를 각각 x_P, x_Q라 하면

$$x_P=0+\int_0^t t(t-1)dt$$

$$=\int_0^t (t^2-t)dt$$

$$=\left[\frac{1}{3}t^3-\frac{1}{2}t^2\right]_0^t=\frac{1}{3}t^3-\frac{1}{2}t^2$$

$$x_Q=0+\int_0^t (2t+3)dt$$

$$=\left[t^2+3t\right]_0^t=t^2+3t$$

두 점 P, Q가 다시 만나려면 $x_P=x_Q$에서

$$\frac{1}{3}t^3-\frac{1}{2}t^2=t^2+3t, \quad 2t^3-9t^2-18t=0$$

$$t(2t+3)(t-6)=0$$

$$\therefore t=6 \;(\because t>0)$$

따라서 두 점 P, Q는 시각 $t=6$에서 다시 만난다.

답 ③

0876 ㄱ. $v(0)=4>0$

$v(t)<0$에서 $t^2-5t+4<0$

$$(t-1)(t-4)<0 \quad \therefore 1<t<4$$

따라서 점 P가 출발할 때의 운동 방향과 반대 방향으로 움직이는 것은 1초 후부터 4초 후까지의 3초 동안이다. (거짓)

ㄴ. 출발한 지 2초 후의 점 P의 위치는

$$0+\int_0^2 v(t)dt=\int_0^2 (t^2-5t+4)dt$$

$$=\left[\frac{1}{3}t^3-\frac{5}{2}t^2+4t\right]_0^2$$

$$=\frac{2}{3} \;(\text{참})$$

ㄷ. 출발한 후 3초 동안 점 P가 움직인 거리는

$$\int_0^3 |t^2-5t+4|dt$$

$$=\int_0^1 (t^2-5t+4)dt+\int_1^3 (-t^2+5t-4)dt$$

$$=\left[\frac{1}{3}t^3-\frac{5}{2}t^2+4t\right]_0^1+\left[-\frac{1}{3}t^3+\frac{5}{2}t^2-4t\right]_1^3$$

$$=\frac{11}{6}+\frac{10}{3}=\frac{31}{6} \;(\text{거짓})$$

이상에서 옳은 것은 ㄴ뿐이다.

답 ①

0877 ㄱ. $v(2)=1>0$, $v(4)=-1<0$이므로 시각 $t=2$에서와 시각 $t=4$에서의 물체의 운동 방향은 서로 반대이다. (참)

ㄴ. 시각 $t=3$에서의 물체의 위치는

$$0+\int_0^3 v(t)dt=\frac{1}{2}\times(1+3)\times1=2 \;(\text{거짓})$$

ㄷ. 시각 $t=1$에서의 물체의 위치는

$$0+\int_0^1 v(t)dt=\frac{1}{2}\times1\times1=\frac{1}{2}$$

시각 $t=5$에서의 물체의 위치는

$$0+\int_0^5 v(t)dt$$

$$=\frac{1}{2}\times(1+3)\times1-\frac{1}{2}\times(2+1)\times1$$

$$=\frac{1}{2}$$

따라서 시각 $t=1$에서와 시각 $t=5$에서의 물체의 위치는 같다. (참)

ㄹ. 시각 $t=1$에서 $t=4$까지 물체가 움직인 거리는

$$\int_1^4 |v(t)|dt=\frac{1}{2}\times(1+2)\times1+\frac{1}{2}\times1\times1$$

$$=2 \;(\text{참})$$

이상에서 옳은 것은 ㄱ, ㄷ, ㄹ이다.

답 ㄱ, ㄷ, ㄹ

$\boxed{\text{다른 풀이}}$ ㄷ. 시각 $t=1$에서 $t=5$까지 물체의 위치의 변화량은

$$\int_1^5 v(t)dt=\frac{1}{2}\times(1+2)\times1-\frac{1}{2}\times(2+1)\times1$$

$$=0$$

따라서 시각 $t=1$에서와 시각 $t=5$에서의 물체의 위치는 같다. (참)

0878 $f(0)=2$, $f(2)=6$이므로 곡선 $y=f(x)$는 두 점 $(0, 2)$, $(2, 6)$을 지나고 두 곡선 $y=f(x)$와 $y=g(x)$는 직선 $y=x$에 대하여 대칭이다.

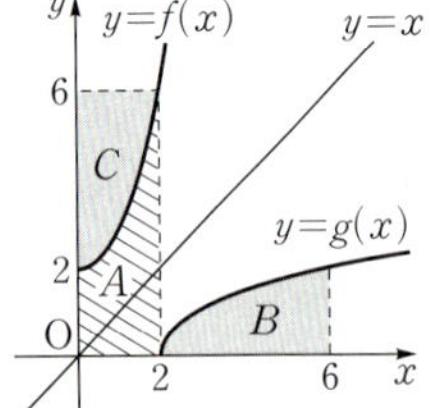

따라서 오른쪽 그림에서

$(B$의 넓이$)=(C$의 넓이$)$

$$\therefore \int_0^2 f(x)dx+\int_2^6 g(x)dx=(A의 넓이)+(B의 넓이)$$
$$=(A의 넓이)+(C의 넓이)$$
$$=2\times 6=12$$

답 12

0879 주어진 그래프에서
$$f(x)=k(x-1)(x-3)\ (k>0)$$
으로 놓으면 함수 $y=f(x)$의 그래프가 점 $(0, 3)$을 지나므로
$$f(0)=3 \quad \therefore k=1$$
$$\therefore f(x)=(x-1)(x-3)=x^2-4x+3 \quad \cdots \text{1단계}$$
따라서 구하는 도형의 넓이는
$$\int_0^1 (x^2-4x+3)dx-\int_1^3 (x^2-4x+3)dx$$
$$=\left[\frac{1}{3}x^3-2x^2+3x\right]_0^1-\left[\frac{1}{3}x^3-2x^2+3x\right]_1^3$$
$$=\frac{4}{3}-\left(-\frac{4}{3}\right)=\frac{8}{3} \quad \cdots \text{2단계}$$

답 $\dfrac{8}{3}$

	채점 요소	비율
1단계	함수 $f(x)$의 식 구하기	40 %
2단계	색칠한 도형의 넓이 구하기	60 %

0880 $f(x)=x^3-5x^2+4x$로 놓으면
$$f'(x)=3x^2-10x+4$$
곡선 $y=f(x)$ 위의 점 $(1, 0)$에서의 접선의 기울기는
$$f'(1)=-3$$
이므로 접선의 방정식은
$$y=-3(x-1) \quad \therefore y=-3x+3 \quad \cdots \text{1단계}$$
곡선 $y=x^3-5x^2+4x$와 직선 $y=-3x+3$의 교점의 x좌표는

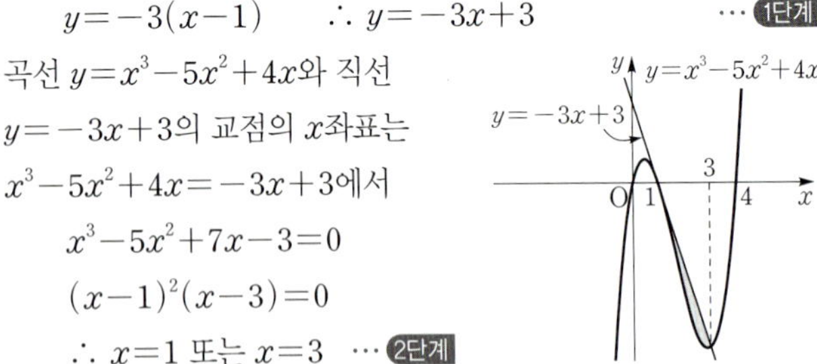

$x^3-5x^2+4x=-3x+3$에서
$$x^3-5x^2+7x-3=0$$
$$(x-1)^2(x-3)=0$$
$$\therefore x=1 \text{ 또는 } x=3 \quad \cdots \text{2단계}$$
따라서 구하는 넓이는
$$\int_1^3 \{(-3x+3)-(x^3-5x^2+4x)\}dx$$
$$=\int_1^3 (-x^3+5x^2-7x+3)dx$$
$$=\left[-\frac{1}{4}x^4+\frac{5}{3}x^3-\frac{7}{2}x^2+3x\right]_1^3=\frac{4}{3} \quad \cdots \text{3단계}$$

답 $\dfrac{4}{3}$

	채점 요소	비율
1단계	접선의 방정식 구하기	30 %
2단계	곡선과 접선의 교점의 x좌표 구하기	30 %
3단계	도형의 넓이 구하기	40 %

0881 시각 $t=1$에서의 점 P의 위치가 -4이므로
$$0+\int_0^1 (3t^2+2t-k)dt=-4$$
$$\left[t^3+t^2-kt\right]_0^1=-4, \qquad 2-k=-4$$
$$\therefore k=6 \quad \cdots \text{1단계}$$
따라서 시각 $t=1$에서 $t=3$까지 점 P의 위치의 변화량은
$$\int_1^3 (3t^2+2t-6)dt=\left[t^3+t^2-6t\right]_1^3=22 \quad \cdots \text{2단계}$$

답 22

	채점 요소	비율
1단계	k의 값 구하기	50 %
2단계	시각 $t=1$에서 $t=3$까지 점 P의 위치의 변화량 구하기	50 %

0882 시각 $t=4$에서의 물체의 위치는
$$0+\int_0^4 v(t)dt=\frac{1}{2}\times(2+4)\times a=3a$$
즉 $3a=6$이므로 $a=2$ $\quad \cdots \text{1단계}$
따라서 시각 $t=0$에서 $t=6$까지 물체가 움직인 거리는
$$\int_0^6 |v(t)|dt=\frac{1}{2}\times(2+5)\times 2+\frac{1}{2}\times 1\times 2$$
$$=8 \quad \cdots \text{2단계}$$

답 8

	채점 요소	비율
1단계	a의 값 구하기	50 %
2단계	시각 $t=0$에서 $t=6$까지 물체가 움직인 거리 구하기	50 %

0883 **전략** 주어진 조건을 이용하여 두 점 A, B의 x좌표 사이의 관계식을 구한다.

두 점 A, B의 좌표를 각각 $\left(\alpha, \dfrac{\alpha}{2}\right)$, $\left(\beta, \dfrac{\beta}{2}\right)(0<\alpha<\beta)$라 하면 곡선 $y=f(x)$와 직선 $y=\dfrac{1}{2}x$가 원점 O에서 접하고 두 점 A, B에서 만나므로 방정식 $f(x)=\dfrac{1}{2}x$, 즉 $f(x)-\dfrac{1}{2}x=0$은 세 실근 $x=0$ (중근), $x=\alpha$, $x=\beta$를 갖는다.

$$\therefore f(x)-\frac{1}{2}x=x^2(x-\alpha)(x-\beta)$$
$$=x^4-(\alpha+\beta)x^3+\alpha\beta x^2$$

이때 $S_1=S_2$이므로

$$\int_0^\beta \left\{f(x)-\frac{1}{2}x\right\}dx=0$$
$$\int_0^\beta \{x^4-(\alpha+\beta)x^3+\alpha\beta x^2\}dx=0$$
$$\left[\frac{1}{5}x^5-\frac{\alpha+\beta}{4}x^4+\frac{\alpha\beta}{3}x^3\right]_0^\beta=0$$

$$\frac{1}{12}\alpha\beta^4-\frac{1}{20}\beta^5=0$$

$$\therefore\ 5\alpha-3\beta=0\ (\because\ \beta>0) \qquad \cdots\cdots\ \text{㉠}$$

또 $\overline{\text{AB}}=\sqrt{5}$이므로

$$\sqrt{(\beta-\alpha)^2+\left(\frac{\beta}{2}-\frac{\alpha}{2}\right)^2}=\sqrt{5}$$

$$\frac{\sqrt{5}}{2}(\beta-\alpha)=\sqrt{5}\ (\because\ \beta>\alpha)$$

$$\therefore\ \beta-\alpha=2 \qquad \cdots\cdots\ \text{㉡}$$

㉠, ㉡을 연립하여 풀면 $\alpha=3,\ \beta=5$

따라서 $f(x)-\dfrac{1}{2}x=x^4-8x^3+15x^2$이므로

$$f(x)=x^4-8x^3+15x^2+\frac{1}{2}x$$

$$\therefore\ f(1)=\frac{17}{2}$$

답 ⑤

0884 전략 먼저 함수 $y=g(x)$의 그래프와 x축으로 둘러싸인 도형의 넓이를 t에 대한 식으로 나타낸다.

함수 $y=g(x)$의 그래프와 x축의 교점의 x좌표는

(i) $x\le t$일 때

$$f(x)=0\text{에서} \qquad -x(x-7)=0$$

$$\therefore\ x=0\ (\because\ 0<t<7)$$

(ii) $x\ge t$일 때

$$-x+t+f(t)=0\text{에서} \qquad x=t+f(t)$$

(i), (ii)에서 함수 $y=g(x)$의 그래프와 x축으로 둘러싸인 도형의 넓이를 $S(t)$라 하면

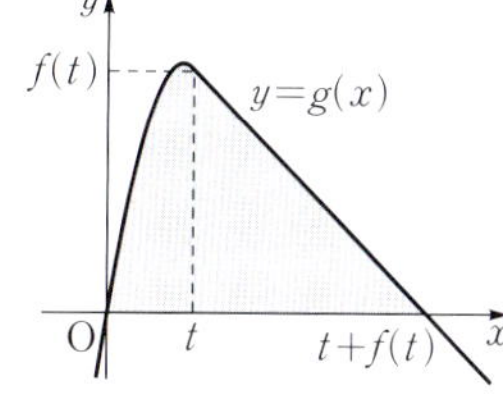

$$S(t)$$
$$=\int_0^t f(x)dx$$
$$\quad+\frac{1}{2}\times\{t+f(t)-t\}\times f(t)$$
$$=\int_0^t f(x)dx+\frac{1}{2}\{f(t)\}^2$$
$$=\int_0^t\{-x(x-7)\}dx+\frac{1}{2}t^2(t-7)^2$$
$$=\int_0^t(-x^2+7x)dx+\frac{1}{2}t^4-7t^3+\frac{49}{2}t^2$$
$$=\left[-\frac{1}{3}x^3+\frac{7}{2}x^2\right]_0^t+\frac{1}{2}t^4-7t^3+\frac{49}{2}t^2$$
$$=\frac{1}{2}t^4-\frac{22}{3}t^3+28t^2$$

$$\therefore\ S'(t)=2t^3-22t^2+56t=2t(t-4)(t-7)$$

$S'(t)=0$에서 $t=4\ (\because\ 0<t<7)$

t	0	$\cdots$	4	$\cdots$	7
$S'(t)$		$+$	0	$-$	
$S(t)$		↗	$\dfrac{320}{3}$	↘	

따라서 $S(t)$는 $t=4$일 때 극대이면서 최대이므로 구하는 최댓값은 $\dfrac{320}{3}$이다.

답 $\dfrac{320}{3}$

0885 전략 시각 $t=0$에서 $t=2$까지 점 P의 위치의 변화량은 $\displaystyle\int_0^2 v(t)dt$임을 이용한다.

점 P가 시각 $t=0$일 때 출발한 후 운동 방향을 한 번만 바꾸려면 두 양수 $\alpha,\ \beta\ (\alpha\ne\beta)$에 대하여

$$v(t)=-t^3(t-\alpha)\ \text{또는}\ v(t)=-t(t-\alpha)^2(t-\beta)$$

의 꼴이어야 하므로

$$a=0\ \text{또는}\ a=1\ \text{또는}\ 2a=1$$

이어야 한다.

(i) $a=0$일 때

$v(t)=-t^3(t-1)$이므로 시각 $t=0$에서 $t=2$까지 점 P의 위치의 변화량은

$$\int_0^2 v(t)dt=\int_0^2\{-t^3(t-1)\}dt$$
$$=\int_0^2(-t^4+t^3)dt$$
$$=\left[-\frac{1}{5}t^5+\frac{1}{4}t^4\right]_0^2$$
$$=-\frac{12}{5}$$

(ii) $a=1$일 때

$v(t)=-t(t-1)^2(t-2)$이므로 시각 $t=0$에서 $t=2$까지 점 P의 위치의 변화량은

$$\int_0^2 v(t)dt=\int_0^2\{-t(t-1)^2(t-2)\}dt$$
$$=\int_0^2(-t^4+4t^3-5t^2+2t)dt$$
$$=\left[-\frac{1}{5}t^5+t^4-\frac{5}{3}t^3+t^2\right]_0^2$$
$$=\frac{4}{15}$$

(iii) $2a=1$, 즉 $a=\dfrac{1}{2}$일 때

$v(t)=-t\left(t-\dfrac{1}{2}\right)(t-1)^2$이므로 시각 $t=0$에서 $t=2$까지 점 P의 위치의 변화량은

$$\int_0^2 v(t)dt=\int_0^2\left\{-t\left(t-\frac{1}{2}\right)(t-1)^2\right\}dt$$
$$=\int_0^2\left(-t^4+\frac{5}{2}t^3-2t^2+\frac{1}{2}t\right)dt$$
$$=\left[-\frac{1}{5}t^5+\frac{5}{8}t^4-\frac{2}{3}t^3+\frac{1}{4}t^2\right]_0^2$$
$$=-\frac{11}{15}$$

이상에서 점 P의 위치의 변화량의 최댓값은 $\dfrac{4}{15}$이다.

답 ③

참고 (i) $v(t)=-t^3(t-1)$이면 점 P는 시각 $t=1$에서 운동 방향을 한 번 바꾼다.

(ii) $v(t)=-t(t-1)^2(t-2)$이면 점 P는 시각 $t=2$에서 운동 방향을 한 번 바꾼다.

(iii) $v(t)=-t\left(t-\dfrac{1}{2}\right)(t-1)^2$이면 점 P는 시각 $t=\dfrac{1}{2}$에서 운동 방향을 한 번 바꾼다.

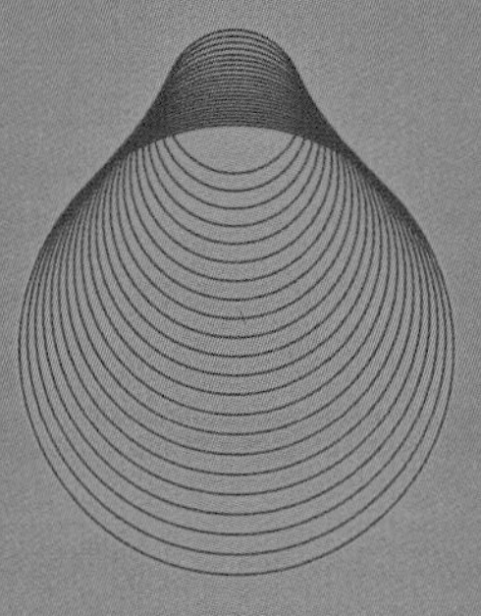

개념원리 RPM 미적분 I